注册消防工程师资格考试应试指南

清大东方消防学校学术委员会 主编

光明日报出版社

编写委员会

程水荣　杨忠良　马　恒　张学魁　许传升
陈广民　丁显孔　赵瑞锋　王华飞　赵　鹏

编写说明

为协助注册消防工程师资格参试人员备考，清大东方消防学校组织专家，在分析 2015 年、2016 年和 2017 年试卷、总结应试经验的基础上，编写了《注册消防工程师资格考试应试指南》。

本指南以服务考生为宗旨，以"够用"为底线，以"考什么，编什么"为准则，侧重必须了解、熟悉和掌握的考点，彻底剔除复杂冗长的推导过程，为考生架构应试桥梁。本指南强调"够用"是资格考试应试够用，绝非对消防工程师技能知识的全覆盖；对那些消防工程和管理实践中并不常用的技能知识、需付出很多时间和巨大艰辛都不太可能记下的枯燥数据、以及偏于学术理论研究领域的知识，本指南选择"放弃"。事实上，参加资格考试"够用"即可，没必要在试卷上拿满分，通过资格考试后，在注册消防工程师工作岗位上拿满分才是最酷的，工作中确需用到那些枯燥无味的数据时，去翻翻书即可。据此，本指南列出了常用技术规范及法律法规清单，并按应试重要度作了星号标识。

需通过"消防安全案例分析"科目考试的考生宜阅览本指南全部内容；仅需通过"消防安全技术实务""消防安全综合能力"两科或单科考试的考生，当时间不充裕时，可选择阅览本指南相关内容。

清大东方消防学校旗下的专家、教授审阅了本指南，提出了许多宝贵的意见，在此表示衷心感谢！

由于时间仓促，加之编者水平所限，难免存在不足之处，希望读者批评指正。

清大东方消防学校

电话：4001 888 119

官网：www.qddfxfpx.com

清大东方消防学校学术委员会

2018 年 7 月

目录
CONTENTS

第一章

基础知识

本章在分析 2015 年、2016 年和 2017 年试卷的基础上，以"够用"为底线，介绍了注册消防工程师必须了解、熟悉的通用术语和基本常识，以及必须掌握的建筑防火防爆、室内装修、外墙保温、电气线路及消防负荷、电气防爆、安全疏散和灭火救援设施基础知识。

第一节　通用术语和基本常识

一、通用术语

1. 燃烧：可燃物与氧化剂作用发生的放热反应，通常伴有火焰、发光和（或）烟气的现象。

2. 火灾：在时间或空间上失去控制的燃烧。

3. 闪点：在规定的试验条件下，可燃液体或固体表面产生的蒸气在试验火焰作用下发生闪燃的最低温度。

4. 爆炸极限：可燃气体、蒸气或粉尘与空气均匀混合后形成混合气，遇足够的点火会产生爆炸的最高或最低浓度，称为爆炸极限。能引起爆炸的最高浓度称爆炸上限，能引起爆炸的最低浓度称爆炸下限，上限和下限之间的间隔称爆炸极限范围。

（1）可燃气体和液体的爆炸极限用体积百分比表示。

（2）可燃粉尘的爆炸极限通常用单位体积中粉尘的质量（g/m^3）表示。可燃粉尘爆炸浓度上限实际应用意义不大，通常只应用粉尘的爆炸下限。

5. 耐火极限：在标准耐火试验条件下，建筑构件、配件或结构从受到火的作用时起，至失去耐火稳定性、耐火完整性或耐火隔热性时止的时间，用小时（h）表示。

6. 轰燃：某一空间内，所有可燃物的表面全部卷入燃烧的瞬变过程。

7. 火灾危害：火灾所造成的不良后果。

8. 火灾风险：发生火灾的概率及其后果的组合。

（1）某个事件或场景的火灾风险是指该事件或场景的概率及其后果的组合，通常为概率和后果的乘积。

（2）某个设计的火灾风险是指与该设计有关的所有事件或场景的概率及其后果的组合，通常为所有事件或场景风险的和。

9. 火灾风险源：能够对目标发生火灾的概率及其后果产生影响的所有来源。

10. 火灾危险：火灾危害和火灾风险的统称。火灾危险包括火灾产生的后果和火灾风险的大小。

11. 火灾风险评估：用规定的可接受火灾风险对所估计火灾风险进行评价的过程。

12. 火灾隐患：可能导致火灾发生或火灾危害增大的各类潜在不安全因素。

13. 重大火灾隐患：违反消防法律法规、不符合消防技术标准，可能导致火灾发生或火灾危害增大，并由此可能造成重大、特别重大火灾事故或严重社会影响的各类潜在不安全因素。

14. 高层建筑：建筑高度大于 27m 的住宅建筑和建筑高度大于 24m 的非单层厂房、仓库和其他民用建筑。

15. 裙房：在高层建筑主体投影范围外，与建筑主体相连且建筑高度不大于 24m 的附属建筑。

16. 半地下室：房间地面低于室外设计地面的平均高度大于该房间平均净高 1/3，且不大于 1/2 者。

17. 地下室：房间地面低于室外设计地面的平均高度大于该房间平均净高 1/2 者。

18. 防火隔墙：建筑内防止火灾蔓延至相邻区域且耐火极限不低于规定要求的不燃性墙体。

19. 防火墙：防止火灾蔓延至相邻建筑或相邻水平防火分区且耐火极限不低于 3.00h 的不燃性墙体（甲、乙类厂房和甲、乙、丙类仓库内的防火墙，其耐火极限不应低于 4.00h）。

20. 避难层（间）：建筑内用于人员暂时躲避火灾及其烟气危害的楼层（房间）。

21. 安全出口：供人员安全疏散用的楼梯间、室外楼梯的出入口、直通室内外安全区域的出口。

22. 高压消防给水系统：能始终保持满足水灭火设施所需的工作压力和流量，火灾时无须消防水泵直接加压的供水系统。

23. 临时高压消防给水系统：平时不能满足水灭火设施所需的工作压力和流量，火灾时能自动启动消防水泵以满足水灭火设施所需的工作压力和流量的供水系统。

24. 低压消防给水系统：能满足车载或手抬移动消防水泵等取水所需的工作压力和流量的供水系统。

二、基本常识

1. 燃烧分为有焰燃烧和无焰燃烧。

2. 燃烧必须同时具备三个必要条件：可燃物、氧化剂（助燃物）和引火源。

3. 链式反应。大部分燃烧过程需通过自由基进行链式反应。因此，大部分燃烧的发生和发展需四个必要条件，即可燃物、氧化剂、引火源和自由基的链式反应（着火四面体）。

4. 液体在燃烧过程中，并不是液体本身在燃烧，而是蒸发的蒸气达到燃点而燃烧，即蒸发燃烧。

5. 可燃气体的燃烧不需像固体、液体那样需经熔化、蒸发过程，因此相对容易燃烧、且燃烧速度快，其燃烧方式分为扩散燃烧和预混燃烧。

6. 火灾分为七类：A 类火灾（固体物质火灾）、B 类火灾（液体或可熔化的固体物质火灾）、C 类火灾（气体火灾）、D 类火灾（金属火灾）、E 类火灾（带电火灾）、F 类火灾（烹饪器具内的烹饪物火灾）。

7. 热量传递基本方式：热传导、热对流、热辐射。

8. 灭火方法的基本原理是破坏燃烧条件。冷却、隔离、窒息、化学抑制。

9. 闪点是判断易燃、可燃液体火灾危险性大小并对其分类的依据。闪点越低，火灾危险性越大，反之则越小。

10. 粉尘爆炸应同时具备三个条件，即粉尘可燃、粉尘必须悬浮在空气中并与空气混合处于爆炸浓度极限范围内、有足以引发粉尘爆炸的点火源。

11. 粉尘爆炸的特点：连续性爆炸；所需最小点火能量较高；与可燃气体爆炸相比，粉尘爆炸压力上升较缓慢，较高压力持续时间长，释放能量大，破坏力强。

12. 生产和贮存物品的火灾危险性有相同之处，也有不同之处。

13. 建筑构件的耐火极限以楼板为基准，再根据其他构件的重要性调整确定。

14. 建筑物的耐火等级由主要构件的燃烧性能和耐火极限决定。

15. 建筑物的耐火等级分为一、二、三、四级。

16. 生产、储存和装卸危险品的工厂、仓库和专用车站、码头以及可燃材料堆场等，应布置在城市（区域）的边缘或相对独立的安全地带，并宜布置在城市（区域）全年最小频率风向的上风侧。

17. 甲、乙、丙类液体储罐（区）宜布置在地势较低的地带。当布置在地势较高的地带时，应采取安全防护设施。

18. 防火间距的确定原则：热辐射强度是确定防火间距应考虑的主要因素。工程实践中，一般不考虑飞火、风速、热传导和热对流，主要考虑热辐射并结合灭火救援操作、节约用地和火灾案例确定防火间距。

19. 生产火灾危险性分类。根据生产中使用或产生的物质性质及数量等因素，划分为甲、乙、丙、丁、戊 5 类。

20. 生产火灾危险性分类方法:

（1）液体以闪点为分类基准。根据我国南方城市的最热月平均气温和厂房的冬季设计温度，并结合汽油、煤油、柴油的闪点，确定闪点＜28℃为甲类；28℃≤闪点＜60℃为乙类；闪点≥60℃为丙类第1项。

（2）气体以爆炸下限为分类基准。绝大多数可燃气体的爆炸下限＜10%，所以将爆炸下限＜10%的气体划为甲类、爆炸下限≥10%的气体划为乙类。

（3）可燃固体为丙类第2项。

21. 储存物品的火灾危险性。根据物品的火灾危险性，并吸收仓库管理经验，参考《危险货物运输规则》相关内容划分为甲、乙、丙、丁、戊5类。

（1）丙类同样分为丙类第1项（闪点≥60℃的可燃液体）、丙类第2项（可燃固体）。

（2）丁、戊类储存物品仓库，当可燃包装重量大于1/4物品自身重量、或可燃包装体积大于1/2物品自身体积时，按丙类火灾危险性确定。

22. 甲、乙类厂房与重要公共建筑的防火间距不应小于50m；与明火或散发火花地点的防火间距不应小于30m。

23. 甲、乙类生产场所（仓库）不应设置在地下或半地下。

24. 员工宿舍严禁设置在厂房内、仓库内。

25. 办公室、休息室等不应设置在甲、乙类厂房内，确需且满足相关条件时可贴邻本厂房设置。

26. 办公室、休息室等严禁设置在甲、乙类仓库内，也不应贴邻。

27. 烟气在水平方向的扩散流动速度较小，火灾初期约为0.1m/s~0.3m/s，火灾中期约为0.5m/s~0.8m/s。烟气在垂直方向的扩散流动速度较大，通常为1m/s~5m/s。在楼梯间或管道竖井中，烟气流动速度可达6m/s~8m/s，甚或更高。

28. 通常情况下，500℃以上热烟所到之处，可燃物都有可能被引燃。

29. 防烟系统分为自然通风系统和机械加压送风系统。

30. 排烟系统分为自然排烟系统和机械排烟系统。

31. 防烟分区不应跨越防火分区。

32. 建材燃烧性能分级：我国分为A、B_1、B_2、B_3四个等级（欧盟分为A1、A2、B、C、D、E、F七个等级），建材燃烧性能等级的附加信息包括产烟特性、燃烧滴落物、微粒等级和烟气毒性等级。

33. 建筑等领域用墙面保温泡沫塑料，氧指数OI≥26%属B_2级、氧指数OI≥30%属B_1级。

34. 一般情况下，氧浓度＜15%时，就不能维持燃烧。

35. 轰燃的发生标志着室内火灾进入充分发展阶段。对于面积较小的着火空间，可计算判断达到轰燃时的临界热释放速率；对于面积较大的着火空间，可采用空间内热烟气层的温度达到500℃~600℃、或地板接受的热辐射强度达到20kW/m² 作为着火房间达到轰燃的标志。

36. 轰燃发生后，室温可达800℃~1000℃。

第二节　建筑的耐火等级

除木结构建筑外，工业与民用建筑的耐火等级分为一、二、三、四级，相应的主要建筑构件的燃烧性能和耐火极限，以二级耐火等级建筑的楼板为基准（不燃性、1.00h），视其在建筑结构、安全疏散和防火分隔等方面的重要度依序提升或降低。

一、主要建筑构件的燃烧性能

（一）工业建筑

除四级耐火等级建筑的屋顶承重构件、疏散楼梯、吊顶（包括吊顶搁栅）为可燃性以外，其他均为不燃性或难燃性。

（二）民用建筑

1.除四级耐火等级建筑的楼板、屋顶承重构件、疏散楼梯、吊顶（包括吊顶搁栅）和三级耐火等级建筑的屋顶承重构件为可燃性以外，其他均为不燃性或难燃性。

2.除规范另有规定外，以木柱承重且墙体采用不燃材料的建筑，其耐火等级应按四级确定。

3.住宅建筑构件的耐火极限和燃烧性能可按现行国家标准《住宅建筑规范》GB 50368的规定执行。

二、上人平屋顶、防火墙、吊顶的特殊规定

（一）上人平屋顶

一、二级耐火等级工业与民用建筑的上人平屋顶，其屋面板的耐火极限分别不应低于1.50h和1.00h。

（二）防火墙

1.防火墙的燃烧性能和耐火极限分别为不燃性、3.00h；但甲、乙类厂房和甲、乙、丙类仓库内的防火墙，其燃烧性能为不燃性，耐火极限不应低于4.00h。

2.防火墙应直接设置在建筑的基础或框架、梁等承重结构上，框架、梁等承重结构的耐火极限不应低于防火墙的耐火极限。

3.防火墙应从楼地面基层隔断至梁、楼板或屋面板的底面基层。当高层厂房（仓库）屋顶承重结构和屋面板的耐火极限低于1.00h，其他建筑屋顶承重结构和屋面板的耐火极限低于0.50h时，防火墙应高出屋面0.5m以上。

（三）吊顶

1.二级耐火等级工业与民用建筑内的吊顶，其燃烧性能和耐火极限分别为难燃性、0.25h，但采用不燃材料时，其耐火极限不限。

2.三级耐火等级的医疗建筑、中小学校的教学建筑、老年人照料设施及托儿所、幼儿园的儿童用房和儿童游乐厅等儿童活动场所的吊顶，应采用不燃材料；当采用难燃材料时，其耐火极限不应低于0.25h。

3.二、三级耐火等级民用建筑内门厅、走道的吊顶应采用不燃材料。

三、民用建筑的耐火等级要求

（一）民用建筑与耐火等级的对应关系

1.耐火等级不应低于一级：地下或半地下建筑（室）和一类高层建筑。

2.耐火等级不应低于二级：单、多层重要公共建筑和二类高层建筑。

（二）其他规定

1.建筑高度大于100m时，楼板的耐火极限不应低于2.00h。

2.二级耐火等级多层住宅建筑的预应力钢筋混凝土楼板的耐火极限不应低于0.75h。

3.一、二级耐火等级建筑的屋面板应采用不燃材料，但屋面防水层可采用可燃材料。

4.二级耐火等级建筑内采用难燃性墙体的房间隔墙，其耐火极限不应低于0.75h；当房间的建筑

面积不大于 100m² 时，房间隔墙可采用耐火极限不低于 0.50h 的难燃性墙体或耐火极限不低于 0.30h 的不燃性墙体。

四、工业建筑的耐火等级要求

（一）工业建筑与耐火等级的对应关系

1. 耐火等级不应低于二级：高层厂房；甲、乙类厂房；使用或产生丙类液体的厂房和有火花、赤热表面、明火的丁类厂房；使用或储存特殊贵重的机器、仪表、仪器等设备或物品的建筑；锅炉房；油浸变压器室、高压配电装置室；高架仓库、高层仓库、甲类仓库、多层乙类仓库和储存可燃液体的多层丙类仓库。

2. 耐火等级可采用或不应低于三级：建筑面积不大于 300m² 的独立甲、乙类单层厂房；单、多层丙类厂房和多层丁、戊类厂房；建筑面积不大于 500m² 的单层丙类厂房或建筑面积不大于 1000m² 的单层丁类厂房；锅炉总蒸发量不大于 4t/h 的燃煤锅炉房；单层乙类仓库，单层丙类仓库，储存可燃固体的多层丙类仓库和多层丁、戊类仓库。

3. 粮食筒仓的耐火等级不应低于二级；二级耐火等级的粮食筒仓可采用钢板仓。粮食平房仓的耐火等级不应低于三级；二级耐火等级的散装粮食平房仓可采用无防火保护的金属承重构件。

（二）其他规定

1. 采用自动喷水灭火系统全保护的一级耐火等级单、多层厂房（仓库）的屋顶承重构件，其耐火极限不应低于 1.00h。

除一级耐火等级建筑外，下列建筑构件可采用无防火保护的金属结构，其中能受到甲、乙、丙类液体或可燃气体火焰影响的部位应采取外包覆不燃材料或其他防火保护措施：

（1）设置自动灭火系统的单层丙类厂房的梁、柱和屋顶承重构件；

（2）设置自动灭火系统的多层丙类厂房的屋顶承重构件；

（3）单、多层丁、戊类厂房（仓库）的梁、柱和屋顶承重构件。

2. 除甲、乙类仓库和高层仓库外，一、二级耐火等级建筑的非承重外墙，当采用不燃性墙体时，其耐火极限不应低于 0.25h；当采用难燃性墙体时，不应低于 0.50h。

4 层及 4 层以下的一、二级耐火等级丁、戊类地上厂房（仓库）的非承重外墙，当采用不燃性墙体时，其耐火极限不限；当采用难燃性轻质复合墙体时，其表面材料应为不燃材料、内填充材料的燃烧性能不应低于 B_2 级。

五、木结构建筑构件的燃烧性能和耐火极限

（一）燃烧性能和耐火极限

除防火墙、电梯井的墙为不燃性；承重柱、梁、屋顶承重构件为可燃性以外，其他主要构件均为难燃性，其耐火极限不应低于规范的相应规定。

（二）其他规定

1. 轻型木结构建筑的屋顶，除防水层、保温层及屋面板外，其他部分均应视为屋顶承重构件，且不应采用可燃性构件，耐火极限不应低于 0.50h。

2. 当建筑的层数不超过 2 层、防火墙间的建筑面积小于 600m² 且防火墙间的建筑长度小于 60m 时，建筑构件的燃烧性能和耐火极限可按四级耐火等级建筑的要求确定。

六、标准升温曲线

（一）建筑构件

测定建筑构件的耐火极限时，采用 ISO834 规定的标准升温曲线：

$$T = 345\lg(8t+1) + 20 \qquad\qquad 式（1-2-1）$$

式中：T—炉内的平均温度，单位为摄氏度（℃）；

　　　t—时间，单位为分钟（min）。

（二）隧道承重结构体

1. 一、二类隧道，火灾升温曲线应采用 RABT 标准升温曲线，耐火极限分别不应低于 2.00h 和 1.50h。

2. 通行机动车的三类隧道，火灾升温曲线应采用 HC 标准升温曲线，耐火极限不应低于 2.00h。

3. 其他类别隧道承重结构体耐火极限的测定应采用 ISO834 规定的标准升温曲线；对于三类隧道，耐火极限不应低于 2.00h；对于四类隧道，耐火极限不限。

（三）其他

除上述火灾升温曲线外，RWS 标准升温曲线可描述发生在隧道以及地下建筑中的火灾升温过程。

第三节　防火分区及防火间距

一、防火分区

（一）民用建筑防火分区最大允许建筑面积（不含木结构建筑）

民用建筑的防火分区面积由建筑物使用性质、建筑高度或层数、耐火等级等因素确定。

表 1-3-1　不同耐火等级民用建筑防火分区最大允许建筑面积

名称	耐火等级	防火分区最大允许建筑面积（m²）	备注
高层民用建筑	一、二级	1500	对于体育馆、剧场的观众厅，防火分区面积可适当增加。
单、多层民用建筑	一、二级	2500	
	三级	1200	
	四级	600	
地下或半地下建筑（室）	一级	500	设备用房防火分区面积 ≤ 1000m²

1. 裙房与高层建筑主体之间设置防火墙时，裙房的防火分区可按单、多层建筑的要求确定。

2. 一、二级耐火等级建筑内的商店营业厅、展览厅，当设置自动灭火系统和火灾自动报警系统并采用不燃或难燃装修材料时，其每个防火分区的最大允许建筑面积应符合下列规定：

（1）设置在高层建筑内时，不应大于 4000m²；

（2）设置在单层建筑或仅设置在多层建筑的首层内时，不应大于 10000m²；

（3）设置在地下或半地下时，不应大于 2000m²。

3. 总建筑面积大于 20000m² 的地下或半地下商店，应采用无门、窗、洞口的防火墙、耐火极限不低于 2.00h 的楼板分隔为多个建筑面积不大于 20000m² 的区域。相邻区域确需局部连通时，应采用下沉式广场等室外开敞空间、防火隔间、避难走道、防烟楼梯间等方式进行连通，并应符合下列规定：

（1）下沉式广场等室外开敞空间应能防止相邻区域的火灾蔓延和便于安全疏散，并应符合相关规定；

（2）防火隔间的墙应为耐火极限不低于3.00h的防火隔墙，并应符合相关规定；

（3）避难走道应符合相关规定；

（4）防烟楼梯间的门应采用甲级防火门。

（二）木结构建筑防火墙间的每层最大允许建筑面积

表1-3-2　木结构建筑防火墙间的允许建筑长度和每层最大允许建筑面积

层数（层）	防火墙间的允许建筑长度（m）	防火墙间的每层最大允许建筑面积（m²）
1	100	1800
2	80	900
3	60	600

1. 体育场馆等高大空间建筑，其建筑高度和建筑面积可适当增加。

2. 设置在木结构住宅建筑内的机动车库、发电机间、配电间、锅炉间，应采用耐火极限不低于2.00h的防火隔墙和1.00h的不燃性楼板与其他部位分隔，不宜开设与室内相通的门、窗、洞口，确需开设时，可开设一樘不直通卧室的单扇乙级防火门。机动车库的建筑面积不宜大于60m²。

（三）仓库的防火分区

仓库防火分区之间必须采用防火墙分隔，甲、乙类仓库防火分区之间的防火墙不应开设门、窗、洞口；地下或半地下仓库（包括地下或半地下室）的最大允许占地面积，不应大于相应类别地上仓库的最大允许占地面积。

（四）设置自动灭火系统增加防火分区面积

1. 民用建筑设置自动灭火系统时，防火分区（木结构建筑为防火墙间每层）的最大允许建筑面积可在基准规定值上增加1.0倍；局部设置自动灭火系统时，增加面积按局部面积的1.0倍计算。

2. 厂房内设置自动灭火系统时，每个防火分区的最大允许建筑面积可在基准规定值上增加1.0倍。当丁、戊类的地上厂房内设置自动灭火系统时，每个防火分区的最大允许建筑面积不限。厂房内局部设置自动灭火系统时，其防火分区的增加面积可按该局部面积的1.0倍计算。

3. 仓库内设置自动灭火系统时，除冷库的防火分区外，每座仓库的最大允许占地面积和每个防火分区的最大允许建筑面积可在基准规定值上增加1.0倍。

二、防火分隔

（一）中庭

中庭的防火分区面积应按上、下层相连通的建筑面积叠加计算；叠加后的面积大于规范规定时，应采取下列措施：

1. 与周围连通空间应进行防火分隔。采用防火隔墙时，其耐火极限不应低于1.00h；采用防火玻璃墙时，其耐火隔热性和耐火完整性不应低于1.00h，采用耐火完整性不低于1.00h的非隔热性防火玻璃墙时，应设置自动喷水灭火系统进行保护；采用防火卷帘时，其耐火极限不应低于3.00h，并应符合规范的相关规定；与中庭相连通的门、窗，应采用火灾时能自行关闭的甲级防火门、窗；

　　2. 高层建筑内的中庭回廊应设置自动喷水灭火系统和火灾自动报警系统；

　　3. 中庭应设置排烟设施；

　　4. 中庭内不应布置可燃物。

（二）下沉式广场

用于防火分隔的下沉式广场等室外开敞空间，应符合下列规定：

　　1. 分隔后的不同区域通向下沉式广场等室外开敞空间的开口最近边缘之间的水平距离不应小于13m。室外开敞空间除用于人员疏散外不得用于其他商业或可能导致火灾蔓延的用途，其中用于疏散的净面积不应小于169m²；

　　2. 下沉式广场等室外开敞空间内应设置不少于1部直通地面的疏散楼梯。当连接下沉广场的防火分区需利用下沉广场进行疏散时，疏散楼梯的总净宽度不应小于任一防火分区通向室外开敞空间的设计疏散总净宽度；

　　3. 确需设置防风雨篷时，防风雨篷不应完全封闭，四周开口部位应均匀布置，开口的面积不应小于该空间地面面积的25%，开口高度不应小于1.0m；开口设置百叶时，百叶的有效排烟面积可按百叶通风口面积的60%计算。

（三）防火隔间

　　1. 防火隔间的建筑面积不应小于6.0m²。

　　2. 防火隔间的门应采用甲级防火门。

　　3. 不同防火分区通向防火隔间的门不应计入安全出口，门的最小间距不应小于4m。

　　4. 防火隔间内部装修材料的燃烧性能应为A级。

　　5. 不应用于除人员通行外的其他用途。

（四）建筑外墙

　　1. 建筑外墙上、下层开口之间，应设置高度不小于1.2m的实体墙或挑出宽度不小于1.0m、长度不小于开口宽度的防火挑檐；当室内设置自动喷水灭火系统时，上、下层开口之间的实体墙高度不应小于0.8m。

　　2. 住宅建筑外墙上，相邻户开口之间的墙体宽度不应小于1.0m；否则应在开口之间设置凸出外墙0.6m的隔板。

　　3. 实体墙、防火挑檐和隔板的耐火极限和燃烧性能，均不应低于相应耐火等级建筑外墙的要求。

（五）防火玻璃墙

当建筑外墙上、下层开口之间设置实体墙确有困难时，可设置防火玻璃墙。高层建筑防火玻璃墙的耐火完整性不应低于1.0h，单、多层建筑防火玻璃墙的耐火完整性不应低于0.50h。外窗的耐火完整性不应低于防火玻璃墙的耐火完整性要求。

幕墙应在每层楼板外沿处采取符合规定的防火措施，幕墙与每层楼板、隔墙处的缝隙应采用防火封堵材料封堵。

（六）管道井

楼梯间、电梯井、采光天井、通风管道井、电缆井、垃圾井等竖井应自成独立的防火分区。

表1-3-3 竖井防火分隔要求

名称	要求
电梯井	①应独立设置 ②井内严禁敷设可燃气体和甲、乙、丙类液体管道，并不应敷设与电梯无关的电缆，电线等 ③井壁应为耐火极限不低于2.0h的不燃性墙体 ④井壁除开设电梯门洞和通气孔洞外，不应开设其他洞口 ⑤电梯门不应采用栅栏门
电缆井 管道井 排烟道 排气道	①应分别独立设置 ②井壁应为耐火极限不低于1.0h的不燃性墙体 ③检查门应采用丙级防火门 ④高度不大于100m的高层建筑，其电缆井、管道井应每隔2~3层在楼板处用相当于楼板耐火极限的不燃材料作防火分隔，建筑高度大于100m的建筑物，应每层分隔 ⑤电缆井、管道井与房间、吊顶、走道等相连通的孔洞，应用不燃材料或防火封堵材料严密填实
垃圾道	①宜靠外墙独立设置，不宜设在楼梯间内 ②垃圾道排气口应直接开向室外 ③垃圾斗宜设在垃圾道前室内，前室门采用丙级防火门 ④垃圾斗应用不燃材料制作并能自动关闭

（七）防火墙

1. 防止火灾蔓延至相邻建筑或相邻水平防火分区且耐火极限不低于3.0h的不燃性实体墙称为防火墙。

2. 防火墙横截面中心线水平距离天窗端面小于4.0m，且天窗端面为可燃性墙体时，应采取防止火势蔓延的措施。

3. 防火墙上不应开设门、窗、洞口，确需开设时，应设置不可开启或火灾时能自动关闭的甲级防火门、窗。

4. 可燃气体和甲、乙、丙类液体的管道严禁穿过防火墙。防火墙内不应设置排气道。

（八）防火卷帘

1. 除中庭外，当防火分隔部位的宽度不大于30m时，防火卷帘的宽度不应大于10m；当防火分隔部位的宽度大于30m时，防火卷帘的宽度不应大于该部位宽度的1/3，且不应大于20m。

2. 防火卷帘应具有火灾时靠自重自动关闭功能。

3. 除本规范另有规定外，防火卷帘的耐火极限不应低于规范对所设置部位墙体的耐火极限要求。

当防火卷帘的耐火极限符合现行国家标准有关耐火完整性和耐火隔热性的判定条件时，可不设置自动喷水灭火系统保护；

当防火卷帘的耐火极限仅符合现行国家标准有关耐火完整性的判定条件时，应设置自动喷水灭火系统保护。自动喷水灭火系统的设计应符合现行国家标准的规定，但火灾延续时间不应小于该防火卷帘的耐火极限。

4. 防火卷帘应具有防烟性能，与楼板、梁、墙、柱之间的空隙应采用防火封堵材料封堵。

5. 需在火灾时自动降落的防火卷帘，应具有信号反馈的功能。

6. 设在疏散走道和前室的防火卷帘应具延时下降功能，在卷帘两侧设置启闭装置，并应能电动和手动控制。

（九）防火门

防火门分为甲、乙、丙三级，耐火极限分别不低于1.50h、1.00h和0.50h，分别应用于防火墙、疏散楼梯门和竖井检查门。

（十）防火窗

防火窗的分级和耐火极限同防火门。

设置在防火墙、防火隔墙上的防火窗，应采用不可开启的窗扇或具有火灾时能自行关闭的功能。

（十一）防火分隔水幕

防火分隔水幕密集喷洒形成水墙或水帘，在某些需要防火分隔但无法设置实体分隔构件的部位，可采用防火水幕分隔。但不宜用于宽大于 15m、高大于 8m 的开口（舞台口除外）。

防火分隔水幕喷水点高度不应大于 12m，喷水强度不应小于 $2L/s \cdot m$，喷头工作压力不应小于 0.1MPa。

（十二）防火阀

防火阀是用于通风、空调管道内阻火的自动阻断装置，平时处于开启状态，当管道内温度达到 70℃（公共建筑内的厨房为 150℃）时自动关闭。防火阀两侧各 2.0m 范围内的风管及绝热材料应采用不燃材料。防火阀的设置部位如下：

1. 穿越防火分区处；

2. 穿越通风、空调机房的房间隔墙和楼板处；

3. 穿越重要或火灾危险性大的房间隔墙和楼板处；

4. 穿越变形缝处的两侧；

5. 竖向风管与每层水平风管交接处的水平管段上。

（十三）排烟防火阀

排烟防火阀是安装在排烟系统管道（排烟风机入口处的总管、排烟支管、穿越防火分区的管道）内，用于管道内隔烟、阻火的自动阻断装置。

排烟防火阀平时闭合，当接收到开启信号时开启，管道内的烟气超过 280℃时自动关闭并联锁排烟风机停机。排烟防火阀兼具手动启、闭功能。

三、防火间距

（一）民用建筑之间的防火间距

民用建筑之间的防火间距不应小于表 1-3-4 的规定，与其他建筑的防火间距，尚应符合规范其他有关规定。

表 1-3-4　民用建筑之间的防火间距（m）

建筑类别		高层民用建筑	裙房和其他民用建筑		
		一、二级	一、二级	三级	四级
高层民用建筑	一、二级	13	9	11	14
裙房和其他民用建筑	一、二级	9	6	7	9
	三级	11	7	8	10
	四级	14	9	10	12

建筑高度大于 100m 的民用建筑与相邻建筑的防火间距，当符合允许减小的条件时，仍不应减小。

（二）工业建筑的防火间距

员工宿舍严禁设置在厂房（仓库）内。

办公室、休息室等不应设置在甲、乙类厂房内。甲、乙类厂房不应与本厂房外的办公室、休息室等其他建筑贴邻。

办公室、休息室等严禁设置在甲、乙类仓库内，也不应贴邻。

1.厂房的防火间距

（1）甲类厂房与重要公共建筑的防火间距不应小于50m，与明火或散发火花地点的防火间距不应小于30m。

（2）乙类厂房与重要公共建筑的防火间距不宜小于50m，与明火或散发火花地点的防火间距不宜小于30m。

（3）甲、乙类厂房与裙房，单、多层民用建筑的防火间距不应小于25m；与高层民用建筑的防火间距不应小于50m。

2.仓库的防火间距

（1）甲类仓库与高层民用建筑、重要公共建筑的防火间距不应小于50m。

（2）甲类仓库与裙房、其他民用建筑、明火或散发火花地点的防火间距，储存甲类第3、4项物品，储量不大于5t或大于5t时，分别不应小于30m、40m；储存甲类第1、2、5、6项物品，储量不大于10t或大于10t时，分别不应小于25m、30m。

（3）甲类仓库之间的防火间距不应小于20m；当第3、4项物品储量不大于2t，第1、2、5、6项物品储量不大于5t时，不应小于12m。甲类仓库与高层仓库之间的防火间距不应小于13m。

（4）除乙类第6项物品（常温下与空气接触能缓慢氧化，积热不散引起自燃的物品）外的乙类仓库，与民用建筑的防火间距不宜小于25m，与重要公共建筑的防火间距不应小于50m。

（5）乙类仓库与高层民用建筑的防火间距不应小于50m。

（6）乙类仓库与裙房，单、多层民用建筑的防火间距，不应小于25m。

（三）防火间距不足的等效措施

1.民用建筑

（1）相邻两座单、多层建筑，当相邻外墙为不燃性墙体且无外露的可燃性屋檐，每面外墙上无防火保护的门、窗、洞口不正对开设且该门、窗、洞口的面积之和不大于外墙面积的5%时，其防火间距可在基准规定值上减少25%。

（2）两座建筑相邻较高一面外墙为防火墙，或高出相邻较低一座一、二级耐火等级建筑的屋面15m及以下范围内的外墙为防火墙时，其防火间距不限。

（3）相邻两座高度相同的一、二级耐火等级建筑中相邻任一侧外墙为防火墙，屋顶的耐火极限不低于1.00h时，其防火间距不限。

（4）相邻两座建筑中较低一座建筑的耐火等级不低于二级，相邻较低一面外墙为防火墙且屋顶无天窗，屋顶的耐火极限不低于1.00h时，其防火间距不应小于3.5m；对于高层建筑，不应小于4m。

（5）相邻两座建筑中较低一座建筑的耐火等级不低于二级且屋顶无天窗，相邻较高一面外墙高出较低一座建筑的屋面15m及以下范围内的开口部位设置甲级防火门、窗，或设置符合现行国家标准规定的防火分隔水幕或防火卷帘时，其防火间距不应小于3.5m；对于高层建筑，不应小于4m。

（6）除高层民用建筑外，数座一、二级耐火等级的住宅建筑或办公建筑，当建筑物的占地面积总和不大于2500m²时，可成组布置，但组内建筑物之间的间距不宜小于4m。

2.厂房

（1）两座厂房相邻较高一面外墙为防火墙，或相邻两座高度相同的一、二级耐火等级建筑中相邻任一侧外墙为防火墙且屋顶的耐火极限不低于1.00h时，其防火间距不限，但甲类厂房之间不应小于4m。

（2）两座丙、丁、戊类厂房相邻两面外墙均为不燃性墙体，当无外露的可燃性屋檐，每面外墙上的门、窗、洞口面积之和各不大于外墙面积的5%，且门、窗、洞口不正对开设时，其防火间距可在基准规定值上减少25%。

（3）两座一、二级耐火等级的厂房，当相邻较低一面外墙为防火墙且较低一座厂房的屋顶无天窗，屋顶的耐火极限不低于1.00h，或相邻较高一面外墙的门、窗等开口部位设置甲级防火门、窗或防火分隔水幕或按规定设置防火卷帘时，甲、乙类厂房之间的防火间距不应小于6m；丙、丁、戊类厂房之间的防火间距不应小于4m。

（4）丙、丁、戊类厂房与民用建筑的耐火等级均为一、二级时，丙、丁、戊类厂房与民用建筑的防火间距可适当减小，但应符合下列规定：

①当较高一面外墙为无门、窗、洞口的防火墙，或比相邻较低一座建筑屋面高15m及以下范围内的外墙为无门、窗、洞口的防火墙时，其防火间距不限；

②相邻较低一面外墙为防火墙，且屋顶无天窗、屋顶的耐火极限不低于1.00h，或相邻较高一面外墙为防火墙，且墙上开口部位采取了防火措施，其防火间距可适当减小，但不应小于4m。

3.仓库

（1）乙、丙、丁、戊类仓库，两座仓库的相邻外墙均为防火墙时，防火间距可以减小，但丙类仓库，不应小于6m；丁、戊类仓库，不应小于4m。

（2）乙、丙、丁、戊类仓库，两座仓库相邻较高一面外墙为防火墙，或相邻两座高度相同的一、二级耐火等级建筑中相邻任一侧外墙为防火墙且屋顶的耐火极限不低于1.00h，且总占地面积不大于一座仓库的最大允许占地面积规定时，其防火间距不限。

（3）丁、戊类仓库与民用建筑的耐火等级均为一、二级时，仓库与民用建筑的防火间距可适当减小，但应符合下列规定：

①当较高一面外墙为无门、窗、洞口的防火墙，或比相邻较低一座建筑屋面高15m及以下范围内的外墙为无门、窗、洞口的防火墙时，其防火间距不限；

②相邻较低一面外墙为防火墙，且屋顶无天窗或洞口、屋顶耐火极限不低于1.00h，或相邻较高一面外墙为防火墙，且墙上开口部位采取了防火措施，其防火间距可适当减小，但不应小于4m。

第四节　安全疏散

民用建筑对安全出口、疏散门、疏散走道、疏散楼梯间、最小净宽度、百人疏散指标、最大疏散距离等内容作了详尽的规定。工业建筑中，厂房对安全出口、百人疏散指标、最大疏散距离、疏散楼梯间等内容作了规定；仓库仅对安全出口和疏散楼梯间作了规定。

一、通用要求

1.楼梯间应能天然采光和自然通风，并宜靠外墙设置。靠外墙设置时，楼梯间、前室及合用前室外墙上的窗口与两侧门、窗、洞口最近边缘的水平距离不应小于1.0m。

2.楼梯间内不应设置烧水间、可燃材料储藏室、垃圾道。

3.楼梯间内不应有影响疏散的凸出物或其他障碍物。

4.封闭楼梯间、防烟楼梯间及其前室，不应设置卷帘。

5. 楼梯间内不应设置甲、乙、丙类液体管道。

6. 封闭楼梯间、防烟楼梯间及其前室内禁止穿过或设置可燃气体管道。敞开楼梯间内不应设置可燃气体管道，当住宅建筑的敞开楼梯间内确需设置可燃气体管道和可燃气体计量表时，应采用金属管和设置切断气源的阀门。

7. 除通向避难层错位的疏散楼梯外，疏散楼梯间在各层的平面位置不应改变。

8. 疏散用楼梯和疏散通道上的阶梯不宜采用螺旋楼梯和扇形踏步；确需采用时，踏步上、下两级所形成的平面角度不应大于10°，且每级离扶手250mm处的踏步深度不应小于220mm。

9. 疏散走道在防火分区处应设置常开甲级防火门。

10. 建筑内的疏散门应符合下列规定：

（1）民用建筑和厂房的疏散门，应采用向疏散方向开启的平开门，不应采用推拉门、卷帘门、吊门、转门和折叠门。除甲、乙类生产车间外，人数不超过60人且每樘门的平均疏散人数不超过30人的房间，其疏散门的开启方向不限；

（2）仓库的疏散门应采用向疏散方向开启的平开门，但丙、丁、戊类仓库首层靠墙的外侧可采用推拉门或卷帘门；

（3）开向疏散楼梯或疏散楼梯间的门，当其完全开启时，不应减少楼梯平台的有效宽度；

（4）人员密集场所内平时需要控制人员随意出入的疏散门和设置门禁系统的住宅、宿舍、公寓建筑的外门，应保证火灾时不需使用钥匙等任何工具即能从内部易于打开，并应在显著位置设置具有使用提示的标识。

13. 除住宅建筑套内的自用楼梯外，地下或半地下建筑（室）的疏散楼梯间，应符合下列规定：

（1）室内地面与室外出入口地坪高差大于10m或3层及以上的地下、半地下建筑（室），其疏散楼梯应采用防烟楼梯间；其他地下或半地下建筑（室），其疏散楼梯应采用封闭楼梯间；

（2）应在首层采用耐火极限不低于2.00h的防火隔墙与其他部位分隔并应直通室外，确需在隔墙上开门时，应采用乙级防火门；

（3）建筑的地下或半地下部分与地上部分不应共用楼梯间，确需共用楼梯间时，应在首层采用耐火极限不低于2.00h的防火隔墙和乙级防火门将地下或半地下部分与地上部分的连通部位完全分隔，并应设置明显的标志。

二、疏散楼梯间

（一）封闭楼梯间

封闭楼梯间：采用双向弹簧门、防火门等措施分隔，能防止火灾烟气进入的楼梯间。安全可靠度高于敞开楼梯间、低于防烟楼梯间。

1. 适用范围

（1）下列多层公共建筑，除与敞开式外廊直接相连的楼梯间外，均应采用封闭楼梯间：

①医疗建筑、旅馆、老年人照料设施；

②设置歌舞娱乐放映游艺场所的建筑；

③商店、图书馆、展览建筑、会议中心及类似使用功能的建筑；

④6层及以上的其他公共建筑。

（2）高层建筑的裙房、建筑高度不大于32m的二类高层建筑以及建筑高度大于21m、不大于33m的住宅，应采用封闭楼梯间。当住宅户门为乙级防火门时，可不设置封闭楼梯间。

（3）高层厂房和甲、乙、丙类多层厂房的疏散楼梯应采用封闭楼梯间或室外楼梯。

（4）高层仓库的疏散楼梯应采用封闭楼梯间。

（5）室内地面与室外出入口地坪高差不大于 10m 或 2 层及以下的地下、半地下建筑（室），其疏散楼梯应采用封闭楼梯间。

2.设置要求

（1）不能自然通风或自然通风不能满足要求时，应设置机械加压送风系统或采用防烟楼梯间。

（2）除楼梯间的出入口和外窗外，楼梯间墙上不应开设其他门、窗、洞口。

（3）高层建筑、人员密集的公共建筑、人员密集的多层丙类厂房、甲、乙类厂房，其封闭楼梯间的门应采用乙级防火门，并应向疏散方向开启；其他建筑，可采用双向弹簧门。

（4）楼梯间的首层可将走道和门厅等包括在楼梯间内形成扩大的封闭楼梯间，但应采用乙级防火门等与其他走道和房间分隔。

（二）防烟楼梯间

防烟楼梯间：在楼梯间入口处设置防烟的前室、开敞式阳台或凹廊（统称前室）等设施，且通向前室和楼梯间的门均为防火门，能防止火灾烟气进入。

1.防烟楼梯间的类型

（1）带开敞阳台或凹廊的防烟楼梯间

以阳台或凹廊作为前室，须通过开敞的前室和 2 道防火门才能进入楼梯间内。

（2）带前室的防烟楼梯间

①自然排烟的防烟楼梯间。前室靠外墙，并在外墙上设有可开启面积不小于 $2m^2$ 的窗户。由走道进入前室和由前室进入楼梯间的门必须是乙级防火门。

②机械防烟的防烟楼梯间。采用机械加压方式防烟，加压方式有仅给楼梯间加压、分别对楼梯间和前室加压以及仅对前室或合用前室加压等不同方式。

2.适用范围

（1）一类高层建筑、建筑高度大于 32m 的二类高层建筑；建筑高度大于 24m 的老年人照料设施。

（2）建筑高度大于 33m 的住宅。户门不宜直接开向前室，确有困难时，每层开向同一前室的户门不应大于 3 樘且应采用乙级防火门。

（3）建筑高度大于 32m 且任一层人数超过 10 人的高层厂房。

（4）室内地面与室外出入口地坪高差大于 10m 或 3 层及以上的地下、半地下建筑（室）。

3.设置要求

（1）应设置防烟设施。

（2）前室可与消防电梯间前室合用。

（3）前室的使用面积：公共建筑、高层厂房（仓库），不应小于 $6.0m^2$；住宅建筑，不应小于 $4.5m^2$。

与消防电梯间前室合用时，合用前室的使用面积：公共建筑、高层厂房（仓库），不应小于 $10.0m^2$；住宅建筑，不应小于 $6.0m^2$。

（4）疏散走道通向前室以及前室通向楼梯间的门应采用乙级防火门。

（5）除住宅建筑的楼梯间前室外，防烟楼梯间和前室内的墙上不应开设除疏散门和送风口外的其他门、窗、洞口。

（6）楼梯间的首层可将走道和门厅等包括在楼梯间前室内形成扩大的前室，但应采用乙级防火门等与其他走道和房间分隔。

（三）室外楼梯

1.室外疏散楼梯应符合下列规定：

（1）栏杆扶手的高度不应小于1.10m，楼梯的净宽度不应小于0.90m；

（2）倾斜角度不应大于45°；

（3）梯段和平台均应采用不燃材料制作。平台的耐火极限不应低于1.00h，梯段的耐火极限不应低于0.25h；

（4）通向室外楼梯的门应采用乙级防火门，并应向外开启；

（5）除疏散门外，楼梯周围2.00m内的墙面上不应设置门、窗、洞口。疏散门不应正对梯段。

2.用作丁、戊类厂房内第二安全出口的楼梯可采用金属梯，但其净宽度不应小于0.90m，倾斜角度不应大于45°。

丁、戊类高层厂房，当每层工作平台上的人数不超过2人且各层工作平台上同时工作的人数总和不超过10人时，其疏散楼梯可采用敞开楼梯或利用净宽度不小于0.90m、倾斜角度不大于60°的金属梯。

3.建筑高度大于10.0m的三级耐火等级建筑，应设置通至屋顶的室外消防梯。室外消防梯不应面对老虎窗，宽度不应小于0.6m，且宜从离地面3.0m高处设置。

（四）剪刀楼梯间

剪刀楼梯：在同一个楼梯间内设置一对互相交叉、分隔的楼梯。特点是在同一楼梯间内设2部疏散楼梯，并构成2个出口，可在狭窄空间内组织双向疏散。

1.适用范围

（1）住宅单元的疏散楼梯，当分散设置确有困难且任一户门至最近疏散楼梯间入口的距离不大于10m时，可采用剪刀楼梯间，但应符合相关规定。

（2）高层公共建筑的疏散楼梯，当分散设置确有困难且从任一疏散门至最近疏散楼梯间入口的距离不大于10m时，可采用剪刀楼梯间，但应符合相关规定。

2.设置要求

由于剪刀楼梯的2条疏散通道处于同一空间内，只要有1个出入口进烟，就会使整个楼梯间充满烟气。为防止出现这种情况应采取下列防火措施：

（1）应采用防烟楼梯间；

（2）梯段之间应设置耐火极限不低于1.00h的防火隔墙；

（3）住宅剪刀楼梯间的前室不宜共用；共用时，共用前室的使用面积不应小于6.0m²；高层公共建筑剪刀楼梯间的前室应分别设置；

（4）住宅剪刀楼梯间的前室或共用前室不宜与消防电梯前室合用；楼梯间的共用前室与消防电梯的前室合用时，合用前室的使用面积不应小于12.0m²，且短边不应小于2.4m；

（5）高层公共建筑的剪刀楼梯间与消防电梯间前室合用时，合用前室的使用面积不应小于10.0m²，且短边不应小于2.4m。

三、避难设施

（一）避难走道

避难走道是指采用防烟措施且两侧设置耐火极限不低于3.00h的防火隔墙，用于人员安全通行至室外或暂时避难的走道。设置应符合下列规定：

1. 避难走道防火隔墙的耐火极限不应低于3.00h，楼板的耐火极限不应低于1.50h；

2. 避难走道直通地面的出口不应少于2个，并应设置在不同方向；当避难走道仅与一个防火分区相通且该防火分区至少有1个直通室外的安全出口时，可设置1个直通地面的出口。任一防火分区通向避难走道的门至该避难走道最近直通地面的出口的距离不应大于60m；

3. 避难走道的净宽度不应小于任一防火分区通向该避难走道的设计疏散总净宽度；

4. 避难走道内部装修材料的燃烧性能应为A级；

5. 防火分区至避难走道入口处应设置防烟前室，前室的使用面积不应小于6.0m²，开向前室的门应采用甲级防火门，前室开向避难走道的门应采用乙级防火门；

6. 避难走道内应设置消火栓、消防应急照明、应急广播和消防专线电话。

（二）避难层（间）

避难层（间）是建筑内用于人员暂时躲避火灾及其烟气危害的楼层（房间）。

1. 设置范围

（1）建筑高度大于100m的公共建筑，应设置避难层（间）。

（2）建筑高度大于100m的住宅建筑应设置避难层。

（3）高层病房楼应在二层及以上的病房楼层和洁净手术部设置避难间。

（4）建筑高度大于54m的住宅建筑，每户应有一间房间应靠外墙设置，并应设置可开启外窗；其内、外墙体的耐火极限不应低于1.00h，该房间的门宜采用乙级防火门，外窗的耐火完整性不宜低于1.00h。

（5）3层及3层以上总建筑面积大于3000m²（包括设置在其他建筑内三层及以上楼层）的老年人照料设施，应在二层及以上各层老年人照料设施部分的每座疏散楼梯间的相邻部位设置1间避难间；当老年人照料设施设置与疏散楼梯或安全出口直接连通的开敞式外廊、与疏散走道直接连通且符合人员避难要求的室外平台等时，可不设置避难间。

2. 设置要求

（1）建筑高度大于100m的公共建筑设置的避难层（间）应符合下列规定：

①第一个避难层（间）的楼地面至灭火救援场地地面的高度不应大于50m，两个避难层（间）之间的高度不宜大于50m；

②通向避难层的疏散楼梯应在避难层分隔、同层错位或上下层断开；

③避难层（间）的净面积应能满足设计避难人数避难的要求，并宜按5.0人/m²计算；

④避难层可兼作设备层。设备管道宜集中布置，其中的易燃、可燃液体或气体管道应集中布置，设备管道区应采用耐火极限不低于3.00h的防火隔墙与避难区分隔。管道井和设备间应采用耐火极限不低于2.00h的防火隔墙与避难区分隔，管道井和设备间的门不应直接开向避难区；确需直接开向避难区时，与避难层区出入口的距离不应小于5m，且应采用甲级防火门。

避难间内不应设置易燃、可燃液体或气体管道，不应开设除外窗、疏散门之外的其他开口；

⑤避难层应设置消防电梯出口；

⑥应设置消火栓和消防软管卷盘；

⑦应设置消防专线电话和应急广播；

⑧在避难层（间）进入楼梯间的入口处和疏散楼梯通向避难层（间）的出口处，应设置明显的指示标志；

⑨应设置直接对外的可开启窗口或独立的机械防烟设施，外窗应采用乙级防火窗；

⑩应设应急照明，供电时间不应低于1.5h，照度不应低于3.0lx。

（2）高层病房楼或手术部的避难间应符合下列规定：

①避难间服务的护理单元不应超过2个，其净面积应按每个护理单元不小于25.0m²确定；

②避难间兼作其他用途时，应保证人员的避难安全，且不得减少可供避难的净面积；

③应靠近楼梯间，并应采用耐火极限不低于2.00h的防火隔墙和甲级防火门与其他部位分隔；

④应设置消防专线电话和消防应急广播；

⑤避难间的入口处应设置明显的指示标志；

⑥应设置直接对外的可开启窗口或独立的机械防烟设施，外窗应采用乙级防火窗；

⑦应设应急照明，供电时间不应低于1.0h，照度不应低于10.0lx。

（3）老年人照料设施的避难间应符合下列规定：

避难间内可供避难的净面积不应小于12m²，避难间可利用疏散楼梯间的前室或消防电梯的前室，其他要求应符合高层病房楼或手术部的避难间的规定。

四、安全疏散参数

（一）常用参数

1.除规范另有规定外，公共建筑内疏散门和安全出口的净宽度不应小于0.90m，疏散走道和疏散楼梯的净宽度不应小于1.10m。

2.办公建筑的门洞口净宽度不应小于1.00m、高度不应小于2.10m。

3.建筑高度不大于18m的住宅中一侧设有栏杆的疏散楼梯，其净宽度不应小于1m。

4.人员密集的公共场所，疏散门的净宽度不应小于1.4m、室外疏散通道的净宽度不应小于3.0m。

（二）人员密度

疏散人数不应小于建筑面积与人员密度的乘积。

1.商店

表1-4-1　商店营业厅内的人员密度（人/m²）

楼层位置	地下第二层	地下第一层	地上第一、二层	地上第三层	地上第四层及以上各层
人员密度	0.56	0.60	0.43～0.60	0.39～0.54	0.30～0.42

注：建材商店、家具和灯饰展示建筑，按表中规定值的30%确定。

2.歌舞娱乐放映游艺场所

录像厅1.0人/m²；其他歌舞娱乐放映游艺场所0.5人/m²。

3.有固定座位的场所

除剧场、电影院、礼堂、体育馆外，其疏散人数可按座位数的1.1倍计算。

4.展览厅

0.75人/m²。

（三）疏散宽度

1.百人宽度指标是每百人在允许疏散时间内，以单股人流形式疏散所需的疏散宽度。

$$百人指标 = \frac{单股人流宽度 \times 100}{疏散时间 \times 每分钟每股人流通过人数} \qquad 式（1-3-1）$$

规范取单股人流的宽度为0.55m，一、二级耐火等级建筑疏散时间控制为2min，三级耐火等级建筑疏散时间控制为1.5min。单股人流通过能力按平坡地面43人/min、阶梯地面37人/min，可计算出不同建筑的百人宽度指标。

2.高层公共建筑的疏散宽度

（1）疏散门、安全出口、疏散走道和疏散楼梯的各自总宽度，按不应小于1m/百人确定。

（2）相关部位的最小净宽度不应小于表1-4-2的规定。

表1-4-2　高层公共建筑内楼梯间的首层疏散门、首层疏散外门、疏散走道和疏散楼梯的最小净宽度（m）

建筑类别	楼梯间的首层疏散门、首层疏散外门	走道		疏散楼梯
		单面布房	双面布房	
高层医疗建筑	1.30	1.40	1.50	1.30
其它高层公共建筑	1.20	1.30	1.40	1.20

3.剧场、电影院、礼堂、体育馆的疏散宽度

（1）观众厅内疏散走道的净宽度不应小于0.6m/百人、且不应小于1.0m；边走道的净宽不宜小于0.8m。

（2）布置疏散走道时，横走道之间的座位排数不宜超过20排；纵走道之间的座位数，剧院、电影院、礼堂等每排不宜超过22个，体育馆每排不宜超过26个，前后排座椅的排距不小于0.9m时，可增加1倍，但不得超过50个；仅一侧有纵走道时，座位数应减少一半。

表1-4-3　剧场、电影院、礼堂等场所的百人宽度指标（m/百人）

观众厅座位数（座）			≤ 2500	≤ 1200
耐火等级			一、二级	三级
疏散部位	门和走道	平坡地面	0.65	0.85
		阶梯地面	0.75	1.00
	楼梯		0.75	1.00

表1-4-4　体育馆百人宽度指标（m/百人）

观众厅座位数范围 /座			3000 ~ 5000	5001 ~ 10000	10001 ~ 20000
疏散部位	门和走道	平坡地面	0.43	0.37	0.32
		阶梯地面	0.50	0.43	0.37
	楼梯		0.50	0.43	0.37

4.木结构建筑的疏散宽度

表1-4-5　木结构建筑疏散走道、安全出口、疏散楼梯和房间疏散门百人宽度指标（m/百人）

层数	地上1~2层	地上3层
每100人的疏散净宽度	0.75	1.00

5.其他公共建筑

除剧场、电影院、礼堂、体育馆外的其他公共建筑，其房间疏散门、安全出口、疏散走道和疏散楼梯的各自总净宽度，应符合下列规定：

（1）每层的房间疏散门、安全出口、疏散走道和疏散楼梯的各自总净宽度，应根据疏散人数按每100人的最小疏散净宽度不小于表1-4-6的规定计算确定。当每层疏散人数不等时，疏散楼梯的

总净宽度可分层计算，地上建筑内下层楼梯的总净宽度应按该层及以上疏散人数最多一层的人数计算；地下建筑内上层楼梯的总净宽度应按该层及以下疏散人数最多一层的人数计算；

表 1-4-6　每层的房间疏散门、安全出口、疏散走道和疏散楼梯的每 100 人最小疏散净宽度（m/百人）

建筑层数		建筑的耐火等级		
		一、二级	三级	四级
地上楼层	1～2 层	0.65	0.75	1.00
	3 层	0.75	1.00	—
	≥ 4 层	1.00	1.25	—
地下楼层	与地面出入口地面的高差 ΔH ≤ 10m	0.75	—	—
	与地面出入口地面的高差 ΔH > 10m	1.00	—	—

（2）地下或半地下人员密集的厅、室和歌舞娱乐放映游艺场所，其房间疏散门、安全出口、疏散走道和疏散楼梯的各自总净宽度，应根据疏散人数按不小于 1.00m/百人计算确定；

（3）首层外门的总净宽度应按该建筑疏散人数最多一层的人数计算确定，不供其他楼层人员疏散的外门，可按本层的疏散人数计算确定。

（四）安全疏散距离

疏散距离包括两部分：一是房间内最远点到房门的疏散距离，二是从房门到疏散楼梯间或外部出口的距离，均需符合相关规定。

1. 公共建筑的安全疏散距离

（1）直通疏散走道的房间疏散门至最近安全出口的直线距离不应大于表 1-4-7 的规定。

表 1-4-7　直通疏散走道的房间疏散门至最近安全出口的直线距离（m）

名称			位于两个安全出口之间的疏散门			位于袋形走道两侧或尽端的疏散门		
			一、二级	三级	四级	一、二级	三级	四级
托儿所、幼儿园、老年人照料设施			25	20	15	20	15	10
歌舞娱乐放映游艺场所			25	20	15	9	—	—
医疗建筑	单、多层		35	30	25	20	15	10
	高层	病房部分	24	—	—	12	—	—
		其他部分	30	—	—	15	—	—
教学建筑	单、多层		35	30	25	22	20	10
	高层		30	—	—	15	—	—
高层旅馆、展览建筑			30	—	—	15	—	—
其他建筑	单、多层		40	35	25	22	20	15
	高层		40	—	—	20	—	—

注：1. 建筑内开向敞开式外廊的房间疏散门至最近安全出口的直线距离可按本表的规定增加 5m。

　　2. 直通疏散走道的房间疏散门至最近敞开楼梯间的直线距离，当房间位于两个楼梯间之间时，应按本表的规定减少 5m；当房间位于袋形走道两侧或尽端时，应按本表的规定减少 2m。

　　3. 建筑物内全部设置自动喷水灭火系统时，其安全疏散距离可按本表的规定增加 25%。

（2）楼梯间应在首层直通室外，确有困难时，可在首层采用扩大的封闭楼梯间或防烟楼梯间前室。当层数不超过 4 层且未采用扩大的封闭楼梯间或防烟楼梯间前室时，可将直通室外的门设置在离楼梯间不大于 15m 处。

（3）房间内任一点至房间直通疏散走道的疏散门的直线距离，不应大于表 1-4-7 规定的袋形走道两侧或尽端的疏散门至最近安全出口的直线距离。

（4）一、二级耐火等级建筑内疏散门或安全出口不少于 2 个的观众厅、展览厅、多功能厅、餐厅、营业厅等，其室内任一点至最近疏散门或安全出口的直线距离不应大于 30m；当疏散门不能直通室外地面或疏散楼梯间时，应采用长度不大于 10m 的疏散走道通至最近的安全出口。当该场所设置自动喷水灭火系统时，室内任一点至最近安全出口的安全疏散距离可分别增加 25%。

2. 住宅建筑的安全疏散距离

（1）直通疏散走道的户门至最近安全出口的直线距离不应大于表 1-4-8 的规定。

表 1-4-8　住宅建筑直通疏散走道的户门至最近安全出口的直线距离（m）

住宅建筑 类 别	位于两个安全出口之间的户门			位于袋形走道两侧或尽端的户门		
	一、二级	三级	四级	一、二级	三级	四级
单、多层	40	35	25	22	20	15
高 层	40	—	—	20	—	—

注：1. 开向敞开式外廊的户门至最近安全出口的最大直线距离可按本表的规定增加 5m。

　　2. 直通疏散走道的户门至最近敞开楼梯间的直线距离，当户门位于两个楼梯间之间时，应按本表的规定减少 5m；当户门位于袋形走道两侧或尽端时，应按本表的规定减少 2m。

　　3. 住宅建筑内全部设置自动喷水灭火系统时，其安全疏散距离可按本表及注 1 的规定增加 25%。

　　4. 跃廊式住宅的户门至最近安全出口的距离，应从户门算起，小楼梯的一段距离可按其水平投影长度的 1.50 倍计算。

（2）楼梯间应在首层直通室外，或在首层采用扩大的封闭楼梯间或防烟楼梯间前室。层数不超过 4 层时，可将直通室外的门设置在离楼梯间不大于 15m 处。

（3）户内任一点至直通疏散走道的户门的直线距离不应大于表 1-4-8 规定的袋形走道两侧或尽端的疏散门至最近安全出口的最大直线距离。跃层式住宅，户内楼梯的距离可按其梯段水平投影长度的 1.50 倍计算。

3. 民用木结构建筑的安全疏散距离

（1）房间直通疏散走道的疏散门至最近安全出口的直线距离不应大于表 1-4-9 的规定。

表 1-4-9　房间直通疏散走道的疏散门至最近安全出口的直线距离（m）

名称	位于两个安全出口之间的疏散门	位于袋形走道两侧或尽端的疏散门
托儿所、幼儿园、老年人照料设施	15	10
歌舞娱乐放映游艺场所	15	6
医院和疗养院建筑、教学建筑	25	12
其他民用建筑	30	15

（2）房间内任一点至该房间直通疏散走道的疏散门的直线距离，不应大于上表中有关袋形走道两侧或尽端的疏散门至最近安全出口的直线距离。

（五）疏散门

疏散门应分散布置，并应符合双向疏散原则。相邻疏散门最近边缘之间的水平距离不应小于

5m。可设置 1 个疏散门的条件十分严苛。

1.公共建筑内房间的疏散门数量应经计算确定且不应少于 2 个。除托儿所、幼儿园、老年人照料设施、医疗建筑、教学建筑内位于走道尽端的房间外，符合下列条件之一的房间可设置 1 个疏散门：

（1）位于两个安全出口之间或袋形走道两侧的房间，对于托儿所、幼儿园、老年人照料设施，建筑面积不大于 50m²；对于医疗建筑、教学建筑，建筑面积不大于 75m²；对于其他建筑或场所，建筑面积不大于 120m²；

（2）位于走道尽端的房间，建筑面积小于 50m² 且疏散门的净宽度不小于 0.90m，或由房间内任一点至疏散门的直线距离不大于 15m、建筑面积不大于 200m² 且疏散门的净宽度不小于 1.40m；

（3）歌舞娱乐放映游艺场所内建筑面积不大于 50m² 且经常停留人数不超过 15 人的厅、室。

2.剧场、电影院、礼堂和体育馆的观众厅或多功能厅，其疏散门的数量应经计算确定且不应少于 2 个，并应符合下列规定：

（1）对于剧场、电影院、礼堂的观众厅或多功能厅，每个疏散门的平均疏散人数不应超过 250 人；当容纳人数超过 2000 人时，其超过 2000 人的部分，每个疏散门的平均疏散人数不应超过 400 人；

（2）对于体育馆的观众厅，每个疏散门的平均疏散人数不宜超过 400 人~700 人。

（六）安全出口设置基本要求

安全出口是供人员安全疏散用的楼梯间、室外楼梯的出入口或直通室内外安全区域的出口。

1.除规范另有规定外，公共建筑内的每个防火分区、或一个防火分区的每个楼层，其安全出口数量应经计算确定且不应少于 2 个，且相邻 2 个安全出口或疏散门最近边缘之间的水平距离不应小于 5m。

2.一、二级耐火等级公共建筑内的安全出口全部直通室外确有困难的防火分区，可利用通向相邻防火分区的甲级防火门作为安全出口，但应符合下列要求：

（1）利用通向相邻防火分区的甲级防火门作为安全出口时，应采用防火墙与相邻防火分区进行分隔；

（2）建筑面积大于 1000m² 的防火分区，直通室外的安全出口不应少于 2 个；建筑面积不大于 1000m² 的防火分区，直通室外的安全出口不应少于 1 个；

（3）该防火分区通向相邻防火分区的疏散净宽度不应大于其按规范规定计算所需疏散总净宽度的 30%，建筑各层直通室外的安全出口总净宽度不应小于按照规范规定计算所需疏散总净宽度。

3.当符合下列条件之一时，可设置 1 个安全出口或 1 部疏散楼梯。

（1）除托儿所、幼儿园外，建筑面积不大于 200m² 且人数不超过 50 人的单层、多层公共建筑的首层。

（2）除医疗建筑、老年人照料设施及托儿所、幼儿园的儿童用房和儿童游乐厅等儿童活动场所和歌舞娱乐放映游艺场所等外，符合表 1-4-10 规定的 2、3 层公共建筑。

表 1-4-10 公共建筑可设置 1 部疏散楼梯的条件

耐火等级	最多层数	每层最大建筑面积（m²）	人　数
一、二级	3 层	200	第二、三层的人数之和不超过 50 人
三级	3 层	200	第二、三层的人数之和不超过 25 人
四级	2 层	200	第二层人数不超过 15 人

（3）设置不少于 2 部疏散楼梯的一、二级耐火等级多层公共建筑，如顶层局部升高，当高出部分的层数不超过 2 层、人数之和不超过 50 人且每层建筑面积不大于 200m² 时，高出部分可设置 1 部疏散楼梯，但至少应另外设置 1 个直通建筑主体上人平屋面的安全出口，且上人屋面应符合人员安

全疏散的要求。

4. 住宅建筑安全出口的设置应符合下列规定：

（1）建筑高度不大于 27m 的建筑，当每个单元任一层的建筑面积大于 650m²，或任一户门至最近安全出口的距离大于 15m 时，每个单元每层的安全出口不应少于 2 个；

（2）建筑高度大于 27m、不大于 54m 的建筑，当每个单元任一层的建筑面积大于 650m²，或任一户门至最近安全出口的距离大于 10m 时，每个单元每层的安全出口不应少于 2 个；

（3）建筑高度大于 54m 的建筑，每个单元每层的安全出口不应少于 2 个；

（4）建筑高度大于 27m，但不大于 54m 的住宅建筑，每个单元设置一座疏散楼梯时，疏散楼梯应通至屋面，且单元之间的疏散楼梯应能通过屋面连通，户门应采用乙级防火门。当不能通至屋面或不能通过屋面连通时，应设置 2 个安全出口。

5. 当木结构建筑的每层建筑面积小于 200m² 且第二层和第三层的人数之和不超过 25 人时，可设置 1 部疏散楼梯。

6. 厂房、仓库安全出口设置要求

（1）厂房、仓库的安全出口应分散布置。每个防火分区、一个防火分区的每个楼层，相邻 2 个安全出口最近边缘之间的水平距离不应小于 5m。

（2）厂房、仓库符合下列条件时，可设置 1 个安全出口：

①甲类厂房，每层建筑面积不大于 100m²，且同一时间的生产人数不超过 5 人；

②乙类厂房，每层建筑面积不大于 150m²，且同一时间的生产人数不超过 10 人；

③丙类厂房，每层建筑面积不大于 250m²，且同一时间的生产人数不超过 20 人；

④丁、戊类厂房，每层建筑面积不大于 400m²，且同一时间内的生产人数不超过 30 人。

⑤地下、半地下厂房或厂房的地下室、半地下室，其建筑面积不大于 50m²，且同一时间的作业人数不超过 15 人；

⑥一座仓库的占地面积不大于 300m² 或防火分区的建筑面积不大于 100m²；

⑦地下、半地下仓库或仓库的地下室、半地下室，建筑面积不大于 100m²。

（3）地下或半地下厂房、仓库（包括地下或半地下室），当有多个防火分区相邻布置，并采用防火墙分隔时，每个防火分区可利用防火墙上通向相邻防火分区的甲级防火门作为第二安全出口，但每个防火分区必须至少有 1 个直通室外的独立安全出口。

第五节　建筑防爆

一、基本原则

（一）总平面布局

1. 宜独立设置。必须与其他建筑贴邻时，只能一面贴邻，并用防火墙或防爆墙隔开。相邻两建筑之间不应直接有门相通。

2. 与周围建、构筑物应保持规定的防火间距。

3. 尽量采用矩形平面，尽量与主导风向垂直，以有效利用穿堂风。在山区，宜布置在迎风山坡一面且通风良好的地方。

（二）平面和空间布置

1. 地下、半地下室

甲、乙类生产场所、仓库不应设置在地下或半地下。

2. 中间仓库

（1）厂房内设置甲、乙类中间仓库时，其储量不宜超过一昼夜的需要量。

（2）中间仓库应靠外墙布置，并应采用防火墙和耐火极限不低于1.50h的不燃烧体楼板与其他部分隔开。

3. 办公室、休息室

甲、乙类厂房内不应设置办公室、休息室。必须与本厂房贴邻建造时，其耐火等级不应低于二级，并应采用耐火极限不低于3.00h的不燃烧体防爆墙隔开和设置独立的安全出口。

甲、乙类仓库内严禁设置办公室、休息室等，并不应贴邻建造。

4. 变、配电所

（1）不应将变电所、配电所设在有爆炸危险的甲、乙类厂房内或贴邻建造。专为甲、乙类厂房服务的10kV及以下的变电所、配电所可与厂房一面贴邻建造，但必须用无门窗洞口的防火墙隔开。

（2）对乙类厂房的配电所，如氨压缩机房的配电所，作适当放宽，允许在配电所的防火墙上设置不燃烧体的密封固定甲级窗。

5. 总控制室与分控制室

总控制室一般应单独建造。

分控制室可与厂房贴邻建造，但必须靠外墙设置，并采用耐火极限不低于3.00h的不燃烧体墙体与其他部分隔开。

6. 有爆炸危险的部位

（1）有爆炸危险的生产部位，宜设置在单层厂房靠外墙的泄压设施或多层厂房顶层靠外墙的泄压设施附近。有爆炸危险的设备宜避开厂房的梁、柱等主要承重构件布置。易产生爆炸的设备，应尽量放在靠近外墙靠窗的位置或露天设置。

（2）单层厂房中如某一部分为有爆炸危险的生产，相应的生产部位应靠外墙设置。

（3）多层厂房中某一部分或某一层为有爆炸危险的生产时，应将其设置在顶层靠外墙部位。

（4）厂房内，危险性不同的车间之间应用防火墙分隔。宜在外墙开门、利用外廊或阳台联系；或在防火墙上作门斗，并使两门洞错开不正对。

（5）有爆炸危险场所内的疏散楼梯要考虑设置门斗。

（6）生产、使用或储存相同爆炸物品的房间，应尽量集中在一个区域。性质不同的危险物品的生产，应分开设置。

7. 厂房内不宜设置地沟，必须设置时，其盖板应严密并采取防可燃气体、蒸气及粉尘、纤维在地沟内积聚的有效措施，且与相邻厂房连通处应采用防火材料密封。

8. 使用和生产甲、乙、丙类液体厂房的管、沟不应和相邻厂房的管、沟相通，下水道应设置隔油设施。对于水溶性可燃、易燃液体，应根据具体情况采取相应排放措施。

9. 甲、乙、丙类液体仓库应设置防止液体流散的设施。遇水会发生燃烧爆炸的物品的仓库，应设置防止水浸渍的设施。

二、泄压面积

有爆炸危险的甲、乙类厂房，其泄压面积宜按下式计算，但当厂房的长径＞3时，宜将该建筑划分为长径比≤3的多个计算段，各计算段中的公共截面不得作为泄压面积：

$$A = 10CV^{\frac{2}{3}}$$
式（1-5-1）

式中：A—泄压面积（m^2）；

　　　V—厂房的容积（m^3）；

　　　C—厂房容积为 $1000m^3$ 时的泄压比（m^2/m^3），可按表1-5-1选取。

表1-5-1　厂房内爆炸性危险物质的类别与泄压比值（m^2/m^3）

厂房内爆炸性危险物质的类别	C
氨、粮食、纸、皮革、铅、铬、铜等 $K_尘 < 10MPa \cdot m \cdot s^{-1}$ 的粉尘	≥ 0.030
木屑、炭屑、煤粉、锑、锡等 $10MPa \cdot m \cdot s^{-1} \leqslant K_尘 \leqslant 30MPa \cdot m \cdot s^{-1}$ 的粉尘	≥ 0.055
丙酮、汽油、甲醇、液化石油气、甲烷、喷漆间或干燥室、苯酚树脂、铝、镁、锆等 $K_尘 > 30MPa \cdot m \cdot s^{-1}$ 的粉尘	≥ 0.110
乙烯	≥ 0.160
乙炔	≥ 0.200
氢	≥ 0.250

注：长径比为建筑平面几何外形尺寸中的最长尺寸与其横截面周长的积和4.0倍的该建筑横截面积之比。

2.$K_尘$ 为粉尘爆炸指数

长径比大的空间，会产生较高的爆炸压力。以粉尘为例，在爆炸后期，未燃烧的粉尘－空气混合物受到压缩，初始压力上升，燃气泄放流动产生紊流，燃速增大，产生较高的爆炸压力。因此，有爆炸危险性的建筑物长径比不宜过大。

三、泄压设施

泄压设施可为易于泄压的轻质屋盖、轻质墙体和门窗，宜优先采用轻质屋盖，寒冷地区应采取防冰雪集聚措施；不宜采用爆炸时易形成尖锐碎片的材料。轻质屋面板和轻质墙体的质量不宜大于 $60kg/m^2$。

散发较空气轻的可燃气体、蒸气的甲类厂房（库房）宜采用轻质屋盖作泄压设施。顶棚应尽量平整、避免死角，厂房上部空间应通风良好。

泄压面的设置应避开人员集中的场所和主要交通道路，并宜靠近容易发生爆炸的部位。

当采用活动板、窗户、门或其他铰链装置作为泄压设施时，必须注意防止打开的泄压孔在正压冲击波之后出现负压关闭。

四、防爆结构形式

宜采用敞开或半敞开式。其承重结构宜采用钢筋混凝土或钢框架、排架结构。

第六节　室内装修

一、基本原则

（一）装修材料的分类和分级

1.分类：装修材料按其使用部位和功能，划分为顶棚装修材料、墙面装修材料、地面装修材料、隔断装修材料、固定家具、装饰织物、其他装修装饰材料七类。

2.分级：装修材料按其燃烧性能应划分为四级。

表 1-6-1 装修材料燃烧性能等级

等级	燃烧性能
A	不燃性
B₁	难燃性
B₂	可燃性
B₃	易燃性

（二）常用装修材料燃烧性能等级特殊规定

1.纸面石膏板、矿棉吸声板：安装在金属龙骨上燃烧性能达到 B_1 级的纸面石膏板、矿棉吸声板，可作为 A 级装修材料使用。

2.纸质、布质壁纸：单位面积质量小于 $300g/m^2$ 的纸质、布质壁纸，当直接粘贴在 A 级基材上时，可作为 B_1 级装修材料使用。

3.涂料：施涂于 A 级基材上的无机装修涂料，可作为 A 级装修材料使用；施涂于 A 级基材上，湿涂覆比小于 $1.5kg/m^2$，且涂层干膜厚度不大于 1.0mm 的有机装修涂料，可作为 B_1 级装修材料使用。

4.胶合板：未经过防火处理的胶合板为 A 级。当胶合板采用阻燃浸渍处理、表面涂覆饰面型防火涂料，相应木龙骨涂覆防火涂料时，可作为 B_1 级装修材料使用。

5.多层、复合型装修材料：当使用多层装修材料时，各层装修材料的燃烧性能等级均应符合相关规定。复合型装修材料的燃烧性能等级应进行整体检测确定。

（三）不应擅自改变原状

（1）建筑内部装修不应擅自减少、改动、拆除、遮挡消防设施、疏散指示标志、安全出口、疏散出口、疏散走道和防火分区、防烟分区等。

（2）建筑内部消火栓箱门不应被装饰物遮掩，消火栓箱门四周的装修材料颜色应与消火栓箱门的颜色有明显区别或在消火栓箱门表面设置发光标志。

二、疏散通道装修

1.疏散走道和安全出口的顶棚、墙面不应采用影响人员安全疏散的镜面反光材料。

2.地上建筑的水平疏散走道和安全出口的门厅，其顶棚应采用 A 级装修材料，其他部位应采用不低于 B_1 级的装修材料；地下民用建筑的疏散走道和安全出口的门厅，其顶棚、墙面和地面均应采用 A 级装修材料。

3.疏散楼梯间和前室的顶棚、墙面和地面均应采用 A 级装修材料。

三、竖向连通空间装修

1.上下层相连通的中庭、走马廊、开敞楼梯、自动扶梯时，其连通部位的顶棚、墙面应采用 A 级装修材料，其他部位应采用不低于 B_1 级的装修材料。

2.建筑内部变形缝（包括沉降缝、伸缩缝、抗震缝等）两侧基层的表面装修应采用不低于 B_1 级的装修材料。

四、无窗房间、经常使用明火的餐厅、科研试验室装修

除 A 级外，在规定基础上提高一级。

五、特殊场所装修

（一）消防用房

1. 消防水泵房、机械加压送风排烟机房、固定灭火系统钢瓶间、配电室、变压器室、发电机房、储油间、通风和空调机房等，其内部所有装修均应采用 A 级装修材料。

2. 消防控制室等重要房间，其顶棚和墙面应采用 A 级装修材料，地面及其他装修应采用不低于 B_1 级的装修材料。

（二）歌舞娱乐放映游艺场所

顶棚材料应为 A 级，其他部位不应低于 B_1 级；当设置在地下建筑内时，顶棚、墙面材料应为 A 级，其他部位不应低于 B_1 级。且装修材料的燃烧性能等级均不得降低。

（三）存放文物、纪念展览物品、重要图书、档案、资料的场所

顶棚、墙面应采用 A 级，地面不应低于 B_1 级。当设置在地下建筑内时，顶棚、墙面、地面应为 A 级。且装修材料的燃烧性能等级不得降低。

（四）A、B 级电子信息系统机房及重要机器、仪器用房

顶棚和墙面应采用 A 级装修材料，其他均不应低于 B_1 级。且装修材料的燃烧性能等级不得降低。

（五）电视塔等特殊高层建筑

装饰织物不应低于 B_1 级，其他均应采用 A 级装修材料。且装修材料的燃烧性能等级不得降低。

六、电气防火

1. 照明灯具及电气设备、线路的高温部位靠近非 A 级装修材料或构件时，应采取隔热、散热等防火保护措施，与窗帘、帷幕、幕布、软包等装修材料的距离不应小于 500mm；灯饰应采用不低于 B_1 级的材料。

2. 建筑内部的配电箱、控制面板、接线盒、开关、插座等不应直接安装在低于 B_1 级的装修材料上；用于顶棚和墙面装修的木质类板材，当内部含有电器、电线等物体时，不应低于 B_1 级。

第七节　建筑保温系统

一、基本原则

建筑保温系统的保温材料，宜采用 A 级，不宜采用 B_2 级，严禁采用 B_3 级。
老年人照料设施的保温材料要求，见本指南相关章节。

二、无空腔复合保温结构体

外墙采用保温材料与两侧墙体构成无空腔复合保温结构体时，结构体的耐火极限应符合有关规定；当保温材料的燃烧性能为 B_1、B_2 级时，保温材料两侧的墙体应采用不燃材料且厚度均不应小于 50mm。

三、外墙内保温系统

外墙内保温系统的保温材料应符合下列规定：
1. 人员密集场所，用火、燃油、燃气等具有火灾危险性的场所以及疏散楼梯间、避难走道、避

难间、避难层等场所或部位，应为 A 级；

2.其他场所，应采用低烟、低毒且燃烧性能不低于 B_1 级的保温材料；

3.应采用不燃材料做防护层。采用燃烧性能为 B_1 级的保温材料时，防护层的厚度不应小于 10mm。

四、外墙外保温系统

1.设置人员密集场所的建筑，其外保温材料的燃烧性能应为 A 级。

2.与基层墙体、装饰层之间无空腔的外保温系统，其保温材料应符合下列规定：

（1）住宅建筑

①建筑高度大于 100m 时，保温材料的燃烧性能应为 A 级；

②建筑高度大于 27m，但不大于 100m 时，保温材料的燃烧性能不应低于 B_1 级；

③建筑高度不大于 27m 时，保温材料的燃烧性能不应低于 B_2 级。

（2）除住宅建筑和设置人员密集场所的建筑以外的其他建筑

①建筑高度大于 50m 时，保温材料的燃烧性能应为 A 级；

②建筑高度大于 24m，但不大于 50m 时，保温材料的燃烧性能不应低于 B_1 级；

③建筑高度不大于 24m 时，保温材料的燃烧性能不应低于 B_2 级。

3.除设置人员密集场所的建筑外，与基层墙体、装饰层之间有空腔的外保温系统，其保温材料应符合下列规定：

（1）建筑高度大于 24m 时，保温材料的燃烧性能应为 A 级；

（2）建筑高度不大于 24m 时，保温材料的燃烧性能不应低于 B_1 级。

4.除第二条规定的情况外，当外保温系统采用 B_1、B_2 级保温材料时，应符合下列规定：

（1）除采用 B_1 级保温材料且建筑高度不大于 24m 的公共建筑或采用 B_1 级保温材料且建筑高度不大于 27m 的住宅建筑外，建筑外墙上门、窗的耐火完整性不应低于 0.50h；

（2）应在保温系统中每层设置水平防火隔离带。防火隔离带应采用燃烧性能为 A 级的材料，防火隔离带的高度不应小于 300mm。

5.建筑的外保温系统应采用不燃材料在其表面设置防护层。除第二条规定的情况外，B_1、B_2 保温材料防护层厚度，首层不应小于 15mm，其它层不应小于 5mm。

6.建筑外保温系统与基层墙体、装饰层之间的空腔，应在每层楼板处采用防火封堵材料封堵。

7.屋面外保温系统，当屋面板耐火极限不低于 1.00h 时，保温材料不应低于 B_2 级；当屋面板的耐火极限低于 1.00h 时，不应低于 B_1 级。采用 B_1、B_2 级保温材料的外保温系统应采用不燃材料作防护层，防护层厚度不应小于 10mm。

当屋面和外墙外保温系统均采用 B_1、B_2 级保温材料时，屋面与外墙之间应采用宽度不小于 500mm 的不燃材料设置防火隔离带进行分隔。

五、建筑外墙的装饰层

应采用 A 级材料；建筑高度不大于 50m 时，可采用 B_1 级材料。

六、电气防火

电气线路不应穿越或敷设在 B_1 或 B_2 级保温材料中；确需穿越或敷设时，应穿金属管并在金属管周围采用不燃隔热材料进行防火隔离。设置开关、插座等电器配件的部位周围应用不燃隔热材料进行防火隔离。

第八节　灭火救援设施

一、消防车道

（一）设置范围

1. 街区内的道路应考虑消防车通行，道路中心线间距不宜大于 160m。

当建筑物沿街道部分的长度大于 150m 或总长度大于 220m 时，应设置穿过建筑物的消防车道。确有困难时，应设置环形消防车道。

2. 高层民用建筑，超过 3000 座的体育馆，超过 2000 座的会堂，占地面积大于 3000m² 的商店建筑、展览建筑等单、多层公共建筑应设置环形消防车道，确有困难时，可沿建筑的两个长边设置消防车道。

3. 住宅和山坡地或河道边临空建造的高层建筑，可沿建筑的一个长边设置消防车道，但该长边所在建筑立面应为消防车登高操作面。

4. 工厂、仓库区内应设置消防车道。

高层厂房，占地面积大于 3000m² 的甲、乙、丙类厂房和占地面积大于 1500m² 的乙、丙类仓库，应设置环形消防车道，确有困难时，应沿建筑物的两个长边设置消防车道。

5. 有封闭内院或天井的建筑物，当内院或天井的短边长度大于 24m 时，宜设置进入内院或天井的消防车道。

6. 可燃材料露天堆场区，液化石油气储罐区，甲、乙、丙类液体储罐区和可燃气体储罐区，应按相关规定设置消防车道。

7. 供消防车取水的天然水源和消防水池应设置消防车道。消防车道的边缘距离取水点不宜大于 2m。

（二）设置要求

1. 净宽度和净空高度均不应小于 4.0m。

2. 转弯半径应满足消防车转弯的要求。

3. 消防车道与建筑之间不应设置妨碍消防车操作的树木、架空管线等障碍物。

4. 消防车道靠建筑外墙一侧的边缘距离建筑外墙不宜小于 5m。

5. 消防车道坡度不宜大于 8%。

6. 环形消防车道至少应有两处与其他车道连通。

7. 尽头式消防车道应设置回车道或回车场，回车场面积不应小于 12m×12m；高层建筑回车场面积不宜小于 l5m×l5m；重型消防车回车场面积不宜小于 18m×18m。

8. 消防车道的路面、救援操作场地、消防车道和救援操作场地下面的管道和暗沟等，应能承受重型消防车的压力。

9. 消防车道不宜与铁路正线平交，确需平交时，应设置备用车道。

二、消防车登高操作场地

（一）设置原则

1. 连续布置。高层建筑应至少沿 1 个长边或周边长度的 1/4 且不小于 1 个长边长度的底边连续布置消防车登高操作场地，该范围内的裙房进深不应大于 4m。

2.间隔布置。建筑高度不大于50m的建筑，连续布置确有困难时，可间隔布置，但间隔距离不宜大于30m，且消防车登高操作场地的总长度仍应符合上述规定。

（二）设置要求

1.场地与厂房、仓库、民用建筑之间不应设置妨碍消防车操作的树木、架空管线等障碍物和车库出入口。

2.场地的长度不应小于15m、宽度不应小于10m。建筑高度大于50m的建筑，场地的长度不应小于20m、宽度不应小于10m。

3.场地及其下面的建筑结构、管道和暗沟等，应能承受重型消防车的压力。

4.场地应与消防车道连通。场地靠建筑外墙一侧的边缘距建筑外墙不宜小于5m、且不应大于10m，场地坡度不宜大于3%。

三、灭火救援窗

（一）设置范围

厂房、仓库、公共建筑的外墙应在每层的适当位置设置可供消防救援人员进入的窗口。

（二）设置要求

窗口净高和净宽均不应小于1.0m，下沿距室内地面不宜大于1.2m，间距不宜大于20m且每个防火分区不应少于2个，设置位置应与消防车登高操作场地相对应。窗玻璃应易于破碎，并应设置可在室外易于识别的明显标志。

四、消防电梯

（一）设置范围

1.建筑高度大于33m的住宅。

2.一类高层公共建筑和建筑高度大于32m的二类高层公共建筑。

3.5层及以上且总建筑面积大于3000m²（包括设置在其他建筑内五层及以上楼层）的老年人照料设施。

4.设置消防电梯的建筑的地下或半地下室，埋深大于10m且总建筑面积大于3000m²的其他地下或半地下建筑（室）。

5.建筑高度大于32m且设置电梯、任一层工作平台上的人数不超过2人的高层塔架，以及局部建筑高度大于32m且局部高出部分的每层建筑面积不大于50m²的丁、戊类厂房，可不设置消防电梯。

（二）设置要求

1.应分别设置在不同防火分区内，且每个防火分区不应少于1台。

2.建筑高度大于32m且设置电梯的高层厂房（仓库），每个防火分区内宜设置1台消防电梯。

3.除设置在仓库连廊、冷库穿堂或谷物筒仓工作塔内的消防电梯外，消防电梯应设置前室。前室应符合以下要求：

（1）前室宜靠外墙设置，并应在首层直通室外或经过长度不大于30m的通道通向室外；

（2）前室使用面积不应小于6m²，前室的短边不应小于2.4m；与公共建筑、高层厂房（仓库）合用的前室使用面积不应小于10m²；与住宅剪刀楼梯合用前室使用面积不应小于12m²；

（3）除前室的出入口、正压送风口和符合相关规定的住宅入户门外，前室内不应开设其他门、窗、洞口；

（4）前室或合用前室的门应采用乙级防火门，不应设置卷帘。

4. 消防电梯井、机房与相邻电梯井、机房之间应设置耐火极限不低于 2.00h 的防火隔墙，隔墙上的门应采用甲级防火门。

5. 井底应设置排水设施，排水井容量不应小于 2m³，排水泵流量不应小于 10L/s。前室门口宜设挡水设施。

6. 消防电梯应每层停靠，包括地下室各层。载重量不应小于 800kg、从首层至顶层的运行时间不宜大于 60s。

7. 消防电梯供电应为消防电源并设备用电源，在最末级配电箱自动切换，动力与控制电缆、电线、控制面板应采取防水措施；在首层的消防电梯入口处应设置专用操作按钮；轿厢内装修应采用不燃材料；轿厢内应设置专用消防电话。

五、直升机停机坪

（一）设置范围

建筑高度大于 100m、且标准层建筑面积大于 2000m² 的公共建筑，其屋顶宜设置直升机停机坪或供直升机救助的设施。

（二）设置要求

1. 设置在屋顶平台上时，距离设备机房、电梯机房、水箱间、共用天线等突出物不应小于 5m。

2. 建筑通向停机坪的出口不应少于 2 个，每个出口的宽度不宜小于 0.90m。

3. 四周应设置航空障碍灯，并应设置应急照明。

4. 在停机坪的适当位置应设置消火栓。

5. 其他要求应符合国家现行航空管理有关标准的规定。

第九节　电气线路及消防负荷

一、电气线路

（一）架空电力线的防火间距

1. 架空电力线与甲、乙类厂房（仓库），可燃材料堆垛，甲、乙、丙类液体储罐，液化石油气储罐，可燃、助燃气体储罐的最近水平距离应符合表 1-9-1 的规定。

2. 35kV 及以上架空电力线与单罐容积大于 200m³ 或总容积大于 1000m³ 液化石油气储罐（区）的最近水平距离不应小于 40m。

表 1-9-1　架空电力线与甲、乙类厂房（仓库）、可燃材料堆垛等的最近水平距离（m）

名　称	架空电力线
甲、乙类厂房（仓库），可燃材料堆垛，甲、乙类液体储，液化石油气储罐，可燃、助燃气体储罐	电杆（塔）高度的 1.5 倍
直埋地下的甲、乙类液体储罐和可燃气体储罐	电杆（塔）高度的 0.75 倍
丙类液体储罐	电杆（塔）高度的 1.2 倍
直埋地下的丙类液体储罐	电杆（塔）高度的 0.6 倍

（二）芯材

1. 铜芯线缆

（1）固定敷设的供电线路宜选用铜芯线缆。

（2）重要电源、重要操作回路及二次回路、需确保长期运行在可靠的回路、移动设备及振动场所的线路、对铝有腐蚀的环境、高温环境、潮湿环境、爆炸危险环境应选择铜芯线缆。

2. 铝芯线缆

（1）非熟练人员容易接触的线路、线芯截面为 6mm² 及以下的电线电缆不宜选用铝芯线缆；工业及市政工程等场所不应选用铝芯线缆。

（2）对铜有腐蚀而对铝腐蚀相对较轻的环境、氨压缩机房等场所应选用铝芯线缆。

（三）主要防火措施

1. 基本原则

（1）除规范另有规定外，按要求采取短路保护、过负载保护和接地故障保护措施。

（2）电缆不应和输送甲、乙、丙类液体管道、可燃气体管道、热力管道敷设在同一管沟内。

（3）配电线路不得穿越通风管道内腔或直接敷设在通风管道外壁上，穿金属导管保护的配电线路可紧贴通风管道外壁敷设。

（4）配电线路敷设在有可燃物的闷顶、吊顶内时，应采取穿金属导管、采用封闭式金属槽盒等防火保护措施。

（5）配电箱及开关应设置在仓库外。

2. 消防负荷的配电线路

消防电源是指在火灾时能保证消防用电设备继续正常运行的独立电源。

（1）消防负荷的配电线路不应设置过负荷保护、剩余电流动作保护和过欠电压保护装置。

（2）消防配电干线宜按防火分区划分，消防配电支线不宜穿越防火分区。

（3）按一、二级负荷供电的消防设备，其配电箱应独立设置；按三级负荷供电的消防设备，其配电箱宜独立设置。消防配电设备应设置明显标志。

（4）消防配电线路应满足火灾时连续供电的需要，其敷设应符合下列规定：

①明敷时（包括敷设在吊顶内），应穿金属导管或采用封闭式金属槽盒保护，金属导管或封闭式金属槽盒应采取防火保护措施；当采用阻燃或耐火电缆并敷设在电缆井、沟内时，可不穿金属导管或采用封闭式金属槽盒保护；当采用矿物绝缘类不燃性电缆时，可直接明敷；

②暗敷时，应穿管并应敷设在不燃性结构内且保护层厚度不应小于30mm；

③消防配电线路宜与其他配电线路分开敷设在不同的电缆井、沟内；确有困难需敷设在同一电缆井、沟内时，应分别布置在电缆井、沟的两侧，且消防配电线路应采用矿物绝缘类不燃性电缆。

二、照明灯具

（一）选型

可燃材料仓库内宜使用低温照明灯具，并应对灯具的发热部件采取隔热等防火措施，不应使用卤钨灯等高温照明灯具。

（二）设置要求

1. 开关、插座和照明灯具靠近可燃物时，应采取隔热、散热等防火措施。

2. 卤钨灯和额定功率不小于100W的白炽灯泡的吸顶灯、槽灯、嵌入式灯，其引入线应采用瓷管、矿棉等不燃材料作隔热保护。

3. 额定功率不小于60W的白炽灯、卤钨灯、高压钠灯、金属卤化物灯、荧光高压汞灯（包括电感镇流器）等，不应直接安装在可燃物体上或采取其他防火措施。

三、负荷等级

（一）一级负荷

凡符合下列条件之一的，均可视为一级负荷供电：

1. 电源来自 2 个不同发电厂；

2. 电源来自 2 个区域变电站（电压一般在 35kV 及以上）；

3. 电源来自 1 个区域变电站，同时设有自备发电设备。

（二）二级负荷

1. 采用两回路供电，且变压器为 2 台（2 台变压器可不在同一变电所）。

2. 负荷较小或地区供电条件较困难的条件下，允许单回路 6kV 及以上专线架空线或电缆供电。

当采用架空线时，可为单回路架空线供电；当用电缆线路供电时，由于电缆发生故障恢复时间和故障点排查时间长，故应采用两条电缆组成的线路供电，并且每条电缆均应能承受 100% 的二级负荷。

（三）三级负荷

采用专用的单回路电源供电。

（四）一级负荷适用场所

1. 一类高层民用建筑。

2. 建筑高度大于 50m 的乙、丙类生产厂房和丙类仓库，一级大型石油化工厂等。

3. 一、二类城市交通隧道。

（五）二级负荷适用场所

1. 二类高层民用建筑。

2. 超过 1500 座的电影院、剧场；超过 3000 座的体育馆；任一层建筑面积大于 3000m² 的商店、展览建筑；省（市）级及以上的广播电视、电信和财贸金融建筑；室外消防用水量大于 25L/s 的其他公共建筑。

3. 室外消防用水量大于 30L/s 的厂房、仓库。

4. 室外消防用水量大于 35L/s 的可燃材料堆场、可燃气体储罐（区）和甲、乙类液体储罐（区）。

5. 粮食仓库及粮食筒仓。

6. 三类城市交通隧道。

四、消防供电切换

工作电源与应急电源之间，要采用自动切换方式，同时按照负载容量由大到小的原则顺序启动。电动机类负载启动间隔宜在 10s～20s 之间。

1. 消防控制室、消防水泵、消防电梯、防烟排烟风机等的供电，应在各自的配电线路的最末一级配电箱处设置自动切换装置。

2. 一级负荷供电的建筑，当采用自备发电设备作备用电源时，自备发电设备应设置自动和手动启动装置，且自动启动方式应能在 30s 内供电。

第十节　电气防爆

一、爆炸危险区域的划分

（一）爆炸环境

1.爆炸性气体环境按爆炸性气体混合物出现的频繁程度和持续时间分为 3 个区。

（1）0 区：连续出现或长期出现爆炸性气体混合物的环境。

（2）1 区：在正常运行时，可能出现爆炸性气体混合物的环境。

（3）2 区：在正常运行时不太可能出现爆炸性气体混合物的环境，或即使出现也仅是短时存在爆炸性气体混合物的环境。

2.爆炸性粉尘环境根据爆炸性粉尘环境出现的频繁程度和持续时间分为 3 个区。

（1）20 区：空气中的可燃性粉尘云持续地或长期地或频繁地出现的区域。

（2）21 区：在正常运行时，空气中的可燃性粉尘云很可能偶尔出现的区域。

（3）22 区：在正常运行时，空气中的可燃粉尘云一般不可能出现的区域，即使出现，持续时间也是短暂的。

（二）释放源

1.爆炸性气体环境按可燃物质的释放频繁程度和持续时间长短分为连续级释放源、一级释放源、二级释放源。

（1）连续级释放源应为连续释放或预计长期释放的释放源。

①没有用惰性气体覆盖的固定顶盖贮罐中的可燃液体的表面。

②油、水分离器等直接与空间接触的可燃液体的表面。

③经常或长期向空间释放可燃气体或可燃液体的蒸气的排气孔和其他孔口。

（2）一级释放源应为在正常运行时，预计可能周期性或偶尔释放的释放源。

①在正常运行时，会释放可燃物质的泵、压缩机和阀门等的密封处。

②贮有可燃液体的容器上的排水口处，在正常运行中，当水排掉时，该处可能会向空间释放可燃物质。

③正常运行时，会向空间释放可燃物质的取样点。

④正常运行时，会向空间释放可燃物质的泄压阀、排气口和其他孔口。

（3）二级释放源应为在正常运行时，预计不可能释放，当出现释放时，仅是偶尔和短期释放的释放源。

①正常运行时，不能出现释放可燃物质的泵、压缩机和阀门的密封处。

②正常运行时，不能释放可燃物质的法兰、连接件和管道接头。

③正常运行时，不能向空间释放可燃物质的安全阀、排气孔和其他孔口处。

④正常运行时，不能向空间释放可燃物质的取样点。

2.粉尘释放源按爆炸性粉尘释放频繁程度和持续时间长短分为连续级释放源、一级释放源、二级释放源。

（1）连续级释放源应为粉尘云持续存在或预计长期或短期经常出现的部位。

（2）一级释放源应为在正常运行时预计可能周期性的或偶尔释放的释放源。

（3）二级释放源应为在正常运行时，预计不可能释放，如果释放也仅是不经常地并且是短期地释放。

（三）危险区域划分

1. 爆炸性气体环境危险区域划分

（1）按释放源级别划分

存在连续级释放源的区域可划为 0 区，存在一级释放源的区域可划为 1 区。存在第二级释放源的区域可划为 2 区。

（2）根据通风条件调整区域等级

当爆炸危险区域内通风的空气流量能使可燃物质很快稀释到爆炸下限值的 25% 以下时，可定为通风良好。

通风良好场所包括露天场所；敞开式建筑物，在建筑物的壁、屋顶开口，其尺寸和位置保证内部通风效果等效于露天场所；建有永久性开口的非敞开建筑物，具有自然通风的条件；封闭区域，按地板面积提供不小于 $0.3m^3/m^2 \cdot min$ 的空气或按空间容积换气 6 次 /h。当采用机械通风时，封闭式或半封闭式建筑设置备用独立通风系统；当通风设备发生故障时，设置自动报警或停止工艺流程等确保能阻止可燃物质释放的预防措施、或使设备断电等情况可不计机械通风故障的影响。

根据通风条件按下列规定调整：

①当通风良好时，可降低爆炸危险区域等级；当通风不良时，应提高爆炸危险区域等级；

②局部机械通风在降低爆炸性气体混合物浓度方面比自然通风和一般机械通风更为有效时，可采用局部机械通风降低爆炸危险区域等级；

③在障碍物、凹坑和死角处，应局部提高爆炸危险区域等级；

④利用堤或墙等障碍物，限制比空气重的爆炸性气体混合物的扩散，可缩小爆炸危险区域的范围。

2. 爆炸性粉尘环境环境危险区域划分及危险区域的范围

（1）20 区范围主要包括粉尘云连续生成的管道、生产和处理设备的内部区域。当粉尘容器外部持续存在爆炸性粉尘环境时，可划分为 20 区。

（2）21 区的范围应与一级释放源相关联，要点是：

①含有一级释放源的粉尘处理设备的内部可划分为 21 区；

②由一级释放源形成的设备外部场所，21 区的范围应按照释放源周围 1m 的距离确定。当粉尘的扩散受到实体结构的限制时，实体结构的表面可作为该区域的边界。

（3）22 区的范围应按下列规定确定：

①由二级释放源形成的场所，其区域的范围应受到粉尘量、释放速率、颗粒大小和物料湿度等粉尘参数的限制，并应考虑引起释放的条件。22 区的范围应按超出 21 区 3m 及二级释放源周围 3m 的距离确定；

②当粉尘的扩散受到实体结构的限制时，实体结构的表面可作为该区域的边界。

二、爆炸性混合物的分类、分级和分组

（一）爆炸性物质的分类

Ⅰ类：矿井甲烷。

Ⅱ类：爆炸性气体混合物（含蒸气、薄雾）。

Ⅲ类：爆炸性粉尘（含纤维）。

（二）爆炸性混合物的分级和分组

1. 爆炸性气体混合物的分级分组

（1）按最大试验安全间隙（MESG）分级。最大试验安全间隙是在标准试验条件下，壳内爆炸浓度极限范围的试验气体混合物点燃后，通过 25mm 长的接合面均不能点燃壳外爆炸性气体混合物

的外壳空腔两部分之间的最大间隙。安全间隙的大小反映了爆炸性气体混合物的传爆能力。间隙愈小，其传爆能力就愈强，危险性愈大；反之，间隙愈大，其传爆能力愈弱，危险性也愈小。爆炸性气体混合物，按最大试验安全间隙的大小分为ⅡA、ⅡB、ⅡC三级。ⅡA安全间隙最大，气体混合物危险性最小，ⅡC安全间隙最小，气体混合物危险性最大。

（2）按最小点燃电流比（MICR）分级。最小点燃电流比为各种可燃物质的最小点燃电流值与实验室甲烷的最小点燃电流值之比。Ⅱ类爆炸性气体混合物，按照最小点燃电流的大小分为ⅡA、ⅡB、ⅡC三级，最小点燃电流愈小，危险性就愈大。ⅡA最小点燃电流最大，气体混合物危险性最小；反之，ⅡC气体混合物危险性最大。

（3）按引燃温度分组。爆炸性气体混合物按引燃温度的高低，分为T1、T2、T3、T4、T5、T6六组。T1引燃温度最高，T6引燃温度最低。

2. 爆炸性粉尘混合物的分级

爆炸性粉尘环境中，粉尘可分为ⅢA级（可燃性飞絮）、ⅢB级（非导电性粉尘）、ⅢC级（导电性粉尘）。

三、防爆电气设备选用原则

（一）基本原则

1. 宜将设备和线路，尤其是正常运行时能发生火花的设备布置在爆炸性环境以外。当需设在爆炸性环境内时，应布置在爆炸危险性较小的地点。

2. 在满足工艺生产及安全的前提下，应减少电气设备的数量。

3. 爆炸性环境内的电气设备和线路应符合周围环境内化学、机械、热、霉菌以及风沙等不同环境条件对电气设备的要求。

4. 爆炸性粉尘环境内，不宜采用携带式电气设备。

5. 爆炸性粉尘环境内的事故排风电动机应在便于操作的地方设置事故启动按钮等控制设备。

6. 在爆炸性粉尘环境内，尽量减少插座和局部照明灯具的数量。如需采用时，插座宜布置在爆炸性粉尘不易积聚的地点，局部照明灯宜布置在事故时气流不易冲击的位置。

粉尘环境中安装的插座开口的一面应朝下，且与垂直面的角度不应大于60°。

（二）防爆电气设备选型

在爆炸性环境内，应根据爆炸危险区域的分区、可燃性气体或粉尘的分级、引燃温度选择电气设备。

1. 由危险区域的分区确定电气设备保护级别（EPL）。

2. 由电气设备保护级别（EPL）选择电气设备防爆结构类型。

3. 防爆电气设备的级别和组别不应低于爆炸性气体混合物的级别和组别，爆炸性粉尘环境使用的Ⅲ类电气设备的最高表面温度应按国家现行有关标准的规定进行选择。当存在有两种以上可燃性物质形成的爆炸性混合物时，应按照混合后的爆炸性混合物的级别和组别选用防爆设备，无据可查又不可能进行试验时，可按危险程度较高的级别和组别选用防爆电气设备。

4. 当选用正压型电气设备及通风系统时，应符合相关规定。

5. 防爆电气设备的防爆标志。以汽车加油作业区照明灯具选型示例如下：

（1）按2区考虑，设备保护级别EPL可为G_c（保护级别更高的G_a、G_b亦适用）；

（2）本质安全型、浇封型等9类防爆结构均适用于G_c；

（3）按火灾危险性最大的车用汽油考虑，级别和引燃温度组别为ⅡAT3；可选择本质安全型，标识为Exic ⅡAT3；如考虑采用常见的隔爆型（已高出一个保护级别，达$EPLG_b$），标识为Exd ⅡAT3。

CHAPTER **2** 第二章

建筑设施及设备防火

　　本章在分析 2015 年、2016 年和 2017 年试卷的基础上，以"够用"为底线，介绍了注册消防工程师必须熟悉和掌握的采暖与通风空调系统以及建筑设备用房的防火防爆基础知识。

第一节　采暖系统

一、选用采暖设备的原则

1. 甲、乙类厂房、库房内严禁采用明火和电热散热器采暖。

2. 散发可燃粉尘、可燃纤维的生产厂房：

（1）散热器表面平均温度不应超过82.5℃（相当于供水温度95℃，回水温度70℃）；输煤廊散热器表面平均温度不应超过130℃；

（2）散发物受到水、水蒸气作用能引起自燃、爆炸或产生爆炸性气体的厂房，应采用不循环使用的热风采暖；

（3）不应使用肋形散热器，以防积聚粉尘。

3. 散发物与采暖管道和散热器表面接触能引起燃烧的厂房应采用不循环使用的热风采暖。

二、防火防爆措施

1. 采暖管道与可燃构件之间应保持一定距离

（1）当采暖管道的表面温度大于100℃时，距离不应小于100mm或采用不燃材料隔热。

（2）当供暖管道的表面温度不大于100℃时，距离不应小于50mm或采用不燃材料隔热。

2. 加热送风采暖设备的防火设计

（1）电加热设备与送风设备应有连锁启、停装置。

（2）在重要部位，应设感温自动报警器；必要时加设防火阀。

（3）装有电加热设备的送风管道应采用不燃材料。

3. 甲、乙类厂房、仓库采暖管道和设备的绝热材料应采用不燃材料。其他建筑可采用燃烧毒性小的难燃绝热材料。

4. 车库采暖设备防火

（1）车库不应采用明火采暖。

（2）Ⅳ类汽车库、Ⅲ、Ⅳ类修车库，当设置集中采暖有困难时，可采用火墙采暖，但炉门、节风门、除灰门等易露明火部位，严禁设在库内。

（3）汽车库采暖部位不应贴邻甲、乙类生产厂房、库房布置。

第二节　通风与空调系统

一、防火防爆基本原则

1. 甲、乙类厂房内的空气不应循环使用。

2. 丙类厂房内含有燃烧或爆炸危险粉尘、纤维的空气，在循环使用前应经净化处理（在通风机前设滤尘器净化），并应使空气中的含尘浓度低于其爆炸下限的25%。

3. 为甲、乙类厂房服务的送风设备与排风设备应分别布置在不同通风机房内，且排风设备不应和其他房间的送、排风设备布置在同一通风机房内。

4. 民用建筑内空气中含有容易起火或爆炸危险物质的房间，应设置自然通风或独立的机械通风设施，且其空气不应循环使用。

5. 通风和空气调节系统，横向宜按防火分区设置，竖向不宜超过 5 层。当管道设置防止回流设施或防火阀时，管道布置可不受此限制。竖向风管应设置在管井内。

（1）增加各层垂直排风支管的高度，使各层排风支管穿越 2 层楼板。

（2）排风总竖管直通屋面，小的排风支管分层与总竖管连通。

（3）将排风支管顺气流方向插入竖风道，且支管到支管出口的高度不小于 600mm。

（4）在支管上安装止回阀。

6. 厂房内有爆炸危险场所的排风管道，严禁穿过防火墙和有爆炸危险的房间隔墙。

7. 当空气中含有比空气轻的可燃气体时，水平排风管全长应顺气流方向向上坡度敷设。

8. 排风口设置的位置应根据可燃气体、蒸气的密度不同而有所区别。比空气轻者，应设在房间的顶部；比空气重者，则应设在房间的下部。进风口位置应布置在上风方向，并尽可能远离排气口。

9. 可燃气体和甲、乙、丙类液体管道不应穿过通风机房和通风管道，也不应沿通风管道的外壁敷设。

10. 处理有爆炸危险粉尘的除尘器、排风机的设置应与其他普通型的风机、除尘器分开设置，并宜按单一粉尘分组布置。

11. 净化有爆炸危险粉尘的干式除尘器和过滤器宜布置在厂房外的独立建筑内，建筑外墙与所属厂房的防火间距不应小于 10m。

12. 具备连续清灰功能，或具有定期清灰功能且风量不大于 15000m³/h、集尘斗的储尘量小于 60kg 的干式除尘器和过滤器，可布置在厂房内的单独房间内，但应采用耐火极限不低于 3.00h 的防火隔墙和 1.50h 的楼板与其他部位分隔。

13. 净化或输送有爆炸危险粉尘和碎屑的除尘器、过滤器或管道，均应设置泄压装置。

净化有爆炸危险粉尘的干式除尘器和过滤器应布置在系统的负压段上。

14. 甲、乙、丙类厂房的送、排风管道宜分层设置。但进入厂房的水平或垂直送风管设有防火阀时，各层的水平或垂直送风管可合用一个送风系统。

15. 排除有燃烧或爆炸危险气体、蒸气和粉尘的排风系统，应符合下列规定：

（1）排风系统应设置导除静电的接地装置；

（2）排风设备不应布置在地下或半地下建筑（室）内；

（3）排风管应采用金属管道，并应直接通向室外安全地点，不应暗设。

16. 通风管道不宜穿过防火墙和不燃性楼板等防火分隔物。如必须穿过时，应在穿过处设防火阀；在防火墙两侧各 2m 范围内的风管保温材料应采用不燃材料；并用不燃材料填塞穿过处的空隙。有爆炸危险的厂房，其排风管道不应穿过防火墙和车间隔墙。

二、通风、空调设备防火防爆措施

1. 空气中含有容易起火或爆炸物质的房间，其送、排风系统应采用防爆型通风设备。

2. 含有燃烧和爆炸危险粉尘的空气，在进入排风机前应采用不产生火花的除尘器进行处理。对于遇水可能形成爆炸的粉尘，严禁采用湿式除尘器。

3. 排除、输送有燃烧爆炸危险的气体、蒸气和粉尘的排风系统，应采用不燃材料并设有导除静电的接地装置。其排风设备不应布置在地下、半地下建筑内。

4. 排除和输送温度超过80℃的空气或其他气体以及易燃碎屑的管道，与可燃或难燃物体之间的间隙不应小于150mm，或采用厚度不小于50mm的不燃材料隔热；当管道上下布置时，表面温度较高者应布置在上面。

5. 通风、空气调节系统的风管在下列部位应设置公称动作温度为70℃的防火阀：

（1）穿越防火分区处；

（2）穿越通风、空气调节机房的房间隔墙和楼板处；

（3）穿越重要或火灾危险性大的场所的房间隔墙和楼板处；

（4）穿越防火分隔处的变形缝两侧；

（5）竖向风管与每层水平风管交接处的水平管段上（当建筑内每个防火分区的通风、空气调节系统均独立设置时，水平风管与竖向总管的交接处可不设置防火阀）。

6. 风管、风机应采用不燃材料制作；接触腐蚀性介质的风管和柔性接头，可采用难燃材料。大空间建筑、办公楼和丙、丁、戊类厂房，当风管按防火分区设置且设置了防烟防火阀时，可采用燃烧产物毒性较小且烟密度等级不大于25的难燃材料。

7. 公共建筑的厨房、浴室、卫生间的垂直排风管道，应采取防止回流设施或在支管上设置防火阀。公共建筑厨房的排油烟管道宜按防火分区设置，且在与垂直排风管连接的支管处设置动作温度为150℃的防火阀。

8. 风管和设备的保温材料、用于加湿器的加湿材料、消声材料及其粘结剂，宜采用不燃材料，确有困难时，可采用燃烧产物毒性较小且烟密度等级不大于50的难燃材料。

电加热器应与风机连锁控制启停；加热器前后各0.8m范围内的风管和穿过设有火源等容易起火房间的风管，均必须采用不燃材料。

9. 燃油或燃气锅炉房应设置自然通风或机械通风设施。燃气锅炉房应选用防爆型的事故排风机。当采取机械通风时，机械通风设施应设置导除静电的接地装置，通风量应符合下列规定：

（1）燃油锅炉房的正常通风量应按换气次数不少于3次/h确定，事故排风量应按换气次数不少于6次/h确定；

（2）燃气锅炉房的正常通风量应按换气次数不少于6次/h确定，事故排风量应按换气次数不少于12次/h确定。

10. 电影院的放映机室宜设置独立的排风系统。合并设置时，通向放映机室的风管应设置防火阀。

11. 与设置气体灭火系统的房间连通的风管应设置火灾发生时自动关闭的阀门。

12. 车库的通风、空调系统的设计应符合下列要求：

（1）设置通风系统的汽车库，其通风系统应独立设置；

（2）喷漆间、电瓶间均应设置独立的排气系统；

（3）风管应采用不燃材料制作，且不应穿过防火墙、防火隔墙。必须穿过时，除应采用不燃材料紧密填塞孔洞周围空隙外，还应在穿过处设置防火阀；

（4）风管的保温材料应采用不燃或难燃材料；穿过防火墙的风管，其位于防火墙两侧各2m范围内的保温材料应为不燃材料。

第三节　设备用房

一、柴油发电机房

布置在民用建筑内的柴油发电机房应符合下列规定：

1. 宜布置在首层或地下一、二层，不应布置在人员密集场所的上一层、下一层或贴邻；

2. 应采用耐火极限不低于 2.00h 的防火隔墙和 1.50h 的不燃性楼板与其他部位分隔，门应采用甲级防火门；

3. 应采用丙类柴油。机房内设置储油间时，其总储存量不应大于 $1m^3$，储油间应采用耐火极限不低于 3.00h 的防火隔墙与发电机间分隔；确需在防火隔墙上开门时，应设置甲级防火门；

4. 应设置火灾自动报警装置；

5. 应设置与柴油发电机容量和建筑规模相适应的灭火设施，当建筑内其他部位设置自动喷水灭火系统时，机房内应设置自动喷水灭火系统；

6. 进入建筑物内的燃料供给管道应符合下列规定：

（1）在进入建筑物前和设备间内的管道上均应设置自动和手动切断阀；

（2）储油间的油箱应密闭且应设置通向室外的通气管，通气管应设置带阻火器的呼吸阀，油箱的下部应设置防止油品流散的设施。

二、直燃机房

1. 机组应布置在首层或地下一层靠外墙部位，不应布置在人员密集场所的上一层、下一层或贴邻，并应采用耐火极限不小于 2.0h 的防火隔墙和 1.5h 的不燃性楼板与其它部位隔开。当防火隔墙上必须开门时，应设甲级防火门。使用液化石油气的机房不应布置在地下各层。

2. 燃油直燃机房的油箱不应大于 $1m^3$，并应设在耐火极限不低于二级的房间内，该房间的门应采用甲级防火门。

3. 安全出口不应少于 2 个，至少应设 1 个直通室外的安全出口，从机房最远点到安全出口的距离不应大于 35m。疏散门应为乙级防火门，外墙开口部位的上方，应设置宽度不小于 1.00m 的不燃防火挑檐或高度不小于 1.20m 的窗间墙。

4. 机房应设置火灾自动报警系统及水喷雾灭火装置。

5. 机房应设置送、排风系统，室内不应出现负压。直燃机工作期间换气次数可按 10 次 /h~15 次 /h，非工作期间可按 3 次 /h 计算，且送风量不应小于燃烧所需空气量和人员所需新鲜空气量之和。

6. 应设置双回路供电，并应在末端配电箱处设自动切换装置。

7. 燃气直燃机房应设事故防爆泄压设施。

8. 机房电气设备应采用防爆型，并应有可靠的接地措施。使用气体比重比空气大的机房应设不发火地面。

9. 烟道周围 0.50m 以内不得有可燃物，烟道不得从油库房及有易燃气体的房屋中穿过，排气口水平距离 6m 以内，不允许堆放易燃品。

10. 每台机组宜采用单独烟道，多台机组共用烟道时，每台机组的排烟口应设置风门。

三、锅炉房

1. 锅炉房应设置于最小频率风向的上风侧，季节性运行的锅炉房应设置于该季节最大频率风向的下风侧，且应与民用建筑，甲、乙类厂房，易燃物品和重要物资仓库，易燃液体储罐以及露天堆场等保持规定的防火间距。

2. 锅炉房的火灾危险性分类和耐火等级应符合下列要求：

（1）锅炉间应属于丁类生产厂房，单台蒸汽锅炉额定蒸发量大于 4t/h 或单台热水锅炉额定热功率大于 2.8MW 时，锅炉间不应低于二级耐火等级；单台蒸汽锅炉额定蒸发量不超过 4t/h 或单台热水锅炉额定热功率不超过 2.8MW 时，锅炉间不应低于三级耐火等级；

（2）设在其他建筑物内的锅炉房，锅炉间的耐火等级，均不应低于二级耐火等级；

（3）重油油箱间、油泵间和油加热器及轻柴油的油箱间和油泵间应属于丙类生产厂房，其建筑均不应低于二级耐火等级，上述房间布置在锅炉房辅助间内时，应设置防火墙与其他房间隔开；

（4）燃气调压间应属于甲类生产厂房，其建筑不应低于二级耐火等级，与锅炉房贴邻的调压间应设置防火墙与锅炉房隔开，其门窗应向外开启并不应直接通向锅炉房，地面应采用不产生火花地坪。

3. 锅炉房宜独立建造。确有困难时可贴邻民用建筑布置，但应采用防火墙隔开，且不应贴邻人员密集场所。燃油或燃气锅炉受条件限制必须布置在民用建筑内时，不应布置在人员密集场所的上一层、下一层或贴邻，并应符合下列规定：

（1）燃油和燃气锅炉房应设置在首层或地下一层靠外墙部位，但常（负）压燃油、燃气锅炉可设置在地下二层或屋顶上，设置在屋顶上的常（负）压燃气锅炉距屋面安全出口的距离不应小于 6.0m。

燃油锅炉应采用丙类液体作燃料。采用相对密度（与空气密度的比值）不小于 0.75 的可燃气体为燃料的锅炉，不得设置在地下或半地下建筑（室）内。

（2）锅炉房的门应直通室外或直通安全出口；外墙开口部位的上方应设置宽度不小于 1.0m 的不燃防火挑檐或高度不小于 1.2m 的窗槛墙。

（3）锅炉房应采用耐火极限不低于 2.0h 的防火隔墙和 1.5h 的不燃性楼板与其它部位分隔，隔墙和楼板上不应开设洞口，当必须在隔墙上开设门窗时，应设置甲级防火门窗。朝锅炉操作面方向开设的玻璃大观察窗，应采用具有抗爆能力的固定窗。

（4）锅炉房内设置的储油间总储存量不应大于 1.00m³，且储油间应采用防火墙与锅炉间隔开；必须在防火墙上开门时，应设置甲级防火门。

（5）应设置火灾报警装置和相应的灭火设施。

（6）锅炉房的外墙、楼地面或屋面，应有相应的防爆措施，并应有相当于锅炉间占地面积 10% 的泄压面积，泄压方向不得朝向人员聚集的场所、房间和人行通道，泄压处也不得与这些地方相邻。地下锅炉房采用竖井泄爆方式时，竖井的净横断面积，应满足泄压面积的要求。

当泄压面积不能满足上述要求时，可采用在锅炉房的内墙和顶部（顶棚）敷设金属爆炸减压板作补充。

（7）燃油、燃气锅炉房应设置独立的机械通风系统，并应符合相关防爆要求。

4. 锅炉房为多层建筑时，每层至少应分设两个出口，并设置疏散楼梯直达各操作点。

5. 燃料管道进入建筑前和设备间内，均应设置自动和手动切断阀。油箱应密闭且应设置通向室外的通气管，通气管应设置带阻火器的呼吸阀，油箱下部应设置防止油品流散的设施。

7. 电气线路宜采用穿金属管或电缆布线，并不应沿锅炉热风道、烟道、热水箱和其他载热体表面敷设。当需要沿载热体表面敷设时，应采取隔热措施。

在煤场下及构筑物内不宜有电缆通过。

四、电力变压器室

1. 油浸变压器室、高压配电装置室的耐火等级不应低于二级。

2. 油浸电力变压器、充有可燃油的高压电容器和多油开关等用房宜独立建造。确有困难时可贴邻民用建筑布置，但应采用防火墙隔开，且不应贴邻人员密集场所。受条件限制确需布置在民用建筑内时，不应布置在人员密集场所的上一层、下一层或贴邻，并应符合下列规定：

（1）变压器室应设置在首层或地下一层靠外墙部位；

（2）变压器室的门应直通室外或直通安全出口；外墙开口部位的上方应设置宽度不小于 1.0m 的不燃防火挑檐或高度不小于 1.20m 的窗槛墙；

（3）变压器室应采用耐火极限不低于 2.0h 的防火隔墙和 1.5h 的不燃性楼板与其它部位隔开，在隔墙和楼板上不应开设洞口，当必须在隔墙上开设门窗时，应设置甲级防火门窗；

（4）变压器室之间、变压器室与配电室之间，应采用耐火极限不低于 2.00h 的不燃性隔墙隔开；

（5）油浸电力变压器、多油开关室、高压电容器室，应设置防止油品流散的设施。油浸电力变压器下面应设置储存变压器全部油量的事故储油设施；

（6）应设置火灾报警装置；

（7）应设置与变压器、电容器和多油开关等的容量及建筑规模相适应的灭火设施，当建筑内其他部位设置自动喷水灭火系统时，应设置自动喷水灭火系统（或水喷雾、细水雾灭火系统）。

五、液化石油气瓶组间

建筑采用瓶装液化石油气瓶组供气时，应设置独立的瓶组间：

（1）瓶组间不应与住宅建筑、重要公共建筑和其他高层公共建筑贴邻，液化石油气气瓶的总容积不大于 1m³ 的瓶组间与所服务的其他建筑贴邻时，应采用自然气化方式供气；

（2）液化石油气气瓶的总容积大于 1m³、不大于 4m³ 的独立瓶组间，与所服务建筑的防火间距应符合表 2-3-1 的规定；

（3）在瓶组间的总出气管道上应设置紧急事故自动切断阀；

（4）瓶组间应设置可燃气体浓度报警装置。

表 2-3-1　液化石油气气瓶的独立瓶组间与所服务建筑的防火间距（m）

名　称		液化石油气气瓶的独立瓶组间的总容积 V（m³）	
		V ≤ 2	2 < V ≤ 4
明火或散发火花地点		25	30
重要公共建筑、一类高层民用建筑		15	20
裙房和其他民用建筑		8	10
道路（路边）	主要	10	
	次要	5	

注：气瓶总容积应按配置气瓶个数与单瓶几何容积的乘积计算。

第三章

特殊场所防火

歌舞娱乐放映游艺场所、老年人照料设施及儿童活动场所、医院和疗养院等特殊场所既是防火重点，亦是注册消防工程师资格考试重点。本章在分析 2015 年、2016 年和 2017 年试卷的基础上，全面详尽地介绍了上述特殊场所的防火要点，简介了公共建筑内的厨房防火要求。

第一节　歌舞娱乐放映游艺场所

一、一般规定

（一）平面布置

歌舞厅、录像厅、夜总会、卡拉OK厅（含具有卡拉OK功能的餐厅）、游艺厅（含电子游艺厅）、桑拿浴室（不包括洗浴部分）、网吧等歌舞娱乐放映游艺场所（不含剧场、电影院）的布置应符合下列规定：

1. 不应布置在地下二层及以下楼层；

2. 宜布置在一、二级耐火等级建筑内的首层、二层或三层的靠外墙部位；

3. 不宜布置在袋形走道的两侧或尽端；

4. 确需布置在地下一层时，地下一层的地面与室外出入口地坪的高差不应大于10m；

5. 确需布置在地下或四层及以上楼层时，一个厅、室的建筑面积不应大于200m²。

（二）防火分隔

厅、室之间及与建筑的其他部位之间，应采用耐火极限不低于2.00h的防火隔墙和1.00h的不燃性楼板（人防工程为1.5h）分隔，设置在厅、室墙上的门和该场所与建筑内其他部位相通的门均应采用乙级防火门。

二、安全疏散

（一）安全出口和疏散门

建筑内的安全出口和疏散门应分散布置，每个防火分区或一个防火分区的每个楼层相邻两个安全出口以及每个房间相邻两个疏散门最近边缘之间的水平距离不应小于5m。

1. 安全出口

（1）每个防火分区或一个防火分区的每个楼层，其安全出口的数量应经计算确定，且不应少于2个。

（2）建筑面积不大于200m²且人数不超过50人的单层歌舞娱乐放映游艺场所、或设置在多层公共建筑首层的歌舞娱乐放映游艺场所，可设置1个安全出口。

2. 疏散门

（1）除规范另有规定外，房间的疏散门数量应经计算确定且不应少于2个。

（2）建筑面积不大于50m²且经常停留人数不超过15人的厅、室可设置1个疏散门。

（二）疏散楼梯

1. 设置在多层建筑内时，除与敞开式外廊直接相连的楼梯间外，应采用封闭楼梯间。

2. 设置在裙房和建筑高度不大于32m的二类高层建筑内时，应采用封闭楼梯间。

3. 设置在一类高层建筑和建筑高度大于32m的二类高层建筑内时，应采用防烟楼梯间。

（三）安全疏散距离

1. 直通疏散走道的房间疏散门至最近安全出口的直线距离不应大于表3-1-1的规定。

表 3-1-1 直通疏散走道的房间疏散门至最近安全出口的直线距离（m）

名 称	位于两个安全出口之间的疏散门			位于袋形走道两侧或尽端的疏散门		
	一、二级	三级	四级	一、二级	三级	四级
歌舞娱乐放映游艺场所	25	20	15	9	—	—

注：1. 建筑内开向敞开式外廊的房间疏散门至最近安全出口的直线距离可按本表的规定增加5m。

2. 直通疏散走道的房间疏散门至最近敞开楼梯间的直线距离，当房间位于两个楼梯间之间时，应按本表的规定减少5m；当房间位于袋形走道两侧或尽端时，应按本表的规定减少2m。

3. 建筑物内全部设置自动喷水灭火系统时，其安全疏散距离可按本表的规定增加25%。

2. 楼梯间应在首层直通室外，确有困难时，可在首层采用扩大的封闭楼梯间或防烟楼梯间前室。当层数不超过4层且未采用扩大的封闭楼梯间或防烟楼梯间前室时，可将直通室外的门设置在离楼梯间不大于15m处。

3. 房间内任一点至房间直通疏散走道的疏散门的直线距离，不应大于表3-1-1规定的袋形走道两侧或尽端的疏散门至最近安全出口的直线距离。

（四）疏散净宽度

1. 通用规定

除规范另有规定外，疏散门和安全出口的净宽度不应小于0.90m，疏散走道和疏散楼梯的净宽度不应小于1.10m。

2. 设置在高层建筑内的最小净宽度

设置在高层建筑内的歌舞娱乐放映游艺场所，楼梯间的首层疏散门、首层疏散外门、疏散走道和疏散楼梯的最小净宽度应符合表3-1-2的规定。

表 3-1-2 设置在高层建筑内的歌舞娱乐放映游艺场所

楼梯间的首层疏散门、首层疏散外门、疏散走道和疏散楼梯的最小净宽度（m）

建筑类别	楼梯间的首层疏散门、首层疏散外门	走 道		疏散楼梯
		单面布房	双面布房	
歌舞娱乐放映游艺场所	1.20	1.30	1.40	1.20

3. 总净宽度

房间疏散门、安全出口、疏散走道和疏散楼梯的各自总净宽度，应符合下列规定：

（1）每层的房间疏散门、安全出口、疏散走道和疏散楼梯的各自总净宽度，应根据疏散人数按每100人的最小疏散净宽度不小于表3-1-3的规定计算确定。当每层疏散人数不等时，疏散楼梯的总净宽度可分层计算，地上建筑内下层楼梯的总净宽度应按该层及以上疏散人数最多一层的人数计算；地下建筑内上层楼梯的总净宽度应按该层及以下疏散人数最多一层的人数计算；

表 3-1-3 每层的房间疏散门、安全出口、疏散走道和疏散楼梯的每100人最小疏散净宽度（m/百人）

建筑层数		建筑的耐火等级		
		一、二级	三级	四级
地上楼层	1～2层	0.65	0.75	1.00
	3层	0.75	1.00	—
	≥4层	1.00	1.25	—
地下一层	与地面出入口地面的高差 ΔH ≤ 10m	1.00	—	—

（2）首层外门的总净宽度应按该建筑疏散人数最多一层的人数计算确定，不供其他楼层人员疏散的外门，可按本层的疏散人数计算确定；

（3）歌舞娱乐放映游艺场所中录像厅的疏散人数，应根据厅、室的建筑面积按不小于 1.0 人 $/m^2$ 计算；其他歌舞娱乐放映游艺场所的疏散人数，应根据厅、室的建筑面积按不小于 0.5 人 $/m^2$ 计算。

（五）木结构建筑

1. 木结构建筑的安全出口和房间疏散门的设置，应符合上述规定。当木结构建筑的每层建筑面积小于 $200m^2$ 且第二层和第三层的人数之和不超过 25 人时，可设置 1 部疏散楼梯。

2. 房间直通疏散走道的疏散门至最近安全出口的直线距离不应大于表 3-1-4 的规定。

表 3-1-4　房间直通疏散走道的疏散门至最近安全出口的直线距离（m）

名称	位于两个安全出口之间的疏散门	位于袋形走道两侧或尽端的疏散门
歌舞娱乐放映游艺场所	15	6

3. 房间内任一点至该房间直通疏散走道的疏散门的直线距离，不应大于表 3-1-4 中有关袋形走道两侧或尽端的疏散门至最近安全出口的直线距离。

4. 建筑内疏散走道、安全出口、疏散楼梯和房间疏散门的净宽度，应根据疏散人数按每 100 人的最小疏散净宽度不小于表 3-1-5 的规定计算确定。

表 3-1-5　疏散走道、安全出口、疏散楼梯和房间疏散门每 100 人的最小疏散净宽度（m/ 百人）

层　数	地上 1~2 层	地上 3 层
每 100 人的疏散净宽度（m/ 百人）	0.75	1.00

三、装修材料

1. 地上建筑，顶棚装修材料为 A 级、其他装修装饰材料的燃烧性能不应低于 B_1 级。

2. 地下建筑，顶棚、墙面装修材料为 A 级、其他装修装饰材料的燃烧性能不应低于 B_1 级。

3. 装修装饰材料的燃烧性能不应降低。

四、主要消防设施设备

（一）火灾自动报警系统

歌舞娱乐放映游艺场所应设置火灾自动报警系统。

（二）自动灭火系统

下列歌舞娱乐放映游艺场所应设置自动灭火系统，并宜采用自动喷水灭火系统：

1. 设置在高层民用建筑内；

2. 设置在单、多层民用建筑内时，除游泳场所外，设置在地下、半地下或地上四层及以上楼层；设置在首层、二层和三层且任一层建筑面积大于 $300m^2$。

（三）排烟设施

设置在一、二、三层且房间建筑面积大于 $100m^2$，以及设置在四层及以上楼层、地下或半地下的歌舞娱乐放映游艺场所，均应设置排烟设施。

（四）增设疏散指示标志

歌舞娱乐放映游艺场所应在疏散走道和主要疏散路径的地面上增设能保持视觉连续的灯光疏散

指示标志或蓄光疏散指示标志。

（五）疏散备用电源的连续供电时间

歌舞娱乐放映游艺场所消防应急照明和灯光疏散指示标志的备用电源的连续供电时间应符合下列规定：

1. 设置在建筑高度大于 100m 的民用建筑内时，不应小于 1.50h；

2. 设置在总建筑面积大于 100000m² 的公共建筑和总建筑面积大于 20000m² 的地下、半地下建筑内时，不应小于 1.00h；

3. 设置在其他建筑内或独立设置，不应小于 0.50h。

（六）疏散照明的地面最低水平照度

1. 疏散走道，不应低于 1.0lx。

2. 歌舞娱乐放映游艺场所、避难层（间），不应低于 3.0lx。

3. 楼梯间、前室或合用前室、避难走道，不应低于 10.0lx。

第二节　老年人照料设施及儿童活动场所

一、一般规定

（一）平面布置

1. 托儿所、幼儿园的儿童用房和儿童游乐厅等儿童活动场所宜设置在独立的建筑内，且不应设置在地下或半地下；当采用一、二级耐火等级的建筑时，不应超过 3 层；采用三级耐火等级的建筑时，不应超过 2 层；采用四级耐火等级的建筑时，应为单层。

确需设置在其他民用建筑内时，应符合下列规定：

（1）设置在一、二级耐火等级的建筑内时，应布置在首层、二层或三层；

（2）设置在三级耐火等级的建筑内时，应布置在首层或二层；

（3）设置在四级耐火等级的建筑内时，应布置在首层；

（4）设置在高层建筑内时，应设置独立的安全出口和疏散楼梯；

（5）设置在单、多层建筑内时，宜设置独立的安全出口和疏散楼梯。

2. 老年人照料设施宜独立设置。独立建造的一、二级耐火等级老年人照料设施的建筑高度不宜大于 32m，不应大于 54m；独立建造的三级耐火等级老年人照料设施，不应超过 2 层。

当老年人照料设施与其他建筑上、下组合时，老年人照料设施宜设置在建筑的下部，并应符合下列规定：

（1）老年人照料设施部分的建筑层数、建筑高度或所在楼层位置的高度应符合上述规定；

（2）老年人照料设施部分应与其他场所进行防火分隔，防火分隔应符合相关规定。

3. 当老年人照料设施中的老年人公共活动用房、康复与医疗用房设置在地下、半地下时，应设置在地下一层，每间用房的建筑面积不应大于 200m² 且使用人数不应大于 30 人。

4. 老年人照料设施中的老年人公共活动用房、康复与医疗用房设置在地上四层及以上时，每间用房的建筑面积不应大于 200m² 且使用人数不应大于 30 人。

5. 老年人照料设施，托儿所、幼儿园的儿童用房和活动场所设置在木结构建筑内时，应布置在首层或二层。

（二）吊顶、防火分隔及耐火等级

1.吊顶

（1）二级耐火等级建筑内采用不燃材料的吊顶，其耐火极限不限。

（2）三级耐火等级的老年人照料设施及托儿所、幼儿园的儿童用房和儿童游乐厅等儿童活动场所的吊顶，应采用不燃材料；当采用难燃材料时，其耐火极限不应低于 0.25h。

（3）二、三级耐火等级建筑内门厅、走道的吊顶应采用不燃材料。

2.防火分隔

附设在建筑内的托儿所、幼儿园的儿童用房和儿童游乐厅等儿童活动场所、老年人照料设施，应采用耐火极限不低于 2.00h 的防火隔墙和 1.00h 的楼板与其他场所或部位分隔，墙上必须设置的门、窗应采用乙级防火门、窗。

3.耐火等级

除木结构建筑外，老年人照料设施的耐火等级不应低于三级。

二、安全疏散

（一）安全出口和疏散门

建筑内的安全出口和疏散门应分散布置，每个防火分区或一个防火分区的每个楼层相邻两个安全出口以及每个房间相邻两个疏散门最近边缘之间的水平距离不应小于 5m。

1.安全出口

（1）建筑内每个防火分区或一个防火分区的每个楼层，其安全出口的数量应经计算确定，且不应少于 2 个。

（2）除托儿所、幼儿园外，建筑面积不大于 200m² 且人数不超过 50 人的单层老年人照料设施、或多层老年人照料设施的首层，每个防火分区可设置 1 个安全出口。

2.疏散门

（1）建筑内房间的疏散门数量应经计算确定且不应少于 2 个。

（2）托儿所、幼儿园、老年人照料设施内，除位于走道尽端的房间外，位于两个安全出口之间或袋形走道两侧的房间，当建筑面积不大于 50m² 时可设置 1 个疏散门。

（二）疏散楼梯及电梯

1.老年人照料设施的疏散楼梯或疏散楼梯间宜与敞开式外廊直接连通，不能与敞开式外廊直接连通的室内疏散楼梯应采用封闭楼梯间。建筑高度大于 24m 的老年人照料设施，其室内疏散楼梯应采用防烟楼梯间。

2.建筑高度大于 32m 的老年人照料设施，宜在 32m 以上部分增设能连通老年人居室和公共活动场所的连廊，各层连廊应直接与疏散楼梯、安全出口或室外避难场地连通。

3.老年人照料设施内的非消防电梯应采取防烟措施，当火灾情况下需用于辅助人员疏散时，该电梯及其设置应符合有关消防电梯及其设置要求。

4.5 层及以上且总建筑面积大于 3000m²（包括设置在其他建筑内五层及以上楼层）的老年人照料设施应设置消防电梯。

5.设置在裙房和建筑高度不大于 32m 的二类高层建筑中的托儿所、幼儿园应采用封闭楼梯间。

6.设置在一类高层建筑和建筑高度大于 32m 的二类高层建筑中的托儿所、幼儿园，应采用防烟楼梯间。

（三）安全疏散距离

1. 直通疏散走道的房间疏散门至最近安全出口的直线距离不应大于表3-2-1的规定。

表3-2-1　直通疏散走道的房间疏散门至最近安全出口的直线距离（m）

名　称	位于两个安全出口之间的疏散门			位于袋形走道两侧或尽端的疏散门		
	一、二级	三级	四级	一、二级	三级	四级
托儿所、幼儿园 老年人照料设施	25	20	15	20	15	10

注：1. 建筑内开向敞开式外廊的房间疏散门至最近安全出口的直线距离可按本表的规定增加5m。

　　2. 直通疏散走道的房间疏散门至最近敞开楼梯间的直线距离，当房间位于两个楼梯间之间时，应按本表的规定减少5m；当房间位于袋形走道两侧或尽端时，应按本表的规定减少2m。

　　3. 建筑物内全部设置自动喷水灭火系统时，其安全疏散距离可按本表的规定增加25%。

2. 楼梯间应在首层直通室外，确有困难时，可在首层采用扩大的封闭楼梯间或防烟楼梯间前室。当层数不超过4层且未采用扩大的封闭楼梯间或防烟楼梯间前室时，可将直通室外的门设置在离楼梯间不大于15m处。

3. 房间内任一点至房间直通疏散走道的疏散门的直线距离，不应大于表3-2-1规定的袋形走道两侧或尽端的疏散门至最近安全出口的直线距离。

（四）疏散净宽度

1. 通用规定

除规范另有规定外，疏散门和安全出口的净宽度不应小于0.90m，疏散走道和疏散楼梯的净宽度不应小于1.10m。

2. 设置在高层建筑内的最小净宽度

设置在高层建筑内的托儿所、幼儿园、老年人照料设施，楼梯间的首层疏散门、首层疏散外门、疏散走道和疏散楼梯的最小净宽度应符合表3-2-2的规定。

表3-2-2　设置在高层建筑内的托儿所、幼儿园、老年人照料设施

楼梯间的首层疏散门、首层疏散外门、疏散走道和疏散楼梯的最小净宽度（m）

建筑类别	楼梯间的首层疏散门、首层疏散外门	走　道		疏散楼梯
		单面布房	双面布房	
托儿所、幼儿园、老年人照料设施	1.20	1.30	1.40	1.20

3. 总净宽度

托儿所、幼儿园、老年人照料设施每层的房间疏散门、安全出口、疏散走道和疏散楼梯的各自总净宽度，应根据疏散人数按每100人的最小疏散净宽度计算确定。当每层疏散人数不等时，疏散楼梯的总净宽度可分层计算，下层楼梯的总净宽度应按该层及以上疏散人数最多一层的人数计算；首层外门的总净宽度应按该建筑疏散人数最多一层的人数计算确定，不供其他楼层人员疏散的外门，可按本层的疏散人数计算确定。

表 3-2-3 托儿所、幼儿园、老年人照料设施每层的房间疏散门、安全出口、疏散走道和
疏散楼梯的每 100 人最小疏散净宽度（m/百人）

建筑层数		建筑的耐火等级		
		一、二级	三级	四级
地上楼层	1~2 层	0.65	0.75	1.00
	3 层	0.75	1.00	—

（五）木结构建筑

1. 木结构建筑的安全出口和房间疏散门的设置，应符合上述规定。当木结构建筑的每层建筑面积小于 200m² 且第二层和第三层的人数之和不超过 25 人时，可设置 1 部疏散楼梯。

2. 木结构建筑的房间直通疏散走道的疏散门至最近安全出口的直线距离不应大于表 3-2-4 的规定。

表 3-2-4 房间直通疏散走道的疏散门至最近安全出口的直线距离（m）

名称	位于两个安全出口之间的疏散门	位于袋形走道两侧或尽端的疏散门
托儿所、幼儿园、老年人照料设施	15	10

3. 房间内任一点至该房间直通疏散走道的疏散门的直线距离，不应大于表 3-2-4 中有关袋形走道两侧或尽端的疏散门至最近安全出口的直线距离。

4. 木结构建筑内疏散走道、安全出口、疏散楼梯和房间疏散门的净宽度，应根据疏散人数按每 100 人的最小疏散净宽度不小于表 3-2-5 的规定计算确定。

表 3-2-5 疏散走道、安全出口、疏散楼梯和房间疏散门每 100 人的最小疏散净宽度（m/百人）

层　数	地上 1~2 层	地上 3 层
每 100 人的疏散净宽度（m/百人）	0.75	1.00

三、装修及保温材料

1. 单层、多层、高层建筑中，顶棚、墙面装修材料为 A 级；地面、隔断装修材料和窗帘不应低于 B₁ 级；其余可为 B₂ 级。

2. 高层建筑中的楼梯扶手、挂镜线、踢脚板、窗帘盒、暖气罩等装修装饰材料的燃烧性能不应低于 B₁ 级。

3. 装修装饰材料的燃烧性能不应降低。

4. 除建筑外墙采用保温材料与两侧墙体构成无空腔复合保温结构体的耐火极限符合规范的有关规定、保温材料的燃烧性能为 B₁、B₂ 级，保温材料两侧墙体采用不燃材料且厚度均不小于 50mm 以外，下列老年人照料设施的内、外墙体和屋面保温材料应采用燃烧性能为 A 级的保温材料：

（1）独立建造的老年人照料设施；

（2）与其他建筑组合建造且老年人照料设施部分的总建筑面积大于 500m² 的老年人照料设施。

四、主要消防设施设备

（一）火灾自动报警系统

1. 大、中型幼儿园（注意，不含托儿所）的儿童用房等场所，老年人照料设施，任一层建筑面

积大于1500m²或总建筑面积大于3000m²的其他儿童活动场所，应设置火灾自动报警系统。

2.老年人照料设施的非消防用电负荷应设置电气火灾监控系统。

（二）自动灭火系统

大、中型幼儿园（注意，不含托儿所）和老年人照料设施，应设置自动灭火系统，并宜采用自动喷水灭火系统。

（三）疏散备用电源的连续供电时间

消防应急照明和灯光疏散指示标志的备用电源的连续供电时间应符合下列规定：

老年人照料设施不应小于1.0h；

托儿所、幼儿园，不应小于0.5h；

设置在建筑高度大于100m的民用建筑中的托儿所、幼儿园、老年人照料设施，不应小于1.5h。

（四）疏散照明的地面最低水平照度

1.疏散走道不应低于1.0lx。

2.托儿所、幼儿园的楼梯间、前室或合用前室、避难走道，不应低于5.0lx。

3.老年人照料设施的避难间，不应低于10.0lx。

4.老年人照料设施的楼梯间、前室或合用前室、避难走道，不应低于10.0lx。

（五）避难间及相关设备

1.3层及3层以上总建筑面积大于3000m²（包括设置在其他建筑内三层及以上楼层）的老年人照料设施，应在二层及以上各层老年人照料设施部分的每座疏散楼梯间的相邻部位设置1间避难间。

2.当老年人照料设施设置与疏散楼梯或安全出口直接连通的开敞式外廊、与疏散走道直接连通且符合人员避难要求的室外平台等时，可不设置避难间。

3.避难间内可供避难的净面积不应小于12m²，避难间可利用疏散楼梯间的前室或消防电梯的前室，其他要求应符合规范的相关规定。

4.供失能老年人使用且层数大于2层的老年人照料设施，应按核定使用人数配备简易防毒面具。

（六）室内消火栓系统及消防软管卷盘

1.体积大于5000m³的老年人照料设施应设置室内消火栓系统。

2.老年人照料设施内应设置与室内供水系统直接连接的消防软管卷盘，消防软管卷盘的设置间距不应大于30.0m。

第三节　医院和疗养院

一、一般规定

（一）平面布置

1.医院和疗养院的住院部分不应设置在地下或半地下。

2.医院和疗养院的住院部分采用三级耐火等级建筑时，不应超过2层；采用四级耐火等级建筑时，应为单层；设置在三级耐火等级的建筑内时，应布置在首层或二层；设置在四级耐火等级的建筑内时，应布置在首层。

3.人防工程中的医院病房不应设置在地下二层及以下层，当设置在地下一层时，室内地面与室外出入口地坪高差不应大于10m。

（二）吊顶及防火分隔

1.三级耐火等级的医疗建筑的吊顶，应采用不燃材料；当采用难燃材料时，其耐火极限不应低于0.25h。

2.医院和疗养院的病房楼内相邻护理单元之间应采用耐火极限不低于2.00h的防火隔墙分隔，隔墙上的门应采用乙级防火门，设置在走道上的防火门应采用常开防火门。

3.医疗建筑内的手术室或手术部、产房、重症监护室、贵重精密医疗装备用房、储藏间、实验室、胶片室等，应采用耐火极限不低于2.00h的防火隔墙和1.00h的楼板与其他场所或部位分隔，墙上必须设置的门、窗应采用乙级防火门、窗。

二、安全疏散

（一）安全出口和疏散门

建筑内的安全出口和疏散门应分散布置，建筑内每个防火分区或一个防火分区的每个楼层相邻两个安全出口以及每个房间相邻两个疏散门最近边缘之间的水平距离不应小于5m。

1.安全出口

（1）每个防火分区或一个防火分区的每个楼层，其安全出口的数量应经计算确定，且不应少于2个。

（2）建筑面积不大于200m²且人数不超过50人的单层医疗建筑、或多层医疗建筑的首层，每个防火分区可设置1个安全出口。

2.疏散门

（1）除规范另有规定外，房间的疏散门数量应经计算确定且不应少于2个。

（2）医疗建筑内，除位于走道尽端的房间外，建筑面积不大于75m²的房间可设置1个疏散门。

（二）疏散楼梯

1.多层医疗建筑的疏散楼梯，除与敞开式外廊直接相连的楼梯间外，应采用封闭楼梯间。

2.高层医疗建筑的疏散楼梯，应采用防烟楼梯间。

3.裙房疏散楼梯可采用封闭楼梯间。

（三）安全疏散距离

1.医疗建筑直通疏散走道的房间疏散门至最近安全出口的直线距离不应大于表3-3-1的规定。

表3-3-1 医疗建筑直通疏散走道的房间疏散门至最近安全出口的直线距离（m）

名 称			位于两个安全出口之间的疏散门			位于袋形走道两侧或尽端的疏散门		
			一、二级	三级	四级	一、二级	三级	四级
医疗建筑	单、多层		35	30	25	20	15	10
	高层	病房部分	24	—	—	12	—	—
		其他部分	30	—	—	15	—	—

注：1.建筑内开向敞开式外廊的房间疏散门至最近安全出口的直线距离可按本表的规定增加5m。

2.直通疏散走道的房间疏散门至最近敞开楼梯间的直线距离，当房间位于两个楼梯间之间时，应按本表的规定减少5m；当房间位于袋形走道两侧或尽端时，应按本表的规定减少2m。

3.建筑物内全部设置自动喷水灭火系统时，其安全疏散距离可按本表的规定增加25%。

2.楼梯间应在首层直通室外，确有困难时，可在首层采用扩大的封闭楼梯间或防烟楼梯间前室。当层数不超过4层且未采用扩大的封闭楼梯间或防烟楼梯间前室时，可将直通室外的门设置在离楼梯间不大于15m处。

3. 房间内任一点至房间直通疏散走道的疏散门的直线距离，不应大于表 3-3-1 规定的袋形走道两侧或尽端的疏散门至最近安全出口的直线距离。

4. 人防工程中的医院房间门至最近安全出口的最大距离不应大于 24m；位于袋形走道两侧或尽端的房间，其最大距离不应大于 12m；房间内最远点至该房间门的最大距离不应大于 15m。

（四）疏散净宽度

1. 通用规定

除规范另有规定外，医疗建筑内疏散门和安全出口的净宽度不应小于 0.90m，疏散走道和疏散楼梯的净宽度不应小于 1.10m。

2. 高层医疗建筑的最小净宽度

高层医疗建筑内楼梯间的首层疏散门、首层疏散外门、疏散走道和疏散楼梯的最小净宽度应符合表 3-3-2 的规定。

表 3-3-2　高层医疗建筑内楼梯间的首层疏散门、首层疏散外门、疏散走道和疏散楼梯的最小净宽度（m）

楼梯间的首层疏散门、首层疏散外门	走　道		疏散楼梯
	单面布房	双面布房	
1.30	1.40	1.50	1.30

3. 总净宽度

（1）医疗建筑每层的房间疏散门、安全出口、疏散走道和疏散楼梯的各自总净宽度，应根据疏散人数按每 100 人的最小疏散净宽度计算确定。当每层疏散人数不等时，疏散楼梯的总净宽度可分层计算，地上建筑内下层楼梯的总净宽度应按该层及以上疏散人数最多一层的人数计算；地下建筑内上层楼梯的总净宽度应按该层及以下疏散人数最多一层的人数计算。

表 3-3-3　医疗建筑每层的房间疏散门、安全出口、疏散走道和疏散楼梯的每 100 人最小疏散净宽度（m/百人）

建筑层数		建筑的耐火等级		
		一、二级	三级	四级
地上楼层	1~2 层	0.65	0.75	1.00
	3 层	0.75	1.00	—
	≥ 4 层	1.00	1.25	—
人防工程地下一层	与地面出入口地面的高差 ΔH ≤ 10m	0.75	—	—

（2）首层外门的总净宽度应按该建筑疏散人数最多一层的人数计算确定，不供其他楼层人员疏散的外门，可按本层的疏散人数计算确定。

（五）木结构建筑

1. 木结构建筑的安全出口和房间疏散门的设置，应符合上述规定。当木结构建筑的每层建筑面积小于 200m² 且第二层和第三层的人数之和不超过 25 人时，可设置 1 部疏散楼梯。

2. 房间直通疏散走道的疏散门至最近安全出口的直线距离不应大于表 3-3-4 的规定。

表 3-3-4　房间直通疏散走道的疏散门至最近安全出口的直线距离（m）

名称	位于两个安全出口之间的疏散门	位于袋形走道两侧或尽端的疏散门
医院和疗养院建筑	25	12

3.房间内任一点至该房间直通疏散走道的疏散门的直线距离，不应大于表3-3-4中有关袋形走道两侧或尽端的疏散门至最近安全出口的直线距离。

4.建筑内疏散走道、安全出口、疏散楼梯和房间疏散门的净宽度，应根据疏散人数按每100人的最小疏散净宽度不小于表3-3-5的规定计算确定。

表3-3-5　疏散走道、安全出口、疏散楼梯和房间疏散门每100人的最小疏散净宽度（m/百人）

层数	地上1~2层	地上3层
每100人的疏散净宽度（m/百人）	0.75	1.00

三、装修材料

1.单层、多层、高层、地下建筑，其顶棚、墙面装修材料为A级；地面、隔断装修材料、窗帘不应低于B_1级。

2.固定家具：地下建筑不应低于B_1级，单层、多层、高层建筑可为B_2级。

3.帷幕：高层、地下建筑，不应低于B_1级。

4.其他装修装饰材料：高层建筑不应低于B_1级、其余可为B_2级。

5.装修装饰材料的燃烧性能不应降低。

四、主要消防设施设备

（一）火灾自动报警系统

任一层建筑面积大于$1500m^2$或总建筑面积大于$3000m^2$的疗养院的病房楼，不少于200床位的医院门诊楼、病房楼和手术部等应设置火灾自动报警系统。

（二）自动灭火系统

任一层建筑面积大于$1500m^2$或总建筑面积大于$3000m^2$的医院中同样建筑规模的病房楼、门诊楼和手术部应设置自动灭火系统，并宜采用自动喷水灭火系统。

（三）疏散备用电源的连续供电时间

消防应急照明和灯光疏散指示标志的备用电源的连续供电时间不应小于1.0h；建筑高度大于100m时，不应小于1.5h。

（四）疏散照明的地面最低水平照度

1.疏散走道不应低于1.0lx。

2.避难层不应低于3.0lx；病房楼或手术部的避难间不应低于10.0lx。

3.病房楼或手术部内的楼梯间、前室或合用前室、避难走道，不应低于10.0lx。

第四节　公共建筑内的厨房

1.厨房应采用耐火极限不低于2.00h的防火隔墙与其他部位分隔，墙上的门、窗应采用乙级防火门、窗，确有困难时，可采用防火卷帘，但应符合规范相关规定。

2.厨房的竖向排风管，应采取防止回流措施并宜在支管上设置公称动作温度为70℃的防火阀。

3.厨房的排油烟管道宜按防火分区设置，且在与竖向排风管连接的支管处应设置公称动作温度为150℃的防火阀。

4. 厨房的明火或高温部位及排油烟管道等，应采用防火隔热措施。

5. 餐厅建筑面积大于 $1000m^2$ 的餐馆或食堂，其烹饪操作间的排油烟罩及烹饪部位应设置自动灭火装置，并应在燃气或燃油管道上设置与自动灭火装置联动的自动切断装置。厨房洒水喷头应选用930℃的喷头，颜色为绿色。

6. 定期检查燃气燃油管道、阀门。如发现泄漏应首先关闭阀门，及时通风，并严禁使用任何明火和启动电源开关。

7. 墙壁、抽油烟机罩应每天清洗，油烟管道至少应每半年清洗一次。

8. 各种机械设备不得超负荷用电，并注意防止电器设备和线路受潮。

9. 工作结束后，应及时关闭所有燃气燃油阀门，切断电源、火源。

第四章

其他建筑、场所防火

本章在分析 2015 年、2016 年和 2017 年试卷考点的基础上，兼顾"够用"底线，考虑了相关辅导教材纳入的其他建筑和场所，简要介绍了石油化工、地铁、城市交通隧道、加油加气站、汽车库、修车库、洁净厂房和信息机房、古建筑和人防工程防火基础知识。

第一节　石油化工

一、火炬

全厂性火炬，应布置在工艺生产装置、易燃和可燃液体与液化石油气等可燃气体的贮罐区、装卸区，以及全厂性重要辅助生产设施及人员集中场所全年最小频率风向上风侧。

二、放空管

1.放空管一般应设在设备或容器的顶部，室内设备安设的放空管应引出室外，其管口要高于附近有人操作的最高设备2m以上。

2.连续排放的放空管口，应高出半径20m范围内的平台或建筑物顶3.5m以上，位于排放口水平20m以外斜上45°的范围内不宜布置平台或建筑物；间歇排放的放空管口，应高出10m范围内的平台或建筑物顶3.5m以上，位于排放口水平10m以外斜上45°的范围内不宜布置平台或建筑物；平台或建筑物应与放空管垂直面呈45°。

三、储罐区、堆场

1.甲、乙、丙类液体储罐区、液化石油气储罐区、可燃、助燃气体储罐区、可燃材料堆场等，应设置在城市（区域）的边缘或相对独立的安全地带，并宜设置在城市（区域）全年最小频率风向的上风侧。应与装卸区、辅助生产区及办公区分开布置。桶装、瓶装甲类液体不应露天存放。

2.甲、乙、丙类液体储罐（区）宜布置在地势较低的地带。当布置在地势较高的地带时，应采取安全防护设施。

3.液化石油气储罐（区）宜布置在地势平坦、开阔等不易积存液化石油气的地带。四周应设置高度不小于1.0m的不燃烧体实体防护墙。

4.钢制储罐必须做防雷接地，接地点不应少于2处。钢质储罐接地点沿储罐周长的间距不应大于30m，接地电阻不应大于10Ω。

铝顶储罐和顶板厚度小于4mm的钢质储罐，应装设避雷针。浮顶罐或内浮顶罐可不设避雷针，但应将浮顶与罐体用2根导线做电气连接。

5.防静电接地装置的接地电阻不应大于100Ω。

四、油品码头

1.油品码头宜布置在港口的边缘区域。内河港口的油品码头宜布置在港口的下游，当岸线布置确有困难时，可布置在港口上游。油品泊位与其他泊位的船舶间距应符合相应规范要求。

2.海港或河港中位于锚地上游的装卸甲乙类油品泊位与锚地的距离不应小于1000m，装卸丙类油品泊位与锚地的距离不应小于150m。

3.河港中位于锚地下游的油品泊位与锚地的间距不应小于150m。

4.甲、乙类油品码头前沿线与陆上储油罐的防火间距不应小于50m。

5.装卸甲乙类油品的泊位与明火或散发火花地点的防火间距不应小于40m。

6.陆上与装卸作业无关的其他设施与油品码头的间距不应小于40m。

7.油品泊位的码头结构应采用不燃材料，油品码头上应设置必要的人行信道和检修信道，并应采用不燃或难燃材料。

五、气体、液体输送

1.输送原油或成品油宜采用钢质管道，管道设计流速不应大于4.5m/s；液化石油气液态安全流速不应大于3.0m/s。

2.可燃液体一般通过泵和管线输送。只有对高闪点及沸点在130℃及以上的可燃液体才用空气压送。

3.输送可燃气体的管道应保持正压状态，并根据实际需要安装逆止阀、水封和阻火器等安全装置。

第二节　地铁

一、防火分区

（一）地下车站

地下车站站台和站厅乘客疏散区划为一个防火分区。当地下多线换乘车站共用一个站厅公共区时，站厅公共区的建筑面积不应大于5000m^2。地下一层侧式站台与同层的站厅公共区划为一个防火分区。

（二）地上车站

设备管理区应与公共区划分不同的防火分区。公共区防火分区的最大允许建筑面积不应大于5000m^2。设备管理区的防火分区位于建筑高度不大于24m的建筑内时，其每个防火分区的最大允许建筑面积不应大于2500m^2；位于建筑高度大于24m的建筑内时，其每个防火分区的最大允许建筑面积不应大于1500m^2。

二、防烟排烟

（一）应划分防烟分区的场所及要求

地铁室内地面至顶棚高度不大于6m的场所应划分防烟分区，并符合下列规定：

1.地下车站站厅、站台每个防烟分区的建筑面积不应大于750m^2；

2.站台至站厅的楼扶梯等开口四周临空部位应设置挡烟垂壁；

3.设备管理区每个防烟分区的建筑面积不应大于750m^2；

4.防烟分区不得跨越防火分区。

（二）防烟分隔措施

相邻防烟分区之间应设置挡烟垂壁。挡烟垂壁应符合下列规定：

1.从顶棚下突出不小于500mm，镂空吊顶应伸至结构板面；

2.顶板下突出不小于500mm的结构梁，可作挡烟垂壁；

3.挡烟垂壁下缘至楼地面、踏步面的垂直距离不应小于2.3m；

4.活动挡烟垂壁应与火灾探测器联动下垂至设计位置；

5.公共区吊顶与其他场所相连通部位的吊顶高差大于500mm时，该部位可不设挡烟垂壁。

（三）防排烟

1.区间防排烟

（1）区间隧道排烟系统宜采用纵向通风控制方式。气流流速应大于2m/s、小于等于11m/s，且应满足列车在坡段时，能有效控制烟气逆流。

（2）当地铁区间采用浅埋方式，顶部可开设较多的通风口时，可考虑采用自然排烟形式，自然排烟口的间距，开启面积大小应通过计算确定。

2. 车站防排烟

（1）地上车站宜采用自然排烟方式。

（2）不具备自然排烟条件时，应设置机械排烟设施。地下车站一般为相对开放式空间，车站出入口和区间补风可满足排烟要求。

三、安全疏散

地下车站站台至站厅的疏散能力，应保证最大客流量时，一列进站列车乘客及站台上的候车乘客能在6min内全部疏散至安全区域。

每个站厅公共区直通室外的安全出口不应少于2个。安全出口应分散布置、且2个安全出口间的净距不应小于10m。

站厅公共区和站台计算长度内任一点到梯口或疏散通道口的最大疏散距离不应大于50m。

有人值守的车站设备、管理用房的门位于2个安全出口之间时，其房间门至最近安全出口的距离不应大于40m，当位于袋形走道两侧或尽端时，其疏散门至最近安全出口的距离不应大于20m。

四、地铁火灾工况运作模式

（一）地下车站

（1）开启通风排烟系统，在6min内控制烟气不进入安全区，疏散路径内烟气层应保持在1.5m及以上高度，在疏散楼梯口形成1.5m/s的向下气流，阻止烟气蔓延至起火层以上楼层，人员迎着新风向疏散。

（2）自动检票机门处于敞开状态，同时打开疏散路径内所有栅栏门。

（3）通过应急广播、信息显示或人员管理等措施，劝阻乘客进入车站。

（4）控制中心调度应使其他列车不再进入事故车站或快速通过不停站。

（二）区域隧道

（1）列车未失去动力情况下，应将列车开行至前方车站组织人员疏散。火灾列车滞留在区间内时，应纵向组织通风排烟，保证疏散路径处于新风区。

（2）启动通风排烟系统，应能在隧道内控制火灾烟气定向流动，上风方向人员迎着新风向疏散。排烟流速应大于2m/s、小于等于11m/s、且高于计算临界烟气控制流速，并应保证烟气不进入车站隧道区域。

（三）站厅层公共区

（1）站厅排烟，形成站厅公共区负压，新风由出入口和站台自然补入。

（2）劝阻乘客不再进入本车站内。

（3）调度列车尽快带走滞留在站台上的乘客。

（四）设备管理区

（1）配置气体保护的用房，灭火时，该区域通风系统关闭，灭火完毕，开启通风系统通风换气。

（2）非气体保护房间，火灾时需排烟，并补充50%的新风。

（3）设备管理防火分区内的人员疏散，通过直通地面的消防专用通道疏散至地面，或疏散至相邻车站公共区。

（五）区间隧道（正常载客运行区间）

列车只要不完全丧失动力，应尽量使列车开行到前方车站，则火灾时的疏散路径和防排烟运作模式同车站车轨区火灾工况模式。

如火灾列车滞留在区间内，只能采用纵向通风防排烟模式保证疏散路径处于新风区。

（1）列车头节火灾

①列车尾节端门打开（自动落下梯），乘客鱼贯而入到达轨道面层，向列车尾端侧车站疏散。

②此时，列车尾端侧车站送风，列车头端侧车站排风，形成区间介于2m/s～11m/s的气流量，即通风方向与疏散方向始终相逆。

③设有纵向应急通道的区间，此时应打开列车侧门，使乘客通过尾端门疏散的同时，也利用应急平台向列车尾端侧车站疏散。

④应充分利用位于疏散区间段内上、下行区间的联络通道，从火灾区间进入非火灾区间疏散，此时，非火灾区间内应停止列车运行。

（2）列车尾节火灾。此工况与列车头节火灾工况相同，疏散与防排烟运作模式与上述反向运作。

（3）列车中部火灾。为避免更多的乘客受烟气影响，火灾通风气流应与行车方向一致，疏散路径、通风模式同列车头节火灾模式。列车中部着火，充分利用纵向应急通道更显重要。

（4）其他。当列车火灾部位不明确时，通风气流方向宜同列车头节火灾运作模式。单洞双线区间火灾时，对开列车绝对禁止进入火灾区间。长区间隧道设有中间风井时，在中间风井内应设至地面的疏散梯。

（六）辅助线段区间

（1）辅助线段区间（停车线、折返线、渡线、出入线），列车运行载客通行的辅助线段火灾模式同地下区间。

（2）一般停车场或车辆设施与综合基地位于地面，由正线至停车场或车辆设施与综合基地的出入线火灾时，应尽快将烟气排至地面，此时通风方向由地下至地面。

第三节　城市交通隧道

一、城市交通隧道分类

表 4-3-1　单孔和双孔隧道分类

用　途	一类	二类	三类	四类
	隧道封闭段长度 L（m）			
可通行危险化学品等机动车	L > 1500	500 < L ≤ 1500	L ≤ 500	—
仅限通行非危险化学品等机动车	L > 3000	150 < L ≤ 3000	50 < L ≤ 1500	L ≤ 500
仅限人行或通行非机动车	—	—	L > 1500	L ≤ 1500

二、人员疏散

1.双孔隧道应设置人行横通道或人行疏散通道，并应符合下列规定：

（1）人行横通道的间隔和隧道通向人行疏散通道入口的间隔，宜为250m~300m；

（2）人行疏散横通道应沿垂直双孔隧道长度方向布置，并应通向相邻隧道。人行疏散通道应沿隧道长度方向布置在双孔中间，并应直通隧道外；

（3）人行横通道可利用车行横通道；

（4）人行横通道或人行疏散通道的净宽度不应小于1.2m，净高度不应小于2.1m。

2.单孔隧道宜设置直通室外的人员疏散出口或独立避难所等避难设施。

3.每个防火分区的安全出口数量不应少于2个，与车道或其它防火分区相通的出口可作为第二安全出口，但必须至少设置1个直通室外的安全出口；建筑面积不大于500m²且无人值守的设备用房可设置1个直通室外的安全出口。

三、消防设施

（一）消防给水系统

1.除四类隧道、行人或通行非机动车辆的三类隧道外，其他隧道应设置消防给水系统。

2.消防用水量应按隧道的火灾延续时间和隧道全线同一时间发生一次火灾计算确定。

3.一、二类隧道的火灾延续时间不应小于3.0h；三类隧道的火灾延续时间不应小于2.0h。

（二）消火栓用水量

1.隧道内的消火栓用水量不应小于20L/s。

2.隧道外的消火栓用水量不应小于30L/s。

3.长度小于1000m的三类隧道，隧道内、外的消火栓用水量可分别为10L/s和20L/s。

（三）其他要求

1.在隧道出入口处应设置消防水泵接合器和室外消火栓。

2.隧道内消火栓的间距不应大于50m，消火栓的栓口距地面高度宜为1.1m。

四、排烟设施

通行机动车的一、二、三类隧道应设置排烟设施。机械排烟系统与隧道的通风系统宜分开设置。合用时，合用的通风系统应具备在火灾时快速转换的功能，并应符合机械排烟系统的要求。

1.排烟方式

（1）长度大于3000m的隧道，宜采用纵向分段排烟方式或重点排烟方式。

（2）长度小于等于3000m的单洞单向交通隧道，宜采用纵向排烟方式。

（3）单洞双向交通隧道，宜采用重点排烟方式。

2.隧道内设置的机械排烟系统应符合下列规定：

（1）采用全横向和半横向通风方式时，可通过排风管道排烟；

（2）采用纵向排烟方式时，应能迅速组织气流、有效排烟，其排烟风速应根据隧道内的最不利火灾规模确定，且纵向气流的速度不应小于2m/s，并应大于临界风速。

3.隧道的避难设施应设置独立的机械加压送风系统，其送风的余压值应为30Pa～50Pa。

第四节　加油加气站

一、总平面布局

城市建成区不宜、城市中心区不应建一级加油站、一级加气站、一级加油加气合建站、CNG 加气母站。

二、储油罐、液化石油气罐防火要求

加油站储油罐应采用卧式钢制油罐，严禁设在室内或地下室内。

液化石油气罐严禁设在室内或地下室内。加气机不得设在室内。

在加油加气合建站和城市建成区内的加气站，液化石油气罐应埋地设置，且不宜布置在车行道下。

第五节　汽车库、修车库

一、汽车库、修车库的分类

表 4-5-1　汽车库、修车库分类

名称		I	II	III	IV
汽车库	停车数量（辆）	> 300	151 ~ 300	51 ~ 150	≤ 50
	总建筑面积 S（m²）	S > 10000	5000 < S ≤ 10000	2000 < S ≤ 5000	S ≤ 2000
修车库	车位数（个）	> 15	6 ~ 15	3 ~ 5	≤ 2
	总建筑面积 S（m²）	S > 3000	1000 < S ≤ 3000	500 < S ≤ 1000	S ≤ 500

注：1. 当屋面露天停车场与下部汽车库共用汽车坡道时，其停车数量应计算在汽车库的车辆总数内。

2. 室外坡道、屋面露天停车场的建筑面积可不计入汽车库的建筑面积之内。

3. 公交汽车库的建筑面积可按本表的规定值增加 2.0 倍。

二、总平面布局和平面布置

1. 汽车库、修车库不应布置在易燃、可燃液体或可燃气体的生产装置区和贮存区内。

2. 汽车库不应与甲、乙类火灾危险性厂房、仓库贴邻或组合建造。

3. 汽车库不应与托儿所、幼儿园，老年人照料设施，中小学校的教学楼，病房楼等组合建造。当符合下列要求时，汽车库可设置在托儿所、幼儿园，老年人照料设施，中小学校的教学楼，病房楼等的地下部分：

（1）汽车库与托儿所、幼儿园，老年人照料设施，中小学校的教学楼，病房楼等建筑之间，应采用耐火极限不低于 2.00h 的楼板完全分隔；

（2）汽车库与托儿所、幼儿园，老年人照料设施，中小学校的教学楼，病房楼等的安全出口和疏散楼梯应分别独立设置。

4. 甲、乙类物品运输车的汽车库、修车库应为单层建筑，且应独立建造。当停车数量不大于 3 辆时，可与一、二级耐火等级的 IV 类汽车库贴邻，但应采用防火墙隔开。

5. Ⅰ类修车库应单独建造；Ⅱ、Ⅲ、Ⅳ类修车库可设置在一、二级耐火等级建筑的首层或与其贴邻，但不得与甲、乙类厂房、仓库，明火作业的车间或托儿所、幼儿园、中小学校的教学楼，老年人照料设施，病房楼及人员密集场所组合建造或贴邻。

6. 为汽车库、修车库服务的下列附属建筑，可与汽车库、修车库贴邻，但应采用防火墙隔开，并应设置直通室外的安全出口：

（1）贮存量不大于 1.0t 的甲类物品库房；

（2）总安装容量不大于 5.0m³/h 的乙炔发生器间和贮存量不超过 5 个标准钢瓶的乙炔气瓶库；

（3）1 个车位的非封闭喷漆间或车位不超过 2 个的封闭喷漆间；

（4）建筑面积不大于 200m² 的充电间和其他甲类生产场所。

7. 地下、半地下汽车库内不应设置修理车位、喷漆间、充电间、乙炔间和甲、乙类物品库房。

8. 汽车库和修车库内不应设置汽油罐、加油机、液化石油气或液化天然气储罐、加气机。

9. 停放易燃液体、液化石油气罐车的汽车库内，不得设置地下室和地沟。

10. 燃油或燃气锅炉、油浸变压器、充有可燃油的高压电容器和多油开关等，不应设置在汽车库、修车库内。当受条件限制必须贴邻汽车库、修车库布置时，应符合现行国家标准的有关规定。

三、防火间距

1. 高层汽车库与其他建筑物，汽车库、修车库与高层工业、民用建筑的防火间距应按基准值增加 3m。

2. 汽车库、修车库与甲类厂房的防火间距应按按基准值增加 2m。

3. 甲、乙类物品运输车的汽车库、修车库与民用建筑的防火间距不应小于 25m，与重要公共建筑的防火间距不应小于 50m。甲类物品运输车的汽车库、修车库与明火或散发火花地点的防火间距不应小于 30m。

四、防火分区

表 4-5-2　汽车库防火分区最大允许建筑面积（m²）

耐火等级	单层汽车库	多层汽车库	地下汽车库、高层汽车库
一、二级	3000	2500	2000
三级	1000	不允许	不允许

1. 敞开式、错层式、斜楼板式汽车库的上下连通层面积应叠加计算，每个防火分区的最大允许建筑面积不应大于以上规定的 2.0 倍。

2. 室内有车道且有人员停留的机械式汽车库，其防火分区最大允许建筑面积应按以上规定减少 35%。

3. 汽车库内设有自动灭火系统时，其防火分区的最大允许建筑面积可按规定增加一倍。

4. 室内无车道且无人员停留的机械式汽车库，应符合下列规定：

（1）当停车数量超过 100 辆时，应采用无门、窗、洞口的防火墙分隔为多个停车数量不大于 100 辆的区域，但当采用防火隔墙和耐火极限不低于 1.00h 的不燃性楼板分隔成多个停车单元，且停车单元内的停车数量不大于 3 辆时，应分隔为停车数量不大于 300 辆的区域；

（2）汽车库内应设置火灾自动报警系统和自动喷水灭火系统，自动喷水灭火系统应选用快速响应喷头；

（3）楼梯间及停车区的检修通道上应设置室内消火栓；

（4）汽车库内应设置排烟设施，排烟口应设置在运输车辆的通道顶部。

5.甲、乙类物品运输车的汽车库、修车库，每个防火分区的最大允许建筑面积不应大于500m²。

6.修车库每个防火分区的最大允许建筑面积不应大于2000m²，当修车部位与相邻使用有机溶剂的清洗和喷漆工段采用防火墙分隔时，每个防火分区的最大允许建筑面积不应大于4000m²。

五、贴邻、合建

1.汽车库、修车库与其他建筑贴邻或合建时，应符合下列规定：

（1）当贴邻建造时，应采用防火墙隔开；

（2）设在建筑物内的汽车库（包括屋顶停车场）、修车库与其他部位之间，应采用防火墙和耐火极限不低于2.00h的不燃性楼板分隔；

（3）汽车库、修车库的外墙门、洞口的上方，应设置耐火极限不低于1.00h、宽度不小于1.0m、长度不小于开口宽度的不燃性防火挑檐；

（4）汽车库、修车库的外墙上、下层开口之间墙的高度不小于1.2m，或设置耐火极限不低于1.00h、宽度不小于1.0m的不燃性防火挑檐。

2.汽车库内设置修理车位时，停车部位与修车部位之间应采用防火墙和耐火极限不低于2.00h的不燃性楼板分隔。

3.修车库内使用有机溶剂清洗和喷漆的工段，当车位不大于3个时，应采用防火隔墙等分隔措施。

4.附设在汽车库、修车库内的消防控制室、自动灭火系统的设备室、消防水泵房和排烟、通风空气调节机房等，应采用防火隔墙和耐火极限不低于1.50h的不燃性楼板相互隔开或与相邻部位分隔。

六、安全疏散

汽车库、修车库的人员安全出口和汽车疏散出口应分开设置。

（一）人员安全出口

1.除室内无车道且无人员停留的机械式汽车库外，汽车库、修车库内每个防火分区的人员安全出口数量不应少于2个，Ⅳ类汽车库和Ⅲ、Ⅳ类修车库可设置1个。

2.汽车库、修车库的疏散楼梯应符合下列规定：

（1）建筑高度大于32m的高层汽车库、室内地面与室外出入口地坪的高差大于10m的地下汽车库应采用防烟楼梯间，其他汽车库、修车库应采用封闭楼梯间；

（2）楼梯间和前室的门应采用乙级防火门，并应向疏散方向开启；

（3）疏散楼梯的宽度不应小于1.1m；

（4）室外疏散楼梯可采用符合相关规定的金属梯。

3.汽车库室内任一点至最近人员安全出口的疏散距离不应大于45m，当设置自动灭火系统时，其距离不应大于60m。对于单层或设置在建筑首层的汽车库，室内任一点至室外最近出口的疏散距离不应大于60m。

4.与住宅地下室相连通的地下汽车库、半地下汽车库，人员疏散可借用住宅的疏散楼梯；当不能直接进入住宅的疏散楼梯间时，应在汽车库与住宅的疏散楼梯之间设置连通走道，走道应采用防火隔墙分隔，汽车库开向该走道的门均应采用甲级防火门。

5.室内无车道且无人员停留的机械式汽车库可不设置人员安全出口，但应按规定设置供灭火救援用的楼梯间。

6.除室内无车道且无人员停留的机械式汽车库外，建筑高度大于32m的汽车库应设置消防电梯。

（二）汽车疏散出口

1.除规范另有规定外，汽车库、修车库的汽车疏散出口总数不应少于2个，且应分散布置。

2.Ⅳ类汽车库；设置双车道汽车疏散出口的Ⅲ类地上汽车库；设置双车道汽车疏散出口、停车数量不大于100辆且建筑面积小于4000m²的地下或半地下汽车库；Ⅱ、Ⅲ、Ⅳ类修车库可设置1个汽车疏散出口。

3.Ⅰ、Ⅱ类地上汽车库和停车数量大于100辆的地下、半地下汽车库，当采用错层或斜楼板式，坡道为双车道且设置自动喷水灭火系统时，其首层或地下一层至室外的汽车疏散出口不应少于2个，汽车库内其他楼层的汽车疏散坡道可设置1个。

4.Ⅳ类汽车库设置汽车坡道有困难时，可采用汽车专用升降机作汽车疏散出口，升降机的数量不小于2台，停车数量小于25辆时，可设置1台。

5.汽车疏散坡道的净宽度，单车道不应小于3.0m，双车道不应小于5.5m。

6.除室内无车道且无人员停留的机械式汽车库外，相邻两个汽车疏散出口之间的水平距离不应小于10m；毗邻设置的两个汽车坡道应采用防火隔墙分隔。

七、防烟排烟

1.除敞开式汽车库、建筑面积小于1000m²的地下一层汽车库和修车库外，汽车库、修车库应设置排烟系统，并应划分防烟分区。

2.防烟分区的建筑面积不应大于2000m²。

3.机械排烟管道的风速，采用金属管道时不应大于20m/s；采用内表面光滑的非金属材料风道时，不应大于15m/s。排烟口的风速不宜大于10m/s。

4.汽车库内无直接通向室外的汽车疏散出口的防火分区，当设置机械排烟系统时，应同时设置补风系统，且补风量不宜小于排烟量的50%。

第六节　洁净厂房和信息机房

一、洁净厂房

甲、乙类生产的洁净厂房，宜采用单层厂房。

单层厂房最大允许占地面积不应大于3000m²，多层厂房最大允许占地面积不应大于2000m²。

1.防火分区之间应采用防火墙分隔。单层厂房（甲、乙类除外）设置防火墙有困难时，可用防火卷帘并加喷淋保护进行分隔。

2.丙、丁、戊类厂房当喷淋保护等级以严重危险级设置时，其防火分区可扩大一倍。

3.丁、戊厂房安装自动火火系统时，防火分区面积不限。

二、信息机房

A级电子信息系统机房的主机房应设置洁净气体灭火系统。

B 级电子信息系统机房的主机房，以及 A 级和 B 级机房中的变配电、不间断电源系统和电池室，宜设置洁净气体灭火系统，也可设置高压细水雾灭火系统。

C 级电子信息系统机房及其他区域，可设置高压细水雾灭火系统或自动喷水灭火系统。

自动喷水灭火系统宜采用预作用系统。

第七节　古建筑

一、消防分区

1. 为避免火灾蔓延，对集中连片古建筑群，应采用适宜措施分隔为若干独立的防火区域。每个消防分区的占地面积宜为 3000m² ~ 5000m²。

2. 消防分区宜根据地形特点，采用既有的防火墙、道路、水系、广场、绿地等措施划分。

二、消火栓系统

（一）同一时间内火灾起数

古建筑集中分布且占地面积大于 1hm² 时，按同一时间内 2 起火灾计算用水量。其他，按同一时间内 1 起火灾计算用水量。

（二）室内消火栓系统

1. 宜采取室内消火栓室外设置。当必须设置在建筑内部时，应减少对被保护对象的明显影响。有传统彩画、壁画、泥塑等的建筑内部，不得设置室内消火栓。

2. 建筑内部有生活供水管道的，应在生活供水管道上设置消防软管卷盘或轻便消防水龙。

3. 设置室内消火栓时，各层任意部位应有 2 支水枪的充实水柱同时到达，充实水柱不应小于 10m，室内消火栓间距不应大于 30m。

4. 给水管道应布置成环状，与室外管网或消防水泵相连接的进水管数量不应少于 2 条。

第八节　人防工程

一、基本原则

1. 人防工程内不得使用和储存液化石油气、相对密度（与空气密度比值）不小于 0.75 的可燃气体和闪点小于 60℃的液体燃料。

2. 人防工程内不应设置哺乳室、托儿所、幼儿园、游乐厅等儿童活动场所和残疾人员活动场所。

3. 医院病房、歌舞娱乐放映游艺场所不应设置在地下二层及以下层，当设置在地下一层时，室内地面与室外出入口地坪高差不应大于 10m。

4. 旅店、病房、员工宿舍，不得设置在地下二层及以下层，并应划分为独立的防火分区，且疏散楼梯不得与其他防火分区的疏散楼梯共用。

5. 消防控制室应设置在地下一层，并应邻近直通地面的安全出口；消防控制室可设置在值班室、变配电室等房间内；当地面建筑设置有消防控制室时，可与地面建筑消防控制室合用。

6. 人防工程内不得设置油浸电力变压器和其他油浸电气设备。

7. 人防工程设置直通室外的安全出口的数量和位置受条件限制时，可设置避难走道。

8. 设置在人防工程内的汽车库、修车库，其防火设计、人防工程出入口的地面建筑与周围建筑之间的防火间距，应按现行国家标准的有关规定执行。

二、地下商店

1. 不应经营和储存火灾危险性为甲、乙类储存物品属性的商品。

2. 营业厅不应设置在地下三层及三层以下。

3. 当总建筑面积大于 20000m² 时，应采用防火墙分隔，且防火墙上不得开设门窗洞口，相邻区域确需局部连通时，应采取可靠的防火分隔措施，可选择符合规范规定的下沉式广场等室外开敞空间、防火隔间、避难走道、防烟楼梯间分隔。

三、柴油发电机房和燃油或燃气锅炉房

除应符合现行国家标准的有关规定外，尚应符合下列规定：

1. 与柴油发电机房或锅炉房配套的水泵间、风机房、储油间等，应与柴油发电机房或锅炉房一起划分为一个防火分区；

2. 柴油发电机房与电站控制室之间的密闭观察窗除应符合密闭要求外，还应达到甲级防火窗的性能；

3. 柴油发电机房与电站控制室之间的连接通道处，应设置一道具有甲级防火门耐火性能的门，并应常闭；

4. 储油间应采用耐火极限不低于 2h 的隔墙和 1.5h 的楼板与其他场所隔开，墙上应设置常闭甲级防火门，并应设置高 150mm 的不燃、不渗漏的门槛，地面不得设置地漏。

四、防火分区

人防工程内应采用防火墙划分防火分区，当采用防火墙确有困难时，可采用耐火极限不低于 3.0h 的防火卷帘等防火分隔设施分隔。防火分区安全出口的门应为甲级防火门。

（一）防火分区的允许最大建筑面积

除规范另有规定外，每个防火分区的允许最大建筑面积不应大于 500m²。当设置有自动灭火系统时，允许最大建筑面积可增加 1 倍；局部设置时，增加的面积可按该局部面积的 1 倍计算。

（二）特殊规定

1. 商业营业厅、展览厅等，当设置有火灾自动报警系统和自动灭火系统，且采用 A 级装修材料装修时，防火分区允许最大建筑面积不应大于 2000m²。

2. 电影院、礼堂的观众厅，防火分区允许最大建筑面积不应大于 1000m²。当设置有火灾自动报警系统和自动灭火系统时，其允许最大建筑面积也不得增加。

3. 丙、丁、戊类物品库房防火分区允许最大建筑面积应符合表 4-8-1 的规定。当设置有火灾自动报警系统和自动灭火系统时，允许最大建筑面积可增加 1 倍；局部设置时，增加的面积可按该局部面积的 1 倍计算。

表 4-8-1　丙、丁、戊类物品库房防火分区允许最大建筑面积（m²）

储存物品类别		防火分区最大允许建筑面积
丙	闪点≥60℃的可燃液体	150
	可燃固体	300
丁		500
戊		1000

4. 人防工程内设置有内挑台、走马廊、开敞楼梯和自动扶梯等上下连通层时，其防火分区面积应按上下层相连通的面积计算，其建筑面积之和应符合规范的有关规定，且连通的层数不应超过 2 层。

5. 当人防工程地面建有建筑物，且与地下一、二层有中庭相通或地下一、二层有中庭相通时，防火分区面积应按上下多层相连通的面积叠加计算；当超过本规范规定的防火分区最大允许建筑面积时，应符合下列规定：

（1）房间与中庭相通的开口部位应设置火灾时能自行关闭的甲级防火门窗；

（2）与中庭相通的过厅、通道等处，应设置甲级防火门或耐火极限不低于 3.0h 的防火卷帘；防火门或防火卷帘应能在火灾时自动关闭或降落；

（3）中庭应按规范规定设置排烟设施。

五、防烟分区

需设置排烟设施的部位，应划分防烟分区。防烟分区不得跨越防火分区。

每个防烟分区的建筑面积不应大于 500m²，但当从室内地面至顶棚或顶板的高度大于 6m 时，可不受此限。

需设置排烟设施的走道、净高不超过 6m 的房间，应采用挡烟垂壁、隔墙或从顶棚突出不小于 0.5m 的梁划分防烟分区。

六、安全疏散

（一）安全疏散距离

1. 房间内最远点至该房间门的距离不应大于 15m。

2. 房间门至最近安全出口的最大距离：医院 24m；旅馆 30m；其他工程 40m。位于袋形走道两侧或尽端的房间，其最大距离应为上述相应距离的 1/2。

3. 观众厅、展览厅、多功能厅、餐厅、营业厅和阅览室等，其室内任意一点到最近安全出口的直线距离不应大于 30m；当该防火分区设置有自动喷水灭火系统时，疏散距离可增加 25%。

（二）疏散宽度指标

（1）室内地面与室外出入口地坪高差不大于 10m 的防火分区，疏散宽度指标不应小于 0.75m/百人。

（2）室内地面与室外出入口地坪高差大于 10m 的防火分区；人员密集的厅、室以及歌舞娱乐放映游艺场所，疏散宽度指标不应小于 1.00m/百人。

（三）歌舞娱乐放映游艺场所

歌舞娱乐放映游艺场所应采用耐火极限不低于 2.0h 的隔墙和 1.5h 的楼板与其他场所隔开，隔墙上应设置不低于乙级的防火门。疏散应符合下列规定：

（1）不宜布置在袋形走道的两侧或尽端，当必须布置在袋形走道的两侧或尽端时，最远房间的疏散门到最近安全出口的距离不应大于 9m；一个厅、室的建筑面积不应大于 $200m^2$；

（2）建筑面积大于 $50m^2$ 的厅、室，疏散出口不应少于 2 个。

七、排烟

总建筑面积大于 $200m^2$ 的人防工程；建筑面积大于 $50m^2$，且经常有人停留或可燃物较多的房间；丙、丁类生产车间；长度大于 20m 的疏散走道；歌舞娱乐放映游艺场所以及中庭，均应设置排烟设施。

CHAPTER 5

第五章

消防设施

　　本章内容是注册消防工程师必须掌握的基本知识。在分析 2015 年、2016 年和 2017 年试卷的基础上，详尽介绍了火灾自动报警系统、消防给水及消火栓系统、自动喷水灭火系统、防烟排烟系统、灭火器配置、消防应急照明和疏散指示系统的组成、工作原理及设计要点；简介了水喷雾灭火系统、细水雾灭火系统、气体灭火系统、干粉灭火系统、泡沫灭火系统的组成、工作原理及设计要点。本章涉及重要规范及标准 7 部、中等重要规范及标准 14 部。

第一节　火灾自动报警系统

火灾自动报警系统由火灾探测报警系统、消防联动控制系统、可燃气体探测报警系统及电气火灾监控系统组成。

一、系统形式及适用对象

（一）区域报警系统

由火灾探测器、手动火灾报警按钮、火灾声光警报器及火灾报警控制器等组成，系统中可包括消防控制室图形显示装置和指示楼层的区域显示器。适用于仅需报警，不需要联动消防设备的保护对象。

（二）集中报警系统

由火灾探测器、手动火灾报警按钮、火灾声光警报器、消防应急广播、消防专用电话、消防控制室图形显示装置、火灾报警控制器、消防联动控制器等组成。适用于不仅需要报警，同时需要联动消防设备的保护对象。

（三）控制中心报警系统

由火灾探测器、手动火灾报警按钮、火灾声光警报器、消防应急广播、消防专用电话、消防控制室图形显示装置、火灾报警控制器、消防联动控制器等组成，且包含两个及以上集中报警系统。适用于设置 2 个及以上集中报警系统的保护对象。

二、报警区域的划分

（一）建筑

应根据防火分区或楼层划分报警区域；可将一个防火分区或一个楼层划分为一个报警区域，也可将发生火灾时需要同时联动消防设备的相邻几个防火分区或楼层划分为一个报警区域。

（二）电缆隧道

宜由一个封闭长度区间组成，一个报警区域不应超过相连的 3 个封闭长度区间。

（三）道路隧道

应根据排烟系统或灭火系统的联动需要确定、且不宜超过 150m。

（四）液体储罐区

甲、乙、丙类液体储罐区的报警区域应由一个储罐区组成，每个 $50000m^3$ 及以上的外浮顶储罐应单独划分为一个报警区域。

三、探测区域的划分

1. 探测区域应按独立房（套）间划分。

2. 一个探测区域的面积不宜超过 $500m^2$；从主要入口能看清其内部，且面积不超过 $1000m^2$ 的房间，也可划为一个探测区域。

3. 红外光束感烟火灾探测器和缆式线型感温火灾探测器探测区域的长度不宜超过 100m；空气管差温火灾探测器的探测区域长度宜为 20m ~ 100m。

4. 下列场所应单独划分探测区域：

（1）敞开或封闭楼梯间、防烟楼梯间；

（2）防烟楼梯间前室、消防电梯前室、消防电梯与防烟楼梯间合用的前室、走道、坡道；

（3）电气管道井、通信管道井、电缆隧道；

（4）建筑物闷顶、夹层。

四、火灾探测器的选择

（一）一般规定

1. 火灾初期有阴燃阶段，产生大量的烟和少量的热，很少或没有火焰辐射的场所，应选择感烟火灾探测器。

2. 对火灾发展迅速，可产生大量热、烟和火焰辐射的场所，可选择感温火灾探测器、感烟火灾探测器、火焰探测器或其组合。

3. 对火灾发展迅速，有强烈的火焰辐射和少量的烟、热的场所，应选择火焰探测器。

4. 对火灾初期有阴燃阶段，且需要早期探测的场所，宜增设一氧化碳火灾探测器。

5. 对使用、生产可燃气体或可燃蒸气的场所，应选择可燃气体探测器。

6. 应根据保护场所可能发生火灾的部位和燃烧材料的分析，并根据火灾探测器的类型、灵敏度和响应时间等选择相应的火灾探测器，对火灾形成特征不可预料的场所，可根据模拟试验的结果选择火灾探测器。

7. 同一探测区域内设置多个火灾探测器时，可选择具有复合判断火灾功能的火灾探测器和火灾报警控制器。

（二）点型火灾探测器的选择

应根据房门的空间高度选择适用的点型感烟、点型感温、火焰探测器

1. 下列场所宜选择点型感烟火灾探测器：

（1）饭店、旅馆、教学楼、办公楼的厅堂、卧室、办公室、商场、列车载客车厢等；

（2）计算机房、通信机房、电影或电视放映室等；

（3）楼梯、走道、电梯机房、车库等；

（4）书库、档案库等。

2. 符合下列条件之一的场所，不宜选择点型离子感烟火灾探测器。

（1）相对湿度经常大于95%；

（2）气流速度大于5m/s；

（3）有大量粉尘、水雾滞留；

（4）可能产生腐蚀性气体；

（5）在正常情况下有烟滞留；

（6）产生醇类、醚类、酮类等有机物质。

3. 符合下列条件之一的场所，不宜选择点型光电感烟火灾探测器：

（1）有大量粉尘、水雾滞留；

（2）可能产生蒸气和油雾；

（3）高海拔地区；

（4）在正常情况下有烟滞留。

4. 符合下列条件之一的场所，宜选择点型感温火灾探测器；且应根据使用场所的典型应用温度

和最高应用温度选择适当类别的感温火灾探测器：

（1）相对湿度经常大于95%；

（2）可能发生无烟火灾；

（3）有大量粉尘；

（4）吸烟室等在正常情况下有烟或蒸气滞留的场所；

（5）厨房、锅炉房、发电机房、烘干车间等不宜安装感烟火灾探测器的场所；

（6）需要联动熄灭"安全出口"标志灯的安全出口内侧；

（7）其他无人滞留、且不适合安装感烟火灾探测器，但发生火灾时需要及时报警的场所。

5.可能产生阴燃或发生火灾不及时报警将造成重大损失的场所，不宜选择点型感温火灾探测器；温度在0℃以下的场所，不宜选择定温探测器；温度变化较大的场所，不宜选择具有差温特性的探测器。

6.符合下列条件之一的场所，宜选择点型火焰探测器或图像型火焰探测器：

（1）火灾时有强烈的火焰辐射；

（2）可能发生液体燃烧等无阴燃阶段的火灾；

（3）需要对火焰做出快速反应。

7.符合下列条件之一的场所，不宜选择点型火焰探测器和图像型火焰探测器：

（1）在火焰出现前有浓烟扩散；

（2）探测器的镜头易被污染；

（3）探测器的"视线"易被油雾、烟雾、水雾和冰雪遮挡；

（4）探测区域内的可燃物是金属和无机物；

（5）探测器易受阳光、白炽灯等光源直接或间接照射。

8.探测区域内正常情况下有高温物体的场所，不宜选择单波段红外火焰探测器。

9.正常情况下有阳光、明火作业，探测器易受X射线、弧光和闪电等影响的场所，不宜选择紫外火焰探测器。

10.下列场所宜选择可燃气体探测器：

（1）使用可燃气体的场所；

（2）燃气站和燃气表房以及存储液化石油气罐的场所；

（3）其他散发可燃气体和可燃蒸气的场所。

11.在火灾初期产生一氧化碳的下列场所可选择点型一氧化碳火灾探测器：

（1）烟雾不容易对流或顶棚下方有热屏障的场所；

（2）在棚顶上无法安装其他点型火灾探测器的场所；

（3）需要多信号复合报警的场所。

12.污物较多且必须安装感烟火灾探测器的场所，应选择间断吸气的点型采样吸气式感烟火灾探测器或具有过滤网和管路自清洗功能的管路采样吸气式感烟火灾探测器。

（三）线型火灾探测器的选择

1.无遮挡的大空间或有特殊要求的房间，宜选择线型光束感烟火灾探测器。

2.符合下列条件之一的场所，不宜选择线型光束感烟火灾探测器：

（1）有大量粉尘、水雾滞留；

（2）可能产生蒸气和油雾；

（3）在正常情况下有烟滞留；

（4）固定探测器的建筑结构由于振动等原因会产生较大位移的场所。

3. 下列场所或部位，宜选择缆式线型感温火灾探测器：

（1）电缆隧道、电缆竖井、电缆夹层、电缆桥架；

（2）不易安装点型探测器的夹层、闷顶；

（3）各种皮带输送装置；

（4）其他环境恶劣不适合点型探测器安装的场所。

4. 下列场所或部位，宜选择线型光纤感温火灾探测器：

（1）除液化石油气外的石油储罐；

（2）需要设置线型感温火灾探测器的易燃易爆场所；

（3）需要监测环境温度的地下空间等场所宜设置具有实时温度监测功能的线型光纤感温火灾探测器；

（4）公路隧道、敷设动力电缆的铁路隧道和城市地铁隧道等。

5. 线型定温火灾探测器的选择，应保证其不动作温度符合设置场所最高环境温度的要求。

（四）吸气式感烟火灾探测器的选择

1. 下列场所宜选择吸气式感烟火灾探测器：

（1）具有高速气流的场所；

（2）点型感烟、感温火灾探测器不适宜的大空间、舞台上方、建筑高度超过 12m 或有特殊要求的场所；

（3）低温场所；

（4）需要进行隐蔽探测的场所；

（5）需要进行火灾早期探测的重要场所；

（6）人员不宜进入的场所。

2. 灰尘比较大的场所，不应选择没有过滤网和管路自清洗功能的管路采样式吸气感烟火灾探测器。

五、系统的设计容量

（一）火灾报警控制器

每台火灾报警控制器所连接的火灾探测器、手动火灾报警按钮和模块等设备总数和地址总数，均不应超过 3200 点。其中，每一总线回路连结设备的总数不宜超过 200 点，且应留有不少于额定容量 10% 的余量。

（二）消防联动控制器

每台消防联动控制器地址总数或火灾报警控制器（联动型）所控制的各类模块总数不应超过 1600 点。每一联动总线回路连结设备的总数不宜超过 100 点，且应留有不少于额定容量 10% 的余量。

（三）总线短路隔离器

每只总线短路隔离器保护的火灾探测器、手动火灾报警按钮和模块等消防设备的总数不应超过 32 点；总线穿越防火分区时，应在穿越处设置总线短路隔离器。

六、探测器的安装间距及设置要求

（一）点型感烟感温火灾探测器

1. 感烟火灾探测器、感温火灾探测器的安装间距，应根据探测器的保护面积 A 和保护半径 R

确定。

2.在宽度小于3m的内走道顶棚上设置点型探测器时，宜居中布置。感温探测器的安装间距不应超过10m；感烟探测器的安装间距不应超过15m；探测器至端墙的距离，不应大于探测器安装间距的1/2。

3.点型探测器至墙壁、梁边的水平距离不应小于0.5m。

4.点型探测器周围0.5m内，不应有遮挡物。

5.点型探测器至空调送风口边的水平距离不应小于1.5m，并宜接近回风口安装。探测器至多孔送风顶棚孔口的水平距离不应小于0.5m。

6.当屋顶有热屏障时，点型感烟火灾探测器下表面至顶棚或屋顶的距离，应符合规定。

（二）感烟火灾探测器在格栅吊顶场所的设置

1.镂空面积与总面积的比例不大于15%时，探测器应设置在吊顶下方。

2.镂空面积与总面积的比例大于30%时，探测器应设置在吊顶上方。

3.镂空面积与总面积的比例为15%~30%时，探测器的设置部位应根据实际试验结果确定。

4.探测器设置在吊顶上方且火警确认灯无法观察到时，应在吊顶下方设置火警确认灯。

5.地铁站台等有活塞风影响的场所，镂空面积与总面积的比例为30%~70%时，探测器宜同时设置在吊顶上方和下方。

（三）管路采样式吸气感烟火灾探测器

1.除高灵敏型探测器外，非高灵敏型探测器的采样管网安装高度不应超过16m；采样管网安装高度超过16m时，灵敏度可调的探测器应设置为高灵敏度，且应减小采样管长度和采样孔数量。

2.探测器的每个采样孔的保护面积、保护半径，应符合点型感烟火灾探测器的保护面积、保护半径的要求。

3.1个探测单元的采样管总长不宜超过200m，单管长度不宜超过100m，同一根采样管不应穿越防火分区。采样孔总数不宜超过100个，单管上的采样孔数量不宜超过25个。

4.当采样管道采用毛细管布置方式时，毛细管长度不宜超过4m。

5.吸气管路和采样孔应有明显的火灾探测器标识。

6.在设置过梁、空间支架的建筑中，采样管路应固定在过梁、空间支架上。

7.当采样管道布置形式为垂直采样时，每2℃温差间隔或3m间隔（取最小者）应设置一个采样孔，采样孔不应背对气流方向。

8.采样管网应按确认的设计软件或方法设计。

9.探测器的火警信号、故障信号等信息应传给火灾报警控制器，涉及联动控制时，探测器的火警信号还应传给消防联动控制器。

（四）手动火灾报警按钮

每个防火分区应至少设置1只手动火灾报警按钮。从1个防火分区内的任何位置到最邻近的手动火灾报警按钮的步行距离不应大于30m。

七、布线要求

（一）一般规定

1.传输线路和50V以下的控制线路，应采用电压等级不低于交流300/500V的铜芯绝缘导线或铜芯电缆。采用交流220/380V的供电和控制线路，应采用电压等级不低于交流450/750V的铜芯绝缘导线或铜芯电缆。线芯的最小截面面积，应符合相关规定。

2. 供电和传输线路设置在室外时，应埋地敷设；设置在地（水）下隧道或湿度大于90%的场所时，应做防水处理。

3. 无线通信模块应设置在明显部位，且应有明显标识，设置间距不应大于额定通信距离的75%。

（二）室内布线

1. 传输线路应采用金属管、可挠（金属）电气导管、B_1级以上的刚性塑料管或封闭式线槽保护。

2. 供电线路、联动控制线路应采用耐火铜芯电线电缆；报警总线、应急广播和消防专用电话等传输线路应采用阻燃或阻燃耐火电线电缆。线路暗敷设时，宜采用金属管、可挠（金属）电气导管或 B_1 级以上的刚性塑料管保护，并应敷设在不燃烧体的结构层内，且保护层厚度不宜小于30mm；线路明敷设时，应采用金属管、可挠（金属）电气导管或金属封闭线槽保护。矿物绝缘类不燃性电缆可明敷。

3. 火灾自动报警系统用的电缆竖井，宜与电力、照明低压配电竖井分别设置。如受条件限制必须合用时，应将火灾自动报警系统电缆和电力、照明低压配电线路电缆分别布置在竖井两侧。不同电压等级的线缆不应穿入同一根保护管内，当合用同一线槽时，线槽内应有隔板分隔。

4. 采用穿管水平敷设时，除报警总线外，不同防火分区的线路不应穿入同一根管内。从接线盒、线槽等处引到探测器底座盒、控制设备盒、扬声器箱的线路，均应加金属保护管保护。

5. 火灾探测器的传输线路，宜选择不同颜色的绝缘导线或电缆。正极 "+" 线应为红色，负极 "−" 线应为蓝色或黑色。同一工程中相同用途导线的颜色应一致，接线端子应有标号。

八、消防联动控制设计要求

消防联动控制系统由消防联动控制器、消防控制室图形显示装置、消防电气控制装置（防火卷帘控制器、气体灭火控制器等）、消防电动装置、消防联动模块、消火栓按钮、消防应急广播设备、消防电话等设备和组件组成。

（一）一般规定

1. 火灾报警后经逻辑确认（或人工确认），消防联动控制器应在3s内按设定的控制逻辑向相应消防设备发出联动控制信号，消防设备动作后将动作信号反馈给消防控制室并显示。

2. 消防联动控制器的电压控制输出应采用直流24V，其电源容量应满足受控消防设备同时启动且维持工作的控制容量要求，当供电线路压降超过5%时，其直流24V电源应由现场提供。

3. 消防水泵、防排烟风机的控制，除应采用联动控制方式外，还应在火灾报警控制器（联动型）或消防联动控制器的手动控制盘采用直接手动控制，手动控制盘上的启停按钮应与消防水泵、防烟和排烟风机的控制箱（柜）用控制线或电缆直接连接。

4. 气体灭火系统、泡沫灭火系统的控制，除应采用联动控制方式外，还应在防护区疏散出口的门外以及气体、泡沫灭火控制器上设置手动启动和停止按钮。

5. 应根据消防设备的启动电流参数，结合设计的消防供电线路负荷或消防电源的额定容量，分时启动用电量较大的消防设备。

6. 火灾自动报警系统联动控制的消防设备，其联动触发信号应采用2个独立报警触发装置报警信号的"与"逻辑组合。

（二）自动喷水灭火系统

1. 湿式系统和干式系统

（1）联锁启动。湿式报警阀压力开关的动作信号直接联锁启动喷淋消防泵，联锁启动不受消防联动控制器处于自动或手动状态影响。

（2）手动启动。用专用线路，直接连接消防联动控制器的手动控制盘和喷淋泵控制箱（柜）的启停按钮。

（3）水流指示器、信号阀、压力开关、喷淋消防泵的启停动作信号，应反馈至消防联动控制器。

2. 预作用系统

（1）联锁启动。由同一报警区域内2只及2只以上独立的感烟火灾探测器或1只感烟火灾探测器与1只手动火灾报警按钮的报警信号，作为预作用阀组开启信号。消防联动控制器在接收到满足逻辑关系的信号后，开启预作用阀组，使系统转变为湿式系统；当系统设有排气装置时，同步开启排气阀前的电动阀。

（2）手动启动。用专用线路，直接连接消防联动控制器的手动控制盘和喷淋泵控制箱（柜）、预作用阀组、排气阀前的电动阀的启停按钮。

（3）水流指示器、信号阀、压力开关、喷淋泵的启停动作信号，有压气体管道气压状态信号和排气阀入口前电动阀的动作信号，应反馈至消防联动控制器。

3. 雨淋系统

（1）联锁启动。由同一报警区域内2只及2只以上独立的感温火灾探测器或1只感温火灾探测器与1只手动火灾报警按钮的报警信号，作为雨淋阀组开启信号。消防联动控制器在接收到满足逻辑关系的信号后，开启雨淋阀组。

（2）手动启动。用专用线路，直接连接消防联动控制器的手动控制盘和消防泵控制箱（柜）的启停按钮、雨淋阀组的启停按钮。

（3）水流指示器，压力开关，雨淋阀组、雨淋消防泵的动作信号，应反馈至消防联动控制器。

4. 水幕系统

（1）联锁启动。

①用于保护防火卷帘时，由防火卷帘下降到楼板面的动作信号与本报警区域内任一火灾报警信号作为水幕阀组的启动信号。消防联动控制器接收到满足逻辑关系的信号后，启动水幕阀组。

②用于防火分隔时，由该报警区域内2只独立的感温火灾探测器的报警信号作为水幕阀组的启动信号，消防联动控制器在接收到满足逻辑关系的信号后，启动水幕阀组。

（2）手动启动。用专用线路，直接连接消防联动控制器的手动控制盘和水幕阀组、消防泵控制箱（柜）的启停按钮。

（3）压力开关、水幕控制阀组和消防泵的动作信号，应反馈至消防联动控制器。

（三）消火栓系统

消火栓按钮的动作信号可显示着火区域；在火灾自动报警系统中，应作为报警信号及启动消火栓泵的联动触发信号；不设火灾自动报警系统时，消火栓按钮可手动直接启动消火栓泵。

1. 联锁启动

（1）消火栓系统出水干管上设置的低压压力开关、高位消防水箱出水管上设置的流量开关或报警阀压力开关等信号，直接联锁启动消火栓泵。联锁启动不受消防联动控制器处于自动或手动状态影响。

（2）消火栓按钮的动作信号和消火栓所在报警区域内的其他火灾报警信号组成"与"逻辑，作为启动消火栓泵的信号，消防联动控制器在接收到满足逻辑关系的信号后，启动消火栓泵。

2. 手动启动

用专用线路，直接连接消防联动控制器的手动控制盘和消火栓泵控制箱（柜）的启停按钮。

3. 消火栓泵的动作信号应反馈至消防联动控制器。

（四）气体（泡沫）灭火系统

气体（泡沫）灭火系统由专用气体（泡沫）灭火控制器控制。防护区域内应设手动、自动控制转换装置，控制形式应显示在防护区内、区外的控制显示装置上，该控制形式信号应反馈至消防联动控制器。

1. 联锁启动

气体（泡沫）灭火控制器直接连接火灾探测器时，气体（泡沫）灭火系统的联动控制设计应符合下列要求：

（1）气体（泡沫）灭火控制器首次接收到任一防护区域内的第一个报警信号后，启动该防护区内的声光警报器；

（2）气体（泡沫）灭火控制器再次接收到同一防护区域内与第一个报警信号相邻的感温火灾探测器、火焰探测器或手动火灾报警按钮的报警信号后，执行以下操作：

①关闭该防护区域的送、排风机及送排风阀门；

②关闭该防护区域的通风空气系统及防火阀；

③关闭该防护区域的门、窗和其他开口；

④启动气体（泡沫）灭火装置（可设定不大于 30s 的延迟喷射时间，无人工作区，可设置为无延迟喷射）；

⑤启动设置在防护区入口处表示气体喷洒的火灾声光警报器。

组合分配系统应首先开启相应防护区域的选择阀，再启动气体（泡沫）灭火装置。

气体（泡沫）灭火控制器不直接连接火灾探测器时，气体（泡沫）灭火系统的联动触发信号应由火灾报警控制器或消防联动控制器发出；联动触发信号和联动控制均应符合上述要求。

2. 手动启动

（1）将气体灭火控制器上的控制方式选择锁置于"手动"位置时，控制器处于手动控制状态。当控制器接收到满足逻辑关系的首个联动信号后，控制器启动声光报警器；经确认火灾已发生时，可按下控制器操作面板上的"紧急启动"按钮，即可启动灭火装置和设置在防护区入口处表示气体喷洒的火灾声光警报器。

当气体灭火控制器正处于延时阶段时，如确认为误报火警可立即按下控制器操作面板上的"紧急停止"按钮，系统将停止实施灭火操作。

（2）在防护区疏散出口的门外，应设置气体（泡沫）灭火装置的手动启、停按钮，手动启动按钮按下时，气体（泡沫）灭火控制器应按时序执行联锁启动程序中除启动声光警报器以外的其他操作。手动停止按钮按下时，气体灭火控制器应停止正在执行的操作。

（3）机械应急操作方式

控制器失效、且确认发生火灾时，应立即通知现场所有人员撤离；在确定所有人员撤离现场后，按以下步骤实施机械应急操作：手动关闭联动设备并切断电源；打开对应保护区选择阀；成组或逐个打开对应保护区储瓶组上的容器阀。

3. 气体（泡沫）灭火装置的反馈信号，应反馈至消防联动控制器。联动反馈信号应包括下列内容：

（1）气体（泡沫）灭火控制器直接连接的火灾探测器的报警信号；

（2）选择阀的动作信号；

（3）压力开关的动作信号。

（五）防烟排烟系统

1.防烟系统联锁启动

（1）由加压送风口所在防火分区内的两只独立的火灾探测器、或一只火灾探测器与一只手动火灾报警按钮的报警信号，开启相应加压送风口和启动加压送风机。

（2）由同一防烟分区内且位于电动挡烟垂壁附近的两只独立的感烟火灾探测器的报警信号降下挡烟垂壁。

2.排烟系统联锁启动

（1）由同一防烟分区内的两只独立的火灾探测器的报警信号，开启排烟口、排烟窗或排烟阀，同时关闭该防烟分区的空调。

（2）由排烟口、排烟窗或排烟阀开启的动作信号，启动排烟风机。

3.防、排烟系统的手动启动

（1）在消防联动控制器上手动控制送风口、挡烟垂壁、排烟口、排烟窗、排烟阀的开启或关闭，防烟风机、排烟风机等设备的启动或停止。

（2）防烟、排烟风机的启动、停止按钮应采用专用线路直接连接消防联动控制器的手动控制盘。

4.送风口、排烟口、排烟窗或排烟阀开启和关闭的动作信号，防烟、排烟风机启动和停止及电动防火阀关闭的动作信号，均应反馈至消防联动控制器。

5.排烟风机入口处的总管上设置的280℃排烟防火阀在关闭时应直接联动控制风机停止，排烟防火阀及风机的动作信号应反馈至消防联动控制器。

（六）防火门及防火卷帘系统

1.防火门系统的联锁启动

（1）由常开防火门所在防火分区内的两只独立的火灾探测器或一只火灾探测器与一只手动火灾报警按钮的报警信号，关闭防火门。

（2）疏散通道上各防火门的开启、关闭及故障状态信号应反馈至防火门监控器。

2.防火卷帘的联锁启动

防火卷帘控制器直接连接火灾探测器时，防火卷帘控制器在接收到满足逻辑关系的联动触发信号后，按规定的控制时序联动控制防火卷帘的下降。

防火卷帘控制器不直接连接火灾探测器时，消防联动控制器在接收到满足逻辑关系的联动触发信号后，按规定的控制时序向防火卷帘控制器发出联动控制信号，由防火卷帘控制器控制防火卷帘的下降。

防火卷帘下降至距楼板面1.8m处、下降到楼板面的动作信号和防火卷帘控制器直接连接的感烟、感温火灾探测器的报警信号，应反馈至消防联动控制器。

（1）疏散通道上防火卷帘的联锁启动

①防火分区内任两只独立的感烟火灾探测器、或任一只专门用于联动防火卷帘的感烟火灾探测器的报警信号作为防火卷帘下降的首个联动触发信号，防火卷帘控制器在接收到满足逻辑关系的联动触发信号后，联动控制防火卷帘下降至距楼板面1.8m处。

②任一只专门用于联动防火卷帘的感温火灾探测器的报警信号作为防火卷帘下降的后续联动触发信号，防火卷帘控制器接收到该信号后，联动控制防火卷帘下降到楼板面。

③在卷帘任一侧，距卷帘0.5m～5m范围内应设置不少于2只专门用于联动防火卷帘的感温火灾探测器。

（2）非疏散通道上防火卷帘的联锁启动

由防火卷帘所在防火分区内任两只独立的火灾探测器的报警信号，作为卷帘下降的联动触发信号，防火卷帘控制器在接收到满足逻辑关系的联动触发信号后，联动控制卷帘直接下降到楼板面。

3. 防火卷帘的手动启动

由防火卷帘两侧设置的手动控制按钮控制防火卷帘的升降，并能在消防联动控制器上手动控制防火卷帘的降落。

（七）电梯

1. 消防联动控制器应具有发出联动控制信号强制所有电梯停于首层或电梯转换层的功能。

2. 电梯运行状态信息和停于首层或转换层的反馈信号，应传送给消防控制室显示。

（八）火灾警报和消防应急广播系统

1. 火灾自动报警系统应设置火灾声光警报器，并应在确认火灾后启动建筑内的所有火灾声光警报器。

2. 集中报警系统和控制中心报警系统应设置消防应急广播系统。消防应急广播系统的联动控制信号应由消防联动控制器发出。当确认火灾后，应同时向全楼进行广播。

（九）消防应急照明和疏散指示系统

1. 集中控制型消防应急照明和疏散指示系统，应由火灾报警控制器或消防联动控制器启动应急照明控制器实现。

2. 集中电源非集中控制型消防应急照明和疏散指示系统，应由消防联动控制器联动应急照明集中电源和应急照明分配电装置实现。

3. 自带电源非集中控制型消防应急照明和疏散指示系统，应由消防联动控制器联动消防应急照明配电箱实现。

4. 确认火灾后，由发生火灾的报警区域开始，顺序启动全楼疏散通道的消防应急照明和疏散指示系统，系统全部投入应急状态的启动时间不应大于5s。

（十）相关联动控制

1. 消防联动控制器应具有切断火灾区域及相关区域的非消防电源的功能，当需要切断正常照明时，宜在自动喷淋系统、消火栓系统动作前切断。

2. 消防联动控制器应具有自动打开涉及疏散的电动栅杆等的功能，宜开启相关区域安全技术防范系统的摄像机监视火灾现场。

3. 消防联动控制器应具有打开疏散通道上由门禁系统控制的门和庭院的电动大门的功能，并应具有打开停车场出入口挡杆的功能。

九、子系统

（一）可燃气体探测报警系统

由可燃气体报警控制器、可燃气体探测器和火灾声光警报器等组成。

1. 可燃气体探测报警系统应独立组成，可燃气体探测器不应直接接入火灾报警控制器的探测器回路。

2. 可燃气体探测器的报警信号需接入火灾自动报警系统时，应由可燃气体报警控制器接入。

（二）电气火灾监控系统

电气火灾监控系统由电气火灾监控器、剩余电流式、测温式电气火灾监控探测器等组成。

1. 适用范围

老年人照料设施的非消防用电负荷应设置电气火灾监控系统。下列建筑或场所的非消防用电负荷宜设置电气火灾监控系统：

（1）建筑高度大于50m的乙、丙类厂房和丙类仓库，室外消防用水量大于30L/s的厂房（仓库）；

（2）一类高层民用建筑；

（3）座位数超过1500个的电影院、剧场，座位数超过3000个的体育馆，任一层建筑面积大于3000m²的商店和展览建筑，省（市）级及以上的广播电视、电信和财贸金融建筑，室外消防用水量大于25L/s的其他公共建筑；

（4）国家级文物保护单位的重点砖木或木结构的古建筑。

2. 设置要求

（1）电气火灾监控系统应独立组成。电气火灾监控探测器应接入电气火灾监控器，不应直接接入火灾报警控制器的探测器回路。

（2）剩余电流式电气火灾监控探测器应以设置在低压配电系统首端为基本原则，宜设置在第一级配电柜（箱）的出线端。在供电线路泄漏电流大于500mA时，宜在其下一级配电柜（箱）上设置。

（3）剩余电流式电气火灾监控探测器不宜设置在IT系统的配电线路和消防配电线路中。

（4）测温式电气火灾监控探测器应设置在电缆接头、端子、重点发热部件等部位。

（5）独立式电气火灾监控探测器的设置应符合电气火灾监控探测器的设置要求。

十、消防控制室

设置具有消防联动功能的火灾自动报警系统的建筑，应设置消防控制室。并应符合下列规定：

1. 单独建造的消防控制室，其耐火等级不应低于二级；

2. 附设在建筑内的消防控制室，宜设置在建筑首层靠外墙部位，亦可设置在建筑地下一层，但应采用耐火极限不低于2.00h的隔墙和不低于1.50h的楼板，与其他部位隔开，并应设置直通室外的安全出口；

3. 消防控制室送、回风管的穿墙处应设防火阀；

4. 消防控制室内严禁与消防设施无关的电气线路及管路穿过；

5. 不应设置在电磁场干扰较强及其他可能影响消防控制设备工作的设备用房附近。

第二节　消防给水及消火栓系统

一、消防水泵及备用泵

（一）设置范围

1. 除高压消防给水系统（能始终保持满足水灭火设施所需的工作压力和流量，火灾时无需消防水泵直接加压）外，均需设置消防水泵。

2. 除建筑高度小于54m的住宅、室外消防给水设计流量不大于25L/s、室内消防给水设计流量不大于10L/s的建筑外，消防水泵应设置备用泵，其性能应与工作泵性能一致。

（二）基本要求

1. 性能应满足消防给水系统所需流量和压力要求。

2. 所配驱动器的功率应满足所选水泵流量扬程性能曲线上任何一点运行所需功率要求。

3. 当采用电动机驱动时，应选择电动机干式安装的消防水泵。

4. 流量扬程性能曲线应为无驼峰、无拐点的光滑曲线，零流量时的压力不应大于设计工作压力的 140%，且宜大于设计工作压力的 120%。

5. 当出流量为设计流量的 150% 时，其出口压力不应低于设计工作压力的 65%。

6. 泵轴的密封方式和材料应满足消防水泵低流量运转的要求。

7. 消防给水同一泵组的消防水泵型号宜一致，且工作泵不宜超过 3 台。

（三）消防泵串联和并联

1. 直接串联是将一台泵的出水口与另一台泵的吸水管直接连接运行，流量不变可增加扬程。采用直接串联时，应确保供水可靠，且泵从低区到高区应能依次顺序启动，并应在串联泵出水管上设置减压型倒流防止器。

2. 并联是通过两台和两台以上泵同时向给水系统供水，主要在于增加流量。多台泵并联时，应校核流量叠加对泵出口压力的影响。

（四）消防水泵的吸水

1. 应采用自灌式吸水，即泵轴的标高要低于水源的可用最低水位；

2. 消防水泵从市政管网直接抽水时，应在泵出水管上设置有空气隔断的倒流防止器；

3. 当吸水口处无吸水井时，吸水口处应设置旋流防止器。

（五）消防水泵管路的布置要求

1. 一组消防水泵，吸水管不应少于 2 条，当其中 1 条损坏或检修时，其余吸水管应仍能通过全部消防给水设计流量。

2. 吸水管布置应避免形成气囊。

3. 一组消防水泵应设不少于 2 条的输水干管与消防给水环状管网连接，当其中 1 条输水管检修时，其余输水管应仍能供应全部消防给水设计流量。

4. 吸水口的淹没深度应满足消防水泵在最低水位运行安全的要求，吸水管喇叭口在消防水池最低有效水位下的淹没深度，应根据吸水管喇叭口的水流速度和水力条件确定，但淹没深度不应小于 600mm。当采用旋流防止器时，淹没深度不应小于 200mm。

5. 吸水管上应设置明杆闸阀或带自锁装置的蝶阀，但当设置暗杆阀门时应设有开启刻度和标志；当管径超过 DN300 时，宜设置电动阀门。

6. 出水管上应设止回阀、明杆闸阀；当采用蝶阀时，应带有自锁装置；当管径大于 DN300 时，宜设置电动阀门。

7. 吸水管的直径小于 DN250 时，其流速宜为 1.0m/s ~ 1.2m/s；直径大于 DN250 时，宜为 1.2m/s ~ 1.6m/s。

8. 出水管的直径小于 DN250 时，其流速宜为 1.5m/s ~ 2.0m/s；直径大于 DN250 时，宜为 2.0m/s ~ 2.5m/s。

9. 吸水井的布置应满足井内水流顺畅、流速均匀、不产生涡漩的要求，并应便于安装施工。

10. 吸水管、出水管道穿越外墙时，应采用防水套管；当穿越墙体和楼板时，应按相关规定加设套管。

11. 吸水管穿越消防水池时，应采用柔性套管；采用刚性防水套管时应在水泵吸水管上设置柔性接头，且管径不应大于 DN150。

12. 吸水管、出水管上应设置压力表，并应符合下列规定：

（1）出水管压力表的最大量程不应低于其设计工作压力的 2 倍、且不应低于 1.60MPa；

（2）吸水管宜设置真空表、压力表或真空压力表，压力表的最大量程应根据工程具体情况确定、但不应低于 0.70MPa，真空表的最大量程宜为 - 0.10MPa；

（3）压力表直径不应小于 100mm，应采用直径不小于 6mm 的管道与消防水泵进出口管相接，并应设置关断阀门。

13. 一组消防水泵应在消防水泵房内设置流量和压力测试装置，并应符合下列规定：

（1）单台消防水泵的流量不大于 20L/s、设计工作压力不大于 0.50MPa 时，泵组应预留测量用流量计和压力计接口，其他泵组宜设置泵组流量和压力测试装置；

（2）消防水泵流量检测装置的计量精度应为 0.4 级，最大量程的 75% 应大于最大一台消防水泵设计流量值的 175%；

（3）消防水泵压力检测装置的计量精度应为 0.5 级，最大量程的 75% 应大于最大一台消防水泵设计压力值的 165%；

（4）每台消防水泵出水管上应设置 DN65 的试水管，并应采取排水措施。

（六）消防水泵的启动及动力装置

1. 启动装置

（1）消防水泵应能手动启、停和自动启动。

（2）消防水泵不应设置自动停泵的控制功能。

（3）消防水泵应确保从接到启泵信号到水泵正常运转的自动启动时间不应大于 2min。

（4）消防水泵应由消防水泵出水干管上设置的压力开关、高位消防水箱出水管上的流量开关，或报警阀压力开关直接自动启动。

（5）消防水泵亦可由手动控制盘专用线路传来的指令启、停；或由消防联动控制器传来的消火栓按钮和另一独立报警信号组成的联动指令启动。

（6）稳压泵应由消防给水管网或气压水罐上设置的压力开关或压力变送器控制。

（7）消防水泵、稳压泵应设置就地强制启停泵按钮，并应有保护装置。

2. 消防水泵控制柜设置要求

控制柜应设置在消防水泵房或专用消防水泵控制室内，并应符合下列要求：

（1）消防水泵控制柜在平时应使消防水泵处于自动启泵状态；

（2）消防水泵控制柜设置在专用消防水泵控制室时，其防护等级不应低于 IP30；与消防水泵设置在同一空间时，其防护等级不应低于 IP55；

（3）消防水泵控制柜应采取防止被水淹没的措施。在高温潮湿环境下，消防水泵控制柜内应设置自动防潮除湿的装置；

（4）消防水泵控制柜应设置机械应急启泵功能，并应保证在控制柜内的控制线路发生故障时由有管理权限的人员在紧急时启动消防水泵。机械应急启动时，应确保消防水泵在报警后 5.0min 内正常工作；

（5）消防水泵控制柜前面板的明显部位应设置紧急时打开柜门的装置；

（6）消防水泵控制柜应有显示消防水泵工作状态和故障状态的输出端子及远程控制消防水泵启动的输入端子。控制柜应具有自动巡检可调、显示巡检状态和信号等功能，且对话界面应有汉语语言，图标应便于识别和操作。

3.动力装置

供电应符合现行国家标准的规定。消防水泵的双电源切换，双路电源自动切换时间不应大于2s；当一路电源与内燃机动力的切换时间不应大于15s。

二、消防给水管道

（一）室外消防给水管道

1.布置要求

（1）室外消防给水采用两路消防供水时应采用环状管网，但当采用一路消防供水时可采用枝状管网。

（2）向环状管网供水的输水干管不应少于2条，其中一条发生故障时，其余的输水干管应仍能满足消防给水设计流量。

（3）管径应根据流量、流速和压力要求经计算确定，且管径不应小于DN100。

（4）应采用阀门分成若干独立段，每段内室外消火栓的数量不宜超过5个。

2.管道和敷设

（1）管材及连接

埋地管道宜采用球墨铸铁管、钢丝网骨架塑料复合管和加强防腐的钢管等管材；架空管道应采用热浸锌镀锌钢管等金属管材。

①埋地管道当系统工作压力不大于1.20MPa时，宜采用球墨铸铁管或钢丝网骨架塑料复合管；当系统工作压力大于1.20MPa小于1.60MPa时，宜采用钢丝网骨架塑料复合管、加厚钢管和无缝钢管；当系统工作压力大于1.60MPa时，宜采用无缝钢管。钢管连接宜采用沟槽连接件（卡箍）和法兰。

②架空管道当系统工作压力不大于1.20MPa时，可采用热浸锌镀锌钢管；当系统工作压力大于1.20MPa时，应采用热浸镀锌加厚钢管或热浸镀锌无缝钢管；当系统工作压力大于1.60MPa时，应采用热浸镀锌无缝钢管。

架空管道的连接宜采用沟槽连接件（卡箍）、螺纹、法兰、卡压等方式，不宜采用焊接连接。当管径不大于DN50时，应采用螺纹和卡压连接，当管径大于DN50时，应采用沟槽连接件连接、法兰连接，当安装空间较小时应采用沟槽连接件连接。

（2）阀门

①埋地管道的阀门宜采用带启闭刻度的暗杆闸阀，当设置在阀门井内时可采用耐腐蚀的明杆闸阀。

②室内架空管道的阀门宜采用蝶阀、明杆闸阀或带启闭刻度的暗杆闸阀等。

③室外架空管道宜采用带启闭刻度的暗杆闸阀或耐腐蚀的明杆闸阀。

④埋地管道的阀门应采用球墨铸铁阀门，室内架空管道的阀门应采用球墨铸铁或不锈钢阀门，室外架空管道的阀门应采用球墨铸铁阀门或不锈钢阀门。

消防给水系统管道的最高点处宜设置自动排气阀。消防水泵出水管上的止回阀宜采用水锤消除止回阀，当消防水泵供水高度超过24m时，应采用水锤消除器。当消防水泵出水管上设有囊式气压水罐时，可不设水锤消除设施。减压阀的设置应符合相关规定。

（3）敷设

①室外架空管道当温差变化较大时应校核管道系统的膨胀和收缩，并应采取相应的技术措施。架空充水管道应设置在环境温度不低于5℃的区域，当环境温度低于5℃时，应采取防冻措施；海

边、空气潮湿等空气中含有腐蚀性介质的场所的架空管道外壁，应采取相应的防腐措施。

②埋地管道的地基、基础、垫层、回填土压实密度等的要求，应根据刚性管或柔性管管材的性质，结合管道埋设处的具体情况，按现行国家标准的有关规定执行。当埋地管直径不小于DN100时，应在管道弯头、三通和堵头等位置设置钢筋混凝土支墩。消防给水管道不宜穿越建筑基础，当必须穿越时，应采取防护套管等保护措施。埋地钢管和铸铁管，应根据土壤和地下水腐蚀性等因素确定管外壁防腐措施。

（4）最小管顶覆土

埋地金属管道的最小管顶覆土应按地面荷载、埋深荷载和冰冻线对管道的综合影响确定，且不应小于0.70m；但当在机动车道下时管道最小管顶覆土应经计算确定，且不宜小于0.90m；管道最小管顶覆土应至少在冰冻线以下0.30m。

（二）室内消防给水管道

1.室内消火栓系统管网应布置成环状。当室外消火栓设计流量不大于20L/s，且室内消火栓不超过10个时，除向2栋及以上建筑供水、向2种及以上水灭火系统供水、设高位消防水箱的临时高压消防给水系统、向2个及以上报警阀控制的自动水灭火系统供水等情形外，可布置成枝状。

2.当由室外生产生活消防合用系统直接供水时，合用系统除应满足室外消防给水设计流量以及生产生活最大小时设计流量的要求外，还应满足室内消防给水系统的设计流量和压力要求。

3.室内消防管道管径应根据系统设计流量、流速和压力要求经计算确定；室内消火栓竖管管径应根据竖管最低流量经计算确定，且不应小于DN100。

4.室内消火栓环状给水管道检修时，室内消火栓竖管应保证检修管道时关闭停用的竖管不超过1根；当竖管超过4根时，可关闭不相邻的2根。每根竖管与供水横干管相接处应设置阀门。

5.室内消火栓给水管网宜与自动喷水等其他水灭火系统的管网分开设置；当合用消防泵时，供水管路沿水流方向应在报警阀前分开设置。

6.消防给水管道的设计流速不宜大于2.5m/s，自动水灭火系统管道设计流速，应符合现行国家标准的有关规定，且任何消防管道的给水流速不应大于7m/s。

三、水泵接合器

（一）组成及型式

1.水泵接合器由阀门、安全阀、止回阀、栓口放水阀及联接弯管等组成。

阀门为检修所需；安全阀防止补水压力超过系统的额定压力；止回阀防止系统的水从水泵接合器流出；放水阀用于防冻。从水泵接合器给水的方向，依次是止回阀、安全阀、阀门。

2.水泵接合器分为地上式、地下式和墙壁式。

（二）通用要求

1.消防水泵接合器的给水流量宜按每个10L/s～15L/s计算。每种水灭火系统的消防水泵接合器设置的数量应按系统设计流量经计算确定，但当计算数量大于3个时，可根据供水可靠性适当减少。

2.临时高压消防给水系统向多栋建筑供水时，消防水泵接合器应在每座建筑附近就近设置。

3.消防水泵接合器的供水范围，应根据当地消防车的供水流量和压力确定。消防给水为竖向分区供水时，在消防车供水压力范围内的分区，应分别设置水泵接合器。

4.水泵接合器应设在室外便于消防车使用的地点，且距室外消火栓或消防水池的距离不宜小于15m，并不宜大于40m。

5. 墙壁消防水泵接合器的安装高度距地面宜为 0.70m；与墙面上的门、窗、孔、洞的净距离不应小于 2.0m，且不应安装在玻璃幕墙下方；地下消防水泵接合器的安装，应使进水口与井盖底面的距离不大于 0.40m，且不应小于井盖的半径。

6. 水泵接合器处应设置永久性标志铭牌，并应标明供水系统、供水范围和额定压力。

四、稳压泵及气压设备

（一）稳压泵

1. 设置范围

当高位消防水箱不能满足水灭火系统的最小静压要求时，应设稳压泵。稳压泵应设置备用泵。

2. 设计流量

（1）稳压泵的设计流量不应小于消防给水系统管网的正常泄漏量和系统自动启动流量。

（2）消防给水系统管网的正常泄漏量应根据管道材质、接口形式等确定，当没有管网泄漏量数据时，稳压泵的设计流量宜按消防给水设计流量的 1%～3% 计，且不宜小于 1L/s。

（3）消防给水系统所采用报警阀压力开关等自动启动流量应根据产品确定。

3. 设计压力

（1）设计压力应满足系统自动启动和管网充满水的要求。

（2）稳压泵的设计压力应保持系统自动启泵压力设置点处的压力在准工作状态时大于系统设置自动启泵压力值，且增加值宜为 0.07MPa～0.10MPa。

（3）稳压泵的设计压力应保持系统最不利点处水灭火设施在准工作状态时的静水压力大于 0.15MPa。

4. 气压水罐

设置稳压泵的临时高压消防给水系统应采取防止稳压泵频繁启停的技术措施，当采用气压水罐时，其调节容积应根据稳压泵启泵次数不大于 15 次 /h 计算确定、且有效储水容积不宜小于 150L。

5. 闸阀

稳压泵吸水管应设置明杆闸阀，稳压泵出水管应设置消声止回阀和明杆闸阀。

（二）气压供水设备

设置自动喷水灭火系统的建筑，当按现行国家标准的规定可不设置高位消防水箱时，系统应设气压供水设备。气压供水设备的有效水容积，应按系统最不利处 4 只喷头在最低工作压力下的 10min 用水量确定。干式系统、预作用系统设置的气压供水设备，应同时满足配水管道的充水要求。

五、消防水池和消防水箱

（一）消防水池

1. 有效容积

（1）当市政给水管网能保证室外消防给水设计流量时，消防水池的有效容积应满足在火灾延续时间内室内消防用水量的要求。

（2）当市政给水管网不能保证室外消防给水设计流量时，消防水池的有效容积应满足火灾延续时间内室内消防用水量和室外消防用水量不足部分之和的要求。

（3）当消防水池采用两路消防供水且在火灾情况下连续补水能满足消防要求时，消防水池的有效容积应根据计算确定，且有效容积不应小于100m³。当仅设有消火栓系统时，有效容积不应小于50m³。

（4）消防用水与其他用水共用的水池，应采取确保消防用水量不作他用的技术措施。

2. 补水时间、进水管径

补水时间不宜大于48h，但当消防水池有效总容积大于2000m³时，补水时间不应大于96h。

进水管管径应经计算确定，且不应小于DN100。

3. 分设消防水池

总蓄水有效容积大于500m³时，宜设2格能独立使用的消防水池；当有效容积大于1000m³时，应设置能独立使用的2座消防水池。

4. 储存室外消防用水或供消防车取水的消防水池应符合下列规定：

（1）消防水池应设置取水口（井），且吸水高度不应大于6.0m；

（2）取水口（井）与建筑物（水泵房除外）的距离不宜小于15m；

（3）取水口（井）与甲、乙、丙类液体储罐等构筑物的距离不宜小于40m；

（4）取水口（井）与液化石油气储罐的距离不宜小于60m，当采取防止辐射热保护措施时，可为40m。

5. 当高层民用建筑采用高位消防水池供水的高压消防给水系统时，高位消防水池储存室内消防用水量确有困难、但火灾时补水可靠，其总有效容积不应小于室内消防用水量的50%。

高层民用建筑高压消防给水系统的高位消防水池总有效容积大于200m³时，宜设置蓄水有效容积相等且可独立使用的两格；当建筑高度大于100m时应设置独立的两座。每格或座应有一条独立的出水管向消防给水系统供水。

（二）高位消防水箱

1. 设置范围。采用临时高压给水系统的建筑物，应设置高位消防水箱。

2. 有效容积。应满足初期火灾消防用水量的要求，并应符合下列规定：

（1）一类高层公共建筑，有效容积不应小于36m³；但当建筑高度大于100m时，有效容积不应小于50m³；当建筑高度大于150m时，有效容积不应小于100m³；

（2）多层公共建筑、二类高层公共建筑和一类高层住宅，有效容积不应小于18m³，当一类高层住宅建筑高度大于100m时，有效容积不应小于36m³；

（3）二类高层住宅，有效容积不应小于12m³；

（4）建筑高度大于21m的多层住宅，有效容积不应小于6m³；

（5）工业建筑室内消防给水设计流量不大于25L/s时，有效容积不应小于12m³，设计流量大于25L/s时，有效容积不应小于18m³；

（6）总建筑面积大于10000m²、但小于30000m²的商店建筑，有效容积不应小于36m³，总建筑面积大于30000m²的商店，有效容积不应小于50m³，当与（1）规定不一致时应取其较大值。

3. 设置高度。高位消防水箱的设置位置应高于其所服务的水灭火设施，且最低有效水位应满足水灭火设施最不利点处的静水压力，并应按下列规定确定：

（1）一类高层公共建筑，静水压力不应低于0.10MPa，但当建筑高度大于100m时，静水压力不应低于0.15MPa；

（2）高层住宅、二类高层公共建筑、多层公共建筑，静水压力不应低于0.07MPa，多层住宅，静水压力不宜低于 0.07MPa；

（3）工业建筑，静水压力不应低于 0.10MPa，当建筑体积小于 20000m³ 时，静水压力不宜低于 0.07MPa；

（4）自动喷水灭火系统等自动水灭火系统应根据喷头灭火需求压力确定，且静水压力不应低于 0.10MPa；

4. 管径

（1）进水管管径应满足消防水箱 8h 充满水的要求，且管径不应小于 DN32，进水管宜设置液位阀或浮球阀。

（2）溢流管管径不应小于进水管管径的 2 倍，且不应小于 DN100，溢流管的喇叭口径不应小于溢流管管径的 1.5 倍 ~ 2.5 倍。

5. 进水管与溢流管的相对位置

进水管应在溢流水位以上接入，进水管口的最低点高出溢流边缘的高度应等于进水管管径，且应在 100mm ~ 150mm 之间。

6. 高位消防水箱出水管应位于高位消防水箱最低水位以下，并应设置防止消防用水进入高位消防水箱的止回阀。

7. 高位消防水箱的进、出水管应设置带有指示启闭装置的阀门。

六、室外消火栓

1. 市政消火栓宜在道路的一侧设置，并宜靠近十字路口，但当市政道路宽度超过 60.0m 时，应在道路的两侧交叉错落设置市政消火栓。

2. 室外消火栓的数量应根据室外消火栓设计流量和保护半径经计算确定，保护半径不应超过 150m，每个室外消火栓的出流量宜按 10L/s ~ 15L/s 计算。

3. 室外消火栓宜沿建筑周围均匀布置，且不宜集中布置在建筑一侧；建筑消防扑救面一侧的室外消火栓数量不宜少于 2 个。

4. 宜采用地上式室外消火栓；在严寒、寒冷等冬季结冰地区宜采用干式地上式室外消火栓。当采用地下式室外消火栓时，应有明显的永久性标志。地下消火栓井的直径不宜小于 1.5m，当取水口在冰冻线以上时，应采取保温措施。

5. 消火栓宜采用直径 DN150 的室外消火栓，室外地上式消火栓应有一个直径为 150mm 或 100mm 和两个直径为 65mm 的栓口；室外地下式消火栓应有直径为 100mm 和 65mm 的栓口各 1 个。

6. 消火栓距路边不宜小于 0.5m 且不应大于 2.0m；距建筑外墙边缘不宜小于 5.0m；

七、室内消火栓

（一）设置范围

凡是按规范设置室内消火栓的建筑，包括设备层在内的各层均应设置消火栓。

国家级文物保护单位的重点砖木或木结构的古建筑，宜设置室内消火栓系统。

（二）室内消火栓配置

建筑室内消火栓栓口距地面高度宜为 1.1m；其出水方向宜与设置消火栓的墙面成 90° 角或向下。

1. 应采用 DN65 室内消火栓，并可与消防软管卷盘或轻便水龙设置在同一箱体内。

2. 应配置公称直径 65 有内衬里的消防水带，长度不宜超过 25.0m；消防软管卷盘应配置内径 φ19 的消防软管，其长度宜为 30.0m；轻便水龙应配置公称直径 φ25 有内衬里的消防水带，长度宜为 30.0m。

3. 宜配置当量喷嘴直径 16mm 或 19mm 的消防水枪，但当消火栓设计流量为 2.5L/s 时宜配置当量喷嘴直径 11mm 或 13mm 的消防水枪；消防软管卷盘和轻便水龙应配置当量喷嘴直径 6mm 的消防水枪。

（三）充实水柱

1. 同一平面有 2 支消防水枪的 2 股充实水柱同时达到任何部位，且布置间距不应大于 30.0m。

2. 建筑高度不大于 24.0m 且体积不大于 5000m³ 的多层仓库、建筑高度不大于 54m 且每单元设置一部疏散楼梯的住宅，以及按规定可采用 1 支消防水枪的场所，可采用 1 支消防水枪的 1 股充实水柱到达室内任何部位，其布置间距不应大于 50.0m；跃层住宅和商业网点的室内消火栓应至少满足一股充实水柱到达室内任何部位，并宜设置在户门附近。

3. 消火栓栓口动压力不应大于 0.50MPa；当大于 0.70MPa 时，必须应设置减压装置。

4. 高层建筑、厂房、库房和室内净空高度超过 8m 的民用建筑等场所，消火栓栓口动压不应小于 0.35MPa，且消防防水枪充实水柱应按 13m 计算；其他场所，消火栓栓口动压不应小于 0.25MPa，且消防水枪充实水柱应按 10m 计算。

（四）试验消火栓

试验消火栓应设置在多层、高层建筑屋顶，严寒、寒冷地区可设置在顶层出口处或水箱间内等便于操作和防冻的位置；单层建筑宜设置在水力最不利处，且应靠近出入口。

（五）设置消防软管卷盘或轻便消防水龙的建筑或场所

1. 符合规范规定的可不设置室内消火栓系统的建筑或场所，宜设置消防软管卷盘或轻便消防水龙。

2. 人员密集的公共建筑、建筑高度大于 100m 的建筑和建筑面积大于 200m² 的商业服务网点内应设置消防软管卷盘或轻便消防水龙。

3. 高层住宅的户内宜配置轻便消防水龙。

4. 老年人照料设施内应设置与室内供水系统直接连接的消防软管卷盘，消防软管卷盘的设置间距不应大于 30.0m。

5. 消防软管卷盘和轻便水龙的用水量可不计入消防用水总量。

（六）采用干式消防竖管的建筑高度不大于 27m 的住宅

1. 干式消防竖管宜设置在楼梯间休息平台，且仅应配置消火栓栓口。

2. 干式消防竖管应设置消防车供水接口。

3. 消防车供水接口应设置在首层便于消防车接近和安全的地点。

4. 竖管顶端应设置自动排气阀。

第三节　自动喷水灭火系统

一、系统组成

自动喷水灭火系统由洒水喷头、报警阀组、水流报警装置（水流指示器或压力开关）等组件，以及管道、供水设施组成。根据所用喷头型式，分为闭式和开式两大类。

（一）湿式自动喷水灭火系统

由闭式喷头、湿式报警阀组、水流指示器、压力开关、供水配水管道以及供水设施等组成，在准工作状态时，配水管道内充满用于启动系统的有压水。

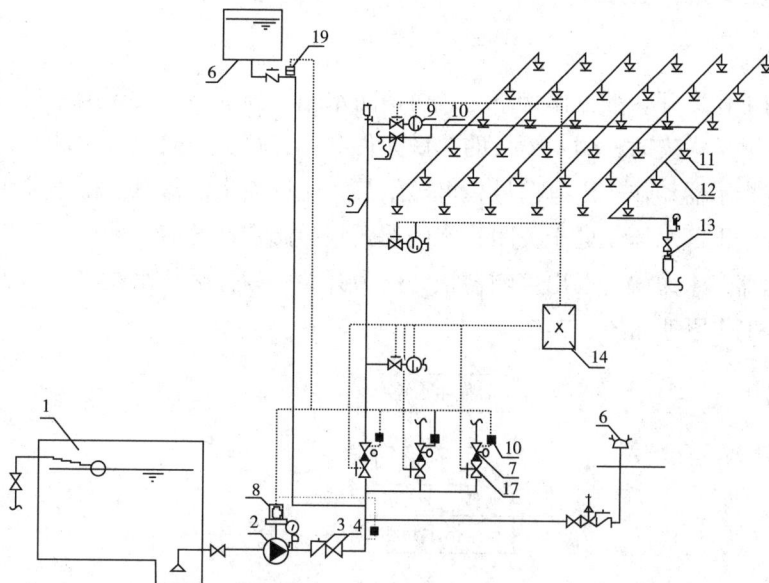

图 5-3-1　湿式系统示意图

1—消防水池　2—消防水泵　3—止回阀　4—闸阀　5—消防水泵接合器
6—高位消防水箱　7—湿式报警阀组　8—配水干管　9—水流指示器　10—配水管　11—闭式洒水喷头
12—配水支管　13—末端试水装置　14—报警控制器　15—泄水阀　16—压力开关　17—信号阀　18—水泵控制柜　19—流量开关

（二）干式自动喷水灭火系统

由闭式喷头、干式报警阀组、水流指示器、压力开关、供水配水管道、充气设备及供水设施等组成，在准工作状态时，配水管道内充满用于启动系统的有压气体。干式系统的启动原理与湿式系统相似，只是将传输喷头开启信号的介质由有压水改为有压气体。

（三）预作用自动喷水灭火系统

由闭式喷头、雨淋阀组、水流报警装置、供水与配水管道、充气设备和供水设施等组成，在准工作状态时，配水管道内不充水，发生火灾时由火灾报警系统、充气管道上的压力开关联锁控制预作用装置和启动消防水泵，系统转换为湿式系统。预作用系统与湿式系统、干式系统的不同之处在于，系统采用雨淋阀，并配置火灾自动报警系统。

（四）雨淋自动喷水灭火系统

由开式喷头、雨淋报警阀组、水流报警装置、供水与配水管道以及供水设施等组成。与前几种系统的不同之处是采用开式喷头，由雨淋阀控制喷水范围，由火灾自动报警系统或传动管控制启动雨淋报警阀组和消防泵。雨淋系统有电动、液动和气动控制方式。

（五）水幕系统

由开式洒水喷头或水幕喷头、雨淋报警阀组或感温雨淋报警阀组、供水与配水管道、控制阀以及水流报警装置（水流指示器或压力开关）等组成。水幕系统不具备直接灭火能力，仅用于防火分隔或冷却保护。其组成与雨淋系统基本一致，系统示意图可参见雨淋系统示意图。

（六）防护冷却系统

由闭式洒水喷头、湿式报警阀组等组成，发生火灾时用于冷却防火卷帘、防火玻璃墙等防火分隔设施以及冷却储罐等的闭式系统。

二、工作原理及适用范围

（一）湿式系统

1.湿式系统的工作原理。准工作状态时，由消防水箱（稳压泵、气压给水设备）等稳压设施维持管道内的水压。发生火灾时，闭式喷头的热敏元件动作，喷头开启喷水。此时，管网中的水由静止变为流动，水流指示器动作送出电信号，可显示某一区域喷水的信息。由于喷水泄压造成湿式报警阀的上部水压低于下部水压，处于关闭状态的湿式报警阀自动开启。此时，压力水通过湿式报警阀流向管网和延迟器，水力警铃发出声响警报，压力开关、高位消防水箱流量开关动作并输出信号直接启动供水泵。工作原理如图5-3-2。

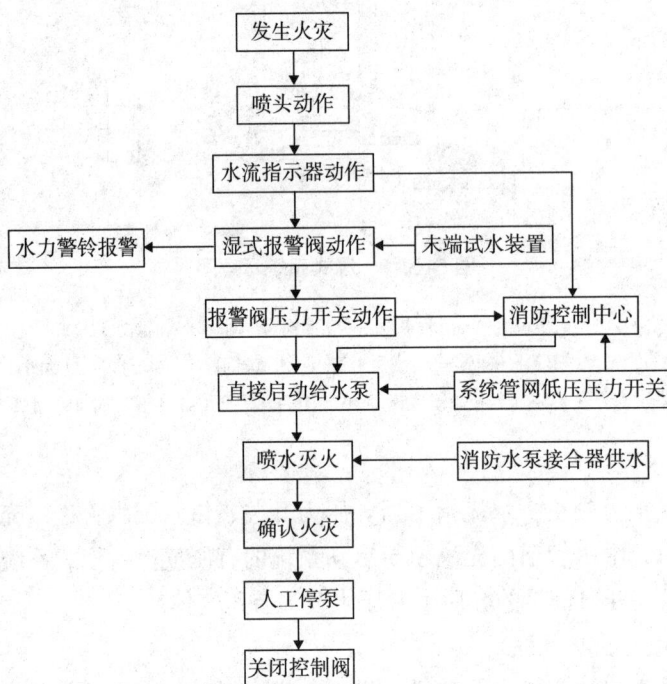

图 5-3-2　湿式系统工作原理图

2.湿式系统的适用范围

环境温度不低于4℃、且不高于70℃的场所。

（二）预作用系统适用范围

预作用系统可消除干式系统在喷头开放后延迟喷水的弊病，因此可替代干式系统，当然也可替代湿式系统。系统处于准工作状态时严禁误喷的场所、系统处于准工作状态时严禁管道充水的忌水场所，应采用预作用系统。

（三）雨淋系统适用范围

系统启动后，喷水瞬间覆盖雨淋阀控制的保护区域。因此，雨淋系统主要适用于需大面积喷水、快速扑灭火灾的特别危险场所。火灾蔓延速度快、闭式喷头不能使喷水及时有效覆盖着火区域，或室内净空高度超过一定高度且必须迅速扑救初期火灾，或火灾危险等级属于严重危险级Ⅱ级的场所，应采用雨淋系统。

（四）水幕系统适用范围

防火分隔水幕利用密集喷洒形成的水墙或多层水帘，可封堵防火分区处的孔洞，阻挡火灾和烟气蔓延，适用于局部防火分隔处，通常不宜用于宽超过15m、高超过8m的开口（舞台口除外）。

防护冷却水幕在物体表面形成水膜，维持防火分隔物的耐火完整性和隔热性，适用于冷却保护防火卷帘、防火玻璃墙等防火分隔设施。

三、系统设计参数

管道的工作压力不应大于1.20MPa。轻危险级、中危险级场所中各配水管入口的压力均不宜大于0.40MPa。系统最不利点处喷头的工作压力不应小于0.05MPa。

（一）设置场所火灾危险等级

分为轻危险级、中危险级（Ⅰ、Ⅱ级）、严重危险级（Ⅰ、Ⅱ级）和仓库危险级（Ⅰ、Ⅱ、Ⅲ级），共8级。

（二）民用建筑和厂房

1. 净空高度不大于8m

表5-3-1　民用建筑和厂房采用湿式系统的设计基本参数

火灾危险等级		最大净空高度（m）	喷水强度（L/min·m²）	作用面积（m²）
轻危险级		≤8	4	160
中危险级	Ⅰ级		6	160
	Ⅱ级		8	
严重危险级	Ⅰ级		12	260
	Ⅱ级		16	

注：仅在走道设置单排喷头的闭式系统，其作用面积应按最大疏散距离所对应的走道面积确定；在装有通透性吊顶的场所，系统的喷水强度应按基本值的1.3倍确定；干式系统的作用面积按基本值的1.3倍确定。系统最不利点处喷头的工作压力不应小于0.05MPa。

2. 高大空间场所

表5-3-2　民用建筑和厂房高大空间场所采用湿式系统的设计基本参数

适用场所		最大净空高度h（m）	喷水强度 [L/（min·m²）]	作用面积（m²）	喷头间距S（m）
民用建筑	中庭、体育馆、航站楼等	8<h≤12	12	160	1.8≤S≤3.0
		12<h≤18	15		
	影剧院、音乐厅、会展中心等	8<h≤12	15		
		12<h≤18	20		
厂房	制衣制鞋、玩具、木器、电子生产车间等	8<h≤12	15		
	棉纺厂、麻纺厂、泡沫塑料生产车间等		15		

表中未列入的场所，应根据该表类比确定。当民用建筑最大净空高度大于12m、且不大于18m时，应采用非仓库型特殊应用喷头。最大净空高度大于8m的超级市场采用的湿式系统，其设计基本参数应按仓库湿式系统设计基本参数执行。

（三）水幕系统

当采用防护冷却系统保护防火卷帘、防火玻璃墙等防火分隔设施时，系统应独立设置，且应符合下列要求：

1. 喷头设置高度不应超过8m；当设置高度为4m～8m时，应采用快速响应洒水喷头；

2. 喷头设置高度不超过4m时，喷水强度不应小于0.5L/s·m；当超过4m时，每增加1m，喷水强度应增加0.1L/s·m；

3. 喷头的设置应确保喷洒到被保护对象后布水均匀，喷头间距应为1.8m～2.4m；喷头溅水盘与防火分隔设施的水平距离不应大于0.3m，与顶板的距离应符合规范的规定；

4. 持续喷水时间不应小于系统设置部位的耐火极限要求。

表5-3-3　水幕系统的设计基本参数

水幕系统类别	喷水点高度/h（m）	喷水强度（L/s·m）	喷头工作压力/MPa
防火分隔水幕	h ≤ 12	2.0	0.1
防护冷却水幕	h ≤ 4	0.5	

注：防护冷却水幕的喷水点高度每增加1m，喷水强度应增加0.1L/s·m，但超过9m时喷水强度仍采用1.0L/s·m。

四、主要组件及设置要求

（一）喷头

1. 标准覆盖面积洒水喷头：流量系数K ≥ 80，一只喷头的最大保护面积不超过20m²的直立型、下垂型洒水喷头及一只喷头的最大保护面积不超过18m²的边墙型洒水喷头。

2. 扩大覆盖面积洒水喷头：流量系数K ≥ 80，一只喷头的最大保护面积大于标准覆盖面积洒水喷头的保护面积，且不超过36m²的洒水喷头，包括直立型、下垂型和边墙型扩大覆盖面积洒水喷头。

3. 快速响应洒水喷头：响应时间指数RTI ≤ 50（m·s）$^{0.5}$的闭式洒水喷头；

4. 特殊响应洒水喷头：响应时间指数50 < RTI ≤ 80（m·s）$^{0.5}$的闭式洒水喷头。

5. 标准响应洒水喷头：响应时间指数80 < RTI ≤ 350（m·s）$^{0.5}$的闭式洒水喷头。

6. 玻璃球洒水喷头的公称动作温度分成13个温度等级，易熔元件洒水喷头的公称动作温度分为7个温度等级。感温玻璃球中的液体和易熔元件喷头的轭臂标识不同的颜色。

表5-3-4　闭式喷头的公称动作温度和色标

玻璃球喷头		易熔元件喷头	
公称动作温度/℃	工作液色标	公称动作温度/℃	轭臂色标
57	橙	57-77	无色
68	红		
79	黄		
93	绿		
107	绿	80-107	白
121	蓝	121-149	蓝
141	蓝	163-191	红
163	紫	204-146	绿

续表

玻璃球喷头		易熔原件喷头	
公称动作温度/℃	工作液色标	公称动作温度/℃	轭臂色标
182	紫	260~302	橙
204	黑	320~343	橙
227	黑		
260	黑		
343	黑		

7. 闭式系统的喷头，其公称动作温度宜高于环境最高温度 30℃。

（二）报警阀组

1. 保护室内钢屋架等建筑构件的闭式系统，应设置独立的报警阀组。

2. 水幕系统应设置独立的报警阀组或感温雨淋阀。

3. 湿式系统、预作用系统，一个报警阀组控制的喷头数不宜超过 800 只。

4. 干式系统，一个报警阀组控制的喷头数不宜超过 500 只。

5. 串联接入湿式系统配水干管的其他自动喷水灭火系统，应分别设置独立的报警阀组，其控制的喷头数计入湿式阀组控制的喷头总数。

6. 每个报警阀组供水的最高和最低位置喷头的高程差不宜大于 50m。

（三）水流指示器

水流指示器的功能是及时报告发生火灾的部位。在设置闭式自动喷水灭火系统的建筑内，除报警阀组控制的洒水喷头仅保护不超过防火分区面积的同层场所外，每个防火分区、每个楼层均应设置水流指示器。

（四）压力开关

1. 压力开关安装在系统管网或报警阀延迟器出口后的报警管道上。自动喷水灭火系统应采用压力开关控制消防水泵和稳压泵，并应能调节启、停稳压泵的压力。

2. 雨淋系统和防火分隔水幕系统，其水流报警装置应采用压力开关。

（五）末端试水装置

1. 每个报警阀组控制的最不利点喷头处应设置末端试水装置，其他防火分区和楼层的最不利点喷头处应设置直径为 25mm 的试水阀。

2. 末端试水装置和试水阀应有标识，设在便于操作的部位，距地面高度宜为 1.5m，且应配备有足够排水能力的排水设施。

3. 末端试水装置试水接头出水口的流量系数应与同楼层或同防火分区内选用的最小流量系数喷头相等。末端试水装置的出水，应采用孔口出流的方式排入排水管道。排水立管宜设伸顶通气管，且管径不应小于 75mm。

（六）配水支管控制的喷头数量

配水管两侧每根配水支管控制的标准流量洒水喷头数量，轻危险级、中危险级场所不应超过 8 只，同时在吊顶上下设置喷头的配水支管，上下侧均不应超过 8 只。严重危险级及仓库危险级场所均不应超过 6 只。轻危险级、中危险级场所中配水支管、配水管控制的标准流量洒水喷头数量，应符合现行国家规范的规定。

五、系统的自动控制

自动喷水灭火系统的消防水泵应同时具备自动控制、消防控制室（盘）远程控制和消防水泵房现场应急机械操作的启动方式。

（一）湿式系统和干式系统

应由消防水泵出水干管上设置的压力开关、高位消防水箱出水管上的流量开关和报警阀组压力开关直接启动消防水泵。干式系统配水管道充水时间不宜大于 1min。

（二）预作用系统

由火灾自动报警系统、消防水泵出水干管上设置的压力开关、高位消防水箱出水管上的流量开关和报警阀组压力开关直接启动消防水泵。由火灾自动报警系统和充气管道上设置的压力开关开启预作用装置的预作用系统，其配水管道充水时间不宜大于 1min；仅由火灾自动报警系统联动开启预作用装置的预作用系统，其配水管道充水时间不宜大于 2min。

（三）雨淋系统和水幕系统

当采用火灾自动报警系统控制雨淋报警阀时，应由火灾自动报警系统、消防水泵出水干管上的压力开关、高位消防水箱出水管上的流量开关和报警阀组压力开关直接启动消防水泵；当采用传动管控制雨淋报警阀时，应由消防水泵出水干管上的压力开关、高位消防水箱出水管上的流量开关和报警阀组压力开关直接启动消防水泵。雨淋系统配水管道充水时间不宜大于 2min。

（四）预作用装置

可采用仅由火灾自动报警系统控制，或由火灾自动报警系统和充气管道上的压力开关控制的方式。严禁误喷的场所，宜仅由火灾自动报警系统控制；严禁管道充水的场所和用于替代干式系统的场所，宜由火灾自动报警系统和充气管道上的压力开关控制预作用系统。快速排气阀入口前的电动阀应在启动消防水泵的同时开启。

（五）雨淋报警阀

可采用电动、液（水）动或气动方式。当雨淋报警阀采用传动管自动控制时，闭式喷头与雨淋报警阀之间的高程差，应根据雨淋报警阀的性能确定。

第四节　水喷雾灭火系统

一、灭火机理

水喷雾灭火系统的灭火机理主要是表面冷却、窒息、乳化和稀释。对于气体和闪点低于灭火用水温度的液体火灾，表面冷却无效。乳化只适用于不溶于水的可燃液体。

二、适用范围

1. 水喷雾灭火系统可用于扑救固体物质火灾、丙类液体火灾、饮料酒火灾和电气火灾，并可用于可燃气体和甲、乙、丙类液体的生产、储存装置或装卸设施的防护冷却。

2. 水喷雾灭火系统不得用于扑救遇水能发生化学反应造成燃烧、爆炸的火灾，以及水雾会对保护对象造成明显损害的火灾。

三、启动方式及响应时间

（一）启动方式

1. 系统应具有自动控制、手动控制和应急机械启动三种控制方式；但当响应时间大于 120s 时，可采用手动控制和应急机械启动两种控制方式。

2. 当系统使用传动管探测火灾时，应符合下列规定：

（1）传动管宜采用钢管，长度不宜大于 300m，公称直径宜为 15mm～25mm，传动管上闭式喷头之间的距离不宜大于 2.5m；

（2）电气火灾不应采用液动传动管；

（3）在严寒与寒冷地区，不应采用液动传动管；当采用压缩空气传动管时，应采取防止冷凝水积存的措施。

（二）响应时间

1. 灭火

系统的响应时间不应大于 60s。

2. 防护冷却

（1）用于液化石油气灌瓶间、瓶库的防护冷却时，系统的响应时间不应大于 60s。

（2）用于液化烃或类似液体储罐，甲乙类液体及可燃气体生产、输送及装卸设施的防护冷却时，系统的响应时间不应大于 120s；

（3）用于甲 $_B$、乙、丙类液体储罐的防护冷却时，系统的响应时间不应大于 300s。

四、系统基本要求

（一）水雾滴平均直径

喷头工作压力越大，雾滴平均直径越小。当雾滴平均直径小于 300μm 时，灭火时很难穿透火焰燃烧时产生的上升气流，不能到达燃烧物质表面。用于露天保护对象时，雾滴极易受到风的影响，达不到保护对象的表面。因此，水雾粒径应在 0.3mm~1mm 范围内。

（二）工作压力

1. 系统管道的工作压力不应大于 1.6MPa。

2. 水雾喷头的工作压力，当用于灭火时不应小于 0.35MPa；

3. 水雾喷头的工作压力，当用于防护冷却时不应小于 0.2MPa，但对于甲 $_B$、乙、丙类液体储罐不应小于 0.15MPa。

（三）水雾喷头

1. 离心雾化型水雾喷头由喷头体、涡流器组成，水在较高水压下离心旋转形成水雾喷射出来，具有良好的电绝缘性，适合扑救电气火灾。但离心雾化型水雾喷头的通道较小，容易堵塞。离心雾化型的水雾喷头有 A 型和 B 型两种。A 型水雾喷头的进水口与出水口成 90°角，安装后喷头出水方向可在一定范围内进行调节。B 型水雾喷头的出水口和进水口在一条直线上，安装后完全固定不可调节。

2. 撞击型水雾喷头的压力水流通过撞击溅水盘，在设定区域分散为均匀锥形水雾。喷头由溅水盘、分流锥、框架本体和滤网组成。撞击型水雾喷头可水平、下垂、斜向安装。

3. 水雾喷头的选型应符合下列要求：

（1）扑救电气火灾，应选用离心雾化型水雾喷头；

（2）室内粉尘场所设置的水雾喷头应带防尘帽，室外设置的水雾喷头宜带防尘帽；

（3）离心雾化型水雾喷头应带柱状过滤网。

（四）雨淋报警阀组

响应时间不大于120s的系统，应设置雨淋报警阀组，雨淋报警阀组的功能及配置应符合下列要求：

1. 接收电控信号的雨淋报警阀组应能电动开启，接收传动管信号的雨淋报警阀组应能液动或气动开启；

2. 应具有远程手动控制和现场应急机械启动功能；

3. 在控制盘上应能显示雨淋报警阀开、闭状态；

4. 宜驱动水力警铃报警；

5. 雨淋报警阀进出口应设置压力表；

6. 电磁阀前应设置可冲洗的过滤器。

第五节　细水雾灭火系统

细水雾是指水在最小设计工作压力下，经喷头喷出并在喷头轴线下方1.0m处的平面上形成的直径$D_{v0.5} < 200 \mu m$，$D_{v0.9} < 400 \mu m$的水雾滴。

细水雾可按水雾中水微粒的大小分为3级。

一、灭火机理

细水雾的灭火机理主要是表面冷却、窒息、辐射热阻隔和浸湿作用。之外，细水雾还具有乳化等作用。

二、适用范围

1. 细水雾灭火系统适用于扑救相对封闭空间内的可燃固体表面火灾、可燃液体火灾和带电设备的火灾。

2. 细水雾灭火系统不适用于扑救下列火灾：

（1）可燃固体的深位火灾；

（2）能与水发生剧烈反应或产生大量有害物质的活泼金属及其化合物的火灾；

（3）可燃气体火灾。

三、启动方式及响应时间

（一）启动方式

1. 瓶组系统应具有自动、手动和机械应急操作控制方式，其机械应急操作应能在瓶组间内直接手动启动系统。

2. 泵组系统应具有自动、手动控制方式。

3. 开式系统的自动控制应能在接收到两个独立的火灾报警信号后自动启动。

4. 闭式系统的自动控制应能在喷头动作后，由动作信号反馈装置直接联锁自动启动。

（二）响应时间

1. 开式系统的设计响应时间不应大于 30s。

2. 采用全淹没应用方式的开式系统，当采用瓶组系统且在同一防护区内使用多组瓶组时，各瓶组应能同时启动，其动作响应时差不应大于 2s。

四、系统基本要求

（一）一般规定

1. 液压站，配电室、电缆隧道、电缆夹层，电子信息系统机房，文物库，以及密集柜存储的图书库、资料库和档案库，宜选择全淹没应用方式的开式系统。

2. 油浸变压器室、涡轮机房、柴油发电机房、润滑油站和燃油锅炉房、厨房内烹饪设备及其排烟罩和排烟管道部位，宜采用局部应用方式的开式系统。

3. 采用非密集柜储存的图书库、资料库和档案库，可选择闭式系统。

4. 系统宜选用泵组系统，闭式系统不应采用瓶组系统。

5. 开式系统采用全淹没应用方式时，防护区内影响灭火有效性的开口宜在系统动作时联动关闭。当防护区内的开口不能在系统启动时自动关闭时，宜在该开口部位的上方增设喷头。

6. 开式系统采用局部应用方式时，保护对象周围的气流速度不宜大于 3m/s。必要时，应采取挡风措施。

（二）工作压力

喷头的最低设计工作压力不应小于 1.20MPa。

（三）作用面积

1. 闭式系统

作用面积不宜小于 140m^2。每套泵组所带喷头数量不应超过 100 只。

2. 开式系统

（1）采用全淹没应用方式的开式系统，其防护区数量不应大于 3 个。

（2）单个防护区的容积，对于泵组系统不宜超过 3000m^3，对于瓶组系统不宜超过 260m^3。

（四）系统的设计持续喷雾时间

1. 用于保护电子信息系统机房、配电室等电子、电气设备间，图书库、资料库、档案库，文物库，电缆隧道和电缆夹层等场所时，系统的设计持续喷雾时间不应小于 30min。

2. 用于保护油浸变压器室、涡轮机房、柴油发电机房、液压站、润滑油站、燃油锅炉房等含有可燃液体的机械设备间时，系统的设计持续喷雾时间不应小于 20min。

3. 用于扑救厨房内烹饪设备及其排烟罩和排烟管道部位的火灾时，系统的设计持续喷雾时间不应小于 15s，设计冷却时间不应小于 15min。

4. 对于瓶组系统，系统的设计持续喷雾时间可按其实体火灾模拟试验灭火时间的 2 倍确定，且不宜小于 10min。

第六节　气体灭火系统

气体灭火系统一般由灭火剂储存装置、启动分配装置、输送释放装置、监控装置等组成。

一、常用气体灭火剂的灭火机理及应用方式

（一）常用气体灭火剂

1. 二氧化碳：二氧化碳清洁环保，在常温常压条件下为气相；高压贮存、低于临界温度 31.4℃ 时气、液两相共存。

2. 七氟丙烷：七氟丙烷无色无味、不导电，密度约为空气的 6 倍，在一定压力下呈液态。该灭火剂为洁净药剂，臭氧耗损潜能值 ODP ＝ 0，无毒性反应浓度 NOAEL ＝ 9％，灭火设计基本浓度 C ＝ 8％，释放后不含残渣，不污染环境和精密设备。

3. IG-541 混合气体：IG-541 混合气体灭火剂由氮气、氩气和二氧化碳按一定比例混合而成，清洁环保，臭氧耗损潜能值 ODP ＝ 0，无毒性反应浓度 NOAEL ＝ 43％，灭火设计浓度一般在 37％ ~ 43％ 之间。

（二）灭火机理

1. 二氧化碳、IG541 混合气体的灭火机理是窒息、冷却。

2. 七氟丙烷的灭火机理是化学抑制（阻断链式反应）、窒息、冷却。

（三）应用方式

1. 二氧化碳、七氟丙烷、IG541 混合气体灭火系统通常为全淹没灭火系统，应用于扑救封闭空间内的火灾。

2. 二氧化碳局部应用灭火系统应用于扑救不需封闭空间条件的具体保护对象的非深位火灾。

二、适用范围

适用于扑救灭火前可切断气源的气体火灾、液体火灾、固体表面火灾（二氧化碳可用于部分固体深位火灾）、可熔化的固体火灾和电气火灾。

不得用于扑救氧化剂或含氧化剂的化学制品火灾、活泼金属火灾、能自行分解的化学物质火灾和固体物质深位火灾。

经常有人停留的场所，不应采用二氧化碳全淹没灭火系统。

三、启动方式

1. 管网灭火系统应设自动控制、手动控制和机械应急操作三种启动方式。

2. 二氧化碳局部应用灭火系统用于经常有人的保护场所时可不设自动控制。

3. 预制灭火系统应设自动控制和手动控制两种启动方式。

4. 灭火设计浓度或实际使用浓度大于无毒性反应浓度的七氟丙烷、IG541 混合气体防护区以及二氧化碳全淹没防护区，应在其入口处设置手动、自动转换控制装置。

5. 设有火灾自动报警系统时，应在接收到两个独立的火灾探测信号后才能自动启动，并宜延迟启动，但延迟时间不应大于 30s。

四、系统基本要求

七氟丙烷、IG541 混合气体灭火系统，2 个及以上的防护区采用组合分配系统时，一个组合分配系统所保护的防护区不应超过 8 个；采用管网灭火系统时，一个防护区的面积不宜大于 800m²，且容积不宜大于 3600m³。采用预制灭火系统时，一个防护区的面积不宜大于 500m²，且容积不宜大于 1600m³。

（一）全淹没灭火系统

1. 二氧化碳全淹没灭火系统的喷放时间不应大于 1min。当扑救固体深位火灾时，喷放时间不应大于 7min，并应在前 2min 内使二氧化碳的浓度达到 30%。

2. 七氟丙烷全淹没灭火系统在通讯机房和电子计算机房等防护区，喷放时间不应大于 8s；在其他防护区，喷放时间不应大于 10s。

3. 当 IG541 混合气体灭火剂喷放至设计用量的 95% 时，其喷放时间不应大于 60s，且不应小于 48s。

（二）二氧化碳局部应用灭火系统

1. 保护对象周围的空气流动速度不宜大于 3m/s。必要时，应采取挡风措施。

2. 在喷头与保护对象之间，喷头喷射角范围内不应有遮挡物。

3. 当保护对象为可燃液体时，液面至容器缘口的距离不得小于 150mm。

4. 二氧化碳的喷射时间不应小于 0.5min。对于燃点温度低于沸点温度的液体和可熔化固体的火灾，二氧化碳的喷射时间不应小于 1.5min。

（三）七氟丙烷、IG541 混合气体预制灭火系统（无管网灭火系统）设计要求

1. 一个防护区设置的预制灭火系统，其装置数量不宜超过 10 台。

2. 同一防护区内的预制灭火系统多于 1 台时，必须能同时启动，其动作响应时差不得大于 2s。采用预制灭火系统时，一个防护区的面积不宜大于 500m²，且容积不宜大于 1600m³。

（四）选择阀

1. 组合分配系统中的每个防护区应或保护对象应设一个选择阀。选择阀的位置应靠近储存容器且便于手动操作，方便检查维护。

2. 选择阀可采用电动、气动或机械操作方式。

3. 系统启动时，选择阀应在灭火剂容器阀开启前或同时打开；采用灭火剂自身作为启动气源打开的选择阀，可不受此限。

第七节　干粉灭火系统

一、灭火机理

干粉的灭火机理是化学抑制、隔离、冷却与窒息。

二、适用范围

1. 干粉灭火系统可用于扑救灭火前可切断气源的气体火灾；易燃、可燃液体和可熔化固体火灾；可燃固体表面火灾；带电设备火灾。

2. 干粉灭火系统不得用于扑救硝化纤维、炸药等无空气仍能迅速氧化的化学物质与强氧化剂以及钾、钠、镁、钛、锆等活泼金属及其氢化物火灾。

3. 干粉的冷却效果相对较弱，且灭火后沉积附着物不易清理。易复燃场所、有精密仪器设备的场所宜慎用。

三、启动方式

1. 干粉灭火系统应设自动控制、手动控制和机械应急操作三种启动方式。

2. 局部应用灭火系统用于经常有人的保护场所时可不设自动控制启动方式。

3. 预制灭火装置可不设机械应急操作启动方式。

4. 设有火灾自动报警系统时，应在接收到两个独立的火灾探测信号后才能自动启动，并应延迟喷放，延迟时间不应大于30s，且不得小于干粉储存容器的增压时间。

四、系统基本要求

（一）全淹没灭火系统

全淹没灭火系统的干粉喷射时间不应大于30s。

（二）局部应用灭火系统

1. 保护对象周围的空气流动速度不应大于2m/s。必要时，应采取挡风措施。

2. 在喷头和保护对象之间，喷头喷射角范围内不应有遮挡物。

3. 当保护对象为可燃液体时，液面至容器缘口的距离不得小于150mm。

4. 室内局部应用灭火系统的干粉喷射时间不应小于30s；室外或有复燃危险的室内局部应用灭火系统的干粉喷射时间不应小于60s。

（三）预制灭火装置设计要求

1. 一个防护区或保护对象宜用一套预制灭火装置保护。

2. 一个防护区或保护对象所用预制灭火装置最多不得超过4套，并应同时启动，其动作响应时间差不得大于2s。

（四）选择阀

1. 组合分配系统每个防护区或保护对象应设一个选择阀。选择阀的位置应靠近灭火剂储存容器且便于手动操作，方便检查维护。

2. 选择阀可采用电动、气动或液动驱动方式，并应有机械应急操作方式。

3. 系统启动时，选择阀应在灭火剂容器阀动作之前打开。

第八节　泡沫灭火系统

一、泡沫分类及灭火机理

（一）泡沫分类

1. 低倍数泡沫：发泡倍数低于20的灭火泡沫。

2. 中倍数泡沫：发泡倍数为20~200的灭火泡沫。

3. 高倍数泡沫：发泡倍数高于200的灭火泡沫。

（二）灭火机理

泡沫的灭火机理是窒息、辐射热阻隔、冷却和稀释。

二、应用方式及适用范围

（一）低倍数泡沫灭火系统

1. 应用方式

固定式、半固定式、移动式。

2.适用范围

（1）甲、乙、丙类液体储罐。

（2）甲、乙、丙类液体槽车装卸栈台设置泡沫炮或泡沫枪系统。

（3）设有围堰的非水溶性液体流淌火灾场所和公路隧道。

（二）中倍数泡沫灭火系统

1.应用方式

全淹没、局部应用、移动式。

2.适用范围

（1）全淹没系统可用于小型封闭空间场所与设有阻止泡沫流失的固定围墙或其他围挡设施的小场所。

（2）局部应用系统可用于四周不完全封闭的 A 类火灾场所、限定位置的流散 B 类火灾场所、固定位置面积不大于 100m² 的流淌 B 类火灾场所。

（3）移动式系统可用于发生火灾的部位难以确定或人员难以接近的较小火灾场所、流散的 B 类火灾场所、不大于 100m² 的流淌 B 类火灾场所。

（三）高倍数泡沫灭火系统

1.应用方式

全淹没、局部应用、移动式。

2.适用范围

（1）全淹没系统可用于封闭空间场所、设有阻止泡沫流失的固定围墙或其他围挡设施的场所。

（2）局部应用系统可用于四周不完全封闭的 A 类火灾与 B 类火灾场所、天然气液化站与接收站的集液池或储罐围堰区。

（3）移动式系统可用于发生火灾的部位难以确定或人员难以接近的场所、流淌的 B 类火灾场所、发生火灾时需要排烟、降温或排除有害气体的封闭空间。

（四）泡沫－水喷淋系统

可用于具有非水溶性液体泄漏火灾危险的室内场所、存放量不超过 25L/m² 或超过 25L/m² 但有缓冲物的水溶性液体室内场所。

（五）泡沫喷雾系统

可用于保护独立变电站的油浸电力变压器、面积不大于 200m² 的非水溶性液体室内场所。

（六）不应选用泡沫灭火系统的场所

（1）硝化纤维、炸药等在无空气的环境中仍能迅速氧化的化学物质和强氧化剂。

（2）钾、钠、烷基铝、五氧化二磷等遇水发生危险化学反应的活泼金属和化学物质。

三、泡沫液选用

1.水溶性液体火灾：必须选用抗溶性泡沫液且只能采用液上喷射泡沫。

2.非溶性液体火灾：当采用液上喷射泡沫时，选用普通蛋白泡沫液、氟蛋白泡沫液或水成膜泡沫液均可；当采用液下喷射泡沫时，必须选用氟蛋白泡沫液或水成膜泡沫液。

四、选型及设计要点

（一）储罐区低倍数泡沫灭火系统

1.非水溶性甲、乙、丙类液体固定顶储罐，应选用液上喷射、液下喷射或半液下喷射系统。

2.水溶性甲、乙、丙类液体和其他对普通泡沫有破坏作用的甲、乙、丙类液体固定顶储罐，应选用液上喷射系统或半液下喷射系统。

3.外浮顶和内浮顶储罐应选用液上喷射系统。

4.水溶性液体外浮顶储罐、内浮顶储罐、直径大于18m的固定顶储罐及水溶性甲、乙、丙类液体立式储罐，不得选用泡沫炮作为主要灭火设施。

5.高度大于7m或直径大于9m的固定顶储罐，不得选用泡沫枪作为主要灭火设施。

6.固定式泡沫灭火系统的设计应满足在泡沫消防水泵或泡沫混合液泵启动后，将泡沫混合液或泡沫输送到保护对像的时间不大于5min。

（二）油罐固定式中倍数泡沫灭火系统

1.油罐中倍数泡沫系统，应选液上喷射泡沫系统。

2.丙类固定顶与内浮顶油罐，单罐容量小于10000m³的甲、乙类固定顶与内浮顶油罐，当选用中倍数泡沫灭火系统时，宜为固定式。

（三）高倍数泡沫灭火系统的控制

全淹没系统或固定式局部应用系统应设置火灾自动报警系统，并应符合下列规定：

1.全淹没系统应同时具备自动、手动和应急机械手动启动功能；

2.自动控制的固定式局部应用系统应同时具备手动和应急机械手动启动功能；手动控制的固定式局部应用系统尚应具备应急机械手动启动功能；

3.消防控制中心（室）和防护区应设置声光报警装置；

4.消防自动控制设备宜与防护区内门窗的关闭装置、排气口的开启装置，以及生产、照明电源的切断装置等联动。

（四）泡沫－水雨淋系统与泡沫－水预作用系统的控制

1.系统应同时具备自动、手动和应急机械手动启动功能。

2.机械手动启动力不应超过180N。

3.系统自动或手动启动后，泡沫液供给控制装置应自动随供水主控阀的动作而动作或与之同时动作。

4.系统应设置故障监视与报警装置，且应在主控制盘上显示。

（五）泡沫喷雾系统的控制

泡沫喷雾系统应同时具备自动、手动和应急机械手动启动方式。在自动控制状态下，灭火系统的响应时间不应大于60s。

（六）泡沫－水雨淋系统的喷头选型

泡沫－水雨淋系统应选用吸气型泡沫－水喷头、泡沫－水雾喷头。

第九节　防烟排烟系统

一、防烟系统

（一）机械加压送风系统

1.适用范围

（1）建筑高度大于50m的公共建筑、工业建筑和建筑高度大于100m的住宅的楼梯间和前室。

（2）建筑高度不大于 50m 的公共建筑、工业建筑和建筑高度不大于 100m 的住宅，其不能设置自然通风系统的楼梯间和前室。

（3）前室机械加压送风口未设置在前室的顶部或正对前室入口墙面的楼梯间。

（4）防烟楼梯间在裙房高度以上采用自然通风，其不具备自然通风条件的裙房的前室（送风口应设置在前室的顶部或正对前室入口的墙面上）。

（5）不满足自然通风条件的建筑地下部分的防烟楼梯间前室、消防电梯前室。

（6）不满足自然通风条件的避难层。

（7）不能满足自然通风条件的封闭楼梯间。

（8）避难走道及前室，且应分别设置。

（9）人防工程的防烟楼梯间及前室或合用前室、避难走道的前室。

2. 其他相关规定

（1）独立前室仅有 1 个门与走道或房间相通时，可仅在楼梯间设置机械加压送风系统；独立前室有多个门时，楼梯间、独立前室应分别设置独立的机械加压送风系统。

（2）当采用合用前室时，楼梯间、合用前室应分别设置独立的机械加压送风系统。

（3）当采用剪刀楼梯时，其两个楼梯间及前室应分别设置独立的机械加压送风系统。

（4）楼梯间应设置常开风口，前室应设置常闭风口。

（5）当避难走道长度小于 30m、在一端设置安全出口；或避难走道长度小于 60m、在两端设置安全出口时，可仅在前室设置机械加压送风系统。

3. 机械加压送风设施

（1）建筑高度大于 100m 的建筑，其机械加压送风系统应竖向分段独立设置，且每段高度不应超过 100m。

（2）除规范另有规定外，防烟楼梯间及前室应分别设置送风井（管）道、送风口（阀）和送风机。

（3）建筑高度不大于 50m 的建筑，当楼梯间设置加压送风井（管）道确有困难时，楼梯间可采用直灌式加压送风系统，并应符合下列规定：

①建筑高度大于 32m 的建筑，应采用楼梯间两点部位送风方式，送风口间距不宜小于建筑高度的 1/2；

②送风量应按计算值或按表 5-9-1 至表 5-9-4 中的送风量增加 20%；

③加压送风口不宜设在影响人员疏散的部位。

（4）楼梯间地上与地下部分的机械加压送风系统应分别独立设置。受条件限制且地下部分为汽车库或设备用房时，可共用机械加压送风系统，但应分别计算地上、地下加压送风量，迭加后作为共用加压送风系统风量，并应采取有效措施分别满足地上、地下送风量要求。

（5）采用机械加压送风的场所不应设置百叶窗、不宜设置可开启外窗。

（6）设置机械加压送风系统的封闭楼梯间、防烟楼梯间，应在顶部设置面积不小于 $1.0m^2$ 的固定窗，靠外墙的防烟楼梯间，尚应在其外墙上每 5 层内设置总面积不小于 $2.0m^2$ 的固定窗。

（7）设置机械加压送风系统的避难层（间），尚应在外墙设置可开启外窗，其有效面积不应小于该避难层（间）地面面积的 1%。

4. 机械加压送风量

（1）楼梯间或前室的机械加压送风量应按下列公式计算：

楼梯间： $L_j = L_1 + L_2$ 式（5-9-1）

前室： $L_s = L_1 + L_3$ 式（5-9-2）

式中：L—机械加压送风量（m^3/s）；

　　　L_1—门开启时，达到规定风速值所需送风量（m^3/s）；

　　　L_2—门开启时，规定风速值下，其他门缝漏风总量（m^3/s）；

　　　L_3—未开启的常闭送风阀的漏风总量（m^3/s）。

（2）门开启时，达到规定风速值所需的送风量应按以下公式计算：

$$L_1 = A_k v N_1$$ 式（5-9-3）

式中：A_k——层内开启门的截面面积（m^2）；

　　　v—门洞断面风速（m/s）；

　　　当楼梯间和独立前室、合用前室均机械加压送风时，合用前室 $v \geq 0.7m/s$；

　　　当楼梯间机械加压送风、只有 1 个开启门的独立前室不送风时，通向楼梯间 $v \geq 1.0m/s$；

　　　当消防电梯前室机械加压送风时，通向消防电梯前室 $v \geq 1.0m/s$；

　　　当前室机械加压送风、且楼梯间采用可开启外窗的自然通风系统时，通向前室疏散门 $v \geq 0.6(A_j/A_g + 1)m/s$；$A_j$ 为楼梯间疏散门的总面积（m^2），A_g 为前室疏散门的总面积（m^2）

　　　N_1—设计疏散门开启的楼层数量；

楼梯间：采用常开风口，当地上楼梯间为 24m 以下时，设计 2 层内的疏散门开启，取 $N_1=2$；当地上楼梯间为 24m 及以上时，设计 3 层内的疏散门开启，取 $N_1=3$；地下楼梯间，设计 1 层内的疏散门开启，取 $N_1=1$；

前室：采用常闭风口，计算风量时，取 $N_1=3$。

（3）门开启时，规定风速值下的其他门漏风总量应按以下公式计算：

$$L_2 = 0.827 \times A \times \Delta P^{1/n} \times 1.25 \times N_2$$ 式（5-9-4）

式中：A—每个疏散门的有效漏风面积（m^2），门缝宽度取 0.002m~0.004m；

　　　ΔP—计算漏风量的平均压力差（Pa），当开启门洞处风速为 0.7m/s 时，取 $\Delta P=6.0Pa$；当开启门洞处风速为 1.0m/s 时，取 $\Delta P=12.0Pa$；当开启门洞处风速为 1.2m/s 时，取 $\Delta P=17.0Pa$；

　　　n—指数（一般取 n=2）；

　　　1.25—不严密处附加系数；

　　　N_2—漏风疏散门的数量；楼梯间采用常开风口，取 $N_2=$ 加压楼梯间的总门数 $-N_1$；

（4）未开启的常闭送风阀的漏风总量应按以下公式计算：

$$L_3 = 0.083 \times A_f N_3$$ 式（5-9-5）

式中：A_f—每个送风阀门的面积（m^2）；

　　　0.083—阀门单位面积的漏风量（$m^3/s \cdot m^2$）；

　　　N_3—漏风阀门的数量；前室采用常闭风口，取 $N_3=$ 楼层数 -3。

（5）选取加压送风量：机械加压送风系统的设计风量不应小于计算风量的 1.2 倍。

①防烟楼梯间、前室的送风量应由规定的计算方法确定。当系统负担建筑高度大于 24m 时，应按计算值与表 5-9-1 至表 5-9-4 的值中的较大值确定。

表 5-9-1　消防电梯前室加压送风量

系统负担高度 h（m）	加压送风量（m³/h）
24＜h≤50	35400～36900
50＜h≤100	37100～40200

表 5-9-2　楼梯间自然通风，独立前室、合用前室加压送风量

系统负担高度 h（m）	加压送风量（m³/h）
24＜h≤50	42400～44700
50＜h≤100	45000～48600

表 5-9-3　前室不送风，封闭楼梯间、防烟楼梯间加压送风量

系统负担高度 h（m）	加压送风量（m³/h）
24＜h≤50	36100～39200
50＜h≤100	39600～45800

表 5-9-4　防烟楼梯间及合用前室分别加压送风量

系统负担高度 h（m）	送风部位	加压送风量（m³/h）
24＜h≤50	楼梯间	25300～27500
	合用前室	24800～25800
50＜h≤100	楼梯间	27800～32200
	合用前室	26000～28100

注：1. 表 5-9-1 至表 5-9-4 的风量按开启 1 个 2.0m×1.6m 的双扇门确定。当采用单扇门时，其风量可乘以 0.75 系数计算。

2. 表中风量按开启着火层及上下层、共开启 3 层的风量计算。

3. 风量上下限选取应按层数、风道材料、防火门漏风量等因素综合确定。

4. 有多个门的独立前室，其送风量应按前室门的个数计算确定。

②封闭避难层（间）、避难走道的机械加压送风量应按其净面积取不小于 30m³/（h·m²）计算。避难走道前室的送风量应按直接开向前室的疏散门的总截面积乘以 1.0m/s 门洞风速计算。

③人防工程的防烟楼梯间，当前室或合用前室不送风时，防烟楼梯间的加压送风量不应小于 25000m³/h，并应在防烟楼梯间和前室或合用前室的墙上设置余压阀。当防烟楼梯间与前室或合用前室分别送风时，防烟楼梯间的送风量不应小于 16000m³/h，前室或合用前室的送风量不应小于 13000m³/h。避难走道的前室加压送风量应按前室入口门洞风速 0.7m/s ～ 1.2m/s 计算确定。

5. 余压值

机械加压送风的基本原则是：楼梯间压力＞前室压力＞走道压力＞房间压力，且压差不能过大。

机械加压送风量应满足走廊至前室至楼梯间的压力呈递增分布，余压值应符合下列要求：

（1）前室、封闭避难层（间）与走道之间的压差应为 25Pa ～ 30Pa；

（2）楼梯间与走道之间的压差应为 40Pa~50Pa；

（3）当系统余压值超过最大允许压力差时应采取泄压措施。

6.送风机的进风口布置要求

送风机的进风口不应与排烟风机的出风口设在同一层面。当确有困难时，送风机的进风口与排烟风机的出风口应分开布置。竖向布置时，进风口应设置在出风口的下方，其两者边缘最小垂直距离不应小于6.0m；水平布置时，两者边缘最小水平距离不应小于20.0m。

7.送风机房

送风机应设置在专用机房内。该房间应采用耐火极限不低于2.00h的隔墙和1.50h的楼板（设置在丁、戊类厂房内时，采用耐火极限不低于1.00h的防火隔墙和0.50h的楼板）及甲级防火门与其它部位隔开。

8.加压送风口

（1）除直灌式送风方式外，楼梯间宜每隔2~3层设一个常开式百叶送风口。

（2）前室应每层设一个常闭式加压送风口，并应设手动开启装置。

（3）送风口的风速不宜大于7m/s。

（4）送风口不宜设置在被门挡住的部位。

9.送风管道

（1）送风井（管）道应采用不燃材料制作，且内壁应光滑，不应采用土建井道。

（2）送风管道内壁为金属材料时，设计风速不应大于20m/s；送风管道内壁为非金属材料时，设计风速不应大于15m/s。管壁厚应符合现行国家标准规定。

（3）竖向送风管道应设置在独立管道井内。当确有困难时，未设置在管道井内或合用管道井内时，送风管道的耐火极限不应低于1.0h。

（4）水平送风管道，当设置在吊顶内时，其耐火极限不应低于0.5h；当未设置在吊顶内时，耐火极限不应低于1.0h。

（5）管道井应采用耐火极限不低于1.00h的隔墙与相邻部位分隔，检修门应采用乙级防火门。

10.余压阀

为防止正压值过大导致疏散门难以推开，应在防烟楼梯间与前室，前室与走道之间设置余压阀。

（二）自然通风系统

1.适用场所

（1）建筑高度不大于50m的公共建筑、工业建筑和建筑高度不大于100m的住宅，其防烟楼梯间、前室（共用前室与消防电梯前室合用除外）应采用自然通风系统。

（2）当独立前室或合用前室采用敞开的凹廊或阳台；或者设有2个及以上不同朝向的可开启外窗，且独立前室2个外窗面积分别不小于2.0m²，合用前室两个外窗面积分别不小于3.0m²时，楼梯间可不设置防烟系统。

（3）当前室的机械加压送风口设置在前室顶部或正对前室入口墙面时，楼梯间可采用自然通风系统。

（4）满足自然通风条件的封闭楼梯间应采用自然通风系统；地下、半地下封闭楼梯间不与地上楼梯间共用且地下仅1层时，可不设置机械加压送风系统，但应在首层设置面积不小于1.20m²的可开启外窗或直通室外的疏散门。

（5）满足相关条件的中庭可采用自然排烟。

（6）满足相关条件的避难层可选择自然排烟。

（7）当隧道较短或隧道沿途顶部可开设通风口时可采用自然排烟。

（8）人防工程的中庭自然排烟口净面积不小于中庭地面面积的 5%；其他场所的自然排烟口净面积不小于防烟分区面积的 2% 时，可采用自然排烟。

（9）敞开式汽车库以及建筑面积小于 1000m² 的地下一层汽车库、修车库可采用自然排烟，但库内最不利点至汽车坡道口不应大于 30m。

2. 自然通风设施

（1）采用自然通风方式的封闭楼梯间、防烟楼梯间，应在最高部位设置面积不小于 1.0m² 的可开启外窗或开口；当建筑高度大于 10.0m 时，尚应在楼梯间外墙上每 5 层内设置总面积不小于 2.0m² 的可开启外窗或开口，且布置间隔不大于 3 层。

（2）前室采用自然通风方式时，独立前室、消防电梯前室可开启外窗或开口的面积不应小于 2.0m²，合用前室、共用前室可开启外窗或开口的面积不应小于 3.0m²。

（3）采用自然通风方式的避难层（间）应设有不同朝向的可开启外窗，其有效面积不应小于避难层（间）面积的 2%、且每个朝向的有效面积不应小于 2.0m²。

（4）可开启外窗应方便直接开启；设置在高处的可开启外窗应设置距地面高度为 1.3m ~ 1.5m 的手动开启装置。

二、排烟系统

（一）一般规定

1. 同一个防烟分区应采用同一种排烟方式。

2. 中庭应设置排烟设施。中庭与周围空间未作防火分隔时，中庭与周围空间之间应设置挡烟垂壁等设施。

3. 设置排烟设施的建筑内，敞开楼梯和自动扶梯穿越楼板的开口部位应设置挡烟垂壁等设施。

4. 规范有特殊规定的工业与民用建筑，在设置机械排烟系统的同时，尚应按规定在外墙或屋顶设置固定窗。

（二）防烟分区

1. 设置排烟系统的场所应采用挡烟垂壁、结构梁及隔墙等划分防烟分区。

2. 防烟分区不应跨越防火分区。

3. 挡烟垂壁

（1）挡烟垂壁等挡烟分隔设施应采用不燃烧材料制作，深度不应小于 500mm、且不应小于储烟仓厚度。

（2）对于有吊顶的空间，当吊顶开孔不均匀或开孔率不大于 25% 时，吊顶内空间高度不得计入储烟仓厚度。

（3）活动挡烟垂壁应由消防控制中心联动控制，但同时应能就地手动控制。挡烟垂壁下端距地面的高度不宜小于 1.8m。

4. 公共建筑、工业建筑防烟分区的最大允许面积及长边最大允许长度应符合表 5-9-5 的规定。工业建筑采用自然排烟时，防烟分区的长边不应大于 8 倍室内净高。

表 5-9-5　公共建筑、工业建筑防烟分区的最大允许面积及长边最大允许长度

室内净高 H（m）	最大允许面积（m²）	长边最大允许长度（m）
H ≤ 3.0	500	24
3.0 < H ≤ 6.0	1000	36
H > 6.0	2000	60（有自然对流条件时，不应大于 75）

注：1. 公共建筑、工业建筑中的走道宽度不大于 2.5m 时，防烟分区的长边不应大于 60m。

　　2. 室内净高 H 大于 9m 时，防烟分区之间可不设挡烟垂壁。

　　3. 汽车库防烟分区的建筑面积不宜大于 2000m²。

（三）自然排烟设施

1. 排烟窗（口）应设置在排烟区域的顶部或外墙，并应符合下列要求：

（1）设置在外墙上时，排烟窗（口）应在储烟仓以内，但走道、室内净高不大于 3.0m 的区域，可设置在室内净高的 1/2 以上；

（2）排烟窗（口）的开启形式应有利于烟气的排出；房间面积不大于 200m² 时，排烟窗（口）的开启方向可不限；

（3）排烟窗（口）宜分散均匀布置，且每组的长度不宜大于 3.0m；

（4）设置在防火墙两侧的排烟窗（口）之间最近边缘的水平距离不应小于 2.0m；

（5）防烟分区内自然排烟窗（口）的面积、数量、位置应按规定经计算确定，且防烟分区内任一点与最近的自然排烟窗（口）之间的水平距离不应大于 30.0m，工业建筑尚应满足水平距离不大于其室内净高的 2.8 倍；当公共建筑室内净高大于等于 6m，且具有自然对流条件时，其水平距离不应大于 37.5m。

2. 厂房、仓库的排烟窗（口）设置应符合下列要求：

（1）设置在外墙时，应沿建筑物的两条对边均匀设置；

（2）设置在屋顶时，应在屋面均匀设置且宜自动控制开启；屋面坡度不大于 12° 时，每 200m² 建筑面积应设置相应的排烟窗（口）；屋面坡度大于 12° 时，每 400m² 建筑面积应设置相应排烟窗（口）。

3. 排烟窗（口）的有效开启面积应符合规范规定。

4. 排烟窗（口）应设置手动开启装置，设置在高处的排烟窗（口）应设置距地面高度为 1.3m ~ 1.5m 的手动开启装置。净空高度大于 9m 的中庭、建筑面积大于 2000m² 的营业厅、展览厅、多功能厅等场所，尚应设置集中手动开启装置和自动开启设施。

5. 除洁净厂房外，任一层建筑面积大于 2500m² 的制鞋、制衣、玩具、塑料、木器加工储存等丙类工业建筑，除自然排烟所需排烟窗（口）外，尚应在屋面增设 120℃ ~ 150℃ 自行熔化、且不熔滴的可熔性采光带（窗）排烟。未设置自动喷水灭火系统、或采用钢结构屋顶、或采用预应力钢筋混凝土屋面板的建筑，可熔性采光带（窗）面积不应小于楼地面面积的 10%；其他建筑不应小于楼地面面积的 5%。

（四）机械排烟系统适用场所

1. 不具备自然排烟条件的房间、走道及中庭等，均应采用机械排烟方式。高层建筑受自然条件影响较大，通常采用机械排烟方式。

2. 下列人防工程应设置机械排烟设施：

（1）总建筑面积大于 200m²；

（2）建筑面积大于 50m²、且经常有人停留或可燃物较多的房间和大厅；

（3）丙、丁类生产车间；

（4）总长度大于20m的疏散走道；

（5）歌舞娱乐放映游艺场所；

（6）中庭。

3. 除敞开式汽车库、建筑面积小于1000m²的地下一层汽车库和修车库外，汽车库、修车库应设置排烟系统（可选自然排烟或机械排烟系统）。

4. 任一层建筑面积大于2500m²的丙类厂房（仓库）；任一层建筑面积大于3000m²的商店、展览等公共建筑；总建筑面积大于1000m²的歌舞娱乐放映游艺场所；商店、展览等公共建筑中长度大于60m的走道；靠外墙或贯通至屋顶的中庭等地上建筑，在设置机械排烟系统的同时，应按相关规定在外墙或屋顶设置固定窗（可熔性采光带、窗）。

5. 在同一个防烟分区内不应同时采用自然排烟方式和机械排烟方式（主要是考虑相互之间干扰，影响排烟效果；尤其是自然排烟口可能会在机械排烟系统动作后变成进风口，失去排烟功能）。

（五）机械排烟设施

1. 机械排烟系统沿水平方向布置时，每个防火分区的机械排烟系统应独立设置。

2. 建筑高度不小于50m的公共建筑、建筑高度不小于100m的住宅，其排烟系统应竖向分段独立设置，且公共建筑每段高度不应超过50m；住宅每段高度不应超过100m。

3. 排烟系统与通风空调系统应分开设置。确需合用时，应符合排烟系统的要求，且当排烟口打开时，每个排烟合用系统的管道上，需联动关闭的通风空调控制阀门不应超过10个。

4. 排烟风机

（1）排烟风机可采用离心式或轴流排烟风机，排烟风机入口处应设置280℃能自动关闭的排烟防火阀，该阀关闭时连锁排烟风机停机。

（2）排烟风机宜设置在排烟系统的最高处，烟气出口宜朝上，并应高于加压送风机和补风机的进风口，两者垂直距离、水平距离同机械加压送风机的进风口布置要求。

5. 排烟风机应设置在专用机房内，与其它部位分隔要求同机械加压送风机房。当必须与其他风机合用机房时，应符合下列条件：

（1）机房内应设自动喷水灭火系统；

（2）机房内不得设置用于机械加压送风的风机与管道；

（3）排烟风机与排烟管道的连接部件应能在280℃时连续30min保证其结构完整性。

6. 排烟管道

（1）排烟管道应采用不燃材料制作且内壁应光滑。金属管道风速不应大于20m/s；非金属材料管道风速不应大于15m/s。排烟管道的厚度应满足现行国家标准的有关规定。

（2）排烟管道的设置和耐火极限应符合下列要求：

①竖向排烟管道应设置在独立的管道井内，排烟管道的耐火极限不应低于0.5h；

②水平排烟管道应设置在吊顶内，排烟管道的耐火极限不应低于0.5h；确有困难时，可直接设置在室内，排烟管道的耐火极限不应低于1.0h。

③设置在走道吊顶内以及穿越防火分区的排烟管道，耐火极限不应低于1.0h；设备用房和汽车库排烟管道的耐火极限不应低于0.5h。

（3）吊顶内有可燃物时，吊顶内的排烟管道应采用不燃材料隔热，与可燃物间距不应小于0.15m。

7. 设置排烟管道的管道井

应采用耐火极限不低于 1.0h 的隔墙与相邻区域分隔，检修门应采用乙级防火门。

8. 排烟防火阀

（1）设置部位。垂直风管与每层水平风管交接处的水平风管上、1 个排烟系统负担多个防烟分区的排烟支管上、排烟风机入口处，均应设置排烟防火阀。

（2）排烟防火阀平时呈关闭状态，火灾时由电讯号或手动开启，同时启动排烟风机；当排烟风机入口处烟气温度达到 280℃时自动关闭，联锁排烟风机停机。

9. 排烟口的设置应符合下列要求：

（1）排烟口宜设置在顶棚或靠近顶棚的墙面上。每个防烟分区应分别设置排烟口，排烟口至该防烟分区任一点的水平距离不应大于 30.0m；

（2）排烟口应设在储烟仓内。走道、室内净高不大于 3.0m 的区域，排烟口可设置在其净空高度的 1/2 以上；当设置在侧墙时，吊顶与其最近的边缘的距离不应大于 0.5m；

（3）火灾时由火灾自动报警系统联动开启的排烟口（阀），应在现场设置手动开启装置；

（4）排烟口的设置宜使烟流方向与人员疏散方向相反，排烟口与附近安全出口相邻边缘之间的水平距离不应小于 1.5m；

（5）每个排烟口的排烟量不应大于最大允许排烟量；

（6）排烟口风速不宜大于 10m/s；

（7）当排烟口设在吊顶内，通过吊顶上部空间进行排烟时，应符合下列规定：

①吊顶应采用不燃材料，且吊顶内不应有可燃物；

②封闭式吊顶上设置的烟气流入口的颈部烟气速度不宜大于 1.5m/s；

③非封闭式吊顶的开孔率不应小于吊顶净面积的 25%，且排烟口应均匀布置。

（六）补风系统

1. 设置范围

除地上建筑的走道或建筑面积不大于 500m² 的房间外，设置排烟系统的场所均应设置补风系统。

2. 通用要求

（1）防火门、窗不得用作为补风设施。

（2）风机应设置在专用机房内。

（3）补风口与排烟口设置在同一空间内相邻的防烟分区时，补风口位置不限。

（4）当补风口与排烟口设置在同一防烟分区时，补风口应设在储烟仓下沿以下，补风口与排烟口水平距离不应小于 5m。

（5）补风口与排烟口水平距离不应小于 5m。

（6）补风系统应与排烟系统联动启闭。

（7）补风管道耐火极限不应低于 0.5h，补风管道跨越防火分区时，耐火极限不应低于 1.5h。

3. 补风量

（1）补风系统应直接从室外引入空气，补风量不应小于排烟量的 50%。

（2）汽车库内无直接通向室外的汽车疏散出口的防火分区，当设置机械排烟系统时，应同时设置补风系统，且补风量不应小于排烟量的 50%。

（3）在人防工程中，当补风通路的空气阻力不大于 50Pa 时，可自然补风；当补风通路的空气阻力大于 50Pa 时，应设置火灾时可转换成补风的机械送风系统或单独的机械补风系统，补风量不应小于排烟量的 50%。

4. 补风口风速

机械补风口的风速不宜大于 10m/s，人员密集场所补风口的风速不宜大于 5m/s；自然补风口的风速不宜大于 3m/s。

（七）排烟系统的设计风量

排烟系统的设计风量不应小于计算风量的 1.2 倍。

1. 采用自然排烟方式时，储烟仓厚度不应小于空间净高的 20%、且不应小于 0.5m。

2. 采用机械排烟方式时，储烟仓厚度不应小于空间净高的 10%、且不应小于 0.5m。

3. 储烟仓底部距地面高度应大于安全疏散所需的最小清晰高度。

（1）走道、室内净高不大于 3m 的区域，最小清晰高度不应小于室内净高的 1/2。

（2）其他区域最小清晰高度应由计算确定。

4. 除中庭外，下列场所 1 个防烟分区的排烟量计算应符合下列规定：

（1）空间净高不大于 6m 的场所，排烟量应按 60m³/（h·m²）计算，且不应小于 15000m³/h；或设置自然排烟窗（口），其有效面积不应小于室内面积的 2%；

（2）公共建筑、工业建筑中空间净高大于 6m 的场所，排烟量应根据热释放速率（采用 t^2 模型）计算确定，且不应小于相关规定值。设置自然排烟窗（口）时，其有效排烟面积应根据空间净高、自然排烟窗（口）处风速及有无喷淋计算；

（3）当公共建筑仅需在走道或回廊设置排烟时，机械排烟量不应小于 13000m³/h，或在走道两端（侧）均设置面积不小于 2m² 的排烟窗（口），且两侧排烟窗（口）的距离不应小于走道长度的 2/3；

（4）当公共建筑室内与走道或回廊均需设置排烟时，其走道或回廊的机械排烟量可按 60m³/（h·m²）计算，且不应小于 13000m³/h；或设置有效面积不小于走道、回廊建筑面积 2% 的自然排烟窗（口）。

5. 当 1 个排烟系统担负多个防烟分区时，其系统排烟量的计算应符合下列规定：

（1）室内净高相同时，净高大于 6m 的场所，应按排烟量最大的 1 个防烟分区计算；净高不大于 6m 的场所，应取任意 2 个相邻防烟分区的排烟量之和的最大值；

（2）室内净高不同时，应采用上述方法计算系统中每个场所的排烟量，取其中最大值。

6. 中庭排烟量的设计计算应符合下列规定：

（1）当中庭周围场所设有排烟系统时，中庭的机械排烟量可按周围场所中最大排烟量的 2 倍数值计算，且不应小于 107，000m³/h；中庭采用自然排烟时，应按上述排烟量和自然排烟窗（口）的风速不大于 0.5m/s 计算有效开窗面积。

（2）当中庭周围场所不需设置排烟系统，仅在回廊设置排烟系统时，回廊的排烟量不应小于上述第 4 条第（3）款要求；中庭的排烟量不应小于 40000m³/h；中庭采用自然排烟时，应按上述排烟量和自然排烟窗（口）的风速不大于 0.4m/s 计算有效开窗面积；

7. 汽车库的排烟量不应小于 30000m³/h、且不应小于规范按车库净高规定的排烟量；也可设置不小于室内面积 2% 的自然排烟窗（口）。

8. 对于人防工程，担负 1～2 个防烟分区时，应按总面积取 60m³/（h·m²）计算，但排烟风机的最小排烟风量不应小于 7200m³/h；担负 3 个及以上防烟分区时，应按其中最大防烟分区面积取 120m³/（h·m²）计算。中庭体积不大于 17000m³ 时，排烟量应按 6 次/h 换气计算；中庭体积大于 17000m³ 时，排烟量应按 4 次/h 换气计算，但最小排烟风量不应小于 102000m³/h。

9. 除第 4 条、第 6 条规定的场所外，其他场所的排烟量或排烟窗（口）面积应按照烟羽流类型，根据火灾热释放速率、清晰高度、烟羽流质量流量及烟羽流温度等参数计算确定。

10.当储烟仓的烟层与周围空气温差小于15℃时，应重新调整排烟措施。

三、防烟系统的联动控制

1.加压送风机应能现场手动启动、通过消防控制中心自动或手动启动、系统中任一常闭加压送风口开启联锁启动。

2.当火灾确认后，应在15s内联动开启常闭加压送风口和加压送风机，并应满足下列要求：

（1）开启该防火分区内楼梯间的全部加压风机；

（2）开启该防火分区内着火层及相邻上下两层前室的常闭送风口和加压风机。

四、排烟系统的联动控制

1.排烟风机、补风机应能现场手动启动、通过消防控制中心自动或手动启动、系统中任一排烟阀（口）开启联锁启动。排烟防火阀应在280℃时自动关闭，并联锁关闭排烟风机和补风机。

2.当火灾确认后，应在15s内联动开启相应防烟分区内的全部排烟阀（口）、排烟风机和补风设施，并应在30s内自动关闭与排烟无关的通风空调系统。

3.当火灾确认后，担负2个及以上防烟分区的排烟系统，应仅打开着火防烟分区的排烟阀（口），其他防烟分区的排烟阀（口）应呈关闭状态。

4.活动挡烟垂壁应具自动和现场手动功能。当火灾确认后，消防联动控制器应在15s内联动相应防烟分区的全部活动挡烟垂壁，60s内挡烟垂壁应开启到位。

5.自动排烟窗可与火灾自动报警系统联动或温度释放装置联动。采用火灾自动报警系统联动时，排烟窗应在60s内或烟气充满储烟仓前开启到位；采用温度释放装置联动时，温控释放温度应大于环境温度30℃、且小于100℃。

第十节　灭火器配置

一、灭火器型号

灭火器型号由类、组、特征代号及主要参数组成。类、组、特征代号用大写汉语拼音字母表示。

型号首位是灭火器代号M。

第二位灭火剂代号：F—干粉灭火剂；T—二氧化碳灭火剂；Y—1211灭火剂；Q—清水灭火剂。

第三位是各类灭火器结构特征代号，有手提式、推车式、鸭嘴式、舟车式、背负式5种，分别用S、T、Y、Z、B表示。

最后的阿拉伯数字代表灭火剂重量或容积，一般单位为kg或L。

如MF/ABC2表示2kgABC干粉灭火器；MSQ9表示9L手提式清水灭火器。

二、灭火器配置场所的危险等级

工业与民用建筑灭火器配置场所的危险等级，划分为严重危险级、中危险级、轻危险级。

三、不相容的灭火剂

在同一灭火器配置场所，当选用两种或两种以上类型灭火器时，应采用灭火剂相容的灭火器。

表 5-10-1 不相容的灭火剂

灭火剂类型	不相容的灭火剂	
干粉与干粉	磷酸铵盐	碳酸氢钠、碳酸氢钾
干粉与泡沫	碳酸氢钠、碳酸氢钾	蛋白泡沫
泡沫与泡沫	蛋白泡沫、氟蛋白泡沫	水成膜泡沫

四、灭火器配置计算

（一）计算步骤

1.确定各灭火器配置场所的火灾种类和危险等级。

2.划分计算单元，计算各单元的保护面积。

3.计算各单元的最小需配灭火级别。

4.按照配置场所灭火器的最低配置基准、且每个设置点的灭火器数量不宜多于5具，确定灭火器设置点数量。

5.计算每个灭火器设置点的最小需配灭火级别。

6.确定每个设置点的灭火器的类型、规格与数量。

7.确定每具灭火器的设置方式和要求。

8.一个计算单元内的灭火器数量不得少于2具。

（二）计算单元的最小需配灭火级别

$$Q = K\frac{S}{U} \qquad 式（5-10-1）$$

式中：Q—计算单元的最小需配灭火级别（A 或 B）；

S—计算单元的保护面积（m^2）；

U—A 类或 B 类火灾场所单位灭火级别最大保护面积（m^2/A 或 m^2/B）；

K—修正系数。

表 5-10-2 A 类火灾场所灭火器的最低配置基准

危险等级	严重危险级	中危险级	轻危险级
单具灭火器最小配置灭火级别	3A	2A	1A
单位灭火级别最大保护面积（m^2/A）	50	75	100

表 5-10-3 B、C 类火灾场所灭火器的最低配置基准

危险等级	严重危险级	中危险级	轻危险级
单具灭火器最小配置灭火级别	89B	55B	21B
单位灭火级别最大保护面积（m^2/B）	0.5	1.0	1.5

表 5-10-4　修正系数 K

计算单元	K
未设室内消火栓系统和灭火系统	1.0
设有室内消火栓系统	0.9
设有灭火系统	0.7
设有室内消火栓系统和灭火系统	0.5
可燃物露天堆场 甲、乙、丙类液体储罐区 可燃气体储罐区	0.3

注：歌舞娱乐放映游艺场所、网吧、商场、寺庙以及地下场所等的计算单元的最小需配灭火级别应在计算结果的基础上增加 30%。

（三）每个灭火器设置点的最小需配灭火级别

$$Q_e = \frac{Q}{N} \qquad 式（5-10-2）$$

式中：Q_e—计算单元中每个灭火器设置点的最小需配灭火级别（A 或 B）；

　　　N—计算单元中的灭火器设置点数（个）。

（四）确定灭火器设置点位

灭火器设置点位依据配置场所危险等级、灭火器型式按不大于最大保护距离合理设置，并应保证最不利点至少在 1 具灭火器的保护范围内，且每个设置点的灭火器数量不宜多于 5 具。

表 5-10-5　A 类火灾场所的灭火器最大保护距离（m）

危险等级	手提式灭火器	推车式灭火器
严重危险级	15	30
中危险级	20	40
轻危险级	25	50

表 5-10-6　B、C 类火灾场所的灭火器最大保护距离（m）

危险等级	手提式灭火器	推车式灭火器
严重危险级	9	18
中危险级	12	24
轻危险级	15	30

注：1.D 类火灾场所的灭火器，其最大保护距离应根据具体情况研究确定。

2.E 类火灾场所的灭火器，其最大保护距离不应低于该场所内 A 类或 B 类火灾的规定。

第十一节　消防应急照明和疏散指示系统

一、通用要求

（一）供电电压及防护等级

1.供电电压

主电源应采用 220V（应急照明集中电源可采用 380V），50Hz 交流电源，主电源降压装置不应采用阻容降压方式；安装在地面的灯具主电源应采用安全电压。

2. 防护等级

系统的各个组成部分应有防护等级要求，外壳防护等级不应低于 IP30 要求。

安装在室内地面的消防应急灯具外壳防护等级不应低于 IP54，安装在室外地面的灯具外壳防护等级不应低于 IP67。

安装在地面的灯具应能耐受外界的机械冲击和研磨。

（二）应急转换时间

人员密集场所的应急转换时间不大于 1.5s。

其它场所的应急转换时间不大于 5s。

高危险区域应急转换时间不大于 0.25s。

（三）蓄电池组初装容量

建筑高度不大于 100m 的建筑，蓄电池组初始放电时间不应小于 90min。

建筑高度大于 100m 的建筑，蓄电池组初始放电时间不应小于 180min。

避难层蓄电池组的初始放电时间不应小于 540min。

（四）蓄电池组连续供电时间

系统的应急工作时间不应小于 90min。

建筑高度大于 100m 的民用建筑，一、二类城市交通隧道，连续供电时间不应小于 1.5h。

医疗建筑、老年人照料设施、总建筑面积大于 100000m² 的公共建筑和总建筑面积大于 20000m² 地下、半地下建筑，三、四类城市交通隧道，连续供电时间不应小于 1.0h。

其他建筑，连续供电时间不应小于 0.5h。

二、应急照明

（一）设置场所

除单、多层住宅外，民用建筑、厂房和丙类仓库的下列部位，应设置疏散应急照明灯具。

1. 封闭楼梯间、防烟楼梯间及其前室、消防电梯间的前室或合用前室和避难层（间）。

2. 消防控制室、消防水泵房、自备发电机房、配电室、防烟与排烟机房以及火灾时仍需正常工作的其它房间。

3. 观众厅、展览厅、多功能厅和建筑面积超过 200m² 的营业厅、餐厅、演播室等人员密集场所。

4. 建筑面积大于 100m² 的地下或半地下公共活动场所。

5. 公共建筑中的疏散走道。

6. 人员密集厂房内的生产场所及疏散走道。

（二）设置要求

1. 消防应急照明灯具的照度应符合下列规定：

（1）疏散走道的地面最低水平照度不应小于 1.0lx；

（2）人员密集场所、避难层（间）内的地面最低水平照度不应小于 3.0lx；病房楼或手术部的避难间地面最低水平照度不应小于 10.0lx；

（3）楼梯间、前室或合用前室、避难走道的地面最低水平照度不应小于 5.0lx；

（4）消防控制室、消防水泵房、自备发电机房、配电室、防烟与排烟机房以及发生火灾时需正常工作的其它房间的消防应急照明，仍应保证正常照明的照度。

2. 消防应急照明灯具宜设置在墙面上部、顶棚上或出口的顶部。

三、疏散指示标志

（一）设置场所

1.公共建筑、建筑高度大于54m的住宅、高层厂房（仓库）及甲、乙、丙类单、多层厂房，应沿疏散走道和在安全出口、人员密集场所的疏散门的正上方设置灯光疏散指示标志。

2.下列建筑或场所应在其内疏散走道和主要疏散路线的地面上增设能保持视觉连续的灯光疏散指示标志或蓄光疏散指示标志。

（1）总建筑面积大于8000m²的展览建筑。

（2）总建筑面积大于5000m²的地上商店。

（3）总建筑面积大于500m²的地下、半地下商店。

（4）歌舞娱乐放映游艺场所。

（5）座位数大于1500个的电影院、剧院，座位数大于3000个的体育馆、会堂或礼堂。

（二）设置要求

1.安全出口和疏散门的正上方应采用"安全出口"作为指示标识。

2.沿疏散走道设置的灯光疏散指示标志，应设置在疏散走道及其转角处距地面高度1.0m以下的墙面上，且灯光疏散指示标志间距不应大于20.0m；袋形走道灯光疏散指示标志间距不应大于10.0m；走道转角区灯光疏散指示标志间距不应大于1.0m。

第六章

相关法律法规、安全管理与职业道德

　　本章在分析 2015 年、2016 年和 2017 年试卷的基础上，重点介绍注册消防工程师必须熟悉和掌握的消防法律、部门规章、规范性文件以及消防安全管理和职业道德方面的要求。

第一节 中华人民共和国消防法

《中华人民共和国消防法》（以下简称《消防法》）于 1998 年 4 月 29 日由第九届全国人民代表大会常务委员会第二次会议审议通过，自 1998 年 9 月 1 日起施行。2008 年 10 月 28 日由第十一届全国人民代表大会常务委员会第五次会议修订通过，自 2009 年 5 月 1 日起施行。该法共 7 章 74 条。

一、消防工作的方针、原则和责任制

《消防法》规定，"消防工作贯彻预防为主、防消结合的方针，按照政府统一领导、部门依法监管、单位全面负责、公民积极参与的原则，实行消防安全责任制，建立健全社会化的消防工作网络"。

"预防为主、防消结合"的消防工作方针，正确地反映了同火灾作斗争的基本规律。在消防工作中，必须坚持防消并举、防消并重的思想，将火灾预防和火灾扑救有机地结合起来。

"政府统一领导、部门依法监管、单位全面负责、公民积极参与"的原则是消防工作经验和客观规律的反映。政府、部门、单位、公民四者都是消防工作的主体，共同构筑消防安全工作格局。

"实行消防安全责任制，建立健全社会化的消防工作网络"，这是我国做好消防工作的经验总结。各级政府、政府各部门、各行各业以及每个人在消防安全方面各尽其责，实行消防安全责任制，建立健全社会化的消防工作网络，有利于增强全社会的消防安全意识，有利于调动各部门、各单位和广大群众做好消防安全工作的积极性，有利于进一步提高全社会整体抗御火灾的能力。

二、消防安全职责

任何单位都有维护消防安全、保护消防设施、预防火灾、报告火警的义务；任何单位都有参加有组织的灭火工作的义务；机关、团体、企业、事业等单位应当加强对本单位人员的消防宣传教育。

（一）单位的消防安全职责

1.落实消防安全责任制，制定本单位的消防安全制度、消防安全操作规程，制定灭火和应急疏散预案。

2.按照国家标准、行业标准配置消防设施、器材，设置消防安全标志，并定期组织检验、维修，确保完好有效。

3.对建筑消防设施每年至少进行一次全面检测，确保完好有效，检测记录应当完整准确，存档备查。

4.保障疏散通道、安全出口、消防车通道畅通，保证防火防烟分区、防火间距符合消防技术标准。

5.组织防火检查，及时消除火灾隐患。

6.组织进行有针对性的消防演练。

7.法律、法规规定的其他消防安全职责。

（二）重点单位的消防安全职责

消防安全重点单位除履行单位消防安全职责外，还应当履行下列特殊的消防安全职责：

1. 确定消防安全管理人，组织实施本单位的消防安全管理工作；

2. 建立消防档案，确定消防安全重点部位，设置防火标志，实行严格管理；

3. 实行每日防火巡查，并建立巡查记录；

4. 对职工进行岗前消防安全培训，定期组织消防安全培训和消防演练。

（三）其他相关规定

1. 同一建筑物由两个以上单位管理或者使用的，应当明确各方的消防安全责任，并确定责任人对共用的疏散通道、安全出口、建筑消防设施和消防车通道进行统一管理。

2. 任何单位不得损坏、挪用或者擅自拆除、停用消防设施、器材，不得埋压、圈占、遮挡消火栓或者占用防火间距，不得占用、堵塞、封闭疏散通道、安全出口、消防车通道。

3. 任何单位都应当无偿为报警提供便利，不得阻拦报警，严禁谎报火警；发生火灾，必须立即组织力量扑救，邻近单位应当给予支援；火灾扑灭后，发生火灾的单位和相关人员应当按照公安机关消防机构的要求保护现场，接受事故调查，如实提供与火灾有关的情况。

4. 被责令停止施工、停止使用、停产停业的单位，应当在整改后向公安机关消防机构报告，经公安机关消防机构检查合格，方可恢复施工、使用、生产、经营。

三、公民在消防工作中的权利和义务

任何人都有维护消防安全、保护消防设施、预防火灾、报告火警的义务；任何成年人都有参加有组织的灭火工作的义务。

任何人不得损坏、挪用或者擅自拆除、停用消防设施、器材，不得埋压、圈占、遮挡消火栓或者占用防火间距，不得占用、堵塞、封闭疏散通道、安全出口、消防车通道。

任何人发现火灾都应当立即报警；任何人都应当无偿为报警提供便利，不得阻拦报警；严禁谎报火警。

火灾扑灭后，相关人员应当按照公安机关消防机构的要求保护现场，接受事故调查，如实提供与火灾有关的情况。

任何人都有权对公安机关消防机构及其工作人员在执法中的违法行为进行检举、控告。

四、建设工程消防设计审核、消防验收和备案抽查制度

（一）审核、验收

大型的人员密集场所和其他特殊建设工程，由公安机关消防机构实行建设工程消防设计审核、消防验收。

（二）备案抽查

大型的人员密集场所和其他特殊建设工程以外的按照国家建设工程消防技术标准需要进行消防设计的其他建设工程，建设单位应当自依法取得施工许可之日起7个工作日内，将消防设计文件报公安机关消防机构备案，公安机关消防机构应当进行抽查；经依法抽查不合格的，应当停止施工；建设单位在工程验收后应当报公安机关消防机构备案，公安机关消防机构应当进行抽查；经依法抽查不合格的，应当停止使用。

（三）罚则

建设工程的消防设计未经依法审核或者审核不合格的，负责审批该工程施工许可的部门不得给予施工许可，建设单位、施工单位不得施工；建设工程未经依法消防验收或者消防验收不合格的，禁止投入使用；对违反建设工程消防设计审核、消防验收、备案抽查规定的违法行为，应给予责令

停止施工、停止使用、停产停业和罚款的行政处罚。

五、公众聚集场所使用、营业前的消防安全检查

公众聚集场所在投入使用、营业前，建设单位或者使用单位应当向场所所在地的县级以上地方人民政府公安机关消防机构申请消防安全检查。

公安机关消防机构应当自受理申请之日起 10 个工作日内，根据消防技术标准和管理规定，对该场所进行消防安全检查。未经消防安全检查或者经检查不符合消防安全要求的，不得投入使用、营业。

对公众聚集场所未经消防安全检查或者经检查不符合消防安全要求擅自投入使用、营业的消防安全违法行为，给予责令停止施工、停止使用、停产停业和罚款等行政处罚。

六、举办大型群众性活动的消防安全要求

举办大型群众性活动时，承办人应当依法向公安机关申请安全许可，制定灭火和应急疏散预案并组织演练，明确消防安全责任分工，确定消防安全管理人员，保持消防设施和消防器材配置齐全、完好有效，保证疏散通道、安全出口、疏散指示标志、应急照明和消防车通道符合消防技术标准和管理规定。

七、消防产品监督管理

消防产品必须符合国家标准；没有国家标准的，必须符合行业标准。禁止生产、销售或者使用不合格的消防产品以及国家明令淘汰的消防产品。

依法实行强制性产品认证的消防产品，由具有法定资质的认证机构按照国家标准、行业标准的强制性要求认证合格后，方可生产、销售、使用。新研制的尚未制定国家标准、行业标准的消防产品，应当经技术鉴定符合消防安全要求的，方可投入生产、销售和使用。

产品质量监督部门、工商行政管理部门、公安机关消防机构应当按照各自职责加强对消防产品质量的监督检查，并依法进行处罚。

八、消防技术服务机构和执业人员

消防产品质量认证、消防设施检测、消防安全监测等消防技术服务机构和执业人员，应当依法获得相应的资质、资格；依照法律、行政法规、国家标准、行业标准和执业准则，接受委托提供消防技术服务，并对服务质量负责。

九、关于法律责任的规定

《消防法》共设有警告、罚款、拘留、责令停产停业（停止施工、停止使用）、没收违法所得、责令停止执业（吊销相应资质、资格）6 类行政处罚。例如，依法应当经公安机关消防机构进行消防设计审核的建设工程，未经依法审核或者审核不合格，擅自施工的，责令停止施工，并处 3 万元以上 30 万元以下罚款。建筑施工企业不按照消防设计文件和消防技术标准施工，降低消防施工质量的，责令改正或者停止施工，并处 1 万元以上 10 万元以下罚款。消防产品质量认证、消防设施检测等消防技术服务机构出具虚假文件的，责令改正，处 5 万元以上 10 万元以下罚款，并对直接负责的主管人员和其他直接责任人员处 1 万元以上 5 万元以下罚款；有违法所得的，并处没收违法所得；给他人造成损失的，依法承担赔偿责任；情节严重的，由原许可机关依法责令停止执业或者吊销相

应资质、资格。消防技术服务机构出具失实文件，给他人造成损失的，依法承担赔偿责任；造成重大损失的，由原许可机关依法责令停止执业或者吊销相应资质、资格。

第二节 相关法律

一、《中华人民共和国安全生产法》

《中华人民共和国安全生产法》于 2002 年 6 月 29 日由第九届全国人民代表大会常务委员会第二十八次会议通过，自 2002 年 11 月 1 日起施行；2009 年 8 月 27 日第一次修正；2014 年 8 月 31 日第二次修正，并自 2014 年 12 月 1 日起施行。该法共 7 章 114 条。

二、《中华人民共和国行政处罚法》

《中华人民共和国行政处罚法》（以下简称《行政处罚法》）于 1996 年 3 月 17 日由第八届人民代表大会第四次会议通过，并自同年 10 月 1 日起施行。该法共 8 章 64 条。

（一）行政处罚的概念和种类

行政处罚是指国家行政机关和法律、法规授权组织依照有关法律、法规和规章，对公民、法人或者其他组织违反行政管理秩序的行为所实施的行政惩戒。对实施处罚的主体来说，行政处罚是一种制裁性行政行为，对承受处罚的主体来说，行政处罚是一种惩罚性的行政法律责任。

《行政处罚法》规定的行政处罚种类有：警告；罚款；没收违法所得，没收非法财物；责令停产停业；暂扣或吊销许可证，暂扣或吊销执照；行政拘留；法律、行政法规规定的其他行政处罚。

（二）行政处罚的设定权

《行政处罚法》对行政处罚种类严格加以限制的同时，又对法律、行政法规、地方性法规、部门规章、政府规章各自的行政处罚设定权予以明确的规定。除此之外，任何规范性文件不得设定行政处罚。

（三）行政处罚的原则

处罚法定原则。行政处罚的设定、主体、程序都要合法，无明文规定的不处罚。任何机关或组织不得在没有法律依据的情况下，对公民、法人或其他组织予以处罚。

处罚公正、公开原则。公正原则要求设定和实施行政处罚必须以事实为依据，与违法行为的事实、性质、情节以及社会危害程度相当。公开原则要求有关行政处罚的法律规范要公开，行政机关的处罚行为要公开，违法责任要公开。

处罚与教育相结合原则。行政处罚的目的不仅仅在于制裁违法者，更为重要的是纠正违法行为，教育违法者及广大人民群众，提高人们的法制观念，从而自觉遵守法律规范。

权利保障原则。在行政处罚的实施中必须对行政相对人的权利予以保障，行政相对人享有陈述权、申辩权、申请复议权、行政诉讼权、要求行政赔偿的权利以及要求举行听证的权利。

一事不再罚原则。即对行为人的同一违法行为，不得给予两次以上的罚款处罚。

（四）行政处罚的程序

行政处罚的程序分为一般程序、简易程序两大类，分别适用于不同条件的行政处罚行为。一般程序由受案、调查取证、告知、听取申辩和质证、决定等阶段构成。简易程序适用于违法事实确凿并有法定依据，当场做出的对公民处以警告或较少罚款的行政处罚。听证程序作为一般程序中可能经历的一个阶段，只适用于行政机关做出责令停产停业、吊销许可证或者执照、较大数额罚款等行政处罚。

（五）违法处罚的法律责任

《行政处罚法》规定，对违法实施行政处罚的人员追究法律责任。根据其行为的性质和程度，构成犯罪的，对直接负责的主管人员或其他直接责任人员追究刑事责任；不构成犯罪的，给予行政处分。

三、《中华人民共和国行政许可法》

《中华人民共和国行政许可法》（以下简称《行政许可法》）于 2003 年 8 月 27 日由第十届全国人民代表大会常务委员会第四次会议通过，并自 2004 年 7 月 1 日起施行。该法共 8 章 83 条。

（一）行政许可的概念

行政许可是指行政机关根据公民、法人或者其他组织的申请，经依法审查准予其从事特定活动的行为。有关行政机关对其他机关或者对其直接管理的事业单位的人事、财物、外事等事项的审批，不属于行政许可的范围。

（二）行政许可的基本原则

1. 合法原则。设定和实施行政许可，都必须严格按照法定的权限、范围、条件和程序进行。

2. 公开、公平、公正原则。有关行政许可的规定必须公布，未经公布的，不得作为实施行政许可的依据；行政许可的实施和结果，除涉及国家秘密、商业秘密或者个人隐私外，应当公开；对符合法定条件标准的申请人，要一视同仁，不得歧视。

3. 便民原则。行政机关在实施行政许可过程中，应当减少环节、降低成本，提高办事效率，提供优质服务。

4. 救济原则。公民、法人或者其他组织对行政机关实施行政许可，享有陈述权、申辩权；有权依法申请行政复议或者提起行政诉讼；其合法权益因行政机关违法实施行政许可受到损害的，有权依法要求赔偿。

5. 信赖保护原则。公民、法人或者其他组织依法取得行政许可受到法律保护，非特殊情况行政机关不得擅自改变已经生效的行政许可。

6. 监督原则。县级以上人民政府必须建立健全对行政机关实施行政许可的监督制度。同时，行政机关也要对公民、法人或者其他组织从事行政许可事项的活动实施有效监督，发现违法行为应当依法查处。

（三）可以设定行政许可的事项

1. 直接涉及国家安全、公共安全、经济宏观调控、生态环境保护以及直接关系人身健康、生命财产安全等特定活动，需要按照法定条件予以批准的事项。

2. 有限自然资源开发利用、公共资源配置以及直接关系公共利益的特定行业的市场准入等，需要赋予特定权利的事项。

3. 提供公众服务并且直接关系公共利益的职业、行业，需要确定具备特殊信誉、特殊条件或者特殊技能等资格、资质的事项。

4. 直接关系公共安全、人身健康、生命财产安全的重要设备、设施、产品、物品，需要按照技术标准、技术规范，通过检验、检测、检疫等方式进行审定的事项。

5. 企业或者其他组织的设立等，需要确定主体资格的事项。

6. 法律、行政法规规定可以设定行政许可的其他事项。

（四）行政许可的撤销

被许可人以欺骗、贿赂等不正当手段取得行政许可的，行政机关应当予以撤销。行政机关工作人员滥用职权、玩忽职守，违法做出行政许可决定的，有关行政机关根据利害关系人的请求或者依据职权，可以撤销行政许可。但可能对公共利益造成重大损害的，不予撤销。

（五）行政审批不得收取任何费用

行政机关实施行政许可和对行政许可事项进行监督检查，不得收取任何费用。但是，法律、行政法规另有规定的，依照其规定。

（六）法律责任

行政机关及其工作人员的法律责任。针对该许可不许可、不该许可乱许可以及不依法履行监督责任或者监督不力等违法犯罪行为，对行政机关直接负责主管人员和其他直接责任人员依法追究刑事、行政和民事责任。

以不正当手段获取行政许可的行政相对人将受惩处。主要包括：

1.行政许可申请人隐瞒有关情况或提供虚假材料申请行政许可的违法行为；

2.被许可人以欺骗、贿赂等不正当手段取得行政许可的违法犯罪行为；

3.行政相对人违法从事行政许可，涂改、转让、倒卖、出租和出借行政许可证件或者非法转让行政许可的违法犯罪行为；

4.行政相对人违法从事行政许可，超越行政许可范围进行活动的违法犯罪行为；

5.向监督检查机关隐瞒有关情况，提供虚假材料或者拒绝提供真实材料的违法犯罪行为；

6.行政相对人未经行政许可，擅自从事行政许可活动的违法犯罪行为。针对这些违法犯罪行为，对行政相对人依法追究刑事、行政和民事责任。

四、《中华人民共和国刑法》

《中华人民共和国刑法》（以下简称《刑法》）于1979年7月1日由第五届全国人民代表大会第二次会议通过，自1980年1月1日起施行，并经1次修订、10次修正。

（一）失火罪

失火罪是指由于行为人的过失引起火灾，造成严重后果，危害公共安全的行为。

1.立案标准

过失引起火灾，涉嫌下列情形之一的，应予以立案追诉：

（1）导致死亡1人以上，或者重伤3人以上的；

（2）造成公共财产或者他人财产直接经济损失50万元以上的；

（3）造成10户以上家庭的房屋以及其他基本生活资料烧毁的；

（4）造成森林火灾，过火有林地面积2公顷以上，或者过火疏林地、灌木林地、未成林地、苗圃地面积4公顷以上的；

（5）其他造成严重后果的情形。

2.刑罚

犯失火罪的，处3年以上7年以下有期徒刑；情节较轻的，处3年以下有期徒刑或者拘役。

（二）消防责任事故罪

消防责任事故罪是指违反消防管理法规，经消防监督机构通知采取改正措施而拒绝执行，造成严重后果，危害公共安全的行为。

1.立案标准

违反消防管理法规，经消防监督机构通知采取改正措施而拒绝执行，涉嫌下列情形之一的，应予立案追诉：

（1）导致死亡1人以上，或者重伤3人以上的；

（2）造成直接经济损失50万元以上的；

（3）造成森林火灾，过火有林地面积2公顷以上，或者过火疏林地、灌木林地、未成林地、苗圃地面积4公顷以上的；

（4）其他造成严重后果的情形。

2.刑罚

（1）具有下列情形之一的，对相关责任人员，处3年以下有期徒刑或者拘役：

①造成死亡1人以上，或者重伤3人以上的；

②造成直接经济损失100万元以上的；

③其他造成严重后果或者重大安全事故的情形。

（2）具有下列情形之一的，对相关责任人员，处3年以上7年以下有期徒刑：

①造成死亡3人以上或者重伤10人以上，负事故主要责任的；

②造成直接经济损失500万元以上，负事故主要责任的；

③其他造成特别严重后果、情节特别恶劣或者后果特别严重的情形。

（三）重大责任事故罪

重大责任事故罪是指在生产、作业中违反有关安全管理的规定，因而发生重大伤亡事故或者造成其他严重后果的行为。

1.立案标准

在生产、作业中违反有关安全管理的规定，涉嫌下列情形之一的，应予以立案追诉：

（1）造成死亡1人以上，或者重伤3人以上的；

（2）造成直接经济损失50万元以上的；

（3）发生矿山生产安全事故，造成直接经济损失100万元以上的；

（4）其他造成严重后果的情形。

2.刑罚

（1）具有下列情形之一的，对相关责任人员，处3年以下有期徒刑或者拘役：

①造成死亡1人以上，或者重伤3人以上的；

②造成直接经济损失100万元以上的；

③其他造成严重后果或者重大安全事故的情形。

（2）具有下列情形之一的，对相关责任人员，处3年以上7年以下有期徒刑：

①造成死亡3人以上或者重伤10人以上，负事故主要责任的；

②造成直接经济损失500万元以上，负事故主要责任的；

③其他造成特别严重后果、情节特别恶劣或者后果特别严重的情形。

（四）强令违章冒险作业罪

强令违章冒险作业罪是指强令他人违章冒险作业，因而发生重大伤亡事故或者造成其他严重后果的行为。

1.立案标准

强令他人违章冒险作业，涉嫌下列情形之一的，应予以立案追诉：

（1）造成死亡1人以上，或者重伤3人以上的；

（2）造成直接经济损失 50 万元以上的；

（3）发生矿山生产安全事故，造成直接经济损失 100 万元以上的；

（4）其他造成严重后果的情形。

2. 刑罚

（1）造成死亡 1 人以上，或者重伤 3 人以上的，处 5 年以下有期徒刑或者拘役；

（2）造成死亡 3 人以上或者重伤 10 人以上，负事故主要责任的，处 5 年以上有期徒刑。

（五）重大劳动安全事故罪

重大劳动安全事故罪是指安全生产设施或者安全生产条件不符合国家规定，因而发生重大伤亡事故或者造成其他严重后果的行为。

1. 立案标准

安全生产设施或者安全生产条件不符合国家规定，涉嫌下列情形之一的，应予以立案追诉：

（1）造成死亡 1 人以上，或者重伤 3 人以上的；

（2）造成直接经济损失 50 万元以上的；

（3）发生矿山生产安全事故，造成直接经济损失 100 万元以上的；

（4）其他造成严重后果的情形。

2. 刑罚

（1）具有下列情形之一的，对直接负责的主管人员和其他直接责任人员，处 3 年以下有期徒刑或者拘役：

①造成死亡 1 人以上，或者重伤 3 人以上的；

②造成直接经济损失 100 万元以上的；

③其他造成严重后果或者重大安全事故的情形。

（2）具有下列情形之一的，对相关责任人员，处 3 年以上 7 年以下有期徒刑：

①造成死亡 3 人以上或者重伤 10 人以上，负事故主要责任的；

②造成直接经济损失 500 万元以上，负事故主要责任的；

③其他造成特别严重后果、情节特别恶劣或者后果特别严重的情形。

（六）大型群众性活动重大安全事故罪

大型群众性活动重大安全事故罪是指举办大型群众性活动违反安全管理规定，因而发生重大伤亡事故或者造成其他严重后果的行为。

1. 立案标准

举办大型群众性活动违反安全管理规定，涉嫌下列情形之一的，应予以立案追诉：

（1）造成死亡 1 人以上，或者重伤 3 人以上的；

（2）造成直接经济损失 50 万元以上的；

（3）其他造成严重后果的情形。

2. 刑罚

（1）具有下列情形之一的，对直接负责的主管人员和其他直接责任人员，处 3 年以下有期徒刑或者拘役：

①造成死亡 1 人以上，或者重伤 3 人以上的；

②造成直接经济损失 100 万元以上的；

③其他造成严重后果或者重大安全事故的情形。

（2）具有下列情形之一的，对相关责任人员，处 3 年以上 7 年以下有期徒刑：

①造成死亡 3 人以上或者重伤 10 人以上，负事故主要责任的；

②造成直接经济损失 500 万元以上，负事故主要责任的；

③其他造成特别严重后果、情节特别恶劣或者后果特别严重的情形。

（七）工程重大安全事故罪

工程重大安全事故罪是指建设单位、设计单位、施工单位、工程监理单位违反国家规定，降低工程质量标准，造成重大安全事故的行为。

1. 立案标准

建设单位、设计单位、施工单位、工程监理单位违反国家规定，降低工程质量标准，涉嫌下列情形之一的，应予以立案追诉：

（1）造成死亡 1 人以上，或者重伤 3 人以上的；

（2）造成直接经济损失 50 万元以上的；

（3）其他造成严重后果的情形。

2. 刑罚

（1）造成死亡 1 人以上，或者重伤 3 人以上的，对直接责任人员，处 5 年以下有期徒刑或者拘役，并处罚金。

（2）造成死亡 3 人以上或者重伤 10 人以上，负事故主要责任的，处 5 年以上 10 年以下有期徒刑，并处罚金。

第三节　部门规章

一、《公共娱乐场所消防安全管理规定》

《公共娱乐场所消防安全管理规定》（公安部令第 39 号，以下简称 39 号令）经 1999 年 5 月 11 日公安部部长办公会议通过，自 1999 年 5 月 25 日起施行。该规章共 23 条。

（一）公共娱乐场所

公共娱乐场所是指向公众开放的影剧院、录像厅、礼堂等演出放映场所；舞厅、卡拉 OK 厅等歌舞娱乐场所；具有娱乐功能的夜总会、音乐茶座和餐饮场所；游艺、游乐场所；保龄球馆、旱冰场、桑拿浴室等营业性健身、休闲场所。

（二）消防行政许可

公共娱乐场所应当依法办理消防设计审核、竣工验收和消防安全检查，其消防安全由经营者负责。

（三）公共娱乐场所的消防安全技术及管理要求

39 号令第六条至第十三条规定了公共娱乐场所的消防安全技术要求，包括设置场所、防火分区设置、内部装修设计、安全疏散、应急照明设置、电气线路敷设以及地下建筑内设置公共娱乐场所技术要求等内容。

39 号令第十四条至第十七条设定了禁止性条款，规定公共娱乐场所内严禁带入和存放易燃易爆物品；严禁在公共娱乐场所营业时进行设备检修、电气焊、油漆粉刷等施工、维修作业；演出、放映场所的观众厅内禁止吸烟和明火照明；公共娱乐场所在营业时，不得超过额定人数等。

（四）公共娱乐场所及其从业人员的消防安全管理责任

公共娱乐场所应当制定防火安全管理制度、全员防火安全责任制度，制定紧急疏散方案，指定专人在营业期间、营业结束后进行安全巡视检查工作。

二、《机关、团体、企业、事业单位消防安全管理规定》

《机关、团体、企业、事业单位消防安全管理规定》（公安部令第 61 号）经 2001 年 10 月 19 日公安部部长办公会议通过，自 2002 年 5 月 1 日起施行。该规章共 10 章 48 条。

（一）消防安全责任人、消防安全管理人

单位应当确定消防安全责任人、消防安全管理人，并依法报当地公安机关消防机构备案。法人单位的法定代表人或者非法人单位的主要负责人，对本单位的消防安全工作全面负责。

（二）单位消防安全管理工作责任制

单位应逐级落实消防安全责任制和岗位消防安全责任制，明确逐级和岗位消防安全职责，确定各级、各岗位的消防安全责任人，对本级、本岗位的消防安全负责，建立起单位内部自上而下的逐级消防安全责任制度。

（三）消防安全责任人的消防安全职责

1. 贯彻执行消防法规，保证单位消防安全符合规定，掌握本单位的消防安全情况。

2. 将消防工作与本单位的生产、科研、经营、管理等活动统筹安排，批准实施年度消防工作计划。

3. 为本单位的消防安全提供必要的经费和组织保障。

4. 确定逐级消防安全责任，批准实施消防安全制度和保障消防安全的操作规程。

5. 组织防火检查，督促落实火灾隐患整改，及时处理涉及消防安全的重大问题。

6. 根据消防法规的规定建立专职消防队、义务消防队。

7. 组织制定符合本单位实际的灭火和应急疏散预案，并实施演练。

（四）消防安全管理人的消防安全职责

1. 拟订年度消防工作计划，组织实施日常消防安全管理工作。

2. 组织制订消防安全制度和保障消防安全的操作规程并检查督促其落实。

3. 拟订消防安全工作的资金投入和组织保障方案。

4. 组织实施防火检查和火灾隐患整改工作。

5. 组织实施对本单位消防设施、灭火器材和消防安全标志的维护保养，确保其完好有效，确保疏散通道和安全出口畅通。组织管理专职消防队和义务消防队。

6. 在员工中组织开展消防知识、技能的宣传教育和培训，组织灭火和应急疏散预案的实施和演练。

7. 单位消防安全责任人委托的其他消防安全管理工作。另外，消防安全管理人应当定期向消防安全责任人报告消防安全情况，及时报告涉及消防安全的重大问题。

（五）强化消防安全管理

确定消防安全重点单位，实行严格管理；明确公众聚集场所应当具备的消防安全条件；强化消防安全制度和消防安全操作规程的建立健全；明确单位动火作业要求；明确单位禁止性行为和消防安全管理义务。

（六）加强防火检查，落实火灾隐患整改

消防安全重点单位应当每日进行防火巡查，并确定巡查的人员、内容、部位和频次。其他单位可以根据需要组织防火巡查。

公众聚集场所在营业期间的防火巡查应当至少每两小时一次；营业结束时应当对营业现场进行

检查，消除遗留火种。

医院、养老院、寄宿制的学校、托儿所、幼儿园应当加强夜间防火巡查，其他消防安全重点单位可以结合实际组织夜间防火巡查。

机关、团体、事业单位应当至少每季度进行一次防火检查，其他单位应当至少每月进行一次防火检查。

消防设施、器材应当依法进行维修保养检测。对发现的火灾隐患要按照规定进行及时、坚决的整改。

（七）开展消防宣传教育培训和疏散演练

消防安全重点单位对每名员工应当至少每年进行一次消防安全培训；公众聚集场所对员工的消防安全培训应当至少每半年进行一次；单位应当组织新上岗和进入新岗位的员工进行上岗前的消防安全培训。以上四类人员应当接受消防安全专门培训。

单位应当制定灭火和应急疏散预案。其中，消防安全重点单位应当至少每半年按照预案进行一次演练；其他单位至少每年组织一次演练。

（八）建立消防档案

消防安全重点单位应当建立健全包括消防安全基本情况和消防安全管理情况的消防档案，并统一保管、备查。其他单位也应当将本单位的基本概况、公安机关消防机构填发的各种法律文书、与消防工作有关的材料和记录等统一保管、备查。

三、《社会消防安全教育培训规定》

《社会消防安全教育培训规定》（公安部令第 109 号）经 2008 年 12 月 30 日公安部部长办公会议通过，并经教育部、民政部、人力资源和社会保障部、住房和城乡建设部、文化部、广电总局、安全监管总局、国家旅游局同意，于 2009 年 4 月 13 日予以发布，自 2009 年 6 月 1 日起施行。该规章共 6 章 37 条。

（一）部门管理职责

公安、教育、民政、人力资源和社会保障、住房和城乡建设、文化、广电、安监、旅游、文物等部门应当依法开展有针对性的消防安全培训教育工作，并结合本部门职业管理工作，将消防法律法规和有关消防技术标准纳入执业或从业人员培训、考核内容中。

（二）消防安全培训

单位应当建立健全消防安全教育培训制度，保障教育培训工作经费，按照规定对职工进行消防安全教育培训；在建工程的施工单位应当在施工前对施工人员进行消防安全教育，并做好建设工地宣传和明火作业管理工作等，建设单位应当配合施工单位做好消防安全教育工作；各类学校、居（村）委员会、新闻媒体、公共场所、旅游景区、物业服务企业等单位应依法履行消防安全教育培训工作职责。

（三）消防安全培训机构

国家机构以外的社会组织或者个人利用非国家财政性经费，创办消防安全专业培训机构，面向社会从事消防安全专业培训的，应当经省级教育行政部门或者人力资源和社会保障部门依法批准，并到省级民政部门申请民办非企业单位登记。

消防安全专业培训机构应当按照有关法律法规、规章和章程规定，开展消防安全专业培训，保证培训质量。消防安全专业培训机构开展消防安全专业培训，应当将消防安全管理、建筑防火和自动消防设施施工、操作、检测、维护技能作为培训的重点，对理论和技能操作考核合格的人员，颁发培训证书。

（四）奖惩

地方各级人民政府及有关部门和社会单位对在消防安全教育培训工作中有突出贡献或者成绩显著的单位或个人，给予表彰奖励。公安、教育、民政、人力资源和社会保障、住房和城乡建设、文化、广电、安全监管、旅游、文物等部门依法对不履行消防安全教育培训工作职责的单位和个人予以处理。

四、《建设工程消防监督管理规定》

《公安部关于修改〈建设工程消防监督管理规定〉的决定》（公安部令第 119 号，以下简称 119 号令）经 2012 年 7 月 6 日公安部部长办公会议通过，于 2012 年 7 月 17 日发布，并自 2012 年 11 月 1 日起施行。该规章共 7 章 49 条。

（一）适用范围

适用于新建、扩建、改建（含室内外装修、建筑保温、用途变更）等建设工程的消防监督管理；不适用住宅室内装修、村民自建住宅、救灾和其他非人员密集场所的临时性建筑的建设活动。

（二）消防设计、施工的质量责任

建设、设计、施工、工程监理等单位应当遵守有关法律法规和国家消防技术标准，对建设工程消防设计、施工质量和安全负责。为建设工程消防设计、竣工验收提供图样审查、安全评估、检测等消防技术服务的机构和人员，应当依法取得相应的资质、资格，并对出具的审查、评估、检验、检测意见负责。

（三）消防设计审核、消防验收和备案抽查制度

明确了消防设计审核、消防验收的范围，具有规定情形的人员密集场所和特殊建设工程，建设单位应当向公安机关消防机构申请消防设计审核，并在建设工程竣工后向出具消防设计审核意见的公安机关消防机构申请消防验收。对规定以外的建设工程，建设单位依法办理消防设计、竣工验收消防备案。

（四）专家评审制度

对国家工程建设消防技术标准没有规定的；拟采用的新技术、新工艺、新材料可能影响建设工程消防安全、不符合国家标准规定的；拟采用国际标准或者境外消防技术标准等建设工程，公安机关消防机构依法组织专家评审。对 2/3 以上评审专家同意的特殊消防设计文件，公安机关消防机构可以作为消防设计审核的依据。

（五）执法联动机制

对建设、施工、设计、工程监理单位的消防安全违法行为，公安机关消防机构依法追究法律责任，并函告同级住房和城乡建设主管部门，建立执法联动机制。

五、《消防监督检查规定》

《公安部关于修改〈消防监督检查规定〉的决定》（公安部令第 120 号，以下简称 120 号令）经 2012 年 7 月 6 日公安部部长办公会议通过，于 2012 年 7 月 17 日发布，并自 2012 年 11 月 1 日起施行。该规章共 6 章 42 条，主要对适用范围、消防监督检查形式、分级监管、火灾隐患判定等作出规定。

六、《火灾事故调查规定》

《公安部关于修改〈火灾事故调查规定〉的决定》（公安部令第 121 号）经 2012 年 7 月 6 日公安

部部长办公会议通过，于2012年7月17日发布，并自2012年11月1日起施行。该规章共6章48条，主要规定调查任务、管辖分工、调查程序、复核、处理等内容。

七、《消防产品监督管理规定》

《消防产品监督管理规定》（公安部令第122号，以下简称122号令）经2012年4月10日公安部部长办公会议通过，并经国家工商行政管理总局、国家质量监督检验检疫总局同意，于2012年8月13日发布，并自2013年1月1日起施行。该规章共6章44条，主要对适用范围、市场准入、产品质量责任和义务、监督检查、法律责任等作出明确规定。

八、《社会消防技术服务管理规定》

《社会消防技术服务管理规定》（公安部令第129号）经2013年10月18日公安部部长办公会议通过，于2014年2月3日发布，并自2014年5月1日起施行。该规章共7章59条。

（一）资质许可制度

国家对消防技术服务机构实行资质许可制度，消防技术服务机构应当取得相应资质证书，并在资质许可范围内从事消防技术服务活动。

鼓励依托消防协会成立消防技术服务行业协会，加强行业自律管理，促进行业健康发展，同时规定消防协会、消防技术服务行业协会不得从事营利性社会消防技术服务活动，不得进行行业垄断。

（二）分级和条件

一是根据消防技术服务的实践和市场需要，规定消防设施维护保养检测机构的资质分为一级、二级和三级，消防安全评估机构的资质分为一级和二级。

二是针对不同类别的消防技术服务机构和技术服务需求，统一从业门槛，从法人资格、办公场所、注册资本、仪器设备、从业人员、执业业绩等方面对其资质条件分别做出具体规定，特别是在资质条件中规定了注册消防工程师的数量，为消防技术服务质量设置重要保障条件。

（三）资质许可程序

一是明确许可主体。规定消防技术服务机构资质由省级公安机关消防机构审批；其中，对拟批准消防安全评估机构一级资质的，由公安部消防局书面复核。

二是规定许可程序。规定申请消防技术服务机构资质的，应当向机构所在地的省级公安机关消防机构提出申请；具体规定了申请材料内容、申请受理、审查时限等要求。

三是引入专家评审机制。规定公安机关消防机构在审批期间应当组织专家评审，对申请人的场所、设备等进行实地核查；专家评审的具体办法由公安部消防局制定并公布。

四是规定资质证书有效期。为督促消防技术服务机构持续符合资质条件，保证服务质量，规定资质证书有效期为3年；有效期届满需要续期的，应当在有效期届满3个月前向原许可公安机关消防机构提出申请，并规定了不予办理续期手续的条件。

（四）规范服务活动

一是规定服务机构的执业范围和要求。分别规定了各级各类消防技术服务机构的执业范围，明确其对消防技术服务质量负责。

二是设立技术负责人和项目负责人。规定消防技术服务机构应设技术负责人，对技术服务结论性文件进行技术审核把关；消防技术服务机构承接具体业务时，应明确项目负责人。技术负责人和项目负责人应具备较高等级的注册消防工程师资格。

三是规定公示消防技术服务信息。规定消防设施维护保养检测机构应当制作包含机构名称及项目负责人、维修保养日期等信息的标志，在其维护保养检测的消防设施所在建筑的醒目位置、灭火器上予以公示。

四是规定备案消防技术服务信息。规定消防技术服务机构应当通过省级公安机关消防机构建立的社会消防技术服务信息系统将消防技术服务项目目录及书面结论文件予以备案。

五是明确禁止行为。对消防技术服务机构做出 6 项具体的禁止行为规定。

（五）监督管理

一是明确监督检查主体和监督抽查制度。规定县级以上公安机关消防机构应当结合日常消防监督检查，对消防技术服务质量开展监督抽查。

二是明确举报核查制度。规定公民、法人和其他组织有权对消防技术服务机构及其从业人员的违法执业行为进行举报、投诉，公安机关消防机构应当及时核查、处理。

三是规定信息公开。规定省级公安机关消防机构应当建立和完善社会消防技术服务信息系统，公布消防技术服务的有关信息，为社会提供信息查询服务。

四是完善法律责任规定。根据《消防法》《行政处罚法》和部门规章的权限具体设定了相关行政处罚并规定了法定救济途径等。

九、《注册消防工程师管理规定》

《注册消防工程师管理规定》（公安部令第 143 号）经 2017 年 2 月 27 日公安部部长会议通过，于 2017 年 3 月 16 日发布，并自 2017 年 10 月 1 日起施行。该规章共 7 章 62 条。

（一）审批主体和监管职责

一是统一审批主体。将一级注册消防工程师注册审批权下放，明确一级、二级注册消防工程师注册统一由省级公安机关消防机构审批。

二是明确监管职责。规定县级以上公安机关消防机构对本行政区域内注册消防工程师的注册、执业和继续教育实施指导和监督管理。

三是推动行业自律。鼓励依托消防协会成立注册消防工程师行业协会，推动行业自律管理和诚信建设，促进行业健康发展。

（二）注册审批的条件和程序

一是明确审批程序。针对初始注册、延续注册、变更注册三种资格注册许可类型，分别规定申请材料、申请条件、办理时限等要求。

二是明确不予注册情形。根据注册后可能发生的情形，借鉴其他行业注册管理的通行做法，规定了 8 种不予注册的情形。

三是明确执业印章使用要求，以加强执业监督、便于追溯执业责任。

（三）注册执业制度

一是确定注册消防工程师注册执业制度。规定注册消防工程师实行注册执业管理制度。取得注册消防工程师资格证书的人员，必须经过注册，方能以相应级别注册消防工程师的名义执业。未经注册，不得以注册消防工程师的名义开展执业活动。

二是明确执业范围。规定一级注册消防工程师可以在全国范围内执业，二级注册消防工程师在注册所在省、自治区、直辖市区域内执业；同时，结合消防技术服务行业发展实际，明确一级、二级注册消防工程师具体执业范围。

三是规范执业文件。按照注册消防工程师执业类型划分，明确消防设施维护保养检测、消防安全评估书面结论文件、消防安全重点单位年度消防工作综合报告等5类消防安全技术文件，由相应级别的注册消防工程师签名、加盖执业印章并承担法律责任。同时，明确修改经注册消防工程师签名确认的执业文件所需程序及相应的法律责任。

四是明确注册消防工程师权利、义务和禁止行为。规定了注册消防工程师的6项权利、4项义务，并设定了7类禁止行为。

（四）继续教育制度

一是明确参加继续教育的义务。规定注册消防工程师在每一注册有效期内应当达到规定的继续教育要求，并将其作为逾期初始注册、延续注册和重新初始注册的必备条件。

二是明确继续教育组织实施主体。公安部消防局统一管理全国注册消防工程师的继续教育工作，省级公安机关消防机构负责本行政区域内一级、二级注册消防工程师继续教育的组织实施和管理，并可以委托教育培训机构实施继续教育。

三是确定继续教育方式。规定继续教育采取集中面授、网络教学等形式按照相应级别进行。

（五）消防监督检查

一是明确监督检查的主体、方式和内容。规定省级公安机关消防机构应当制定对注册消防工程师执业活动的监督抽查计划，县级以上地方公安机关消防机构根据监督抽查计划，结合日常消防监督检查工作，对注册消防工程师的执业活动实施监督抽查。

二是建立执法联动制度。规定公安机关消防机构对发现的注册消防工程师违法行为，依法查处并抄告原注册审批部门，由注册审批部门依法作出注销注册、责令停止执业或者吊销注册证等处理。

三是完善法律责任。对注册消防工程师执业活动中的各种违法行为设定了处罚条款，明确了救济途径；同时，根据廉政建设和执法监督要求，明确了公安机关消防机构工作人员的执法责任。

十、《专业技术人员考试违纪违规行为处理规定》

《专业技术人员考试违纪违规行为处理规定》（人社部令第12号）经人力资源和社会保障部第53次部务会审议通过，于2011年3月15日发布，并自2011年5月1日起施行。该规章共5章21条，主要对适用范围、处理权限、违纪违规行为处理、救济权利等作出规定。

第四节　规范性文件

一、《关于印发注册消防工程师制度暂行规定和注册消防工程师资格考试实施办法及注册消防工程师资格考核认定办法的通知》

2012年9月27日，人力资源社会保障部、公安部发布《关于印发注册消防工程师制度暂行规定和注册消防工程师资格考试实施办法及注册消防工程师资格考核认定办法的通知》（人社部发〔2012〕56号），确立了由《注册消防工程师制度暂行规定》（以下简称《暂行规定》）、《注册消防工程师资格考试实施办法》（以下简称《考试实施办法》）、《一级注册消防工程师资格考核认定办法》（以下简称《考核认定办法》）三项基本制度构成的注册消防工程师制度。

《注册消防工程师管理规定》（公安部令第143号）施行后，《关于印发注册消防工程师制度暂行规定和注册消防工程师资格考试实施办法及注册消防工程师资格考核认定办法的通知》有关内容与其不一致的，执行《注册消防工程师管理规定》有关规定。

（一）《暂行规定》

《暂行规定》是建立注册消防工程师制度的基础性规定，共6章39条。

1.概念。注册消防工程师是指经考试取得相应级别注册消防工程师资格证书，并依法注册后，从事消防设施检测、消防安全监测等消防安全技术工作的专业技术人员，分为高级注册消防工程师、一级注册消防工程师和二级注册消防工程师。

2.监督管理。人力资源社会保障部、公安部共同负责注册消防工程师制度的政策制定，并按照职责分工对该制度的实施进行指导、监督和检查。各省、自治区、直辖市人力资源社会保障行政主管部门和公安机关消防机构，按照职责分工负责本行政区域内注册消防工程师制度的实施与监督管理。

3.资格考试。人力资源社会保障部、公安部以及省、自治区、直辖市人力资源社会保障行政主管部门和公安机关消防机构按照职责分工开展注册消防工程师资格考试相关工作。一级注册消防工程师资格证书在全国范围有效，二级注册消防工程师资格证书在所在行政区域内有效。

4.注册执业。取得注册消防工程师资格证书的人员，经注册方可以相应级别注册消防工程师名义执业。注册消防工程师应当在一个经批准的消防技术服务机构或者消防安全重点单位，开展与该机构业务范围和本人资格级别相符的消防安全技术执业活动。

消防安全技术职业活动主要包括消防技术咨询与消防安全评估、消防安全管理与技术培训、消防设施检测与维护、消防安全监测与检查、火灾事故技术分析、公安部或省级公安机关规定的其他消防安全技术工作等。

5.权利义务。注册消防工程师享有使用注册消防工程师称谓；在规定范围内从事消防安全技术执业活动；对违反相关法律、法规和技术标准的行为提出劝告，并向本级别注册审批部门或者上级主管部门报告；接受继续教育；获得与执业责任相应的劳动报酬；对侵犯本人权利的行为进行申诉等权利。同时履行遵守法律、法规和有关管理规定，恪守职业道德；执行消防法律、法规、规章及有关技术标准；履行岗位职责，保证消防安全技术执业活动质量，并承担相应责任；保守知悉的国家秘密和聘用单位的商业、技术秘密；不得允许他人以本人名义执业；不断更新知识，提高消防安全技术能力；完成注册管理部门交办的相关工作等义务。

6.聘任优先。对通过考试取得相应级别注册消防工程师资格证书，且符合《工程技术人员职务试行条例》中工程师、助理工程师技术职务任职条件的人员，用人单位可根据工作需要择优聘任相应级别专业技术职务人员。通过考试取得的一级注册消防工程师资格，是消防安全监测、消防设施检测领域申请评定消防专业高级工程师职称的必备条件。

（二）《考试实施办法》

《考试实施办法》是关于注册消防工程师资格考试的规定。

1.考试组织实施机构。人力资源社会保障部、公安部共同委托人力资源和社会保障部人事考试中心承担一级注册消防工程师资格考试的具体考务工作。各省、自治区、直辖市人力资源和社会保障行政主管部门和公安机关消防机构共同负责本地区的考试工作。

2.考试科目设置。一级注册消防工程师资格考试设《消防安全技术实务》《消防安全技术综合能力》和《消防安全案例分析》3个科目，分3个半天进行，前两个科目考试时间均为2.5小时，第三个科目的考试时间为3小时。二级注册消防工程师资格考试设《消防安全技术综合能力》和《消防安全案例分析》两个科目，分两个半天进行，第一个科目的考试时间为2.5小时，第二个科目的考试时间为3小时。

3.考试成绩管理。一级注册消防工程师资格考试成绩实行3年为一个周期的滚动管理办法，在连续的3个考试年度内参加应试科目的考试并合格，方可取得一级注册消防工程师资格证书；二级注册消防工程师资格考试成绩实行两年为一个周期的管理办法，在连续的两个考试年度内参加应试科目的考试并合格，方可取得二级注册消防工程师资格证书。

4.优惠政策。符合《暂行规定》中一级注册消防工程师资格考试报名条件，并具备规定条件的，可免试《消防安全技术实务》科目，只参加《消防安全技术综合能力》和《消防安全案例分析》两个科目的考试。

（三）《考核认定办法》

《考核认定办法》即参照我国现行注册执业资格制度通行做法而制定的特许资格办法，实施资格考试后不再进行。该办法主要包括申报条件、认定组织、申报材料、认定程序、申报日期及要求等内容。

二、《关于颁发〈职业资格证书规定〉的通知》

1994年2月22日，劳动部、人事部共同制定《职业资格证书规定》（劳部发〔1994〕98号）。

（一）概念

职业资格是对从事某一职业所必备的学识、技术和能力的基本要求，包括从业资格和执业资格。

从业资格是指从事某一专业（工种）学识、技术和能力的起点标准；职业资格是指政府对某些责任较大、社会通用性强，关系公共利益的专业（工种）实行准入控制，是依法独立开业或从事某一特定专业（工种）学识、技术和能力的必备标准。

（二）证书作用

职业资格证书是国家对申请人专业（工种）学识、技术能力的认可，是求职、任职、独立开业和单位录用的主要依据。

（三）主要原则

职业资格证书制度遵循自愿、费用自理、客观公正的原则。凡中华人民共和国公民和获准在我国境内就业的其他国籍的人员都可按照国家有关注册规定和程序申请相应的职业资格。

（四）国际互认

国家职业资格证书参照国际惯例，实行国际双边或多边互认。

三、《关于印发〈职业资格证书制度暂行办法〉的通知》

1995年1月17日，人事部颁布《关于印发〈职业资格证书制度暂行办法〉的通知》（人职发〔1995〕6号）。

（一）主要原则

国家按照有利于经济发展、社会公认、国际可比、事关公共利益的原则，在涉及国家、人民生命财产安全的专业技术工作领域，实行专业技术人员职业资格制度。

（二）从业资格

具备本专业中专以上学历，见习一年期满，经单位考核合格者；按国家有关规定已担任本专业初级专业技术职务或通过专业技术资格考试取得初级资格，经单位考试合格者；在本专业岗位工作，经过国家或国家授权部门组织的从业资格考试合格者等条件之一的，可确认从业资格。

（三）执业资格

执业资格通过考试方法取得。执业资格考试定期举行，参加执业资格考试的报名条件根据不同专业规定。

（四）资格证书

经职业资格考试合格的人员，由国家授予相应的职业资格证书。

（五）注册管理

执业资格实行注册登记制度。取得《执业资格证书》者，应在规定的期限内到指定的注册管理机构办理注册登记手续。

（六）责任追究

执业资格应考人员、考试工作人员和其他有关人员在考试和考务工作中有违法行为的，追究其法律责任。对骗取、转让、涂改职业资格证书的人员，一经发现，发证机关应取消其资格，收回证书，并报国务院业务主管部门和当地同级人事部门备案。对伪造职业证书者，依法追究责任。

第五节　消防安全管理

一、消防安全管理的基本概念

（一）消防安全管理的性质和特性

1.性质

具有自然属性和社会属性。

2.特性

具有方位性、全天候性、全过程性、全员性和强制性。

（二）消防安全管理的三大要素

1.管理的主体

政府、部门、单位和个人。

2.管理的对象

主要包括人、财、物、信息、时间和事务。

3.管理的主要依据

法规政策（包括法律、法规、规章以及技术规范）和规章制度。

（三）消防安全管理的五大原则

1.谁主管谁负责。

2.依靠群众。

3.依法管理。

4.科学管理。

5.综合治理。

（四）消防安全管理的主要方法

1.基本方法

（1）行政方法。

（2）法律方法。

（3）经济方法。

（4）行为激励方法。

（5）咨询顾问方法。

（6）宣传教育方法。

（7）舆论监督方法。

2. 技术方法

（1）安全检查表分析法。

（2）因果分析方法。

（3）事故树分析方法。

（五）消防安全管理的目标

预防火灾发生，保护人身和财产安全，将火灾发生的危险性和火灾造成的危害性降到最低限度。

二、社会单位消防安全管理

（一）消防安全重点单位的界定标准

1. 商场（市场）、宾馆（饭店）、体育场（馆）、会堂、公共娱乐场所等公众聚集场所

（1）建筑面积在1000m²（含本数，下同）以上且经营可燃商品的商场（商店、市场）；

（2）客房数在50间以上的（旅馆、饭店）；

（3）公共的体育场（馆）、会堂；

（4）建筑面积在200m²以上的公共娱乐场所（公共娱乐场所是指向公众开放的下列室内场所）：

①影剧院、录像厅、礼堂等演出、放映场所；

②舞厅、卡拉OK等歌舞娱乐场所；

③具有娱乐功能的夜总会、音乐茶座和餐饮场所；

④游艺、游乐场所；

⑤保龄球馆、旱冰场、桑拿浴室等营业性健身、休闲场所。

2. 医院、养老院和寄宿制的学校、托儿所、幼儿园

（1）住院床位在50张以上的医院；

（2）老人住宿床位在50张以上的养老院；

（3）学生住宿床位在100张以上的学校；

（4）幼儿住宿床位在50张以上的托儿所、幼儿园。

3. 国家机关

（1）县级以上的党委、人大、政府、政协；

（2）人民检察院、人民法院；

（3）中央和国务院各部委；

（4）共青团中央、全国总工会、全国妇联的办事机关。

4. 广播、电视和邮政、通信枢纽

（1）广播电台、电视台；

（2）城镇的邮政和通信枢纽单位。

5. 客运车站、码头、民用机场

（1）候车厅、候船厅的建筑面积在500m²以上的客运车站和客运码头；

（2）民用机场。

6.公共图书馆、展览馆、博物馆、档案馆以及具有火灾危险性的文物保护单位

（1）建筑面积在 2000m² 以上的公共图书馆、展览馆；

（2）博物馆、档案馆；

（3）具有火灾危险性的县级以上文物保护单位。

7.发电厂（站）和电网经营企业

8.易燃易爆化学物品的生产、充装、储存、供应、销售单位

（1）生产易燃易爆化学物品的工厂；

（2）易燃易爆气体和液体的灌装站、调压站；

（3）储存易燃易爆化学物品的专用仓库（堆场、储罐场所）；

（4）易燃易爆化学物品的专业运输单位；

（5）营业性汽车加油站、加气站，液化石油气供应站（换瓶站）；

（6）经营易燃易爆化学物品的化工商店（其界定标准，以及其他需要界定的易燃易爆化学物品性质的单位及其标准，由省级消防部门根据实际情况确定）。

9.劳动密集型生产、加工企业

生产车间员工在 100 人以上的服装、鞋帽、玩具等劳动密集型企业。

10.重要的科研单位

界定标准由省级消防部门根据实际情况确定。

11.高层公共建筑、地下铁道、地下观光隧道，粮、棉、木材、百货等物资仓库和堆场，重点工程的施工现场

（1）高层公共建筑的办公楼（写字楼）、公寓楼等；

（2）城市地下铁道、地下观光隧道等地下公共建筑和城市重要的交通隧道；

（3）国家储备粮库、总储备量在 10000 吨以上的其他粮库；

（4）总储量在 500 吨以上的棉库；

（5）总储量在 10000m³ 以上的木材堆场；

（6）总储存价值在 1000 万元以上的可燃物品仓库、堆场；

（7）国家和省级等重点工程的施工现场。

12.其他发生火灾可能性较大以及一旦发生火灾可能造成人身重大伤亡或者财产重大损失的单位界定标准由省级消防部门根据实际情况确定。

（二）消防安全重点单位的界定程序

1.申报

符合消防安全重点单位界定标准的单位，向所在地消防部门申报备案。申报时应注意以下几点：

（1）个体工商户如符合企业登记标准且经营规模符合消防安全重点单位界定标准，应当向所在地消防部门备案；

（2）重点工程的施工现场符合消防安全重点单位界定标准的，由施工单位负责申报备案；

（3）同一栋建筑物中各自独立的产权单位或者使用单位，符合重点单位界定标准的，由各个单位分别独立申报备案；建筑物本身符合消防安全重点单位界定标准的，该建筑物产权单位也要独立申报备案；

（4）符合消防安全重点单位界定标准，不在同一地点有隶属关系的单位，不论是否具备独立法

人资格，都要单独向所在地公安机关消防机构申报备案；在同一地点有隶属关系，下属单位如具备法人资格，应当独立申报备案。

2. 核定

消防接到申报后，对申报备案单位的情况进行核实确定，按照分级管理的原则，对确定的消防安全重点单位进行登记造册。

3. 告知

对确定的消防安全重点单位，消防部门采用《消防安全重点单位告知书》的形式，告知消防安全重点单位应落实本单位消防安全主体责任，消防安全责任人、消防安全管理人、消防安全管理归口部门要切实履行消防安全工作职责，做好本单位消防安全管理工作。

4. 公告

消防部门于每年的第一季度对本辖区消防安全重点单位进行核查调整，以文件上报本级人民政府，并通过报刊、电视、互联网网站等媒体将本地区的消防安全重点单位向全社会公告。

（三）消防安全责任

1. 单位消防安全职责

（1）社会单位消防安全基本职责

①明确各级、各岗位消防安全责任人及其职责，制定本单位的消防安全制度、消防安全操作规程、灭火和应急疏散预案。定期组织开展灭火和应急疏散演练，进行消防工作检查考核，保证各项规章制度落实。

②保证防火检查巡查、消防设施器材维护保养、建筑消防设施检测、火灾隐患整改、专职或志愿消防队和微型消防站建设等消防工作所需资金的投入。生产经营单位安全费用应当保证适当比例用于消防工作。

③按照相关标准配备消防设施、器材，设置消防安全标志，定期检验维修，对建筑消防设施每年至少进行一次全面检测，确保完好有效。设有消防控制室的，实行24小时值班制度，每班不少于2人，并持证上岗。

④保障疏散通道、安全出口、消防车通道畅通，保证防火防烟分区、防火间距符合消防技术标准。人员密集场所的门窗不得设置影响逃生和灭火救援的障碍物。保证建筑构件、建筑材料和室内装修装饰材料等符合消防技术标准。

⑤定期开展防火检查、巡查，及时消除火灾隐患。

⑥根据需要建立专职或志愿消防队、微型消防站，加强队伍建设，定期组织训练演练，加强消防装备配备和灭火药剂储备，建立与公安消防队联勤联动机制，提高扑救初起火灾能力。

⑦消防法律、法规、规章以及政策文件规定的其他职责。

（2）消防安全重点单位消防安全职责

消防安全重点单位除履行上述基本职责外，还应当履行下列职责：

①明确承担消防安全管理工作的机构和消防安全管理人并报知当地公安消防部门，组织实施本单位消防安全管理。消防安全管理人应当经过消防培训；

②建立消防档案，确定消防安全重点部位，设置防火标志，实行严格管理；

③安装、使用电器产品、燃气用具和敷设电气线路、管线必须符合相关标准和用电、用气安全管理规定，并定期维护保养、检测；

④组织员工进行岗前消防安全培训，定期组织消防安全培训和疏散演练；

⑤根据需要建立微型消防站，积极参与消防安全区域联防联控，提高自防自救能力；

⑥积极应用消防远程监控、电气火灾监测、物联网技术等技防物防措施。

（3）火灾高危单位消防安全职责

容易造成群死群伤火灾的人员密集场所、易燃易爆单位和高层、地下公共建筑等火灾高危单位，除履行上述社会单位和消防安全重点单位的消防安全职责外，还应当履行下列职责：

①定期召开消防安全工作例会，研究本单位消防工作，处理涉及消防经费投入、消防设施设备购置、火灾隐患整改等重大问题；

②鼓励消防安全管理人取得注册消防工程师执业资格，消防安全责任人和特有工种人员须经消防安全培训；自动消防设施操作人员应取得建（构）筑物消防员资格证书；

③专职消防队或微型消防站应当根据本单位火灾危险特性配备相应的消防装备器材，储备足够的灭火救援药剂和物资，定期组织消防业务学习和灭火技能训练；

④按照国家标准配备应急逃生设施设备和疏散引导器材；

⑤建立消防安全评估制度，由具有资质的机构定期开展评估，评估结果向社会公开；

⑥参加火灾公众责任保险。

（4）人员密集场所委托管理单位消防安全职责：

①落实消防安全责任，明确本场所的消防安全责任人和逐级消防负责人；

②制定消防安全管理制度和保证消防安全的操作规程；

③开展消防法规和防火安全知识的宣传教育，对从业人员进行消防安全教育和培训；

④定期开展防火巡查、检查，及时消除火灾隐患；

⑤保障疏散通道、安全出口、消防车通道畅通；

⑥确定各类消防设施的操作维护人员，保障消防设施、器材以及消防安全标志完好有效，处于正常运行状态；

⑦组织扑救初期火灾，疏散人员，维持火场秩序，保护火灾现场，协助火灾调查；

⑧确定消防安全重点部位和相应的消防安全管理措施；

⑨制定灭火和应急疏散预案，定期组织消防演练；

⑩建立防火档案。

（5）居民住宅区物业管理单位消防安全职责：

①制定消防安全制度，落实消防安全责任，开展消防安全宣传教育；

②开展防火检查，消除火灾隐患；

③保障疏散通道、安全出口、消防车通道畅通；

④保障公共消防设施、器材以及消防安全标志完好有效。

其他物业管理单位应当对受委托管理范围内的公共消防安全管理工作负责。

（6）其他

①实行承包、租赁或者委托经营、管理时，产权单位应当提供符合消防安全要求的建筑物，当事人在订立的合同中依照有关规定明确各方的消防安全责任；消防车通道、涉及公共消防安全的疏散设施和其他建筑消防设施应当由产权单位或者委托管理的单位统一管理。

②有两个以上产权单位和使用单位的建筑物，各产权单位、使用单位对消防车通道、涉及公共消防安全的疏散设施和其他建筑消防设施应当明确管理责任，可以委托统一管理。

③举办集会、焰火晚会、灯会等具有火灾危险的大型活动的主办单位、承办单位以及提供场地的单位，应当在订立的合同中明确各方的消防安全责任。大型群众性活动的承办单位对承办活动的消防安全负责。

④建筑工程施工现场的消防安全由施工单位负责。实行施工总承包的，由总承包单位负责。分包单位向总承包单位负责，服从总承包单位对施工现场的消防安全管理。

2. 相关人员的消防安全职责

（1）消防安全责任人的消防安全职责

法人单位的法定代表人或者非法人单位的主要负责人是单位的消防安全责任人，对本单位的消防安全工作全面负责，应当履行下列消防安全职责：

①贯彻执行消防法规，保障单位消防安全符合规定，掌握本单位的消防安全情况；

②将消防工作与本单位的生产、科研、经营、管理等活动统筹安排，批准实施年度消防工作计划；

③为本单位的消防安全提供必要的经费和组织保障；

④确定逐级消防安全责任，批准实施消防安全制度和保障消防安全的操作规程；

⑤组织防火检查，督促落实火灾隐患整改，及时处理涉及消防安全的重大问题；

⑥根据消防法规的规定建立专职消防队、义务消防队；

⑦组织制定符合本单位实际的灭火和应急疏散预案，并实施演练。

（2）消防安全管理人的消防安全职责

单位可以根据需要确定本单位的消防安全管理人。消防安全管理人对单位的消防安全责任人负责，应当履行下列职责：

①拟订年度消防工作计划，组织实施日常消防安全管理工作；

②组织制订消防安全制度和保障消防安全的操作规程并检查督促其落实；

③拟订消防安全工作的资金投入和组织保障方案；

④组织实施防火检查和火灾隐患整改工作；

⑤组织实施对本单位消防设施、灭火器材和消防安全标志的维护保养，确保其完好有效，确保疏散通道和安全出口畅通；

⑥组织管理专职消防队和义务消防队；

⑦在员工中组织开展消防知识、技能的宣传教育和培训，组织灭火和应急疏散预案的实施和演练；

⑧单位消防安全责任人委托的其他消防安全管理工作。

消防安全管理人应当定期向消防安全责任人报告消防安全情况，及时报告涉及消防安全的重大问题。未确定消防安全管理人的单位，消防安全管理工作由单位消防安全责任人负责实施。

（3）部门消防安全责任人的消防安全职责

部门主要负责人为本部门消防安全责任人，对本部门消防安全工作负总责，应当履行下列消防安全职责：

①组织实施本部门的消防安全管理工作计划；

②根据本部门的实际情况开展消防安全教育与培训，制订消防安全管理制度，落实消防安全措施；

③按照规定实施消防安全巡查和定期检查，管理消防安全重点部位，维护管辖范围的消防设施；

④及时发现和消除火灾隐患，不能消除的，应采取相应措施并及时向消防安全管理人报告；

⑤发现火灾，及时报警，并组织人员疏散和初期火灾扑救。

（4）专（兼）职消防管理人员职责

专（兼）职消防安全管理人员在消防安全责任人和消防安全管理人的领导下开展消防安全管理工作，应当履行下列消防安全职责：

①掌握消防法律法规，了解本单位消防安全状况，及时向上级报告；

②提请确定消防安全重点单位，提出落实消防安全管理措施的建议；

③实施日常防火检查、巡查，及时发现火灾隐患，落实火灾隐患整改措施；

④管理、维护消防设施、灭火器材和消防安全标志；

⑤组织开展消防宣传，对全体员工进行教育培训；

⑥编制灭火和应急疏散预案，组织演练；

⑦记录有关消防工作开展情况，完善消防档案；

⑧完成其他消防安全管理工作。

（5）消防设施操作人员的职责

消防设施操作人员包括单位消防控制室的值班、操作人员以及消防设施管理、维护的人员等，应当履行下列职责：

①自动消防系统的操作人员必须持证上岗，掌握自动消防系统的功能及操作规程；

②每日测试主要消防设施功能，发现故障应在24小时内排除，不能排除的应逐级上报；

③核实、确认报警信息，及时排除误报和一般故障；

④发生火灾时，按照灭火和应急疏散预案，及时报警和启动相关消防设施。

（四）消防安全管理制度

1. 主要的消防安全管理制度

根据《消防法》和公安部61号令的规定，单位的消防安全管理制度主要包括：

（1）消防安全责任制度；

（2）消防安全教育、培训制度；

（3）防火巡查、检查制度；

（4）安全疏散设施管理制度；

（5）消防（控制室）值班制度；

（6）消防设施、器材维护管理制度；

（7）火灾隐患整改制度；

（8）用火、用电安全管理制度；

（9）易燃易爆危险物品和场所防火防爆制度；

（10）专职（志愿）消防队的组织管理制度；

（11）灭火和应急疏散预案演练制度；

（12）燃气和电气设备的检查和管理制度（包括防雷、防静电）；

（13）消防安全工作考评和奖惩制度。

2. 其他消防安全制度

（1）消防安全重点单位"三项"报告备案制度：

①消防安全管理人员报告备案制度。防安全重点单位依法确定的消防安全责任人、消防安全管理人、专（兼）职消防管理员、消防控制室值班操作人员等，自确定或变更之日起5个工作日内，应向当地公安机关消防机构报告备案。

②消防设施维护保养报告备案制度。消防安全重点单位应将维护保养合同、维保记录、设备运行记录每月向当地公安机关消防机构报告备案。提供消防设施维护保养和检测的技术服务机构，自

签订维护保养合同之日起5个工作日内向当地公安机关消防机构报告备案。

③消防安全自我评估报告备案制度。消防安全重点单位，每月组织一次消防安全管理自我评估，评估情况应自评估完成之日起5个工作日内向当地公安机关消防机构报告备案，并向社会公开。

（2）消防安全重点部位管理制度。单位应当将容易发生火灾、一旦发生火灾可能严重危及人身和财产安全以及对消防安全有重大影响的部位确定为消防安全重点部位，设置明显的防火标志，采取制度管理、立牌管理、教育管理、档案管理、日常管理、应急备战管理等措施，实行严格管理。

（3）建筑消防设施定期检测制度。设有自动消防设施的单位，应当按照有关规定定期对其自动消防设施进行全面检查测试，并出具检测报告，存档备查。

（五）防火检查

1. 防火巡查

（1）巡查的内容

①用火、用电有无违章情况；

②安全出口、疏散通道是否畅通，安全疏散指示标志、应急照明是否完好；

③消防设施、器材和消防安全标志是否在位、完整；

④常闭式防火门是否处于关闭状态，防火卷帘下是否堆放物品影响使用；

⑤消防安全重点部位的人员在岗情况；

⑥其他消防安全情况。

（2）巡查要求

①消防安全重点单位应当进行每日防火巡查，并确定巡查的人员、内容、部位和频次。其他单位可以根据需要组织防火巡查。

②公众聚集场所在营业期间的防火巡查应当至少每二小时一次；营业结束时应当对营业现场进行检查，消除遗留火种。

③医院、养老院、寄宿制的学校、托儿所、幼儿园应当加强夜间防火巡查，其他消防安全重点单位可以结合实际组织夜间防火巡查。

④防火巡查人员应当及时纠正违章行为，妥善处置火灾危险，无法当场处置的，应当立即报告。发现初起火灾应当立即报警并及时扑救。

⑤防火巡查应当填写巡查记录，巡查人员及其主管人员应当在巡查记录上签名。

2. 防火检查

（1）防火检查的内容

①火灾隐患的整改情况以及防范措施的落实情况；

②安全疏散通道、疏散指示标志、应急照明和安全出口情况；

③消防车通道、消防水源情况；

④灭火器材配置及有效情况；

⑤用火、用电有无违章情况；

⑥重点工种人员以及其他员工消防知识的掌握情况；

⑦消防安全重点部位的管理情况；

⑧易燃易爆危险物品和场所防火防爆措施的落实情况以及其他重要物资的防火安全情况；

⑨消防（控制室）值班情况和设施运行、记录情况；

⑩防火巡查情况，以及消防安全标志的设置情况和完好、有效情况；

（2）防火检查要求

①机关、团体、事业单位应当至少每季度进行一次防火检查，其他单位应当至少每月进行一次防火检查。

②防火检查应当填写检查记录。检查人员和被检查部门负责人应当在检查记录上签名。

（六）消防档案

1. 基本要求

消防安全重点单位应当建立健全消防档案。其他单位应当将本单位的基本概况、公安消防机构填发的各种法律文书、与消防工作有关的材料和记录等统一保管备查。

2. 消防档案的内容

消防档案包括消防安全基本情况和消防安全管理情况，并附有必要的图表。

（1）消防安全基本情况应当包括以下内容：

①单位基本概况和消防安全重点部位情况；

②建筑物或者场所施工、使用或者开业前的消防设计审核、消防验收以及消防安全检查的文件、资料；

③消防管理组织机构和各级消防安全责任人；

④消防安全制度；

⑤消防设施、灭火器材情况；

⑥专职消防队、义务消防队人员及其消防装备配备情况；

⑦与消防安全有关的重点工种人员情况；

⑧新增消防产品、防火材料的合格证明材料；

⑨灭火和应急疏散预案。

（2）消防安全管理情况应当包括以下内容：

①公安消防机构填发的各种法律文书；

②消防设施定期检查记录、自动消防设施全面检查测试的报告以及维修保养的记录；

③火灾隐患及其整改情况记录；

④防火检查、巡查记录；

⑤有关燃气、电气设备检测（包括防雷、防静电）等记录资料；

⑥消防安全培训记录（应当记明培训的时间、参加人员、内容等）；

⑦灭火和应急疏散预案的演练记录（应当记明演练的时间、地点、内容、参加部门以及人员等）；

⑧火灾情况记录；

⑨消防奖惩情况记录。

注：上述②③④⑤项记录，应当记明检查的人员、时间、部位、内容、发现的火灾隐患以及处理措施等。

3. 消防档案的管理

（1）消防档案应当由消防安全重点单位统一保管、备查。

（2）消防档案应当完整和安全。

（3）消防档案应当根据情况变化及时更新。

（4）消防档案应当分类管理。

三、火灾隐患整改

（一）火灾隐患的定义

1. 火灾隐患是指可能导致火灾发生或火灾危害增大的各类潜在不安全因素。

2. 重大火灾隐患是指违反消防法律法规、不符合消防技术标准，可能导致火灾发生或火灾危害增大，并由此可能造成重大、特别重大火灾事故或严重社会影响的各类潜在不安全因素。

（二）火灾隐患的确定

具有下列情形之一的，应确定为火灾隐患：

1. 影响人员安全疏散或者灭火救援行动，不能立即改正的；

2. 消防设施未保持完好有效，影响防火灭火功能的；

3. 擅自改变防火分区，容易导致火势蔓延、扩大的；

4. 在人员密集场所违反消防安全规定，使用、储存易燃易爆危险品，不能立即改正的；

5. 不符合城市消防安全布局要求，影响公共安全的；

6. 其他可能增加火灾实质危险性或者危害性的情形。

（三）重大火灾隐患的判定

应根据实际情况选择直接判定或综合判定方法，按照判定程序和步骤实施判定。直接判定要素和综合判定要素均应为不能立即改正的火灾隐患要素。

1. 重大火灾隐患直接判定

符合下列情况之一的，应直接判定为重大火灾隐患：

（1）生产、储存和装卸易燃易爆危险品的工厂、仓库和专用车站、码头、储罐区，未设置在城市的边缘或相对独立的安全地带；

（2）生产、储存、经营易燃易爆危险品的场所与人员密集场所、居住场所设置在同一建筑物内，或与人员密集场所、居住场所的防火间距小于国家工程建设消防技术标准规定值的75%；

（3）城市建成区内的加油站、天然气或液化石油气加气站、加油加气合建站的储量达到或超过GB 50156对一级站的规定；

（4）甲、乙类生产场所和仓库设置在建筑的地下室或半地下室；

（5）公共娱乐场所、商店、地下人员密集场所的安全出口数量不足或其总净宽度小于国家工程建设消防技术标准规定值的80%；

（6）旅馆、公共娱乐场所、商店、地下人员密集场所未按国家工程建设消防技术标准的规定设置自动喷水灭火系统或火灾自动报警系统；

（7）易燃可燃液体、可燃气体储罐（区）未按国家工程建设消防技术标准的规定设置固定灭火、冷却、可燃气体浓度报警、火灾报警设施；

（8）在人员密集场所违反消防安全规定使用、储存或销售易燃易爆危险品；

（9）托儿所、幼儿园的儿童用房以及老年人照料设施，所在楼层位置不符合国家工程建设消防技术标准的规定；

（10）人员密集场所的居住场所采用彩钢夹芯板搭建，且彩钢夹芯板芯材的燃烧性能等级低于GB 8624规定的A级。

2. 重大火灾隐患综合判定要素

（1）总平面布置

①未按国家工程建设消防技术标准的规定或城市消防规划的要求设置消防车道或消防车道被堵

塞、占用。

②建筑之间的既有防火间距被占用或小于国家工程建设消防技术标准的规定值的80%，明火和散发火花地点与易燃易爆生产厂房、装置设备之间的防火间距小于国家工程建设消防技术标准的规定值。

③在厂房、库房、商场中设置员工宿舍，或是在居住等民用建筑中从事生产、储存、经营等活动，且不符合 GA 703 的规定。

④地下车站的站厅乘客疏散区、站台及疏散通道内设置商业经营活动场所。

（2）防火分隔

①原有防火分区被改变并导致实际防火分区的建筑面积大于国家工程建设消防技术标准规定值的50%。

②防火门、防火卷帘等防火分隔设施损坏的数量大于该防火分区相应防火分隔设施总数的50%。

③丙、丁、戊类厂房内有火灾或爆炸危险的部位未采取防火分隔等防火防爆技术措施。

（3）安全疏散设施及灭火救援条件

①建筑内的避难走道、避难间、避难层的设置不符合国家工程建设消防技术标准的规定，或避难走道、避难间、避难层被占用。

②人员密集场所内疏散楼梯间的设置形式不符合国家工程建设消防技术标准的规定。

③除应直接判定为重大火灾隐患［上述第（1）条第⑤款］外的其他场所或建筑物的安全出口数量或宽度不符合国家工程建设消防技术标准的规定，或既有安全出口被封堵。

④按国家工程建设消防技术标准的规定，建筑物应设置独立的安全出口或疏散楼梯而未设置。

⑤商店营业厅内的疏散距离大于国家工程建设消防技术标准规定值的125%。

⑥高层建筑和地下建筑未按国家工程建设消防技术标准的规定设置疏散指示标志、应急照明，或所设置设施的损坏率大于标准规定要求设置数量的30%；其他建筑未按国家工程建设消防技术标准的规定设置疏散指示标志、应急照明，或所设置设施的损坏率大于标准规定要求设置数量的50%。

⑦设有人员密集场所的高层建筑的封闭楼梯间或防烟楼梯间的门的损坏率超过其设置总数的20%，其他建筑的封闭楼梯间或防烟楼梯间的门的损坏率大于其设置总数的50%。

⑧人员密集场所：

a.疏散走道、疏散楼梯间、前室的室内装修材料的燃烧性能不符合 GB 50222 的规定；

b.疏散走道、楼梯间、疏散门或安全出口设置栅栏、卷帘门；

c.外窗被封堵或被广告牌等遮挡。

⑨高层建筑的消防车道、救援场地设置不符合要求或被占用，影响火灾扑救。

⑩消防电梯无法正常运行。

（4）消防给水及灭火设施

①未按国家工程建设消防技术标准的规定设置消防水源、储存泡沫液等灭火剂。

②未按国家工程建设消防技术标准的规定设置室外消防给水系统，或已设置但不符合标准的规定或不能正常使用。

③未按国家工程建设消防技术标准的规定设置室内消火栓系统，或已设置但不符合标准的规定或不能正常使用。

④除旅馆、公共娱乐场所、商店、地下人员密集场所外，其他场所未按国家工程建设消防技术

标准的规定设置自动喷水灭火系统。

⑤未按国家工程建设消防技术标准的规定设置除自动喷水灭火系统外的其他固定灭火设施。

⑥已设置的自动喷水灭火系统或其他固定灭火设施不能正常使用或运行。

（5）防烟排烟设施

人员密集场所、高层建筑和地下建筑未按国家工程建设消防技术标准的规定设置防烟、排烟设施，或已设置但不能正常使用或运行。

（6）消防供电

①消防用电设备的供电负荷级别不符合国家工程建设消防技术标准的规定。

②消防用电设备未按国家工程建设消防技术标准的规定采用专用的供电回路。

③未按国家工程建设消防技术标准的规定设置消防用电设备末端自动切换装置，或已设置但不符合标准的规定或不能正常自动切换。

（7）火灾自动报警系统

①除旅馆、公共娱乐场所、商店、其他地下人员密集场所以外的其他场所未按国家工程建设消防技术标准的规定设置火灾自动报警系统。

②火灾自动报警系统不能正常运行。

③防烟排烟系统、消防水泵以及其他自动消防设施不能正常联动控制。

（8）消防安全管理

①社会单位未按消防法律法规要求设置专职消防队。

②消防控制室操作人员未按 GB 25506 的规定持证上岗。

（9）其他

①生产、储存场所的建筑耐火等级与其生产、储存物品的火灾危险性类别不相匹配，违反国家工程建设消防技术标准的规定。

②生产、储存、装卸和经营易燃易爆危险品的场所或有粉尘爆炸危险场所未按规定设置防爆电气设备和泄压设施，或防爆电气设备和泄压设施失效。

③违反国家工程建设消防技术标准的规定使用燃油、燃气设备，或燃油、燃气管道敷设和紧急切断装置不符合标准规定。

④违反国家工程建设消防技术标准的规定在可燃材料或可燃构件上直接敷设电气线路或安装电气设备，或采用不符合标准规定的消防配电线缆和其他供配电线缆。

⑤违反国家工程建设消防技术标准的规定在人员密集场所使用易燃、可燃材料装修、装饰。

3. 重大火灾隐患综合判定规则

符合下列条件应综合判定为重大火灾隐患：

（1）人员密集场所存在上述综合判定要素（3）①～⑧b 和（5）、（9）③规定的综合判定要素 3 条以上（含本数，下同）；

（2）易燃、易爆危险品场所存在（1）①～③、（4）⑤和（4）⑥规定的综合判定要素 3 条以上；

（3）人员密集场所、易燃易爆危险品场所、重要场所存在上述任意综合判定要素 4 条以上；

（4）其他场所存在上述任意综合判定要素 6 条以上。

（5）发现存在综合判定要素以外的其他违反消防法律法规、不符合消防技术标准的情形，技术论证专家组可视情节轻重，结合上述（1）～（4）做出综合判定。

4. 不应判定为重大火灾隐患的情形

（1）可以立即整改的。

（2）依法进行了消防设计专家评审，并已采取相应技术措施的。

（3）单位、场所已停产停业或停止使用的。

（4）不足以导致重大、特别重大火灾事故或严重社会影响的。

（四）火灾隐患的整改

1. 应当场整改的火灾隐患

对下列违反消防安全规定的行为，单位应当责成有关人员当场改正并督促落实：

（1）违章进入生产、储存易燃易爆危险物品场所的；

（2）违章使用明火作业或者在具有火灾、爆炸危险的场所吸烟、使用明火等违反禁令的；

（3）将安全出口上锁、遮挡，或者占用、堆放物品影响疏散通道畅通的；

（4）消火栓、灭火器材被遮挡影响使用或者被挪作他用的；

（5）常闭式防火门处于开启状态，防火卷帘下堆放物品影响使用的；

（6）消防设施管理、值班人员和防火巡查人员脱岗的；

（7）违章关闭消防设施、切断消防电源的；

（8）其他可以当场改正的行为。

2. 不能当场改正的火灾隐患

对不能当场整改的火灾隐患，消防工作归口管理职能部门或者专兼职消防管理人员应当根据本单位的管理分工，及时将存在的火灾隐患向单位的消防安全管理人或者消防安全责任人报告，提出整改方案。消防安全管理人或者消防安全责任人应当确定整改的措施、期限以及负责整改的部门、人员，并落实整改资金。

在火灾隐患未消除之前，单位应当落实防范措施，保障消防安全。不能确保消防安全，随时可能引发火灾或者一旦发生火灾将严重危及人身安全的，应当将危险部位停产停业整改。

3. 重大火灾隐患的报告

对于涉及城市规划布局而不能自身解决的重大大灾隐患，以及机关、团体、事业单位确无能力解决的重大火灾隐患，单位应当提出解决方案并及时向其上级主管部门或者当地人民政府报告。

4. 火灾隐患的限期整改

对公安消防机构责令限期改正的火灾隐患，单位应当在规定的期限内改正并写出火灾隐患整改复函，报送公安消防机构。

5. 整改情况存档备查

火灾隐患整改完毕，负责整改的部门或者人员应当将整改情况记录报送消防安全责任人或者消防安全管理人签字确认后存档备查。

四、消防宣传与教育培训

（一）基本要求

1. 单位应当通过多种形式定期开展形式多样的消防安全宣传教育。

2. 单位对每名员工应当至少每年进行一次消防安全培训。

3. 公众聚集场所对员工的消防安全培训应当至少每半年进行一次。

4. 单位应当组织新上岗和进入新岗位的员工进行上岗前的消防安全培训。

5. 各级各类学校应当在开学初、放寒（暑）假前、学生军训期间，对学生普遍开展专题消防安全教育。

6. 养老院、福利院、救助站等单位，应当对服务对象开展经常性的用火用电和火场自救逃生安全教育。

7. 下列人员应当接受消防安全专门培训：

（1）单位的消防安全责任人、消防安全管理人；

（2）专、兼职消防管理人员；

（3）消防控制室的值班、操作人员；

（4）其他依照规定应当接受消防安全专门培训的人员。

（二）主要内容和形式

1. 宣传教育和培训内容应当包括：

（1）有关消防法规、消防安全制度和保障消防安全的操作规程；

（2）本单位、本岗位的火灾危险性和防火措施；

（3）有关消防设施的性能、灭火器材的使用方法；

（4）报火警、扑救初起火灾以及自救逃生的知识和技能；

（5）公众聚集场所对员工培训的内容还应当包括组织、引导在场群众疏散的知识和技能；

（6）消防安全重点单位每半年至少组织一次、其他单位每年至少组织一次灭火和应急疏散演练。

2. 消防宣传教育的主要形式

（1）公众聚集场所在营业、活动期间，应当通过张贴图画、广播、闭路电视等向公众宣传防火、灭火、疏散逃生等常识。

（2）歌舞厅、影剧院、宾馆、饭店、商场、集贸市场、体育场馆、会堂、医院、客运车站、客运码头、民用机场、公共图书馆和公共展览馆等公共场所应当按照下列要求对公众开展消防安全宣传教育：

①在安全出口、疏散通道和消防设施等处的醒目位置设置消防安全标志、标识等；

②根据需要编印场所消防安全宣传资料供公众取阅；

③利用单位广播、视频设备播放消防安全知识。

（3）各级各类学校应当开展下列消防安全教育工作：

①将消防安全知识纳入教学内容；

②在开学初、放寒（暑）假前、学生军训期间，对学生普遍开展专题消防安全教育；

③结合不同课程实验课的特点和要求，对学生进行有针对性的消防安全教育；

④组织学生到当地消防站参观体验；

⑤每学年至少组织学生开展一次应急疏散演练；

⑥对寄宿学生开展经常性的安全用火用电教育和应急疏散演练；

⑦中小学校和学前教育机构应当针对不同年龄阶段学生认知特点，保证课时或者采取学科渗透、专题教育的方式，每学期对学生开展消防安全教育；

⑧小学阶段应当重点开展火灾危险及危害性、消防安全标志标识、日常生活防火、火灾报警、火场自救逃生常识等方面的教育；

⑨初中和高中阶段应当重点开展消防法律法规、防火灭火基本知识和灭火器材使用等方面的教育；

⑩高等学校应当每学年至少举办一次消防安全专题讲座，在校园网络、广播、校内报刊等开设消防安全教育栏目，对学生进行消防法律法规、防火灭火知识、火灾自救他救知识和火灾案例教育；

⑪ 范院校应当将消防安全知识列入学生必修内容；

⑫ 人民警察训练学校应当根据教育培训对象的特点，科学安排培训内容，开设消防基础理论和消防管理课程，并列入学生必修课程；

⑬ 学前教育机构应当采取游戏、儿歌等寓教于乐的方式，对幼儿开展消防安全常识教育。

（4）社区居民委员会、村民委员会应当开展下列消防安全教育工作：

①组织制定防火安全公约；

②在社区、村庄的公共活动场所设置消防宣传栏，利用文化活动站、学习室等场所，对居民、村民开展经常性的消防安全宣传教育；

③组织志愿消防队、治安联防队和灾害信息员、保安人员等开展消防安全宣传教育；

④利用社区、乡村广播、视频设备定时播放消防安全常识，在火灾多发季节、农业收获季节、重大节日和乡村民俗活动期间，有针对性地开展消防安全宣传教育。

（5）在建工程的施工单位应当开展下列消防安全教育工作：

①建设工程施工前应当对施工人员进行消防安全教育；

②在建设工地醒目位置、施工人员集中住宿场所设置消防安全宣传栏，悬挂消防安全挂图和消防安全警示标识；

③对明火作业人员进行经常性的消防安全教育；

④组织灭火和应急疏散演练。

（6）其他：

①新闻、广播、电视等单位应当积极开设消防安全教育栏目，制作节目，对公众开展公益性消防安全宣传教育；

②公安、教育、民政、人力资源和社会保障、住房和城乡建设、安全监管、旅游部门管理的培训机构，应当根据教育培训对象特点和实际需要进行消防安全教育培训；

③物业服务企业应当在物业服务工作范围内，根据实际情况积极开展经常性消防安全宣传教育，每年至少组织一次本单位员工和居民参加的灭火和应急疏散演练；

④由两个以上单位管理或者使用的同一建筑物，负责公共消防安全管理的单位应当对建筑物内的单位和职工进行消防安全宣传教育，每年至少组织一次灭火和应急疏散演练；

⑤旅游景区、城市公园绿地的经营管理单位、大型群众性活动主办单位应当在景区、公园绿地、活动场所醒目位置设置疏散路线、消防设施示意图和消防安全警示标识，利用广播、视频设备、宣传栏等开展消防安全宣传教育。导游人员、旅游景区工作人员应当向游客介绍景区消防安全常识和管理要求。

四、应急预案编制与演练

（一）编制应急预案的目的

针对设定的火灾事故的不同类型、规模及社会单位情况，合理调动分配单位内部员工组成的灭火救援力量，正确采用各种技术和手段，成功地实施灭火救援行动，最大限度地减少人员伤亡，降低财产损失。

（二）编制应急预案的意义

1. 有利于掌握科学施救的主动权。

2. 有利于促进单位内部熟悉。

3. 有利于增强演练的针对性。

（三）编制应急预案的依据

1. 法规制度依据

包括消防法律、法规、规章、规定和本单位消防安全制度。

2. 客观依据

包括单位的基本情况、消防安全重点部位情况等。

3. 主观依据

包括员工的变化程度、消防安全素质和防火灭火技能等。

（四）编制应急预案的范围

1. 消防安全重点单位

2. 在建重点工程

3. 其他需要制定应急预案的单位或场所

（五）应急预案分类

1. 多层建筑

2. 高层建筑

3. 地下建筑

4. 一般工矿企业

5. 化工类

6. 其他

（六）编制程序

1. 明确范围及重点部位

单位应结合单位的实际情况，确定范围，明确重点保卫对象或部位。

2. 调研收集资料

制定应急预案，应进行细致的调研工作，正确分析、预测发生火灾的可能性和各种险情，制定出相应的火灾扑救和应急救援对策。

3. 科学确定人力和器材装备

通过计算，确定现场灭火和疏散人员所需人力、器材装备和物资等，为完成灭火救援任务提供基本依据。

4. 确定灭火救援应急行动意图

对灭火救援应急行动的目标、任务、手段、措施等进行总体策划和构思。其主要内容有：作战行动的目标与任务、战术与技术措施、人员部署与力量安排等。

5. 严格审核，不断充实完善

审核的重点应当侧重于情况设定、处置对策、人员安排部署、战术措施、技术方法、后勤保障等内容。必要时应组织专业技术人员充分论证并通过演练进行验证。

（七）主要内容

1. 单位基本情况

2. 火情设想

3. 组织机构

包括灭火行动组、通讯联络组、疏散引导组、安全防护救护组。

4. 报警和接警处置程序

5. 应急疏散的组织程序和措施

6. 扑救初起火灾的程序和措施

7. 通讯联络、安全防护救护的程序和措施

8. 注意事项

（八）演练

消防安全重点单位应当按照灭火和应急疏散预案，至少每半年进行一次演练，并结合实际，不断完善预案。其他单位应当结合本单位实际，参照制定相应的应急方案，至少每年组织一次演练。

1. 应急预案演练的目的

（1）检验预案。

（2）完善准备。

（3）锻炼队伍。

（4）磨合机制。

（5）科普宣教。

2. 应急预案演练的原则

（1）结合实际，合理定位。

（2）着眼实战，讲求实效。

（3）精心组织，确保安全。

（4）统筹规划，厉行节约。

3. 应急预案演练的分类

（1）按组织形式划分，分为桌面演练和实战演练。

（2）按演练内容划分，分为单项演练和综合演练。

（3）按演练目的划分，分为检验性演练、示范性演练和研究性演练。

4. 应急预案演练的规划

（1）演练领导小组

演练领导小组负责应急演练活动全过程的组织领导，审批决定演练的重大事项。演练领导小组组长一般由演练组织单位或其上级单位的负责人担任；副组长一般由演练组织单位或主要协办单位负责人担任。在演练实施阶段，演练领导小组组长、副组长通常分别担任演练总指挥、副总指挥。

（2）策划部

策划部负责应急演练策划、演练方案设计、演练实施的组织协调、演练评估总结等工作。

（3）保障部

保障部负责调集演练所需物资装备，购置和制作演练模型、道具、场景，准备演练场地，维持演练现场秩序，保障运输车辆，保障人员生活和安全保卫等。

（4）评估组

评估组负责设计演练评估方案和编写演练评估报告，对演练准备、组织、实施及其安全事项等进行全过程、全方位评估，及时向演练领导小组、策划部和保障部提出意见、建议。

（5）参演队伍和人员

参演人员包括应急预案规定的有关应急管理部门（单位）工作人员、各类专兼职应急救援队伍以及志愿者队伍等。

5. 应急预案演练的准备

（1）制定演练计划，主要内容包括：确定演练目的；分析演练需求；确定演练范围；安排演练准备与实施的日程计划；编制演练经费预算。

（2）设计演练方案，主要内容包括：确定演练目标；设计演练情景与实施步骤；设计演练评估标准与方法；编写演练方案文件；评审演练方案。

（3）进行演练动员与培训，包括应急基本知识、演练基本概念、演练现场规则等，确保所有演练参与人员掌握演练规则、演练情景和各自在演练中的任务。

（4）应急演练保障，包括人员保障，经费保障，场地保障，物资和器材保障，通信保障，安全保障。

6.应急预案演练的实施

（1）演练启动，一般举行简短仪式，由演练总指挥宣布演练开始并启动演练活动。

（2）演练执行，包括演练指挥与行动，演练过程控制，演练解说，演练记录，演练宣传报道。

（3）演练结束与终止，一般由总策划发出结束信号，由演练总指挥宣布演练结束。

7.应急预案演练评估与总结

应急预案演练结束后，单位还应当对演练工作进行评估、总结，根据演练的经验和教训，修改完善应急预案，并应将演练计划、演练方案、演练评估报告、演练总结报告等资料归档保存。

六、大型群众性活动消防安全管理

（一）大型群众性活动的定义

根据国务院《大型群众性活动安全管理条例》（中华人民共和国国务院令第505号），大型群众性活动是指法人或者其他组织面向社会公众举办的每场次预计参加人数达到1000人以上的活动，包括：

1.体育比赛活动；

2.演唱会、音乐会等文艺演出活动；

3.展览、展销等活动；

4.游园、灯会、庙会、花会、焰火晚会等活动；

5.人才招聘会、现场开奖的彩票销售等活动。

影剧院、音乐厅、公园、娱乐场所等在其日常业务范围内举办的活动除外。

（二）主要特点和火灾危险性

1.特点

（1）规模大。

（2）临时性。

（3）协调难。

2.火灾危险性

除人为破坏和恐怖袭击外，大型群众性活动场所发生火灾的可能性主要有以下几方面：

（1）电气引起火灾；

（2）明火管理不善引起火灾；

（3）吸烟不慎引起火灾；

（4）放烟花引起火灾。

（三）消防安全责任

1.承办者的消防安全职责

（1）承办单位应当依法向公安机关申请安全许可，制定灭火和应急疏散预案并组织演练，明确消防安全责任分工，确定消防安全管理人员，保持消防设施和消防器材配置齐全、完好有效，保证疏散通道、安全出口、疏散指示标志、应急照明和消防车通道符合消防技术标准和管理规定。

（2）承办者应根据《大型群众性活动安全管理条例》的规定对其承办活动的消防安全负责，承办者的主要负责人为大型群众性活动的消防安全责任人。消防安全责任人和消防安全管理人应当履行消防法律、法规和规章规定的消防安全职责。

（3）承办者应当制订大型群众性活动消防安全工作方案，其主要内容应包括：

①活动的时间、地点、内容及组织方式；

②消防安全工作人员的数量、任务分配和识别标志；

③活动场所消防安全措施；

④活动场所可容纳的人员数量以及活动预计参加人数；

⑤现场秩序维护、人员疏导措施；

⑥应急救援预案。

（4）承办者应具体负责下列消防安全事项：

①落实大型群众性活动消防安全工作方案和消防安全责任制度，明确消防安全措施、消防安全工作人员岗位职责，开展大型群众性活动消防安全宣传教育；

②保障临时搭建的设施、建筑物的消防安全，消除消防安全隐患；

③按照核准的活动场所容纳人员数量、划定的区域发放或者出售门票；

④落实灭火、应急疏散等应急救援措施并组织演练；

⑤对妨碍大型群众性活动消防安全的行为及时予以制止；

⑥配备与大型群众性活动消防安全工作需要相适应的消防保安人员；

⑦为大型群众性活动的消防安全工作提供必要的保障。

2. 大型群众性活动的场所管理者的消防安全职责

（1）保障活动场所、设施符合国家消防技术规范、标准和安全规定。

（2）保障疏散通道、安全出口、消防车通道、应急广播、应急照明、疏散指示标志符合法律、法规、技术标准的规定。

（3）保障消防设施、器材配置齐全、完好有效。

（4）提供必要的停车场地，并维护安全秩序。

（四）消防安全管理

1. 消防安全管理工作原则

（1）以人为本，减少火灾。

（2）居安思危，预防为主。

（3）统一领导，分级负责。

（4）依法申报，加强监管。

（5）快速反应，协同应对。

2. 消防安全管理组织体系

承办单位应结合本单位实际和活动需要，成立消防安全工作领导小组，统一指挥协调大型群众性活动的消防安全工作。领导小组下设灭火行动组、通讯保障组、疏散引导组、安全防护救护组和防火巡查组。

3. 消防安全管理工作的实施

（1）灭火行动组应落实下列工作：

①根据活动实际情况制定灭火和应急疏散预案；

②组织灭火和应急疏散预案的演练；

③对举办活动场地及相关设施组织消防安全检查，督促相关职能部门整改火灾隐患；

④组织力量在活动现场实施消防安全保卫，确保第一时间处置火灾事故或突发性事件；

⑤发生火灾事故时，组织人员对现场进行保护，协助当地公安机关进行事故调查；

⑥对发生的火灾事故进行分析，汲取教训，积累经验，改进工作。

（2）通迅保障组应落实下列工作：

①建立通信联络平台；

②实现上下通迅畅通无阻；

③与当地消防部门保持紧密联系，第一时间向消防部门报警。

（3）疏散引导组应落实下列工作：

①掌握活动举办场所各安全通道、出口位置，了解安全通道、出口畅通情况；

②在关键部位，设置工作人员，确保通道、出口畅通；

③一旦发生火灾或突发事件，及时引导参加活动的人员疏散。

（4）安全防护救护组应落实下列工作：

①做好可能发生事件的前期预防，做到心中有数；

②委托医疗机构安排专业人员备齐相应医疗设备和急救药品到活动现场，做好应对突发事件的准备工作；

③一旦发生突发事件，确保第一时间到场处置，确保人身安全。

（5）防火巡查组应落实下列工作：

①巡查活动现场消防设施是否完好有效；

②巡视活动现场安全出口、疏散通道是否畅通；

③巡查活动消防重点部位的运行状况、工作人员在岗情况；

④巡查活动过程用火用电情况；

⑤巡查活动过程中的其他消防不安全因素；

⑥纠正巡查过程中的消防违章行为；

⑦及时向活动的消防安全管理人报告巡查情况。

（五）消防档案管理

承办单位应根据有关规定，建立健全承办活动的消防档案，其内容与要求见本节相关内容。

七、建设工程施工现场消防安全管理

（一）总平面布局

1.总平面布局的内容

（1）施工现场的出入口、围墙、围挡。

（2）场内临时道路。

（3）给水管网或管路和配电线路敷设或架设的走向、高度。

（4）施工现场办公用房、宿舍、发电机房、变配电房、可燃材料库房、易燃易爆危险品库房、可燃材料堆场及其加工场、固定动火作业场等。

（5）临时消防车道、消防救援场地和消防水源。

2.总平面布局的要求

（1）出入口。施工现场应设置满足消防车通行要求出入口的，宜布置在不同方向，其数量不宜少于2个。当确有困难只能设置1个出入口时，应在施工现场内设置满足消防车通行的环形道路。

（2）临时设施。施工现场临时办公、生活、生产、物料存贮等功能区宜相对独立布置，其防火间距应符合规范规定。

（3）固定动火作业场。应布置在可燃材料堆场及其加工场、易燃易爆危险品库房等全年最小频率风向的上风侧，并宜布置在临时办公用房、宿舍、可燃材料库房、在建工程等全年最小频率风向的上风侧。

（4）易燃易爆危险品库房。应远离明火作业区、人员密集区和建筑物相对集中区，不应布置在架空电力线下。

（5）可燃材料堆场及其加工场。不应布置在架空电力线下。

3.防火间距的要求

（1）临时用房、临时设施与在建工程的防火间距：

①人员住宿、可燃材料及易燃易爆危险品储存等场所严禁设置在建工程内；

②易燃易爆危险品库房与在建工程的防火间距不应小于15m；

③可燃材料堆场及其加工场、固定动火作业场与在建工程的防火间距不应小于10m；

④其它临时用房、临时设施与在建工程的防火间距不应小于6m。

（2）临建用房和临时设施的防火间距：

①施工现场主要临时用房、临时设施的防火间距应符合表6-5-1的规定；

表6-5-1 施工现场主要临时用房、临时设施的防火间距（m）

名称间距	办公用房、宿舍	发电机房、变配电房	可燃材料库房	厨房操作间、锅炉房	可燃材料堆场及其加工场	固定动火作业场	易燃易爆危险品库房
办公用房、宿舍	4	4	5	5	7	7	10
发电机房、变配电房	4	4	5	5	7	7	10
可燃材料库房	5	5	5	5	7	7	10
厨房操作间、锅炉房	5	5	5	5	7	7	10
可燃材料堆场及其加工场	7	7	7	7	7	10	10
固定动火作业场	7	7	7	7	10	10	12
易燃易爆危险品库房	10	10	10	10	10	10	12

注：1.临时用房、临时设施的防火间距应按临时用房外墙外边线或堆场、作业场、作业棚边线间的最小距离计算，如临时用房外墙有突出可燃构件时，应从其突出可燃构件的外缘算起。

2.两栋临时用房相邻较高一面的外墙为防火墙时，防火间距不限。

3.表6-5-1未规定的，可按同等火灾危险性的临时用房、临时设施的防火间距确定。

②当办公用房、宿舍成组布置时，其防火间距可适当减小，但每组临时用房的栋数不应超过10栋，组与组之间的防火间距不应小于8m；组内临时用房之间的防火间距不应小于3.5m；当建筑构件燃烧性能等级为A级时，其防火间距可减少到3m。

4.临时消防车道的设置要求

（1）施工现场内应设置临时消防车道，其与在建工程、临时用房、可燃材料堆场及其加工场的距离，不宜小于5m，且不宜大于40m。

（2）施工现场周边道路满足消防车通行及灭火救援要求时，施工现场内可不设置临时消防车道。

（3）临时消防车道宜为环形，如设置环形车道确有困难，应在消防车道尽端设置尺寸不小于12m×12m的回车场。

（4）临时消防车道的净宽度和净空高度均不应小于4m。

（5）临时消防车道的右侧应设置消防车行进路线指示标识。

（6）临时消防车道路基、路面及其下部设施应能承受消防车通行压力及工作荷载。

5.临时消防救援场地的设置要求

（1）需设临时消防救援场地的建筑

①建筑高度大于24m的在建工程。

②建筑工程单体占地面积大于3000m²的在建工程。

③超过10栋，且为成组布置的临时用房。

（2）临时消防救援场地的设置要求

①临时消防救援场地应在在建工程装饰装修阶段设置。

②临时消防救援场地应设置在成组布置的临时用房场地的长边一侧及在建工程的长边一侧。

③场地宽度应满足消防车正常操作要求且不应小于6m，与在建工程外脚手架的净距不宜小于2m，且不宜超过6m。

（二）建筑防火

1.基本要求

（1）临时用房和在建工程应采取可靠的防火分隔和安全疏散等防火技术措施。

（2）临时用房的防火设计应根据其使用性质及火灾危险性等情况进行确定。

（3）在建工程防火设计应根据施工性质、建筑高度、建筑规模及结构特点等情况进行确定。

2.临时用房的防火要求

（1）临时宿舍、办公用房的防火设计要求：

①建筑构件的燃烧性能等级应为A级。当采用金属夹芯板材时，其芯材的燃烧性能等级应为A级；

②建筑层数不应超过3层，每层建筑面积不应大于300m²；

③层数为3层或每层建筑面积大于200m²时，应设置至少2部疏散楼梯，房间疏散门至疏散楼梯的最大距离不应大于25m；

④单面布置用房时，疏散走道的净宽度不应小于1.0m；双面布置用房时，疏散走道的净宽度不应小于1.5m；

⑤疏散楼梯的净宽度不应小于疏散走道的净宽度；

⑥宿舍房间的建筑面积不应大于30m²，其他房间的建筑面积不宜大于100m²；

⑦房间内任一点至最近疏散门的距离不应大于15m，房门的净宽度不应小于0.8m；房间建筑面积超过50m²时，房门的净宽度不应小于1.2m；

⑧隔墙应从楼地面基层隔断至顶板基层底面。

（2）临时发电机房、变配电房、厨房操作间、锅炉房、可燃材料库房及易燃易爆危险品库房的防火设计要求：

①建筑构件的燃烧性能等级应为A级；

②层数应为1层，建筑面积不应大于200m²；

③可燃材料库房单个房间的建筑面积不应超过30m²，易燃易爆危险品库房单个房间的建筑面积不应超过20m²。

④房间内任一点至最近疏散门的距离不应大于10m，房门的净宽度不应小于0.8m。

（3）其他防火设计要求：

①宿舍、办公用房不应与厨房操作间、锅炉房、变配电房等组合建造。

②会议室、文化娱乐室等人员密集的房间应设置在临时用房的第一层，其疏散门应向疏散方向开启。

3.在建工程的防火要求

（1）临时疏散通道的设计要求

①在建工程作业场所的临时疏散通道应采用不燃、难燃材料建造，耐火极限不应低于0.5h，并应与在建工程结构施工同步设置，也可利用在建工程施工完毕的水平结构、楼梯。

②在建工程作业场所临时疏散通道设置在地面上时，其净宽度不应小于1.5m；利用在建工程施工完毕的水平结构、楼梯作临时疏散通道时，其净宽度不宜小于1.0m；用于疏散的爬梯及设置在脚手架上的临时疏散通道，其净宽度不应小于0.6m。

③临时疏散通道为坡道，且坡度大于25°时，应修建楼梯或台阶踏步或设置防滑条。

④临时疏散通道不宜采用爬梯，确需采用时，应采取可靠固定措施。

⑤临时疏散通道的侧面为临空面时，应沿临空面设置高度不小于1.2m的防护栏杆。

⑥临时疏散通道设置在脚手架上时，脚手架应采用不燃材料搭设。

⑦临时疏散通道应设置明显的疏散指示标识，并应设置照明设施。

（2）既有建筑扩建、改建施工的防火要求

既有建筑进行扩建、改建施工时，必须明确划分施工区和非施工区。施工区不得营业、使用和居住；非施工区继续营业、使用和居住时，应符合下列规定：

①施工区和非施工区之间应采用不开设门、窗、洞口的耐火极限不低于3.0h的不燃烧体隔墙进行防火分隔；

②非施工区内的消防设施应完好和有效，疏散通道应保持畅通，并应落实日常值班及消防安全管理制度；

③施工区的消防安全应配有专人值守，发生火情应能立即处置；

④施工单位应向居住和使用者进行消防宣传教育，告知建筑消防设施、疏散通道的位置及使用方法，同时应组织疏散演练；

⑤外脚手架搭设不应影响安全疏散、消防车正常通行及灭火救援操作，外脚手架搭设长度不应超过该建筑物外立面周长的1/2。

（3）脚手架和安全防护网的防火要求

①脚手架的防火要求。外脚手架、支模架的架体宜采用不燃或难燃材料搭设，高层建筑、既有建筑改造工程的外脚手架、支模架的架体应采用不燃材料搭设。

②安全防护网的防火要求。高层建筑外脚手架的安全防护网、既有建筑外墙改造时的外脚手架的安全防护网以及临时疏散通道的安全防护网，应采用阻燃型安全防护网。

（4）其他要求

①疏散指示标志的设置。作业场所应设置明显的疏散指示标志，其指示方向应指向最近的临时疏散通道入口。

②疏散示意图的设置。作业层的醒目位置应设置安全疏散示意图。

（三）临时消防设施

1.基本要求

（1）施工现场应按照同步设置、合理设置的原则，设置灭火器、临时消防给水系统和应急照明等临时消防设施。

（2）临时消防设施应与在建工程的施工同步设置。房屋建筑工程中，临时消防设施的设置与在建工程主体结构施工进度的差距不应超过3层。

（3）在建工程可利用已具备使用条件的永久性消防设施作为临时消防设施。当永久性消防设施无法满足使用要求时，应增设临时消防设施，并应符合有关规定。

（4）施工现场的消火栓泵应采用专用消防配电线路。专用消防配电线路应自施工现场总配电箱的总断路器上端接入，且应保持不间断供电。

（5）地下工程的施工作业场所宜配备防毒面具。

（6）临时消防给水系统的贮水池、消火栓泵、室内消防竖管及水泵接合器等应设置醒目标识。

2.灭火器的设置

（1）设置场所

①易燃易爆危险品存放及使用场所。

②动火作业场所。

③可燃材料存放、加工及使用场所。

④厨房操作间、锅炉房、发电机房、变配电房、设备用房、办公用房、宿舍等临时用房。

⑤其他具有火灾危险的场所。

（2）设置要求

①灭火器的类型应与配备场所可能发生的火灾类型相匹配。

②灭火器的最低配置标准应符合表6-5-2的规定。

表6-5-2　灭火器最低配置标准

项目	固体物质火灾		液体或可熔化固体物质火灾、气体火灾	
	单具灭火器最小灭火级别	单位灭火级别最大保护面积 m²/A	单具灭火器最小灭火级别	单位灭火级别最大保护面积 m²/B
易燃易爆危险品存放及使用场所	3A	50	89B	0.5
固定动火作业场	3A	50	89B	0.5
临时动火作用点	2A	50	55B	0.5
可燃材料堆放及使用场所	2A	75	55B	1.0
厨房操作间、锅炉房	2A	75	55B	1.0
自备发电机房	2A	75	55B	1.0
变、配电房	2A	75	55B	1.0
办公用房、宿舍	1A	100	—	—

③灭火器的配置数量应经计算确定，且每个场所的灭火器数量不应少于2具。

④灭火器的最大保护距离应符合表6-5-3的规定。

表 6-5-3 灭火器的最大保护距离（m）

项目	固体物质火灾	液体或可熔化固体物质火灾、气体火灾
易燃易爆危险品存放及使用场所	15	9
固定动火作业场	15	9
临时动火作用点	10	6
可燃材料堆放及使用场所	20	12
厨房操作间、锅炉房	20	12
发电机房、变配电房	20	12
办公用房、宿舍等	25	—

3.临时消防给水系统的设置

（1）消防水源要求

施工现场或其附近应设置稳定、可靠的水源，并应能满足施工现场临时消防用水的需要。消防水源可采用市政给水管网或天然水源。当采用天然水源时，应采取确保冰冻季节、枯水期最低水位时顺利取水的措施，并应满足临时消防用水量的要求。

（2）消防用水量要求

临时消防用水量应为临时室外消防用水量与临时室内消防用水量之和。临时室外消防用水量应按临时用房和在建工程的临时室外消防用水量的较大者确定，施工现场火灾次数可按同时发生 1 次确定。临时用房和在建工程的临时室外消防用水量见表 6-5-4 和表 6-5-5，在建工程的临时室内消防用水量见表 6-5-6。

表 6-5-4 临时用房的临时室外消防用水量

临时用房的建筑面积之和	火灾延续时间（h）	消火栓用水量（L/s）	每支水枪最小流量（L/s）
1000m² <面积≤ 5000m²	1	10	5
面积> 5000m²		15	5

表 6-5-5 在建工程的临时室外消防用水量

在建工程（单体）体积	火灾延续时间（h）	消火栓用水量（L/s）	每支水枪最小流量（L/s）
10000m³ <体积≤ 30000m³	1	15	5
体积> 30000m³	2	20	5

表 6-5-6 在建工程的临时室内消防用水量

建筑高度、在建工程体积（单体）	火灾延续时间（h）	消火栓用水量（L/s）	每支水枪最小流量（L/s）
24m <建筑高度≤ 50m 或 30000m³ <体积≤ 50000m³	1	10	5
建筑高度> 50m 或 体积> 50000m³	1	15	5

（3）临时室外消防给水系统设置要求

①临时用房建筑面积之和大于1000m²或在建工程单体体积大于10000m³时，应设置临时室外消防给水系统。当施工现场处于市政消火栓150m保护范围内，且市政消火栓的数量满足室外消防用

水量要求时，可不设置临时室外消防给水系统。

②临时用房的临时室外消防用水量不应小于表 6-5-4 的要求；在建工程的临时室外消防用水量不应小于表 6-5-5 的要求。

③临时给水管网宜布置成环状。临时室外消防给水干管的管径应依据施工现场临时消防用水量和干管内水流计算速度进行计算确定，且最小管径不应小于 DN100。

④室外消火栓应沿在建工程、临时用房及可燃材料堆场及其加工场均匀布置，距在建工程、临时用房及可燃材料堆场及其加工场的外边线不应小于 5m。

⑤室外消火栓的间距不应大于 120m，最大保护半径不应大于 150m。

（4）临时室内消防给水系统设置要求

①设置对象要求。建筑高度大于 24m 或单体体积超过 $30000m^3$ 的在建工程，应设置临时室内消防给水系统。

②用水量要求。在建工程的临时室内消防用水量不应小于表 6-5-6 的要求。

③消防竖管的设置要求。在建工程临时室内消防竖管的设置位置应便于消防人员操作，其数量不应少于 2 根，当结构封顶时，应将消防竖管设置成环状。消防竖管的管径应根据在建工程临时消防用水量、竖管内水流计算速度计算确定，且不应小于 DN100。

④水泵接合器的设置要求。设置室内消防给水系统的在建工程，应设置消防水泵接合器。消防水泵接合器应设置在室外便于消防车取水的部位，与室外消火栓或消防水池取水口的距离宜为 15m ~ 40m。

⑤消火栓口的设置要求。设置临时室内消防给水系统的在建工程，各结构层均应设置室内消火栓接口及消防软管接口，且消火栓接口及软管接口应设置在位置明显且易于操作的部位，消火栓接口的前端应设置截止阀，消火栓接口或软管接口的间距，多层建筑不应大于 50m，高层建筑不应大于 30m。

⑥消防水枪的设置要求。在建工程结构施工完毕的每层楼梯处应设置消防水枪、水带及软管，且每个设置点不应少于 2 套。

⑦中转水池的设置要求。高度超过 100m 的在建工程，应在适当楼层增设临时中转水池及加压水泵。中转水池的有效容积不应少于 $10m^3$，上、下两个中转水池的高差不宜超过 100m。

（5）其他要求

①临时消防给水系统的给水压力应满足消防水枪充实水柱长度不小于 10m 的要求；给水压力不能满足要求时，应设置消火栓泵，消火栓泵不应少于 2 台，且应互为备用；消火栓泵宜设置自动启动装置。

②当外部消防水源不能满足施工现场的临时消防用水量要求时，应在施工现场设置临时贮水池。临时贮水池宜设置在便于消防车取水的部位，其有效容积不应小于施工现场火灾延续时间内一次灭火的全部消防用水量。

③施工现场临时消防给水系统应与施工现场生产、生活给水系统合并设置，但应设置将生产、生活用水转为消防用水的应急阀门。应急阀门不应超过 2 个，且应设置在易于操作的场所，并应设置明显标识。

④严寒和寒冷地区的现场临时消防给水系统应采取防冻措施。

5. 临时应急照明设置

（1）临时应急照明设置场所

①自备发电机房及变配电房。

②水泵房。

③无天然采光的作业场所及疏散通道。

④高度超过 100m 的在建工程的室内疏散通道。

⑤发生火灾时仍需坚持工作的其他场所。

（2）设置要求

①作业场所应急照明的照度不应低于正常工作所需照度的 90%，疏散通道的照度值不应小于 0.5lx。

②临时消防应急照明灯具宜选用自备电源的应急照明灯具，自备电源的连续供电时间不应小于 60min。

（四）消防安全管理

1. 基本要求

（1）施工现场的消防安全管理应由施工单位负责。实行施工总承包时，应由总承包单位负责。分包单位应向总承包单位负责，并应服从总承包单位的管理，同时应承担国家法律、法规规定的消防责任和义务。

（2）监理单位应对施工现场的消防安全管理实施监理。

（3）施工单位应根据建设项目规模、现场消防安全管理的重点，在施工现场建立消防安全管理组织机构及义务消防组织，并应确定消防安全负责人和消防安全管理人员，同时应落实相关人员的消防安全管理责任。

（4）施工单位应制订下列消防安全管理制度：

①消防安全教育与培训制度；

②可燃及易燃易爆危险品管理制度；

③用火、用电、用气管理制度；

④消防安全检查制度；

⑤应急预案演练制度。

（5）施工单位应编制施工现场防火技术方案，主要内容包括：

①施工现场重大火灾危险源辨识；

②施工现场防火技术措施；

③临时消防设施、临时疏散设施配备；

④临时消防设施和消防警示标识布置图。

（6）施工单位应编制施工现场灭火及应急疏散预案，并应定期开展灭火及应急疏散的演练。预案主要内容包括：

①应急灭火处置机构及各级人员应急处置职责；

②报警、接警处置的程序和通讯联络的方式；

③扑救初起火灾的程序和措施；

④应急疏散及救援的程序和措施。

（7）施工人员进场时，施工现场的消防安全管理人员应向施工人员进行消防安全教育和培训，主要内容包括：

①施工现场消防安全管理制度、防火技术方案、灭火及应急疏散预案的主要内容；

②施工现场临时消防设施的性能及使用、维护方法；

③扑灭初起火灾及自救逃生的知识和技能；

④报警、接警的程序和方法。

（8）施工作业前，施工现场的施工管理人员应向作业人员进行消防安全技术交底，主要内容包括：

①施工过程中可能发生火灾的部位或环节；

②施工过程应采取的防火措施及应配备的临时消防设施；

③初起火灾的扑救方法及注意事项；

④逃生方法及路线。

（9）施工过程中，施工现场的消防安全负责人应定期组织消防安全管理人员对施工现场的消防安全进行检查，主要检查内容包括：

①可燃物及易燃易爆危险品的管理是否落实；

②动火作业的防火措施是否落实；

③用火、用电、用气是否存在违章操作，电、气焊及保温防水施工是否执行操作规程；

④临时消防设施是否完好有效；

⑤临时消防车道及临时疏散设施是否畅通。

2. 可燃物及易燃易爆危险品管理要求

（1）用于在建工程的保温、防水、装饰及防腐等材料的燃烧性能等级应符合设计要求。

（2）可燃材料及易燃易爆危险品应按计划限量进场。进场后，可燃材料宜存放于库房内，露天存放时，应分类成垛堆放，垛高不应超过 2m，单垛体积不应超过 $50m^3$，垛与垛之间的最小间距不应小于 2m，且应采用不燃或难燃材料覆盖；易燃易爆危险品应分类专库储存，库房内应通风良好，并应设置严禁明火标志。

（3）室内使用油漆及其有机溶剂、乙二胺、冷底子油等易挥发产生易燃气体的物资作业时，应保持良好通风，作业场所严禁明火，并应避免产生静电。

（4）施工产生的可燃、易燃建筑垃圾或余料，应及时清理。

3. 用火管理要求

（1）动火作业应办理动火许可证；动火许可证的签发人收到动火申请后，应前往现场查验并确认动火作业的防火措施落实后，再签发动火许可证。

（2）动火操作人员应具有相应资格。

（3）焊接、切割、烘烤或加热等动火作业前，应对作业现场的可燃物进行清理；作业现场及其附近无法移走的可燃物应采用不然材料对其覆盖或隔离。

（4）施工作业安排时，宜将动火作业安排在使用可燃建筑材料的施工作业前进行。确需在使用可燃建筑材料的施工作业之后进行动火作业时，应采取可靠的防火措施。

（5）裸露的可燃材料上严禁直接进行动火作业。

（6）焊接、切割、烘烤或加热等动火作业应配备灭火器材，并应设置动火监护人进行现场监护，每个动火作业点均应设置 1 个监护人。

（7）五级（含五级）以上风力时，应停止焊接、切割等室外动火作业；确需动火作业时，应采取可靠的挡风措施。

（8）动火作业后，应对现场进行检查，并应在确认无火灾危险后，动火操作人员再离开。

（9）具有火灾、爆炸危险的场所严禁明火。

（10）施工现场不应采用明火取暖。

（11）厨房操作间炉灶使用完毕后，应将炉火熄灭，排油烟机及油烟管道应定期清理油垢。

4. 用电管理要求

（1）施工现场供用电设施的设计、施工、运行和维护应符合现行国家标准《建设工程施工现场供用电安全规范》GB 50194 的有关规定。

（2）电气线路应具有相应的绝缘强度和机械强度，严禁使用绝缘老化或失去绝缘性能的电气线路，严禁在电气线路上悬挂物品。破损、烧焦的插座、插头应及时更换。

（3）电气设备与可燃、易燃易爆危险品和腐蚀性物品应保持一定的安全距离。

（4）有爆炸和火灾危险的场所，应按危险场所等级选用相应的电气设备。

（5）配电屏上每个电气回路应设置漏电保护器、过载保护器，距配电屏 2m 范围内不应堆放可燃物，5m 范围内不应设置可能产生较多易燃、易爆气体、粉尘的作业区。

（6）可燃材料库房不应使用高热灯具，易燃易爆危险品库房内应使用防爆灯具。

（7）普通灯具与易燃物的距离不宜小于 300mm，聚光灯、碘钨灯等高热灯具与易燃物的距离不宜小于 500mm。

（8）电气设备不应超负荷运行或带故障使用。

（9）严禁私自改装现场供用电设施。

（10）应定期对电气设备和线路的运行及维护情况进行检查。

5. 用气管理要求

（1）储装气体的罐瓶及其附件应合格、完好和有效；严禁使用减压器及其他附件缺损的氧气瓶，严禁使用乙炔专用减压器、回火防止器及其他附件缺损的乙炔瓶。

（2）气瓶运输、存放、使用时，应符合下列规定：

①气瓶应保持直立状态，并采取防倾倒措施，乙炔瓶严禁横躺卧放；

②严禁碰撞、敲打、抛掷、滚动气瓶；

③气瓶应远离火源，与火源的距离不应小于 10m，并应采取避免高温和防止曝晒的措施；

④燃气储装瓶罐应设置防静电装置。

（3）气瓶应分类储存，库房内应通风良好；空瓶和实瓶同库存放时，应分开放置，空瓶和实瓶的间距不应小于 1.5m。

（4）气瓶使用时，应符合下列规定：

①使用前，应检查气瓶及气瓶附件的完好性，检查连接气路的气密性，并采取避免气体泄漏的措施，严禁使用已老化的橡皮气管；

②氧气瓶与乙炔瓶的工作间距不应小于 5m，气瓶与明火作业点的距离不应小于 10m；

③冬季使用气瓶，气瓶的瓶阀、减压器等发生冻结时，严禁用火烘烤或用铁器敲击瓶阀，严禁猛拧减压器的调节螺丝；

④氧气瓶内剩余气体的压力不应小于 0.1MPa；

⑤气瓶用后应及时归库。

6. 其他施工管理要求

（1）施工现场的重点防火部位或区域应设置防火警示标识。

（2）施工单位应做好施工现场临时消防设施的日常维护工作，对已失效、损坏或丢失的消防设施应及时更换、修复或补充。

（3）临时消防车道、临时疏散通道、安全出口应保持畅通，不得遮挡、挪动疏散指示标识，不得挪用消防设施。

（4）施工期间，不应拆除临时消防设施及临时疏散设施。

（5）施工现场严禁吸烟。

第六节　注册消防工程师职业道德

职业道德是从业人员在职业活动中应遵循的行为准则，涵盖了从业人员与服务对象、职业与职工、职业与职业之间的关系。注册消防工程师职业道德是职业道德体系的重要组成部分。

一、注册消防工程师职业道德的内涵

注册消防工程师职业道德，是从业人员应遵循的职业行为规范，主要调整行业内部、从业人员与消防技术服务机构、消防安全重点单位及社会之间的道德关系。它既是对从业人员职业行为的道德要求，也是从业人员对社会应承担的道德责任和义务，是建立注册消防工程师职业声誉和专业地位的基本保证，是行业健康发展的重要保障。

二、注册消防工程师职业道德的特点

（一）具有执行消防法规标准的原则性

注册消防工程师的执业行为必须独立、公正、合法，始终自觉以维护消防法规和技术标准的正确实施、维护服务对象的合法权益和社会公共安全为执业行为的目的，这也是衡量注册消防工程师职业道德的基本标准。

（二）具有维护社会公共安全的责任性

注册消防工程师职业道德直接影响社会公共安全的稳定。注册消防工程师必须富有强烈的责任心，工作尽心尽责。这既是政治要求和社会要求，也是伦理要求。

（三）具有高度的服务性

注册消防工程师服务于消防技术服务机构和消防安全重点单位，职业道德调整制约双方的关系，具有高度的服务性特点。注册消防工程师在执业中必须树立服务意识，不断提升服务质量。

（四）具有与社会经济联系的密切性

注册消防工程师的职业行为是社会经济活动之一，而受职业道德影响和制约的职业活动会影响社会经济活动的效益和效果。因此，注册消防工程师职业道德是直接影响社会经济活动的精神力量之一。

三、注册消防工程师职业道德的根本原则

（一）维护公共安全原则

维护公共安全原则既是注册消防工程师的职业宗旨，也是其职业道德的根本原则之一。它是指导注册消防工程师在职业活动中处理个人利益与集体利益及国家利益的根本准则，也是衡量职业行为和职业品质最主要的道德标准。

（二）诚实守信原则

诚实守信作为注册消防工程师职业道德的根本原则，具有很强的现实针对性，在社会主义市场经济条件下，加强注册消防工程师的诚信道德建设，非常必要。

四、注册消防工程师职业道德基本规范

注册消防工程师职业道德规范可归纳为：爱岗敬业、依法执业、客观公正、公平竞争、奉献社会、保守秘密、提高技能。

五、注册消防工程师职业道德修养

职业道德修养是一个伦理学概念，指从业者依据职业道德原则、规范进行自我评价、自我教育、自我磨炼和自我提高的过程，以及由此所达到的职业道德境界和水平。它包含两层含义：一是按照职业道德原则、规范进行自我反省、检查和自我批评的行为和过程；二是经过努力所达到的职业道德水平。修养的根本目的在于提高自己的职业道德素质和培养高尚的职业道德品质。

（一）职业道德修养的必要性

重视职业道德修养，是促进注册消防工程师行业兴旺发达的需要，是促进注册消防工程师进步和成才的需要，是做好本职工作、维护服务对象合法权益和消防安全的需要，是促进社会精神文明建设的重要措施。

（二）职业道德修养的内容

主要包括政治理论、业务知识、人生观和职业道德品质修养。

注册消防工程师的基本职业道德品质可归纳为：忠于职守、诚实守信、工作认真、吃苦耐劳、廉洁正直、热情服务。

（三）职业道德修养的途径和方法

主要包括自我反思、向榜样学习、坚持"慎独"、提高道德选择能力。

CHAPTER

7

第七章

建筑防火防爆检查

本章在分析 2015 年、2016 年和 2017 年试卷的基础上，重点介绍注册消防工程师必须熟悉和掌握的建筑分类和耐火等级、总平面布局与平面布置、防火与防烟分区、安全疏散、建筑防爆、消防供配电及电气、建筑装修和保温系统等建筑防火防爆检查的方法和要求。

第一节　建筑分类和耐火等级检查

主要检查建筑高度、层数、火灾危险性、使用性质等，确定建筑分类和耐火等级是否符合要求。

一、建筑分类检查内容

（一）建筑高度

1. 坡屋面：建筑高度为室外设计地面至檐口与屋脊的平均高度。

2. 平屋面（包括有女儿墙的平屋面）：建筑高度为室外设计地面至屋面面层的高度。

3. 同一座建筑有多种形式的屋面时，建筑高度按上述方法分别计算后，取其最大值。

4. 对于台阶式地坪，当位于不同高程地坪上的同一建筑之间有防火墙分隔，各自有符合规范规定的安全出口，且可沿建筑的两个长边设置贯通式或尽头式消防车道时，可分别确定各自的建筑高度。否则，按其中建筑高度最大者确定建筑高度。

5. 局部突出屋顶的瞭望塔、冷却塔、水箱间、微波天线间或电梯机房、排风和排烟机房以及楼梯出口小间等辅助用房占屋面面积不大于1/4时，不计入建筑高度。

6. 对于住宅建筑，设置在底部且室内高度不大于2.2m的自行车库、储藏室、敞开空间，室内外高差或建筑的地下或半地下室的顶板面高出室外设计地面的高度不大于1.5m的部分，不计入建筑高度。

（二）建筑层数

建筑层数按建筑的自然层数确定。但是，室内顶板面高出室外设计地面的高度不大于1.5m的地下或半地下室，建筑底部且室内高度不大于2.2m的自行车库、储藏室、敞开空间，以及建筑屋顶上突出的局部设备用房、出屋面的楼梯间等，可不计入建筑层数内。

（三）生产和储存的火灾危险性

1. 检查生产火灾危险性类别

（1）同一座厂房或厂房的任一防火分区内有不同火灾危险性生产时，厂房或防火分区内的生产火灾危险性类别按火灾危险性较大的部分确定；当生产过程中使用或产生易燃、可燃物的量较少，不足以构成爆炸或火灾危险时，按实际情况确定。例如，机械修配厂或修理车间，虽使用少量汽油等甲类溶剂清洗零件，但因其数量少，当气体全部逸出或可燃液体全部气化也不会在同一时间内使厂房内任何部位的混合气体处于爆炸极限范围内，所以，该厂房的火灾危险性仍可按戊类考虑。

（2）火灾危险性较大的生产部分占本层或本防火分区建筑面积的比例小于5%或丁、戊类厂房内的油漆工段小于10%，且发生火灾时不足以蔓延至其他部位或火灾危险性较大的生产部分采取了有效的防火措施时，按火灾危险性较小的部分确定。例如，在一座汽车总装厂房中，喷漆工段占总装厂房的面积比例不足10%，并将喷漆工段采用防火分隔和自动灭火设施保护时，厂房的生产火灾危险性类别仍可按戊类划分。

（3）丁、戊类厂房内的油漆工段，当采用封闭喷漆工艺，封闭喷漆空间内保持负压、油漆工段设置可燃气体探测报警系统或自动抑爆系统，且油漆工段占所在防火分区建筑面积的比例不大于20%时，按火灾危险性较小的部分确定。

2. 检查储存火灾危险性类别

（1）同一座仓库或仓库的任一防火分区内储存不同火灾危险性物品时，仓库或防火分区的火灾危险性按火灾危险性最大的物品确定。例如，同一座仓库存放有甲、乙、丙三类物品时，该仓库按甲类仓库分类。

（2）检查丁、戊类仓库时，除应考虑储存物品本身的燃烧性能外，还应考虑物品包装材料的燃烧性能及其数量。当可燃包装重量大于物品本身重量1/4，或可燃包装（如泡沫塑料等）体积大于物品本身体积的1/2时，仓库的火灾危险性类别应按丙类确定。

（四）检查民用建筑分类

1. 按照使用功能分类。民用建筑根据其使用性质分为住宅建筑和公共建筑两大类。

2. 按照建筑高度和层数分类。民用建筑根据其建筑高度和层数分为高层民用建筑和单、多层民用建筑。对于住宅建筑，以27m作为区分多层和高层住宅建筑的标准；对于公共建筑，以24m作为区分多层和高层公共建筑的标准。

3. 按照一、二类分类。高层民用建筑根据其建筑高度、使用功能和楼层建筑面积分为一类和二类。对于住宅建筑，建筑高度大于54m的定为一类高层住宅建筑；对于公共建筑，建筑高度大于50m，或性质重要、火灾危险性大、疏散和扑救难度大的定为一类高层公共建筑。

4. 民用建筑类别检查注意事项

（1）建筑高度大于24m的单层公共建筑，可能存在单层和多层组合建造的情况，难以确定是单、多层建筑还是高层建筑，这时需要根据建筑各使用功能的层数和建筑高度综合确定。如某体育馆建筑主体为单层，建筑高度30.6m，座位区下部设置4层辅助用房，其第四层顶板标高22.7m，对该体育馆可不按高层建筑定性。

（2）未列举的建筑，应根据建筑功能的具体情况，通过类比确定建筑类别。

（五）汽车库、修车库、停车场的类别

汽车库、修车库、停车场类别根据车位数量和总建筑面积确定，分为Ⅰ、Ⅱ、Ⅲ、Ⅳ等四类。检查汽车库类别时应注意：

1. 当屋面露天停车场与下部汽车库共用汽车坡道时，停车数量应计算在汽车库的车辆总数内；

2. 室外坡道、屋面露天停车场的建筑面积可不计入汽车库的建筑面积之内；

3. 公交车库的允许建筑面积可按规定值增加2倍。

二、建筑分类检查方法

通过查阅设计文件、建筑平面图等有关资料，了解建筑层数、建筑高度、火灾危险性等确定建筑类别的基础数据。实地查看建筑层数，测量建筑高度，查看每层使用功能及布局、生产中使用或产生的物质性质及数量或储存物品的性质和可燃物数量等，检查建筑分类的准确性。

三、建筑耐火等级检查内容

建筑物的墙、柱、梁、楼板、楼梯、屋顶承重构件和吊顶等构件的燃烧性能和耐火极限是确定建筑耐火等级的基础。检查主要建筑构件的燃烧性能和耐火极限，可以核实建筑的耐火等级是否符合现行国家标准的规定。

（一）建筑构件的燃烧性能和耐火极限

建筑主要构件的燃烧性能和耐火极限不得低于建筑相应耐火等级的要求。一级耐火等级建筑的主要构件都应为不燃烧体；二级耐火等级的主要建筑构件，除吊顶为难燃烧体外，其余构件都应为不燃烧体；三级耐火等级的建筑构件，除吊顶（包括吊顶格栅）和房间隔墙可采用难燃烧体外，其余构件都应为不燃烧体；四级耐火等级的建筑构件，除防火墙需采用不燃烧体外，其余构件可采用难燃烧体或燃烧体。以木柱承重且以不燃烧材料作为墙体的建筑物，其耐火等级应按四级确定。

检查钢结构防火保护措施时，应注意以下几点：

1. 一级耐火等级的单层、多层厂房（仓库），当采用自动喷水灭火系统全保护时，其屋顶承重构件的耐火极限不应低于 1.00h；

2. 预制钢筋混凝土构件的节点外露部位，应采取防火保护措施，且节点的耐火极限不应低于相应构件的耐火极限要求；

3. 二级耐火等级的散装粮食平房仓可采用无防火保护的金属承重构件。

（二）耐火等级与建筑类别的适应性

主要检查耐火等级是否满足建筑高度、使用功能、重要性质和火灾扑救难度等要求。

1. 厂房和仓库

（1）耐火等级要求不低于二级的建筑：高层厂房，甲、乙类厂房，使用或产生丙类液体的厂房和有火花、赤热表面、明火的丁类厂房，使用或储存特殊贵重的机器、仪表、仪器等设备或物品的建筑，高架仓库、高层仓库、甲类仓库、多层乙类仓库和储存储存可燃液体的多层丙类仓库，粮食筒仓，锅炉房，油浸变压器室、高压配电装置室。

（2）耐火等级要求不低于三级的建筑：单、多层丙类厂房，多层丁、戊类厂房，单层乙类仓库，单层丙类仓库，储存可燃固体的多层丙类仓库和多层丁、戊类仓库，粮食平房仓。

（3）耐火等级可以为三级的建筑：建筑面积不大于 300m² 的独立甲、乙类单层厂房；建筑面积不大于 500m² 的单层丙类厂房或建筑面积不大于 1000m² 的单层丁类厂房；燃煤锅炉房且锅炉的总蒸发量不大于 4t/h 的建筑。

2. 民用建筑

（1）耐火等级要求不低于一级的建筑：地下、半地下建筑和一类高层建筑。

（2）耐火等级要求不低于二级的建筑：单、多层重要公共建筑和二类高层建筑。

3. 汽车库、修车库

（1）耐火等级不低于一级：地下、半地下和高层汽车库，甲、乙类物品运输车的汽车库、修车库和Ⅰ类汽车库、修车库。

（2）耐火等级不低于二级：Ⅱ、Ⅲ类汽车库、修车库。

（3）耐火等级不低于三级：Ⅳ类汽车库、修车库。

（三）最多允许层数与耐火等级的适应性

1. 厂房

一、二级耐火等级的甲类厂房宜为单层、可为多层。二级耐火等级的乙类厂房，最多允许 6 层；三级耐火等级的丙类厂房最多为 2 层，丁、戊类厂房最多为 3 层；四级耐火等级的丁、戊类厂房只允许单层。一级耐火等级的乙类厂房；一、二级耐火等级的丙、丁、戊类厂房，层数不限。

2. 仓库

甲类仓库，三级耐火等级的乙类仓库，三级耐火等级储存丙类 1 项物品的丙类仓库，四级耐火等级的丁、戊类仓库，其层数只能为单层。一、二级耐火等级储存乙类 1、3、4 项物品的乙类仓库，三级耐火等级储存丙类 2 项物品的丙类仓库，三级耐火等级的丁、戊类仓库，最多允许层数为 3 层。一、二级耐火等级储存乙类 2、5、6 项物品的乙类仓库和储存丙类 1 项物品的丙类仓库，最多允许层数为 5 层。一、二级耐火等级的储存丙类 2 项物品的丙类仓库和丁、戊类仓库，其层数不限。

3. 民用建筑

三级耐火等级的建筑，允许层数为 5 层，四级耐火等级的建筑，允许层数为 2 层，建筑高度均不应大于 24m；商店建筑、展览建筑、托儿所、幼儿园的儿童用房、儿童游乐厅等儿童活动场所，老年人照料设施，医院和疗养院的住院部分，教学建筑、食堂、菜市场采用三级耐火等及建筑时，建筑层数不应超过 2 层，采用四级耐火等级建筑时，应为单层。剧场、电影院、礼堂采用三级耐火等级建筑时，不应超过 2 层。

除木结构建筑外，老年人照料设施的耐火等级不应低于三级。

四、建筑耐火等级检查方法

（一）查阅资料

通过查阅相关设计文件，了解建筑性质、规模和建筑类别，确定建筑物的耐火等级以及主要建筑构件燃烧性能和耐火极限的基本要求。

（二）实地检查

实地查看建筑结构、主要建筑构件，对照消防设计文件和施工、监理记录，对建筑构件截面尺寸及金属构件的防火处理等，逐项进行检查测量，分析判断建筑的耐火等级是否符合现行国家标准的规定。

（三）钢结构防火涂料检查时注意事项

1. 样品比对

与选用的样品对比，检查钢结构防火涂料的品种与颜色是否与设计及规定相符。对于耐火极限要求不低于 1.50h 的钢结构，防火涂料可选用薄涂型钢结构防火涂料。对于耐火极限要求不低于 2.00h 的钢结构，防火涂料应选用厚涂型钢结构防火涂料。对于露天钢结构，应选用适合室外用的钢结构防火涂料。

2. 检查涂层外观

目测检查涂层有无漏涂、开裂及脱落情况，薄涂型钢结构防火涂层表面如有个别裂缝，其宽度不应大于 0.5mm；用榔头轻击涂层检查其强度。

3. 检查涂层厚度

现场选取至少 5 个不同的涂层部位，用测厚仪分别测量其厚度。涂层厚度为测厚点的平均值，涂层厚度不应低于型式检验合格报告描述的对应耐火极限要求的厚度。厚涂型钢结构防火涂层最薄处厚度不应低于设计要求的 85%，厚度不足部位的连续面积长度不应大于 1m，且在 5m 范围内不再出现类似情况。

4. 检查膨胀倍数

对施工的薄型、超薄型钢结构防火涂料，需检查涂料的膨胀倍数。在已施工涂料的构件上随机选取 3 个不同的涂层部位，分别用磁性测厚仪测量其厚度，然后点燃 2L 汽油喷灯，分别对准选定的 3 个位置，喷灯外焰应充分接触涂层，持续供火时间不应低于 10min。停止供火后观察涂层是否膨胀发泡，用精度为 0.1mm 的游标卡尺测量其发泡层厚度。膨胀倍数为试验前涂层厚度与试验后涂料发泡层厚度的比值，其结果取 3 个测试值的平均值。薄型钢结构防火涂料的膨胀倍数要求为 5；超薄型钢结构防火涂料的膨胀倍数要求为大于 10。

第二节 总平面布局与平面布置检查

一、总平面布局检查

通过对建筑布局、防火间距、消防车道、消防车登高操作场地等进行检查，核实建筑的总平面布局是否符合现行国家标准的规定。

（一）总体布局

1.检查内容

（1）建设工程选址。火灾危险性大的石油化工企业、钢铁企业、发电厂与变电站、加油加气站等工程选址是否符合规范要求。

（2）功能分区及平面布置

①石油化工企业：是否根据生产流程及各组成部分的生产特点和火灾危险性，结合地形、风向等条件，合理划分生产区、储存区、行政办公区和生活区等功能区；可能散发可燃气体的生产车间、工艺装置、储罐区等，是否布置在明火或散发火花地点的全年最小频率风向的上风侧；液化烃罐组或可燃液体罐组是否违规毗邻布置在高于工艺装置、全厂性重要设施或人员集中场所的阶梯上；全厂性的高架火炬是否布置在生产区全年最小频率风向的上风侧；汽车装卸设施、液化烃灌装站及各类物品仓库等是否布置在厂区边缘或厂区外，并设围墙独立成区；采用架空电力线路进出厂区的总变电所是否布置在厂区边缘；罐组泡沫站是否布置在罐组防火堤外的非防爆区。

②火力发电厂：厂区是否按照规范要求划分主厂房区、配电装置区、点火油罐区、贮煤场区、供氢站区、贮氧罐区、消防泵房区、材料库区等重点防火区域；点火油罐区是否单独布置、且四周设置高度不小于1.8m的围栅，当利用厂区围墙作为点火油罐区的围栅时，该区段实体围墙的高度是否不小于2.5m。

③钢铁冶金企业：贮存或使用甲、乙、丙类液体，可燃气体，明火或散发火花以及产生大量烟气、粉尘、有毒有害气体的车间，是否布置在厂区边缘或主要生产车间、职工生活区全年最小频率风向的上风侧；高炉煤气、发生炉煤气、转炉煤气和铁合金电炉煤气的管道是否按照规范规定敷设；氧气管道是否违规与燃油管道、腐蚀性介质管道和电缆、电线同沟敷设，动力电缆是否违规与可燃、助燃气体和燃油管道同沟敷设；甲、乙丙类液体管道和可燃气体管道是否违规穿越与其无关的建（构）筑物、生产装置及储罐区等。

④民用建筑：布置是否避开甲、乙类厂（库）房和甲、乙、丙类液体储罐、可燃气体储罐及可燃材料堆场。

（3）主要出入口的设置。

厂区主要出入口是否不少于2个、且设置在不同方位；生产区的道路是否采用双车道；石油化工企业工艺装置区、液化烃储罐区、可燃液体的储罐区、装卸区及化学危险品仓库区以及火力发电厂主厂房、点火油罐区及贮煤场周围，是否按照规范规定设置环形消防车道。

（4）企业消防站的布置。

企业消防站是否布置在交通方便、利于消防车迅速出动的主要道路边，且避开工厂主要人流道路；有易燃易爆危险的企业，其消防站是否布置在生产区全年最小频率风向的下风侧，距甲、乙、丙类液体储罐（区）和可燃、助燃气体储罐（区）的距离是否满足规范要求。

2.检查方法

查阅消防设计说明、总平面设计图等资料，了解企业和建筑的类别及火灾危险性，确定符合规定的平面布置要求，然后开展现场检查。

（二）防火间距

1. 检查内容

（1）厂房的防火间距。包括厂房之间及与乙、丙、丁、戊类仓库、民用建筑之间的防火间距，同一座 U 形或山形厂房中相邻两翼之间的防火间距，成组布置的组内厂房之间的防火间距，组与组或组与相邻建筑之间的防火间距；高层厂房与甲、乙、丙类液体储罐，可燃、助燃气体储罐，液化石油气储罐，可燃材料堆场（除煤和焦炭场外）之间的防火间距，散发可燃气体、可燃蒸气的甲类厂房与铁路、道路之间的防火间距，厂区围墙与厂区内建筑的间距。对于汽车加油加气站、石油化工企业、石油天然气工程、石油库等，需要同时检查其与周围居住区、相邻厂矿企业、设施以及内部建（构）筑物、设施之间的防火间距。

（2）仓库的防火间距。包括甲类仓库之间及与其他建筑、明火或散发火花地点、铁路、道路之间的防火间距，乙、丙、丁、戊类仓库之间及与民用建筑的防火间距，粮食筒仓与其他建筑、粮食筒仓组之间的防火间距。

（3）储罐（区）的防火间距。包括甲、乙、丙类液体储罐（区）和乙、丙类液体桶装堆场与其他建筑之间的防火间距，甲、乙、丙类液体储罐之间的防火间距，甲、乙、丙类液体储罐与其泵房、装卸鹤管的防火间距，甲、乙、丙类液体装卸鹤管与建筑物、厂内铁路线的防火间距，甲、乙、丙类液体储罐与铁路、道路的防火间距。

（4）可燃、助燃气体储罐（区）的防火间距。包括湿式可燃气体储罐与建筑物、储罐、堆场等的防火间距，湿式氧气储罐与建筑物、储罐、堆场等的防火间距，可燃、助燃气体储罐与铁路、道路的防火间距，液化天然气气化站的液化天然气储罐（区）与站外建筑等的防火间距。

（5）液化石油气储罐（区）的防火间距。包括液化石油气供应基地储罐（区）与明火或散发火花地点和基地外建筑等的防火间距，Ⅰ、Ⅱ级瓶装液化石油气供应站瓶库与站外建筑等的防火间距。

（6）可燃材料堆场的防火间距。包括露天、半露天可燃材料堆场与建筑物的防火间距，露天、半露天可燃材料堆场与铁路、道路的防火间距。

（7）民用建筑的防火间距。包括高层建筑之间的防火间距，高层建筑与裙房和其他民用建筑之间的防火间距，民用建筑与单独建造的变电站或 10kV 及以下的预装式变电站的防火间距，民用建筑与燃油、燃气或燃煤锅炉房的防火间距，民用建筑与燃气调压站、液化石油气气化站或混气站、城市液化石油气供应站瓶库等的防火间距，成组布置的组内建筑物及组与组或组与相邻建筑物之间的防火间距。

2. 检查方法

查阅消防设计说明、总平面设计图等资料，了解建筑类别，确定需满足的防火间距要求，然后开展现场检查。

（1）防火间距的测量

沿建筑周围选择相对较近处测量间距，测量值的允许负偏差不得大于规定值的 5%（测量值的允许负偏差，下同）。具体测量方法：

①建筑物之间的防火间距按相邻建筑外墙的最近水平距离计算，当外墙有凸出的可燃或难燃构件时，从其凸出部分外缘算起。建筑物与储罐、堆场的防火间距，为建筑外墙至储罐外壁或堆场中相邻堆垛外缘的最近水平距离；

②储罐之间的防火间距为相邻两储罐外壁的最近水平距离。储罐与堆场的防火间距为储罐外壁

至堆场中相邻堆垛外缘的最近水平距离;

③堆场之间的防火间距为两堆场中相邻堆垛外缘的最近水平距离;

④变压器之间的防火间距为相邻变压器外壁的最近水平距离。变压器与建筑物、储罐或堆场的防火间距,为变压器外壁至建筑外墙、储罐外壁或相邻堆垛外缘的最近水平距离;

⑤建筑物、储罐或堆场与道路、铁路的防火间距,为建筑外墙、储罐外壁或相邻堆垛外缘距道路最近一侧路边或铁路中心线的最小水平距离。

(2)防火间距不足时的处理

当防火间距不足时,需检查建筑是否采取满足现行国家标准要求的等效措施。

(四)消防车道的检查

1. 检查内容

对建筑消防车道检查的主要内容为车道的设置形式、净高净宽、转弯半径、回车场地面积及承受荷载等是否满足现行国家标准的相关规定。

2. 检查方法

通过查阅消防设计说明、总平面图、消防车道流线图等资料,了解建筑物的性质、高度、规模和沿街长度,确定消防车道设置的要求,并开展现场检查。

(1)沿消防车道全程查看消防车道路面情况,消防车道与厂房(仓库)、民用建筑之间不得设置妨碍消防车作业的树木、架空管线等障碍物;消防车道利用交通道路时,需满足消防车通行与停靠的要求。

(2)选择车道路面相对较窄部位以及车道4m净空高度内两侧突出物最近距离处进行测量,以最小宽度确定为消防车道宽度。

(3)选择消防车道正上方距车道相对较低的突出物进行测量,测量点不少于5个,以突出物与车道的垂直高度确定为消防车道净高。

(4)不规则回车场以消防车可以利用场地的内接正方形为回车场地或根据实际设置情况进行消防车通行试验,满足消防车回车的要求。

(5)查阅施工记录、消防车通行试验报告,核查消防车道设计承受荷载。当消防车道设置在建筑红线外时,还需查验是否取得权属单位的同意,确保消防车道正常使用。

(五)消防车登高操作场地

1. 检查内容

检查消防车登高面和消防车登高操作场地的设置、消防车登高操作场地的承载能力和坡度等。

2. 检查方法

通过查阅消防设计文件、总平面图和消防车道流线图等资料,了解建筑高度、规模、使用性质和重要性等,确定是否需要设置消防车登高操作场地,并开展现场检查。

(1)沿消防车道全程查看消防车登高操作场地路面情况,检查消防车登高操作场地与厂房、仓库、民用建筑之间不得设置妨碍消防车操作的架空高压电线、树木、车库出入口等障碍。

(2)沿消防车登高面全程测量消防车登高操作场地的长度、宽度、坡度,场地靠建筑外墙一侧的边缘至建筑外墙的距离等数据。

(3)查验施工记录、消防车登高车通行及操作试验报告,核查消防车登高场地设计承载能力。当消防车登高场地设置在建筑红线外时,还需查验是否取得权属单位的同意,确保消防登高场地正常使用。

二、平面布置检查

（一）厂房

主要检查厂房内员工宿舍、办公室、休息室和甲、乙类火灾危险性场所的设置、平面布置，核实平面布置是否符合现行国家标准的要求。

1. 检查内容

（1）生产厂房的布置。包括甲、乙类生产场所是否违规设置在地下或半地下，是否在厂房内违规设置员工宿舍等。

（2）办公室、休息室的布置。包括是否违规设置在甲、乙类厂房内，贴临甲、乙类厂房设置时是否采用防爆墙与厂房分隔，安全出口是否独立设置；设置在丙类厂房内时，与其他部位之间是否进行有效的防火分隔，安全出口是否独立设置等。

（3）中间仓库的布置。包括甲、乙类中间仓库是否靠外墙布置，其储量是否符合规范规定；中间仓库与其他部位之间是否进行有效的防火分隔等。

（4）中间储罐的布置。包括丙类液体中间储罐是否设置在单独房间内，其容量是否符合规范规定，设置中间储罐的房间与其他部位之间是否进行有效的防火分隔等。

（5）变、配电站的布置。包括是否违规设置在甲、乙类厂房内或贴邻，以及有爆炸性气体、粉尘环境的危险区域内，供甲、乙类厂房专用的10kV及以下的变、配电站的设置是否符合规范规定等。

2. 检查方法

通过查阅消防设计文件、建筑平面图，门窗表和防火门（窗）产品质量证明文件等资料，了解厂房内主要功能布局、生产的火灾危险性类别、附属建筑的组成等，并开展现场检查。重点检查建筑平面布置、安全出口设置、防火分隔建筑构件燃烧性能和耐火极限等是否符合相关规定。

（二）仓库

通过对仓库内员工宿舍、办公室和休息室的布置等进行检查，核实仓库的平面布置是否符合现行国家标准的要求。

1. 检查内容

（1）仓库的布置。包括甲、乙类仓库是否违规设置在地下或半地下，是否在仓库内违规设置员工宿舍等。

（2）办公室、休息室的布置。包括办公室、休息室等是否违规设置在甲、乙类仓库内或与其贴邻；办公室、休息室设置在丙、丁类仓库内时，与其他部位之间是否进行有效的防火分隔，安全出口是否独立设置等。

2. 检查方法

查阅建筑平面图，查阅门窗表和门窗大样、防火门产品质量证明文件的资料，了解建筑主要功能布局，储存物品的火灾危险性类别、附属建筑的组成等，并开展现场检查。重点检查防火分隔建筑构件燃烧性能和耐火极限是否符合相关规定。

（三）民用建筑

主要通过对民用建筑内商店、歌舞娱乐放映游艺场所、托儿所、幼儿园的儿童用房、儿童活动场所、老年人照料设施、燃油燃气锅炉房、油浸变压器室、柴油发电机房等特殊场所或重要设备用房进行检查，核实民用建筑的平面布置是否结合建筑的耐火等级、火灾危险性、使用功能和安全疏散等因素合理布置，并符合现行国家标准的要求。

1. 检查内容

（1）建筑民用的单一性。包括民用建筑内是否设置除为满足民用建筑使用功能所设置的附属库房外的生产车间和其他库房，经营、存放和使用甲、乙类火灾危险性物品的商店、作坊和储藏间是否附设在民用建筑内。

（2）营业厅、展览厅的平面布置。包括是否设置在地下三层及以下楼层，地下、半地下营业厅、展览厅是否经营、储存和展示甲、乙类火灾危险性的物品，地下营业厅的规模是否超过20000m² 等。

（3）儿童用房，儿童活动场所、老年人照料设施的平面布置。包括设置层数是否合理，与建筑的耐火等级是否相适应，与建筑其他部位之间是否进行有效的防火分隔，是否设置完全独立的安全出口和疏散楼梯等。

（4）医院和疗养院的住院部分的平面布置。包括设置层数是否合理，与相邻护理单元间是否进行防火分隔，避难间的设置是否符合要求，设置在疏散走道上防火门是否采用常开防火门等。

（5）教学建筑、食堂、菜市场的平面布置。包括设置层数是否合理，与建筑的耐火等级是否相适应等。

（6）剧场、电影院、礼堂的平面布置。包括设置层数是否符合规定，与建筑其他部位是否进行有效防火分隔，是否设置独立的安全出口和疏散楼梯，观众厅布置在四层及以上楼层时，其建筑面积是否符合规范规定。

（7）歌舞娱乐放映游艺场所的平面布置。包括设置层数和部位是否符合规范规定，与建筑其他部位是否进行有效的防火分隔，布置在地下一层或四层及以上楼层时，每个厅、室的建筑面积和安全出口是否符合规范要求等。

（8）住宅建筑。包括住宅部分与其他使用功能之间是否进行有效的防火分隔，住宅部分与非住宅部分的安全出口和疏散楼梯是否分别独立设置等。

（9）燃油或燃气锅炉房的平面布置。包括设置部位是否合理，是否布置在人员密集场所的上一层、下一层或贴邻，是否设置在首层或地下一层靠外墙部位，与建筑其他部位之间是否进行有效的防火分隔，疏散门是否直通室外或安全出口，储油间储存量和防火分隔是否符合规定，布置在建筑外的储油罐与建筑的防火间距是否符合相关规定，燃料供给管道的设置是否符合规定，是否设置爆炸泄压设施，通风系统和消防设施的配置是否符合要求等。

（10）油浸变压器室的平面布置。包括油浸变压器、充有可燃油的高压电容器和多油开关室的设置是否符合规范规定，布置在民用建筑内时其上一层、下一层或贴邻是否有人员密集场所，变压器室是否设置在首层或地下一层靠外墙部位，变压器室之间、变压器室与配电室之间，变压器室与其他部位之间是否进行有效防火分隔，疏散门是否直通室外或安全出口，油浸变压器、多油开关室、高压电容器室是否设置防止油品流散的设施，油浸变压器下面是否设置能储存变压器全部油量的事故储油设施；变压器的容量是否符合相关规定，变压器、电容器和多油开关室是否设置相应的消防设施。

（11）柴油发电机房的平面布置。包括是否布置在人员密集场所的上一层、下一层或贴邻，是否布置在建筑物的首层及地下一、二层，与建筑其他部位之间是否进行有效的防火分隔，机房内储油间的设置、防火分隔以及总储存量是否符合规范规定，燃料供给管道的设置是否符合规定，是否配置与柴油发电机房相适应的消防设施等。

（12）瓶装液化石油气瓶组间的平面布置。包括瓶组间是否独立设置，是否贴邻住宅建筑、重要公共建筑和其他高层公共建筑，与所服务建筑的间距是否符合规定，是否设置可燃气体浓度报警装置和紧急事故自动切断阀等。

（13）供建筑内使用的丙类液体的储罐布置。包括是否布置在室外，与相邻建筑的防火间距是否符合规定，中间罐的容量和设置是否符合规定等。

（14）消防控制室的平面布置。包括设置部位是否在建筑物的首层或地下一层靠外墙部位，是否远离电磁场干扰较强及其他可能影响消防控制设备工作的房间；与其他部位之间是否进行有效的防火分隔，疏散门是否直通室外或安全出口，是否采取挡水和防淹措施等。

（15）消防水泵房的平面布置。包括设置部位是否在地下三层及以下或室内地面与室外出入口地坪高差大于10m的地下楼层内，与其他部位之间是否进行有效的防火分隔，疏散门是否直通室外或安全出口，是否采取挡水和防淹措施等。

2. 检查方法

通过查阅设计文件、建筑平面图、剖面图，门窗表和门窗大样、防火门（窗）产品质量证明文件、锅炉、变压器说明书等相关资料，了解该建筑的使用性质、建筑层数、耐火等级、建筑的主要使用功能及布局等，确定规范的要求，然后对上述场所的设置部位、与其他部位的防火分隔措施、安全出口的设置及配套设施等是否符合相关规定进行重点检查。

（四）汽车库、修车库

1. 检查内容

（1）汽车库的平面布置。包括车库是否违规布置在易燃、可燃液体或可燃气体的生产装置区和贮存区内，是否与甲、乙类厂房、库房贴邻或组合建造；如与托儿所、幼儿园、中小学校的教学楼、老年人照料设施、病房楼等建筑组合建造时，是否设置在上述建筑的地下部分，并与其他部位完全分隔；汽车库的安全出口和疏散楼梯与其他部位是否分别设置。

（2）修车库的平面布置。包括Ⅰ类修车库是否单独建造，Ⅱ、Ⅲ、Ⅳ类修车库设置位置是否符合规范规定，修车库是否与甲、乙类厂房、仓库、明火作业的车间或托儿所、幼儿园、中小学校的教学楼、老年人照料设施、病房楼及人员密集场所组合建造或贴邻等。

（3）为车库服务的附属建筑的平面布置。包括甲类物品库房贮存量、乙炔发生器间总安装容量、乙炔气瓶库贮存量，以及非封闭喷漆间或封闭喷漆间的车位数是否符合规定，充电间和其他甲类生产场所的建筑面积是否符合规定，与汽车库、修车库之间是否采用防火墙隔开，是否设置直通室外的安全出口，地下、半地下汽车库内是否违规设置修理车位、喷漆间、充电间、乙炔间和甲、乙类物品库房，汽车库和修车库内是否违规设置汽油罐、加油机、液化石油气或液化天然气储罐、加气机等。

2. 检查方法

通过查阅消防设计文件、建筑平面图等相关的资料，了解车库的类别、附属用房的组成及布局、组合建造时建筑的其他功能等，确定规范的要求，然后对上述场所的设置部位、与其他部位的防火分隔措施、安全出口的设置等是否符合相关规定等进行重点检查。

（五）人防工程

主要通过对人防工程内地下商店、歌舞娱乐放映游艺场所、病房、柴油发电机房、锅炉房等特殊场所或重要设备用房进行检查，核实人防工程的平面布置是否符合现行国家标准的要求。

1. 检查内容

人防工程内是否违规设置哺乳室、幼儿园、托儿所、游乐厅等儿童活动场所和残疾人员活动场所以及油浸电力变压器和其他油浸电气设备；是否使用、储存液化石油气、相对密度大于或等于0.75的可燃气体和闪点小于60℃的液体燃料；医院病房、歌舞娱乐放映游艺场所是否设置在地下二层及以下或室内地面与室外出入口地坪高度大于 10m 的地下室；地下商店营业厅是否设置在地下三层及以下，当总建筑面积大于 20000m² 时，是否采取有效的防火分隔措施；消防控制室是否按规定设置在地下一层，并邻近直接通向地面的安全出口；柴油发电机房和燃油或燃气锅炉房的设置以及燃气管道的敷设是否符合规范的规定等。

2. 检查方法

查阅设计文件、建筑平面图、剖面图，查阅门窗表和门窗大样、防火门（窗）产品质量证明文件、锅炉、变压器说明书等相关的资料，了解人防工程的地下层数、室内地坪与室外出入口地坪高差、内部主要功能及平面布局等，确定需要检查的场所和部位，然后按照检查内容对上述场所的设置部位、与其他部位的防火分隔措施、安全出口的设置等进行重点检查。

三、救援设施的布置检查

（一）消防电梯

1. 检查内容

（1）消防电梯的设置。包括是否根据建筑物的性质、建筑高度、建筑面积等设置消防电梯，并设置在不同的防火分区内、且每个防火分区不少于 1 台等。

（2）消防电梯前室的设置。包括消防电梯前室是否靠外墙设置，使用面积是否符合要求，首层能否直通室外或通向室外的通道长度是否符合规范的规定等。

（3）消防电梯井及机房的设置。包括消防电梯井、电梯机房与相邻其他电梯井、机房之间是否进行有效的防火分隔，井底是否设置排水设施，以及排水能力是否符合规范规定等。

（4）消防电梯的配置。包括消防电梯的载重量、行驶速度、轿厢的内部装修材料、通讯设备的配置，以及消防电梯的动力与控制电缆、电线、控制面板的防水措施等是否符合规范的规定。

2. 检查方法

通过查阅设计文件、建筑平面图、剖面图等资料，了解建筑的使用性质、建筑高度、楼层建筑面积和防火分区情况，明确需要设置消防电梯的建筑和部位，然后开展现场检查。

（1）核查电梯检测主管部门核发的有关证明文件，检查消防电梯的载重量、消防电梯井底排水设施。

（2）测量消防电梯前室面积、首层消防电梯间通向室外的安全出口通道的长度。

（3）使用首层供消防人员专用的操作按钮，检查消防电梯能否下降到首层并发出反馈信号，此时其他楼层按钮不能呼叫消防电梯，只能在轿厢内控制。

（4）模拟火灾报警，检查消防控制设备能否手动和自动控制电梯返回首层，并接收反馈信号。

（5）使用消防电梯轿厢内专用消防对讲电话与消防控制中心进行不少于 2 次通话试验，通话语音清晰。

（6）使用秒表测试消防电梯由首层直达顶层的运行时间是否不超过 1min。

（二）直升机停机坪

1. 检查内容

（1）与周边突出物的间距。包括屋顶平台上的停机坪与设备机房、电梯机房、水箱间、共用天线等突出物的距离是否符合不小于 5m 要求。

（2）通向停机坪的出口设置。包括建筑主体通向停机坪出口的数量是否不少于 2 个，每个出口的宽度是否不小于 0.90m 等。

（3）停机坪设施的配置。包括停机坪四周是否设置航空障碍灯、应急照明和消火栓等。

2.检查方法

查阅设计文件、建筑平面图、剖面图等资料，了解建筑的使用性质、建筑高度、标准层建筑面积以及建筑屋顶造型，确定是否需要并能否设置屋顶停机坪，然后对设置的停机坪进行实地检查。

（三）消防救援窗口

1.检查内容

（1）设置位置。包括消防救援窗口设置位置与消防车登高操作场地是否相对应，并在外侧设置易识别的明显标志等。

（2）尺寸。包括消防救援窗口的净高度和净宽度是否均不小于1.00m，窗口下沿距室内地面是否不大于1.20m等。

（3）设置数量。消防救援窗口是否在每层设置，设置间距是否不大于20m，且每个防火分区不少于2个。

2.检查方法

查阅设计文件、建筑平面图、剖面图等资料，了解建筑的使用性质，确定需要检查的楼层和部位，对设置的消防救援窗口进行实地检查。

第三节　防火防烟分区检查

一、防火分区检查

防火分区包括水平防火分区和垂直防火分区两部分。水平防火分区，就是用防火墙、防火门、防火卷帘等将建筑空间在水平方向分隔为若干防火分区；垂直防火分区，就是采用耐火楼板、防火挑檐等对建筑上下层空间进行防火分隔。

（一）防火分区的划分

通过防火分区面积、防火分隔设施完整性检查，核实防火分区的划分是否符合现行国家标准的要求。

1.检查内容

（1）防火分区的建筑面积

防火分区的最大允许建筑面积根据建筑的使用性质、建筑高度、火灾危险性、消防扑救能力等因素确定。检查注意事项：

①同一座厂房或厂房的任一防火分区内有不同火灾危险性生产时，厂房或防火分区内的生产火灾危险性类别应按火灾危险性较大的部分确定，规范另有规定的除外；同一座仓库或仓库的任一防火分区内储存不同火灾危险性物品时，仓库或防火分区的火灾危险性应按火灾危险性最大的物品确定；

②建筑内设置自动扶梯、敞开楼梯等上、下层相连通的开口时，其防火分区的建筑面积应按上、下层相连通的建筑面积叠加计算；敞开式、错层式、斜楼板式的汽车库，其防火分区面积应按上、下层连通的面积层叠加及计算；建筑中溜冰馆的冰场、游泳馆的游泳池、射击馆的靶道区、保龄球馆的球道区等，其面积可不计入防火分区面积；水泵房、污水泵房、水库、厕所、盥洗间等无可燃物的房间面积可不计入防火分区面积；避难走道可不划分防火分区。观众厅、电影院、汽车库、商场、展厅、餐厅、宴会厅等，均应按规范要求设置防火分区。

（2）防火分隔完整性

防火分隔设施分为固定式和活动式两大类，主要包括防火墙、防火卷帘、防火门（窗）、防火阀、排烟防火阀等。检查注意事项：

①代替防火墙的防火卷帘，其耐火极限不得低于所设置部位墙体的耐火极限要求，并检查防火卷帘与楼板、梁、墙、柱之间的空隙是否采用防火封堵材料封堵严实；

②对设在变形缝处附近的防火门，检查是否设置在楼层较多的一侧，且门开启后不得跨越变形缝；

③对建筑内的隔墙，包括房间隔墙和疏散走道两侧的隔墙、住宅分户墙和单元之间的墙，检查是否从楼地面基层隔断砌至顶板底面基层。

2. 检查方法

查阅设计文件、建筑平面图、防火分区示意图、施工记录等资料，了解建筑分类、耐火等级和建筑平面布局等基本要素，确定防火分区划分的标准，然后开展现场检查。对于功能复杂的建筑工程，检查时要注意涵盖不同使用功能的楼层，其中对歌舞娱乐放映游艺场所、儿童活动场所、老年人照料设施、重要设备机房等，应予以重点检查。防火分区建筑面积测量值的允许正偏差不得大于规定值的5%（测量值的允许正偏差，下同）。对规范有特殊规定或经专家评审确定的，可从其规定，但需逐条检查专家评审纪要中评审意见是否已落实。

（二）中庭

1. 检查内容

（1）防火分区面积。建筑物内设置中庭时，其防火分区的建筑面积应按上、下层相连通的建筑面积叠加计算；当叠加计算后的建筑面积大于规范规定时，应与周围连通空间进行防火分隔。

（2）防火分隔措施。中庭与周围连通空间的防火分隔措施是否符合规范要求；与中庭相连通的门、窗是否采用火灾时能自行关闭的甲级防火门、窗。

（3）消防设施的设置。包括中庭是否设置排烟设施；高层建筑中的中庭回廊是否设置自动喷水灭火系统和火灾自动报警系统等。

（4）中庭的使用功能。包括中庭内是否布置经营性商业设施；是否有人员通行外的其他用途；是否布置可燃物等。

（5）与中庭连通部位的装修材料。与中庭连通部位的顶棚、墙面装修材料的燃烧性能是否符合规范要求。

2. 检查方法

查阅设计文件、建筑平面图、剖面图等资料，了解中庭贯通的层数、与周围空间连通的方式，计算连通空间的总建筑面积，判断相连通的空间是否处在一个防火分区内，从而确定中庭与四周需采取的防火分隔措施后开展现场检查。查看中庭及相通部位的使用功能，对照隐蔽工程施工记录、防火门（窗）、防火卷帘的产品质量证明文件等资料，查验防火门、防火卷帘的选型和设置。

（三）有顶棚的步行街

1. 检查内容

（1）步行街的长度。当步行街两侧建筑利用步行街进行安全疏散时，步行街的长度是否大于300m；步行街的端部在各层是否封闭，如果封闭时，在外墙上设置可开启的门窗面积是否不小于该部位外墙面积的一半。

（2）步行街两侧的建筑。步行街两侧建筑的耐火等级是否不低于二级；两侧建筑的最近距离是否符合防火间距要求；当步行街两侧的建筑为多层时，每层面向步行街一侧的商铺是否设置防止火灾竖向蔓延的措施；如设置回廊或挑檐时，其宽度是否符合规范要求。

（3）步行街两侧的商铺。步行街两侧建筑的商铺，其建筑面积是否大于300m²；商铺之间是否设置耐火极限不低于2.00h的防火隔墙；商铺面向步行街一侧的围护构件是否符合规范要求；相邻商铺之间面向步行街一侧是否设置符合要求的实体墙。步行街两侧的商铺在上部各层设置回廊和连接天桥时，步行街上部各层的开口及其面积是否符合规范要求。

（4）步行街的安全疏散。步行街两侧建筑内的疏散楼梯是否靠外墙设置并宜直通室外，确有困难时，可在首层直接通至步行街；步行街内任一点到达最近室外安全地点的步行距离，步行街两侧建筑二层及以上各层商铺的疏散门至该层最近疏散楼梯口或其他安全出口的直线距离是否符合规范要求。

（5）步行街的顶棚。顶棚是否采用不燃或难燃材料，其承重结构的耐火极限是否符合规范要求；顶棚下檐距地面的高度是否不小于6.0m，顶棚自然排烟口的有效面积及其设置方式是否符合规范要求。

（6）步行街的消防设施。步行街两侧建筑的商铺外是否设置消火栓，并配备消防软管卷盘或消防水龙；商铺内是否设置自动喷水灭火系统和火灾自动报警系统；商铺内外是否设置疏散照明、灯光疏散指示标志和消防应急广播系统；每层回廊是否设置自动喷水灭火系统。

2.检查方法

查阅设计文件、建筑平面图、剖面图等资料，了解步行街的长度、步行街两侧建筑的商铺每间建筑面积，步行街两侧的建筑是否需要利用步行街进行安全疏散等，确定步行街的检查要求后开展现场检查。对照隐蔽工程施工记录、防火门（窗）、防火玻璃墙的产品质量证明文件等资料，查验商铺围护构件的防火要求。测量步行街两侧建筑的最近距离、设置的回廊或挑檐的出挑宽度、步行街上部各层楼板的开口面积，步行街端部可开启门窗的面积和顶棚自然排烟口的有效面积。

（四）电梯井和管道井等竖向井道

1.检查内容

（1）竖向井道的设置

①建筑的电缆井、管道井、排（气）烟道、垃圾道等竖向井道，是否分别独立设置；。井壁耐火极限是否符合规范要求；井壁上的检查门是否采用丙级防火门。

②建筑内的垃圾道排气口是否直接开向室外，前室的门是否采用丙级防火门；垃圾斗是否采用不燃材料制作并能自行关闭。

③电梯井是否独立设置；其设置是否符合规范要求。

（2）缝隙、孔洞的封堵

①建筑内电缆井、管道井与房间、走道等相连通的孔隙，是否采用用防火封堵材料封堵。

②建筑内电缆井、管道井在每层楼板处是否采用不低于楼板耐火极限的不燃材料或防火封堵材料封堵。

2.检查方法

查阅设计文件、建筑平面图，了解竖向井道类型、设置位置后开展现场检查，实地对照隐蔽工程施工记录、防火门产品质量证明文件、防火封堵产品燃烧性能证明文件等资料，查验防火门、防火封堵材料选型和防火封堵的密实性。

（五）建筑外（幕）墙

1.检查内容

（1）建筑外立面上、下层开口之间的防火措施

包括外墙上、下层开口之间是否设置符合规范要求的实体墙、防火玻璃墙或防火挑檐分隔，住

宅建筑外墙上相邻户开口之间是否设置符合规范要求的窗间墙或防火隔板。

（2）幕墙与楼板之间缝隙的防火封堵

幕墙与每层楼板、隔墙处的缝隙是否采用防火封堵材料严密封堵。

（3）消防救援窗的设置

位于消防车登高操作场地一侧的建筑幕墙，是否按照规范要求设置消防救援窗。

2. 检查方法

通过查阅设计文件、建筑剖面图、幕墙大样图、隐蔽工程施工记录等资料，了解建筑幕墙设置位置、设置类型等基本要素后开展现场检查。核查幕墙与楼板之间防火封堵材料等产品质量证明文件及燃烧性能检测报告与消防设计文件的一致性；检查防火封堵的严密性，必要时可以打开幕墙与楼板之间防火封堵表面装饰层进行检查；测量楼板外沿上、下层开口之间实体墙或防火玻璃墙的高度或防火挑檐的宽度。

（六）变形缝

1. 检查内容

（1）变形缝的材质

变形缝的填充材料和变形缝的构造基层是否采用不燃材料。

（2）管道的敷设

变形缝内是否设置电缆、电线、可燃气体和甲、乙、丙类液体的管道；如穿过时，在穿过处是否加设不燃材料制作的套管或采取其他防变形措施、并采用防火封堵材料封堵。

2. 检查方法

查阅设计文件、建筑平面图、管线管道系统平面图等资料，了解变形缝的设置位置，是否有穿越的管道或管线等，结合隐蔽工程施工记录、防火封堵材料产品证明文件等开展现场检查，重点查看跨越防火分区的变形缝、伸缩缝。必要时，可以打开变形缝表面装饰层进行检查。

二、防烟分区检查

（一）防烟分区设置检查

通过对防烟分区的划分、面积、分区分隔设施等进行检查，核实防烟分区设置是否符合现行国家标准的要求。

1. 检查内容

防烟分区是否根据建筑内部的功能分区和排烟系统的设计要求划分，防烟分区是否跨越防火分区和楼层，有特殊用途的场所，如地下室、防烟楼梯间、消防电梯、避难层间等，是否独立划分防烟分区，防烟分区的面积是否符合规范要求等。

2. 检查方法

查阅设计文件、建筑平面图和剖面图，了解需要设置机械排烟设施的部位及其室内净高，确定建筑排烟平面图，了解防烟分区的具体划分后开展现场检查。测量最大防烟分区的面积。

（二）挡烟设施检查

1. 检查内容

挡烟设施的形式、燃烧性能和耐火极限是否符合规范要求；挡烟设施高度即各类挡烟设施处于安装位置时，其底部与顶部之间的垂直高度是否符合规范要求等。

2. 检查方法

查阅设计文件、建筑排烟平面图，了解防烟分区的划分、挡烟设施的设置位置，对照挡烟垂壁产品出厂合格证和有效证明文件，核实型号规格与消防设计的一致性后开展现场检查，对挡烟垂壁的外观、材料、尺寸与搭接宽度、控制运行性能等进行逐项检查。

（1）查看挡烟垂壁的外观，标牌应牢固，标识应清楚，金属零部件表面应无明显凹痕或机械损伤，各零部件的组装、拼接处无错位。

（2）测量挡烟垂壁的搭接宽度。卷帘式挡烟垂壁挡烟部件由两块或两块以上织物缝制时，搭接宽度不得小于20mm；当单节挡烟垂壁的宽度不能满足防烟分区要求，采用多节垂壁搭接的形式使用时，卷帘式挡烟垂壁的搭接宽度不得小于100mm、翻板式挡烟垂壁的搭接宽度不得小于20mm。

（3）测量挡烟垂壁边沿与建筑物结构表面的最小距离，不得大于20mm。

（4）观察活动式挡烟垂壁的下降，使用秒表、卷尺测量挡烟垂壁的电动下降或机械下降运行速度和时间。卷帘式挡烟垂壁的运行速度大于等于0.07m/s；翻板式挡烟垂壁的运行时间小于7s。挡烟垂壁设置限位装置，当其运行至上、下限位时，应能自动停止。

（5）采用加烟的方法使感烟探测器发出报警信号，或由消防控制中心发出控制信号，防烟分区内的活动式挡烟垂壁状况，应能自动下降至挡烟工作位置。

（6）切断系统供电，观察挡烟垂壁状况，应能自动下降至挡烟工作位置。

三、防火分隔设施检查

防火分隔设施可分为两种：一种是固定式的，如建筑中的分隔墙、楼板、防火墙、防火隔间等；另一种是活动式、可启闭式的，如防火门、防火窗、防火卷帘等。

（一）防火墙

1.检查内容

（1）防火墙的设置。防火墙是否设置在在建筑物的基础或钢筋混凝土框架、梁等承重结构上，并从楼地面基层隔断至梁、楼板或屋面结构层的底面；防火墙设置在转角处时，内转角两侧墙上的门、窗洞口之间最近边缘的水平距离是否符合规范要求；紧靠防火墙两侧的门、窗、洞口之间最近边缘的水平距离是否符合规范要求；防火墙上开设门、窗、洞口时，是否设置不可开启或火灾时能自动关闭的甲级防火门、窗；防火墙的构造是否符合规范要求等。

（2）防火墙的耐火极限。甲、乙类厂房和甲、乙、丙类仓库设置的防火墙耐火极限是否达到4.00h；其他场所、部位设置的防火墙的耐火极限是否达到3.00h；防火墙内是否违规设置排气道；可燃气体和甲、乙、丙类液体的管道是否穿过防火墙；对穿过防火墙的其他管道，其四周空隙是否采用防火封堵材料封堵等。

2.检查方法

查阅设计文件、建筑平面图、防火分区示意图、施工记录等资料，确定防火墙的设置部位、穿越防火墙的管道等基本数据后，开展现场检查。

（1）测量防火墙两侧的门、窗、洞口之间最近边缘水平距离。

（2）沿防火墙现场检查管道敷设情况、墙体上嵌有箱体的部位，核查防火封堵材料、保温材料产品与市场准入文件、消防设计文件的一致性。

（二）防火门

防火门是由门板、门框、锁具、闭门器、顺序器、五金件、防火密封件，以及电动控制装置等组成，符合耐火完整性和隔热性等要求的防火分隔物。

1.检查内容

（1）防火门选型。防火门的耐火极限和型式是否符合规范要求，设置在经常有人通行处的防火门是否选用常开防火门。防火门耐火极限选择根据具体设置位置结合消防设计文件进行判断。

（2）防火门外观

防火门门框、门扇是否有明显凹凸、擦痕等缺陷，常闭防火门是否装有闭门器；双扇和多扇防火门是否装有顺序器；是否设置铭牌等。

（3）防火门的安装

用于疏散的防火门是否向疏散方向开启；设置在变形缝附近的防火门是否安装在楼层数较多的一侧；钢质防火门门框内是否充填水泥砂浆，门框与墙体是否采用预埋钢件或膨胀螺栓等连接牢固，固定点间距以及防火门门扇与门框的搭接尺寸是否符合要求。

（4）防火门的系统功能

主要包括常闭式防火门启闭功能，常开防火门联动控制功能、消防控制室手动控制功能和现场手动关闭功能的检查。

2.检查方法

查阅设计文件、建筑平面图、门窗大样、《防火门工程质量验收记录》等资料，了解建筑内防火门的安装位置、数量等数据。对照防火门产品出厂合格证和有效证明文件，核实防火门的型号规格及耐火性能与消防设计的一致性后开展现场检查，主要进行以下操作：

（1）查看防火门的外观，使用测力计测试其门扇开启力，防火门门扇开启力不得大于80N；

（2）开启防火门，查看关闭效果。从门的任意一侧手动开启，能自动关闭。当装有反馈信号时，开、关状态信号能反馈到消防控制室。需要注意的是，防火门在正常使用状态下关闭后需要具备防烟性能；

（3）触发常开防火门一侧的火灾探测器，发出模拟报警信号，观察防火门动作情况及消防控制室信号显示情况。防火门能自动关闭，并将关闭信号反馈至消防控制室；

（4）将消防控制室的火灾报警控制器或消防联动控制设备处于手动状态，消防控制室手动启动常开防火门电动关闭装置，观察防火门动作情况及消防控制室信号显示情况。接到消防控制室手动发出的关闭指令后，常开防火门能自动关闭，并将关闭信号反馈至消防控制室。

（三）防火窗

防火窗包括固定式防火窗、可开启并装配有窗扇启闭控制装置的活动式防火窗。

1.检查内容

（1）防火窗选型

主要是防火窗的耐火极限和型式是否符合规范要求。防火窗耐火极限和型式的选择根据具体设置位置结合消防设计文件进行判断。

（2）防火窗外观

防火窗表面是否平整、光洁，无明显凹痕或机械损伤；活动式防火窗是否装配火灾时能控制窗扇自动关闭的温控释放装置；是否设置铭牌等。

（3）防火窗的安装质量

有密封要求的防火窗窗框密封槽内镶嵌的防火密封件是否牢固、完好；钢质防火窗窗框内是否充填水泥砂浆，窗框与墙体是否采用预埋钢件或膨胀螺栓等连接牢固；活动式防火窗窗扇启闭控制装置的安装位置是否明显并便于操作。

（4）防火窗的控制功能

主要检查活动式防火窗的控制功能、联动功能、消防控制室手动功能和温控释放功能是否符合规范要求。

2. 检查方法

查阅设计文件、建筑平面图、门窗大样、《防火窗工程质量验收记录》等资料，了解建筑内防火窗的安装位置、数量等数据。对照防火窗产品出厂合格证和有效证明文件，核实防火窗的型号规格及耐火极限与消防设计的一致性，并开展现场检查。

（1）查看防火窗的外观，应完好无损、安装牢固。

（2）现场手动启动活动式防火窗的窗扇启闭控制装置，窗扇能灵活开启，并完全关闭，无启闭卡阻现象。

（3）触发活动式防火窗任一侧的火灾探测器发出模拟火灾报警信号，观察防火窗动作情况及消防控制室信号显示情况。当火灾探测器报警后，活动式防火窗能自动关闭，并将关闭信号反馈至消防控制室。

（4）将消防控制室的火灾报警控制器或消防联动控制设备处于手动状态，消防控制室手动启动活动式防火窗电动关闭装置，观察防火窗动作情况及消防控制室信号显示情况。活动式防火窗接到消防控制室手动发出的关闭指令后，能自动关闭，并将关闭信号反馈至消防控制室。

（5）切断活动式防火窗电源，加热温控释放装置，使其热敏感元件动作，观察防火窗动作情况，用秒表测试关闭时间。活动式防火窗在温控释放装置动作后 60s 内能自动关闭。

（四）防火卷帘

防火卷帘是指由帘板、导轨、座板、门楣、箱体并配以卷门机和控制箱组成，符合耐火完整性等要求的防火分隔物。常见的防火卷帘有钢质、无机纤维复合防火卷帘等。

1. 检查内容

（1）设置部位

常见的设置部位有自动扶梯周围、与中庭相连通的过厅和通道等处。防火卷帘下方是否有影响其下降的障碍物；设置在中庭以外用于防火分区分隔的防火卷帘的宽度是否符合规范要求。

（2）设置类型

当防火卷帘的耐火极限仅符合耐火完整性的判定条件时，是否设置自动喷水灭火系统保护。当防火卷帘的耐火极限符合耐火完整性和耐火隔热性的判定条件时，可不设置自动喷水灭火系统保护。

（3）外观

帘面是否平整、光洁，金属零部件的表面是否有裂纹、压坑及明显的凹痕或机械损伤；在其明显部位是否设置永久性铭牌等。

（4）组件的安装质量

帘板（面）、导轨、门楣、卷门机等组件是否齐全完好，紧固件有无松动现象；接缝处、导轨、卷筒等缝隙是否采取防火防烟密封措施；防火卷帘上部、周围的缝隙是否采用不低于防火卷帘耐火极限的不燃烧材料填充、封隔；防火卷帘的控制器和手动按钮盒设置位置是否规范要求；防火卷帘与火灾自动报警系统联动时，还需检查防火卷帘的两侧是否安装手动控制按钮、火灾探测器组及其警报装置；设置在通道上的防火卷帘是否由感烟、感温两种不同类型的火灾探测器组联动；设置在其他位置的防火卷帘是否由同一防火分区两只不同的火灾探测器组联动。

（5）防火卷帘的系统功能

主要包括检查防火卷帘控制器的火灾报警功能、自动控制功能、手动控制功能、故障报警功能、控制速放功能、备用电源功能；防火卷帘用卷门机的手动操作功能、电动启闭功能、自重下降功能、自动限位功能；防火卷帘的运行平稳性、电动启闭运行速度、运行噪音等功能。

2. 检查方法

查阅设计文件、建筑平面图、门窗大样、《防火卷帘工程质量验收记录》等资料，了解建筑内防火卷帘的安装位置、数量等数据。对照防火卷帘产品出厂合格证和有效证明文件，核实防火卷帘的型号规格及耐火极限与消防设计文件的一致性，然后开展现场检查。

（1）查看防火卷帘外观，检查周围是否存放商品或杂物。手动启动防火卷帘，观察防火卷帘运行平稳性能以及与地面的接触情况；使用秒表、卷尺测量卷帘的启、闭运行速度；使用声级计在距卷帘表面的垂直距离 1m、距地面的垂直距离 1.5m 处水平测量卷帘启、闭运行的噪音。需满足以下要求：

①防火卷帘的导轨运行平稳，不允许有脱轨和明显的倾斜现象；

②双帘面卷帘的两个帘面同时升降，两个帘面之间的高度差不大于 50mm；

③垂直卷帘的电动启闭运行速度为 2m/min ~ 7.5m/min；其自重下降速度不大于 9.5m/min；

④卷帘启、闭运行的平均噪音不大于 85dB；

⑤与地面接触时，座板与地面平行，接触均匀不得倾斜。

（2）拉动手动速放装置，观察防火卷帘是否具有自重恒速下降功能。防火卷帘卷门机具有依靠防火卷帘自重恒速下降的功能，操作臂力不得大于 70N。切断防火卷帘电源，加热温控释放装置，使其热敏感元件动作，观察防火卷帘动作情况，防火卷帘在温控释放装置动作后能自动下降至全闭。

（3）使防火卷帘控制器联动的感烟、感温探测器分别发出模拟火灾报警信号，观察防火卷帘控制器的报警功能。防火卷帘控制器能直接或间接地接受来自火灾报警探测器或消防控制设备的火灾报警信号，发出声、光报警信号。

（4）操作防火卷帘控制器的手动控制按钮，观察防火卷帘控制器的手动控制功能，其手动操作卷帘下降、停止、上升等功能正常，消防控制设备上防火卷帘信号显示正常。

（5）手动启动防火卷帘内、外侧手动控制按钮，观察防火卷帘现场启动。卷帘下降、停止、上升等功能正常，并向控制室的消防控制设备反馈动作信号。

（6）在控制室手动启动消防控制设备上的防火卷帘控制装置，观察防火卷帘远程启动。卷帘下降、停止等功能正常，并向控制室的消防控制设备反馈动作信号。

（7）采用加烟、加温的方法使火灾探测器组分别发出模拟烟、温火灾报警信号，观察防火卷帘自动启动状况，应满足以下要求：

①用于分隔防火分区的防火卷帘，当其火灾探测器组的感烟、感温探测器分别发出火灾报警信号后，防火卷帘一次降至楼板地面，并向控制室反馈动作信号；

②用于疏散通道、出口处的防火卷帘，当感烟探测器发出火灾报警信号后，防火卷帘降至 1.8m 处，并向控制室反馈信号，当感温探测器发出火灾报警信号后，防火卷帘降至楼板地面，并向控制室反馈全闭信号；或防火卷帘控制器接到火灾报警信号后，控制防火卷帘自动下降至距地面 1.8m 处停止，延时 5s ~ 60s 后，继续下降至全闭，并向控制室的消防控制设备反馈各部位动作信号。

（五）防火阀

1. 检查内容

（1）防火阀外观

防火阀的外观是否完好无损、机械部分外表无锈蚀、变形或机械损伤；在其明显部位是否设置永久性铭牌等。

（2）安装部位

防火阀设置部位是否符合规范要求；暗装时是否设置方便维护的检修口。

（3）公称动作温度

排烟系统管道上设置的排烟防火阀的公称动作温度是否为280℃；公共建筑内厨房的排油烟管道与竖向排风管连接的支管处设置的防火阀，公称动作温度是否为150℃；其他风管上安装的防火阀公称动作温度是否为70℃。

（4）防火阀的控制功能

主要检查防火阀的手动、联动控制和复位功能。防火阀平时处于开启状态，可手动关闭，也可与火灾报警系统联动自动关闭，均能在消防控制室接到防火阀动作的信号。

2.检查方法

查阅设计文件、通风空调平面图、通风空调设备材料表等资料，了解建筑内防火阀的安装位置、数量等数据。对照防火阀产品出厂合格证和有效证明文件，核实防火阀的型号规格及公称动作温度与消防设计的一致性后开展现场检查，主要进行以下操作：

（1）查看防火阀外观，检查是否完好无损、安装牢固，阀体内无杂物；

（2）现场手动操作防火阀的关、复位控制装置，观察防火阀的现场关闭功能。防火阀关闭、复位正常，并向控制室消防控制设备反馈其动作信号；

（3）在消防控制室的消防控制设备和手动直接控制装置上分别手动关闭防烟分区的防火阀，观察防火阀的远程关闭功能。防火阀的关闭、复位功能正常，并向控制室消防控制设备反馈其动作信号；

（4）采用加烟的方法使相应的火灾探测器发出模拟报警信号，观察防火阀的自动关闭功能。防火阀能自动关闭，并向控制室消防控制设备反馈其动作信号；

（5）现场手动操作防火阀的手动复位装置，观察防火阀的手动复位功能。防火阀能复位，并向控制室消防控制设备反馈其动作信号；

（6）接通电源操作试验1～2次，以确认系统工作性能可靠，输出信号正常，否则需要及时排除故障。

（六）防火隔间

防火隔间是建筑面积大于20000m²地下或半地下商店采用无门窗洞口的防火墙、耐火极限不低于2.00h的楼板分隔为多个建筑面积不大于20000m²的区域后，相邻区域局部连通的防火构造空间。

1.检查内容

（1）建筑面积

防火隔间的建筑面积是否不小于6.0m²。

（2）防火分隔设施

防火隔间墙是否采用耐火极限不低于3.00h的防火隔墙，门是否采用甲级防火门；不同防火分区通向防火隔间的门最小间距是否不小于4m。

（3）内部装修材料

防火隔间内部装修材料的燃烧性能是否均采用A级材料。

（4）使用用途

防火隔间是否用于除人员通行外的其他用途。

2.检查方法

通过查阅设计文件、建筑平面图，了解地下商店的面积、防火隔间的设置位置后开展现场检查。核查防火门产品与市场准入文件、消防设计文件的一致性。

第四节　安全疏散检查

一、安全出口与疏散门检查

安全出口是指供人员安全疏散用的楼梯间、室外楼梯的出入口或直通室内外安全区域的出口。疏散门主要是指建筑内各房间通向疏散走道或安全出口的门。

（一）安全出口和疏散门的数量、宽度、间距及畅通性

1. 检查内容

（1）安全出口和疏散门的形式

疏散楼梯间的设置形式是否与建筑物的使用性质、建筑层数、建筑高度等相适应；民用建筑和厂房的疏散门是否采用向疏散方向开启的平开门，是否有采用推拉门、卷帘门、吊门、转门和折叠门作为安全出口或疏散门的现象。

（2）安全出口和疏散门的数量

安全出口和疏散门的数量与安全出口总宽度、安全疏散距离有直接关系。应检查建筑内的每个防火分区或一个防火分区每个楼层的安全出口和每个房间的疏散门数量是否符合规范要求。

（3）安全出口和疏散门的宽度

建筑中安全出口总宽度是否符合规范要求；每个防火分区或每个楼层的安全出口和疏散楼梯的宽度是否符合规范要求；每个房间疏散门的宽度、首层外门的宽度是否符合规范要求。

（4）安全出口和疏散门的间距

每个防火分区、一个防火分区的每个楼层相邻 2 个安全出口，或每个房间疏散门最近边缘之间的水平距离是否不小于 5m。

（5）安全出口的畅通

建筑的安全出口和房间疏散门是否保持畅通，是否有影响人员疏散的突出物和障碍物，安全出口的门是否向疏散方向开启。

2. 检查方法

通过查阅设计文件、建筑平面图、剖面图，了解建筑高度、使用功能和耐火等级等，根据检查场所或建筑的使用功能确定疏散人数和疏散宽度指标，计算该场所或建筑每层（防火分区）需要的安全出口总宽度。对于剧场、电影院、体育馆的观众厅等特殊场所，还需要根据每个疏散门的平均最多疏散人数进一步校核疏散门的数量。根据计算结果开展现场检查，实地查看安全出口、房间疏散门的数量，计算每个安全出口、疏散门需要的最小疏散宽度，逐一核实每个安全出口的宽度是否满足现行国家标准规定，同时检查安全出口和首层疏散门宽度与疏散走道、疏散楼梯梯段的净宽度是否互相匹配。

（二）安全疏散距离

安全疏散距离与建筑的使用性质、人员密度、人员自身活动能力等因素有关。防火检查中，通过对安全疏散距离的测量，检查其是否符合现行国家标准要求，并进一步核实疏散门或安全出口的布置是否均匀、合理。

1. 检查内容

建筑房间内任一点至直通疏散走道的疏散门之间的距离以及直通疏散走道的房间疏散门至最近安全出口之间的距离是否符合规范要求。

2. 检查方法

查阅设计文件、建筑平面图、剖面图，了解建筑类别、平面布局、消防设施的设置等，确定安全疏散距离要求后开展现场检查。规范有特殊规定或经专家评审确定的，可从其规定，但需逐条检查专家评审纪要中的评审意见是否已落实。

二、疏散走道与避难走道的检查

疏散走道是指用于人员疏散通行至安全出口或相邻防火分区的走道。避难走道是指走道两侧为实体防火墙，并设置有防烟等设施，用于人员安全通行至室外的疏散走道，主要用于地下或半地下总建筑面积大于 $20000m^2$ 的商店采用无门、窗、洞口的防火墙、耐火极限不低于 2.00h 的楼板分隔为多个建筑面积不大于 $20000m^2$ 的区域后，相邻区域局部连通的防火构造空间，也是人防工程中解决疏散距离过长或难以按照规范要求设置直通室外安全出口问题的消防安全措施。

（一）疏散走道

通过对疏散走道的宽度、走道畅通性、装修材料等进行检查，核实疏散走道的设置是否符合现行国家标准的要求。

1. 检查内容

（1）疏散走道的宽度

检查厂房疏散走道的净宽度，单、多层公共建筑疏散走道的净宽度，高层医疗建筑单面布置房间和双面布置房间疏散走道的净宽度，其他高层公共建筑单面布置房间和双面布置房间疏散走道净宽度，住宅疏散走道净宽度，剧院、电影院、礼堂、体育馆等人员密集场所观众厅内疏散走道净宽度、边走道的净宽度室外疏散通道的净宽度等是否符合规范的要求。

（2）疏散距离

疏散走道和避难走道的疏散距离是否符合规范要求。

（3）疏散走道的畅通性

疏散走道的设置是否简明直接；疏散走道内是否设置阶梯、门槛、门垛、管道等影响人员疏散的突出物和障碍物。

（4）疏散走道与其他部位分隔

疏散走道两侧是否采用符合规范要求耐火极限的隔墙与其他部位分隔，隔墙是否砌至梁、板底部且不留缝隙。

（5）疏散走道的内部装修

地上建筑水平疏散走道的顶棚装修是否采用 A 级装修材料，其他部位是否采用不低于 B_1 级的装修材料；地下民用建筑疏散走道的顶棚、墙面和地面的装修是否均采用 A 级装修材料。

2. 检查方法

查阅设计文件、建筑平面图，了解建筑类别和平面布局，根据使用功能，确定疏散人数等疏散指标，计算每层疏散走道的最小宽度，对于剧场、电影院、礼堂、体育馆等特殊人员密集场所，还需要根据地面的形式、走道的位置等因素进一步校核不同部位疏散走道的最小宽度。结合计算结果开展现场检查，实地测量疏散走道宽度。

（二）避难走道

避难走道作用类似于疏散楼梯间，疏散时人员只要进入避难走道，就可视为进入安全区域。防火检查中，通过对避难走道直通地面的出口数量、走道净宽、走道隔墙、装修材料、消防设施配置等进行检查，核实避难走道的设置是否符合现行国家标准的要求。

1. 检查内容

（1）直通地面出口的数量

避难走道直通地面的出口数量是否符合规范要求，服务于多个防火分区时不少于 2 个并设置在不同方向。任一防火分区通向避难走道的门至该避难走道最近直通地面的出口的距离是否不大于 60m。

（2）避难走道的净宽度

避难走道的净宽是否符合规范要求，不小于任一防火分区通向避难走道的设计疏散总净宽度。

（3）避难走道入口处的前室

防火分区至避难走道入口处是否设置面积不小于 6.0m² 前室、且开向前室的门采用甲级防火门，前室开向避难走道的门采用乙级防火门。

（4）避难走道的耐火等级

避难走道两侧的隔墙是否采用耐火等级不低于 3.00h 的隔墙，楼板的耐火极限不低于 1.50h。

（5）消防设施的设置

避难走道内是否设置消火栓、消防应急照明、应急广播和消防专线电话，防火分区至避难走道入口处的前室设置防烟设施。

（6）避难走道的内部装修

避难走道的装修材料燃烧性能等级必须为 A 级。

2. 检查方法

通过查阅设计文件、建筑平面图，了解避难走道设置位置及数量、直通地面的安全出口位置，根据所有通向避难走道防火分区的功能确定需要疏散的人数，计算避难走道需要的最小宽度。结合计算结果开展现场检查，实地测量疏散走道宽度和疏散距离。通向避难走道的各防火分区人数不等时，避难走道的净宽度不应小于设计人数最多一个防火分区通向避难走道的设计疏散总净宽度。检查避难走道装修材料的有关资料；查看避难走道前室的设置情况等。

三、疏散楼梯间

通过对疏散楼梯的设置形式、平面布置、梯段宽度、装修材料等进行检查，核实疏散楼梯的设置是否符合现行国家标准的要求。

（一）检查内容

（1）疏散楼梯间的设置形式

疏散楼梯的形式是否符合规范要求；不同形式的疏散楼梯的设置是否符合规范要求。

（2）疏散楼梯的平面布置

除通向避难层错位的疏散楼梯外，建筑内的疏散楼梯间在各层的平面位置是否改变。

（3）疏散楼梯的净宽度

疏散楼梯梯段一侧的扶手中心线到墙面或梯段另一侧的扶手中心线到墙面之间最小水平距离是否符合规范要求。

（4）疏散楼梯的安全性

疏散楼梯间内是否设置烧水间、可燃材料储存室、垃圾道，或设有影响疏散的凸出物或其他障碍物，或敷设甲、乙、丙类液体管道；公共建筑的楼梯间内不得敷设可燃气体管道，居住建筑的楼梯间不得敷设可燃气体管道和设置天然气计量表，当住宅建筑必须设置时，需检查是否采用金属管道和设置切断气源的装置等保护措施。

（二）检查方法

通过查阅设计文件、建筑平面图，根据建筑的使用性质、建筑层数、建筑高度等因素，判断建筑疏散楼梯的设置型式，然后开展现场检查。

1. 沿楼梯全程检查安全性和畅通性。需注意的是，除与地下室连通的楼梯、通向避难层的楼梯外，疏散楼梯间在各层的平面位置不得改变，必须上下直通；当地下室或半地下室与地上层共用楼梯间时，在首层与地下或半地下层的出入口处，需检查是否设置耐火极限不低于 2.00h 的隔墙和乙级的防火门隔开，并设有明显提示标志。

2. 在设计人数最多的楼层，选择疏散楼梯扶手与楼梯隔墙之间相对较窄处测量疏散楼梯的净宽度，并核查与消防设计文件的一致性。每部楼梯的测量点不少于 5 个。

3. 测量防烟楼梯间前室或合用前室的使用面积。

4. 测量楼梯间和前室疏散门的宽度，并核查防火门产品与市场准入文件、消防设计文件的一致性。

5. 检查楼梯间的装修是否符合规范要求。

四、避难疏散设施

避难疏散设施是火灾时供人员逃避火灾威胁的安全场所，主要包括避难层和避难间等。

（一）避难层（间）

通过对避难层设置的数量、可供避难的面积、疏散楼梯和消防设施的设置等进行检查，核实避难层的设置是否符合现行国家标准的要求。

1. 检查内容

（1）设置位置

第一个避难层（间）的楼地面至灭火救援场地地面的高度以及两个避难层（间）之间的高度是否符合规范要求。

（2）可供避难的面积

避难层（间）的净面积是否满足设计避难人员避难的要求。

（3）避难层的疏散楼梯

通向避难层（间）的疏散楼梯是否在避难层分隔、同层错位或上下层断开。"同层错位和上下层断开"是强制避难的构造做法，此时人员均须经避难层方能上下；"疏散楼梯在避难层分隔"的方式，可使人员选择继续通过疏散楼梯疏散还是前往避难区域避难。

（4）避难层的功能与分隔

避难层除设置火灾危险性小的设备用房外，是否还用于其他使用功能；兼做设备层时易燃、可燃液体或气体管道是否集中布置，设备管道区是否采用耐火极限不低于 3.00h 的防火隔墙与避难区分隔；管道井和设备间是否采用耐火极限不低于 2.00h 的防火隔墙与避难区分隔；直接开向避难区设备间门与避难层区出入口的距离是否不小于 5m，且采用甲级防火门。

（5）避难层的消防设施

避难层是否设置消防电梯出口、消防专线电话和应急广播、消火栓和消防卷盘以及防烟设施。在避难层（间）进入楼梯间的入口处和疏散楼梯通向避难层（间）的出口处是否设置明显的指示标志。

2. 检查方法

通过查阅设计文件、建筑平面图、剖面图，了解避难层设置楼层、建筑高度，然后开展现场检查。测量可供避难的净面积；检查避难层与设备间和管道区以及管道井之间的分隔情况。

（二）病房楼的避难间

高层病房楼在二层及以上的病房楼层和洁净手术部应设置避难间；3 层及 3 层以上总建筑面积大于 3000m² （包括设置在其他建筑内三层及以上楼层）的老年人照料设施，应在二层及以上各层老年人照料设施部分的每座疏散楼梯间的相邻部位设置 1 间避难间；避难间可利用疏散楼梯间的前室或消防电梯的前室，当老年人照料设施设置与疏散楼梯或安全出口直接连通的开敞式外廊、与疏散走道直接连通且符合人员避难要求的室外平台等时，可不设置避难间。通过对避难间设置部位、数量，可供避难的净面积，避难间与其他部位的分隔，以及消防设施等进行检查，核实病房避难间的设置是否符合现行国家标准的要求。

1. 检查内容

（1）设置位置

避难间位置是否靠近楼梯间并采用耐火极限不低于 2.00h 的防火隔墙和甲级防火门与其他部位分隔；避难间服务的护理单元是否超过 2 个。

（2）可供避难的面积

避难间的净面积是否满足设计避难人员避难的要求，并按每个护理单元不小于 25.0m² 确定；老年人照料设施避难间内可供避难的净面积不应小于 12m²。当避难间兼作其他用途时，是否保证其避难安全和可供避难的净面积。

（3）避难层的消防设施。

避难间入口是否设置明显的指示标志，避难间是否设置防烟设施、消防专线电话和消防应急广播；供失能老年人使用且层数大于 2 层的老年人照料设施，是否按核定使用人数配备简易防毒面具等。

2. 检查方法

通过查阅设计文件、建筑平面图、剖面图，了解建筑高度、病房楼内各层避难间的设置位置后开展现场检查。核查防火门产品与市场准入文件、消防设计文件的一致性；测量可供避难的面积；按规定检查其消防设施。

（三）下沉式广场

通过对下沉式广场敞开空间、疏散楼梯、防风雨棚等设置进行检查，核实下沉式广场的设置是否符合现行国家标准的要求。

1. 检查内容

（1）开敞区域的规模

分隔后的不同区域通向下沉式广场等室外开敞空间的开口最近边缘之间的水平距离是否不小于 13m；室外开敞空间除用于人员疏散的净面积是否不小于 169m²。

（2）直通地面的疏散楼梯

下沉式广场是否设置不少于 1 部直通地面的疏散楼梯；当连接下沉广场的防火分区需利用下沉式广场进行疏散时，疏散楼梯的总净宽度是否不小于任一防火分区通向室外开敞空间的设计疏散总净宽度。

（3）防风雨棚的设置

下沉式广场是否设置防风雨蓬；如设置是否完全封闭，四周开口部位是否均匀布置；开口的面积是否不小于室外开敞空间地面面积的 25%，开口高度不小于 1.0m；开口设置百叶时，百叶的有效排烟面积是否按百叶通风口面积的 60% 设置。

（4）使用功能

下沉式广场除用于人员疏散外是否用于其他商业或可能导致火灾蔓延的用途。

2.检查方法

通过查阅设计文件、建筑地下各层平面图，了解下沉广场设置位置、所起的作用，并开展现场检查。测量可供疏散的净面积、直通地面疏散楼梯的净宽度。

第五节　防爆检查

一、建筑防爆

通过对爆炸危险区域的确定、有爆炸危险厂房、仓库的总体布局、平面布置、建筑结构型式、防爆泄压措施等进行检查，核实建筑防爆措施是否满足现行国家标准的要求。

（一）检查内容

1.有爆炸危险厂房的总体布局

主要检查有爆炸危险的甲、乙类厂房及其总（分）控制室是否独立设置，分控制室贴邻厂房外墙设置时，是否采用耐火极限不低于3.00h的防火隔墙与其他部位分隔；净化有爆炸危险粉尘的干式除尘器和过滤器是否布置在厂房外的独立建筑内，且建筑外墙与所属厂房的防火间距符合规范要求；对符合一定条件可以布置在厂房内的单独房间内时是否采用耐火极限分别不低于3.00h的防火隔墙和1.50h的楼板与其他部位分隔。

2.有爆炸危险厂房的平面布置

（1）有爆炸危险的甲、乙类生产部位是否布置在单层厂房靠外墙或多层厂房顶层靠外墙的泄压设施附近。

（2）有爆炸危险的设备是否避开厂房的梁、柱等主要承重构件布置。

（3）办公室、休息室是否布置在有爆炸危险的甲、乙类厂房内；贴邻厂房布置时是否符合规范要求。

（4）排除有燃烧或爆炸危险气体、蒸气和粉尘的排风系统，其排风设备是否违规布置在地下或半地下建筑（室）内。

3.有爆炸危险厂房、仓库采取的防爆措施：

（1）散发较空气重的可燃气体、可燃蒸气的甲类厂房和有粉尘、纤维爆炸危险的乙类厂房，其地面是否采用不发火花的地面；采用绝缘材料作整体面层时是否采取防静电措施；

（2）散发可燃粉尘、纤维的厂房内地面表面是否平整、光滑，并易于清扫；

（3）厂房内是否设置地沟，如设置时是否采用盖板严密封堵，并采取防止可燃气体、可燃蒸气和粉尘、纤维在地沟积聚的有效措施，且在与相邻厂房连通处采用不燃烧防火材料密封；

（4）甲、乙、丙类液体仓库是否设置防止液体流散的设施；遇湿会发生燃烧爆炸的物品仓库是否采取防止水浸渍的措施；

（5）在爆炸危险区域内的楼梯间、室外楼梯或有爆炸危险的区域与相邻区域连通处是否设置符合规范要求的门斗等防护措施。

4.有爆炸危险厂房、仓库的结构型式及泄压设施

（1）有爆炸危险的甲、乙类厂房是否采用敞开或半敞开式结构，承重结构是否采用钢筋混凝土

或钢框架、排架结构。

（2）泄压设施的材质是否采用轻质屋面板、轻质墙体和易于泄压的门、窗等，并采用安全玻璃等在爆炸时不产生尖锐碎片的材料。作为泄压设施的轻质屋面板和墙体的质量是否不大于 $60kg/m^2$。

（3）泄压设施是否避开人员密集场所和主要交通道路设置。

（4）散发较空气轻的可燃气体、可燃蒸气的甲类厂房是否采用轻质屋面板作为泄压面积。

（5）有爆炸危险的厂房、粮食筒仓工作塔和上通廊设置的泄压面积是否按照规范计算确定。

（二）检查方法

通过查阅设计文件、总平面图、建筑平面图、建筑剖面图、施工记录、有关产品质量证明文件及相关资料，了解厂房、仓库建筑火灾危险性、建筑层数、存在爆炸危险的物质、爆炸危险环境类别等，确定需要设置的泄压面积，对照上述检查内容逐项开展现场检查。

二、电气防爆

防火检查中，通过对导线材料和允许载流量、线路的敷设和联接、电气设备的选型和带电部件的接地等进行检查，核实易燃易爆场所的电气防爆是否满足现行国家标准的要求。

（一）检查内容

1. 导线和电缆的选择

选择的导线和电缆的材质及截面是否与爆炸危险环境相适应，是否符合规范要求。

2. 导线允许载流量

除规范规定的情况外，绝缘导线和电缆的允许载流量是否不小于熔断器熔体额定电流的 1.25 倍及断路器长延时过电流脱扣器整定电流的 1.25 倍。

3. 线路的敷设方式

（1）当爆炸环境中气体、蒸汽的相对密度大于 1 时，电气线路是否敷设在高处或埋入地下，架空敷设时是否选用电缆桥架；电缆沟敷设时沟内是否填充沙并设置有效的排水措施。

（2）当爆炸环境中气体、蒸汽的相对密度小于 1 时，电气线路是否敷设在较低处或用电缆沟敷设；敷设电气线路的沟道、钢管或电缆在穿过不同区域之间墙或楼板处的孔洞是否采用非燃性材料严密堵塞。

4. 导线电缆的连接

是否按照规范规定落实在 1 区内电缆线路严禁有中间接头，在 2 区、20 区、21 区内不应有中间接头的要求；当电缆或导线在终端连接时，绞线电缆其终端是否采用定型端子或接线鼻子进行连接；铝芯绝缘导线或电缆的连接与封端是否采用压接、熔焊或钎焊；当与设备（照明灯具除外）连接时，是否采用铜－铝过渡接头。

5. 电气设备的选择

（1）爆炸性气体环境是否根据爆炸危险区域的分区、电气设备的种类和防爆结构的要求选择相应的电气设备；防爆电气设备的级别和组别是否不低于该爆炸性气体环境内爆炸性气体混合物的级别和组别；当存在有两种以上可燃性物质形成的爆炸性混合物时，是否按照混合后的爆炸性混合物的级别和组别选用防爆设备，或按危险程度较高的级别和组别选用防爆电气设备。

（2）安装在爆炸性粉尘环境中的电气设备是否采取措施防止热表面点可燃性粉尘层引起的火灾危险；Ⅲ类电气设备的最高表面温度是否按国家现行有关标准的规定进行选择；电气设备结构是否满足电气设备在规定的运行条件下不降低防爆性能的要求；爆炸性粉尘环境是否根据粉尘的种类，选择防尘结构或尘密结构的粉尘防爆电气设备。

（3）对于爆炸性气体和粉尘同时存在的区域，其防爆电气设备的选择是否既满足爆炸性气体的防爆要求，又满足爆炸性粉尘的防爆要求。

6. 带电部件的接地

（1）1000V 交流 /1500V 直流以下的电源系统的接地，在爆炸性环境中的 TN 系统是否采用 TN–S 型；TT 型电源系统是否采用剩余电流动作的保护电器；IT 型电源系统是否设置绝缘监测装置。

（2）爆炸性环境内，在不良导电的地面处，交流额定电压 1000V 以下和直流额定电压 1500V 及以下的电气设备正常不带电的金属外壳是否进行接地；在干燥环境，交流额定电压 127V 及以下，直流电压为 110V 及以下的电气设备正常不带电的金属外壳是否进行接地。

（3）爆炸性环境内安装在已接地的金属结构上的电气设备是否进行接地。

（4）在爆炸危险区域的不同方向，是否有不少于两处与接地体相连。

7. 变电所、配电所的设置

（1）变电所、配电所、配电室和控制室是否布置在爆炸性环境以外；当布置在 1 区、2 区内时，是否为正压室。

（2）对于可燃物质比空气重的爆炸性气体环境，位于爆炸危险区附加 2 区的变电所、配电所和控制室的电气和仪表的设备层地面是否高出室外地面 0.6m。

（二）检查方法

通过查阅设计文件、电气设备材料清单、隐蔽工程施工记录、按现行国家标准电气装置安全工程施工及验收规范规定提交的有关设备的调整、试验记录及相关资料，了解环境可能出现爆炸的危险介质、爆炸危险区域范围，电气装置的组成等基本数据后，对照检查内容逐项开展现场检查，结合消防设计文件现场查验各类型电气设备的类型、级别、组别标志的铭牌和防爆标识；测量防爆电气设备、粉尘防爆电气设备外壳表面的最高温度。

三、设施防爆

设施防爆检查主要指对具有爆炸危险性的场所，检查通风和空气调节系统和采暖系统等设施在布置或选型上是否采取有效的防爆措施。

（一）通风、空调系统

防火检查中，通过对通风、空调系统的管道敷设、通风设备选型、除尘器和过滤器的设置、接地装置的设置等进行检查，核实通风、空调系统的防爆措施是否符合现行国家标准的要求。

1. 检查内容

（1）通风系统的设计

①甲、乙类厂房内的空气是否不循环使用；丙类厂房内含有燃烧或爆炸危险粉尘、纤维的空气，在循环使用前是否经净化处理，并使空气中的含尘浓度低于其爆炸下限的 25%。

②民用建筑内空气中含有容易起火或爆炸危险物质的房间是否设置自然通风或独立的机械通风设施，且其空气不循环使用。

（2）管道的敷设

厂房内用于有爆炸危险场所的排风管道是否穿过防火墙和有爆炸危险的房间隔墙；甲、乙、丙类厂房内的送、排风管道是否分层设置。

（3）通风设备的选择

①对空气中含有易燃、易爆危险物质的房间，其送、排风系统是否选用防爆型的通风设备。采用普通型的通风设备时，送风机是否布置在单独分隔的通风机房内且送风干管上设置防止回流设施。

②燃气锅炉房是否选用防爆型的事故排风机,且排风量满足换气次数不少于 12 次 /h 的要求。

(4)除尘器、过滤器的设置

①含有燃烧和爆炸危险粉尘的空气,在进入排风机前是否采用不产生火花的除尘器进行处理;对于遇水可能形成爆炸的粉尘,是否采用干式除尘器。

②净化或输送有爆炸危险粉尘和碎屑的除尘器、过滤器或管道,是否均设置泄压装置;净化有爆炸危险粉尘的干式除尘器和过滤器是否布置在系统的负压段上。

(5)接地装置的设置

排除有燃烧或爆炸危险气体、蒸气和粉尘的排风系统以及燃油或燃气锅炉房的机械通风设施,是否设置导除静电的接地装置。

2.检查方法

通过查阅设计文件、通风空调平面图和设备材料表、隐蔽工程施工记录、通风空调设备有关产品质量证明文件及相关资料,了解建筑的用途、规模,确定有爆炸危险场所或部位。然后对照检查内容逐项开展现场检查,核实风机选型、接地装置等产品质量证明文件与消防设计文件的一致性。

(二)供暖系统

1.检查内容

(1)供暖方式的选择

①甲、乙类厂房(仓库)内是否违反规定采用明火和电热散热器供暖。

②生产过程中散发的可燃气体、蒸气、粉尘或纤维与供暖管道、散热器表面接触能引起燃烧的厂房,以及生产过程中散发的粉尘受到水、水蒸气的作用能引起自燃、爆炸或产生爆炸性气体的厂房是否采用不循环使用的热风采暖。

(2)供暖管道的敷设

①供暖管道是否穿过存在与供暖管道接触能引起燃烧或爆炸的气体、蒸气或粉尘的房间;必须穿过时是否采用不燃材料隔热。

②供暖管道与可燃物之间是否保持一定的距离:供暖管道的表面温度大于100℃时间距是否不小于100mm 或采用不燃材料隔热;供暖管道的表面温度不大于100℃时,间距是否不小于50mm 或采用不燃材料隔热。

(3)供暖管道和设备绝热材料的燃烧性能

对于甲、乙类厂房(仓库),建筑内供暖管道和设备的绝热材料是否采用不燃材料;对于其他建筑是否违规采用可燃材料。

(4)散热器表面的温度

在散发可燃粉尘、纤维的厂房内,散热器表面平均温度是否不超过 82.5℃;输煤廊的散热器表面平均温度是否不超过 130℃。

2.检查方法

通过查阅设计文件、供暖系统设备清单、供暖系统隔热、绝热材料的产品质量证明文件及相关资料,了解建筑使用性质,确定有爆炸危险性的场所和部位,对供暖方式、管道敷设、管道和设备绝热材料的燃烧性能开展现场检查,并实地测量散热器表面温度和供暖管道与可燃物之间的距离,核实供暖系统的设置是否满足现行国家消防技术标准的要求。

第六节　消防供配电及电气防火检查

本节重点介绍消防用电设备供配电与电气防火防爆检查，以及电气装置和设备维护管理方面的内容。

一、消防用电设备供配电系统

按照建筑类型、负荷性质、用电容量、工程特点、系统规模以及当地的供电条件，检查消防用电设备供配电系统的设置方案是否合理。

（一）供配电系统检查内容与要求

1. 配电装置

（1）消防用电设备的配电装置，应设置在建筑物的电源进线处或配变电所处。

（2）应急电源配电装置要与主电源配电装置分开设置；如果无法分开设置而需要并列布置时，其分界处应设置防火隔断。

2. 启动装置

（1）当消防用电负荷为一级时，应设置自动启动装置，并在主电源断电后 30s 内供电。

（2）当消防负荷为二级且采用自动启动方式有困难时，可采用手动启动装置。

3. 自动切换功能

（1）消防水泵、消防电梯、防烟及排烟风机等消防用电设备的两个供电回路，应在最末一级配电箱处进行自动切换。

（2）消防设备的控制回路不得采用变频调速器作为控制装置。

（3）除消防水泵、消防电梯、防烟及排烟风机等消防用电设备外，其他消防用电设备应由消防电源中的双电源或双回线路电源供电，末端配电箱应设置双电源自动切换装置，并将配电箱安装在所在防火分区内。

（二）消防用电设备供电线路敷设的检查内容与要求

1. 当采用矿物绝缘电缆时，可直接采用明敷设或在吊顶内敷设。

2. 当采用难燃性电缆或有机绝缘耐火电缆时，在电气竖井内或电缆沟内敷设可不穿导管保护，但应采取与非消防用电缆隔离的措施。

3. 采用明敷设、吊顶内敷设或架空地板内敷设时，应穿金属导管或封闭式金属线槽保护，所穿金属导管或封闭式金属线槽应采用涂防火涂料等防火保护措施。

4. 当线路暗敷设时，应穿金属导管或难燃性刚性塑料导管保护，并应敷设在不燃烧结构内，保护层厚度不应小于 30mm。

（三）消防用电设备供电线路的防火封堵措施检查

1. 防火封堵部位检查

消防用电设备供电线路在电缆隧道、电缆桥架、电缆竖井、封闭式母线、线槽安装等处时，在下列情况下应采取防火封堵措施：

（1）穿越不同的防火分区；

（2）沿竖井垂直敷设穿越楼板处；

（3）管线进出竖井处；

（4）电缆隧道、电缆沟、电缆间的隔墙处；

(5）穿越建筑物的外墙处；

（6）至建筑物的入口处及至配电间、控制室的沟道入口处；

（7）电缆引至配电箱、柜或控制屏、台的开孔部位。

2.防火封堵措施的检查

（1）电缆隧道

①有人通过的电缆隧道，应在预留孔洞的上部采用膨胀型防火钢板进行加固；预留的孔洞过大时，应采用槽钢或角钢进行加固，将孔洞缩小后方可加装防火封堵系统。

②防火密封胶直接接触电缆时，封堵材料不得含有腐蚀电缆表皮的化学元素。

③无机堵料封堵表面光洁、无粉化、硬化、开裂等缺陷；防火涂料表面应光洁、厚度应均匀。

（2）电缆竖井

①电缆竖井应采用矿棉板加膨胀型防火堵料组合成的膨胀型防火封堵系统，防火封堵系统的耐火极限不应低于楼板的耐火极限。

②封堵处应采用角钢或槽钢托架进行加固，应能承载检修人员的荷载，角钢或槽钢托架应采用防火涂料处理。

③封堵垂直段竖井时，防火封堵系统与竖井之间应采用膨胀型防火密封胶封边，系统与电缆的其他空间之间应采用膨胀型防火密封胶封堵，密封胶厚度突出防火封堵系统面不应小于13mm，贯穿电缆横截面应小于贯穿孔洞的40%。

（3）电气柜

①电气柜孔应采用矿棉板加膨胀型防火堵料组合的防火封堵。

②固定矿棉板、矿棉板与楼板之间应采用弹性防火密封胶封边，防火封堵系统与电缆之间应采用膨胀型防火密封胶封堵，密封胶厚度突出防火封堵系统面不应小于13mm。

③封堵完成后，应在封堵层两侧电缆上涂刷防火涂料，长度300mm，干涂层厚度1mm。

④盘柜底部空隙处应填塞4pcf容重的矿棉，并用防火密封胶严密封实，密封胶厚度突出防火封堵系统面不应小于13mm，面层应平整。

（4）无机堵料

①电缆沟、电缆隧道由室外进入室内处，长距离电缆沟每隔50m处，电缆穿阻火墙处应使用防火灰泥加膨胀型防火堵料组合的阻火隔墙进行防火封堵。

②采用无机堵料（防火灰泥、或耐火砖）堆砌，其厚度不应小于200mm（根据产品的性能而定）。

③阻火隔墙两侧的电缆周围应采用防火密封胶进行密实分隔包裹，其两侧厚度应大于隔墙表层13mm，阻火隔墙外侧电缆应用防火涂料涂刷，涂刷长度为1m。

（5）电缆涂料

①防火封堵系统两侧电缆应采用电缆涂料，电缆涂料的涂覆位置应在阻火隔墙两端和电力电缆接头两侧的1m～2m长区段。

②使用燃烧等级为非A级电缆的隧道（沟），在封堵完成后，孔洞两侧电缆涂刷防火涂料长度不应小于1m，干涂层厚度不应小于1mm。

③使用燃烧等级为非A级电缆的竖井，每层均应封堵。

④水平敷设的电缆，应沿电缆走向进行均匀涂刷涂料；垂直敷设的电缆宜自上而下涂刷。涂刷的次数、厚度及间隔时间要符合产品的要求。

二、电气防火防爆要求及技术措施

（一）防火防爆的检查内容

1. 平面布置

（1）室外变、配电装置距堆场、可燃液体储罐和甲、乙类厂房库房不应小于 25m；距其他建筑物不应小于 10m；距液化石油气罐不应小于 35m。

（2）石油化工装置的变、配电室还应布置在装置的一侧，并位于爆炸危险区范围以外。

（3）户内电压为 10kV 以上、总油量为 60kg 以下的充油设备，可安装在两侧有隔板的间隔内；总油量为 60kg~600kg 者，应安装在有防爆隔墙的隔间内；总油量为 600kg 以上者，应安装在单独的防爆隔间内。

（4）10kV 及其以下的变、配电室不应设在爆炸危险环境的正上方或正下方。

2. 环境

（1）消除或减少爆炸性混合物

①保持良好通风，使现场易燃易爆气体、粉尘和纤维浓度降低到无法引起火灾和爆炸。

②加强密封，减少和防止易燃易爆物质的泄露。

③有易燃易爆物质的生产设备、储存容器、管道接头和阀门应严格密封，并经常巡视检测。

（2）消除引燃物

①对运行中能够产生火花、电弧和高温危险的电气设备和装置，不应放置在易燃易爆的危险场所。

②在易燃易爆场所安装的电气设备和装置应该采用密封的防爆电器，并应尽量避免使用便携式电气设备。

3. 保护

爆炸和火灾危险场所内的电气设备的金属外壳应可靠地接地（或接零）。

（二）防火措施的检查

1. 变、配电装置防火措施的检查

（1）变压器保护

①变压器应设置短路保护装置，当发生事故时，能及时切断电源。

②变压器高压侧还可通过采用过电流继电器来进行短路保护和过载保护。

③根据变压器运行情况、容量大小、电压等级，设置气体保护、差动保护、温度保护、低电压保护、过电压保护等设施。

（2）防止雷击措施

在变压器的架空线引入电源侧，应安装避雷器，并设有一定的保护间隙。

（3）接地措施

①在中性点有良好接地的低压配电系统中，应该采用保护接零方式。

②城市公用电网应采用统一的保护方式。

③农村配电网络，不得实行保护接零，而应采用保护接地方式。

④在中性点不接地的低压配电网络中，采用保护接地。

⑤高压电气设备，一般实行保护接地。

（4）过电流保护措施

①防护电器的额定电流或整定电流不应小于回路的计算负载电流。

②防护电器的额定电流或整定电流不应大于回路的允许持续载流量。

③保证防护电器有效动作的电流不应大于回路载流量的 1.45 倍。

（5）短路防护措施

①短路防护电器的遮断容量不应小于其安装位置处的预期短路电流。

②被保护回路内任一点发生短路时，防护电器都应在被保护回路的导体温度上升到允许限值前切断电源。

（6）漏电保护电器

①在安装带有短路保护的漏电保护器时，必须保证在电弧喷出方向有足够的飞弧距离。

②在高温、低温、高湿、多尘以及有腐蚀性气体的环境中使用漏电保护器时，应采取必要的辅助保护措施，以防漏电保护器不能正常工作或损坏。

③漏电保护器的漏电、过载和短路保护特性均由制造厂调整好，不允许用户自行调节。

2. 低压配电和控制电器防火措施的检查

（1）基本要求

①核对控制电器的铭牌，设备应符合使用要求，设备的接线应正确。

②定期对控制电器进行维护，清理积尘，保持设备清洁。

③低压配电与控制电器的导线绝缘应无老化、腐蚀和损伤现象。

④同一端子上导线连接不应多于 2 根，且 2 根导线线径相同，防松垫圈等部件齐全。

⑤进出线接线正确；接线应采用铜质或有电镀金属层防锈的螺栓和螺钉连接，连接应牢固，电连接点应无过热、锈蚀、烧伤、熔焊等痕迹。

⑥金属外壳、框架的接零（PEN）或接地（PE）连接可靠；套管、瓷件外部无破损、裂纹痕迹。

⑦低压配电与控制电器安装区域，无渗漏水现象。

⑧低压配电与控制电器的灭弧装置应完好无损。

⑨连接到发热元件（如管形电阻）上的绝缘导线，应采取隔热措施。电器靠近高温物体或安装在可燃结构上时，应采取隔热、散热措施。

⑩熔断器应按规定采用标准的熔体。电器相间绝缘电阻不应小于 5MΩ。

（2）刀开关

降低接触电阻以防止发热过度。采用电阻率和抗压强度低的材料制造触头。利用弹簧或弹簧垫等，增加触头接触面间的压力。对易氧化的铜、黄铜、青铜触头表面，镀一层锡、铅锡合金或银等保护层，防止因触头氧化使接触电阻增加。在铝触头表面，涂上防止氧化的中性凡士林油层加以覆盖。

（3）组合开关

应在开关加装能切断三相电源的控制开关及熔断器。

（4）断路器

①在断路器投入使用前应将各磁铁工作面的防锈油脂抹净，以免影响磁系统的动作值。

②长期未使用的灭弧室，在使用前应先烘一次，以保证良好的绝缘。

③定期检查传动机构、灭弧室、触头和相间绝缘主轴等构件。

④对电动合闸的断路器，应检查合闸电磁铁机构是否处于正常状态。

（4）接触器

①安装、接线时应防止螺钉、垫片等零件落入接触器内部造成卡住或短路现象。

②各接点应保证牢固无松动。

③使用前应先在不接通主触头的情况下使吸引线圈通电，分合数次，以检查接触器动作是否确实可靠。

④使用可逆转接触器时，除安装电气连锁外，尚应考虑加装机械连锁机构。

（5）启动器

①定期检查触头表面状况，若发现触头表面粗糙，应以细锉修整，切忌以砂纸打磨。

②对于充油式产品的触头，应在油箱外修整，以免油被污染，绝缘强度降低。

③对于手动式减压启动器，当电动机运行时因失电压而停转时，应及时将手柄扳回停止位置。

④手动式启动器的操作机械应保持灵活，并定期添加润滑剂。

（6）继电器

①继电器应安装在少震、少尘、干燥的场所。

②安装完毕后必须检查各部分接点是否牢固、触点接触是否良好、有无绝缘损坏等。

③每月至少检修两次。重点应检查各触点的接触是否良好，有无绝缘老化，必要时应测其绝缘电阻值。

3. 电气线路防火措施的检查

（1）预防电气线路短路的措施

①严格执行电气装置安装规程和技术管理规程，坚决禁止非电工人员安装、维修。

②根据导线使用的具体环境选用不同类型的导线，正确选择配电方式。

③安装线路时，电线之间、电线与建筑构件或树木之间应保持一定距离。

④在距地面 2m 高以内的电线，应用钢管或硬质塑料保护。

⑤在线路上应按规定安装断路器或熔断器。

（2）预防电气线路过负荷的措施

根据负载情况，选择合适的电线；严禁滥用铜丝、铁丝代替熔断器的熔丝；不准乱拉电线和接入过多或功率过大的电气设备；严禁随意增加用电设备尤其是大功率用电设备；应根据线路负荷的变化及时更换适宜容量的导线；可根据生产程序和需要，采取排列先后控制使用的方法，把用电时间调开，以使线路不超过负荷。

（3）预防电气线路接触电阻过大的措施

导线与导线、导线与电气设备的连接必须牢固可靠；铜、铝线相接，宜采用铜铝过渡接头，也可采用在铜线接头处搪锡；通过较大电流的接头，应采用油质或氧焊接头，在连接时加弹力片后拧紧；要定期检查和检测接头，防止接触电阻增大，对重要的连接接头要加强监视。

（4）屋内布线的设置要求

设计安装屋内线路时，应根据使用电气设备的环境特点，正确选择导线类型；明敷绝缘导线应防止绝缘受损引起危险；导线与导线之间、导线的固定点之间，要保持合适的距离；绝缘导线穿过墙壁或可燃建筑构件时，应穿过砌在墙内的绝缘管，绝缘管（瓷管）两端的出线口伸出墙面的距离宜不小于 10mm；沿烟囱、烟道等发热构件表面敷设导线时，应采用石棉、玻璃丝、瓷珠、瓷管等材料作为绝缘的耐热线。

4. 插座与照明开关

（1）当直接、交流或不同电压等级的插头安装在同一场所时，应有明显的区别，应选择不同结构、不同规格和不可互换的插座，配套的插头应按直流、交流和不同电压等级区别使用。

（2）落地插座面板应牢固可靠、密封良好。单相两孔插座，面对插座的右孔或上孔与相线连接，左孔或下孔与零线连接；三孔插座，面对插座的右孔与相线连接，左孔与零线连接。在潮湿场所插座应采用密封型并带保护地线触头的保护型插座，安装高度不低于1.5m。

（3）同一建筑物、构筑物的照明开关应采用同一系列的产品，开关的通断位置一致，操作灵活、接触可靠；插座、照明开关靠近高温物体、可燃物或安装在可燃结构上时，应采取隔热、散热等保护措施。

（4）导线与插座或开关连接处应牢固可靠，螺丝应压紧无松动，面板无松动或破损。在使用Ⅰ类电器的场所，必须设置带有保护线触头的电源插座，并将该触头与保护地线（PE线）连成电气通路。车间及试（实）验室的插座安装高度距地面不小于0.3m；特殊场所暗装的插座安装高度距地面不小于0.15m；同一室内插座安装高度一致。插座面板应无烧蚀、变色、熔融痕迹。

注：Ⅰ类电器：系指该类电器的防触电保护不仅依靠基本绝缘，而且还需要一个附加的安全预防措施，其方法是将电器外露导电部分与已安装的固定线路中的保护接地导体连接起来，以便在发生接地故障时能有效地切断电源。

（5）非临时用电，不宜使用移动式插座。当使用移动式插座时，电源线要采用铜芯电缆或护套软线；具有保护接地线（PE线）；禁止放置在可燃物上；禁止串接使用；严禁超容量使用。

5. 照明器具

（1）产生腐蚀性气体的蓄电池室等场所应采用密闭型灯具。在有尘埃的场所，应按防尘的保护等级分类选择合适的灯具。重要场所的大型灯具，应安装防玻璃罩破裂后向下飞溅的措施。

（2）储存可燃物的仓库及类似场所照明光源应采用冷光源，其垂直下方与堆放可燃物品水平间距不应小于0.5m，不应设置移动式照明灯具；应采用有防护罩的灯具和墙壁开关，不得使用无防护罩的灯具和拉线开关。

（3）超过60W的白炽灯、卤素灯、荧光高压汞灯等照明灯具（包括镇流器）不应安装在可燃材料和可燃构件上，聚光灯的聚光点不应落在可燃物上。当灯具的高温部位靠近可燃装修材料时，应采取隔热、散热等防火保护措施。灯饰所用材料的燃烧性能等级不应低于B_1级。

（4）嵌入顶棚内的灯具，灯头引线应采用柔性金属管保护，其保护长度不宜超过1m。嵌入式灯具、贴顶灯具以及光檐（槽灯）照明，当采用卤钨灯以及单灯功率超过100W的白炽灯时，灯具（或灯）引入线应选用耐105℃～250℃高温的绝缘电线，或采用瓷管、石棉等非燃材料作隔热保护。

（5）聚光灯、回光灯不应安装在可燃基座上，贴近灯头的引出线应用高温线或瓷套管保护，配线接点必须设在金属接线盒内。

（6）用于舞台效果的高温灯具，其灯头引线应采用耐高温导线或穿瓷管保护，再经接线柱与灯具连接，导线不得靠近灯具表面或敷设在高温灯具附近。霓虹灯与建筑物、构筑物表面距离不应小于20mm。当安全距离不够时，应采取隔热、散热等防火保护措施。

（7）照明灯具上所装的灯泡，不应超过灯具的额定功率。灯具及其配件齐全，无机械损伤、变形、涂层剥落和灯罩破裂等缺陷；软线吊灯的软线两端应做保护扣，当装升降器时，套塑料软管，采用安全灯头；除敞开式灯具，其他各类灯具灯泡容量在100W及以上的应采用瓷质灯头；连接灯具的软线盘扣、搪锡压线，当采用螺口灯头时，相线接于螺口灯头中间的端子上；灯头的绝缘外壳不破损和漏电；带有开关的灯头，开关手柄应无裸露的金属部分。

（8）每个灯控开关所控灯具的总额定电流值不应大于该灯控开关的额定电流。建筑物内景观照明灯具的导电部分对地电阻应大于2MΩ。

（9）节日彩灯的检查应符合下列规定：

①建筑物顶部彩灯采用有防雨性能的专用灯具，灯罩要拧紧；

②彩灯连接线路应采用绝缘铜导线，导线截面积应满足载流量要求，且不应小于 $2.5mm^2$，灯头线不应小于 $1.0mm^2$；

③悬挂式彩灯应采用防水吊线灯头，灯头线与干线的连接应牢固绝缘包扎紧密；

④彩灯供电线路应采用橡胶多股铜芯软导线，截面不应小于 $4.0mm^2$，垂直敷设时，对地面的距离不小于 3.0m；

⑤彩灯的电源除统一控制外，每个支路应有单独控制开关和熔断器保护，导线的支持物应安装牢固。

6.电动机

（1）电动机应安装在牢固的机座上，机座周围应有适当的通道，与其它低压带电体、可燃物之间的距离不应小于 1.0m，并应保持干燥清洁。

（2）电动机外壳接地应牢固可靠、完好无损。电动机应装设短路保护和接地故障保护，并应根据具体情况分别装设过载保护、断相保护和低电压保护。

（3）电动机控制设备的电气元器件外观应整洁，外壳应无破裂，零部件齐全，各接线端子及紧固件应无缺损、锈蚀等现象；电气元器件的触头应无熔焊粘连变形和严重氧化等痕迹；端子上的所有接线应压接牢固，接触应良好，不应有松动、脱落现象。

7.电热器具

（1）超过 3kW 的固定式电热器具应采用单独回路供电，电源线应装设短路、过载及接地故障保护电器；导线和热元件的接线处应紧固，引入线处应采用耐高温的绝缘材料予以保护；电热器具周围 0.5m 以内不应放置可燃物；电热器具的电源线，装设刀开关和短路保护电器处，其可触及的外露导电部分应接地。

（2）低于 3kW 以下可移动式电热器应放在不燃材料制作的工作台上，与周围可燃物应保持 0.3m 以上的距离；电热器应采用专用插座，引出线应采用石棉、瓷管等耐高温绝缘套管保护。

（3）工业用大型电热设备，应设置在一、二级耐火等级的建筑内，并应采取通风散热、排风和防爆泄压措施；宜采用单独的供电线路，供电线路应采用耐火耐热绝缘材料的电线电缆，并装设熔断器等保护装置；应装设有温度、时间控制和报警装置，并应严格控制运行时间和温度。

8.空调器具

（1）空调器具应单独供电，电源线应设置短路、过载保护，且其动作应灵活可靠，无拒动现象。电源插头的容量不应大于插座的容量且匹配。室内机体接线端子板处接线牢固、整齐、正确。

（2）空调器具不应安装在可燃结构上，空调设备与周围可燃物的距离不应小于 0.3m。分体式空调穿墙管路应选择不燃或难燃材料套管保护。

9.家用电器

（1）电冰箱及电视机等电器不应在短时间内连续切断、接通电源；保证电冰箱后部干燥通风，切勿在电冰箱后面塞放可燃物。

（2）电视机室外天线或共用天线的避雷器要有良好的接地。雷雨天气时尽量不要使用室外天线。

（3）电热毯第一次使用或长期搁置后再使用，应在有人监视的情况下先通电 1 小时左右，检查是否安全；在沙发、席梦思和钢丝床上不宜使用直线型电热线电热毯。

第七节　建筑装修和保温系统检查

通过对建筑室内装修、室外装饰和保温系统进行检查，有效控制装修、装饰和保温材料的燃烧性能，降低建筑的火灾荷载，增强建筑抵御火灾的整体能力。

一、建筑内部装修

（一）检查内容

1. 装修功能与原建筑分类的一致性

建筑内部装修设计的使用功能是否与建筑原设计功能保持一致；是否减少、改动、拆除、遮挡消防设施、疏散指示标志、安全出口、疏散出口、疏散走道和防火分区、防烟分区。

2. 装修材料燃烧性能等级

（1）不同部位装修材料燃烧性能等级是否符合规范要求；降低装修材料燃烧性能等级是否符合规范规定的条件。

（2）建筑内部是否设置采用 B_3 级装饰材料制成的壁挂、布艺等；如设置是否靠近电气线路、火源或热源，或采取隔离措施。

3. 装修对疏散设施的影响

疏散走道和安全出口的顶棚、墙面是否采用影响人员安全疏散的镜面反光材料。

4. 装修对消防设施的影响

建筑内部消火栓箱门是否被装饰物遮掩；消火栓箱门四周的装修材料颜色与消火栓箱门的颜色是否有明显区别或在消火栓箱门表面设置发光标志。

5. 照明灯具和电气设备的安装

（1）照明灯具及电气设备、线路的高温部位，靠近非 A 级装修材料或构件时，是否采取隔热、散热等防火保护措施；与窗帘、帷幕、幕布、软包等装修材料的距离是否不小于 500mm；灯饰是否采用不低于 B_1 级的材料。

（2）建筑内部的配电箱、控制面板、接线盒、开关、插座等是否直接安装在低于 B_1 级的装修材料上；用于顶棚和墙面装修的木质类板材，当内部含有电器、电线等物体时，是否采用不低于 B_1 级的材料。

（3）室内顶棚、墙面、地面和隔断装修材料内部安装电加热供暖系统时，室内采用的装修材料和绝热材料的燃烧性能等级是否为 A 级；当室内顶棚、墙面、地面和隔断装修材料内部安装水暖（或蒸汽）供暖系统时，其顶棚采用的装修材料和绝热材料的燃烧性能是否为 A 级，其他部位的装修材料和绝热材料的燃烧性能是否不低于 B_1 级。

6. 公共场所内阻燃制品标识张贴

公共场所内建筑制品、织物、塑料或橡胶、泡沫塑料类、家具及组件、电线电缆等六类产品是否使用阻燃制品并加贴阻燃标识。

（二）检查方法

通过查阅设计文件、建筑平面图、剖面图和建筑内部装修平面图，顶棚、墙面、地面等重点部位装修节点图等资料，了解建筑类别、使用功能、装修范围等基本要素，确定建筑各部位装修材料需要的燃烧等级；检查所用装修材料的清单、数量、合格证及防火性能型式检验报告，装修施工过程中所用防火装修材料的见证取样检验报告，装修施工过程中的抽样检验报告，包括隐蔽工程的施工过程中及完工后的抽样检验报告，装修施工过程中现场进行涂刷、喷涂等阻燃处理的抽样检验报告；核实现场内部装修材料选用、施工与提供的"施工现场质量管理检查记录""装修材料进场验收记录""建筑内部装修工程防火施工过程检查记录"和"建筑内部装修工程防火验收记录"等记录内容的一致性。对装修材料燃烧性能判定时，需注意以下几点：

1. 安装在钢龙骨上燃烧性能达到 B_1 级的纸面石膏板，矿棉吸声板，可作为 A 级装修材料；当胶合板表面涂覆一级饰面型防火涂料时，可做为 B_1 级装修材料；单位重量小于 $300g/m^2$ 的纸质、布质壁纸，当直接粘贴在 A 级基材上时，可做为 B_1 级装修材料；施涂于 A 级基材上的无机装饰涂料，可做为 A 级装修材料；施涂于 A 级基材上，湿涂覆比小于 $1.5kg/m^2$ 的有机装饰涂料，可做为 B_1 级装修材料；

2. 当胶合板用于顶棚和墙面装修并且内含有电器、电线等物体时，对隐蔽层检查时，需查阅隐蔽工程验收记录，现场核查胶合板的内、外表面以及相应的木龙骨是否涂覆防火涂料，或采用阻燃浸渍处理达到 B_1 级；

3. 当采用不同装修材料进行分层装修时，各层装修材料的燃烧性能等级均要符合相关规定。对于复合型装修材料，可通过提交专业检测机构进行整体测试后确定其燃烧性能等级；

4. 当顶棚或墙面表面局部采用多孔或泡沫状塑料时，其厚度不得大于 15mm，且面积不得超过该房间顶棚或墙面积的 10%；

5. 对现场阻燃处理的木质材料、纺织织物、复合材料等检查时，结合材料的燃烧性能型式检验报告、现场进行阻燃处理的材料和所使用的阻燃剂的见证取样检验报告、现场对材料进行阻燃处理的施工记录及隐蔽工程验收记录等相关资料，对照报告及记录内容开展现场核查，重点核查上述报告或记录内容与实际使用材料的一致性；

6. 对公共场所内使用的阻燃制品，还要检查阻燃制品标识使用证书、现场检验标识加贴的情况。

二、建筑外墙的装饰

防火检查中，通过对外墙装饰材料的燃烧性能、广告牌的设置位置、设置发光广告牌墙体的燃烧性能等进行检查，核实建筑外墙装饰是否符合现行国家标准的要求。

（一）检查内容

1. 装饰材料的燃烧性能

建筑外墙的装饰层是否采用燃烧性能为 A 级的材料；采用 B_1 级材料时，建筑高度是否不大于 50m。

2. 广告牌的设置位置

（1）户外设置的广告牌是否遮挡建筑的外窗，是否影响外部灭火救援行动和排烟效果。

（2）户外电致发光广告牌是否违反规范要求直接设置在有可燃、难燃材料的墙体上。

（二）检查方法

通过查阅设计文件、建筑立面图、装饰材料的燃烧性能检测报告等资料，了解建筑高度、墙体材质，确定消防车登高面、每层灭火救援窗和自然排烟窗的设置部位后，沿建筑四周对外墙装饰开展现场检查。

三、建筑保温系统

通过判定保温系统的类型，对保温材料的燃烧性能、防护层和防火隔离带的设置、每层的防火封堵和电气线路及电气设备安装敷设等进行检查，核实建筑外保温系统是否符合现行国家标准的要求。

（一）检查内容

1. 保温材料的燃烧性能

建筑外墙室内、外保温系统及屋面外保温系统的保温材料燃烧性能等级是否符合规范要求。

2. 保温系统防护层的设置

建筑保温系统是否采用不燃材料做防护层；保护层的厚度是否符合规范要求。

3. 防火隔离带的设置

建筑外墙外保温系统采用燃烧性能为 B_1、B_2 级保温材料时，是否每层设置水平防火隔离带；防火隔离带是否采用燃烧性能为 A 级的材料；防火隔离带的高度是否不小于 300mm。建筑的屋面和外墙外保温系统均采用 B_1、B_2 级保温材料时，屋面与外墙之间是否采用宽度不小于 500mm 的不燃材料设置防火隔离带进行分隔。

4. 每层楼板处的防火封堵

建筑外墙外保温系统与基层墙体、装饰层之间的空腔，是否在每层楼板处采用防火封堵材料封堵。

5. 电气线路和电器配件的安装

（1）电气线路是否穿越或敷设在燃烧性能为 B_1 或 B_2 级的保温材料中；如穿越或敷设时是否采取穿金属管并在金属管周围采用不燃隔热材料进行防火隔离等防火保护措施。

（2）设置开关、插座等电器配件的部位周围是否采取不燃隔热材料进行防火隔离等防火保护措施。

（二）检查方法

通过查阅设计文件中节能设计专篇、建筑剖面图、建筑外墙节点大样、施工记录、隐蔽工程验收记录、相关材料（保温材料、防护层、防火隔离带等）质量证明文件和性能检测报告或型式检验报告等资料，了解建筑高度、建筑类别、使用功能、幕墙形式、保温系统类型等，并按上述内容开展现场检查。防护层的厚度、水平防火隔离带的高度或宽度，在现场可采用钢针插入或剖开测量的方法，测量值不允许有负偏差。

CHAPTER 8

第八章

消防设施安装、检测 及维护管理

　　本章在分析 2015 年、2016 年和 2017 年试卷的基础上，重点介绍注册消防工程师必须熟悉和掌握的火灾自动报警系统、消防给水及消火栓系统、自动喷水灭火系统、水喷雾灭火系统、细水雾灭火系统、气体灭火系统、干粉灭火系统、泡沫灭火系统、防烟排烟系统、灭火器配置、消防应急照明和疏散指示系统等建筑消防设施安装质量控制、检测验收、维护管理的要求与方法。

第一节　安装质量控制、维护保养与消防控制室管理

一、安装调试与检测

消防设施的施工安装质量直接关系到消防设施设备发挥作用的实际效果。

（一）施工质量控制要求

为确保施工安装质量，消防设施安装调试、检测应由具有相应等级资质的施工单位和消防技术服务机构承担。施工单位应按照消防设计文件编写施工方案，以指导施工安装、控制施工质量。

1. 施工前准备

施工前需具备下列基本条件：

（1）经批准的消防设计文件以及其他技术资料齐全；

（2）设计单位向建设、施工、监理单位进行技术交底，明确相应技术要求；

（3）各类消防设施的设备、组件以及材料齐全，规格型号符合设计要求，能够保证正常施工；

（4）经检查，与专业施工相关的基础、预埋件和预留空洞等符合设计要求；

（5）施工现场及施工中使用的水、电、气能够满足连续施工的要求；

消防设计文件包括消防设施施工图（平面图、系统图、施工详图、设备表、材料表等）图纸以及设计说明等；其他技术资料主要包括消防设施产品明细表、主要组件安装使用说明书及施工技术要求，各类消防设施的设备、组件以及材料等符合市场准入制度的有效证明文件和产品出厂合格证书，工程质量管理、检验制度等。

2. 施工过程质量控制

（1）对到场的各类消防设施组件、材料进行现场检查，经检查合格后方可用于施工。

（2）各工序按施工技术标准进行质量控制，每道工序完成后进行检查，经检查合格后方可进入下一道工序。

（3）相关各专业工种之间交接时，进行检验认可，经监理工程师签证后，方可进行下一道工序。

（4）消防设施安装完毕，施工单位按照调试规定调试。

（5）调试结束后，施工单位向建设单位提供质量控制资料和各类消防设施施工过程质量检查记录。

（6）监理工程师组织施工单位人员对消防设施施工过程进行质量检查；施工过程质量检查记录按照各消防设施施工及验收规范的要求填写。

（7）施工过程质量控制资料按照相关消防设施施工及验收规范的要求填写、整理。

3. 施工安装质量问题处理

经现场检查、技术检测、竣工验收，消防设施组件以及材料存在产品质量问题或者施工安装质量问题，不能满足相关标准的，按下列要求处理：

（1）更换相关组件以及材料，进行施工返工处理。重新组织产品现场检查、技术检测或者竣工验收；

（2）返修处理。能够满足相关标准规定和使用要求的，按照经批准的处理技术方案和协议文

件，重新组织现场检查、技术检测或者竣工验收；

（3）返修或者更换相关组件以及材料的，经重新组织现场检查、技术检测、竣工验收，仍然不符合要求的，判定为现场检查、技术检测、竣工验收不合格；

（4）未经现场检查合格的消防设施组件以及材料，不得用于施工安装；消防设施未经竣工验收合格的，其建设工程不得投入使用。

（二）消防设施设备现场检查

各类消防设施设备、组件以及材料等运抵施工现场后，施工单位应组织实施现场检查。消防设施现场检查包括产品合法性检查、一致性检查以及产品质量检查。

1. 合法性检查

消防产品按照国家或者行业标准生产，并经型式检验和出厂检验合格后，方可使用。消防产品合法性检查，重点查验其符合国家市场准入规定的相关合法性文件，以及出厂检验合格证明文件。

（1）查验市场准入文件

①纳入强制性产品认证的消防产品，查验强制认证证书。

②新研制的尚未制定国家或者行业标准的消防产品，查验技术鉴定证书。

③目前尚未纳入强制性产品认证的非新产品类的消防产品，查验其经国家法定消防产品检验机构检验合格的型式检验报告。

④非消防产品类的管材管件以及其他设备查验其法定质量保证文件。

（2）查验产品质量检验文件

①查验所有消防产品的型式检验报告；其他相关产品的法定检验报告。

②查验所有消防产品、管材管件以及其他设备的出厂检验报告或者出厂合格证。

2. 一致性检查

根据消防设计文件、产品型式检验报告等，查验消防产品的铭牌标志、关键部件和材料、产品特性等一致性程度。

（1）逐一登记到场的各类消防设施的设备及其组件名称、批次、规格型号、数量和生产厂名、地址和产地，与其设备清单、使用说明书等核对无误。

（2）查验各类消防设施的设备及其组件的规格型号、组件配置及其数量、性能参数、生产厂名及其地址与产地，以及标志、外观、材料、产品实物等，与经国家消防产品法定检验机构检验合格的型式检验报告一致。

（3）查验各类消防设施的设备及其组件规格型号，符合经法定机构批准或者备案的消防设计文件要求。

3. 产品质量检查

主要包括外观检查、组件装配及其结构检查、基本功能试验以及灭火剂质量检测等内容。

（1）火灾自动报警系统、火灾应急照明以及疏散指示系统，重点进行外观检查。

（2）水系灭火系统（如消防给水及消火栓系统、自动喷水灭火系统、水喷雾灭火系统、细水雾灭火系统、泡沫灭火系统等），重点对其设备、组件以及管件、管材的外观（尺寸）、组件结构及其操作性能进行检查，并对规定组件、管件、阀门等进行强度和严密性试验；泡沫灭火系统还需按照规定对灭火剂进行抽样检测。

（3）气体灭火系统、干粉灭火系统除参照水系灭火系统的检查要求进行现场产品质量检查外，还要对灭火剂储存容器的充装量、充装压力等进行检查。

（4）防烟排烟设施，重点检查风机、风管及其部件的外观（尺寸）、材料燃烧性能和操作性能；检查活动挡烟垂壁、自动排烟窗及其驱动装置、控制装置的外观、操控性能等。

（三）施工安装调试

1. 施工安装依据

施工安装以经法定机构批准或备案的消防设计文件、国家工程建设消防技术标准为依据；经批准或备案的消防设计文件不得擅自变更，确需变更的，由原设计单位修改，报经原批准机构批准后，方可用于施工安装。

消防供电以及火灾自动报警系统设计文件，除需要具备前述消防设施设计文件外，还需具备系统布线图和消防设备联动逻辑说明等技术文件。

2. 施工安装要求

施工安装过程中，施工现场要配齐相应的施工技术标准、工艺规程以及实施方案，建立健全质量管理体系、施工质量控制与检验制度。

施工单位做好施工（包括隐蔽工程验收）、检验（包括绝缘电阻、接地电阻）、调试、设计变更等相关记录；施工结束后，施工单位对消防设施施工安装质量进行全面检查，在施工现场质量管理检查、施工过程检查、隐蔽工程验收、资料核查等检查全部合格后，完成竣工图以及竣工报告。

3. 调试要求

各类消防设施施工结束后，由施工单位或者其委托的具有调试能力的其他单位组织调试，调试工作包括各类消防设施的单机设备、组件调试和系统联动调试等内容。消防设施调试需要具备下列条件：

（1）系统供电正常，电气设备（主要是火灾自动报警系统）具备与系统联动调试的条件；

（2）水源、动力源和灭火剂储存等满足设计要求和系统调试要求，各类管网、管道、阀门等密封严密，无泄漏；

（3）调试使用的测试仪器、仪表等性能稳定可靠，其精度等级及其最小分度值能够满足调试测定的要求，符合国家有关计量法规以及检定规程的规定；

（4）对火灾自动报警系统及其组件、其他电气设备分别进行通电试验，其工况应正常。

消防设施调试负责人由专业技术人员担任。调试前，调试单位按照各消防设施的调试需求，编制相应的调试方案，确定调试程序，并按照程序开展调试工作；调试结束后，调试单位提供完整的调试资料和调试报告。

消防设施调试合格后，填写施工过程检查记录，并将各消防设施恢复至准工作状态。

（四）技术检测与竣工验收

消防设施技术检测、竣工验收是各类消防设施交付使用前的重要技术保障工作，通过技术检测、竣工验收，能够统一标准，规范施工行为，及时发现消防设施施工中的质量问题，保障消防设施应有效能的最好发挥。

1. 技术检测

消防设施施工结束后，建设单位应委托具有相应资质等级的消防技术检测服务机构对消防设施施工质量进行检查测试。

（1）检测准备

①检查相关技术文件。各类消防设施设备及其组件符合设计选型，具有出厂合格证明文件，具有符合市场准入规定的证明文件；各类灭火剂在产品质量证明文件的有效期内。

②检查各类消防设施设备及组件的外观标志。各类消防设施设备及组件的永久性铭牌和按规定设置的标识，其文字和数据齐全，符号清晰，色标正确。

③检查各类消防设施设备及组件、材料（管道、管件、支吊架、线槽、电线、电缆等）的外观，以及导线、电缆的绝缘电阻值和系统接地电阻值等测试记录。各类消防设施设备及其组件、材料的外观完好无损、无锈蚀，设备、管道无泄漏，导线和电缆的连接、绝缘性能、接地电阻等符合设计要求。

④检查检测用仪器、仪表、量具等的计量检定合格证书及其有效期限。检测用仪器、仪表、量具等按照国家现行有关规定计量检定合格，并在检定合格有效期限内。

（2）检测方法及要求

①采用核对方式检查的，与经法定机构批准或者备案的消防设计文件、验收记录和国家工程建设消防技术标准等进行对比核查。

②按照各类消防设施施工及验收规范以及《建筑消防设施检测技术规程》GA 503 规定的内容，对各类消防设施的设置场所（防护区域）、设备及其组件、材料（管道、管件、支吊架、线槽、电线、电缆等）进行设置场所（防护区域）安全性检查、消防设施施工质量检查和功能性试验；对有数据测试要求的项目，采用规定仪器、仪表、量具等进行测试。

③逐项记录各类消防设施检测结果以及仪器、仪表、量具等测量显示数据，填写检测记录。

检测结束后，将各类消防设施恢复至准工作状态。

2.竣工验收

由建设单位组织设计、施工、监理等单位进行消防设施竣工验收，分资料检查、施工质量现场检查和质量验收判定等3个环节进行，按各类消防设施的施工及验收规范要求填写竣工验收记录表。

（1）资料检查

施工单位需提交下列竣工验收资料：

①竣工验收申请报告；

②施工图设计文件（包括设计图纸和设计说明书等）、各类消防设施的设备及其组件安装说明书、消防设计审核意见书和设计变更通知书、竣工图；

③主要设备、组件、材料符合市场准入制度的有效证明文件、出厂质量合格证明文件以及现场检查（验）报告；

④施工现场质量管理检查记录、施工过程质量管理检查记录以及工程质量事故处理报告；

⑤隐蔽工程检查验收记录以及灭火系统阀门、其他组件的强度和严密性试验记录、管道试压和冲洗记录。

（2）现场检查

主要内容包括各类消防设施的安装场所（防护区域）及其设置位置、设备用房设置等检查、施工质量检查和功能性试验。具体包括：

①检查各类消防设施安装场所（防护区域）及其设置位置；

②检查各类消防设施外观质量；

③现场测量距离、宽度、长度、面积、厚度等可测量指标；

④测试各类消防设施的功能；

⑤检查、测试其它涉及消防设施规定要求的项目。

各项检查项目中有不合格项时，对设备及其组件、材料（管道、管件、支吊架、线槽、电线、电缆等）进行返修或更换后，进行复验。复验时，对有抽验比例要求的，加倍抽样检查。

（3）质量验收判定

消防设施现场检查结束后，根据施工验收规范确定的工程施工质量缺陷类别，按照下列规则对各类消防设施的施工质量作出验收判定结论：

①消防给水及消火栓系统、自动喷水灭火系统、防烟排烟系统和火灾自动报警系统等工程施工质量缺陷划分为严重缺陷项（A）、重缺陷项（B）和轻缺陷项（C）。

自动喷水灭火系统、防烟排烟系统的工程施工质量缺陷，当 A＝0，且 B≤2，且 B＋C≤6 时，竣工验收判定为合格；否则，竣工验收判定为不合格。

消防给水及消火栓系统的工程施工质量缺陷，当 A＝0，且 B≤检查项的 10%，且 B＋C≤20% 时，竣工验收判定为合格；否则，竣工验收判定为不合格。

火灾自动报警系统的工程施工质量缺陷，当 A＝0，B≤2，且 B＋C≤检查项的 5% 时，竣工验收判定为合格；否则，竣工验收判定为不合格。

②泡沫灭火系统按照《泡沫灭火系统施工及验收规范》GB 50281 的规定内容进行竣工验收，当其功能验收不合格时，系统验收判定为不合格。

③气体灭火系统按照《气体灭火系统施工及验收规范》GB 50263 的规定内容进行竣工验收，当其验收项目有 1 项为不合格时，系统验收判定为不合格。

二、消防设施维护管理

《中华人民共和国消防法》赋予社会单位按照国家标准、行业标准配置消防设施、器材，定期组织检验、维修，确保完好有效的法定职责。国家标准《建筑消防设施的维护管理》GB 25201 规定了消防设施维护管理的内容、方法和要求，引导和规范消防设施维护管理工作。

（一）消防设施维护管理内容

消防设施维护管理由建筑物的产权单位或受其委托的物业管理单位（以下简称"建筑使用管理单位"）依法自行管理，或者委托具有相应资质的消防技术服务机构实施管理。消防设施维护管理包括值班、巡查、检测、维修、保养、建档等工作。

（二）消防设施维护管理要求

为确保建筑消防设施正常运行，建筑使用管理单位需明确消防设施的维护管理归口管理部门、管理人员及其工作职责，建立值班、巡查、检测、维修、保养、建档等管理制度。

1.维护管理人员从业资格要求

（1）消防设施检测、维护保养等消防技术服务机构的项目经理、技术人员，经注册消防工程师考试合格，具有规定数量的、持有一级或者二级注册消防工程师的执业资格证书。

（2）消防设施操作、值班、巡查人员，经消防行业特有工种职业技能鉴定合格，持有初级技能（含，下同）以上等级的职业资格证书，能够熟练操作消防设施。

（3）消防设施检测、保养人员，经消防行业特有工种职业技能鉴定合格，持有高级技能以上等级职业资格证书。

（4）消防设施维修人员，经消防行业特有工种职业技能鉴定合格，持有技师以上等级职业资格证书。

2.维护管理装备要求

用于消防设施的巡查、检测、维修、保养的测量用仪器、仪表、量具以及泄压阀、安全阀等，依法需要计量检定的，建筑使用管理单位按照有关规定进行定期校验，并具有有效证明文件。

3.维护管理工作要求

（1）明确管理职责。同一建筑物有 2 个及以上产权、使用单位的，明确消防设施的维护管理责任，实行统一管理，以合同方式约定各方的权利与义务；委托物业管理单位、消防技术服务机构等实施统一管理的，物业管理单位、消防技术服务机构等严格按照合同约定，履行消防设施维护管理职责，确保管理区域内的消防设施正常运行。

（2）制定消防设施维护管理制度和维修管理技术规程。消防设施投入使用后，建筑使用管理单位制定并落实巡查、检测、报修、保养等各项维护管理制度和技术规程，及时发现问题，适时维修保养，确保消防设施处于正常工况。

（3）落实管理责任。建筑使用管理单位自身具备维修保养能力的，明确维修、保养职能部门和人员；不具备维修保养能力的，与消防设备生产厂家、消防设施施工安装单位等有维修保养能力的单位签订消防设施维修保养合同。

（4）实施消防设施标识化管理。消防设施的电源控制柜、水源以及灭火剂等控制阀门，处于正常运行位置，具有明显的开（闭）状态标识；需要保持常开或者常闭的阀门，采取铅封、标识等限位措施，保证其处于正常位置；具有信号反馈功能的阀门，其状态信号能够按照预定程序及时反馈到消防控制室；消防设施及其相关设备电气控制设备具有控制方式转换装置的，除现场具有控制方式及其转换标识外，其控制信号能够反馈至消防控制室。

（5）故障消除及报修。值班、巡查、检测时发现消防设施故障的，按照单位规定程序，及时组织修复；单位没有维修保养能力的，按照合同约定报修；消防设施因故障维修等原因需要暂时停用的，经单位消防安全责任人批准，报公安机关消防机构备案，采取消防安全措施后，方可停用检修。

（6）建立健全建筑消防设施维护管理档案。定期整理消防设施维护管理技术资料，按照规定期限和程序保存、销毁相关文件档案。

（7）远程监控管理。城市消防远程监控系统联网用户，按照规定协议向城市监控中心发送建筑消防设施运行状态、消防安全管理等信息。

（三）维护管理各环节工作要求

1. 值班

建筑使用管理单位根据建筑或者单位的工作、生产、经营特点，建立值班制度。在消防控制室、具有消防配电功能的配电室、消防水泵房、防排烟机房等重要设备用房，合理安排具备从业资格的专业人员对消防设施实施值守、监控，负责消防设施操作控制，确保火灾时按照操作技术规程，及时、准确操作建筑消防设施。

单位制定灭火和应急疏散预案、组织预案演练时，要将消防设施操作内容纳入其中，并对操作过程中发现的问题及时给予纠正、处理。

2. 巡查

巡查是指建筑使用管理单位对建筑消防设施直观属性的检查。根据国家标准《建筑消防设施的维护管理》GB 25201 的规定，消防设施巡查内容主要包括消防设施设置场所（防护区域）的环境状况、消防设施及其组件、材料等外观以及消防设施运行状态、消防水源状况及固定灭火设施灭火剂储存量等。

（1）巡查要求

①明确各类消防设施的巡查频次、内容和部位。

②巡查时，准确填写《建筑消防设施巡查记录表》。

③巡查发现故障或者存在问题的，按照规定程序进行故障处置，消除存在问题。

（2）巡查频次

①公共娱乐场所营业期间，每 2h 组织 1 次综合巡查。期间，将部分或者全部消防设施巡查纳

入综合巡查内容，并保证每日至少对全部建筑消防设施巡查一遍。

②消防安全重点单位每日至少对消防设施巡查 1 次。

③其他社会单位每周至少对消防设施巡查 1 次。

④举办具有火灾危险性的大型群众性活动的，承办单位根据活动现场实际需要确定巡查频次。

3. 检测

（1）检测频次

消防设施每年至少检测 1 次。重大节日或者重大活动，根据活动要求安排消防设施检测。

设有自动消防设施的宾馆饭店、商场市场、公共娱乐场所等人员密集场所、易燃易爆单位以及其他一类高层公共建筑等消防安全重点单位，自消防设施投入运行后的每年年底，将年度检测记录报当地公安机关消防机构备案。

（2）检测对象

检测对象包括全部系统设备、组件等。消防设施检测按照竣工验收技术检测方法和要求组织实施，并符合《建筑消防设施检测技术规程》GA 503 的要求。检测过程中，如实填写《建筑消防设施检测记录表》的相关内容。

4. 维修

值班、巡查、检测、灭火演练中发现的消防设施存在问题和故障，相关人员按照规定填写《建筑消防设施故障维修记录表》，向建筑使用管理单位消防安全管理人报告；消防安全管理人对相关人员上报的消防设施存在的问题和故障，要立即通知维修人员或者委托具有资质的消防设施维保单位进行维修。

维修期间，建筑使用管理单位要采取确保消防安全的有效措施；故障排除后，消防安全管理人组织相关人员进行相应功能试验，检查确认，并将检查确认合格的消防设施，恢复至正常工作状态，维修情况在《建筑消防设施故障维修记录表》中全面、准确记录。

5. 保养

建筑使用管理单位根据建筑规模、消防设施使用周期等，制定消防设施保养计划，载明消防设施的名称、保养内容和周期；储备一定数量的消防设施易损件或者与有关消防产品厂家、供应商签订相关合同，以保证维修保养供应。

消防设施的维护保养时，维护保养单位相关技术人员填写《建筑消防设施维护保养记录表》，并进行相应功能试验。

6. 档案建立与管理

消防设施档案是建筑消防设施施工质量、维护管理的历史记录，具有延续性和可追溯性，是消防设施施工调试、操作使用、维护管理等状况的真实记录。

（1）档案内容

①消防设施基本情况。主要包括消防设施的验收意见和产品、系统使用说明书、系统调试记录、消防设施平面布置图、系统图等原始技术资料。

②消防设施动态管理情况。主要包括消防设施的值班记录、巡查记录、检测记录、故障维修记录以及维护保养计划表、维护保养记录、自动消防控制室值班人员基本情况档案及培训记录等。

（2）保存期限

消防设施施工安装、竣工验收以及验收技术检测等原始技术资料长期保存；《消防控制室值班记录表》和《建筑消防设施巡查记录表》的存档时间不少于 1 年；《建筑消防设施检测记录表》《建筑消防设施故障维修记录表》《建筑消防设施维护保养计划表》《建筑消防设施维护保养记录表》的存档时间不少于 5 年。

三、消防控制室管理

具有消防联动功能的火灾自动报警系统的保护对象，应设置消防控制室。

（一）消防控制室的设备配置

消防控制室内设置的消防设备应包括火灾报警控制器、消防联动控制器、消防控制室图形显示装置、消防专用电话总机、消防应急广播控制装置、消防应急照明和疏散指示系统控制装置、消防电源监控器等设备，或具有相应功能的组合设备。

（二）消防控制设备的监控要求

1. 消防控制设备能够监控并显示消防设施运行状态信息，并能够向城市消防远程监控中心（以下简称"监控中心"）传输相应信息。

2. 根据建筑（单位）规模及其火灾危险性特点，消防控制室内需要保存必要的文字、电子资料，存储相关的消防安全管理信息，并能够及时向监控中心传输消防安全管理信息。

3. 大型建筑群要根据其不同建筑功能需求、火灾危险性特点和消防安全监控需要，设置 2 个及以上消防控制室，并确定主控制室、分控制室，以实现分散与集中相结合的消防安全监控模式。

4. 主控制室的消防设备能够对系统内共用消防设备进行控制，显示其状态信息，并能够显示各个分控制室内消防设备的状态信息，具备对分控制室内消防设备及其所控制的消防系统、设备的控制功能。

5. 各个分控制室的消防设备之间，可以互相传输、显示状态信息，不应互相控制消防设备。

（三）消防控制室台账档案建立

消防控制室内至少应保存有下列纸质台账档案和电子资料：

1. 建（构）筑物竣工后的总平面布局图、消防设施平面布置图和系统图以及安全出口布置图、重点部位位置图等；

2. 消防安全管理规章制度、应急灭火预案、应急疏散预案等；

3. 消防安全组织结构图，包括消防安全责任人、管理人、专职、义务消防人员等内容；

4. 消防安全培训记录、灭火和应急疏散预案的演练记录；

5. 值班情况、消防安全检查情况及巡查情况等记录；

6. 消防设施一览表，包括消防设施的类型、数量、状态等内容；

7. 消防系统控制逻辑关系说明、设备使用说明书、系统操作规程、系统以及设备的维护保养制度和技术规程等；

8. 设备运行状况、接报警记录、火灾处理情况、设备检修检测报告等资料。

上述台账、资料按照本章第二节档案建立与管理的要求，定期归档保存。

（四）消防控制室管理要求

1. 消防控制室值班要求

（1）实行每日 24h 专人值班制度，每班不少于 2 人，值班人员持有规定的消防专业技能鉴定证书。

（2）消防设施日常维护管理符合国家标准《建筑消防设施的维护管理》GB 25201 的相关规定。

（3）确保火灾自动报警系统、固定灭火系统和其他联动控制设备处于正常工作状态，不得将应处于自动控制状态的设备设置在手动控制状态。

（4）确保高位消防水箱、消防水池、气压水罐等消防储水设施水量充足，确保消防泵出水管阀门、自动喷水灭火系统管道上的阀门常开；确保消防水泵、防排烟风机、防火卷帘等消防用电设备的配电柜控制装置处于自动控制位置（或者通电状态）。

2. 消防控制室应急处置程序

（1）接到火灾警报后，值班人员立即以最快方式确认火灾。

（2）火灾确认后，值班人员立即确认火灾报警联动控制开关处于自动控制状态，同时拨打"119"报警电话准确报警；报警时需要说明着火单位地点、起火部位、着火物种类、火势大小、报警人姓名和联系电话等。

（3）值班人员立即启动单位应急疏散和初期火灾扑救灭火预案，同时报告单位消防安全负责人。

3. 消防控制室控制、显示要求

（1）消防控制室图形显示装置

采用中文标注和中文界面的消防控制室图形显示装置，其界面对角线长度不得小于430mm。消防控制室图形显示装置按照下列要求显示相关信息：

①能够显示前述电子资料内容以及符合规定的消防安全管理信息；

②能够用同一界面显示建（构）筑物周边消防车道、消防登高车操作场地、消防水源位置，以及相邻建筑的防火间距、建筑面积、建筑高度、使用性质等情况；

③能够显示消防系统及设备的名称、位置和消防控制器、消防联动控制设备（含消防电话、消防应急广播、消防应急照明和疏散指示系统、消防电源等控制装置）的动态信息；

④有火灾报警信号、监管报警信号、反馈信号、屏蔽信号、故障信号输入时，具有相应状态的专用总指示，在总平面布局图中应显示输入信号所在的建（构）筑物的位置，在建筑平面图上应显示输入信号所在的位置和名称，并记录时间、信号类别和部位等信息；

⑤10s内能够显示输入的火灾报警信号和反馈信号的状态信息，100s内能够显示其他输入信号的状态信息；

⑥能够显示可燃气体探测报警系统、电气火灾监控系统的报警信息、故障信息和相关联动反馈信息。

（2）火灾报警控制器

火灾报警控制器能够显示火灾探测器、火灾显示盘、手动火灾报警按钮的正常工作状态、火灾报警状态、屏蔽状态及故障状态等相关信息，能够控制火灾声光警报器启动和停止。

（3）消防联动控制设备

消防联动控制设备能够将各类消防设施及其设备的状态信息传输到图形显示装置；能够控制和显示各类消防设施的电源工作状态、各类设备及其组件的启、停等运行状态和故障状态，显示具有控制功能、信号反馈功能的阀门、监控装置的正常工作状态和动作状态，能够控制具有自动控制、远程控制功能的消防设备的启、停，并接收其反馈信号。

第二节　火灾自动报警系统

本节的重点介绍火灾自动报警系统的安装、调试、检测、验收、维护保养及常见故障原因分析等方面的内容。

一、设备、材料现场检查

（一）检查内容与要求

1. 设备、材料及配件进入施工现场应有清单、使用说明书、质量合格证明文件、国家法定质检机构的检验报告等文件。火灾自动报警系统中的强制认证（认可）产品还应有认证（认可）证书和认证（认可）标识。

2. 火灾自动报警系统的主要设备应是通过国家认证（认可）的产品。产品名称、型号、规格应与检验报告一致。

3. 火灾自动报警系统中非国家强制认证（认可）的产品名称、型号、规格应与检验报告一致。

4. 火灾自动报警系统设备及配件表面应无明显划痕、毛刺等机械损伤，紧固部位应无松动。

5. 火灾自动报警系统设备及配件的规格、型号应符合设计要求。

（二）检查方法

均应全数检查，其中第1项内容查验相关材料；第2项内容核对认证（认可）证书、检验报告与产品；第3项内容对检验报告与产品；第4项内容进行观察检查；第5项内容核对相关资料。

二、系统安装与调试

（一）布线

1. 布线要求

（1）火灾自动报警系统的布线，应符合国家标准《建筑电气装置工程施工质量验收规范》的规定。

（2）火灾自动报警系统布线时，应根据现行国家标准《火灾自动报警系统设计规范》GB 50116的规定，对导线的种类、电压等级进行检查。

（3）在管内或线槽内的布线，应在建筑抹灰及地面工程结束后进行，管内或线槽内不应有积水及杂物。

（4）火灾自动报警系统应单独布线，系统内不同电压等级、不同电流类别的线路，不应布在同一管内或线槽的同一槽孔内。

（5）导线在管内或线槽内不应有接头或扭结。导线的接头应在接线盒内焊接或用端子连接。

（6）从接线盒、线槽等处引到探测器底座、控制设备、扬声器的线路，当采用金属软管保护时，其长度不应大于2m。

（7）敷设在多尘或潮湿场所管路的管口和管子连接处，均应做密封处理。

（8）管路超过下列长度时，应在便于接线处装设接线盒：

①管子长度每超过30m，无弯曲时；

②管子长度每超过20m，有1个弯曲时；

③管子长度每超过10m，有2个弯曲时；

④管子长度每超过8m，有3个弯曲时。

（9）金属管子入盒，盒外侧应套锁母，内侧应装护口；在吊顶内敷设时，盒的内外侧均应套锁母。塑料管入盒应采取相应固定措施。

（10）明敷设各类管路和线槽时，应采用单独的卡具吊装或支撑物固定。吊装线槽或管路的吊杆直径不应小于6mm。

（11）线槽敷设时，应在下列部位设置吊点或支点：

①线槽始端、终端及接头处；

②距接线盒 0.2m 处；

③线槽转角或分支处；

④直线段不大于 3m 处。

（12）线槽接口应平直、严密，槽盖应齐全、平整、无翘角。并列安装时，槽盖应便于开启。

（13）管线经过建筑物的变形缝（包括沉降缝、伸缩缝、抗震缝等）处，应采取补偿措施，导线跨越变形缝的两侧应固定，并留有适当余量。

（14）火灾自动报警系统导线敷设后，应用 500V 兆欧表测量每个回路导线对地的绝缘电阻，且绝缘电阻值不应小于 20MΩ。

（15）同一工程中的导线，应根据不同用途选择不同颜色加以区分，相同用途的导线颜色应一致。电源线正极应为红色，负极应为蓝色或黑色。

2. 检查方法

全数进行观察检查，其中第（6）、（8）、（10）、（11）项有长度和直径要求的，应采用尺量检查；第（14）项电阻值采用兆欧表测量检查。

（二）系统组件安装

1. 控制器类设备

（1）安装要求

①火灾报警控制器、可燃气体报警控制器、区域显示器、消防联动控制器等控制器类设备（以下称控制器）在墙上安装时，其底边距地（楼）面高度宜为 1.3m~1.5m，其靠近门轴的侧面距墙不应小于 0.5m，正面操作距离不应小于 1.2m；落地安装时，其底边宜高出地（楼）面 0.1m~0.2m。

②控制器应安装牢固，不应倾斜；安装在轻质墙上时，应采取加固措施。

③引入控制器的电缆或导线，配线应整齐，不宜交叉，并应固定牢靠；电缆芯线和所配导线的端部，均应标明编号，并与图纸一致，字迹应清晰且不易退色；端子板的每个接线端，接线不得超过 2 根；电缆芯和导线，应留有不小于 200mm 的余量；导线应绑扎成束；导线穿管、线槽后，应将管口、槽口封堵。

④控制器的主电源应有明显的永久性标志，并应直接与消防电源连接，严禁使用电源插头。控制器与其外接备用电源之间应直接连接。控制器的接地应牢固，并有明显的永久性标志。

（2）检查方法

全数应进行观察检查，其中第①项和第③项有高度、距离、长度要求的，同时采用尺量检查。

2. 探测器

（1）安装要求

①点型感烟、感温火灾探测器

A. 探测器至墙壁、梁边的水平距离不应小于 0.5m。

B. 探测器周围水平距离 0.5m 内不应有遮挡物。

C. 探测器至空调送风口最近边的水平距离不应小于 1.5m；至多孔送风顶棚孔口的水平距离，不应小于 0.5m。

D. 在宽度小于 3m 的内走道顶棚上安装探测器时，宜居中安装；点型感温火灾探测器的安装间距不应超过 10m，点型感烟火灾探测器的安装间距不应超过 15m；探测器至端墙的距离不应大于安装间距的一半。

E. 探测器宜水平安装，当确实需倾斜安装时，倾斜角不应大于 45°。

②线型光束感烟火灾探测器

A. 当探测区域的高度不大于 20m 时，光束轴线至顶棚的垂直距离宜为 0.3m~1.0m；当探测区域的高度大于 20m 时，光束轴线距探测区域的地（楼）面高度不宜超过 20m。

B. 发射器和接收器之间的探测区域长度不宜超过 100m。

C. 相邻两组探测器的水平距离不应大于 14m。探测器至侧墙水平距离不应大于 7m，且不应小于 0.5m。

D. 发射器和接收器之间的光路上应无遮挡物或干扰源。

E. 发射器和接收器应安装牢固，并不应产生位移。

③缆式线型感温火灾探测器

在电缆桥架、变压器等设备上安装时，宜采用接触式布置；在各种皮带输送装置上敷设时，宜敷设在装置的过热点附近。

④敷设在顶棚下方的线型感温火灾探测器

探测器至顶棚距离宜为 0.1m，相邻探测器之间水平距离不宜大于 5m；探测器至墙壁距离宜为 1m~1.5m。

⑤可燃气体探测器

A. 安装位置应根据探测气体密度确定。若其密度小于空气密度，探测器应位于可能出现泄漏点的上方或探测气体的最高可能聚集点上方；若其密度大于或等于空气密度，探测器应位于可能出现泄漏点的下方。

B. 在探测器周围应适当留出更换和标定的空间。

C. 在有防爆要求的场所，应按防爆要求施工。

D. 线型可燃气体探测器在安装时，应使发射器和接收器的窗口避免日光直射，且在发射器与接收器之间不应有遮挡物，两组探测器之间的距离不应大于 14m。

⑥管路采样吸气式感烟火灾探测器

A. 采样管应固定牢固。

B. 采样管（含支管）的长度和采样孔应符合产品说明书的要求。

C. 非高灵敏度的吸气式感烟火灾探测器不宜安装在天棚高度大于 16m 的场所。

D. 高灵敏度吸气式感烟火灾探测器在设为高灵敏度时可安装在天棚高度大于 16m 的场所，并保证至少有 2 个采样孔低于 16m。

E. 安装在大空间时，每个采样孔的保护面积应符合点型感烟火灾探测器的保护面积要求。

⑦点型火焰探测器和图象型火灾探测器

A. 安装位置应保证其视场角覆盖探测区域。

B. 与保护目标之间不应有遮挡物。

C. 安装在室外时应有防尘、防雨措施。

⑧探测器底座

A. 测器的底座应安装牢固，与导线连接必须可靠压接或焊接。当采用焊接时，不应使用带腐蚀性的助焊剂。

B. 探测器底座的连接导线，应留有不小于 150mm 的余量，且在其端部应有明显的永久性标志。

C. 探测器底座的穿线孔宜封堵，安装完毕的探测器底座应采取保护措施。

⑨其他要求

A. 探测器报警确认灯应朝向便于人员观察的主要入口方向。

B. 探测器在即将调试时方可安装，在调试前应妥善保管并应采取防尘、防潮、防腐蚀措施。

（2）检查方法

全数观察检查，有距离和面积要求的，同时采用尺量检查。

3. 手动火灾报警按钮

（1）安装要求

①手动火灾报警按钮，应安装在明显和便于操作的部位。当安装在墙上时，其底边距地（楼）面高度宜为 1.3m~1.5m。

②手动火灾报警按钮，应安装牢固，不应倾斜。

③手动火灾报警按钮的连接导线，应留有不小于 150mm 的余量，且在其端部应有明显标志。

（2）检查方法

全数进行观察和尺量检查。

4. 消防电气控制装置

（1）安装要求

①消防电气控制装置在安装前应进行功能检查，检查结果不合格的装置严禁安装。

②消防电气控制装置外接导线的端部，应有明显的永久性标志。

③消防电气控制装置箱体内不同电压等级、不同电流类别的端子应分开布置，并应有明显的永久性标志。

④消防电气控制装置应安装牢固，不应倾斜；安装在轻质墙上时，应采取加固措施。在消防控制室内墙上安装时，应符合前述控制类设备安装要求中第①项要求。

5. 模块的安装

（1）安装要求

①同一报警区域内的模块宜集中安装在金属箱内。

②模块（或金属箱）应独立支撑或固定，安装牢固，并应采取防潮、防腐蚀等措施。

③隐蔽安装时在安装处应有明显的部位显示和检修孔。

④模块的连接导线，应留有不小于 150mm 的余量，其端部应有明显标志。

（2）检查方法

全数进行观察检查。

6. 消防应急广播扬声器和火灾警报器

（1）安装要求

①消防应急广播扬声器和火灾警报器宜在报警区域内均匀安装，安装应牢固可靠，表面不应有破损。

②火灾光警报装置应安装在安全出口附近明显处，壁挂扬声器的底边距地面高度应大于 2.2m。

③光警报器与消防应急疏散指示标志不宜在同一面墙上，安装在同一面墙上时，距离应大于 1m。

（2）检查方法

全数观察检查，有高度、距离要求的，同时采用尺量检查。

7. 消防专用电话的安装要求

（1）安装要求

①消防专用电话、电话插孔、带电话插孔的手动报警按钮宜安装在明显、便于操作的位置。

②当在墙面上安装时，其底边距地（楼）面高度宜为 1.3m~1.5m。

③消防专用电话和电话插孔应有明显的永久性标志。

（2）检查方法

全数观察检查，有高度要求的，同时采用尺量检查。

（三）其他安装要求

1.消防设备应急电源

（1）安装要求

①消防设备应急电源的电池应安装在通风良好地方，当安装在密封环境中时应有通风措施。

②酸性电池不得安装在带有碱性介质场所；碱性电池不得安装在带酸性介质的场所。

③消防设备应急电源不应安装在靠近带有可燃气体的管道、仓库、操作间等场所。

④单相供电额定功率大于30kW、三相供电额定功率大于120kW 的消防设备应安装独立的消防应急电源。

⑤火灾报警控制器和消防联动控制器的应急电源应采用单独的供电回路，并应保证在系统处于最大负载状态下不影响火灾报警控制器和消防联动控制器的正常工作。

（2）检查方法

全数进行观察检查

2.系统接地

（1）安装要求

①火灾自动报警系统接地装置的接地电阻值，采用共用接地装置时，接地点阻值不应大于1Ω，采用专用接地装置时，接地点阻值不应大于4Ω。

②消防控制室内的电气和电子设备的金属外壳、机柜、机架和金属管、槽等，应采用等电位连接。

③由消防控制室接地板引至各消防电子设备的专用接地线应选用铜芯绝缘导线，其线芯截面面积不应小于$4mm^2$。

④消防控制室接地板与建筑接地体之间，应采用线芯截面面积不小于$25mm^2$的铜芯绝缘导线连接。

（2）检查方法

全数观察检查，电阻值同时采用仪表测量，线芯截面面积同时采用测量检查。

（四）系统调试

1.火灾报警控制器

（1）调试内容与要求

①调试前应切断火灾报警控制器的所有外部控制连线，并将任一个总线回路的火灾探测器以及该总线回路上的手动火灾报警按钮等部件连接后，方可接通电源。

②对控制器下列功能进行调试检查：

①自检功能和操作级别；

②使控制器与探测器之间的连线断路和短路，控制器应在100s内发出故障信号（短路时发出火灾报警信号除外）；在故障状态下，使任一非故障部位的探测器发出火灾报警信号，控制器应在1min内发出火灾报警信号，并应记录火灾报警时间；再使其它探测器发出火灾报警信号，检查控制器的再次报警功能；

③消音和复位功能；

④使控制器与备用电源之间的连线断路和短路，控制器应在100s内发出故障信号；

⑤屏蔽功能；

⑥使总线隔离器保护范围内的任一点短路，检查总线隔离器的隔离保护功能；

⑦使任一总线回路上不少于10只的火灾探测器同时处于火灾报警状态，检查控制器的负载功能；

⑧检查主、备电源的自动转换功能；

⑨检查控制器特有的其他功能；

⑩依次将其他回路与火灾报警控制器相连接，重复检查。

（2）检查方法

全数观察检查和仪表测量检查。

2.点型感烟、感温火灾探测器

（1）调试内容与要求

①采用专用的检测仪器或模拟火灾的方法，逐个检查每只火灾探测器的报警功能，探测器应能发出火灾报警信号。

②对于不可恢复的火灾探测器应采取模拟报警方法逐个检查其报警功能，探测器应能发出火灾报警信号。

（2）检查方法

全数观察检查。

3.线型感温火灾探测器

（1）调试内容与要求

①在不可恢复的探测器上模拟火警和故障，逐个检查每只火灾探测器的火灾报警和故障报警功能，探测器应能分别发出火灾报警和故障信号。

②可恢复的探测器可采用专用检测仪器或模拟火灾的办法使其发出火灾报警信号，并在终端盒上模拟故障，探测器应能分别发出火灾报警和故障信号。

（2）检查方法

全数观察检查。

4.线型光束感烟火灾探测器

（1）调试内容与要求

①调整探测器的光路调节装置，使探测器处于正常监视状态。

②用减光率为0.9dB的减光片遮挡光路，探测器不应发出火灾报警信号。

③用产品生产企业设定减光率（1.0dB~10.0dB）的减光片遮挡光路，探测器应发出火灾报警信号。

④用减光率为11.5dB的减光片遮挡光路，探测器应发出故障信号或火灾报警信号。

（2）检查方法

全数观察检查。

5.管路采样式吸气感烟火灾探测器

（1）调试内容与要求

①在采样管最末端（最不利处）采样孔加入试验烟，探测器或其控制装置应在120s内发出火灾报警信号。

②根据产品说明书，改变探测器的采样管路气流，使探测器处于故障状态，探测器或其控制装置应在100s内发出故障信号。

（2）检查方法

全数秒表测量，观察检查。

6.点型火焰探测器和图像型火灾探测器

（1）调试内容与要求

采用专用检测仪器和模拟火灾的方法在探测器监视区域内最不利处检查探测器的报警功能，探测器应能正确响应。

（2）检查方法

全数观察检查。

7.手动火灾报警按钮

（1）调试内容与要求

①对可恢复的手动火灾报警按钮，施加适当的推力使报警按钮动作，报警按钮应发出火灾报警信号。

②对不可恢复的手动火灾报警按钮应采用模拟动作的方法使报警按钮动作（当有备用启动零件时，可抽样进行动作试验），报警按钮应发出火灾报警信号。

（2）检查方法

全数观察检查。

8.消防联动控制器

（1）调试内容与要求

①将消防联动控制器与火灾报警控制器、任一回路的输入／输出模块及该回路模块控制的受控设备相连接，切断所有受控现场设备的控制连线，接通电源。

②按现行国家标准《消防联动控制系统》GB 16806 的有关规定检查消防联动控制系统内各类用电设备的各项控制、接收反馈信号（可模拟现场设备启动信号）和显示功能。

③使消防联动控制器分别处于自动工作和手动工作状态，检查其状态显示，并按现行国家标准《消防联动控制系统》GB 16806 的有关规定进行下列功能调试：

A. 自检功能和操作级别；

B. 当消防联动控制器与各模块之间的连线断路和短路时，消防联动控制器应能在100s 内发出故障信号；

C. 当消防联动控制器与备用电源之间的连线断路和短路时，消防联动控制器应能在100s 内发出故障信号；

D. 消音、复位功能；

E. 屏蔽功能；

F. 使总线隔离器保护范围内的任一点短路，检查总线隔离器的隔离保护功能；

G. 使至少50 个输入／输出模块同时处于动作状态（模块总数少于50 个时，使所有模块动作），检查消防联动控制器的最大负载功能；

H. 主、备电源的自动转换功能。

④接通所有启动后可以恢复的受控现场设备。

⑤使消防联动控制器处于自动状态，按国家标准《火灾自动报警系统设计规范》GB 50116-2013 要求设计的联动逻辑关系进行下列功能调试检查：

A. 按设计的联动逻辑关系，使相应的火灾探测器发出火灾报警信号，检查消防联动控制器接收火灾报警信号的情况、发出联动控制信号的情况、模块动作的情况、消防电气控制装置动作的情况、受控现场设备动作的情况、接收联动反馈信号（对于启动后不能恢复的受控现场设备，可模拟现场设备联动反馈信号）及各种显示情况；

B. 检查手动插入优先功能。

⑥使消防联动控制器处于手动状态，按国家标准《火灾自动报警系统设计规范》GB 50116–2013要求设计的联动逻辑关系依次手动启动相应的消防电气控制装置，检查消防联动控制器发出联动控制信号的情况、模块动作的情况、消防电气控制装置动作的情况、受控现场设备动作的情况、接收联动反馈信号（对于启动后不能恢复的受控现场设备，可模拟现场设备启动反馈信号）及各种显示情况。

⑦对于直接用火灾探测器作为触发器件的自动灭火系统，还应按国家标准《火灾自动报警系统设计规范》GB 50116–2013 的规定进行功能调试检查。

⑧依次将其他备调回路的输入/输出模块及该回路模块控制的消防电气控制装置相连接，切断所有受控现场设备的控制连线，接通电源，重复上述③至⑦项的调试检查。

（2）检查方法

全数观察检查，其中第⑧项同时采用仪表测量检查。

9. 区域显示器（火灾显示盘）

（1）调试内容与要求

将区域显示器（火灾显示盘）与火灾报警控制器相连接，按现行国家标准《火灾显示盘通用技术条件》GB 17429 的有关要求进行下列功能调试检查并做好记录：

①区域显示器（火灾显示盘）应在 3s 内正确接收和显示火灾报警控制器发出的火灾报警信号；

②消音、复位功能；

③操作级别；

④对于非火灾报警控制器供电的区域显示器（火灾显示盘），应检查主、备电源的自动转换功能和故障报警功能。

（2）检查方法

全数采用观察检查和仪表测量检查。

10. 消防专用电话

（1）调试内容与要求

①在消防控制室与所有消防电话、电话插孔之间互相呼叫与通话，总机应能显示每部分机或电话插孔的位置，呼叫铃声和通话语音应清晰。

②消防控制室的外线电话与另外一部外线电话模拟报警电话通话，语音应清晰。

③检查群呼、录音等功能，各项功能均应符合要求。

（2）检查方法

全数观察检查。

11. 消防应急广播

（1）调试内容与要求

①以手动方式在消防控制室对所有广播分区进行选区广播，对所有共用扬声器进行强行切换；应急广播应以最大功率输出。

②对扩音机和备用扩音机进行全负荷试验，应急广播的语音应清晰，声压级应满足要求。

③对接入联动系统的消防应急广播设备系统，使其处于自动工作状态，然后按设计的逻辑关系，检查应急广播的工作情况，系统应按设计的逻辑广播。

④使任意一个扬声器断路，其他扬声器的工作状态不应受影响。

（2）检查方法

上述第①至③项内容全数观察检查，第④项内容每一回路抽查一个，观察检查。

12. 系统备用电源

（1）调试内容与要求

①各种控制装置使用的备用电源容量应与设计容量相符。

②使各备用电源放电终止，再充电 48h 后断开设备主电源，备用电源至少应保证设备工作 8h，且应满足相应的标准及设计要求。

（2）检查方法

全数观察检查。

13. 消防设备应急电源

（1）调试内容与要求

①切断应急电源应急输出时直接启动设备的连线，接通应急电源的主电源。

②检查应急电源的控制功能和转换功能，观察其输入电压、输出电压、输出电流、主电工作状态、应急工作状态、电池组及各单节电池电压的显示情况，并做好记录。显示情况应与产品使用说明书规定相符，并满足要求。

③手动启动应急电源输出，应急电源的主电和备用电源应不能同时输出，且应在 5s 内完成应急转换。

④手动停止应急电源的输出，应急电源应恢复到启动前的工作状态。

⑤断开应急电源的主电源，应急电源应能发出声提示信号，声信号应能手动消除；接通主电源，应急电源应恢复到主电工作状态。

⑥给具有联动自动控制功能的应急电源输入联动启动信号，应急电源应在 5s 内转入到应急工作状态，且主电源和备用电源应不能同时输出；输入联动停止信号，应急电源应恢复到主电工作状态。

⑦具有手动和自动控制功能的应急电源处于自动控制状态，然后手动插入操作，应急电源应有手动插入优功能，且应有自动控制状态和手动控制状态指示。

⑧断开应急电源的负载，按下列要求检查应急电源的保护功能，并做好记录。

⑨使任一输出回路保护动作，其他回路输出电压应正常。

⑩使配接三相交流负载输出的应急电源的三相负载回路中的任一相停止输出，应急电源应能自动停止该回路的其他两相输出，并应发出声、光故障信号。

⑪使配接单相交流负载的交流三相输出应急电源输出的任一相停止输出，其他两相应能正常工作，并应发出声、光故障信号。

⑫将应急电源接上等效于满负载的模拟负载，使其处于应急工作状态，应急工作时间应大于设计应急工作时间的 1.5 倍，且不小于产品标称的应急工作时间。

⑬使应急电源充电回路与电池之间、电池与电池之间连线断线，应急电源应在 100s 内发出声、光故障信号，声故障信号应能手动消除。

（2）检查方法

全数观察检查，其中第④项内容同时用仪表测量检查，第⑤项内容用秒表计时检查。

14. 消防控制室图形显示装置

（1）调试内容与要求

①将消防控制中心图型显示装置与火灾报警控制器和消防联动控制器相连，接通电源。

②操作显示装置使其显示完整系统区域覆盖模拟图和各层平面图，图中应明确指示出报警区域、主要部位和各消防设备的名称和物理位置，显示界面应为中文界面。

③使火灾报警控制器和消防联动控制器分别发出火灾报警信号和联动控制信号，显示装置应在3s内接收，准确显示相应信号的物理位置，并能优先显示火灾报警信号相对应的界面。

④使具有多个报警平面图的显示装置处于多报警平面显示状态，各报警平面应能自动和手动查询，并应有总数显示，且应能手动插入使其立即显示首火警相应的报警平面图。

⑤使显示装置显示故障或联动平面，输入火灾报警信号，显示装置应能立即转入火灾报警平面的显示。

（2）检查方法

全数观察检查。

15. 气体灭火控制器

（1）调试内容与要求

①切断气体灭火控制器的所有外部控制连线，接通电源。

②给气体灭火控制器输入设定的启动控制信号，控制器应有启动输出，并发出声、光启动信号。

③输入启动设备启动的模拟反馈信号，控制器应在10s内接收并显示。

④检查控制器的延时功能，延时时间应在0s~30s内可调。

⑤使控制器处于自动控制状态，再手动插入操作，手动插入操作应优先。

⑥按设计控制逻辑操作控制器，检查是否满足设计的逻辑功能。

⑦检查控制器向消防联动控制器发送的反馈信号正误。

（2）检查方法

全数观察检查。

16. 防火卷帘控制器

（1）调试内容与要求

①防火卷帘控制器应与消防联动控制器、火灾探测器、卷门机连接并通电，防火卷帘控制器应处于正常监视状态。

②手动操作防火卷帘控制器的按钮，防火卷帘控制器应能向消防联动控制器发出防火卷帘启、闭和停止的反馈信号。

③用于疏散通道的防火卷帘控制器应具有两步关闭的功能，并应向消防联动控制器发出反馈信号。防火卷帘控制器接收到首次火灾报警信号后，应能控制防火卷帘自动关闭到中位处停止；接收到二次报警信号后，应能控制防火卷帘继续关闭至全闭状态。

④用于分隔防火分区的防火卷帘控制器在接收到防火分区内任一火灾报警信号后，应能控制防火卷帘到全关闭状态，并应向消防联动控制器发出反馈信号。

（2）检查方法

全数观察检查，其中第③项内容同时采用仪表测量。

17. 可燃气体报警控制器

（1）调试内容与要求

①切断可燃气体报警控制器的所有外部控制连线，将任一回路与控制器相连接后，接通电源。

②控制器应按现行国家标准《可燃气体报警控制器技术要求及试验方法》GB 16808的有关要求

进行下列功能试验，并应满足相应要求：

A. 自检功能和操作级别；

B. 控制器与探测器之间的连线断路和短路时，控制器应在 100s 内发出故障信号；

C. 在故障状态下，使任一非故障探测器发出报警信号，控制器应在 1min 内发出报警信号，并应记录报警时间；再使其他探测器发出报警信号，检查控制器的再次报警功能；

D. 消音和复位功能；

E. 控制器与备用电源之间的连线断路和短路时，控制器应在 100s 内发出故障信号；

F. 高限报警或低、高两段报警功能；

G. 报警设定值的显示功能；

H. 控制器最大负载功能，使至少 4 只可燃气体探测器同时处于报警状态（探测器总数少于 4 只时，使所有探测器均处于报警状态）；

I. 主、备电源的自动转换功能；

J. 依次将其他回路与可燃气体报警控制器相连接，重复第①～⑨项的调试检查。

（2）检查方法

全数观察检查，仪表测量。

18. 可燃气体探测器

（1）调试内容与要求

①依次逐个将可燃气体探测器按产品生产企业提供的调试方法使其正常动作，探测器应发出报警信号。

②对探测器施加达到响应浓度值的可燃气体标准样气，探测器应在 30s 内响应。撤去可燃气体，探测器应在 60s 内恢复到正常监视状态。

③对于线型可燃气体探测器除符合本节规定外，尚应将发射器发出的光全部遮挡，探测器相应的控制装置应在 100s 内发出故障信号。

（2）检查方法

全数观察检查，其中第②、③项内容同时采用仪表测量。

19. 电气火灾监控器

（1）调试内容与要求

①切断监控设备的所有外部控制连线，将任一备调总线回路的电气火灾探测器与电气火灾监控器相连，接通电源。

②按国家标准《电气火灾监控设备》GB 14287.1-2014 的有关要求，对电气火灾监控器进行下列功能检查并记录，电气火灾监控器应符合标准要求：

①自检功能和操作级别；

②使监控器与探测器之间的连线断路和短路，监控器应在 100s 内发出故障信号（短路时发出报警信号除外）；在故障状态下，使任一非故障部位的探测器发出报警信号，控制器应在 60s 内发出报警信号；再使其它探测器发出报警信号，检查监控器的再次报警功能；

③消音和复位功能；

④使监控器与备用电源之间的连线断路和短路，监控器应在 100s 内发出故障信号；

⑤屏蔽功能；

⑥主、备电源的自动转换功能；

⑦依次将其他备调回路与监控器相连接，重复上述调试检查。

（2）检查方法

全数观察检查，有时间要求的同时用仪表测量检查。

20．其他受控部件

系统内其他受控部件的调试应按相应的国家标准或行业标准进行，在无相应标准时，宜按产品生产企业提供的调试方法分别进行。

21．火灾自动报警系统性能

（1）调试内容与要求

①将所有经调试合格的各项设备、系统按设计连接组成完整的火灾自动报警系统，按现行国家标准《火灾自动报警系统设计规范》GB 50116 的有关规定和设计的联动逻辑关系检查系统的各项功能。

②火灾自动报警系统在连续运行 120h 无故障后，按规范规定填写调试记录表。

（2）检查方法

全数观察检查。

三、系统检测与验收

（一）系统检测

1．检测内容与方法

（1）点型感烟探测器

①采用发烟装置向探测器施放烟气，查看探测器报警确认灯、以及火灾报警控制器的火警信号显示。

②消除探测器内及周围烟雾，报警控制器手动复位，观察探测器报警确认灯在复位前后的变化情况。

（2）线型光束感烟探测器

①按照规范要求选用滤光片：减光值 <1.0dB；在减光值为 1.0dB ~ 10.0dB 之间依次变换滤光片；减光值大于 10dB。

②分别将上述不同减光值的滤光片，置于相向的发射与接收器件之间、并尽量靠近接收器的光路上，同时用秒表开始计时。在不改变滤光片设置位置的情况下，查看 30s 内火灾报警控制器的火警信号、探测器报警确认灯的动作情况。

（3）点型感温探测器

①可复位点型感温探测器，使用温度不低于 54℃的热源加热，查看探测器报警确认灯和火灾报警控制器火警信号显示；移开加热源，手动复位火灾报警控制器，查看探测器报警确认灯在复位前后的变化情况。

②不可复位点型感温探测器，采用线路模拟的方式试验。

（4）线型感温探测器

①可恢复型线型感温探测器，在距离终端盒 0.3m 以外的部位，使用 55℃ ~ 145℃的热源加热，查看火灾报警控制器火警信号显示。

②不可恢复型线型感温探测器，采用线路模拟的方式试验。

（5）火焰（或感光）探测器

①在探测器监测视角范围内、距离探测器 0.55m~1.00m 处，放置紫外光波长 <280nm 或红外光波长 >850nm 光源，查看探测器报警确认灯和火灾报警控制器火警信号显示。

②撤消光源后，查看探测器的复位功能。

（6）可燃气体探测器

①试验气体的选择应符合 GB 15322 的有关要求。

②向探测器释放对应的试验气体，观察报警响应时限内报警控制器的显示情况。

（7）手动报警按钮

①触发按钮，查看火灾报警控制器火警信号显示和按钮的报警确认灯。

②先复位手动按钮，后复位火灾报警控制器，查看火灾报警控制器和按钮的报警确认灯。

（8）火灾报警控制器

①触发自检键，对面板上所有的指示灯、显示器和音响器件进行功能自检。

②切断主电源，查看备用直流电源自动投入和主、备电源的状态显示情况。

③在备用直流电源供电状态下，进行断路故障报警及火警优先功能、二次报警功能检测：

A. 模拟探测器、手动报警按钮断路故障，查看故障显示；

B. 断路故障报警期间，采用发烟装置或温度不低于 54℃ 的热源，先后向同一回路中两个探测器施放烟气或加热，查看火灾报警控制器的火警信号、报警部位显示及记录。每个探测器检测后，只消音，不复位。

④用万用表测量火灾报警控制器的联动输出信号。

⑤系统复位，恢复到正常警戒状态。

（9）火灾报警显示盘

在火灾报警控制器的检测过程中，同时查看火灾显示盘的显示。

（10）消防联动控制设备

①对面板上所有的指示灯、显示器和音响器件进行功能自检。

②切断主电源，查看备用直流电源自动投入和主、备电源的状态显示情况。

③在备用直流电源供电状态下，进行下列检测：

A. 核对消防控制设备的联动控制功能和逻辑控制程序；

B. 在接线端子处，模拟消防联动控制设备与输入/输出模块间连线的断路、短路故障并用秒表计时，查看声、光故障报警信号；

C. 远程手动启动各联动控制消防设备，查看控制信号的传输；系统复位。

④恢复至正常警戒状态。

（11）可燃气体报警控制器

①试验气体的选择应符合 GB 15322 的有关要求。

②触发自检键，对面板上所有的指示灯、显示器和音响器件进行功能自检。

③切断主电源，查看备用直流电源自动投入和主、备电源的状态显示情况。

④在备用直流电源供电状态下，进行下列检测：

A. 模拟可燃气体探测器断路故障，查看故障显示，恢复系统警戒状态；

B. 向非故障回路的可燃气体探测器施加试验气体，查看报警信号及报警部位显示；

C. 触发消音键，查看报警信号显示。

⑤系统复位，恢复到正常警戒状态。

（12）火灾警报装置

①使用数字声级计测量背景噪音的最大声强。

②输入控制信号，测量声警报的声强，具有光警报功能的，查看光警报。

2. 技术要求

（1）点型感烟探测器

应在试验烟气作用下动作，向火灾报警控制器输出火警信号，并启动探测器报警确认灯；探测器报警确认灯应在手动复位前予以保持。

（2）线型光束感烟探测器

当对射光束的减光值达到 1.0dB ~ 10dB 时，应在 30s 内向火灾报警控制器输出火警信号，启动探测器报警确认灯。

（3）点型、线型感温探测器

应在试验热源作用下动作，向火灾报警控制器输出火警信号；点型探测器报警应启动探测器报警确认灯，并应在手动复位前予以保持。

（4）火焰（或感光）探测器

应在试验光源作用下，在规定的响应时间内动作，并向火灾报警控制器输出火警信号；具有报警确认灯的探测器应同时启动报警确认灯，并应在手动复位前予以保持。

（5）可燃气体探测器

应符合国家相关标准的要求。

（6）手动报警按钮

被触发时，应向报警控制器输出火警信号，同时启动按钮的报警确认灯；应能手动复位。

（7）火灾报警控制器（区域、集中、通用）

①火灾报警功能、故障报警功能、自检功能、显示与计时功能等，应符合国家相关规范的要求。

②主电源断电时应自动转换至备用电源供电，主电源恢复后应自动转换为主电源供电，并应分别显示主、备电源的状态。

（8）火灾显示盘

应符合《火灾显示盘通用技术条件》GB 17429-1998 的有关要求。

（9）消防联动控制设备

①应符合《消防联动控制设备通用技术条件》GB 16806-1997 的有关要求。

②消防联动控制设备与输入 / 输出模块间的连线发生断路、短路时，应能在 100s 内发出与火灾报警信号有明显区别的声、光故障信号。

（10）可燃气体报警控制器

①可燃气体报警功能、故障报警功能、自检功能、显示与计时功能等，应符合国家相关标准的规定。

②主电源断电时应自动转换至备用电源供电，主电源恢复后应自动转换为主电源供电，并应分别显示主、备电源状态。

（11）火灾警报装置

①应在接收火灾报警控制器输出的控制信号后，发出声警报或声、光警报。

②环境噪声大于 60dB 的场所，声警报的声压级应高于背景噪声 15dB。

（二）系统验收

1. 验收内容

（1）火灾报警系统装置（包括各种火灾探测器、手动火灾报警按钮、火灾报警控制器和区域显示器等）。

（2）防联动控制系统（含消防联动控制器、气体灭火控制器、消防电气控制装置、消防设备应急电源、消防应急广播设备、消防电话、传输设备、消防控制中心图形显示装置、模块、消防电动装置、消火栓按钮等设备）。

（3）自动灭火系统控制装置（包括自动喷水、气体、干粉、泡沫等固定灭火系统的控制装置）。

（4）消火栓系统的控制装置。

（5）通风空调、防烟排烟及电动防火阀等控制装置。

（6）电动防火门控制装置、防火卷帘控制器。

（7）消防电梯和非消防电梯的回降控制装置。

（8）火灾警报装置。

（9）火灾应急照明和疏散指示控制装置。

（10）切断非消防电源的控制装置。

（11）电动阀控制装置。

（12）消防联网通信。

（13）系统内的其他消防控制装置。

2.各项系统功能验收

（1）验收检查数量要求

①各类消防用电设备主、备电源的自动转换装置，应进行3次转换试验，每次试验均应正常。

②火灾报警控制器（含可燃气体报警控制器）和消防联动控制器应按实际安装数量全部进行功能检验。消防联动控制系统中其他各种用电设备、区域显示器应按下列要求进行功能检验：

A.实际安装数量在5台以下者，全部检验；

B.实际安装数量在6~10台者，抽验5台；

C.实际安装数量超过10台者，按实际安装数量30%~50%的比例抽验、但抽验总数不应少于5台；

D.各装置的安装位置、型号、数量、类别及安装质量应符合设计要求。

③火灾探测器（含可燃气体探测器）和手动火灾报警按钮，应按下列要求进行模拟火灾响应（可燃气体报警）和故障信号检验：

A.实际安装数量在100只以下者，抽验20只（每个回路都应抽验）；

B.实际安装数量超过100只，每个回路按实际安装数量10%~20%的比例进行抽验，但抽验总数应不少于20只；

C.被检查的火灾探测器的类别、型号、适用场所、安装高度、保护半径、保护面积和探测器的间距等均应符合设计要求。

④室内消火栓的功能验收应在出水压力符合现行国家有关建筑设计防火规范的条件下，抽验下列控制功能：

A.在消防控制室内操作启、停泵1~3次；

B.消火栓处操作启泵按钮，按实际安装数量5%~10%的比例抽验。

⑤自动喷水灭火系统，应在符合现行国家标准《自动喷水灭火系统设计规范》GB 50084的条件下，抽验下列控制功能：

A.在消防控制室内操作启、停泵1~3次；

B.水流指示器、信号阀等按实际安装数量的30%~50%的比例抽验；

C.压力开关、电动阀、电磁阀等按实际安装数量全部进行检验。

⑥气体、泡沫、干粉等灭火系统，应在符合国家现行有关系统设计规范的条件下按实际安装数量的 20% ~30% 的比例抽验下列控制功能：

A. 自动、手动启动和紧急切断试验 1~3 次；

B. 与固定灭火设备联动控制的其他设备动作（包括关闭防火门窗、停止空调风机、关闭防火阀等）试验 1~3 次。

⑦电动防火门、防火卷帘，5 樘以下的应全部检验，超过 5 樘的应按实际安装数量的 20% 的比例抽验，但抽验总数不应小于 5 樘，并抽验联动控制功能。

⑧防烟排烟风机应全部检验，通风空调和防排烟设备的阀门，应按实际安装数量的 10% ~20% 的比例抽验，并抽验联动功能，且应符合下列要求：

A. 报警联动启动、消防控制室直接启停、现场手动启动联动防烟排烟风机 1~3 次；

B. 报警联动停、消防控制室远程停通风空调送风 1~3 次；

C. 报警联动开启、消防控制室开启、现场手动开启防排烟阀门 1~3 次。

⑨消防电梯应进行 1~2 次手动控制和联动控制功能检验，非消防电梯应进行 1~2 次联动返回首层功能检验，其控制功能、信号均应正常。

⑩火灾应急广播设备，应按实际安装数量的 10% ~20% 的比例进行下列功能检验：

A. 对所有广播分区进行选区广播，对共用扬声器进行强行切换；

B. 对扩音机和备用扩音机进行全负荷试验；

C. 检查应急广播的逻辑工作和联动功能。

⑪ 消防专用电话的检验，应符合下列要求：

A. 消防控制室与所设的对讲电话分机进行 1~3 次通话试验；

B. 电话插孔按实际安装数量的 10% ~20% 的比例进行通话试验；

C. 消防控制室的外线电话与另一部外线电话模拟报警电话进行 1~3 次通话试验。

⑫ 火灾应急照明和疏散指示控制装置应进行 1~3 次使系统转入应急状态检验，系统中各消防应急照明灯具均应能转入应急状态。

各项检验项目中，当有不合格时，应修复或更换，并进行复验。复验时，对有抽验比例要求的，应加倍检验。

3. 验收评判标准

（1）系统内的设备及配件规格型号与设计不符、无国家相关证书和检验报告的，系统内的任一控制器和火灾探测器无法发出报警信号，无法实现要求的联动功能的，定为 A 类不合格。

（2）验收前提供资料不符合规范要求的定为 B 类不合格。

（3）除上述规定的 A、B 类不合格外，其余不合格项均为 C 类不合格。

（4）系统验收合格评定为：A=0，B ≤ 2，且 B+C ≤检查项的 5% 为合格，否则为不合格。

四、系统维护管理

（一）系统巡查

1. 巡查内容与要求

（1）巡查内容

①火灾探测器、手动报警按钮、信号输入 / 输出模块外观及运行状态。

②火灾报警控制器、火灾显示盘、CRT 图像显示器运行状况。

③消防联动控制器外观及运行状况。

④火灾报警装置外观。

⑤建筑消防设施远程监控、信息显示、信息传输装置外观及运行状况。

⑥系统接地装置外观。

⑦消防控制室工作环境。

⑧电气火灾监控系统探测器的外观及工作状态。

⑨电气火灾监控系统报警主机外观及运行状态。

⑩可燃气体探测报警系统探测器的外观及工作状态。

⑪可燃气体探测报警系统报警主机外观及运行状态。

（2）巡查方法

同其他消防设施巡查方法。

（3）巡查频次

同其他消防设施巡查频次。

（二）系统周期性检查维护

1. 每日检查项目

每日应检查火灾报警控制器的功能，并按规范要求填写相应的记录。

2. 每季度检查项目

每季度应检查和试验火灾自动报警系统的下列功能，并按规范要求填写相应的记录：

（1）采用专用检测仪器分期分批试验探测器的动作及确认灯显示；

（2）试验火灾警报装置的声光显示；

（3）试验水流指示器、压力开关等报警功能、信号显示；

（4）对主电源和备用电源进行 1~3 次自动切换试验；

（5）用自动或手动检查消防控制设备的控制显示功能：

①室内消火栓、自动喷水、泡沫、气体、干粉等灭火系统的控制设备；

②抽验电动防火门、防火卷帘门，数量不小于总数的 25%；

③选层试验消防应急广播设备，并试验公共广播强制转入火灾应急广播的功能，抽检数量不小于总数的 25%；

④火灾应急照明与疏散指示标志的控制装置。

（6）检查消防电梯迫降功能；

（7）应抽取不小于总数 25% 的消防电话和电话插孔在消防控制室进行对讲通话试验。

3. 每年检查项目

每年应检查和试验火灾自动报警系统的下列功能，并按规范要求填写相应的记录：

（1）应用专用检测仪器对所安装的全部探测器和手动报警装置试验至少 1 次；

（2）自动和手动打开排烟阀，关闭电动防火阀和空调系统；

（3）对全部电动防火门、防火卷帘的试验至少 1 次；

（4）强制切断非消防电源功能试验；

（5）对其他有关的消防控制装置进行功能试验；

（6）其他维护检查要求：

①点型感烟火灾探测器投入运行 2 年后，应每隔 3 年至少全部清洗一遍；

②采样管采样吸气式感烟火灾探测器根据使用环境的不同，需要对采样管道进行定期吹洗，最长时间间隔不应超过 1 年；

③探测器清洗后应做响应阈值及其他必要的功能试验，合格者方可继续使用；

④不同类型的探测器应有 10% 但不少于 50 只的备品。

（三）系统常见故障及处理方法

1. 常见故障及处理方法

（1）火灾探测器常见故障

①故障现象：火灾报警控制器发出故障报警，故障指示灯亮、打印机打印探测器故障类型、时间、部位等。

②原因分析：探测器与底座脱落、接触不良；报警总线与底座接触不良；报警总线开路或接地性能不良造成短路；探测器本身损坏；探测器接口板故障。

③处理方法：重新拧紧探测器或增大底座与探测器卡簧的接触面积；重新压接总线，使之与底座有良好接触；查出有故障的总线位置，予以更换；更换探测器；维修或更换接口板。

（2）主电源常见故障

①故障现象：火灾报警控制器发出故障报警，主电源故障灯亮，打印机打印主电故障、时间。

②原因分析：市电停电；电源线接触不良；主电熔断丝熔断等。

③处理方法：连续供停电 8h 时应关机，主电正常后再开机；重新接主电源线，或使用烙铁焊接牢固；更换熔断丝或保险管。

（3）备用电源常见故障

①故障现象：火灾报警控制器发出故障报警、备用电源故障灯亮，打印机打印备电故障、时间。

②原因分析：备用电源损坏或电压不足；备用电池接线接触不良；熔断丝熔断等。

③处理方法：开机充电 24h 后，备电仍报故障，更换备用蓄电池；用烙铁焊接备电的连接线，使备电与主机良好接触；更换熔断丝或保险管。

（4）通信常见故障

①故障现象：火灾报警控制器发出故障报警，通讯故障灯亮，打印机打印通讯故障、时间。

②原因分析：区域报警控制器或火灾显示盘损坏或未通电、开机；通讯接口板损坏；通讯线路短路、开路或接地性能不良造成短路。

③处理方法：更换设备，使设备供电正常，开启报警控制器；检查区域报警控制器与集中报警控制器的通讯线路，若存在开路、短路、接地接触不良等故障，更换线路；检查区域报警控制器与集中报警控制器的通讯板，若存在故障，维修或更换通讯板；若因为探测器或模块等设备造成通讯故障，更换或维修相应设备。

2. 重大故障及处理方法

（1）强电串入火灾自动报警及联动控制系统

①原因分析：主要是弱电控制模块与被控设备的启动控制柜的接口处，如卷帘、水泵、防排烟风机、防火阀等处发生强电的串入。

②处理办法：控制模块与受控设备间增设电气隔离模块。

（2）短路或接地故障而引起控制器损坏

①原因分析：传输总线与大地、水管、空调管等发生电气连接，从而造成控制器接口板的损坏。

②处理办法：按要求做好线路连接和绝缘处理，使设备尽量与水管、空调管隔开，保证设备和线路的绝缘电阻满足设计要求。

（3）火灾自动报警系统误报原因分析

①产品质量问题

产品技术指标达不到要求，稳定性比较差，对使用环境非火灾因素如温度、湿度、灰尘、风速等引起的灵敏度漂移得不到补偿或补偿能力低，对各种干扰及线路分析参数的影响无法自动处理而误报。

②设备选型和布置不当

A.探测器选型不合理，如在锅炉房高温度环境中选用感烟火灾探测器。

B.使用场所性质变化后未及时更换相适应的探测器，例如商场等改作厨房、洗浴房时，原有的感烟火灾探测器会受油烟、水蒸汽等因素影响而误报警。

③环境因素

A.电磁环境干扰：主要表现为空中电磁波干扰、电源及其他输入输出线上的窄脉冲群、人体静电干扰。

B.气流可影响烟气的流动线路，对离子感烟探测影响比较大，对光电感烟探测器也有一定影响。

C.感温探测器布置距高温光源过近、感烟探测器距空调送风口过近、感烟探测器安装在易产生水蒸汽的场所。

D.光电感烟探测器安装在可能产生大量粉尘或油雾等场所。

④其他原因

A.线路接头压接不良或布线不合理，系统开通前对防尘、防潮、防腐措施处理不当。

B.元件老化。

C.灰尘和昆虫。

D.探测器损坏。

第三节　消防给水及消火栓系统

一、消防给水

消防给水系统主要由消防水源（市政管网、水池、水箱）、供水设施设备（消防水泵、消防增（稳）压设施、水泵接合器）和给水管网（阀门）等构成。

（一）系统设备与组件安装前检查

消防给水系统施工安装前，应对消防水源及到场的供水设施设备、系统组件、管件、材料等进行现场检查，检查内容和要求详见本章第一节相关内容。

1.消防水源的检查

（1）用作两路消防供水的市政给水管网应符合下列要求：

①市政给水厂应至少有两条输水干管向市政给水管网输水；

②市政给水管网应为环状管网；

③应至少有两条不同的市政给水干管上不少于两条引入管向消防给水系统供水。

（2）消防水池（消防水箱）作为消防水源的条件：

①消防水池有足够的有效容积；

②供消防车取水的消防水池设有符合规范要求的取水口（井）；

③消防用水与其他用水共用的水池，采取确保消防用水不作他用的技术措施；

④寒冷地区的消防水池采取相应的防冻措施；

⑤取水设施有相应保护设施；

⑥消防水池设有符合要求的通气管和呼吸管。

（3）天然水源作为消防水源的条件：

①利用江、河、湖、海、水库等天然水源作为消防水源时，其设计枯水流量保证率宜为90%~97%；

②天然水源作为室外消防水源时，应采取防止冰凌、漂浮物、悬浮物等物质堵塞消防水泵的技术措施，并采取确保安全取水的措施；

③地表水作为室外消防水源时，应采取确保消防车、固定和移动消防水泵在枯水位取水的技术措施；当消防车取水时，最大吸水高度不超过6.0m；

④井水作为消防水源向消防给水系统直接供水时，其最不利水位应满足水泵吸水要求，其最小出流量和水泵扬程应满足消防要求，且当需要两路消防供水时，水井不应少于两眼，每眼井的深井泵的供电均应采用一级供电负荷；井内还应设置探测水井水位的水位测试装置；

⑤设有消防车取水口的天然水源，应设置消防车到达取水口的消防车道和消防车回车场或回车道。

（4）其他水源作为消防水源的条件：

雨水清水池、中水清水池、水景和游泳池等，一般只宜作为备用消防水源使用，当作为消防水源时，应有保证在任何情况下都能满足消防给水系统所需水量和水质的技术措施。

2.消防供水设施（设备）现场检查

（1）消防水泵和稳压泵

①消防水泵和稳压泵的流量、压力和电机功率应满足设计要求。

②消防水泵产品质量应符合现行国家标准《消防泵》GB 6245、《离心泵技术条件》（Ⅰ）类GB/T 16907或《离心泵技术条件（Ⅱ）》GB/T 5656的有关规定。

③稳压泵产品质量应符合现行国家标准《离心泵技术条件（Ⅱ类）》GB/T 5656的有关规定。

④消防水泵和稳压泵的电机功率应满足水泵全性能曲线运行的要求。

⑤泵及电机的外观表面不应有碰损，轴心不应有偏心。

检查数量：全数检查。

检查方法：直观检查和查验认证文件。

（2）消防水泵控制柜

①消防水泵控制柜的控制功能应符合规范和设计要求。

②控制柜体应端正，表面应平整，涂层颜色应均匀一致，应无眩光，控制柜外表面不应有明显的磕碰伤痕和变形掉漆。

③控制柜面板应设有电源电压、电流、水泵（启）停状况、巡检状况、火警及故障的声光报警等显示。

④控制柜导线的颜色应符合现行国家标准的有关规定。

⑤面板上的按钮、开关、指示灯应易于操作和观察且有功能标示，并应符合现行国家标准的有关规定。

⑥控制柜内的电器元件及材料的选用应符合现行国家标准的有关规定，并应安装合理，其工作

位置应符合产品使用说明书的规定。

⑦控制柜应按现行国家标准的有关规定进行低温实验检测、高温试验检测、湿热试验检测，检测结果不应产生影响正常工作的故障。

⑧控制柜应按现行行业标准的有关规定进行振动试验检测，检测结果柜体结构及内部零部件应完好无损，并不应产生影响正常工作的故障。

⑨控制柜温升值应按现行国家标准的有关规定进行试验检测，检测结果不应产生影响正常工作的故障。

⑩控制柜中各带电回路之间及带电间隙和爬电距离，应按现行行业标准的有关规定进行试验检测，检测结果不应产生影响正常工作的故障。

⑪金属柜体上应有接地点，且其标志、线号标记、线径应按现行行业标准的有关规定检测绝缘电阻；控制柜中带电端子与机壳之间的绝缘电阻应大于 20MΩ，电源接线端子与地之间的绝缘电阻应大于 50MΩ。

⑫控制柜的介电强度试验应按现行国家标准的有关规定进行介电强度测试，测试结果应无击穿、无闪络。

⑬在控制柜的明显部位应设置标志牌和控制原理图等。

⑭设备型号、规格、数量、标牌、线路图纸及说明书、设备表、材料表等技术文件应齐全，并应符合设计要求。

检查数量：全数检查。

检查方法：直观检查和查验认证文件。

（3）压力开关、流量开关、水位显示与控制开关等仪表

①性能规格应满足设计要求。

②压力开关应符合现行国家标准《自动喷水灭火系统第 10 部分：压力开关》GB 5135.10 的性能和质量要求。

③水位显示与控制开关应符合现行国家标准《水位测试仪器》GB/T 11828 等的有关规定。

④流量开关应能在管道流速为 0.1m/s ~ 10m/s 时可靠启动。

⑤外观完整不应有损伤。

检查数量：全数检查。

检查方法：直观检查和查验认证文件。

（4）水泵接合器

①消防水泵接合器应符合现行国家标准《消防水泵接合器》GB 3446 的性能和质量要求。

②查看水泵接合器的外观是否有瑕疵，油漆是否完整，形状尺寸和安装尺寸与提供的安装图纸是否相符。

③对照设计文件查看选择的水泵接合器的型号、名称是否准确、一致。

④水泵接合器的设置条件是否具备，其设置位置是否是在室外便于消防车接近和使用的地点。

⑤检查水泵接合器的外形与室外消火栓是否雷同，以免混淆而延误灭火。

⑥检查水泵接合器组件（包括单向阀、安全阀、控制阀等）是否齐全。

3. 给水管网的现场检查

给水管网包括室外管网和室内管网，包括消火栓给水管道、自动喷水灭火系统管道、泡沫灭火系统给水管道、室内水喷雾灭火系统管道等。

（1）给水管材的现场外观检查

①镀锌钢管应为内外壁热镀锌钢管，钢管内外表面的镀锌层不应有脱落、锈蚀等现象，球墨铸铁管球墨铸铁内涂水泥层和外涂防腐涂层不应脱落，不应有锈蚀等现象，钢丝网骨架塑料复合管管道壁厚度均匀、内外壁应无划痕，各种管材管件应符合相关标准。

②表面应无裂纹、缩孔、夹渣、折叠和重皮。

③管材管件不应有妨碍使用的凹凸不平的缺陷，其尺寸公差应符合规范规定。

④螺纹密封面应完整、无损伤、无毛刺。

⑤金属密封垫片应质地柔韧、无老化变质或分层现象，表面应无折损、皱纹等缺陷。

⑥法兰密封面应完整光洁，不应有毛刺及径向沟槽；螺纹法兰的螺纹应完整、无损伤。

⑦球墨铸铁管承口的内工作面和插口的外工作面应光滑、轮廓清晰，不应有影响接口密封性的缺陷。

⑧钢丝网骨架塑料（PE）复合管内外壁应光滑、无划痕，钢丝骨料与塑料应黏结牢固等。

检查数量：全数检查。

检查方法：直观和尺量检查。

（2）管网支、吊架及防晃支架的检查

①管道支架、吊架型式、材质、结构尺寸、加工精度及焊接质量等符合设计文件或有关施工验收规范的要求。

②管道支、吊架材料除设计文件另有规定外，一般采用 Q235 普通碳素钢型材制作。

③管道支、吊架的切边均匀无毛刺，焊缝均匀完整、外观成形良好、没有欠焊、漏焊、裂纹和绞内等缺陷。

④管道支、吊架上面的孔洞采用电钻加工，不得用氧乙炔割孔。

⑤管道支、吊架上管卡、吊杆等部件的螺纹光洁整齐，无断丝和毛刺等缺陷。

⑥管道支、吊架成品后作防腐处理，防腐涂层完整、厚度均匀；当设计文件无规定时；除锈后涂防锈漆一道。

⑦管卡宜用镀锌成型件，当无成型件时可用国钢或扁钢制作，其内圆弧部分应与管子外径相符。

（3）阀门及其附件的检查

①阀门的商标、型号、规格等标志应齐全，阀门的型号、规格应符合设计要求。

②阀门及其附件应配备齐全，不应有加工缺陷和机械损伤。

③报警阀和水力警铃的现场检查，应符合现行国家标准《自动喷水灭火系统施工及验收规范》GB 50261 的有关规定。

④闸阀、截止阀、球阀、蝶阀和信号阀等通用阀门，应符合现行国家标准的有关规定。

⑤自动排气阀、减压阀、泄压阀、止回阀等阀门性能，应符合现行国家标准的有关规定。

⑥阀门应有清晰的铭牌、安全操作指示标志、产品说明书和水流方向的永久性标志。

检查数量：全数检查。

检查方法：直观检查及在专用试验装置上测试，主要测试设备有试压泵、压力表、秒表。

（三）系统安装与调试

1. 系统安装

（1）通用要求

①消防水泵、消防水池、消防气压给水设备、消防水泵接合器等供水设施及其附属管道安装前，应清除其内部污垢和杂物。

②消防供水设施应采取安全可靠的防护措施，其安装位置应便于日常操作和维护管理。

③管道的安装应采用符合管材的施工工艺，管道安装中断时，其敞口处应封闭。

（2）消防水泵和稳压泵的安装

①消防水泵和稳压泵安装前应校核产品合格证，其规格、型号、流量、扬程、性能与设计要求应一致，并应根据安装使用说明书安装。

②消防水泵安装前应复核水泵基础混凝土强度、隔振装置、坐标、标高、尺寸和螺栓孔位置。

③消防水泵的安装应符合现行国家标准《机械设备安装工程施工及验收通用规范》GB 50231 和《风机、压缩机、泵安装工程施工及验收规范》GB 50275 的有关规定。

④消防水泵安装前应复核消防水泵之间，以及消防水泵与墙或其他设备之间的间距，并应满足安装、运行和维护管理的要求。

⑤消防水泵吸水管上的控制阀应在消防水泵固定于基础上后再进行安装，其直径不应小于消防水泵吸水口直径，且不应采用没有可靠锁定装置的控制阀，控制阀应采用沟漕式或法兰式阀门。

⑥当消防水泵和消防水池位于独立的两个基础上且相互为刚性连接时，吸水管上应加设柔性连接管。

⑦吸水管水平管段上不应有气囊和漏气现象。变径连接时，应采用偏心异径管件并应采用管顶平接。

⑧消防水泵出水管上应安装消声止回阀、控制阀和压力表；系统的总出水管上还应安装压力表和压力开关；安装压力表时应加设缓冲装置。压力表和缓冲装置之间应安装旋塞；压力表量程在没有设计要求时，应为系统工作压力的 2~2.5 倍。

⑨消防水泵的隔振装置、进出水管柔性接头的安装应符合设计要求，并应有产品说明和安装使用说明。

⑩稳压泵的安装应符合现行国家标准《机械设备安装工程施工及验收通用规范》GB 50231 和《压缩机、风机、泵安装工程施工及验收规范》GB 50275 的有关规定。

检查数量：全数检查。

检查方法：核实设计图、核对产品的性能检验报告、直观检查。

（3）天然水源取水口、地下水井、消防水池和消防水箱的安装

①天然水源取水口、地下水井、消防水池和消防水箱的水位、出水量、有效容积、安装位置，应符合设计要求；

②天然水源取水口、地下水井、消防水池、消防水箱的施工和安装，应符合现行国家标准《给水排水构筑物工程施工及验收规范》GB 50141、《供水管井技术规范》GB 50296 和《建筑给水排水及采暖工程施工质量验收规范》GB 50242 的有关规定。

③消防水池和消防水箱出水管或水泵吸水管应满足最低有效水位出水不掺气的技术要求。

④安装时池外壁与建筑本体结构墙面或其他池壁之间的净距，应满足施工、装配和检修的需要。

⑤钢筋混凝土制作的消防水池和消防水箱的进出水等管道应加设防水套管，钢板等制作的消防水池和消防水箱的进出水等管道宜采用法兰连接，对有振动的管道应加设柔性接头。组合式消防水池或消防水箱的进水管、出水管接头宜采用法兰连接，采用其他连接时应做防锈处理。

⑥消防水池、消防水箱的溢流管、泄水管不应与生产或生活用水的排水系统直接相连，应采用间接排水方式。

检查数量：全数检查。

检查方法：核实设计图、直观检查。

（4）气压罐的安装

①气压水罐有效容积、气压、水位及设计压力应符合设计要求。

②气压水罐安装位置和间距、进水管及出水管方向应符合设计要求；出水管上应设止回阀。

③气压水罐宜有有效水容积指示器。

检查数量：全数检查。

检查方法：核实设计图、核对产品的性能检验报告、直观检查。

（5）消防水泵接合器的安装

①消防水泵接合器的安装，应按接口、本体、连接管、止回阀、安全阀、放空管、控制阀的顺序进行，止回阀的安装方向应使消防用水能从消防水泵接合器进入系统，整体式消防水泵接合器的安装，应按其使用安装说明书进行。

②消防水泵接合器的设置位置应符合设计要求。

③消防水泵接合器永久性固定标志应能识别其所对应的消防给水系统或水灭火系统，当有分区时应有分区标识。

④地下消防水泵接合器应采用铸有"消防水泵接合器"标志的铸铁井盖，并应在其附近设置指示其位置的永久性固定标志。

⑤墙壁消防水泵接合器的安装应符合设计要求。设计无要求时，其安装高度距地面宜为 0.7m；与墙面上的门、窗、孔、洞的净距离不应小于 2.0m，且不应安装在玻璃幕墙下方。

⑥地下消防水泵接合器的安装，应使进水口与井盖底面的距离不大于 0.4m，且不应小于井盖的半径。

⑦消火栓水泵接合器与消防通道之间不应设有妨碍消防车加压供水的障碍物。

⑧地下消防水泵接合器井的砌筑应有防水和排水措施。

检查数量：全数检查。

检查方法：核实设计图、核对产品的性能检验报告、直观检查。

（6）管道的安装与连接

①采用螺纹、法兰、承插、卡压等方式连接应符合下列要求：

A. 采用螺纹连接时，热浸镀锌钢管的管件宜采用现行国家标准的有关规定；螺纹连接时螺纹应符合现行国家标准的有关规定，且宜采用密封胶带作为螺纹接口的密封，密封带应在阳螺纹上施加；

B. 法兰连接时，法兰的密封面形式和压力等级应与消防给水系统技术要求相符合；法兰类型宜根据连接形式采用平焊法兰、对焊法兰和螺纹法兰等；

C. 热浸镀锌钢管采用法兰连接时应选用螺纹法兰，当必须焊接连接时，法兰焊接应符合现行国家标准的有关规定；

D. 球墨铸铁管承插连接时，应符合现行国家标准《给水排水管道工程施工及验收规范》GB 50268 的有关规定；

E. 管径大于 DN50 的管道不应使用螺纹活接头，在管道变径处应采用单体异径接头。

检查数量：按数量抽查 30%，但不应小于 10 个。

检验方法：直观和尺量检查。

②沟槽连接件（卡箍）连接应符合下列规定：

A. 沟槽式连接件（管接头）、钢管沟槽深度和钢管壁厚等，应符合现行国家标准《自动喷水灭

火系统 第 11 部分：沟槽式管接件》GB 5135.11 有关规定；

B. 有振动的场所和埋地管道应采用柔性接头，其他场所宜采用刚性接头，当采用刚性接头时，每隔 4~5 个刚性接头应设置一个挠性接头，埋地连接时螺栓和螺母应采用不锈钢件；

C. 沟槽式管件连接时，其管道连接沟槽和开孔应用专用滚槽机和开孔机加工，并应做防腐处理；连接前应检查沟槽和孔洞尺寸，加工质量应符合技术要求；沟槽、孔洞处不应有毛刺、破损性裂纹和脏物；

D. 沟槽式管件的凸边应卡进沟槽后再紧固螺栓，两边应同时紧固，紧固时发现橡胶圈起皱应更换新橡胶圈；

E. 机械三通连接时，应检查机械三通与孔洞的间隙，各部位应均匀，然后再紧固到位；机械三通开孔间距不应小于 1m，机械四通开孔间距不应小于 2m；机械三通、机械四通连接时支管的直径应满足规范的规定；

F. 配水干管（立管）与配水管（水平管）的连接，应采用沟槽式管件，不应采用机械三通；

G. 埋地的沟槽式管件的螺栓、螺帽应做防腐处理。水泵房内的埋地管道连接应采用挠性接头；

H. 采用沟槽连接件连接管道变径和转弯时，宜采用沟槽式异径管件和弯头；当需要采用补芯时，三通上可用一个，四通上不应超过二个；公称直径大于 50mm 的管道不宜采用活接头；

I. 沟槽连接件应采用三元乙丙橡胶（EDPM）C 型密封胶圈，弹性应良好，应无破损和变形，安装压紧后 C 型密封胶圈中间应有空隙。

检查数量：按数量抽查 30%，不应少于 10 件。

检验方法：直观和尺量检查。

③架空管道的支吊架应符合下列规定：

A. 架空管道支架、吊架、防晃或固定支架的安装应固定牢固，其型式、材质及施工应符合设计要求；

B. 设计的吊架在管道的每一支撑点处应能承受 5 倍于充满水的管重，且管道系统支撑点应支撑整个消防给水系统；

C. 管道支架的支撑点宜设在建筑物的结构上，其结构在管道悬吊点应能承受充满水管道重量另加至少 114kg 的阀门、法兰和接头等附加荷载；

D. 管道支架或吊架的设置间距应符合规范的要求；

E. 当管道穿梁安装时，穿梁处宜作为一个吊架；

F. 配水管宜在中点设一个防晃支架，但当管径小于 DN50 时可不设；

G. 配水干管及配水管，配水支管的长度超过 15m，每 15m 长度内应至少设 1 个防晃支架，但当管径不大于 DN40 可不设；

H. 管径大于 DN50 的管道拐弯、三通及四通位置处应设 1 个防晃支架；

I. 防晃支架的强度，应满足管道、配件及管内水的重量再加 50% 的水平方向推力时不损坏或不产生永久变形；当管道穿梁安装时，管道再用紧固件固定于混凝土结构上，宜可作为 1 个防晃支架处理；

J. 架空管道每段管道设置的防晃支架不应少于 1 个；当管道改变方向时，应增设防晃支架；立管应在其始端和终端设防晃支架或采用管卡固定。

检查数量：按数量抽查 30%，不应少于 10 件。

检验方法：直观检查。

④其他要求

A. 消防给水管穿过墙体或楼板时应加设套管，套管长度不应小于墙体厚度，或应高出楼面或地面 50mm；套管与管道的间隙应采用不燃材料填塞，管道的接口不应位于套管内。

B. 消防给水管必须穿过伸缩缝及沉降缝时，应采用波纹管和补偿器等技术措施。

C. 系统管道应有承受横向和纵向水平载荷的支撑；竖向支撑应牢固且同心，支撑的所有部件和配件应在同一直线上；对供水主管，竖向支撑的间距不应大于 24m；立管的顶部应采用四个方向的支撑固定；供水主管上的横向固定支架，其间距不应大于 12m。

D. 架空管道外应刷红色油漆或涂红色环圈标志，并应注明管道名称和水流方向标识。红色环圈标志，宽度不应小于 20mm，间隔不宜大于 4m，在一个独立的单元内环圈不宜少于 2 处。

检查数量：按数量抽查 30%，不应少于 10 件。

检验方法：直观检查、尺量检查。

（7）减压阀和阀门的安装

①减压阀和其他通用阀门的型号、规格、压力、流量应符合设计要求。

②减压阀安装应在供水管网试压、冲洗合格后进行。

③减压阀水流方向应与供水管网水流方向一致。

④减压阀前应有过滤器；减压阀前后应安装压力表。

⑤减压阀处应有压力试验用排水设施。

⑥阀门的设置应便于安装维修和操作，且安装空间应能满足阀门完全启闭的要求，并应作出标志。

⑦阀门应有明显的启闭标志。

⑧消防给水系统干管与水灭火系统连接处应设置独立阀门，并应保证各系统独立使用。

检查数量：全数检查。

检验方法：核实设计图、核对产品的性能检验报告、直观检查。

（8）控制柜的安装应符合下列要求：

①控制柜的基座其水平度误差不大于 ±2mm，并应做防腐处理及防水措施。

②控制柜与基座应采用不小于 φ12mm 的螺栓固定，每只柜不应少于 4 只螺栓。

③做控制柜的上下进出线口时，不应破坏控制柜的防护等级。

检查数量：全部检查。

检查方法：直观检查。

2. 系统调试

（1）系统调试条件

①天然水源取水口、地下水井、消防水池、高位消防水池、高位消防水箱等蓄水和供水设施水位、出水量、已储水量等符合设计要求。

②消防水泵、稳压泵和稳压设施等处于准工作状态。

③系统供电正常，若柴油机泵油箱应充满油并能正常工作。

④消防给水系统管网内已经充满水。

⑤湿式消火栓系统管网内已充满水，手动干式、干式消火栓系统管网内的气压符合设计要求。

⑥系统自动控制处于准工作状态。

⑦减压阀和阀门等处于正常工作位置。

（2）系统调试内容

①水源调试和测试。

②消防水泵调试。

③稳压泵或稳压设施调试。

④减压阀调试。

⑤自动控制探测器调试。

⑥排水设施调试。

⑦联锁控制试验。

（3）系统调试要求

①水源调试和测试要求

A.按设计要求核实高位消防水箱、高位消防水池、消防水池的容积，高位消防水池、高位消防水箱设置高度应符合设计要求；消防储水应有不作他用的技术措施。当有江河湖海、水库和水塘等天然水源作为消防水源时应验证其枯水位、洪水位和常水位的流量符合设计要求。地下水井的常水位、出水量等应符合设计要求。

B.消防水泵直接从市政管网吸水时，应测试市政供水的压力和流量能否满足设计要求的流量。

C.应按设计要求核实消防水泵接合器的数量和供水能力，并应通过消防车车载移动泵供水进行试验验证。

D.应核实地下水井的常水位和设计抽升流量时的水位。

调试数量：全数调试。

调试方法：直观检查和进行通水试验。

②消防水泵调试要求

A.以自动直接启动或手动直接启动消防水泵时，消防水泵应在55s内投入正常运行，且应无不良噪声和振动。

B.以备用电源切换方式或备用泵切换启动消防水泵时，消防水泵应分别在1min或2min内投入正常运行。

C.消防水泵安装后应进行现场性能测试，其性能应与生产厂商提供的数据相符，并应满足消防给水设计流量和压力的要求。

D.防水泵零流量时的压力不应超过设计额定压力的140%；当出流量为设计额定流量的150%时，其出口压力不应低于设计额定压力的65%。

调试数量：全数检查。

检查方法：用秒表检查。

③稳压泵调试要求

A.当达到设计启动压力时，稳压泵应立即启动；当达到系统停泵压力时，稳压泵应自动停止运行；稳压泵启停应达到设计压力要求。

B.能满足系统自动启动要求，且当消防主泵启动时，稳压泵应停止运行。

C.稳压泵在正常工作时每小时的启停次数应符合设计要求，且不应大于15次/h。

D.稳压泵启停时系统压力应平稳，且稳压泵不应频繁启停。

调试数量：全数调试。

检查方法：直观检查。

④减压阀调试要求

A.减压阀的阀前阀后动静压力应满足设计要求。

B.减压阀的出流量应满足设计要求，当出流量为设计额定流量的150%时，阀后动压不应小于额定设计压力的 65%。

C.减压阀在小流量、设计流量和设计流量的 150% 时不应出现噪声明显增加。

D.测试减压阀的阀后动静压差应符合设计要求。

调试数量：全数调试。

检查方法：使用压力表、流量计、声强计和直观检查。

⑤控制柜调试和测试要求

A.应首先空载调试控制柜的控制功能，并应对各个控制程序进行试验验证。

B.当空载调试合格后，应加负载调试控制柜的控制功能，并应对各个负载电流的状况进行试验检测和验证。

C.应检查显示功能，并应对电压、电流、故障、声光报警等功能进行试验检测和验证。

D.应调试自动巡检功能，并应对各泵的巡检动作、时间、周期、频率和转速等进行试验检测和验证。

E.应试验消防水泵的各种强制启泵功能。

调试数量：全数调试。

检查方法：使用电压表、电流表、秒表等仪表和直观检查。

⑥联锁试验要求

A.干式消火栓系统联锁试验，当打开 1 个消火栓或模拟 1 个消火栓的排气量排气时，干式报警阀（电动阀 / 电磁阀）应及时启动，压力开关应发出信号或联动启动消防防水泵，水力警铃动作应发出机械报警信号。

B.消防给水系统的试验管放水时，管网压力应持续降低，消防水泵出水干管上低压压力开关应能自动启动消防水泵；消防给水系统的试验管放水或高位消防水箱排水管放水时，高位消防水箱出水管上的流量开关应动作，且应能自动启动消防水泵。

C.自动启动时间应符合设计要求，消防水泵应确保从接到启泵信号到水泵正常运转的自动启动时间不应大于 2min。

调试数量：全数调试。

检查方法：直观检查。

⑦排水调试要求

A.系统排出的水应通过排水设施全部排走。

B.消防电梯排水设施的自动控制和排水能力应进行测试。

C.警阀排水试验管处和末端试水装置处排水设施的排水能力应进行测试，且在地面不应有积水。

D.试验消火栓处的排水能力应满足试验要求。

E.消防水泵房排水设施的排水能力应进行测试，并应符合设计要求。

检查数量：全数检查。

检查方法：使用压力表、流量计、专用测试工具和直观检查。

（四）系统检查验收

1.消防水源

（1）市政管网水源和天然水源

①应检查室外给水管网的进水管管径及供水能力。

②当采用地表天然水源作为消防水源时，其水位、水量、水质等应符合设计要求。

③应根据有效水文资料检查天然水源枯水期最低水位、常水位和洪水位时确保消防用水应符合设计要求。

④应根据地下水井抽水试验资料确定常水位、最低水位、出水量和水位测量装置等技术参数和装备应符合设计要求。

检查数量：全数检查。

检查方法：对照设计资料直观检查。

（2）消防水池、高位消防水池和高位消防水箱

①设置位置应符合设计要求。

②消防水池、高位消防水池和高位消防水箱的有效容积、水位测量装置、报警水位等，应符合设计要求。

③进出水管、溢流管、排水管等应符合设计要求，且溢流管应采用间接排水。

④管道、阀门和进水浮球阀等应便于检修，人孔和爬梯位置应合理。

⑤消防水池吸水井、吸（出）水管喇叭口等设置位置应符合设计要求。

检查数量：全数检查。

检查方法：直观检查。

2.消防供水设施、设备

（1）消防水泵房

①消防水泵房的建筑防火要求应符合设计要求和现行国家标准《建筑设计防火规范》GB 50016 的有关规定。

②消防水泵房设置的应急照明、安全出口应符合设计要求。

③消防水泵房的采暖通风、排水和防洪等应符合设计要求。

④消防水泵房的设备进出和维修安装空间应满足设备要求。

⑤消防水泵控制柜的安装位置和防护等级应符合设计要求。

检查数量：全数检查。

检查方法：对照图纸直观检查。

（2）消防水泵

①消防水泵运转应平稳，无不良噪声的振动。

②工作泵、备用泵、吸水管、出水管及出水管上泄压阀、水锤消除设施、止回阀、信号阀等的规格、型号、数量，应符合设计要求；吸水管、出水管上的控制阀应锁定在常开位置，并有明显标记。

③消防水泵应采用自灌式引水或其它可靠的引水措施，并保证全部有效储水被有效利用。

④分别开启系统中的每一个末端试水装置、试水阀和试验消火栓，水流指示器、压力开关、低压压力开关、高位消防水箱流量开关等信号的功能，均符合设计要求。

⑤打开消防水泵出水管上试水阀，当采用主电源启动消防水泵时，消防水泵应启动正常；关掉主电源，主、备电源应能正常切换；消防水泵就地和远程启停功能应正常，并向消防控制室返馈状态信号。

⑥消防水泵停泵时，水锤消除设施后的压力不应超过水泵出口设计额定压力的1.4倍。

⑦采用固定和移动式流量计和压力表测试消防水泵的性能，水泵性能应满足设计要求。

⑧消防水泵启动控制应置于自动启动档。

⑨流量开关、低压压力开关和报警阀压力开关等动作，消防水泵应能自动启动。

⑩消防水泵启动后，应有反馈信号显示。

检查数量：全数检查。

检查方法：直观检查和采用仪表检测。

（3）稳压泵

①稳压泵的型号性能等应符合设计要求。

②稳压泵的控制应符合设计要求，并应有防止稳压泵频繁启动的技术措施。

③稳压泵在 1h 内的启停次数应符合设计要求，并不宜大 15 次 /h。

④稳压泵供电应正常，自动手动启停应正常；关掉主电源，主、备电源应能正常切换。

⑤气压水罐的有效容积以及调节容积应符合设计要求，并应满足稳压泵的启停要求。

检查数量：全数检查。

检查方法：直观检查。

（4）减压阀

①减压阀的型号、规格、设计压力和设计流量应符合设计要求。

②减压阀阀前应有过滤器，过滤器的过滤面积和孔径应符合设计要求和《消防给水及消火栓系统技术规范》的规定。

③减压阀阀前阀后动静压力应符合设计要求。

④减压阀处应有试验用压力排水管道。

⑤减压阀在小流量、设计流量和设计流量的 150% 时不应出现噪声明显增加或管道出现喘振。

⑥减压阀的水头损失应小于设计阀后静压和动压差。

检查数量：全数检查。

检查方法：使用压力表、流量计和直观检查。

（5）气压水罐

①气压水罐的有效容积、调节容积和稳压泵启泵次数应符合设计要求。

②气压水罐气侧压力应符合设计要求。

检查数量：全数检查。

检查方法：直观检查。

（6）消防水泵控制柜

①控制柜的规格、型号、数量应符合设计要求。

②控制柜的图纸塑封后牢固粘贴于柜门内侧。

③控制柜的动作符合设计要求和有关规定。

④控制柜的质量符合产品标准。

⑤主、备用电源自动切换装置的设置符合设计要求。

⑥流量开关、低压压力开关和报警阀压力开关等动作，应能自动启动消防水泵及与其联锁的相关设备，并应有反馈信号显示。

（7）水泵接合器

①消火栓水泵接合器与消防通道之间不应设有妨碍消防车加压供水的障碍物（用于保护接合器的装置除外）。

②水泵接合器的安全阀及止回阀安装位置和方向应正确，阀门启闭应灵活。

③水泵接合器应设置明显的耐久性指示标志，当系统采用分区或对不同系统供水时，必须标明水泵接合器的供水区域及系统区别的永久性固定标志。

④地下消防水泵接合器应采用铸有"消防水泵接合器"标志的铸铁井盖，并在附近设置指示其位置的永久性固定标志。

⑤消防水泵接合器数量及进水管位置应符合设计要求。

⑥消防水泵接合器应采用消防车车载消防水泵进行充水试验，且供水最不利点的压力、流量应符合设计要求；当有分区供水时应确定消防车的最大供水高度和接力泵的设置位置的合理性。

检查数量：全数检查。

检查方法：采用消防车车载消防水泵进行供水试验，使用流量计、压力表和直观检查。

3. 给水管网

（1）管道的材质、管径、接头、连接方式及采取的防腐、防冻措施，应符合设计要求，管道标识应符合设计要求。

（2）管网排水坡度及辅助排水设施，应符合设计要求。

（3）系统中的试验消火栓、自动排气阀应符合设计要求。

（4）管网不同部位安装的报警阀组、闸阀、止回阀、电磁阀、信号阀、水流指示器、减压孔板、节流管、减压阀、柔性接头、排水管、排气阀、泄压阀等，均应符合设计要求。

（5）干式消火栓系统允许的最大充水时间不应大于5min。

（6）干式消火栓系统报警阀后的管道应设置消火栓和有信号显示的阀门。

（7）架空管道的立管、配水支管、配水管、配水干管设置的支架，应符合规范的规定。

（8）室外埋地管道应符合规范的规定。

检查数量：上述第（7）项抽查20%，且不应少于5处；第（1）项～第（6）项、第（8）项全数抽查。

检查方法：直观和尺量检查、秒表测量。

（五）系统维护管理

1. 消防水源的维护管理

（1）每季度监测市政给水管网的压力和供水能力。

（2）每年对天然河湖等地表水消防水源的常水位、枯水位、洪水位，以及枯水位流量或蓄水量等进行一次检测。

（3）每年对水井等地下水消防水源的常水位、最低水位、最高水位和出水量等进行一次测定。

（4）每月对消防水池、高位消防水池、高位消防水箱等消防水源设施的水位等进行一次检测；消防水池（箱）玻璃水位计两端的角阀在不进行水位观察时应关闭。

（5）在冬季每天要对消防储水设施进行室内温度和水温检测，当结冰或室内温度低于5℃时，要采取确保不结冰和室温不低于5℃的措施。

（6）每年应检查消防水池、消防水箱等蓄水设施的结构材料是否完好，发现问题时及时处理。

（7）永久性地表水天然水源消防取水口有防止水生生物繁殖的管理技术措施。

2. 消防水泵和稳压泵等供水设施的维护管理

（1）每月应手动启动消防水泵运转一次，并检查供电电源的情况。

（2）每周应模拟消防水泵自动控制的条件自动启动消防水泵运转一次，且自动记录自动巡检情况，每月应检测记录。

（3）每日对稳压泵的停泵启泵压力和启泵次数等进行检查和记录运行情况。

（4）每日对柴油机消防水泵的启动电池的电量进行检测，每周检查储油箱的储油量，每月应手动手动启动柴油机消防水泵运行一次。

（5）每季度应对消防水泵的出流量和压力进行一次试验。

（6）每月对气压水罐的压力和有效容积等进行一次检测。

3.减压阀和阀门等设备的维护管理

（1）每月应对减压阀组进行一次放水试验，并应检测和记录减压阀前后的压力，当不符合设计值时应采取满足系统要求的调试和维修等措施。

（2）每年应对减压阀的流量和压力进行一次试验。

（3）雨淋阀的附属电磁阀应每月检查并应作启动试验，动作失常时应及时更换。

（4）每月应对电动阀和电磁阀的供电和启闭性能进行检测。

（5）系统上所有的控制阀门均应采用铅封或锁链固定在开启或规定的状态，每月应对铅封、锁链进行一次检查，当有破坏或损坏时应及时修理更换。

（6）每季度应对室外阀门井中，进水管上的控制阀门进行一次检查，并应核实其处于全开启状态。

（7）每天应对水源控制阀、报警阀组进行外观检查，并应保证系统处于无故障状态。

（8）每季度应对系统所有的末端试水阀和报警阀的放水试验阀进行一次放水试验，并应检查系统启动、报警功能以及出水情况是否正常。

（9）在市政供水阀门处于完全开启状态时，每月应对倒流防止器的压差进行检测，且应符合国家现行标准的有关规定。

4.水泵接合器的维护管理

（1）查看水泵接合器周围有无放置影响其操作使用的障碍物品。

（2）查看水泵接合器有无破损、变形、锈蚀及操作障碍。

（3）查看闸阀是否处于开启状态。

（4）查看水泵接合器的标志是否明显。

（5）每季度对消防水泵接合器的接口及附件进行检查一次，并应保证接口完好、无渗漏、闷盖齐全。

二、消火栓系统

（一）系统组件（设备）安装前检查

消火栓系统施工前应对采用的主要设备、组件、管材管件及材料进行进场检查。

1.基本要求

（1）主要设备、系统组件、管材管件及其他设备、材料，应符合国家现行相关产品标准的规定，并应具有出厂合格证或质量认证书。

（2）消防水泵、消火栓、消防水带、消防水枪、消防软管卷盘或轻便水龙、报警阀组、电动（磁）阀、压力开关、流量开关、消防水泵接合器、沟槽连接件等系统主要设备和组件，应经国家消防产品质量监督检验中心检测合格。

（3）稳压泵、气压水罐、消防水箱、自动排气阀、信号阀、止回阀、安全阀、减压阀、倒流防止器、蝶阀、闸阀、流量计、压力表、水位计等，应经相应国家产品质量监督检验中心检测合格。

（4）气压水罐、组合式消防水池、屋顶消防水箱、地下水取水和地表水取水设施，以及其附件等，应符合国家现行相关产品标准的规定。

2.消火栓的现场检查

（1）室外消火栓应符合现行国家标准《室外消火栓》GB 4452 的性能和质量要求。

（2）室内消火栓应符合现行国家标准《室内消火栓》GB 3445 的性能和质量要求。

（3）消防水带应符合现行国家标准《消防水带》GB 6246 的性能和质量要求。

（4）消防水枪应符合现行国家标准《消防水枪》GB 8181 的性能和质量要求。

（5）消火栓、消防水带、消防水枪的商标、制造厂等标志应齐全。

（6）消火栓、消防水带、消防水枪的型号、规格等技术参数应符合设计要求。

（7）消火栓外观应无加工缺陷和机械损伤；铸件表面应无结疤、毛刺、裂纹和缩孔等缺陷；铸铁阀体外部应涂红色油漆，内表面应涂防锈漆，手轮应涂黑色油漆；外部漆膜应光滑、平整、色泽一致，应无气泡、流痕、皱纹等缺陷，并应无明显碰、划等现象。

（8）消火栓螺纹密封面应无伤痕、毛刺、缺丝或断丝现象。

（9）消火栓的螺纹出水口和快速连接卡扣应无缺陷和机械损伤，并应能满足使用功能的要求。

（10）消火栓阀杆升降或开启应平稳、灵活，不应有卡涩和松动现象。

（11）旋转型消火栓其内部构造应合理，转动部件应为铜或不锈钢，并应保证旋转可靠、无卡涩和漏水现象。

（12）减压稳压消火栓应保证可靠、无堵塞现象。

（13）活动部件应转动灵活，材料应耐腐蚀，不应卡涩或脱扣。

（14）消火栓固定接口应进行密封性能试验，应以无渗漏、无损伤为合格。试验数量宜从每批中抽查 1%，但不应少于 5 个，试验时应缓慢而均匀地升压至 1.6MPa，保压 2min。当两个及两个以上不合格时，不应使用该批消火栓。当仅有 1 个不合格时，应再抽查 2%，但不应少于 10 个，并应重新进行密封性能试验；当仍有不合格时，亦不应使用该批消火栓。

（15）消防水带的织物层应编织得均匀，表面应整洁；应无跳双经、断双经、跳纬及划伤，衬里（或覆盖层）的厚度应均匀，表面应光滑平整、无折皱或其他缺陷。

（16）消防水枪的外观质量应符合本条第（4）项的有关规定，消防水枪的进出口口径应满足设计要求。

（17）消火栓箱应符合现行国家标准《消火栓箱》GB 14561 的性能和质量要求。

（18）消防软管卷盘和轻便水龙应符合现行国家标准《消防软管卷盘》GB 15090 和现行行业标准《轻便消防水龙》GA 180 的性能和质量要求。

外观和一般检查数量：全数检查。

检查方法：直观和尺量检查。

性能检查数量：按本条第（14）项的规定抽查。

检查方法：直观检查及在专用试验装置上测试，主要测试设备有试压泵、压力表、秒表。

（二）系统安装调试与检测验收

在此主要介绍消火栓系统的安装调试、检测验收，包括室、内外消火栓的施工安装、系统调试、检测验收等内容。有关供水设施及其附属管道的安装、调试和检测、验收，见本章第三节有关消防给水的内容。

1.室外消火栓的安装调试与检测验收

（1）施工安装

①安装准备

A.认真熟悉图纸，结合现场情况复核管道的坐标、标高是否位置得当，如有问题，及时与设计人员研究解决。

B.检查预留及预埋是否正确，临时剔凿应事先与设计工建协调。

C. 检查设备材料是否符合设计要求和质量标准；

D. 安排合理的施工顺序、避免工种交叉作业干扰。

②室外消火栓的安装应符合下列规定：

A. 室外消火栓的选型、规格应符合设计要求；

B. 管道和阀门的施工和安装，应符合现行国家标准《给水排水管道工程施工及验收规范》GB 50268、《建筑给水排水及采暖工程施工质量验收规范》GB 50242 的有关规定；

C. 地下式消火栓顶部进水口或顶部出水口应正对井口。顶部进水口或顶部出水口与消防井盖底面的距离不应大于 0.4m，井内应有足够的操作空间，并应做好防水措施；

D. 地下式室外消火栓应设置永久性固定标志；

E. 当室外消火栓安装部位火灾时存在可能落物危险时，上方应采取防坠落物撞击的措施；

F. 室外消火栓安装位置应符合设计要求，且不应妨碍交通，在易碰撞的地点应设置防撞设施。

检查数量：按数量抽查 30%，但不应小于 10 个。

检查方法：核实设计图、核对产品的性能检验报告、直观检查。

（2）检测验收

①室外消火栓的选型、规格、数量、安装位置应符合设计要求。

②同一建筑物设置的室外消火栓应采用统一规格的栓口及配件。

③室外消火栓应设置明显的永久性固定标志。

④室外消火栓水量及压力应满足要求。

2. 室内消火栓的安装调试与检测验收

（1）施工安装

①安装准备

A. 消火栓系统管材应根据设计要求选用，一般采用碳素钢管或无缝钢管，管材不得有弯曲、锈蚀、重皮及凹凸不平等现象。

B. 消火栓箱体的规格类型应符合设计要求，箱体表面平整、光洁。金属箱体无锈蚀，划伤，箱门开启灵活，箱内配件齐全。

C. 栓阀外型规矩，无裂纹，启闭灵活，关闭严密，密封填料完好，有产品出厂合格证。

②室内消火栓及消防软管卷盘、轻便水龙的安装

A. 室内消火栓及消防软管卷盘和轻便水龙的选型、规格应符合设计要求。

B. 同一建筑物内设置的消火栓、消防软管卷盘和轻便水龙应采用统一规格的栓口、消防水枪和水带及配件。

C. 试验用消火栓栓口处应设置压力表。

D. 当消火栓设置减压装置时，应检查减压装置符合设计要求，且安装时应有防止砂石等杂物进入栓口的措施。

E. 室内消火栓及消防软管卷盘和轻便水龙应设置明显的永久性固定标志，当室内消火栓因美观要求需要隐蔽安装时，应有明显的标志，并应便于开启使用。

F. 消火栓栓口出水方向宜向下或与设置消火栓的墙面成 90° 角，栓口不应安装在门轴侧。

G. 消火栓栓口中心距地面应为 1.1m，特殊地点的高度可特殊对待，允许偏差 ±20mm。

检查数量：按数量抽查 30%，但不应小于 10 个。

检验方法：核实设计图、核对产品的性能检验报告、直观检查。

③消火栓箱的安装

A. 消火栓的启闭阀门设置位置应便于操作使用，阀门的中心距箱侧面应为 140mm，距箱后内表面应为 100mm，允许偏差 ±5mm。

B. 室内消火栓箱的安装应平正、牢固，暗装的消火栓箱不应破坏隔墙的耐火性能。

C. 箱体安装的垂直度允许偏差为 ±3mm。

D. 消火栓箱门的开启不应小于 120°。

E. 安装消火栓水龙带，水龙带与消防水枪和快速接头绑扎好后，应根据箱内构造将水龙带放置。

F. 双向开门消火栓消火栓箱应有耐火等级应符合设计要求，当设计没有要求时应至少满足 1h 耐火极限的要求。

G. 消火栓箱门上应用红色字体注明"消火栓"字样。

检查数量：按数量抽查 30%，但不应小于 10 个。

检验方法：直观和尺量检查。

（2）调试和测试

①试验消火栓动作时，应检测消防水泵是否在本规范规定的时间内自动启动。

②试验消火栓动作时，应测试其出流量、压力和充实水柱的长度；并应根据消防水泵的性能曲线核实消防水泵供水能力。

③应检查旋转型消火栓的性能能否满足其性能要求。

④应采用专用检测工具，测试减压稳压型消火栓的阀后动静压是否满足设计要求。

⑤试验消火栓处的排水能力应满足试验要求。

⑥干式消火栓系统快速启闭装置调试应符合下列要求：

A. 干式消火栓系统调试时，开启系统试验阀或按下消火栓按钮，干式消火栓系统快速启闭装置的启动时间、系统启动压力、水流到试验装置出口所需时间，均应符合设计要求；

B. 快速启闭装置后的管道容积应符合设计要求，并应满足充水时间的要求；

C. 干式报警阀在充气压力下降到设定值时应能及时启动；

D. 干式报警阀充气系统在设定低压点时应启动，在设定高压点时应停止充气，当压力低于设定低压点时应报警；

E. 干式报警阀当设有加速排气器时，应验证其可靠工作。

（3）室内消火栓的验收

①消火栓的设置场所、位置、规格、型号应符合设计要求和规范的有关规定。

②室内消火栓的安装高度应符合设计要求。

③消火栓的设置位置应符合设计要求和规范的有关规定，并应符合消防救援和火灾扑救工艺的要求。

④消火栓的减压装置和活动部件应灵活可靠，栓后压力应符合设计要求。

⑤干式消火栓系统报警阀组的验收应符合下列要求：

A. 报警阀组的各组件应符合产品标准要求；

B. 打开系统流量压力检测装置放水阀，测试的流量、压力应符合设计要求；

C. 水力警铃的设置位置应正确。测试时，水力警铃喷嘴处压力不应小于 0.05MPa，且距水力警铃 3m 远处警铃声声强不应小于 70dB；

D. 打开手动试水阀动作应可靠；

E. 控制阀均应锁定在常开位置；

F. 与空气压缩机或火灾自动报警系统的联锁控制，应符合设计要求。

检查数量：抽查消火栓数量10%，且总数每个供水分区不应少于10个，合格率应为100%。

（三）系统维护管理

1. 室外消火栓系统的维护管理

（1）地下消火栓的维护管理

①地下消火栓应每季度进行一次检查保养，其内容主要包括：

A. 用专用扳手转动消火栓启闭杆，观察其灵活性。必要时加注润滑油；

B. 检查橡胶垫圈等密封件有无损坏、老化或丢失等情况；

C. 检查栓体外表油漆有无脱落，有无锈蚀，如有应及时修补。

②入冬前检查消火栓的防冻设施是否完好。

③重点部位消火栓，每年应逐一进行一次出水试验，出水应满足压力要求，在检查中可使用压力表测试管网压力，或者连接水带作射水试验，检查管网压力是否正常。

④随时消除消火栓井周围及井内可能积存杂物。

⑤地下消火栓应有明显标志，要保持室外消火栓配套器材和标志的完整有效。

（2）地上消火栓的维护管理

①用专用扳手转动消火栓启动杆，检查其灵活性，必要时加注润滑油。

②检查出水口闷盖是否密封，有无缺损。

③检查栓体外表油漆有无剥落，有无锈蚀，如有应及时修补。

④每年开春后入冬前对地上消火栓逐一进行出水试验。出水应满足压力要求，在检查中可使用压力表测试管网压力，或者连接水带作射水试验，检查管网压力是否正常。

⑤定期检查消火栓前端阀门井。

⑥保持配套器材的完备有效，无遮挡。

2. 室内消火栓系统的维护管理

（1）室内消火栓及消火栓箱的维护管理

①每季度应对消火栓进行一次外观和漏水检查，发现有不正常的消火栓应及时更换。

②检查消火栓和消防卷盘供水闸阀是否渗漏水，若渗漏水及时更换密封圈。

③对消防水枪、水带、消防卷盘及其它进行检查，全部附件应齐全完好，卷盘转动灵活。

④检查报警按钮、指示灯及控制线路，应功能正常、无故障。

⑤消火栓箱及箱内装配的部件外观无破损、涂层无脱落，箱门玻璃完好无缺。

⑥对消火栓、供水阀门及消防卷盘等所有转动部位应定期加注润滑油。

（2）供水管路的维护管理

①室外阀门井中，进水管上的控制阀门应每个季度检查一次，核实其处于全开启状态。系统上所有的控制阀门均应采用铅封或锁链固定在开启或规定的状态。每月应对铅封、锁链进行一次检查，当有破坏或损坏时应及时修理更换。

②对管路进行外观检查，若有腐蚀、机械损伤等及时修复。

③检查阀门是否漏水及时修复。

④室内消火栓设备管路上的阀门为常开阀，平时不得关闭，应检查其开启状态。

⑤检查管路的固定是否牢固，若有松动及时加固。

第四节　自动喷水灭火系统

一、系统组件（设备）安装前检查

自动喷水灭火系统施工安装前，应对进场的供水设施、系统组件、管件及材料进行现场检查，产品质量证明文件以及供水设施、管网管件、通用阀门等现场检查、检验的内容、要求和方法见本章第一节和第三节的有关内容。

（一）喷头现场检查

1.检查内容及要求

（1）喷头装配性能检查

检查要求：旋拧喷头顶丝，不得轻易旋开，转动溅水盘，无松动、变形等现象，以确保喷头不被轻易调整、拆卸和重装。

（2）喷头外观标志检查

①喷头的商标、型号、公称动作温度、响应时间指数（RTI）、制造厂及生产日期等标志应齐全。

②喷头的型号、规格等应符合设计要求。

③边墙型喷头上有水流方向标识；隐蔽式喷头的盖板上有"不可涂覆"等文字标识。

④喷头规格型号的标记由类型特征代号（型号）、性能代号（表8-4-1）、公称口径和公称动作温度等部分组成，规格型号所示的性能参数符合设计文件的选型要求。

表8-4-1　常见喷头规格型号实例

名称	直立型	下垂型	直立边墙型	水平边墙型	干式	齐平式	嵌入式	隐蔽式
代号	ZSTZ	STX	ZSTBZ	ZSTBS	ZSTG	ZSTDQ	ZSTDR	ZSTDY

⑤所有标识均为永久性标识，标识正确、清晰。

⑥玻璃球、易熔元件的色标与温标对应、正确。

（3）喷头外观质量检查

①喷头外观应无加工缺陷和机械损伤。溅水盘无松动、脱落、损坏或者变形等情况。

②喷头螺纹密封面应无伤痕、毛刺、缺丝或断丝现象。

（4）闭式喷头密封性能试验

①闭式喷头应进行密封性能试验，以无渗漏、无损伤为合格。

②密封性能试验的试验压力为3.0MPa，保压时间不少于3min。

③试验数量随机从每批到场喷头中抽取1%，且不少于5只作为试验喷头。当两只及两只以上不合格时，不得使用该批喷头。当仅1只喷头试验不合格时，再抽取2%，且不少于10只的到场喷头，并重新进行密封性能试验；当仍有不合格时，亦不得使用该批喷头。

（5）质量偏差检查

①随机抽取3个喷头（带有运输护帽的摘下护帽）进行质量偏差检查。

②使用天平测量每只喷头的质量。

③计算喷头质量与合格检验报告描述的质量偏差，偏差不得超过5%。

2.检查方法

（1）检查内容第（1）项采用螺丝刀旋拧喷头顶丝，用手转动溅水盘，目测观察。

（2）检查内容第（2）项、第（3）项采用目测观察。

（3）检查内容第（4）项采用专用试验装置，主要由试压泵、压力表、秒表等测试装备组成，进行测试和目测观察。

（4）检查内容第（5）项采用精度不低于0.1g的天平测量。

（二）报警阀组现场检查

1.报警阀组检查内容及要求

（1）报警阀组外观检查

①报警阀的商标、规格、型号等标志齐全，阀体上有水流指示方向的永久性标识。

②报警阀的规格型号符合经消防设计审核合格或者备案的消防设计文件要求。

③报警阀组及其附件配备齐全，表面无裂纹，无加工缺陷和机械损伤。

（2）报警阀结构检查

①阀体上设有放水口，放水口的公称直径不小于20mm。

②阀体的阀瓣组件的供水侧，设有在不开启阀门的情况下测试报警装置的测试管路。

③干式报警阀组、雨淋报警阀组设有自动排水阀。

④阀体内清洁、无异物堵塞，报警阀阀瓣开启后能够复位。

（3）报警阀组操作性能检验

①报警阀阀瓣以及操作机构动作灵活、无卡涩现象。

②水力警铃的铃锤转动灵活、无阻滞现象。

③水力警铃传动轴密封性能良好，无渗漏水现象。

（4）报警阀渗漏试验

测试报警阀密封性，试验压力为额定工作压力的2倍的静水压力，保压时间不小于5min后，阀瓣处无渗漏。

2.检查方法

（1）检查内容第（1）~第（3）项采用目测观察全数检查，其中检查内容第（2）项、第（3）项，应按照要求进行手动操作检查。

（2）检查内容第（4）项按照下列检查步骤组织实施：

①将报警阀组进行组装，安装补偿器及其连接管路，其余组件不作安装，阀瓣组件关闭；

②采用堵头堵住各个阀门开口部位（供水管除外），供水侧管段上安装测试用压力表；

③供水侧管段与试压泵、试验用水源连接，经检查各试验组件装配到位；

④充水排除阀体内腔、管段内的空气后，对阀体缓慢加压至试验压力并稳压（停止供水）；

⑤采用秒表计时5min，目测观察有无渗漏、变形。

（三）其他组件的现场检查

其他组件主要包括压力开关、水流指示器、末端试水装置等。

1.检查内容

（1）外观检查

①压力开关、水流指示器、末端试水装置等有清晰的铭牌、安全操作指示标识和产品说明书。

②水流指示器上有水流方向的永久性标识；末端试水装置的试水阀上有明显的启闭状态标识。

③各组件不得有结构松动、明显的加工缺陷，表面不得有明显锈蚀、涂层剥落、起泡、毛刺等缺陷；水流指示器桨片完好无损。

（2）水流指示器功能检查

①检查水流指示器灵敏度，试验压力为 0.14MPa ~ 1.2MPa，流量不大于 15.0L/min 时，水流指示器不报警；流量在 15.0L/min ~ 37.5L/min 任一数值上报警，且到达 37.5L/min 一定报警。

②具有延迟功能的水流指示器，检查桨片动作后报警延迟时间，在 2s ~ 90s 范围内，且不可调节。

（3）压力开关功能检查

测试压力开关动作情况，检查其常开或者常闭触点通断情况，动作可靠、准确。

（4）末端试水装置功能检查

①测试末端试水装置密封性能，试验压力为额定工作压力的 1.1 倍，保压时间为 5min，末端试水装置试水阀关闭，测试结束时末端试水装置各组件无渗漏。

②末端试水装置手动（电动）操作方式灵活，便于开启，信号反馈装置能够在末端试水装置开启后输出信号，试水阀关闭后，末端试水装置无渗漏。

2. 检查方法

（1）检查内容第（1）项采用目测观察。

（2）检查内容第（2）~（4）项在专用试验装置上测试，目测观察；主要测试设备为试压泵、压力表、流量计、万用表、秒表、24V 直流电源 /220V 交流电源等。

二、系统组件安装调试与检测验收

自动喷水灭火系统的安装调试、检测验收包括供水设施、管网及系统组件等安装、系统试压和冲洗、系统调试、技术检测、竣工验收等内容。供水设施（包括消防水泵、消防水箱、消防水池、消防气压给水设备、消防水泵接合器等）及其附属管道的安装、调试和检查验收详见本章相关内容。

（一）喷头

1. 喷头安装及质量检测要求

系统试压、冲洗合格后，进行喷头安装；安装前，查阅消防设计文件，确定不同使用场所的喷头型号、规格。

（1）采用专用工具安装喷头，严禁利用喷头的框架施拧；喷头的框架、溅水盘产生变形、释放原件损伤的，采用规格、型号相同的喷头进行更换。

（2）喷头安装时，不得对喷头进行拆装、改动，严禁在喷头上附加任何装饰性涂层。

（3）不同类型的喷头按照下列要求安装：

①直立型喷头连接 DN25 短立管或者直接向上直立安装于配水支管上；

②下垂型喷头连接 DN25 的短立管或者直接下垂安装于配水支管上；

③边墙型喷头根据选定的规格型号，水平安装于顶棚（吊顶）下的边墙上，或者直立向上、下垂安装于顶棚下的边墙上；

④干式喷头连接于特殊的短立管上，根据其保护区域结构特征和喷头规格型号，直立向上、下垂或者水平安装于配水支管上，短立管入口处设置密封件，阻止水流在喷头动作前进入立管；

⑤嵌入式喷头、隐蔽式喷头安装时，喷头根部螺纹及其部分或者全部本体嵌入吊顶护罩内，喷头下垂安装于配水支管上；

⑥齐平式喷头安装时，喷头根部螺纹及其部分本体下垂安装于吊顶内配水支管上，部分或者全部热敏元件随部分喷头本体安装于吊顶下；

⑦喷头安装在易受机械损伤处，加设喷头防护罩。

（4）当喷头的公称直径小于10mm时，在系统配水干管、配水管上安装过滤器。

（5）按照消防设计文件要求确定喷头的位置、间距。

（6）当喷头溅水盘高于附近梁底或者高于宽度小于1.2m的通风管道、排管、桥架腹面时，喷头溅水盘高于梁底、通风管道、排管、桥架腹面的最大垂直距离符合国家标准《自动喷水灭火系统施工及验收规范》GB 50261-2017的规定。梁、通风管道、排管、桥架宽度大于1.2m时，在其腹面以下部位增设喷头。当增设的喷头上方有孔洞、缝隙时，可在喷头的上方设置挡水板。

（7）喷头安装在不到顶的隔断附近时，喷头与隔断的水平距离和最小垂直距离应符合国家标准《自动喷水灭火系统施工及验收规范》GB 50261-2017的规定。

2. 检测方法

采用目测观察和尺量检查的方法检测；技术检测具体方法和判定标准详见竣工验收中喷头的验收方法和合格判定标准。

（二）报警阀组

报警阀组安装在供水管网试压、冲洗合格后组织实施。

1. 报警阀组安装与技术检测共性要求

（1）按照标准图集或者生产厂家提供的安装图纸进行报警阀阀体及其附属管路的安装。

（2）报警阀组垂直安装在配水干管上，水源控制阀、报警阀组水流标识与系统水流方向一致。报警阀组的安装顺序为先安装水源控制阀、报警阀，再进行报警阀辅助管道的连接。

（3）按照设计图纸中确定的位置安装报警阀组；设计未予明确的，报警阀组安装在便于操作、监控的明显位置。

（4）报警阀阀体底边距室内地面高度为1.2m；侧边与墙的距离不小于0.5m；正面与墙的距离不小于1.2m；报警阀组凸出部位之间的距离不小于0.5m。

（5）报警阀组安装在室内时，室内地面增设排水设施。

（6）报警阀组相关附件安装应符合下列要求：

①压力表安装在报警阀上便于观测的位置；

②排水管和试验阀安装在便于操作的位置；

③水源控制阀安装在便于操作的位置，且设有明显的开、闭标识和可靠的锁定设施；

④水力警铃安装在公共通道或者值班室附近的外墙上，并安装检修、测试用的阀门；

⑤水力警铃和报警阀的连接，采用热镀锌钢管，当镀锌钢管的公称直径为20mm时，其长度不宜大于20m；

⑥安装完毕的水力警铃启动时，警铃声强度不小于70dB；

⑦系统管网试压和冲洗合格后，排气阀安装在配水干管顶部、配水管的末端。

2. 湿式报警阀组安装与技术检测要求

湿式报警阀组除按照报警阀组安装的共性要求进行安装、技术检测外，还需符合下列要求：

（1）报警阀前后的管道能够快速充满水；压力波动时，水力警铃不发生误报警；

（2）过滤器安装在报警水流管路上，其位置在延迟器前，且便于排渣操作。

3. 干式报警阀组安装及质量检测要求

干式报警阀组除按照报警阀组安装的共性要求进行安装、技术检测外，还需符合下列要求：

（1）安装在不发生冰冻的场所；

（2）安装完成后，向报警阀气室注入高度为50mm~100mm的清水；

（3）充气连接管路的接口安装在报警阀气室充注水位以上部位，充气连接管道的直径不得小于

15mm；止回阀、截止阀安装在充气连接管路上；

（4）按照消防设计文件要求安装气源设备，符合现行国家相关技术标准的规定；

（5）安全排气阀安装在气源与报警阀组之间，靠近报警阀组一侧；

（6）加速器安装在靠近报警阀的位置，设有防止水流进入加速器的措施；

（7）低气压预报警装置安装在配水干管一侧；

（8）报警阀充水一侧和充气一侧、空气压缩机的气泵和储气罐以及加速器等部位分别安装监控用压力表；管网充气压力符合消防设计文件的规定值。

4. 雨淋报警阀组安装及技术检测要求

雨淋报警阀组除按照报警阀组安装的共性要求进行安装、调试、检测外，还需符合下列要求：

（1）雨淋报警阀组可采用电动开启、传动管开启或者手动开启等控制方式，开启控制装置安装在安全可靠的位置，水传动管的安装按照湿式系统的有关要求实施；

（2）需要充气的预作用系统的雨淋报警阀组，按照干式报警阀组有关要求进行安装；

（3）按照消防设计文件要求，在便于观测和操作的位置，设置雨淋阀组的观测仪表和操作阀门；

（4）按照消防设计文件要求，确定雨淋阀组手动开启装置的安装位置，以便发生火灾时能安全开启、便于操作；

（5）压力表安装在雨淋阀的水源一侧。

5. 预作用装置安装与技术检测要求

预作用装置除按照报警阀组安装的共性要求进行安装、技术检测外，还需符合下列要求：

（1）系统主供水信号蝶阀、雨淋报警阀、湿式报警阀等集中垂直安装在被保护区附近，且最低环境温度不低于4℃的室内，以免低温使隔膜腔内存水因冰冻而导致系统失灵；

（2）在隔膜雨淋报警阀组的水源侧管道法兰和隔膜雨淋报警阀系统侧出水口处分别放入密封垫，拧紧法兰螺栓，再进行与系统管网连接。在湿式报警阀的平直管段上开孔接管，与由低气压开关、空压机、电接点压力表等空气维持装置相连接；

（3）系统放水阀、电磁阀、手动快开阀、水力警铃、补水漏斗等设置部位，设置排水设施，地漏能够将系统出水排入排水管道；

（4）将雨淋报警阀上的压力开关、电磁阀、信号蝶阀引出线以及空气维持装置上气压压力开关、电接点压力表引出线分别与消防控制中心控制线路相连接；

（5）水力警铃按照湿式自动喷水灭火系统的要求进行安装；

（6）预作用装置安装完毕后，将雨淋报警阀组的防复位手轮转至防复位锁止位置，手轮上红点对准标牌上的锁止位置，使系统处于伺应状态。

6. 报警阀组检测方法

采用目测观察、尺量和声级计测量等方法进行检测；技术检测具体方法和判定标准详见竣工验收中报警阀组的验收方法和合格判定标准。

（三）水流报警装置

水流报警装置根据系统类型的不同，可选用水流指示器、压力开关及其组合对系统水流压力、流动等进行监控报警。

1. 水流指示器

（1）安装与技术检测要求

①水流指示器电器元件（部件）应竖直安装在水平管道上侧，其动作方向与水流方向一致。

②水流指示器安装后，其桨片、膜片动作灵活，不得与管壁发生碰擦。

③同时使用信号阀和水流指示器控制的自动喷水灭火系统，信号阀安装在水流指示器前的管道上，与水流指示器间的距离不小于300mm。

（2）检测方法和步骤

①安装前，检查管道试压和冲洗记录，对照图纸检查、核对产品规格型号。

②目测检查电器元件的安装位置，开启试水阀门放水检查水流指示器的水流方向。

③放水检查水流指示器桨片、膜片动作情况，检查有无卡阻、碰擦等情况。

④采用卷尺测量信号阀与水流指示器的距离。

2.压力开关

（1）安装与技术检测要求

①压力开关竖直安装在通往水力警铃的管道上，安装中不得拆装改动。

②按照消防设计文件或者厂家提供的安装图纸安装管网上的压力控制装置。

（2）检测方法

对照图纸目测检查压力开关位置、安装方向。

3.压力开关、信号阀、水流指示器的引出线

压力开关、信号阀、水流指示器等引出线采用防水套管锁定；采用观察检查进行技术检测。

（四）系统冲洗、试压

管网安装完毕后，应组织实施管网强度试验、严密性试验和冲洗。

强度试验和严密性试验采用水作为介质进行试验。干式自动喷水灭火系统、预作用自动喷水灭火系统采用水、空气或者氮气作为介质分别进行水压试验和气压试验。系统试压完成后，填写冲洗、试压记录，及时拆除所有临时盲板和试验用管道，并与记录核对无误。

1.系统试压、冲洗基本要求

试压、冲洗在具备下列规定条件的情况下实施：

（1）经复查，埋地管道的位置及管道基础、支墩等符合设计文件要求；

（2）准备不少于2只的试压用压力表，精度不低于1.5级，量程为试验压力值的1.5～2倍；

（3）隔离或者拆除不能参与试压的设备、仪表、阀门及附件；加设的临时盲板具有凸出于法兰的边耳，且有明显标志，并对临时盲板数量、位置进行记录。

2.水压试验

自动喷水灭火系统水压强度试验和水压严密性试验除对系统管网进行试验外，也可将回填的水源干管、进户管和室内埋地管道等一并纳入试验范围；所有管网全数测试。

（1）水压试验条件及操作方法

①环境温度不低于5℃，当低于5℃时，采取防冻措施，以确保水压试验正常进行。

②系统设计工作压力不大于1.0MPa的，水压强度试验压力为设计工作压力的1.5倍，且不低于1.4MPa；系统设计工作压力大于1.0MPa的，水压强度试验压力为工作压力加0.4MPa。

③水压严密性试验压力为系统设计工作压力。

④试验前采用温度计测试环境温度，对照消防设计文件核定水压试验压力。

（2）水压强度试验要求及操作方法

①水压强度试验的测试点设在系统管网的最低点。

②管网注水时，将管网内的空气排净，缓慢升压。

③达到试验压力后，稳压30min，管网无泄漏、无变形，且压力降不大于0.05MPa。

④采用试压装置进行试验，目测观察管网外观和测压用压力表的压力降。系统试压过程中出现

泄漏或者超过规定压降时，停止试压，放空管网中试验用水；消除缺陷后，重新试验。

（3）水压严密性试验及操作方法

①水压严密性试验在水压强度试验和管网冲洗合格后进行。

②达到试验压力后，稳压24h，管网无泄漏。

③采用试压装置进行试验，目测观察管网有无渗漏和测压用压力表压降。系统试压过程中出现管网渗漏或者压降较大的，停止试验，放空管网中试验用水；消除缺陷后，重新试验。

3.气压试验及操作方法

（1）气压严密性试验压力为0.28MPa，且稳压24h，压力降不大于0.01MPa。

（2）采用试压装置进行试验，目测观察测压用压力表的压降。系统试压过程中，压降超过规定的，停止试验，放空管网中试验气体；消除缺陷后，重新试验。

4.管网冲洗

（1）管网试压合格后，采用生活用水进行冲洗。管网冲洗顺序为先室外，后室内；先地下，后地上；室内部分的冲洗按照配水干管、配水管、配水支管的顺序进行。

（2）管网冲洗合格后，将管网内的冲洗用水排净，必要时采用压缩空气吹干。

（五）系统调试

系统调试包括水源测试、消防水泵调试、稳压泵调试、报警阀调试、排水设施调试和联动试验等内容。

1.系统调试准备

（1）消防水池、消防水箱已储存设计要求的水量。

（2）系统供电正常。

（3）消防气压给水设备的水位、气压符合消防设计要求。

（4）湿式系统管网内充满水；干式、预作用系统管网内的气压符合消防设计要求；阀门均无泄漏。

（5）与系统配套的火灾自动报警系统调试完毕，处于工作状态。

2.系统调试要求及功能性检测

水源、消防水泵调试详见本章相关内容。

（1）报警阀组

报警阀组调试按照湿式报警阀组、干式报警阀组、预作用装置、雨淋报警阀组各自特点进行调试，报警阀组调试前，首先检查报警阀组组件，确保其组件齐全、装配正确，在确认安装符合消防设计要求和消防技术标准规定后，进行调试。

①湿式报警阀组

湿式报警阀组调试时，在末端装置处放水，当湿式报警阀进水压力大于0.14MPa、放水流量大于1L/s时，报警阀启动，带延迟器的水力警铃在5s~90s内发出报警铃声，不带延迟器的水力警铃应在15s内发出报警铃声，压力开关动作，并反馈信号。

②干式报警阀组

干式报警阀组调试时，开启系统试验阀，报警阀的启动时间、启动点压力、水流到试验装置出口所需时间等符合消防设计要求。

③雨淋报警阀组

雨淋报警阀组调试采用检测、试验管道进行供水。自动和手动方式启动的雨淋报警阀，在联动信号发出或者手动控制操作后15s内启动；公称直径大于200mm的雨淋报警阀，在60s之内启动。

雨淋报警阀调试时，当报警水压为 0.05MPa，水力警铃发出报警铃声。

预作用装置的调试按照湿式报警阀组和雨淋报警阀组的调试要求进行综合调试。湿式报警阀组、干式报警阀组、预作用装置、雨淋报警阀组采用压力表、流量计、秒表、声强计测量，并进行观察检查。

（2）湿式系统联动调试及检测

①调试及检测内容：启动 1 只喷头或者开启末端试水装置，流量保持在 0.94L/s ~ 1.5L/s，水流指示器、报警阀、压力开关、水力警铃和消防水泵等及时动作，并有相应组件的动作信号反馈到消防联动控制设备。

②检测方法：打开阀门放水，使用流量计、压力表核定流量、压力，目测观察系统动作情况。

（3）干式系统联动调试及检测

调试检测内容：启动 1 只喷头或者模拟 1 只喷头的排气量排气，报警阀、压力开关、水力警铃和消防水泵等及时动作并有相应的组件信号反馈。

检测方法：采用目测观察进行检查。

（4）预作用系统、雨淋系统、水幕系统联动调试及检测

调试检测内容：采用专用测试仪表或者其他方式，模拟火灾自动报警系统输入各类火灾探测信号，报警控制器输出声光报警信号，启动自动喷水灭火系统。采用传动管启动的雨淋系统、水幕系统联动试验时，启动 1 只喷头，雨淋报警阀打开，压力开关动作，消防水泵启动，并有相应组件信号反馈。

检测方法：采用目测观察进行检查。

（六）系统竣工验收

自动喷水灭火系统的竣工验收内容包括系统各组件的抽样检查和功能性测试。

1.管网验收

（1）验收内容

①查验管道材质、管径、接头、连接方式及其防腐、防冻措施。

②测量管网排水坡度，检查辅助排水设施设置情况。

③检查系统末端试水装置、试水阀、排气阀等设置位置、组件及其设置情况。

④检查系统中不同部位安装的报警阀组、闸阀、止回阀、电磁阀、信号阀、水流指示器、减压孔板、节流管、减压阀、柔性接头、排水管、排气阀、泄压阀等组件设置位置、安装情况。

⑤测试干式灭火系统管网容积、系统充水时间不大于 1min；对于由火灾自动报警系统和充气管道上设置的压力开关开启预作用装置的预作用系统，系统的充水时间不大于 1min；对于仅由火灾自动报警系统联动开启预作用装置的预作用系统，系统的充水时间不大于 2min。雨淋系统的充水时间不大于 2min。

⑥检查配水支管、配水管、配水干管的支架、吊架、防晃支架设置情况。

（2）验收方法

①对照设计文件、出厂合格证明文件等，对上述验收内容第①③④项进行核对，并现场目测观察其设置位置、设置情况。

②采用水平尺、卷尺等，对验收内容第②⑥项进行测量，目测观察其排水设施的排水效果，以及管道支架、吊架、防晃支架设置情况。

③通水试验对验收内容第⑤项进行验收，采用秒表测量管道充水时间。

（3）合格判定标准

①经对照检查，管道材质、管径、接头，管道连接方式以及采取的防腐、防冻等措施，符合消防技术标准和消防设计文件要求；报警阀后的管道上未安装其他用途的支管、水龙头。

②经测量，管道横向安装宜设 0.002～0.005 的坡度，且坡向排水管；相应的排水措施设置符合规定要求。

③系统中末端试水装置、试水阀、排气阀设置位置、组件等符合消防设计文件要求。

④经对照消防设计文件，系统中的报警阀组、闸阀、止回阀、电磁阀、信号阀、水流指示器、减压孔板、节流管、减压阀、柔性接头、排水管、排气阀、泄压阀等设置位置、组件、安装方式、安装要求等符合要求。

⑤经测量，干式系统、由火灾自动报警系统和充气管道上设置的压力开关开启预作用装置的预作用系统管道的充水时间不大于 1min；雨淋系统和仅由火灾自动报警系统联动开启预作用装置的预作用系统管道的充水时间不大于 2min。

⑥经测量，管道支架、吊架、防晃支架，固定方式、设置间距、设置要求等符合消防技术标准规定。

2.喷头验收检查

（1）验收内容

①查验喷头设置场所、规格、型号以及公称动作温度、响应时间指数（RTI）、安装方式等性能参数。

②测量喷头安装间距，喷头与楼板、墙、梁等障碍物的距离。

③查验特殊使用环境中喷头的保护措施。

④查验喷头备用量。

（2）验收方法

①验收内容第①②项，对照消防设计文件，采用卷尺等测量。

②验收内容的第③项，采用目测观察，对现场防护措施进行核查。

③验收内容的第④项，对照设计文件、购货清单，对现场备用喷头分类点验。

（3）合格判定标准

①经核对，喷头设置场所、规格、型号以及公称动作温度、响应时间指数（RTI）、安装方式等性能参数符合消防设计文件要求。

②按照距离偏差 ±15mm 进行测量，喷头安装间距，喷头与楼板、墙、梁等障碍物的距离符合消防技术标准和消防设计文件要求。

③有腐蚀性气体的环境、有冰冻危险场所安装的喷头，采取了防腐蚀、防冻等防护措施；有碰撞危险场所的喷头加设有防护罩。

④经点验，各种不同规格的喷头的备用品数量不少于安装喷头总数的 1%，且每种备用喷头不少于 10 个。

3.报警阀组验收检查

（1）验收内容

①验收前，检查报警阀组及其附件的组成、安装情况，以及报警阀组所处状态。

②启动报警阀组检测装置，测试其流量、压力。

③测试报警阀组及其对系统的自动启动功能。

（2）验收方法

①对照消防设计文件或者生产厂家提供的安装图纸，检查报警阀组及其各附件安装位置、结构

状态，手动检查供水干管侧和配水干管侧控制阀门、检测装置各个控制阀门的状态。

②开启报警阀组检测装置放水阀，采用流量计和系统安装的压力表测试供水干管侧和配水干管侧的流量、压力。系统控制调整到"自动"状态，将报警阀组调节到伺应状态，开启报警阀组试水阀或者电磁阀，目测检查压力表变化情况、延迟器以及水力警铃等附件启动情况；采用压力表测试水力警铃喷嘴处的压力，采用卷尺确定水力警铃铃声声强测试点，采用声级计测试其铃声声强。

（3）合格判定标准

①报警阀组及其各附件安装位置正确，各组件、附件结构安装准确；供水干管侧和配水干管侧控制阀门处于完全开启状态，锁定在常开位置；报警阀组试水阀、检测装置放水阀关闭，检测装置其他控制阀门开启，报警阀组处于伺应状态；报警阀组及其附件设置的压力表读数符合设计要求。

②经测量，供水干管侧和配水干管侧的流量、压力符合消防技术标准和消防设计文件要求。

③启动报警阀组试水阀或者电磁阀后，供水干管侧、配水干管侧压力表值平衡后，报警阀组以及检测装置的压力开关、延迟器、水力警铃等附件动作准确、可靠；与空气压缩机或者火灾自动报警系统的联动控制准确，符合消防设计文件要求。

④经测试，水力警铃喷嘴处压力符合消防设计文件要求，且不小于 0.05MPa；距水力警铃 3m 远处警铃声声强符合设计要求，且不小于 70dB。

⑤消防水泵自动启动，压力开关、电磁阀、排气阀入口电动阀、消防水泵等动作，且相应信号反馈到消防联动控制设备。

四、系统维护管理

（一）系统巡查

自动喷水灭火系统巡查主要是针对系统组件外观、现场运行状态、系统检测装置工作状态、安装部位环境条件等实施的日常巡查。

1.巡查内容

（1）喷头外观及其周边障碍物、安装间距等。

（2）报警阀组外观、排水设施状况、水源控制阀的开闭状态等。

（3）充气设备、排气装置及其控制装置、火灾探测传动、液（气）动传动及其控制装置、现场手动控制装置等外观、运行状况。

（4）系统末端试水装置、楼层试水阀及其现场环境状态，压力监测情况等。

（5）系统用电设备的电源及其供电情况。

2.巡查方法及要求

采用目测观察的方法，检查系统及其组件外观、阀门启闭状态、用电设备及其控制装置工作状态和压力监测装置（压力表、压力开关）工作情况。

（1）喷头巡查要求

①观察喷头与保护区域环境是否匹配，判定保护区域使用功能、危险性级别是否发生变更。

②检查喷头外观有无明显磕碰伤痕或者损坏，有无喷头漏水或者被拆除等情况。

③检查保护区域内是否有影响喷头正常使用的吊顶装修，或者新增装饰物、隔断、高大家具以及其他障碍物；若有上述情况，采用目测、尺量等方法，检查喷头保护面积、与障碍物间距等是否发生变化。

（2）报警阀组巡查要求

①检查报警阀组的标志牌是否完好、清晰，阀体上水流指示永久性标识是否易于观察，与水流

方向是否一致。

②检查报警阀组组件是否齐全，表面有无裂纹、损伤等现象。

③检查报警阀组是否处于伺应状态观察其组件有无漏水等情况。

④检查报警阀组设置场所的排水设施有无排水不畅或者积水等情况。

⑤检查干式报警阀组、预作用装置的充气设备、排气装置及其控制装置的外观标志有无磨损、模糊等情况，相关设备及其通用阀门是否处于工作状态；控制装置外观有无歪斜翘曲、磨损划痕等情况，其监控信息显示是否准确。

⑥检查预作用装置、雨淋报警阀组的火灾探测、液（气）动传动及其控制装置、现场手动控制装置的外观标志有无磨损、模糊等情况，控制装置外观有无歪斜翘曲、磨损划痕等情况，其显示信息是否准确。

（3）末端试水装置和试水阀巡查要求

①检查系统（区域）末端试水装置、楼层试水阀的设置位置是否便于操作和观察，有无排水设施。

②检查末端试水装置设置是否正确。

③检查末端试水装置压力表能否准确监测系统、保护区域最不利点静压值。

（4）系统供电巡查要求

①检查自动喷水灭火系统的消防水泵、稳压泵等用电设备配电控制柜，观察其电压、电流监测是否正常，水泵启动控制和主、备泵切换控制是否设置在"自动"位置。

②检查系统监控设备供电是否正常，系统中的电磁阀、模块等用电元器（件）是否通电。

3.巡查周期

至少每日组织一次系统全面巡查。

（二）系统周期性检查维护

1.日检查项目和要求

（1）每天应对电源进行检查。

（2）每天应对电源进行检查。要求：进户两路电源正常，高低压配电柜元器件、仪表、开关正常；泵房内双电源互投柜和控制柜元器件、仪表、开关正常；控制柜和电机的电源线压接牢固，控制柜内熔丝完好；电动机接地装置可靠，电机绝缘性良好（大于 0.5MΩ），电源切换时间不大于2s，主泵故障备用泵切换时间不大于60s，电源电压值符合设计要求。

（3）寒冷季节，消防储水设备的任何部位均不得结冰。每天应检查设置储水设备的房间，保持室温不低于5℃。

2.周检查项目和要求

每周应对不带锁定的明杆闸阀、方位蝶阀等阀类进行检查，阀门应处于全开启状态，阀类开关后不得有泄漏现象。

3.月检查项目和要求

（1）消防水泵或内燃机驱动的消防水泵应每月启动运转一次。当消防水泵为自动控制启动时，应每月模拟自动控制的条件启动运转一次。

电动消防泵检查要求：泵启动前用手盘动电机转轴灵活无卡阻现象，泵腔内无汽蚀，轴封处无渗漏（小于3滴/min或5ml/h），水泵达到正常时水泵转速、出水流量、压力符合设计要求，轴泵温升正常（小于70℃），水泵振动不超限，电机功率、电压、电流均正常。

内燃机驱动消防泵检查要求：曲轴箱内机油油位不少于最高油位的1/2，燃油箱内燃油油位不少于最高油位的 3/4，蓄电池的电解液液位不少于最高液位的 1/2，蓄电池充电器充电正常，各类仪表正常。传递带的外观及松紧度正常，冷却系统温升正常，冷却系统滤网清洁度符合要求，水泵转速、出水流量、压力符合设计要求。

（2）电磁阀应每月检查并应做启动试验，动作失常时应及时更换。

（3）每月应对铅封、锁链进行一次检查，当有破坏或损坏时应及时修理更换。系统上所有的控制阀门均应采用铅封或锁链固定在开启或规定的状态。

锁定闸阀、蝶阀等阀类的检查要求：锁定装置位置正确、开启灵活，阀门处于全开启状态，阀类开关后不得有渗漏现象。

（4）消防水池、消防水箱及消防气压给水设备应每月检查一次，并应检查其消防储备水位及消防气压给水设备的气体压力。同时，应采取措施保证消防用水不作他用，并应每月对该措施进行检查，发现故障应及时进行处理。

（5）消防水泵接合器的接口及附件应每月检查一次，并应保证接口完好、无渗漏、闷盖齐全。

（6）每月应利用末端试水装置对水流指示器进行试验。

（7）每月应对喷头进行一次外观及备用数量检查，发现有不正常的喷头应及时更换；当喷头上有异物时应及时清除。更换或安装喷头均应使用专用扳手。

对喷头检查要求：喷头的型号正确，布置正确，安装方式正确，溅水盘、框架、感温元件、隐蔽式喷头的装饰盖板等无变形、无喷涂层，喷头不得有渗漏现象。

3. 季度检查项目及标准

（1）每个季度应对系统所有的末端试水阀和报警阀旁的放水试验阀进行一次放水试验，检查系统启动、报警功能以及出水情况是否正常。

（2）室外阀门井中，进水管上的控制阀门应每个季度检查一次，核实其处于全开启状态。

（3）检查湿式报警阀的主阀锈蚀状况，各个部件连接处无渗漏现象，主阀前后压力表读数准确及两表压差小于 0.01MPa，延时装置排水畅通，压力开关动作灵活并迅速反馈信号，主阀复位到位，警铃动作灵活，铃声洪亮，排水系统畅通。

（4）检查预作用报警阀和干式报警阀。除符合湿式报警阀内容外，另应检查充气装置启停准确，充气压力值符合设计要求，加速排气装置排气速度正常，电磁阀动作灵敏，主阀瓣复位严密，主阀侧腔（控制腔）锁定到位，阀前稳压值符合设计要求（不得小于 0.25MPa）。

（5）检查雨淋报警阀。除符合湿式报警阀内容外，另应检查电磁阀动作灵敏，主阀瓣复位严密，主阀侧腔（控制腔）锁定到位，阀前稳压值符合设计要求（不得小于 0.25MPa）。

4. 季度检查项目和要求标准

（1）每个季度应对系统所有的末端试水阀和报警阀旁的放水试验阀进行一次放水试验，检查系统启动、报警功能以及出水情况是否正常。

（2）室外阀门井中，进水管上的控制阀门应每个季度检查一次，核实其处于全开启状态。

（3）检查湿式报警阀的主阀锈蚀状况，各个部件连接处无渗漏现象，主阀前后压力表读数准确及两表压差小于 0.01MPa，延时装置排水畅通，压力开关动作灵活并迅速反馈信号，主阀复位到位，警铃动作灵活，铃声洪亮，排水系统畅通。

（4）检查预作用报警阀和干式报警阀。除符合湿式报警阀内容外，另应检查充气装置启停准确，充气压力值符合设计要求，加速排气装置排气速度正常，电磁阀动作灵敏，主阀瓣复位严密，主阀侧腔（控制腔）锁定到位，阀前稳压值符合设计要求（不得小于 0.25MPa）。

（5）检查雨淋报警阀。除符合湿式报警阀内容外，另应检查电磁阀动作灵敏，主阀瓣复位严密，主阀侧腔（控制腔）锁定到位，阀前稳压值符合设计要求（不得小于 0.25MPa）。

5.年度检查项目和要求

（1）每年应对水源的供水能力进行一次测定。每年检查进户管路锈蚀状况，控制阀全开开启，过滤网保证过水能力，水池（水箱）的控制阀（液位控制阀或浮球控制阀等）关、开正常，水池（水箱）水位显示或报警装置完好，水质符合设计要求。水池（水箱）无变形、无裂缝、无渗漏。

（2）每年应对消防储水设备进行检查，修补缺损和重新油漆。

（3）每年进行一次联动测试。

（4）组织实施水源供水能力测试、水泵流量性能测试和水泵接合器通水加压试验，具体试验要求见本章有关内容。

（5）检查消防储水设备结构、材料，对于缺损、锈蚀等情况及时进行修补缺损和重新油漆。

（6）系统联动试验按照验收、检测要求组织实施，可结合年度检测一并组织实施。

（三）系统年度检测

1.喷头的检查

（1）检测内容及要求

①喷头选型应符合设计要求。

②闭式喷头玻璃泡色标应符合设计要求。

③不得有变形和附着物、悬挂物。

（2）检测方法

主要进行外观检查。

2.报警阀组的检测

检测前，查看自动喷水灭火系统的控制方式、状态，确认系统处于准工作状态。

（1）湿式报警阀组

①检测内容及要求

A.应有注明系统名称和保护区域的标志牌，压力表显示应符合设定值。

B.控制阀应全部开启，并用锁具固定手轮，启闭标志应明显；采用信号阀时，反馈信号应正确。

C.报警阀等组件应灵敏可靠；压力开关动作应向消防控制设备反馈信号。

②检测方法

A.查看外观、标志牌、压力表。

B.查看控制阀，查看锁具或信号阀及其反馈信号。

C.打开试验阀，查看压力开关、水力警铃动作情况及反馈信号。

D.恢复正常状态。

（2）干式报警阀组

①检测内容及要求

A.应有注明系统名称和保护区域的标志牌，压力表显示应符合设定值。

B.空气压缩机和气压控制装置状态应正常；压力表显示应符合设定值。

②检测方法

A.查看外观、标志牌、压力表。

B.查看控制阀，查看锁具或信号阀及其反馈信号。

C.打开试验阀，查看压力开关、水力警铃动作情况及反馈信号。

D.缓慢开启试验阀小流量排气，空气压缩机启动后关闭试验阀，查看空气压缩机的运行情况、核对启停压力恢复正常状态。

（3）预作用报警阀组

①检测内容及要求

A.应有注明系统名称和保护区域的标志牌，压力表显示应符合设定值。

B.配有充气装置时，空气压缩机和气压控制装置状态应正常；压力表显示应符合设定值。

C.电磁阀的启闭及反馈信号应灵敏可靠。

②检测方法

A.查看外观、标志牌、压力表。

B.查看控制阀，查看锁具或信号阀及其反馈信号。

C.缓慢开启试验阀小流量排气，空气压缩机启动后关闭试验阀，查看空气压缩机的运行情况、核对启停压力。

D.关闭报警阀入口控制阀，消防控制设备输出电磁阀控制信号，查看电磁阀动作情况及反馈信号。

E.恢复正常状态。

（4）雨淋报警阀组

①检测内容及要求

A.应有注明系统名称和保护区域的标志牌，压力表显示应符合设定值。

B.电磁阀的启闭及反馈信号应灵敏可靠。

C.配置传动管时，传动管的压力表显示应符合设定值；采用气压传动管的供气装置时。空气压缩机和气压控制装置状态应正常；压力表显示应符合设定值。

②检测方法

A.查看外观、标志牌、压力表。

B.查看控制阀，查看锁具或信号阀及其反馈信号。

C.关闭报警阀入口控制阀，消防控制设备输出电磁阀控制信号，查看电磁阀动作情况及反馈信号。

D.当系统采用传动管控制时，核对传动管压力设定值；气压传动管的供气装置，缓慢开启试验阀小流量排气，空气压缩机启动后关闭试验阀，查看空气压缩机的运行情况、核对启停压力。

E.恢复正常状态。

（5）水流指示器

①检测内容及要求

应有明显标志。

A.信号阀应全开，并应反馈启闭信号。

B.水流指示器的启动与复位应灵敏可靠，并同时反馈信号。

②检测方法

A.查看标志及信号阀。

B.开启末端试水装置，查看消防控制设备报警信号；关闭末端试水装置，查看复位信号。

3.末端试水装置

（1）检测内容及要求

阀门、试水接头、压力表和排水管应正常。

（2）检测方法

查看阀门、压力表、试水接头及排水管。

4.系统功能检测

（1）湿式系统

①检测内容及要求

A.开启末端试水装置后，出水压力不应低于0.05MPa，水流指示器、报警阀、压力开关应动作。

B.报警阀动作后，距水力警铃3m远处的声压级不应低于70dB。

C.应在开启末端试水装置后5min内自动启动消防水泵。

D.消防控制设备应显示水流指示器、压力开关及消防水泵的反馈信号。

②检测方法

A.开启最不利处末端试水装置，查看压力表显示；查看水流指示器、压力开关和消防水泵的动作情况及反馈信号。

B.测量自开启末端试水装置至消防水泵投入运行的时间。

C.用声级计测量水力警铃声强值。

D.系统恢复正常。

（2）干式系统

①检测内容及要求

A.开启末端试水装置阀门后，报警阀、压力开关应动作，联动启动排气阀入口电动阀与消防水泵，水流指示器报警。

B.报警阀动作后，距水力警铃3m远处的声压级不应低于70dB。

C.开启末端试水装置后1min，其出水压力不应低于0.05MPa。

D.消防控制设备应显示水流指示器、压力开关、电动阀及消防水泵的反馈信号。

②检测方法

A.开启最不利处末端试水装置控制阀，查看水流指示器、压力开关和消防水泵、电动阀的动作情况及反馈信号，以及排气阀的排气情况。

B.测量自开启末端试水装置到出水压力达到0.05MPa的时间。

C.系统恢复正常。

（3）预作用系统

①检测内容及要求

A.火灾报警控制器确认火灾后，应自动启动雨淋阀、排气阀入口电动阀及消防水泵；水流指示器、压力开关应动作，距水力警铃3m远处的声压级不应低于70dB。

B.火灾报警控制器确认火灾后2min，末端试水装置的出水压力不应低于0.05MPa。

C.消防控制设备应显示电磁阀、电动阀、水流指示器及消防水泵的反馈信号。

②检测方法

A.先后触发防护区内两个火灾探测器，查看电磁阀、电动阀、消防水泵和水流指示器、压力开关的动作情况及反馈信号，以及排气阀的排气情况。

B.报警后2min打开末端试水装置，测量出水压力。

C.用声级计测量水力警铃声强值。

D.系统恢复正常。

（4）雨淋系统

①检测内容及要求

A. 应能自动和手动启动消防水泵和雨淋阀。

B. 当采用传动管控制的系统时，传动管泄压后，应联动消防水泵和雨淋阀。

C. 压力开关应动作，距水力警铃 3m 远处的声压级不得低于 70dB。

D. 消防控制设备应显示电磁阀、消防水泵与压力开关的反馈信号。

E. 并联设置多台雨淋阀组的系统，逻辑控制关系应符合设计要求。

②检测方法

A. 并联设置多台雨淋阀的系统，核对控制雨淋阀的逻辑关系。

B. 先后触发防护区内两个火灾探测器或为传动管泄压，查看电磁阀、消防水泵及压力开关的动作情况及反馈信号。

C. 用声级计测量水力警铃声强值。

D. 不宜进行实际喷水的场所，应在试验前关严雨淋阀出口控制阀。

E. 系统恢复正常。

（5）水幕系统

①检测内容及要求

A. 自动控制的系统，应能自动和手动启动消防水泵和雨淋阀。当采用传动管控制的系统时，传动管泄压后，应联动消防水泵和雨淋阀。压力开关应动作，距水力警铃 3m 远处的声压级不得低于 70dB。

B. 人工操作的系统，控制阀的启闭应灵活可靠

②检测方法

A. 自动控制系统同雨淋系统。

B. 人工操作系统查看控制阀及压力表。

（四）系统常见故障分析

系统供水设施、管网布置中的常见故障详见本章有关内容。系统相关组件的故障主要常见于报警阀组及相关组件。

1. 湿式报警阀组漏水

（1）故障原因

①排水阀门未完全关闭。

②阀瓣密封垫老化或者损坏。

③系统侧管道接口渗漏。

④报警管路测试控制阀渗漏；阀瓣组件与阀座之间因变形或污垢、杂物阻挡出现不密封状态。

（2）故障处理

①关紧排水阀门。

②更换阀瓣密封垫。

③检查系统侧管道接口渗漏点，密封垫老化、损坏的，更换密封垫；密封垫错位的，重新调整密封垫位置；管道接口锈蚀、磨损严重的，更换管道接口相关部件。

④更换报警管路测试控制阀。先放水冲洗阀体、阀座，存在污垢、杂物的，经冲洗后，渗漏减少或者停止；否则，关闭进水口侧和系统侧控制阀，卸下阀板，仔细清洁阀板上的杂质；拆卸报警阀阀体，检查阀瓣组件、阀座，存在明显变形、损伤、凹痕的，更换相关部件。

2. 湿式报警阀启动后报警管路不排水

（1）故障原因分析

①报警管路控制阀关闭。

②限流装置过滤网被堵塞。

（2）故障处理

①开启报警管路控制阀。

②卸下限流装置，冲洗干净后重新安装回原位。

3.湿式报警阀报警管路误报警

（1）故障原因分析

①未按照安装图纸安装或者未按照调试要求进行调试。

②报警阀组渗漏通过报警管路流出。

③延迟器下部孔板溢出水孔堵塞，发生报警或者缩短延迟时间。

（2）故障处理

①按照安装图纸核对报警阀组组件安装情况；重新对报警阀组伺应状态进行调试。

②按照故障第（1）项"查找渗漏原因，进行相应处理。

③延迟器下部孔板溢出水孔堵塞，卸下筒体，拆下孔板进行清洗。

4.湿式报警阀组的水力警铃工作不正常（不响、声压级不够、不能持续报警）

（1）故障原因分析

①产品质量问题或者安装调试不符合要求。

②控制口阻塞或者铃锤机构被卡住。

（2）故障处理

①属于产品质量问题的，更换水力警铃；安装缺少组件或者未按照图纸安装的，重新进行安装调试。

②拆下喷嘴、叶轮及铃锤组件，进行冲洗，重新装合使叶轮转动灵活。

5.开启湿式报警阀的测试阀，消防水泵不能正常启动。

（1）故障原因分析

①压力开关设定值不正确。

②消防联动控制设备中的控制模块损坏。

③水泵控制柜、联动控制设备的控制模式未设定在"自动"状态。

（2）故障处理

①将压力开关内的调压螺母调整到规定值。

②逐一检查控制模块，采用其它方式启动消防水泵，核定问题模块，并予以更换。

③将控制模式设定为"自动"状态。

6.水流指示器故障

水流指示器故障表现为打开末端试水装置，达到规定流量时水流指示器不动作，或者关闭末端试水装置后，水流指示器反馈信号仍然显示为动作信号。

（1）故障原因分析

①桨片被管腔内杂物卡阻。

②调整螺母与触头未调试到位。

③电路接线脱落。

（2）故障处理

①清除水流指示器管腔内的杂物。

②将调整螺母与触头调试到位。

③检查并重新将脱落电路接通。

7. 预作用报警阀漏水

（1）故障原因分析

①排水控制阀门未关紧。

②阀瓣密封垫老化者损坏。

③复位杆未复位或者损坏。

（2）故障处理

①关紧排水控制阀门。

②更换阀瓣密封垫。

③重新复位，或者更换复位装置。

8. 预作用报警阀组的压力表读数不在正常范围

（1）故障原因分析

①预作用装置前的供水控制阀未打开。

②压力表管路堵塞。

③预作用装置的报警阀体漏水。

④压力表管路控制阀未打开或者开启不完全。

（2）故障处理

①完全开启报警阀前的供水控制阀。

②拆卸压力表及其管路，疏通压力表管路。

③按照湿式报警阀组渗漏的原因进行检查、分析，查找预作用装置的报警阀体的漏水部位，进行修复或者组件更换。

④完全开启压力表管路控制阀。

9. 预作用报警阀出口后管道内积水

（1）故障原因分析：复位或者试验后，未将管道内的积水排完。

（2）故障处理：开启排水控制阀，完全排除系统内积水。

10. 预作用报警阀的传动管喷头被堵塞

（1）故障原因分析

①消防用水水质存在问题，如，有杂物等。

②管道过滤器不能正常工作。

（2）故障处理

①对水质进行检测，清理不干净、影响系统正常使用的消防用水。

②检查管道过滤器，清除滤网上的杂质或者更换过滤器。

11. 雨淋报警阀组自动滴水阀漏水

（1）故障原因分析

①产品存在质量问题。

②安装调试或者平时定期试验、实施灭火后，未将系统侧管内的余水排尽。

③雨淋报警阀隔膜球面中线密封处因施工遗留杂物、不洁用水中的杂质等导致球状密封面不能完全密封。

（2）故障处理

①更换存在问题的产品或者部件。

②开启放水控制阀排除系统侧管道内的余水。

③启动雨淋报警阀，采用洁净水流冲洗遗留在密封面处的杂质。

12. 雨淋报警阀组的复位装置不能复位

（1）故障原因分析：水质过脏，有细小杂质进入复位装置密封面。

（2）故障处理：拆下复位装置，用清水冲洗干净后重新安装，调试到位。

13. 雨淋报警阀组长期无故报警

（1）故障原因分析

①未按照安装图纸进行安装调试。

②误将试验管路控制阀常开。

（2）故障处理

①检查各组件安装情况，按照安装图纸重新进行安装调试。

②关闭试验管路控制阀。

14. 雨淋报警阀组测试不报警

（1）故障原因分析

①消防用水中的杂质堵塞了报警管道上过滤器的滤网。

②水力警铃进水口处喷嘴被堵塞、未配置铃锤或者铃锤卡死。

（2）故障处理

①拆下过滤器，用清水将滤网冲洗干净后，重新安装到位。

②检查水力警铃的配件，配齐组件；有杂物卡阻、堵塞的部件进行冲洗后重新装配到位。

15. 雨淋报警阀组不能进入伺应状态

（1）故障原因分析

①复位装置存在问题。

②未按照安装调试说明书将报警阀组调试到伺应状态（隔膜室控制阀、复位球阀未关闭）。

③消防用水水质存在问题，杂质堵塞了隔膜室管道上的过滤器。

（2）故障处理

①修复或者更换复位装置。

②按照安装调试说明书将报警阀组调试到伺应状态（开启隔膜室控制阀、复位球阀）。

③将供水控制阀关闭，拆下过滤器的滤网，用清水冲洗干净后，重新安装到位。

第五节　水喷雾灭火系统

本节重点介绍水喷雾灭火系统组件的现场检查、安装调试、检测验收和维护管理等方面的内容。

一、系统组件（设备）安装前检查

（一）管材、管件、通用阀门及其附件的检查内容、要求及方法

管材、管件、通用阀门及其附件的检查内容、要求及方法与其他水系统相同，这里不再复述。

（二）其他主要部件检查内容及方法

1.喷头外观检查

（1）商标、型号、制造厂及生产日期等标志应齐全；喷头的型号、规格等应符合设计要求。

（2）喷头外观无加工缺陷和机械损伤。

（3）喷头螺纹密封面应无伤痕、毛刺、缺丝或断丝现象。

2.阀门及其附件的检查内容及方法

（1）阀门的商标、型号、规格等标志应齐全，阀门的型号、规格应符合设计要求。

（2）阀门及其附件应配备齐全，不得有加工缺陷和机械损伤。

（3）报警阀除应有商标、型号、规格等标志外，尚应有水流方向的永久性标志。

（4）报警阀和控制阀的阀瓣及操作机构应动作灵活、无卡涩现象，阀体内应清洁、无异物堵塞。

（5）水力警铃的铃锤应转动灵活、无阻滞现象，传动轴密封性能好，无渗漏水现象。

（6）报警阀应进行渗漏试验。试验压力应为额定工作压力的2倍，保压时间不应小于5min。阀瓣处应无渗漏。

二、系统安装调试与检测验收

（一）系统主要组件安装

1.喷头安装

（1）喷头安装应在系统试压、冲洗合格后进行。

（2）喷头安装时，不得对喷头进行拆装、改动，并严禁给喷头附加任何装饰性涂层。

（3）喷头安装应使用专用扳手，严禁利用喷头的框架施拧，喷头的框架、溅水盘产生变形或释放原件损伤时，应采用规格、型号相同的喷头更换。

（4）安装前检查喷头的型号、规格、使用场所应符合设计要求。

2.报警阀组安装

（1）报警阀组安装前应对供水管网试压、冲洗合格。

（2）安装顺序应先安装水源控制阀、报警阀，然后进行报警阀辅助管道的连接，水源控制阀、报警阀与配水干管的连接，应使水流方向一致。

（3）报警阀组安装的位置应符合设计要求；当设计无要求时，宜靠近保护对象附近并便于操作的地点。

（4）距室内地面高度宜为1.2m，两侧与墙的距离不应小于0.5m，正面与墙的距离不应小于1.2m；报警阀组凸出部位之间的距离不应小于0.5m。

（5）安装报警阀组的室内地面应有排水设施。

（6）报警阀组可采用电动开启、传动管开启或手动开启，开启控制装置的安装应安全可靠。水传动管的安装应符合湿式系统有关要求。

（7）报警阀组的观测仪表和操作阀门的安装位置应便于观测和操作。

（8）报警阀组手动开启装置的安装位置应在发生火灾时能安全开启和便于操作。

（9）压力表应安装在报警阀的水源一侧。

3.系统的冲洗、试压

（1）系统冲洗

①管网冲洗的水流速度、流量不应小于系统设计的水流速度、流量；管网冲洗宜分区、分段进

行；水平管网冲洗时，其排水管位置应低于配水支管。

②管网冲洗的水流方向应与灭火时管网的水流方向一致。

③管网冲洗应连续进行，当出口处水的颜色、透明度与入口处水的颜色、透明度基本一致时，冲洗方可结束。

④管网冲洗宜设临时专用排水管道，其排水应畅通和安全。排水管道的截面面积不得小于被冲洗管道截面面积的 60%。

⑤管网冲洗结束后，应将管网内的水排除干净，必要时可采用压缩空气吹干。

（2）系统试压

系统管网安装完毕后进行的强度试验、严密性试验与自动喷水灭火系统相同，不再复述。

（二）系统调试

1. 系统调试应在系统施工完成后进行，并应具备下列条件：

（1）消防水池、消防水箱已储存设计要求的水量；

（2）系统供电正常。系统阀门均无泄漏；

（3）与系统配套的火灾自动报警系统处于工作状态。

2. 系统调试方法

（1）报警阀调试宜利用检测、试验管道进行。自动和手动方式启动的雨淋阀，应在 15s 之内启动：公称直径大于 200mm 的报警阀调试时，应在 60s 之内启动，报警阀调试时，当报警水压为 0.05MPa 时，水力警铃应发出报警铃声。

（2）水喷雾系统的联动试验，可采用专用测试仪表或其他方式。对火灾自动报警系统的各种探测器输入模拟火灾信号，火灾自动报警控制器应发出声光报警信号并启动水喷雾灭火系统。

采用传动管启动的水喷雾系统联动试验时，启动 1 只喷头或试水装置，雨淋阀打开，压力开关动作，水泵启动。

（3）调试过程中，系统排出的水应通过排水设施全部排走。

（三）系统检测与验收

1. 验收资料查验

系统验收时，施工单位应提供下列资料：

（1）验收申请报告、设计变更通知书、竣工图；

（2）工程质量事故处理报告；

（3）施工现场质量管理检查记录；

（4）系统施工过程质量管理检查记录；

（5）系统质量控制检查资料。

2. 各组件检测验收

（1）系统供水水源、消防水泵的验收要求与消防给水及消火栓系统和自动喷水灭火系统相同，这里不再复述。

（2）报警阀组的验收

①报警阀组的各组件应符合产品标准要求。

②报警阀安装地点的常年温度应不小于 4℃。

③水力警铃的设置位置应正确。测试时，水力警铃喷嘴处压力不应小于 0.05MPa，且距水力警铃 3m，远处警铃声声强（声压级）不应小于 70dB。

④打开手动试水阀或电磁阀时，报警阀组动作应可靠。

⑤控制阀均应锁定在常开位置。

⑥与火灾自动报警系统的联动控制，应符合设计要求。

（3）管网验收

①管道的材质、管径、接头、连接方式及采取的防腐、防冻措施，应符合设计规范及设计要求。

②管网排水坡度及辅助排水设施，应符合相关规定。

③系统中的试水装置、试水阀应符合设计要求。

④管网不同部位安装的报警阀组、闸阀、止回阀、电磁阀、柔性接头、排水管，泄压阀等，均应符合设计要求。

⑤报警阀后的管道上不应安装其他用途的支管或阀门。

⑥配水支管、配水管、配水干管设置的支架、吊架和防晃支架，应符合相关规定。

（4）喷头验收

①喷头设置场所、规格、型号等应符合设计要求。

②喷头安装间距，以及喷头与障碍物的距离应符合设计要求。

③各种不同规格的喷头均应有一定数量的备用品，其数量不应小于安装总数的1%，且每种备用喷头不应少于10个。

（5）水泵接合器验收

①数量及进水管位置应符合设计要求。

②消防水泵接合器应进行充水试验，且系统最不利点的压力、流量应符合设计要求。

（6）系统流量、压力验收

应通过系统流量压力检测装置进行放水试验，系统流量、压力应符合设计要求。

三、系统维护管理

1.水喷雾灭火系统应具有管理、检测、维护规程，并应保证系统处于准工作状态。维护管理工作，应按相关要求进行。

2.维护管理人员应经过消防专业培训，应熟悉水喷雾灭火系统的原理、性能和操作维护规程。

3.每天应对水源控制阀、报警阀组进行外观检查，并应保证系统处于无故障状态，发现故障应及时进行处理。寒冷季节每天应检查设置储水设备的房间，保持室温不低于5℃，确保消防储水设备的任何部位均不结冰。

4.每周应对消防水泵和备用动力进行一次启动试验，当消防水泵为自动控制启动时，应每周模拟自动控制的条件启动运转一次。

5.每月应对电磁阀进行检查并作启动试验，动作失常时应及时更换。系统上所有的控制阀门均应采用铅封或锁链固定在开启或规定的状态，每月应对铅封、锁链进行一次检查，当有破坏或损坏时应及时修理更换。

6.每个季度应对系统所有的试水阀和报警阀旁的放水试验阀进行一次放水试验，检查系统启动、报警功能以及出水情况是否正常。

7.每年应对水源的供水能力进行一次测定，应保证消防用水不作他用。

8.水喷雾灭火系统发生故障，需停水进行修理前，应向主管值班人员报告，取得维护负责人的同意，并临场监督，加强防范措施后方能动工。

9.钢板消防水箱和消防气压给水设备的玻璃水位计，两端的角阀在不进行水位观察时应关闭。

第六节　细水雾灭火系统

本节重点介绍细水雾灭火系统材料和组件的现场检查、安装与调试、系统验收、维护管理、常见故障原因分析和处理等方面的内容。

一、系统组件（设备）安装前检查

（一）喷头的进场检查

1.检查内容及要求

（1）喷头的商标、型号、制造厂及生产时间等标志应齐全、清晰；

（2）喷头的数量等应满足设计要求；

（3）喷头外观应无加工缺陷和机械损伤；

（4）喷头螺纹密封面应无伤痕、毛刺、缺丝或断丝现象。

2.检查数量：分别按不同型号规格抽查1%，且不得少于5只；少于5只时，全数检查。

3.检查方法：直观检查，并检查喷头出厂合格证和市场准入制度要求的有效证明文件。

（二）阀组的进场检查

1.检查内容及要求

（1）各阀门的商标、型号、规格等标志应齐全；

（2）各阀门及其附件应配备齐全，不得有加工缺陷和机械损伤；

（3）控制阀的明显部位应有标明水流方向的永久性标志；

（4）控制阀的阀瓣及操作机构应动作灵活、无卡涩现象，阀体内应清洁、无异物堵塞，阀组进出口应密封完好。

2.检查数量

全数检查。

3.检查方法

直观检查及在专用试验装置上测试，主要测试设备有试压泵、压力表。

（三）其他组件的进场检验

1.检查内容及要求

（1）储水瓶组、储气瓶组、泵组单元、控制柜（盘）、储水箱、控制阀、过滤器、安全阀、减压装置、信号反馈装置等系统组件的规格、型号，应符合国家现行有关产品标准和设计要求，外观应符合下列规定：

①应无变形及其他机械性损伤；

②外露非机械加工表面保护涂层应完好；

③所有外露口均应设有保护堵；

④铭牌标记应清晰、牢固、方向正确。

（2）储气瓶组进场时，驱动装置应按产品使用说明规定的方法进行动作检查，动作应灵活无卡阻现象。

2.检查数量

全数检查。

3.检查方法

（四）管材管件的检查

1.检查内容及要求

（1）材质、规格、型号、质量等应符合设计要求和现行国家有关标准的规定

（2）规格、尺寸和壁厚及允许偏差，应符合国家现行有关产品标准和设计要求。

（3）外观应符合下列规定：

①表面应无明显的裂纹、缩孔、夹渣、折叠、重皮等缺陷；

②法兰密封面应平整光洁，不应有毛刺及径向沟槽；螺纹法兰的螺纹表面应完整无损伤；

③密封垫片表面应无明显折损、皱纹、划痕等缺陷。

2.检查数量

检查内容及要求中第1项和第3项内容应全数检查，第2项内容每一规格、型号产品按件数抽查20%，且不得少于1件。

3.检查方法

检查内容及要求中第（1）项内容检查出厂合格证或质量认证书；第（2）项内容用钢尺和游标卡尺测量；第（3）项内容进行直观检查。

（五）注意事项

进场抽样检查时有一件不合格，应加倍抽样；仍有不合格时，应判定该批产品不合格。直观检查，并检查产品出厂合格证和市场准入制度要求的有效证明文件。

二、系统组件安装

（一）系统组件安装条件

1.安装前，设计单位向施工单位进行技术交底；

2.经审核批准的设计施工图、设计说明书及设计变更等技术文件齐全；

3.系统及其主要组件的安装使用等资料齐全；

4.系统组件、管件及其他设备、材料等的品种、规格、型号符合设计要求；

5.防护区或保护对象及设备间的设置条件与设计文件相符；

6.系统所需的预埋件和预留孔洞等符合设计要求；

7.施工现场和施工中使用的水、电、气满足施工要求。

（二）泵组的安装

1.安装要求

（1）应符合现行国家标准《机械设备安装工程施工及验收通用规范》GB 50231和《风机、压缩机、泵安装工程施工及验收规范》GB 50275的有关规定。

（2）系统采用柱塞泵时，泵组安装后应充装润滑油并检查油位。

（3）泵组吸水管上的变径处应采用偏心大小头连接。

2.检查数量

全数检查

3.检查方法

直观检查，高压泵组应启泵检查。

（三）泵组控制柜的安装

1.安装要求

（1）控制柜基座的水平度偏差不应大于 ±2mm/m，并应采取防腐及防水措施；

（2）控制柜与基座应采用直径不小于 12mm 的螺栓固定，每只柜不应少于 4 只螺栓；

（3）做控制柜的上下进出线口时，不应破坏控制柜的防护等级。

2. 检查数量

全部检查。

3. 检查方法：直观检查。

（四）储水瓶组与储气瓶组的安装

1. 安装要求

（1）应按设计要求确定瓶组的安装位置；

（2）瓶组的安装、固定和支撑应稳固，且固定支框架应进行防腐处理；

（3）瓶组容器上的压力表应朝向操作面，安装高度和方向应一致。

2. 检查数量

全数检查。

3. 检查方法

尺量和直观检查。

（五）阀组的安装

1. 安装要求

（1）应符合现行国家标准《工业金属管道工程施工规范》GB 50235 的有关规定。

（2）应按设计要求确定阀组的观测仪表和操作阀门的安装位置，并应便于观测和操作。阀组上的启闭标志应便于识别，控制阀上应设置标明所控制防护区的永久性标志牌。

（3）分区控制阀的安装高度宜为 1.2m～1.6m，操作面与墙或其他设备的距离不应小于 0.8m，并应满足安全操作要求。

（4）分区控制阀应有明显启闭标志和可靠的锁定设施，并应具有启闭状态的信号反馈功能。

（5）闭式系统试水阀的安装位置应便于安全的检查、试验。

2. 检查数量

全数检查。

3. 检查方法

对安装要求第（2）项进行直观检查和尺量检查；对安装要求第（3）项对照图纸尺量检查和操作阀门检查；对安装要求第（4）项进行直观检查；对安装要求第（5）项进行尺量和直观检查，必要时可操作试水间检查。

（六）管道的安装

1. 安装要求

（1）应符合现行国家有关标准的规定。

（2）管道安装前应分段进行清洗。施工过程中，应保证管道内部清洁，不得留有焊渣、焊瘤、氧化皮、杂质或其他异物，施工过程中的开口应及时封闭。

（3）并排管道法兰应方便拆装，间距不宜小于 100mm。

（4）管道之间或管道与管接头之间的焊接应采用对口焊接。系统管道焊接时，应使用氩弧焊工艺，并应使用性能相容的焊条。

（5）管道焊接的坡口形式、加工方法和尺寸等，均应符合现行国家标准《气焊、焊条电弧焊、气体保护焊和高能束焊的推荐坡口》GB/T 985.1 的有关规定。

（6）管道穿越墙体、楼板处应使用套管；穿过墙体的套管长度不应小于该墙体的厚度，穿过楼板的套管长度应高出楼地面50mm。管道与套管间的空隙应采用防火封堵材料填塞密实。设置在有爆炸危险场所的管道应采取导除静电的措施。

（7）系统管道应采用防晃的金属支吊架固定在建筑构件上，并应符合《细水雾灭火系统技术规范》的有关规定。

2. 检查数量

全数检查。

3. 检查方法

进行尺量和直观检查。

（七）管道的冲洗

1. 冲洗要求

（1）冲洗前，应对系统的仪表采取保护措施，并应对管道支、吊架进行检查，必要时应采取加固措施；

（2）冲洗用水的水质宜满足系统的要求；

（3）冲洗流速不应低于设计流速；

（4）冲洗合格后，应按规范要求填写管道冲洗记录。

2. 检查数量

全数检查。

3. 检查方法

宜采用最大设计流量，沿灭火时管网内的水流方向分区、分段进行，用白布检查无杂质为合格。

（八）管道试压

1. 试压要求

（1）管道冲洗合格后，管道应进行压力试验；

（2）试验用水的水质应与管道的冲洗水一致；

（3）试验压力应为系统工作压力的1.5倍；

（4）试验的测试点宜设在系统管网的最低点，对不能参与试压的设备、仪表、阀门及附件应加以隔离或在试验后安装；

（5）试验合格后，应按《细水雾灭火系统技术规范》要求填写试验记录，并宜采用压缩空气或氮气进行吹扫，吹扫压力不应大于管道的设计压力，流速不宜小于20m/s。

2. 检查数量

全数检查。

3. 检查方法

（1）试压时，管道充满水、排净空气，用试压装置缓慢升压，当压力升至试验压力后，稳压5min，管道无损坏、变形，再将试验压力降至设计压力，稳压120min，以压力不降、无渗漏、目测管道无变形为合格。

（2）吹扫时，在管道末端设置贴有白布或涂白漆的靶板，以5min内靶板上无锈渣、灰尘、水渍及其他杂物为合格。

（九）喷头的安装

1. 安装要求

（1）喷头安装应在系统管道试压、吹扫合格后进行；

（2）应根据设计文件逐个核对喷头生产厂标志、型号、规格和喷孔方向，不得对喷头进行拆装、改动；

（3）应采用专用扳手安装；

（4）喷头安装高度、间距，与吊顶、门、窗、洞口、墙或障碍物的距离应符合设计要求；

（5）不带装饰罩的喷头，其连接管管端螺纹不应露出吊顶；带装饰罩的喷头应紧贴吊顶；带有外置式过滤网的喷头，其过滤网不应伸入支干管内；

（6）喷头与管道的连接宜采用端面密封或 O 型圈密封，不应采用聚四氟乙烯、麻丝、粘结剂等作密封材料。

2.检查数量

全数检查。

3.检查方法

直观检查。

二、系统调试

（一）系统调试的条件

1.系统及与系统联动的火灾报警系统或其他装置、电源等均处于准工作状态，现场安全条件符合调试要求。

2.系统调试时所需的检查设备齐全，调试所需仪器、仪表经校验合格并与系统连接和固定。

3.具备经监理单位批准的调试方案。

（二）泵组的调试

1.调试内容与要求

（1）以自动或手动方式启动泵组时，泵组应立即投入运行。

（2）以备用电源切换方式或备用泵切换启动泵组时，泵组应立即投入运行。

（3）采用柴油泵作为备用泵时，柴油泵的启动时间不应大于 5s。

（4）控制柜应进行空载和加载控制调试，控制柜应能按其设计功能正常动作和显示。

（5）稳压泵调试时，在模拟设计启动条件下，稳压泵应能立即启动；当达到系统设计压力时，应能自动停止运行。

2.检查数量

均应全数检查。

3.检查方法

（1）根据调试内容与要求第（1）项，手动和自动启动泵组。

（2）根据调试内容与要求第（2）项，手动切换启动泵组。

（3）根据调试内容与要求第（3）项，手动启动柴油泵。

（4）根据调试内容与要求第（4）项，使用电压表、电流表和兆欧表等仪表通电直观检查。

（5）根据调试内容与要求第（5）项，模拟设计启动条件启动稳压泵检查。

（三）分区控制阀的调试

1.调试内容与要求

（1）开式系统的分区控制阀应能在接到动作指令后立即启动，并应发出相应的阀门动作信号。

（2）闭式系统的分区控制阀采用信号阀时，应能反馈阀门的启闭状态和故障信号。

2.检查数量

均应全数检查

3.检查方法

（1）根据调试第（1）项要求，采用自动和手动方式启动分区控制阀，水通过泄放试验阀排出，进行直观检查。

（2）根据调试第（2）项要求，采用在试水阀处放水或手动关闭分区控制阀，进行直观检查。

（四）联动试验

1.联动试验内容与要求

（1）对于允许喷雾的防护区或保护对象，至少在一个防护区进行实际细水雾喷放试验；对于不允许喷雾的防护区或保护对象，进行模拟细水雾喷放试验。

（2）开式系统的联动试验进行实际细水雾喷放试验时，可采用模拟火灾信号启动系统，分区控制阀、泵组或瓶组应能及时动作并发出相应的动作信号，系统的动作信号反馈装置应能及时发出系统启动的反馈信号，相应防护区或保护对象保护面积内的喷头应喷出细水雾。进行模拟细水雾喷放试验时，应手动开启泄放试验阀，采用模拟火灾信号启动系统时，泵组或瓶组应能及时动作并发出相应的动作信号，系统的动作信号反馈装置应能及时发出系统启动的反馈信号

（3）闭式系统的联动试验可利用试水阀放水进行模拟。打开试水阀，查看泵组能否及时启动并发出相应的动作信号；系统的动作信号反馈装置能否及时发出系统启动的反馈信号。

检查方法：打开试水阀放水，采用观察检查。

（4）当系统需与火灾自动报警系统联动时，可利用模拟火灾信号进行试验。在模拟火灾信号下，火灾报警装置应能自动发出报警信号，系统应动作，相关联动控制装置应能发出自动关断指令，火灾时需要关闭的相关可燃气体或液体供给源关闭等设施应能联动关断。

（5）系统调试合格后，应按规范要求填写调试记录，并应用压缩空气或氮气吹扫，将系统恢复至准工作状态。

2.检查数量

应全数检查。

3.检查方法

（1）对开式系统的联动试验，进行直观检查。

（2）对闭式系统的联动试验，打开试水阀放水，进行直观检查。

（3）对与火灾自动报警系统的联动试验，模拟火灾信号，进行直观检查。

三、系统验收

有关验收的组织、验收的资料以及系统水源、泵组、管网和喷头的验收内容与方法，同自动喷水灭火系统和水喷雾灭火系统。

（一）储气瓶组和储水瓶组的验收

1.验收内容与要求

（1）瓶组的数量、型号、规格、安装位置、固定方式和标志符合设计和规范要求。

（2）储水容器内水的充装量和储气容器内氮气或压缩空气的储存压力应符合设计要求。

（3）瓶组的机械应急操作处的标志符合设计要求。应急操作装置有铅封的安全销或保护罩。

2.验收检查数量

验收内容第（1）（3）项均全数检查；第（2）项中称重检查按储水容器全数（不足5个按5个计）的20%检查；储存压力检查按储气容器全数检查。

3.验收检查方法

验收内容第（1）项采用观察和测量检查；第（2）项采用称重、用液位计或压力计测量；第（3）项采用直观检查和测量检查。

（二）控制阀组的验收

1.验收内容与要求

（1）控制阀的型号、规格、安装位置、固定方式和启闭标志等应符合设计要求和规范规定；

（2）开式系统分区控制阀组应能采用手动和自动方式可靠动作。

（3）闭式系统分区控制阀组应能采用手动方式可靠动作。

（4）分区控制阀前后的阀门均应处于常开位置。

2.验收检查数量

均应全数检查。

3.验收检查方法

验收内容第（1）（4）项采用直观检查；验收内容第（2）项采用手动和电动启动分区控制阀，观察检查阀门启闭反馈情况；验收内容第（3）项将处于常开位置的分区控制阀手动关闭，进行观察检查。

（三）模拟联动功能试验

1.试验要求

（1）动作信号反馈装置应能正常动作，并应能在动作后启动泵组或开启瓶组及与其联动的相关设备，可正确发出反馈信号。

（2）开式系统的分区控制阀应能正常开启，并可正确发出反馈信号。

（3）系统的流量、压力均应符合设计要求。

（4）泵组或瓶组及其他消防联动控制设备应能正常启动，并应有反馈信号显示。

（5）主、备电源应能在规定时间内正常切换。

2.验收检查数量

验收内容第（1）项至第（5）项均应全数检查，第（6）项至少一个系统、一个防护区或一个保护对象。

3.检查方法

试验内容（1）（2）（4）项，利用模拟信号试验，进行观察检查；试验内容第（3）项，利用系统流量压力检测装置通过泄放试验，进行观察检查；试验内容第（5）项，模拟主备电源切换，采用秒表计时检查；试验内容第（6）项，自动启动系统，采用秒表等直观检查。

（四）开式系统冷喷试验

1.试验要求

除符合上述模拟联动功能试验的试验要求外，冷喷试验的响应时间符合设计要求。

2.验收检查数量

至少一个系统、一个防护区或一个保护对象。

3.验收检查方法

自动启动系统，采用秒表等观察检查。

（五）验收结果判定

系统工程质量验收合格与否，应根据其质量缺陷项情况进行判定。当无严重缺陷项，或一般缺陷项不多于2项，或一般缺陷项与轻度缺陷项之和不多于6项时，可判定系统验收为合格；当有严重缺陷项，或一般缺陷项大于等于3项，或一般缺陷项与轻度缺陷项之和大于等于7项时，应判定为不合格。

四、系统维护管理

（一）系统巡查内容与要求

1. 巡查频次

（1）公共娱乐场所营业时，应结合公共娱乐场每2h巡查一次的要求，视情况将建筑消防设施的巡查部分或全部纳入其中，但全部建筑消防设施应保证每日至少巡查一次。

（2）消防安全重点单位，每日巡查一次；

（3）其他单位，每周至少巡查一次。

2. 巡查内容

（1）灭火控制器工作状态；

（2）储气瓶和储水瓶的外观、工作环境；

（3）高压泵组、稳压泵外观及工作状态，末端试水装置压力值（闭式系统）；

（4）紧急启/停按钮、释放指示灯、报警器、喷头、分区控制阀等组件的外观；

（5）防护区状况。

（二）系统周期性检查维护

1. 日检的内容和要求

每日应对系统的下列项目进行一次检查：

（1）应检查控制阀等各种阀门的外观及启闭状态是否符合设计要求；

（2）应检查系统的主备电源接通情况；

（3）寒冷和严寒地区，应检查设置储水设备的房间温度，房间温度不应低于5℃；

（4）应检查报警控制器、水泵控制柜（盘）的控制面板及显示信号状态；

（5）应检查系统的标志和使用说明等标识是否正确、清晰、完整，并应处于正确位置。

2. 月检的内容和要求

每月应对系统的下列项目进行一次检查：

（1）应检查系统组件的外观，应无碰撞变形及其他机械性损伤；

（2）应检查分区控制阀动作是否正常；

（3）应检查阀门上的铅封或锁链是否完好、阀门是否处于正确位置；

（4）应检查储水箱和储水容器的水位及储气容器内的气体压力是否符合设计要求；

（5）对于闭式系统，应利用试水阀对动作信号反馈情况进行试验，观察其是否正常动作和显示；

（6）应检查喷头的外观及备用数量是否符合要求；

（7）应检查手动操作装置的保护罩、铅封等是否完整无损。

3. 季检的内容和要求

每季度应对系统的下列项目进行一次检查：

（1）应通过泄放试验阀对泵组系统进行一次放水试验，并应检查泵组启动、主备泵切换及报警联动功能是否正常；

（2）应检查瓶组系统的控制阀动作是否正常；

（3）应检查管道和支、吊架是否松动，以及管道连接件是否变形、老化或有裂纹等现象；

（4）年检的内容和要求。

4.年检的内容和要求

每年应对系统的下列项目进行一次检查：

（1）应定期测定一次系统水源的供水能力；

（2）应对系统组件、管道及管件进行一次全面检查，并应清洗储水箱、过滤器，同时应对控制阀后的管道进行吹扫；

（3）储水箱应每半年换水一次，储水容器内的水应按产品制造商的要求定期更换；

（4）应进行系统模拟联动功能试验，并应符合规范的规定。

（三）系统年度检测

细水雾灭火系统年度检测的内容如下：

1.测试储瓶式细水雾灭火系统启动装置的启动性能、减压装置减压性能、喷头喷雾性能；

2.测试泵组式细水雾灭火系统手动/自动启、停泵功能，主、备泵切换功能，喷头喷雾性能；

3.测试分区控制阀的手动/自动控制功能，具有火灾探测控制系统的，应模拟自动控制功能；

4.通过报警系统联动，检验开式细水雾灭火系统联动控制功能，进行模拟喷放细水雾试验；

5.通过末端放水，测试闭式细水雾灭火系统联动功能，测试水流指示器报警功能、压力开关报警功能。

（四）系统常见故障分析

1.泵组常见故障分析与处理

（1）泵组连接处有渗漏

①故障原因分析

A.连接件松动。

B.连接处O型圈或密封垫损坏。

C.连接件损坏。

②故障处理

A.拧紧连接件。

B.更换O型圈或密封垫。

C.更换连接件。

（2）泵组出口压力低

①故障原因分析

A.泵组测试阀未关闭。

B.泵组进线电源反相。

C.高压泵损坏。

D.使用流量超出额定值。

②故障处理

A.关闭泵组测试阀。

B.调整进线电源相序。

C.更换高压泵。

D.在泵组额定值内工作。

（3）泵组不启动

①故障原因分析

A. 高压泵接触器未闭合。

B. 泵组停止触点断开。

C. 联动控制器未执行程序。

D. 电源未接通。

E. 断水水位保护。

②故障处理

A. 闭合接触器。

B. 闭合泵组停止触点。

C. 检修联动控制器，必要时更换。

D. 接通电源。

E. 恢复调节水箱水位。

（4）稳压泵频繁启动

①故障原因分析

A. 管道有渗漏。

B. 安全泄压阀密封不好。

C. 测试阀未关紧。

D. 单向阀密封垫上粘连杂质。

②故障处理

A. 管道渗漏点补漏。

B. 检修安全泄压阀。

C. 完全关闭测试阀。

D. 清洗单向阀并清洁水箱及管道。

（5）稳压泵规定时间内不能恢复压力

①故障原因分析

A. 管道内残存空气。

B. 管道有渗漏。

C. 高压球阀渗漏。

D. 稳压泵出口压力低。

E. 稳压泵损坏。

②故障处理

A. 完全排除管道空气。

B. 管道渗漏点补漏。

C. 见"高压球阀渗漏"故障处理方法。

D. 调节稳压泵压力调节螺钉。

E. 更换稳压泵。

2. 储水箱常见故障分析与处理

（1）贮水箱水质不合格，储水量不足

①故障原因分析

A. 取水来自生活用水，但时间长水中产生滋生物。

B. 进水阀不能进水。

C.进水控制阀误关闭。

②故障处理

A.水箱由专业厂商直接提供，不得由施工单位现场加工。

B.在水箱底部设置放空阀。

C.进水控制阀选择带电信号阀。

（2）调节水箱低液位报警或断水停泵

①故障原因分析

A.过滤器进水压力低。

B.过滤器滤芯堵塞。

C.进水电磁阀异物堵塞。

②故障处理

A.保证进水压力不低于 0.2MPa。

B.清洗或更换滤芯。

C.清理进水电磁阀。

3.分区控制阀常见故障分析与处理

（1）分区控制阀不方便操作、误操作

①故障原因分析

A.为了防止误操作，把控制阀设置在防护区外较高处不便于操作。

B.设置位置合适时，其他人员误动作。

②故障处理

控制阀外设一个有机玻璃箱，并注明"非消防勿动"。

（2）瓶组系统分区控制阀手动启动装置无法动作

①故障原因分析

瓶组系统采用电磁启动阀作为分区控制阀时，电磁启动阀设有手动紧急启动装置，紧急情况时，将手动保险销拔出，拍击手动按钮，即可使启动阀动作，启动装置喷雾灭火。电磁启动阀检测合格后，动作机构的弹簧已处于压紧待发状态，为防止在安装、调试及运输过程中产生误动作，动作机构多由辅助保险销锁定，在系统投入使用后容易忘记拔出保险销，导致电磁启动阀动作机构无法动作。

②故障处理

待系统安装调试完毕投入使用时，将辅助保险销拔出，并将此项工作明确写入使用单位的系统运行管理操作、维护规程中。

（3）电动阀不动作

①故障原因分析

A.电源接线接触不良。

B.超出电源电压允许范围。

C.阀芯内混入杂质卡死。

D.电动装置烧毁或短路。

②故障处理

A.压紧电源接线；

B.调整电压允许范围内。

C.清洗阀芯。

D.更换电动装置。

（4）高压球阀渗漏

①故障原因分析

A.管道内水有杂质割伤密封垫。

B.手柄紧定六角螺钉松动。

C.O型密封圈损坏。

②故障处理

A.更换密封垫并清洗管道。

B.旋紧紧定六角螺钉。

C.更换O型密封圈。

（5）压力开关报警

①故障原因分析

A.高压球阀渗漏。

B.高压球阀未关闭到位。

C.压力开关未复位。

D.压力开关损坏。

②故障处理

A.见上述"高压球阀渗漏"故障处理方法。

B.用手柄将电动阀关闭至零位。

C.按下压力开关进行复位。

D.更换压力开关。

4.细水雾喷头常见故障分析与处理

（1）喷头喷雾不正常

①故障原因分析

A.管道内有杂质堵塞喷头。

B.喷头工作压力低。

②故障处理

A 见下述"喷头堵塞"故障处理方法。

B.保证喷头工作压力不小于其最低设计工作压力。

（2）喷头堵塞

①故障原因分析

A.供水水质不合理，水里带有沙粒、污物等。

B.喷头所处环境灰尘杂质较多。

②故障处理

A.喷头安装前将管网吹洗干净，并且每次使用后要清理喷头滤网处的沙粒、污物等。

B.调试完毕后可以在喷嘴孔处涂上稠度等级为4～6级、滴点不小于95℃、具有防锈性的润滑脂，或是采取其他防尘措施。

第七节　气体灭火系统

一、系统材料、组件安装前现场检查

质量控制文件检查同其他灭火系统，在此主要介绍对系统材料、组件进行现场检查（检验）的内容与要求。

（一）材料到场检查

1. 检查内容与要求

（1）管材、管道连接件的品种、规格、性能等应符合相应产品标准和设计要求。

（2）管材、管道连接件镀锌层不得有脱落、破损等缺陷；

（3）螺纹连接管道连接件不得有缺纹、断纹等现象；

（4）法兰盘密封面不得有缺损、裂痕；

（5）密封垫片应完好无划痕；

（6）管材、管道连接件的规格尺寸、厚度及允许偏差应符合其产品标准和设计要求。

（7）对设计有复验要求的或对质量有疑义的灭火剂、管材及管道连接件，应抽样复验，其复验结果应符合国家现行产品标准和设计要求。

2. 检查数量

上述检查内容与要求中第（1）项至第（5）项应全数检查，第（6）项每一品种、规格产品按20%计算进行检查，第（7）项按送检需要量进行检查。

3. 检查方法

对上述检查内容与要求中第（1）项核查出厂合格证与质量检验报告；对第（2）项至第（5）项采取观察检查；对第（6）项用钢尺和游标卡尺测量；对第（7）项核查复验报告。

（二）系统组件检查

1. 外观质量检查

（1）检查内容与要求

①系统组件无碰撞变形及其他机械性损伤。

②系统组件外露非机械加工表面保护涂层完好。

③系统组件所有外露接口均设有防护堵、盖，且封闭良好，接口螺纹和法兰密封面无损伤；

④铭牌清晰、牢固、方向正确。

⑤同一规格的灭火剂储存容器，其高度差不宜超过20mm。

⑥同一规格的驱动气体储存容器，其高度差不宜超过10mm。

（2）检查数量

全数检查。

（3）检查方法

观察检查或用尺测量。

2. 规格性能检查

（1）检查内容与要求

①品种、规格、性能等应符合国家现行产品标准和设计要求，核查产品出厂合格证和市场准入制度要求的法定机构出具的有效证明文件。

②设计有复验要求或对质量有疑义时，应抽样复验，复验结果应符合国家现行产品标准和设计

要求。

（2）检查数量

对上述检查内容与要求中第①项应全数进行检查；第②项应按送检需要量进行检查。

（3）检查方法

对上述检查内容与要求中第①项应核查产品出厂合格证和市场准入制度要求的法定机构出具的有效证明文件；第②项应核查复验报告。

3.灭火剂储存容器内的充装量、充装压力及充装系数、装量系数检查

（1）检查内容与要求

①灭火剂储存容器的充装量、充装压力应符合设计要求，充装系数或装量系数应符合设计规范规定；

②不同温度下灭火剂的储存压力应按相应标准确定。

（2）检查数量要求

应全数进行检查。

（3）检查方法

采用称重、液位计或压力计测量进行检查。

4.阀驱动装置检查

（1）检查内容与要求

①电磁驱动器的电源电压符合系统设计要求；通电检查电磁铁芯，其行程能满足系统启动要求，且动作灵活，无卡阻现象。

②气动驱动装置储存容器内气体压力不低于设计压力，且不得超过设计压力的5%，气体驱动管道上的单向阀启闭灵活，无卡阻现象。

③机械驱动装置传动灵活，无卡阻现象。

（2）检查数量要求

应全数进行检查。

（3）检查方法

观察检查和用压力计测量进行检查。

二、系统组件的安装与调试

（一）系统组件安装

1.灭火剂储存装置的安装

（1）安装要求

①储存装置的安装位置应符合设计文件的要求。

②灭火剂储存装置安装后，泄压装置的泄压方向不应朝向操作面。低压二氧化碳灭火系统的安全阀要通过专用的泄压管接到室外。

③储存装置上压力计、液位计、称重显示装置的安装位置便于人员观察和操作。

④储存容器和集流管应采用支（框）架固定，固定应牢靠，并做防腐处理。

⑤储存容器宜涂红色油漆，正面标明设计规定的灭火剂名称和储存容器的编号。

⑥安装集流管前检查内腔，确保清洁。

⑦集流管上的泄压装置的泄压方向不应朝向操作面。

⑧连接储存容器与集流管间的单向阀的流向指示箭头应指向介质流动方向。

⑨集流管应固定在支、框架上。支、框架应固定牢靠，并做防腐处理。

⑩集流管外表面宜涂红色油漆。

（2）检查数量要求

均应全数进行检查。

（3）检查方法

观察检查，对上述第①项内容还应用尺测量进行检查。

2.选择阀及信号反馈装置的安装

（1）安装要求

①选择阀操作手柄应安装在操作面一侧，当安装高度超过1.7m时应采取便于操作的措施。

②采用螺纹连接的选择阀，其与管网连接处宜采用活接。

③选择阀的流向指示箭头应指向介质流动方向。

④选择阀上要设置标明防护区或保护对象名称或编号的永久性标志牌，并应便于观察。

⑤信号反馈装置的安装应符合设计要求。

（2）检查数量要求

均应全数进行检查。

（3）检查方法

观察检查。

3.阀驱动装置的安装

（1）安装要求

①拉索式机械驱动装置的拉索除必要外露部分外，应采用经内外防腐处理的钢管防护，拉索转弯处应采用专用导向滑轮，拉索末端拉手应设在专用的保护盒内；拉索套管和保护盒应固定牢靠。

②安装以重力式机械驱动装置时，应保证重物在下落行程中无阻挡，其下落行程应保证驱动所需距离，且不小于25mm。

③电磁驱动装置驱动器的电气连接线应沿固定灭火剂储存容器的支架、框架或墙面固定。

④气动驱动装置的驱动气瓶的支架、框架或箱体应固定牢靠，并做防腐处理；驱动气瓶上应有标明驱动介质名称、对应防护区或保护对象名称或编号的永久性标志，并便于观察；气动驱动装置的管道布置应符合设计要求，竖直管道在其始端和终端应设防晃支架或采用管卡固定，水平管道应采用管卡固定，管卡的间距不宜大于0.6m。转弯处应增设1个管卡。气动驱动装置的管道安装后，应进行气压严密性试验。

（2）检查数量要求

均应全数进行检查。

（3）检查方法

应进行观察检查，对上述安装要求中第②项以及第④项中水平管道固定用的管卡间距还应用尺测量进行检查；第④项中进行管道气压严密性试验时，应取驱动气体储存压力，以不大于0.5MPa/s的升压速率缓慢升压至试验压力，关断试验气源3min内压力降不超过试验压力的10%为合格。

4.灭火剂输送管道的安装

（1）安装要求

①采用螺纹连接时，管材宜采用机械切割；螺纹没有缺纹、断纹等现象；螺纹连接的密封材料均匀附着在管道的螺纹部分，拧紧螺纹时，不得将填料挤入管道内；安装后的螺纹根部应有2~3条外露螺纹；连接后，将连接处外部清理干净并做防腐处理。

293

②采用法兰连接时，衬垫不得凸入管内，其外边缘宜接近螺栓，不得放双垫或偏垫。连接法兰的螺栓，直径和长度符合标准，拧紧后，凸出螺母的长度不大于螺杆直径的1/2且应有不少于2条外露螺纹。

③已防腐处理的无缝钢管不宜采用焊接连接，与选择阀等个别连接部位需采用法兰焊接连接时，要对被焊接损坏的防腐层进行二次防腐处理。

④管道穿越墙壁、楼板处应安装套管。套管公称直径比管道公称直径至少应大2级，穿越墙壁的套管长度应与墙厚相等，穿越楼板的套管长度应高出地板50mm。管道与套管间的空隙采用防火封堵材料填塞密实。当管道穿越建筑物的变形缝时，应设置柔性管段。

⑤固定管道的支、吊架的安装最大间距应符合规范的规定；管道末端应采用防晃支架固定，支架与末端喷嘴间的距离不应大于500mm；公称直径大于或等于50mm的主干管道，垂直方向和水平方向至少各安装1个防晃支架。当管道穿过建筑物楼层时，每层设1个防晃支架。当水平管道改变方向时，应增设防晃支架。

⑥灭火剂输送管道安装完毕后，应进行强度试验和气压严密性试验。

⑦灭火剂输送管道的外表面宜涂红色油漆。在吊顶内、活动地板下等隐蔽场所内的管道，可涂红色油漆色环，色环宽度不应小于50mm。每个防护区或保护对象的色环宽度应一致，间距应均匀。

（2）检查数量要求

均应全数进行检查，隐蔽处进行抽查。

（3）检查方法

①观察检查。

②对有长度要求和距离要求的，还应用尺测量进行检查。

③上述安装要求中第⑥项，灭火剂输送管道强度实验，进行水压强度试验时，以不大于0.5MPa/s的升压速率缓慢升压至试验压力，保压5min，检查管道各处无渗漏，无变形为合格。当水压强度试验条件不具备时，可采用气压强度试验代替。进行气压强度试验时，应逐步缓慢增加压力，当压力升至试验压力的50%时，如未发现异状或泄漏，继续按试验压力的10%逐级升压，每级稳压3min，直至试验压力，保压检查管道各处无变形，无泄漏为合格。管道气压严密性试验的加压介质可采用空气或氮气，试验压力值应取水压强度试验压力的2/3。试验时应以不大于0.5MPa/s的升压速率缓慢将压力升至试验压力，关断试验气源后，3min内压力降不应超过试验压力的10%。灭火剂输送管道在水压强度试验合格后，或气压严密性试验前，应进行吹扫。吹扫时，管道末端的气体流速不应小于20m/s，采用白布检查，直至无铁锈、尘土、水渍及其他脏物出现。

5. 喷嘴的安装

（1）安装要求

①喷嘴安装时要按设计要求逐个核对其型号、规格及喷孔方向。

②安装在吊顶下的不带装饰罩的喷嘴，其连接管管端螺纹不能露出吊顶；安装在吊顶下的带装饰罩的喷嘴，其装饰罩应紧贴吊顶。

（2）检查数量要求

应全数进行检查。

（3）检查方法

采用观察检查。

6. 预制灭火系统的安装

（1）安装要求

①柜式气体灭火装置、热气溶胶灭火装置等预制灭火系统及其控制器、声光报警器的安装位置要符合设计要求，并固定牢靠。

②预制灭火系统装置周围空间环境应符合设计要求。

（2）检查数量要求

应全数进行检查。

（3）检查方法

采用观察检查。

7.控制组件的安装

（1）安装要求

①灭火控制装置的安装应符合设计要求，防护区内火灾探测器的安装应符合国家标准《火灾自动报警系统施工及验收规范》GB 50166 的规定。

②设置在防护区处的手动、自动转换开关应安装在防护区入口便于操作的部位，安装高度为中心点距地（楼）面 1.5m。

③手动启动、停止按钮应安装在防护区入口便于操作的部位，安装高度为中心点距地（楼）面 1.5m；防护区的声光报警装置安装应符合设计要求，并安装牢固，不倾斜。

④气体喷放指示灯宜安装在防护区入口的正上方。

（2）检查数量要求

应全数进行检查。

（3）检查方法

采用观察检查。

（二）系统调试

1.系统调试准备

（1）气体灭火系统的调试应在系统安装完毕，并宜在相关的火灾报警系统和开口自动关闭装置、通风机械和防火阀等联动设备的调试完成后进行。

（2）气体灭火系统调试前要具备完整的技术资料，并符合相关规范的规定。

（3）调试前按规定检查系统组件和材料的型号、规格、数量以及系统安装质量，并及时处理所发现的问题。

（4）气体灭火系统的调试项目应包括模拟启动试验、模拟喷气试验和模拟切换操作试验。

2.模拟启动试验方法与要求

（1）手动模拟启动试验

①按下手动启动按钮，观察相关动作信号及联动设备动作是否正常（如发出声、光报警，启动输出端的负载响应，关闭通风空调、防火阀等）。

②人工使压力信号反馈装置动作，观察相关防护区门外的气体喷放指示灯是否正常。

（2）自动模拟启动试验

①将灭火控制器的启动输出端与灭火系统相应防护区驱动装置连接。驱动装置与阀门的动作机构脱离。也可用 1 个启动电压、电流与驱动装置的启动电压、电流相同的负载代替。

②人工模拟火警使防护区内任意 1 个火灾探测器动作，观察单一火警信号输出后，相关报警设备动作是否正常（如警铃、蜂鸣器发出报警声等）。

③人工模拟火警使该防护区内另一个火灾探测器动作，观察复合火警信号输出后，相关动作信号及联动设备动作是否正常（如发出声、光报警，启动输出端的负载响应，关闭通风空调、防火

阀等）。

（3）模拟启动试验结果要求

①延迟时间与设定时间相符，响应时间满足要求。

②有关声、光报警信号正确。

③联动设备动作正确。

④驱动装置动作可靠。

3. 模拟喷气试验方法与要求

（1）模拟喷气试验的条件

①IG541 混合气体灭火系统及高压二氧化碳灭火系统采用其充装的灭火剂进行模拟喷气试验。试验采用的储存容器数应为选定试验的防护区或保护对象设计用量所需容器总数的 5%，且不少于 1 个。

②二氧化碳灭火系统采用二氧化碳灭火剂进行模拟喷气试验。试验要选定输送管道最长的防护区或保护对象进行，喷放量不小于设计用量的 10%。

③卤代烷灭火系统模拟喷气试验不采用卤代烷灭火剂，宜采用氮气进行。氮气贮存容器与被试验的防护区或保护对象用的灭火剂储存容器的结构、型号、规格应相同，连接与控制方式要一致，氮气的充装压力和灭火剂贮存压力相等。氮气贮存容器数不少于灭火剂贮存容器数的 20%，且不少于 1 个。

（2）模拟喷气试验方式

宜采用自动启动方式。

（3）模拟喷气试验结果要求

①延迟时间与设定时间相符，响应时间满足要求。

②有关声、光报警信号正确。

③有关控制阀门工作正常。

④信号反馈装置动作后，气体防护区门外的气体喷放指示灯工作正常。

⑤储存容器间内的设备和对应防护区或保护对象的灭火剂输送管道无明显晃动和机械性损坏。

⑥试验气体能喷入试验防护区内或保护对象上，且能从每个喷嘴喷出。

4. 模拟切换操作试验方法与要求

（1）模拟切换操作试验方法

①按使用说明书的操作方法，将系统使用状态从主用量灭火剂储存容器切换为备用量灭火剂储存容器的使用状态。

②按上述方法进行模拟喷气试验。

（2）模拟切换操作试验结果要求

应符合上述模拟喷气试验结果的要求。

三、系统的检测与验收

（一）系统的检测

1. 检测内容与方法

（1）瓶组与储罐的检测

①查看外观、铅封、压力表和标志牌及称重装置。

②操作选择阀的手动装置，打开后再复位。

③对二氧化碳灭火系统，按灭火剂储瓶内二氧化碳的设计储存量，设定允许的最大损失量。采用拉力计，向储瓶施加与最大允许损失量相等的向上拉力，查看检漏装置能否发出报警信号。

④对低压二氧化碳储罐，查看制冷装置及温度计。

（2）喷嘴的检测

查看外观。

（3）气体灭火控制器的检测

①对面板上所有的指示灯、显示器和音响器件进行功能自检。

②将控制方式设定在手动，然后转换为自动，分别查看控制器的显示。

③切断主电源，查看备用直流电源的自动投入和主、备电源的状态显示情况。

④在备用直流电源供电状态下，模拟火灾探测器断路、启动钢瓶的启动信号线断路、选择阀后主管道上压力讯号器的接线短路等故障，并查看控制器的显示。

⑤故障报警期间，采用发烟装置或温度不低于54℃的热源，先后向同一回路中两个探测器施放烟气或加热，查看火灾报警控制器的显示和记录，用万用表测量联动输出信号。

⑥断路状态下，查看继电器输出触点，并用万用表测量触点"C"，与"NC"间、"C"与"NO"间的电压。

⑦全部复位，恢复到正常警戒状态。

（4）系统功能的检测

①查看防护区内的声光报警装置，入口处的安全标志、声光报警装置，以及紧急启、停按钮。

②系统设定在自动控制状态，拆开该防护区启动钢瓶的启动信号线、并与万用表连接。将万用表调节至直流电压档后，触发该防护区的紧急启动按钮并用秒表开始计时，测量延时启动时间，查看防护区内声光报警装置、通风设施、以及入口处声光报警装置等的动作情况，查看气体灭火控制器与消防控制室显示的反馈信号。完成试验后将系统恢复至警戒状态。

③先后触发防护区内两个火灾探测器，查看气体灭火控制器的显示。在延时启动时间内，触发紧急停止按钮，达到延时启动时间后查看万用表的显示及相关联动设备。完成试验后将系统恢复至警戒状态。

④当进行喷气试验时，应符合《气体灭火系统施工及验收规范》GB 50263-2007 的要求。

2. 技术要求

（1）瓶组与储罐的技术要求

①组件应固定牢固，手动操作装置的铅封应完好，压力表的显示应正常。

②应注明灭火剂名称，储瓶应有编号，驱动装置和选择阀应有分区标志牌，选择阀手动启闭应灵活。

③储瓶的称重装置应正常，并应有原始重量标记。

④二氧化碳储瓶及储罐，应在灭火剂的损失量达到设定值时发出报警信号。

⑤低压二氧化碳储罐的制冷装置应正常运行，控制的温度和压力应符合设定值。

（2）喷嘴的技术要求

喷口方向应正确、并应无堵塞现象。

（3）气体灭火控制器的技术要求

①应在试验烟气作用下动作，向火灾报警控制器输出火警信号，并启动探测器报警确认灯；探测器报警确认灯应在手动复位前予以保持。

②自动、手动转换功能应正常，无论装置处于自动或手动状态，手动操作启动均应有效。

③装置所处状态应有明显的标志或灯光显示，反馈信号显示应正常。

（4）系统功能的技术要求

①防护区内和入口处的声光报警装置，入口处的安全标志、紧急启停按钮应正常。

②火灾报警控制器确认火灾报警后的延时启动时间应符合设定值。

③应符合《气体灭火系统施工及验收规范》GB 50263 的有关要求。

（二）系统验收

1. 防护区或保护对象与储存装置间验收

（1）验收内容与要求

①防护区或保护对象的位置、用途、划分、几何尺寸、开口、通风、环境温度、可燃物的种类、防护区围护结构的耐压、耐火极限及门、窗可自行关闭装置应符合设计要求。

②防护区的疏散通道、疏散指示标志和应急照明装置，防护区内和入口处的声光报警装置、气体喷放指示灯和入口处的安全标志，无窗或固定窗扇的地上防护区和地下防护区的排气装置，门窗设有密封条的防护区的泄压装置，专用的空气呼吸器或氧气呼吸器等安全设施的设置应符合设计要求。

③储存装置间的位置、通道、耐火等级、应急照明装置、火灾报警控制装置及地下储存装置间机械排风装置应符合设计要求。

④火灾报警控制装置及联动设备应符合设计要求。

（2）检查数量要求

均应全数进行检查。

（3）检查方法

对上述验收内容与要求中第①项进行观察检查和测量检查。对第②项内容进行观察检查。对第③、④项内容进行观察检查和功能检查。

2. 设备和灭火剂输送管道验收

（1）验收内容与要求

①灭火剂储存容器的数量、型号和规格，位置与固定方式，油漆和标志，以及灭火剂储存容器的安装质量符合设计要求。

②储存容器内的灭火剂充装量和储存压力符合设计要求。

③集流管的材料、规格、连接方式、布置及其泄压装置的泄压方向符合设计要求和有关规定。

④选择阀及信号反馈装置的数量、型号、规格、位置、标志及其安装质量符合设计要求相关规范的有关规定。

⑤阀驱动装置的数量、型号、规格和标志，安装位置，气动驱动装置中驱动气瓶的介质名称和充装压力，以及气动驱动装置管道的规格、布置和连接方式符合设计要求有关规定。

⑥驱动气瓶和选择阀的机械应急手动操作处，均应有标明对应防护区或保护对象名称的永久标志；驱动气瓶的机械应急操作装置均应设安全销并加铅封，现场手动启动按钮应有防护罩。

⑦灭火剂输送管道的布置与连接方式、支架和吊架的位置及间距、穿过建筑构件及其变形缝的处理、各管段和附件的型号规格以及防腐处理和涂刷油漆颜色，应符合设计要求和有关规定。

⑧喷嘴的数量、型号、规格、安装位置和方向，应符合设计要求和喷嘴安装的有关规定。

（2）检查数量要求

对上述验收内容中第②项，称重检查按储存容器全数（不足 5 个的按 5 个计）的 20% 检查；储存压力检查按储存容器全数检查；低压二氧化碳储存容器按全数检查。其他各项内容均应全数检查。

（3）检查方法

对上述验收内容中第②项，采用称重、液位计或压力计测量检查方法。其他各项内容均进行观察检查和测量检查。

3. 系统功能验收

（1）验收内容与要求

①系统功能验收时，应进行模拟启动试验，并合格。

②系统功能验收时，应进行模拟喷气试验，并合格。

③系统功能验收时，应对设有灭火剂备用量的系统进行模拟切换操作试验，并合格。

④系统功能验收时，应对主、备用电源进行切换试验，并合格。

（2）检查数量要求

对上述验收内容第①项，按防护区或保护对象总数（不足 5 个按 5 个计）的 20% 检查；第②项，组合分配系统不应少于 1 个防护区或保护对象，柜式气体灭火装置、热气溶胶灭火装置等预制灭火系统应各取 1 套；第③项内容全数检查。

（3）检查方法

模拟启动试验、模拟喷气试验、模拟切换操作试验的方法与要求按照本节有关"系统调试"的要求进行。

四、系统维护管理

（一）系统巡查

1. 巡查内容与要求

（1）巡查内容

①气体灭火控制器外观及工作状态。

②储瓶间环境，气体瓶组或储罐外观，检漏装置外观、运行状况。

③容器阀、选择阀、驱动装置等组件外观。

④紧急启 / 停按钮外观，喷嘴外观，防护区状况。

⑤预制灭火装置外观、设置位置、控制装置外观及运行状况。

⑥放弃指示灯及警报器外观。

⑦低压二氧化碳系统制冷装置、控制装置、安全阀等组件外观、运行状况。

（2）巡查方法

采用目测观察的方法，检查系统及其组件外观、阀门启闭状态、用电设备及其控制装置工作状态和压力监测装置（压力表、压力开关）工作情况。

（3）巡查频次

与其他消防设施巡查频次相同。

（二）系统周期性检查维护

1. 每日检查项目

每日应对低压二氧化碳储存装置的运行情况、储存装置间的设备状态进行检查并记录。

2. 每月检查项目

（1）对低压二氧化碳灭火系统储存装置的液位计进行检查，灭火剂损失 10% 时应及时补充。

（2）对高压二氧化碳灭火系统、七氟丙烷管网灭火系统及 IG541 灭火系统等系统进行检查的内容及要求是：

①灭火剂储存容器及容器阀、单向阀、连接管、集流管、安全泄放装置、选择阀、阀驱动装置、喷嘴、信号反馈装置、检漏装置、减压装置等全部系统组件应无碰撞变形及其他机械性损伤，表面应无锈蚀，保护涂层应完好，铭牌和标志牌应清晰，手动操作装置的防护罩、铅封和安全标志应完整。

②灭火剂和驱动气体储存容器内的压力，不得小于设计储存压力的90%。

（3）预制灭火系统的设备状态和运行状况应正常。

3. 每季度检查项目

（1）每季度应对气体灭火系统进行1次全面检查。

（2）可燃物的种类、分布情况，防护区的开口情况，应符合设计规定。

（3）储存装置间的设备、灭火剂输送管道和支、吊架的固定，应无松动。

（4）连接管应无变形、裂纹及老化。必要时，送法定质量检验机构进行检测或更换。

（5）各喷嘴孔口应无堵塞。

（6）对高压二氧化碳储存容器逐个进行称重检查，灭火剂净重不得小于设计储存量的90%。

（7）灭火剂输送管道有损伤与堵塞现象时，应按规范规定的管道强度试验和气密性试验方法进行严密性试验和吹扫。

4. 每年度检查项目

每年应对每个防护区进行1次模拟启动试验，并应进行1次模拟喷气试验。

5. 其他

（1）低压二氧化碳灭火剂储存容器的维护管理应按国家现行《压力容器安全技术监察规程》的规定执行。

（2）钢瓶的维护管理应按国家现行《气瓶安全监察规程》的规定执行。

（3）灭火剂输送管道耐压试验周期应按《压力管道安全管理与监察规定》的规定执行。

第八节　干粉灭火系统

本节重点介绍干粉灭火系统安装前系统组件的现场检查、安装调试、检测验收、维护保养等方面的内容。

一、系统组件（设备）安装前检查

（一）干粉储存容器的现场检查

1. 检查内容与要求

（1）外观质量检查

①铭牌清晰、牢固、方向正确。

②干粉储存容器外表颜色为红色。

③无碰撞变形及其他机械性损伤。

④外露非机械加工表面保护涂层完好。

⑤品种、规格、性能等符合国家现行产品标准和设计要求。

（2）密封面检查

①所有外露接口均设有防护堵、盖，且封闭良好；

②接口螺纹和法兰密封面无损伤。

（3）充装量检查

实际充装量不得小于设计充装量，也不得超过设计充装量的 3%。

2. 检查方法

（1）外观质量检查主要采用目测观察，核查产品出厂合格证和法定机构出具的有效证明文件。

（2）密封面检查主要采用目测观察检查。

（3）充装量检查可通过核查产品出厂合格证、称重测量等方法检查。

（二）启动气体储瓶、减压阀、选择阀、信号反馈装置、喷头、安全防护装置、压力报警及控制器等的现场检查

1. 检查内容与要求

（1）外观检查

①铭牌清晰、牢固、方向正确。

②无碰撞变形及其他机械性损伤。

③外露非机械加工表面保护涂层完好。

④品种、规格、性能等符合国家现行产品标准和设计标准要求。

⑤同一规格的干粉储存容器和驱动气体储瓶，其高度差不超过 20mm。

⑥同一规格的启动气体储瓶，其高度差不超过 10mm。

⑦驱动气体储瓶容器阀具有手动操作机构。

⑧选择阀在明显部位永久性标有介质的流动方向。

（2）密封面检查

①外露接口均设有防护堵、盖，且封闭良好。

②接口螺纹和法兰密封面无损伤。

2. 检查方法

采用目测观察检查，核查产品出厂合格证和法定机构出具的有效证明文件，有高度差检查内容的采用尺量检查。

（三）阀驱动装置的现场检查

1. 检查内容与要求

（1）外观检查

①铭牌清晰、牢固、方向正确。

②无碰撞变形及其他机械性损伤。

③外露非机械加工表面保护涂层完好。

④所有外露接口均设有防护堵、盖，且封闭良好，接口螺纹和法兰密封面无损伤。

（2）功能检查

①电磁驱动器的电源电压符合设计要求。电磁铁心通电检查后行程能满足系统启动要求，且动作灵活，无卡阻现象。

②启动气体储瓶内压力不低于设计压力，且不超过设计压力的 5%，设置在启动气体管道的单向阀启闭灵活，无卡阻现象。

③机械驱动装置传动灵活，无卡阻现象。

2. 检查方法

采用观察检查，对启动气体储瓶内压力检查采用压力表测量。

二、系统组件安装与调试

（一）系统组件的安装

1. 安装条件

（1）干粉储存容器在安装前需核对其安装位置符合设计图样要求，现场预埋件和预留孔洞等安装条件符合设计要求。

（2）驱动气体储瓶在安装前应检查瓶架固定牢固并做作防腐处理；检查集流管和驱动气体管道内腔，确保清洁无异物并紧固在瓶架上。

（3）干粉输送管道在安装前应清洁管道内部，避免油、水、泥沙或异物存留管道内。

2. 安装要求

（1）干粉储存容器

①安装时干粉储存容器的支座应与地面固定牢固，并做防腐处理。

②安装地点避免潮湿或高温环境，不受阳光直接照射。

③在安装时，安全防护装置的泄压方向不应朝向操作面。

④压力显示装置应方便人员观察和操作；阀门便于手动操作。

（2）驱动气体储瓶

①安全防护装置的泄压方向不应朝向操作面。

②启动气体储瓶和驱动气体储瓶上压力表、检漏装置的安装位置便于人员观察和操作。

③驱动介质流动方向与减压阀、止回阀标记的方向一致。

（3）干粉输送管道

①采用螺纹连接时，管材采用机械切割；螺纹不得有缺纹和断纹等现象；螺纹连接的密封材料均匀附着在管道的螺纹部分，拧紧螺纹时，避免将填料挤入管道内；安装后的螺纹根部有 2～3 扣外露螺纹，连接处外部清理干净并作防腐处理。

②采用法兰连接时，衬垫不能凸入管内，其外边缘宜接近螺栓孔，不能放双垫或偏垫。拧紧后，凸出螺母的长度不能大于螺杆直径的1/2，确保有不少于 2 扣外露螺纹。

③经过防腐处理的无缝钢管不应采用焊接连接，当与选择阀等个别连接部位需采用法兰焊接连接时，要对被焊接损坏的防腐层进行二次防腐处理。

④管道穿过墙壁、楼板处需安装套管。套管公称直径比管道公称直径至少大 2 级，穿墙套管长度与墙厚相等，穿楼板套管长度需高出地板 50mm。管道与套管间的空隙采用防火封堵材料填塞密实。当管道穿越建筑物的变形缝时，需设置柔性管段。

⑤管道末端采用防晃支架固定，支架与末端喷头间的距离不应大于 500mm。

（4）喷头

①在安装喷头前，需逐个核对喷头型号、规格及喷孔方向符合设计要求。

②安装在吊顶下时，喷头如果没有装饰罩，其连接管的管端螺纹不能露出吊顶；如果带有装饰罩，装饰罩需紧贴吊顶安装。

③储压型系统采用全淹没灭火系统时，喷头的最大安装高度不应大于 7m；当采用局部应用系统时，喷头的最大安装高度不应大于 6m。

④储气瓶型系统采用全淹没灭火系统时，喷头的最大安装高度不大于 8m；当采用局部应用系统时，喷头的最大安装高度不大于 7m。

（5）减压阀

①减压阀的流向指示箭头应与介质流动方向一致。

②压力显示装置应安装在便于人员观察的位置。

（6）选择阀

①在操作面一侧安装选择阀操作手柄，当安装高度超过1.7m时，应采取便于操作的措施。

②选择阀的流向指示箭头应与介质流动方向指向一致。

③选择阀采用螺纹连接时，其与管网连接处采用活接或法兰连接。

④选择阀上需设置标明防护区或保护对象名称或编号的永久性标志牌。

（7）阀驱动装置

①对于拉索式机械阀驱动装置，除必要外露部分外，拉索需采用经内外防腐处理的钢管防护，拉索转弯处采用专用导向滑轮，拉索末端拉手需设在专用的保护盒内，且拉索套管和保护盒固定牢固。

②对于重力式机械阀驱动装置，需保证重物在下落行程中无阻挡，其下落行程需保证驱动所需距离，且不小于25mm。

③对于气动阀驱动装置，启动气体储瓶上需永久性标明对应防护区或保护对象的名称或编号。

（二）系统试压和吹扫

1. 系统试压、吹扫的基本要求

（1）试压试验和管网吹扫在管网安装完毕后进行。

（2）在具备下列规定条件的情况下，方可开展试压和吹扫工作。

①埋地管道的位置及管道基础、支墩等符合设计文件要求。

②准备不少于2只的试验用压力表，精度不低于1.5级，量程为试验压力值的1.5~2倍。

③隔离或者拆除不能参与试压的设备、仪表、阀门及附件；加设的临时盲板具有突出于法兰的边耳，且有明显标志，并对临时盲板数量、位置进行记录。

④采用生活用水进行水压试验和管网冲洗，不得使用海水或者含有腐蚀性化学物质的水进行试压试验和管网冲洗。

2. 水压强度试验

（1）水压强度试验前，用温度计测试环境温度，确保环境温度不低于5℃，如果低于5℃，需采取必要的防冻措施。

（2）水压强度试验压力不低于1.5倍系统最大工作压力。

（3）水压强度试验时，其测试点选择在系统管网的最低点；管网注水时，将管网内的空气排净，以不大于0.5MPa/s的速率缓慢升压至试验压力，达到试验压力后稳压5min，管网应无渗漏、无变形。

3. 气压强度试验

（1）当水压强度试验条件不具备时，可采用气压强度试验代替。

（2）气压强度试验压力取1.15倍系统最大工作压力。试验时，逐步缓慢增加压力，当压力升至试验压力的50%时，如未发现异状或泄漏，继续按试验压力的10%逐级升压，每级稳压3min，直至达到试验压力。保压检查管道各处应无变形、无泄漏。

（3）气压试验可采用试压装置进行试验，目测观察管网外观和测压用压力表。

4. 管网吹扫

（1）干粉输送管道在水压强度试验合格后，在气密性试验前需进行吹扫。

（2）管网吹扫可采用压缩空气或氮气；吹扫时，管道末端的气体流速不应小于20m/s。可采用白布检查，直至无铁锈、尘土、水渍及其他异物出现。

5.气密性试验

（1）干粉输送管道进行气密性试验时，对干粉输送管道，试验压力为水压强度试验压力的2/3；对气体输送管道，试验压力为气体最高工作储存压力。

（2）进行气密性试验时，应以不大于0.5MPa/s的升压速率缓慢升压至试验压力。关断试验气源3min内压力降不应超过试验压力的10%。

（三）系统调试

1.模拟自动启动试验

（1）试验方法

①将灭火控制器的启动信号输出端与相应的启动驱动装置连接，启动驱动装置与启动阀门的动作机构脱离。

②人工模拟火警使防护区内任意一个火灾探测器动作。

③观察火灾探测器报警信号输出后，防护区的声光报警信号及联动设备动作是否正常。

④人工模拟火警使防护区内两个独立的火灾探测器动作，观察防护区的声光报警信号及联动设备动作是否正常。

（2）合格要求

延时启动时符合设定时间；声光报警信号正常；联动设备动作正确；启动驱动装置（或负载）动作可靠。

2.模拟手动启动试验

（1）试验方法

①将灭火控制器的启动信号输出端与相应的启动驱动装置连接，启动驱动装置与启动阀门的动作机构脱离。

②分别按下灭火控制器的启动按钮和防护区外的手动启动按钮，观察防护区的声光报警信号及联动设备动作是否正常。

③按下手动启动按钮后，在延时时间内再按下紧急停止按钮，观察灭火控制器启动信号是否终止。

（2）合格要求

延时启动时符合设定时间；声光报警信号正常；联动设备动作正确；启动驱动装置（或负载）动作可靠。

3.模拟喷放试验

（1）试验方法

①启动驱动气体释放至干粉储存容器。

②容器内达到设计喷放压力并达到设定延时后，开启释放装置。

（2）合格要求

延时启动时符合设定时间；有关声光报警信号正确；信号反馈装置动作正常；干粉输送管无明显晃动和机械性损坏；干粉或气体能喷入被试防护区内或保护对象上，且能从每个喷头喷出。

4.干粉炮调试

（1）试验要求

①采用液（气）压源作动力的干粉炮，其液（气）压源的实测工作压力需符合产品使用说明书

的要求。

②电动阀门全部调试。

③无线遥控装置全部调试。

④系统调试以氮气代替干粉进行联动试验。

⑤装有现场手动按钮的干粉炮灭火系统，现场手动按钮所控制的相应联动单元全部调试。

（2）合格要求

①有反馈信号的电动阀门反馈信号准确、可靠。

②无线遥控装置的遥控距离符合设计要求；多台无线遥控装置同时使用时，没有相互干扰或被控设备误动作现象。

③联动试验按设计的每个联动单元进行喷射试验时；其结果符合设计要求。

④装有现场手动按钮的干粉炮灭火系统，当现场手动按钮按下后，系统按设计要求自动运行，其各项性能指标均达到设计要求。

三、系统检测与验收

（一）系统检测

1. 检测主要内容

（1）系统各组件功能。

（2）测试驱动气瓶压力和干粉储存量。

（3）通过报警联动，模拟干粉喷放试验，检验系统功能。

2. 技术要求

检测项目应满足设计要求和消防技术规范的规定。

（二）系统组件验收

1. 验收内容与要求

（1）干粉储存容器

①干粉储存容器的数量、型号和规格以及位置与固定方式应符合设计要求。

②干粉灭火剂的类型、干粉充装量和干粉储存容器的安装质量等应符合设计要求和规范规定。

③油漆和标志等应符合规范要求。

（2）驱动气体储瓶

①驱动气体储瓶的型号、规格和数量应符合设计要求。

②驱动气体储瓶充装量、充装压力和气体种类应符合设计要求。

（3）集流管、驱动气体管道和减压阀

①规格、连接方式、布置及其安全防护装置的泄压方向应符合设计要求。

②集流管内腔清洁。

③支架、框架应牢固并做防腐处理。

④减压阀的流向指示箭头指向应符合设计要求。

⑤减压阀的压力显示装置的安装位置和压力显示应符合设计要求。

（4）阀驱动装置

①阀驱动装置的数量、型号、规格、标志以及安装位置应符合设计要求。

②气动阀驱动装置中启动气体储瓶的介质名称和充装压力应符合设计要求。

③启动气体管道的规格、布置和连接方式应符合设计要求。

④拉索式机械阀驱动装置的安装符合设计要求。

⑤气动阀驱动装置的启动气体储瓶应永久性标明对应防护区或保护对象的名称或编号。

（5）管道

①管道的布置与连接方式应符合设计要求。

②支架和吊架的位置及间距以及防晃支架设置应符合设计和规范要求。

③穿过建筑构件处的保护措施及变形缝处理应符合设计要求。

（6）喷头

①喷头的数量、型号、规格、安装位置应符合设计要求。

②喷头安装方向应符合设计要求。

③喷头设有防止灰尘或异物堵塞的防护装置。

（7）启动气体储瓶和选择阀

①启动气体储瓶和选择阀的机械应急手动操作处应设有标明对应防护区或保护对象名称的永久标志。

②启动气体储瓶和选择阀应加铅封的安全销。

③现场手动启动按钮应有防护罩。

2. 验收检查方法

观察检查；支、吊架的间距采用尺量检查；驱动瓶充装量和干粉储存量采用承重检查。

（三）防护区或保护对象及储存装置间验收

1. 验收内容与要求

（1）防护区或保护对象的位置、用途、几何尺寸、开口、通风环境，可燃物种类与数量，防护区封闭结构等应符合设计要求和规范规定。

（2）安全设施（疏散通道、应急照明、标志指示、声光报警、通风排气、安全泄压等）应符合有关规定。

（3）干粉储存装置专用间的位置、通道、耐火等级、应急照明、火灾报警控制电源等应符合设计和规范要求。

（4）火灾报警控制系统及联动设备正常。

2. 验收检查方法

观察检查、功能试验检查和核对设计要求。

（四）系统功能验收

系统功能验收包括进行模拟启动试验验收、模拟喷放试验验收和模拟主用、备用电源切换试验，其试验方法和合格判定标准与系统功能试验相同。

四、系统维护管理

（一）系统巡查

1. 巡查内容

（1）喷头外观及其周边障碍物等。

（2）设备储存间环境，驱动气瓶、灭火剂储存装置外观。

（3）选择阀、驱动装置等组件外观。

（4）灭火控制器的工作状态。

（5）紧急启 / 停按钮、释放指示灯、警报器外观。

（6）防护区状况。

2.巡查方法

采用目测观察的方法。

3.巡查频次

同其他消防设施巡查频次。

（二）系统周期性检查维护

1.每日检查项目

（1）干粉储存装置外观。

（2）灭火控制器运行情况。

（3）启动气体储瓶和驱动气体储瓶压力。

2.每月检查项目

（1）干粉储存装置部件。

（2）驱动气体储瓶充装量。

3.每年检查项目

（1）防护区及干粉储存装置间状况。

（2）管网、支架及喷放组件。

（3）模拟启动试验。

第九节　泡沫灭火系统

本节重点介绍泡沫灭火系统安装前泡沫液、系统组件、管件管材的进场检查、安装调试、检测验收、维护管理的内容与要求以及常见故障分析与处理方法。有关消防泵的现场检查、安装调试、检测验收、维护管理的内容见本章第三节。

一、泡沫液和系统组件（设备）现场检查

（一）泡沫液现场检查

1.检查内容与要求

下列情况之一的泡沫液需要送检，其检测结果应符合国家现行有关产品标准和设计要求：

（1）6%型低倍数泡沫液设计用量大于或等于7.0t；

（2）3%型低倍数泡沫液设计用量大于或等于3.5t；

（3）6%蛋白型中倍数泡沫液最小储备量大于或等于2.5t；

（4）6%合成型中倍数泡沫液最小储备量大于或等于2.0t；

（5）高倍数泡沫液最小储备量大于或等于1.0t；

（6）合同文件规定的需要现场取样送检的泡沫液。

2.检查方法

检查现场取样按现行国家标准《泡沫灭火剂通用技术条件》GB 15308的规定对发泡性能（发泡倍数、析液时间）和灭火性能（灭火时间、抗烧时间）的检验报告。

（二）系统组件现场检查

1.检查内容与要求

（1）泡沫产生装置、泡沫比例混合器（装置）、泡沫液储罐、消防泵、泡沫消火栓、阀门、压力表、管道过滤器、金属软管等系统组件外观质量，应符合下列规定：

①无变形及其他机械性损伤；

②外露非机械加工表面保护涂层完好；

③无保护涂层的机械加工面无锈蚀；

④所有外露接口无损伤，堵、盖等保护物包封良好；

⑤铭牌标记清晰、牢固。

（2）消防泵盘车应灵活，无阻滞，无异常声音；高倍数泡沫产生器用手转动叶轮应灵活；固定式泡沫炮的手动机构应无卡阻现象。

（3）泡沫产生装置、泡沫比例混合器（装置）、泡沫液压力储罐、消防泵、泡沫消火栓、阀门、压力表、管道过滤器、金属软管等系统组件应符合下列规定：

①其规格、型号、性能应符合国家现行产品标准和设计要求；

②设计上有复验要求或对质量有疑义时，应由监理工程师抽样，并由具有相应资质的检测单位进行检测复验，其复验结果应符合国家现行产品标准和设计要求。

（4）阀门的强度和严密性试验应符合下列规定：

①强度和严密性试验应采用清水进行，强度试验压力为公称压力的 1.5 倍；严密性试验压力为公称压力的 1.1 倍。

②试验压力在试验持续时间内应保持不变，且壳体填料和阀瓣密封面无渗漏；

③阀门试压的试验持续时间不应少于规范的规定；

④试验合格的阀门，应排尽内部积水，并吹干。密封面涂防锈油，关闭阀门，封闭出入口，作出明显的标记，并应按规范做好记录。

2. 检查方法

上述检查内容中第（1）项应全数进行观察检查；第（2）项应全数进行手动检查；第（3）项应全数检查市场准入制度要求的有效证明文件和产品出厂合格证以及送检的复验报告；第（4）项每批（同牌号、同型号、同规格）按数量抽查 10%，且不得少于 1 个；主管道上的隔断阀门，应全部试验。将阀门安装在试验管道上，有液流方向要求的阀门试验管道应安装在阀门的进口，然后管道充满水，排净空气，用试压装置缓慢升压，待达到严密性试验压力后，在最短试验持续时间内，阀瓣密封面不渗漏为合格；最后将压力升至强度试验压力，在最短试验持续时间内，壳体填料无渗漏为合格。

二、系统组件安装与调试

（一）泡沫液储罐的安装

1. 安装要求

（1）泡沫液储罐的安装位置和高度应符合设计要求，当设计无要求时，泡沫液储罐周围应留有满足检修需要的通道，其宽度不宜小于 0.7m 的通道，且操作面不宜小于 1.5m；当泡沫液储罐上的控制阀距地面高度大于 1.8m 时，应在操作面处设置操作平台或操作凳。

（2）常压泡沫液储罐的现场制作、安装和防腐应符合下列规定：

①现场制作的常压钢质泡沫液储罐，泡沫液管道出液口不应高于泡沫液储罐最低液面 1m，泡沫液管道吸液口距泡沫液储罐底面不应小于 0.15m，且宜做成喇叭口形；

②现场制作的常压钢质泡沫液储罐应该进行严密性试验，试验压力应为储罐装满水后的静压

力，试验时间不应小于30min，目测应无渗漏；

③现场制作的常压钢质泡沫液储罐内、外表面应按设计要求防腐，并应在严密性试验合格后进行；

④常压泡沫液储罐的安装方式应符合设计要求，当设计无要求时，应根据其形状按立式或卧式安装在支架或支座上，支架应与基础固定，安装时不得损坏其储罐上的配管和附件。

⑤常压钢质泡沫液储罐罐体与支座接触部位的防腐，应符合设计要求，当设计无规定时，应按加强防腐层的做法施工。

（3）泡沫液压力储罐的安装时，支架应与基础牢固固定，且不应拆卸和损坏配管、附件；储罐的安全阀出口不应朝向操作面。

（4）设在泡沫泵站外的泡沫液压力储罐的安装应符合设计要求，并应根据环境条件采取防晒、防冻和防腐等措施。

2.检查方法

（1）对上述安装要求第（1）项内容应全数用尺测量。

（2）对上述安装要求第（2）项中①的内容应全数用尺测量；②的内容应全数进行观察检查，检查全部焊缝、焊接接头和连接部位，以无渗漏为合格；③的内容应全数进行观察检查，当对泡沫液储罐内表面防腐涂料有疑义时，可取样送至具有相应资质的检测单位进行检验；④的内容应全数进行观察检查；⑤的内容应全数进行观察检查，必要时可切开防腐层检查。

（3）对上述安装要求第（3）、（4）项内容应全数进行观察检查。

（二）泡沫比例混合器（装置）的安装

1.安装要求

（1）泡沫比例混合器（装置）

①标注方向应与液流方向一致。

②与管道连接处的安装应严密。

（2）环泵式比例混合器

①安装标高的允许偏差为 ±10mm。

②备用的环泵式比例混合器应并联安装在系统上，并应有明显的标志。

（3）压力式比例混合装置

应整体安装，并应与基础牢固固定。

（4）平衡式比例混合装置

①整体平衡式比例混合装置应竖直安装在压力水的水平管道上；并应在水和泡沫液进口的水平管道上分别安装压力表，且与平衡式比例混合装置进口处的距离不宜大于0.3m。

②分体平衡式比例混合装置的平衡压力流量控制阀应竖直安装。

③水力驱动式平衡式比例混合装置的泡沫液泵应水平安装，安装尺寸和管道的连接方式应符合设计要求。

（5）管线式比例混合器

①应安装在压力水的水平管道上或串接在消防水带上。

②应靠近储罐或防护区。

③吸液口与泡沫液储罐或泡沫液桶最低液面的高度不得大于1.0m。

2.检查方法

应全数进行观察检查，对有标高、高度和距离要求的进行尺量检查和拉线检查。

（三）阀门的安装

1.安装要求

（1）泡沫混合液管道采用的阀门应按相关标准进行安装，并应有明显的启闭标志。

（2）具有遥控、自动控制功能的阀门安装，应符合设计要求；当设置在有爆炸和火灾危险的环境时，应按相关标准安装。

（3）液下喷射和半液下喷射泡沫灭火系统泡沫管道进储罐处设置的钢质明杆闸阀和止回阀应水平安装，其止回阀上标注的方向应与泡沫的流动方向一致。

（4）高倍数泡沫产生器进口端泡沫混合液管道上设置的压力表、管道过滤器、控制阀宜安装在水平支管上。

（5）泡沫混合液管道上设置的自动排气阀应在系统试压、冲洗合格后进行立式安装。

（6）连接泡沫产生装置的泡沫混合液管道上控制阀的安装应符合下列规定：

①控制阀应安装在防火堤外压力表接口的外侧，并应有明显的启闭标志；

②泡沫混合液管道设置在地上时，控制阀的安装高度宜为 1.1m~1.5m；

③当环境温度为 0℃ 及以下的地区采用铸铁控制阀时，若管道设置在地上，铸铁控制阀应安装在立管上；若管道埋地或地沟内设置，铸铁控制阀应安装在阀门井内或地沟内，并应采取防冻措施。

（7）当储罐区固定式泡沫灭火系统同时又具备半固定系统功能时，应在防火堤外泡沫混合液管道上安装带控制阀和带闷盖的管牙接口，并应符合前款的有关要求。

（8）泡沫混合液立管上设置的控制阀，其安装高度宜为 1.1m~1.5m，并应有明显的启闭标志；当控制阀的安装高度大于 1.8m 时，应设置操作平台或操作凳。

（9）管道上的放空阀应安装在最低处。

2.检查方法

应全数进行观察检查，有高度要求的，进行尺量检查。

（四）泡沫消火栓的安装

1.安装要求

（1）泡沫混合液管道上设置泡沫消火栓的规格、型号、数量、位置、安装方式、间距应符合设计要求。

（2）地上式泡沫消火栓应垂直安装，地下式泡沫消火栓应安装在消火栓井内泡沫混合液管道上。

（3）地上式泡沫消火栓的大口径出液口应朝向消防车道。

（4）地下式泡沫消火栓时应有永久性明显标志，其顶部与井盖底面的距离不得大于 0.4mm，且不小于井盖半径。

（5）室内泡沫消火栓的栓口方向宜向下或与设置泡沫消火栓的墙面成 90°，栓口离地面或操作基面的高度宜为 1.1mm，允许偏差为 ±20mm，坐标的允许偏差为 20mm。

（6）泡沫泵站内或站外附近泡沫混合液管道上设置的泡沫消火栓，应符合设计要求，其安装按本条相关规定执行。

2.检查方法

（1）对上述安装要求（1），按安装总数的 10% 检查，但不得少于 1 个储罐区的数量，采用观察和尺量检查。

（2）对上述安装要求（2），按安装总数的 10% 检查，且不得少于 1 个，采用吊线和尺量检查。

（3）对上述安装要求（3）、（4）、（5），按安装总数的 10% 检查，且不得少于 1 个，采用观察检查，有距离和高度要求的，同时进行尺量检查。

（4）对上述安装要求（6），全数观察和尺量检查。

（五）泡沫产生装置的安装

1. 安装要求

（1）低倍数泡沫产生器

①液上喷射的泡沫产生器应根据产生器类型安装，并应符合设计要求。

②水溶性液体储罐内泡沫溜槽的安装应沿罐壁内侧螺旋下降到距罐底 1.0m~1.5m 处，溜槽与罐底平面夹角宜为 30°～45°；泡沫降落槽应垂直安装，其垂直度允许偏差为降落槽高度的 5‰，且不得超过 30mm，坐标允许偏差为 25mm，标高允许偏差为 ±20mm。

③液下及半液下喷射的高背压泡沫产生器应水平安装在防火堤外的泡沫混合液管道上。

④在高背压泡沫产生器进口侧设置的压力表接口应竖直安装；其出口侧设置的压力表、背压调节阀和泡沫取样口的安装尺寸应符合设计要求，环境温度为 0℃ 及以下的地区，背压调节阀和泡沫取样口上的控制阀应选用钢质阀门。

⑤液下喷射泡沫产生器或泡沫导流罩沿罐周均匀布置时，其间距偏差不宜大于 100mm。

⑥外浮顶储罐泡沫喷射口设置在浮顶上时，泡沫混合液支管应固定在支架上，泡沫喷射口 T 型管应水平安装，伸入泡沫堰板后应向下倾斜角度应符合设计要求。

⑦外浮顶储罐泡沫喷射口设置在罐壁顶部、密封或挡雨板上方或金属挡雨板的下部时，泡沫堰板的高度及与罐壁的间距应符合设计要求。

⑧泡沫堰板的最低部位设置排水孔的数量和尺寸应符合设计要求，并应沿泡沫堰板周长均布，其间距偏差不宜大于 20mm。

⑨单、双盘式内浮顶储罐泡沫堰板的高度及与罐壁的间距应符合设计要求。

⑩当一个储罐所需的高背压泡沫产生器并联安装时，应将其并列固定在支架上，且应符合上述第③和第④项的有关要求。

⑪半液下泡沫喷射装置应整体安装在泡沫管道进入储罐处设置的钢质明杆闸阀与止回阀之间的水平管道上，并应采用扩张器（伸缩器）或金属软管与止回阀连接，安装时不应拆卸和损坏密封膜及其附件。

（2）中倍数泡沫发生器

安装应符合设计要求，安装时不得损坏或随意拆卸附件。

（3）高倍数泡沫发生器

①高倍数泡沫发生器的安装应符合设计要求。

②距高倍数泡沫发生器的进气端小于或等于 0.3m 处不应有遮挡物。

③在高倍数泡沫发生器的发泡网前小于或等于 1.0m 处，不应有影响泡沫喷放的障碍物。

④高倍数泡沫发生器应整体安装，不得拆卸，并应牢固固定。

（4）泡沫喷头

①泡沫喷头的规格、型号应符合设计要求，并应在系统试压、冲洗合格后安装。

②泡沫喷头的安装应牢固、规整，安装时不得拆卸或损坏其喷头上的附件。

③顶部安装的泡沫喷头应安装在被保护物的上部，其坐标的允许偏差，室外安装为 15mm，室内安装为 10mm；标高的允许偏差，室外安装为 ±15mm，室内安装为 ±10mm。

④侧向安装的泡沫喷头应安装在被保护物的侧面并应对准被保护物体，其距离允许偏差为

20mm。

⑤地下安装的泡沫喷头应安装在被保护物的下方，并应在地面以下；在未喷射泡沫时，其顶部应低于地面 10mm~15mm。

（5）固定式泡沫炮

①固定式泡沫炮的立管应垂直安装，炮口应朝向防护区，并不应有影响泡沫喷射的障碍物。

②安装在炮塔或支架上的泡沫炮应牢固固定。

③电动泡沫炮的控制设备、电源线、控制线的规格、型号及设置位置、敷设方式、接线等应符合设计要求。

2. 检查方法

（1）对低倍数泡沫产生器安装要求中的第①③项，全数进行观察检查；第②项按安装总数的 10%抽查，但不得少于 1 个，用拉线、吊线、量角器和尺量检查；第④⑤⑥项，均按安装总数的 10%抽查，且不得少于 1 个储罐的安装数量，用水平尺、量角器、拉线和尺量检查和观察检查；第 ⑦⑨⑩项，按储罐总数的 10%检查，且不得少于 1 个储罐，进行尺量和观察检查；第⑧项按排水孔总数的 5%检查，且不得少于 4 个孔，进行尺量检查。

（2）对中倍数泡沫发生器的安装，按安装总数的 10%抽查，且不得少于 1 个储罐或保护区的安装数量，用拉线和尺量、观察检查。

（3）对高倍数泡沫发生器的安装，全数进行观察检查，有距离要求的，同时进行尺量检查。

（4）对泡沫喷头安装要求中的第①②项，全数进行观察检查；第③④⑤项，均按安装总数的 10%抽查，且不得少于 4 只，进行尺量检查。

（5）对固定式泡沫炮安装要求中的第①②项，全数进行观察检查；第③项按安装总数 10%抽查，且不得少于 1 个，进行观察检查。

（六）管道的安装

1. 安装要求

（1）基本要求

①水平管道安装时，其坡度坡向应符合设计要求，且坡度不应小于设计值，当出现 U 型管时应有放空措施。

②立管应用管卡固定在支架上，其间距不应大于设计值。

③埋地管道安装时，其基础应符合设计要求，应做好防腐，安装时不应损坏防腐层；采用焊接时，焊缝部位应在试压合格后进行防腐处理；埋地管道在回填前应进行隐蔽工程验收，合格后及时回填，分层夯实，并应按规范要求做好记录。

④管道安装的允许偏差应符合规范的要求。

⑤管道支、吊架安装应平整牢固，管墩的砌筑应规整，其间距应符合设计要求。

⑥当管道穿过防火堤、防火墙、楼板时，应安装套管。穿防火堤和防火墙套管的长度不应小于防火堤和防火墙的厚度，穿楼板套管长度应高出楼板 50mm，底部应与楼板底面相平；管道与套管间的空隙应采用防火材料封堵；管道穿过建筑物的变形缝时，应采取保护措施。

⑦管道安装完毕应进行水压试验，试验应采用清水进行，试验时环境温度不应低于 5℃；当环境温度低于 5℃时，应采取防冻措施；试验压力应为设计压力的 1.5 倍；试验前应将泡沫产生装置、泡沫比例混合器（装置）隔离；试验合格后，应按规范要求做好记录。

⑧管道试压合格后，应用清水进行冲洗，冲洗合格后，不得再进行影响管内清洁的其他施工，并应按规范要求做好记录。

⑨地上管道应在试压、冲洗合格后进行涂漆防腐。

（2）泡沫混合液管道的安装要求

①当储罐上的泡沫混合液立管与防火堤内地上水平管道或埋地管道用金属软管连接时，不得损坏其编织网，并应在金属软管与地上水平管道的连接处设置管道支架或管墩。

②储罐上泡沫混合液立管下端设置的锈渣清扫口与储罐基础或地面的距离宜为 0.3m~0.5m；锈渣清扫口可采用闸阀或盲板封堵；当采用闸阀时，应竖直安装。

③当外浮顶储罐的泡沫喷射口设置在浮顶上，且泡沫混合液管道采用的耐压软管从储罐内通过时，耐压软管安装后的运动轨迹不得与浮顶的支撑结构相碰，且与储罐底部伴热管的距离应大于0.5m。

④外浮顶储罐梯子平台上设置的带闷盖的管牙接口，应靠近平台栏杆安装，并宜高出平台1.0m，其接口应朝向储罐；引至防火堤外设置的相应管牙接口，应面向道路或朝下。

⑤连接泡沫产生装置的泡沫混合液管道上设置的压力表接口宜靠近防火堤外侧，并应竖直安装。

⑥泡沫产生装置入口处的管道应用管卡固定在支架上，其出口管道在储罐上的开口位置和尺寸应符合设计及产品要求。

⑦泡沫混合液主管道上留出的流量检测仪器安装位置以及泡沫混合液管道上试验检测口的设置位置和数量应符合设计要求。

（3）液下喷射和半液下喷射泡沫管道的安装要求

①液下喷射泡沫喷射管的长度和泡沫喷射口的安装高度，应符合设计要求。当液下喷射 1 个喷射口设在储罐中心时，其泡沫喷射管应固定在支架上；当液下喷射和半液下喷射设有 2 个及以上喷射口，并沿罐周均匀设置时，其间距偏差不宜大于 100mm。

②半固定式系统的泡沫管道，在防火堤外设置的高背压泡沫产生器快装接口应该水平安装。

③液下喷射泡沫管道上的防油品渗漏设施宜安装在止回阀出口或泡沫喷射口处；半液下喷射泡沫管道上防油品渗漏的密封膜应安装在泡沫喷射装置的出口；安装应按设计要求进行，且不应损坏密封膜。

（4）泡沫液管道的安装要求

除应符合上述基本要求外，其冲洗及放空管道设置尚应符合设计要求，当设计无要求时，应设置在泡沫液管道的最低处。

（5）泡沫喷淋管道的安装要求

①应符合上述基本要求。

②泡沫喷淋管道支、吊架与泡沫喷头之间的距离不宜小于 0.3mm；与末端泡沫喷头之间的距离不宜大于 0.5mm。

③泡沫喷淋分支管上每一直管段、相邻两泡沫喷头之间的管段设置的支、吊架均不宜少于 1个；且支、吊架的间距不宜大于 3.6m；当泡沫喷头的设置高度大于 10m 时，支、吊架的间距不宜大于 3.2m。

2. 检查方法

（1）有高度和距离要求的采用尺量检查和观察检查，坐标用经纬仪或拉线和尺量检查，标高用水准仪或拉线和尺量检查，水平管道平直度用水平仪、直尺、拉线和尺量检查，立管垂直度用吊线和尺量检查，与其他管道成排布置间距及与其他管道交叉时外壁或绝热层间距用尺量检查。其他检查采用观察检查。

（2）管道进行水压试验检查时，管道充满水，排净空气，用试压装置缓慢升压，当压力升至试验压力后，稳压10min，管道无损坏、变形，再将试验压力降至设计压力，稳压30min，以压力下降、无渗漏为合格。清水冲洗检查时，宜采用最大流量，流速不低于1.5m/s，以排出水色和透明度与入口水目测一致为合格。

（七）系统调试

1. 系统组件调试要求和检查方法

（1）调试要求

①动力源的调试

泡沫灭火系统的动力源和备用动力应进行切换试验，动力源和备用动力及电气设备运行应正常。

②泡沫比例混合器（装置）的调试

泡沫比例混合器（装置）的调试需要与系统喷泡沫试验同时进行，其混合比应符合设计要求。

③泡沫产生装置的调试

A. 低倍数（含高背压）泡沫产生器、中倍数泡沫产生器应进行喷水试验，其进口压力应符合设计要求。

B. 泡沫喷头应进行喷水试验，其防护区内任意四个相邻喷头组成的四边形保护面积内的平均供给强度不应小于设计值。

C. 固定式泡沫炮应进行喷水试验，其进口压力、射程、射高、仰俯角度、水平回转角度等指标要符合设计要求。

D. 泡沫枪应进行喷水试验，其进口压力和射程要符合设计要求。

E. 高倍数泡沫产生器应进行喷水试验，其进口压力的平均值不应小于设计值，每台高倍数泡沫产生器发泡网的喷水状态要正常。

④泡沫消火栓的调试

泡沫消火栓应进行喷水试验，其出口压力要符合设计要求。

2. 检查方法

（1）对动力源调试检查，当为手动控制时，以手动的方式进行1~2次试验；当为自动控制时，以自动和手动的方式各进行1~2次试验。

（2）对泡沫比例混合器（装置）调试检查，用流量计测量；蛋白、氟蛋白等折射指数高的泡沫液可用手持折射仪测量，水成膜、抗溶水成膜等折射指数低的泡沫液可用手持导电度测量仪测量。

（3）对泡沫产生装置调试检查，第A项，用压力表检查，当对储罐或不允许进行喷水试验的防护区，喷水口可设在靠近储罐或防护区的水平管道上，关闭非试验储罐或防护区的阀门，调节压力使之符合设计要求。第B项，选择最不利防护区的最不利点四个相邻喷头，用压力表测量后进行计算。第C项，用手动或电动实际操作，并用压力表、尺量和观察检查。第D项，用压力表、尺量检查。第E项，关闭非试验防护区的阀门，用压力表测量后进行计算和观察检查。

3. 系统功能测试要求和检查方法

（1）测试要求

①系统喷水试验

当为手动灭火系统时，要以手动控制的方式进行一次喷水试验。当为自动灭火系统时，应以手动和自动控制的方式各进行一次喷水试验，其各项性能指标均应达到设计要求。

②低、中倍数泡沫系统喷泡沫试验

低、中倍数泡沫灭火系统喷水试验完毕，将水放空后，进行喷泡沫试验。当为自动灭火系统时，应以自动控制的方式进行，喷射泡沫的时间不小于1min，实测泡沫混合液的混合比和泡沫混合液的发泡倍数，以及到达最不利点防护区或储罐的时间和湿式联用系统水与泡沫的转换时间，均应符合设计要求。

③高倍数泡沫系统喷泡沫试验

高倍数泡沫灭火系统喷水试验完毕，将水放空后，以手动或自动控制的方式对防护区进行喷泡沫试验，喷射泡沫的时间不小于30s，实测泡沫混合液的混合比和泡沫供给速率，以及自接到火灾模拟信号至开始喷泡沫的时间，应符合设计要求。

（2）检查方法

①系统喷水试验检查，用压力表、流量计、秒表测量。当系统为手动灭火系统时，选择最远的防护区或储罐进行喷水试验；当系统为自动灭火系统时，选择最大和最远二个防护区或储罐分别以手动和自动的方式进行喷水试验。

②低、中倍数泡沫系统喷泡沫试验检查，泡沫混合液的混合比按规范规定的检查方法测量；泡沫混合液的发泡倍数按规范规定的方法测量；喷射泡沫的时间和泡沫混合液或泡沫到达最不利点防护区或储罐的时间及湿式联用系统自喷水至喷泡沫的转换时间，用秒表测量。

③高倍数泡沫系统喷泡沫试验检查，泡沫混合液的混合比按规范规定的检查方法测量；泡沫供给速率的检查，应记录各高倍数泡沫产生器进口端压力表读数，用秒表测量喷射泡沫的时间，然后按制造厂给出的曲线查出对应的发泡量，经计算得出的泡沫供给速率，不应小于设计要求的最小供给速率；喷射泡沫的时间和自接到火灾模拟信号至开始喷泡沫的时间，用秒表测量。

三、系统检测与验收

（一）系统检测

1. 检测内容和方法

（1）泡沫液贮罐

①查看罐体或铭牌、标志牌是否符合要求。

②查看储罐的配件是否齐全完好。

（2）比例混合器

①查看是否符合设计选型；液流方向是否正确。

②查看阀门启闭是否灵活，压力表是否正常。

（3）泡沫产生器

①查看是否符合设计选型。

②查看吸气孔、发泡网及暴露的泡沫喷射口是否有杂物或堵塞。

（4）泡沫栓

查看外观，用消火栓扳手开闭阀门。

（5）泡沫喷头

查看吸气孔、发泡网。

（6）系统功能

①按设定的控制方式启动泡沫消防泵，查看泡沫消防泵、比例混合器、泡沫枪、泡沫产生器的压力表显示、以及泡沫枪、泡沫产生器的发泡情况。

②不宜实际喷泡沫的系统，在试验泡沫栓上连接泡沫枪或泡沫产生器、打开试验泡沫栓后，按

（6）①项试验。

③冲洗设备和管道后，将系统复位。

2. 技术要求

（1）泡沫液贮罐

①泡沫液贮罐罐体或铭牌、标志牌上应清晰注明泡沫灭火剂的型号、配比浓度、泡沫灭火剂的有效日期和储量。

②储罐的配件应齐全完好，液位计、呼吸阀、安全阀及压力表状态应正常。

（2）比例混合器

①应符合设计选型；液流方向应正确。

②阀门启闭应灵活，压力表应正常。

（3）泡沫产生器

①应符合设计选型。

②吸气孔、发泡网及暴露的泡沫喷射口，不得有杂物进入或堵塞；泡沫出口附近不得有阻挡泡沫喷射及泡沫流淌的障碍物。

（4）泡沫栓

阀门启闭应灵活。

（5）泡沫喷头

应符合设计选型，吸气孔、发泡网不应堵塞。

（6）系统功能

应能按设定的控制方式正常启动泡沫消防泵，比例混合器、泡沫产生器、泡沫枪，以及喷发的泡沫应正常。

（二）系统验收

1. 系统施工质量验收

（1）验收的主要内容

①泡沫液储罐、泡沫比例混合器（装置）、泡沫产生装置、消防泵、泡沫消火栓、阀门、压力表、管道过滤器、金属软管等系统组件的规格、型号、数量、安装位置及安装质量。

②管道及管件的规格、型号、位置、坡向、坡度、连接方式及安装质量。

③固定管道的支、吊架，管墩的位置、间距及牢固程度。

④管道穿防火堤、楼板、防火墙及变形缝的处理。

⑤管道和系统组件的防腐。

⑥消防泵房、水源及水位指示装置。

⑦动力源、备用动力及电气设备。

（2）验收检查方法

全数进行检查，采用观察和量测及试验检查方法。

2. 系统功能验收

（1）验收的主要内容

①低、中倍数泡沫灭火系统喷泡沫试验应合格。

②高倍数泡沫灭火系统喷泡沫试验应合格。

（2）验收检查方法

①低、中倍数泡沫灭火系统喷泡沫试验检查，任选一个防护区或储罐，进行一次试验，按前述

系统功能测试要求和检查方法中有关低、中倍数泡沫灭火系统喷泡沫试验。

②高倍数泡沫灭火系统喷泡沫试验检查，任选一个防护区，进行一次试验，按前述系统功能测试要求和检查方法中有关高倍数泡沫灭火系统喷泡沫试验。

四、系统维护管理

（一）系统巡查

1. 巡查内容与要求

（1）巡查内容

①泡沫喷头外观及距周边障碍物或保护对象距离。

②泡沫消火栓、泡沫炮、泡沫产生器、泡沫比例混合器外观。

③泡沫液储罐外观及罐间环境，泡沫液有效期及储存量。

④控制阀门和管道的外观、标识。

⑤火灾探测传动控制、现场手动控制装置的外观及运行状况。

⑥泡沫泵及控制柜的外观和运行状况。

（2）巡查方法

同其他消防设施的巡查方法。

（3）巡查频次

同其他消防设施巡查频次。

（二）系统周期性检查维护

1. 每周检查项目

应对消防泵和备用动力进行一次启动试验，并应按规范要求做好记录。

2. 每月检查项目

（1）对低、中、高倍数泡沫发生器，泡沫喷头，固定式泡沫炮，泡沫比例混合器（装置），泡沫液储罐进行外观检查，应完好无损。

（2）对固定式泡沫炮的回转机构、仰俯机构或电动操作机构进行检查，性能应达到标准的要求。

（3）泡沫消火栓和阀门的开启与关闭应自如，不应锈蚀。

（4）压力表、管道过滤器、金属软管、管道及附件不应有损伤。

（5）对摇控功能或自动控制设施及操纵机构进行检查，性能应符合设计要求。

（6）对储罐上的低、中倍数泡沫混合液立管应清除锈渣。

（7）动力源和电气设备工作状况应良好。

（8）水源及水位指示装置应正常。

3. 每半年检查项目

除储罐上泡沫混合液立管和液下喷射防火堤内泡沫管道及高倍数泡沫产生器进口端控制阀后的管道外，其余管道应全部冲洗，清除锈渣，并应按规范要求做好记录。

4. 每两年检查项目

（1）每两年应对系统进行检查和试验，并应按本规范要求做好记录。

（2）对于低倍数泡沫灭火系统中的液上、液下及半液下喷射、泡沫喷淋、固定式泡沫炮和中倍数泡沫灭火系统进行喷泡沫试验，并对系统所有的组件、设施、管道及管件进行全面检查。

（3）对于高倍数泡沫灭火系统，可在防护区内进行喷泡沫试验，并对系统所有组件、设施、管道及附件进行全面检查。

（4）系统检查和试验完毕，应对泡沫液泵或泡沫混合液泵、泡沫液管道、泡沫混合液管道、泡沫管道、泡沫比例混合器（装置）、泡沫消火栓、管道过滤器或喷过泡沫的泡沫产生装置等用清水冲洗后放空，复原系统。

（三）系统常见故障分析及处理

1. 泡沫产生器无法发泡或发泡不正常

（1）主要原因：泡沫产生器吸气口被异物堵塞；泡沫混合液不满足要求，如泡沫液失效，混合比不满足要求。

（2）解决方法：加强对泡沫产生器的巡检，发现异物及时清理；加强对泡沫比例混合器（装置）和泡沫液的维护和检测。

2. 比例混合器锈死

（1）主要原因：由于使用后，未及时用清水冲洗，泡沫液长期腐蚀混合器致使锈死。

（2）解决方法：加强检查，定期拆下保养，系统平时试验完毕后，一定要用清水冲洗干净。

3. 无囊式压力比例混合装置的泡沫液储罐进水

（1）主要原因：储罐进水的控制阀门选型不当或不合格，导致平时出现渗漏。

（2）解决方法：严格阀门选型，采用合格产品，加强巡检，发现问题及时处理。

4. 囊式压力比例混合装置中因囊破裂而使系统瘫痪

（1）主要原因：比例混合装置中的囊因老化，承压降低，导致系统运行时发生破裂；因胶囊受力设计不合理，灌装泡沫液方法不当而导致囊破裂。

（2）解决方法：对胶囊加强维护管理，定期更换；采用合格产品，按正确的方法进行灌装。

5. 平衡式比例混合装置的平衡阀无法工作

（1）主要原因：平衡阀的橡胶膜片由于承压过大被损坏。

（2）解决方法：选用采用耐压强度高的膜片；平时应加强维护管理。

第十节　防烟排烟系统

本节重点介绍防烟排烟系统的安装、调试、检测、验收和维护管理等方面的内容。

一、系统组件（设备）安装前检查

质量控制文件检查同其他灭火系统，在此主要介绍对系统材料、组件进行现场检查（检验）的内容与要求。

（一）检查内容与要求

1. 风管的材料品种、规格、厚度等应符合设计要求和国家现行标准的规定。当采用金属风管且设计无要求时，钢板或镀锌钢板的厚度应符合《建筑防烟排烟系统技术规范》的规定。

2. 有耐火极限要求的风管的本体、框架与固定材料、密封垫料等必须为不燃材料，材料品种、规格、厚度及耐火极限等应符合设计要求和国家现行标准的规定。

3. 排烟防火阀、送风口、防烟阀、排烟阀或排烟口等符合有关消防产品标准的规定，其规格、型号应符合设计要求，手动开启灵活、关闭可靠严密。

4. 电动防火阀、送风口和排烟阀或排烟口等的驱动装置，动作应可靠，在最大工作压力下工作正常。

5. 防烟、排烟系统柔性短管的制作材料必须为不燃材料。

6. 风机应符合产品标准和有关消防产品标准的规定，其型号、规格、数量应符合设计要求，出口方向应正确。

7. 活动挡烟垂壁及其电动驱动装置和控制装置应符合有关消防产品标准的规定，其型号、规格、数量应符合设计要求，动作可靠。

8. 自动排烟窗的驱动装置和控制装置应符合设计要求，动作可靠。

（二）检查数量要求

上述第1、2项内容检查均按风管、材料加工批的数量抽查10%，且不得少于5件；第3项按种类、批抽查10%，且不得少于2个；第4、7、8项按批抽查10%，且不得少于1件；第5、6项全数检查。

（三）检查方法

1. 上述第1项内容采用尺量检查、直观检查，查验风管、材料质量合格证明文件、性能检验报告。

2. 上述第2项内容采用尺量检查、直观检查与点燃试验，查验材料质量合格证明文件、符合国家市场准入要求的检验报告。

3. 上述第3、4项内容采用测试、直观检查，查验产品的质量合格证明文件、符合国家市场准入要求的检验报告。

4. 上述第5项内容采用直观检查与点燃试验，查验产品的质量合格证明文件、符合国家市场准入要求的检验报告。

5. 上述第6项内容采用核对、直观检查，查验产品的质量合格证明文件、符合国家市场准入要求的检验报告。

6. 上述第7、8项内容采用测试，直观检查，查验产品的质量合格证明文件、符合国家市场准入要求的检验报告。

二、系统的安装与调试

（一）系统的安装

1. 风管的安装

（1）安装要求

①金属风管的制作和连接：风管采用法兰连接时，风管法兰材料规格按现行国家标准《建筑防烟排烟技术规范》要求选用，其螺栓孔的间距不得大于150mm，矩形风管法兰四角处应设有螺孔；板材应采用咬口连接或铆接，除镀锌钢板及含有复合保护层的钢板外，板厚大于1.5mm的可采用焊接；风管应以板材连接的密封为主，可辅以密封胶嵌缝或其它方法密封，密封面宜设在风管的正压侧；排烟风管的隔热层应采用厚度不小于40mm的不燃绝热材料，绝热材料的施工及风管加固、导流片的设置应按国家标准《通风与空调工程施工质量验收规范》GB 50243的有关规定执行。

②非金属风管的制作和连接：非金属风管的材料品种、规格、性能与厚度等应符合设计和现行国家产品标准的规定；法兰的规格符合现行国家标准《建筑防烟排烟技术规范》的规定，其螺栓孔的间距不得大于120mm；矩形风管法兰的四角处应设有螺孔；采用套管连接时，套管厚度不小于风管板材的厚度；无机玻璃钢风管的玻璃布，必须无碱或中碱，层数应符合国家标准《通风与空调工程施工质量验收规范》GB 50243的规定，风管的表面不得出现泛卤或严重泛霜。

③风管应按系统类别进行强度和严密性检验，其强度和严密性应符合设计要求或下列规定：

A. 风管强度应符合现行行业标准《通风管道技术规程》JGJ141 的规定；

B. 金属矩形风管的允许漏风量，低压系统风管 $QL \leqslant 0.1056P0.65$，中压系统风管 $QM \leqslant 0.0352P0.65$，高压系统风管 $QH \leqslant 0.0117P0.65$（式中：QL，QM，QH——系统风管在相应工作压力下，单位面积风管单位时间内的允许漏风量 $[m^3/(h \cdot m^2)]$，P 风管——指风管系统的工作压力（Pa）；

C. 风管系统类别按系统工作压力 P 风管（Pa）划分为 3 类：低压系统 P 风管 $\leqslant 500$，中压系统 $500 < P$ 风管 $\leqslant 1500$，高压系统 P 风管 > 1500；

D. 金属圆形风管、非金属风管允许的气体漏风量应为金属矩形风管规定值的 50%；

E. 排烟风管应按中压系统风管的规定。

④风管的安装应符合下列条件：风管的规格、安装位置、标高、走向应符合设计要求，现场风管的安装，不得缩小接口的有效截面；风管接口的连接应严密、牢固，垫片厚度不应小于 3mm，不应凸入管内和法兰外，排烟风管法兰垫片应为不燃材料，薄钢板法兰风管应采用螺栓连接；风管吊、支架的安装应按现行国家标准《通风与空调工程施工质量验收规范》GB 50243 的有关规定执行；风管与风机的连接宜采用法兰连接，或采用不燃材料的柔性短管连接，当风机仅用于防烟、排烟时，不宜采用柔性连接；风管与风机连接若有转弯处宜加装导流叶片，保证气流顺畅；当风管穿越隔墙或楼板时，风管与隔墙之间的空隙，应采用水泥砂浆等不燃材料严密填塞；吊顶内的排烟管道应采用不燃材料隔热，并应与可燃物保持不小于 150mm 的距离。

⑤风管（道）系统安装完毕后，应按系统类别进行严密性检验，检验应以主、干管道为主，漏风量应符合设计与现行国家标准《建筑防烟排烟系统技术规范》的规定。

（2）检查数量要求

上述第①②④项各系统按不小于 30% 检查；第③项按风管系统类别和材质分别抽查，不应少于 3 件及 15m²；第⑤项按系统不小于 30% 检查，且不应少于 1 个系统。

（3）检查方法

第①②④项要求采用尺量检查和直观检查；第③项要求检查产品合格证明文件和测试报告或进行测试，系统的强度、和漏风量测试方法按现行行业标准《通风管道技术规程》JGJ141 的有关规定执行。第⑤项要求系统的严密性检验测试按现行国家标准《通风与空调工程施工质量验收规范》GB 50243 有关规定执行。

2. 部件的安装

（1）安装要求

①排烟防火阀：型号、规格及安装的方向、位置应符合设计要求；阀门应顺气流方向关闭，防火分区隔墙两侧的排烟防火阀，距墙端面不应大于 200mm；手动和电动装置应灵活、可靠，阀门关闭严密；应设独立的支吊架，当风管采用不燃材料防火隔热时，阀门安装处应有明显标识。

②送风口、排烟阀（口）：安装位置应符合规范和设计要求，并应固定牢靠，表面平整、不变形，调节灵活；排烟口距可燃物或可燃构件的距离不应小于 1.5m。

③常闭送风口、排烟阀（口）：手动驱动装置应固定安装在明显可见、距楼地面 1.3m ~ 1.5m 之间便于操作的位置，预埋套管不得有死弯及瘪陷，手动驱动装置操作应灵活。

④挡烟垂壁：型号、规格、下垂的长度和安装位置应符合设计要求；活动挡烟垂壁与建筑结构（柱或墙）面的缝隙不应大于 60mm，由两块或两块以上的挡烟垂帘组成的连续性挡烟垂壁，各块之间不应有缝隙，搭接宽度不应小于 100mm；活动挡烟垂壁的手动操作按钮应固定安装在距楼地面

1.3m ～ 1.5m 之间便于操作、明显可见处。

⑤排烟窗：型号、规格和安装位置应符合设计要求；安装应牢固、可靠，符合有关门窗施工验收规范要求，并应开启、关闭灵活；手动开启机构或按钮应固定安装在距楼地面 1.3m ～ 1.5m 之间，并便于操作、明显可见；自动排烟窗驱动装置的安装应符合设计和产品技术文件要求，并应灵活、可靠。

（2）检查数量要求

排烟防火阀、送风口、排烟阀（口）、常闭送风口、排烟阀（口）的检查，各系统按不小于 30% 检查；挡烟垂壁、排烟窗均全数检查。

（3）检查方法：对第①③项采用尺量检查、直观检查及动作（操作）检查；对第②项采用尺量检查、直观检查；对第④项依据设计图核对，并采用尺量检查、动作检查；对第⑤项依据设计图核对，并进行操作检查、动作检查。

3.风机的安装

（1）安装要求

①风机的型号、规格应符合设计规定，其出口方向正确。

②风机外壳至墙壁或其他设备的距离不应小于 600mm。

③送风机的进风口不应与排烟风机的出风口设在同一面上。当确有困难时，送风机的进风口与排烟风机的出风口应分开布置，且竖向布置时，送风机的进风口应设置在排烟出口的下方，其两者边缘最小垂直距离不应小于 6.0m；水平布置时，两者边缘最小水平距离不应小于 20.0m。

④风机应设在混凝土或钢架基础上，且不应设置减振装置；若排烟系统与通风空调系统共用需要设置减振装置时，不应使用橡胶减振装置。

⑤吊装风机的支吊架应焊接牢固、安装可靠，其结构形式和外形尺寸应符合设计或设备技术文件要求。

⑥风机驱动装置的外露部位必须装设防护罩；直通大气的进、出风口必须装设防护网或采取其他安全设施，并应采取防雨措施。

（2）检查数量要求：各项要求均全数检查。

（3）检查方法：均依据设计图核对、直观检查。

（二）系统的调试

1.单机调试

（1）调试方法与要求

①排烟防火阀：进行手动关闭、复位试验，阀门动作应灵敏、可靠，关闭应严密；模拟火灾，相应区域火灾报警后，同一防火分区内排烟管道上的其他阀门应联动关闭；阀门关闭后的状态信号应能反馈到消防控制室；阀门关闭后应能联动相应的风机停止。

②常闭送风口、排烟阀（口）：进行手动开启、复位试验，阀门动作应灵敏、可靠，远距离控制机构的脱扣钢丝连接不应松弛、不脱落；模拟火灾，相应区域火灾报警后，同一防火区域内阀门应联动开启；阀门开启后的状态信号应能反馈到消防控制室；阀门开启后应能联动相应的风机启动。

③活动挡烟垂壁：手动操作挡烟垂壁按钮进行开启、复位试验，挡烟垂壁应灵敏、可靠地启动与到位后停止，下降高度符合设计要求；模拟火灾，相应区域火灾报警后，同一防烟分区内挡烟垂壁应在 60s 以内联动下降到设计高度；挡烟垂壁下降到设计高度后应能将状态信号反馈到消防控制室。

④自动排烟窗：手动操作排烟窗按钮进行开启、关闭试验，排烟窗动作应灵敏、可靠，完全开启时间应符合设计；模拟火灾，相应区域火灾报警后，同一防烟分区内排烟窗应能联动开启；完全开启时间应符合规范要求；与消防控制室联动的排烟窗完全开启后，状态信号应反馈到消防控制室。

⑤送风机、排烟风机：手动开启风机，风机应正常运转 2.0h，叶轮旋转方向应正确、运转平稳、无异常振动与声响；核对风机的铭牌值，并测定风机的风量、风压、电流和电压，其结果应与设计相符；能在消防控制室手动控制风机的启动、停止；风机的启动、停止状态信号应能反馈到消防控制室。

⑥机械加压送风系统风速及余压：应选取送风系统末端所对应的送风最不利的三个连续楼层模拟起火层及其上下层，封闭避难层（间）仅需选取本层，调试送风系统使上述楼层的楼梯间、前室及封闭避难层（间）的风压值及疏散门的门洞断面风速值与设计值的偏差不大于 10%；对楼梯间和前室的调试应单独分别进行，且互不影响；调试楼梯间和前室疏散门的门洞断面风速时应同时开启三个楼层的疏散门。

⑦机械排烟系统风速和风量：应根据设计模式，开启排烟风机和相应的排烟阀或排烟口，调试排烟系统使排烟阀或排烟口处的风速值及排烟量值达到设计要求；开启排烟系统的同时，还应开启补风机和相应的补风口，调试补风系统使补风口处的风速值及补风量值达到设计要求；应测试每个风口风速，核算每个风口的风量及其排烟分区总风量。

（2）调试数量要求：均全数调试。

2. 联动调试

（1）调试要求

①机械加压送风系统的联动调试：当任何一个常闭送风口开启时，相应的送风机均能同时启动；与火灾自动报警系统联动调试，当火灾自动报警探测器发出火警信号后，应在 15s 内启动有关部位的送风口、送风机，启动的送风口、送风机应符合设计要求，联动启动方式应符合现行国家标准《火灾自动报警系统设计规范》GB 50116 规定，其状态信号应反馈到消防控制室。

②机械排烟系统的联动调试：当任何一个常闭排烟阀（口）开启时，排烟风机均能联动启动；与火灾自动报警系统联动调试，当火灾自动报警探测器发出火警信号后，机械排烟系统应启动有关部位的排烟阀或排烟口、排烟风机；启动的排烟阀或排烟口、排烟风机应与设计和规范要求一致，其状态信号应反馈到消防控制室；有补风要求的机械排烟场所，当火灾报警后，补风系统应启动；排烟系统与通风、空调系统合用，当火灾自动报警探测器发出火警信号后，由通风、空调系统转换为排烟系统的时间应符合规范要求。

③自动排烟窗的联动调试：应在火灾自动报警探测器发出火警信号后联动开启到符合要求的位置；其动作状态信号应反馈到消防控制室。

④活动挡烟垂壁的调试：应在火灾报警后联动下降到设计高度；其动作状态信号应反馈到消防控制室。

（2）调试数量要求：全数调试。

三、系统检测与验收

（一）系统检测

1. 检测内容与方法

（1）机械加压送风系统

①控制柜：查看标志、仪表、指示灯、开关和控制按钮；按钮启停每台风机，查看仪表及指示灯显示。

②风机：查看外观和标志牌；控制室远程手动启、停风机，查看运行及信号反馈情况。

③送风阀：查看外观；手动、电动开启，手动复位，查看动作和信号反馈情况。

④系统功能：自动控制方式下，分别触发两个相关的火灾探测器，查看相应送风阀、送风机的动作和信号反馈情况。采用微压计，在保护区域的顶层、中间层及最下层，测量防烟楼梯间、前室、合用前室的余压。全部复位，恢复到正常警戒状态。

（2）机械排烟系统

①控制柜、风机、排烟阀、排烟防火阀、电动排烟窗的检测内容与方法同机械加压送风系统。

②系统功能按下列方法检测：

A. 自动控制方式下，分别触发两个相关的两个火灾探测器，查看相应排烟阀、排烟风机、送风机的动作和信号反馈情况。通风与排烟合用系统，同时查看风机运行状态的转换情况；

B. 采用风速仪，测量排烟风口的风速；

C. 按规范规定的公式计算排烟风口的平均风速；

D. 按规范规定的公式计算排烟量；

E. 分别触发两个相关的火灾探测器或触发手动报警按钮，查看相应区域电动排烟窗动作情况及反馈信号；

F. 全部复位，恢复到正常警戒状态。

2. 技术要求

（1）机械加压送风系统的技术要求

①控制柜：应有注明系统名称和编号的标志；仪表、指示灯显示应正常，开关及控制按钮应灵活可靠；应有手动、自动切换装置。

②风机：应有注明系统名称和编号的标志；传动皮带的防护罩、新风入口的防护网应完好；启动运转平稳，叶轮旋转方向正确，无异常振动与声响。

③送风阀：安装牢固；开启与复位操作应灵活可靠，关闭时应严密，反馈信号应正确。

④系统功能：应能自动和手动启动相应区域的送风阀、送风机，并向火灾报警控制器反馈信号；送风口的风速不宜大于 7m/s；防烟楼梯间的余压值应为 40Pa～50Pa，前室、合用前室的余压值应为 25Pa～30Pa。

（2）机械排烟系统的技术要求

①控制柜、风机、排烟阀、排烟防火阀、电动排烟窗的技术要求同机械加压送风系统。

②系统功能：应能自动和手动启动相应区域排烟阀、排烟风机，并向火灾报警控制器反馈信号，设有补风的系统，应在启动排烟风机的同时启动送风机。排烟口的风速不宜大于 10m/s，排烟量应符合设计要求。当通风与排烟合用风机时，应能自动切换到高速运行状态。电动排烟窗系统，应具有直接启动或联动控制开启功能。

（二）系统验收

1. 验收内容与要求

（1）防烟、排烟系统观感质量综合验收

①风管表面应平整、无损坏；接管合理，风管的连接以及风管与风机的连接，应无明显缺陷。

②风口表面应平整，颜色一致，安装位置正确，风口可调节部件应能正常动作。

③各类调节装置安装应正确牢固、调节灵活，操作方便。

④风管、部件及管道的支、吊架型式、位置及间距应符合要求。

⑤风机的安装应正确牢固。

（2）防烟、排烟系统设备手动功能验收

①送风机、排烟风机应能正常手动启动和停止，状态信号应在消防控制室显示。

②送风口、排烟阀或排烟口应能正常手动开启和复位，阀门关闭严密，动作信号应在消防控制室显示。

③活动挡烟垂壁、自动排烟窗应能正常手动开启和复位，动作信号应在消防控制室显示。

（3）系统设备联动功能验收

①送风口的开启和送风机的启动应符合规范要求。

②排烟阀（口）的开启和排烟风机的启动应符合规范要求。

③自动排烟窗开启完毕的时间应符合规范的要求。

④活动挡烟垂壁开启到位的时间应符合规范的要求。

⑤有补风要求的补风机的启动应符合规范的要求。

⑥各部件、设备动作状态信号应在消防控制室显示。

（4）自然通风及自然排烟设施验收

①封闭楼梯间、防烟楼梯间的楼梯间、前室、合用前室及消防电梯前室可开启外窗的布置方式和面积应达到设计和规范要求。

②避难层（间）可开启外窗或百叶窗的布置方式和面积应到达设计和规范要求。

③设置自然排烟场所的可开启外窗、排烟窗、可熔性采光带（窗）的布置方式和面积达到设计和规范要求。

（5）机械防烟系统验收

①选取送风系统末端所对应的送风最不利的三个连续楼层模拟起火层及其上下层，封闭避难层（间）仅需选取本层，测试前室及封闭避难层（间）的风压值及疏散门的门洞断面风速值，应分别符合《建筑防烟排烟系统技术规范》的相关规定，且偏差不大于设计值的10%。

②对楼梯间和前室的测试应单独分别进行，且互不影响。

③测试楼梯间和前室疏散门的门洞断面风速时，应同时开启三个楼层的疏散门。

（6）机械排烟系统的性能验收

①开启任一防烟分区的全部排烟口、风机启动后测试排烟口处的风速应符合设计要求且偏差不大于设计值的10%。

②设有补风系统的场所，还应测试补风口风速应符合设计要求且偏差不大于设计值的10%。

2. 检查数量要求

第（1）（2）（4）项内容各系统按30%检查；第（3）（5）（6）项各个系统全数检查。

3. 检查方法

第（1）项内容采用尺量检查、直观检查；第（2）项采用操作检查；第（3）项采用动作检查；第（4）项采用尺量检查；第（5）（6）项均采用测试检查。

（四）验收评判标准

1. 系统的设备、部件型号规格与设计不符，无出厂质量合格证明文件和无符合消防产品准入制度规定的检验报告，系统验收不符合上述第（2）至第（6）条功能及主要性能参数要求的，定为 A 类不合格。

2. 验收资料不全或不符合要求的定为 B 类不合格。

3. 观感质量综合验收不符合要求的定为 C 类不合格。

4. 系统验收合格判定应为：A=0，且 B ≤ 2，B+C ≤ 6 为合格，否则为不合格。

四、系统维护管理

（一）系统日常巡查

1. 巡查内容与要求

（1）送风阀外观。

（2）送风机及控制柜的外观和工作状态。

（3）挡烟垂壁及其控制装置的外观和工作状况。

（4）排烟阀及其控制装置的外观。

（5）电动排烟窗、自然排烟设施的外观。

（6）排烟机及其控制装置的外观和工作状况。

（7）送风、排烟机房的环境。

2. 巡查方法

同其他消防设施的巡查方法。

3. 巡查频次

同其他消防设施的巡查频次。

（二）系统周期性检查维护

1. 每季度检查项目

每季度应对防烟、排烟风机、活动挡烟垂壁、自动排烟窗进行一次功能检测启动试验及供电线路检查。

2. 每半年检查项目

每半年应对全部排烟防火阀、送风阀或送风口、排烟阀或排烟口进行自动和手动启动试验一次。

3. 每年检查项目

（1）每年应对全部防烟、排烟系统进行一次联动试验和性能检测，其联动功能和性能参数应符合原设计要求。

（2）当防烟排烟系统采用无机玻璃钢风管时，应每年对该风管质量检查，检查面积应不少于风管面积的 30%；风管表面应光洁、无明显泛霜、结露和分层现象。

4. 备品备件

排烟窗的温控释放装置、排烟防火阀的易熔片应有 10% 的备用件，且不少于 10 只。

第十一节　灭火器配置

本节重点介绍建筑灭火器及其配套产品到场检查以及现场判定、安装设置、验收检查、日常维护管理、报废条件、维修条件与维修能力等内容和要求。

一、安装设置检查

重点对照经批准的消防设计文件以及灭火器配置标准、设置要求等，检查建筑灭火器配置设计文件的合法性和完整性，施工现场灭火器安装配置的基本条件等。施工中，按照国家标准《建筑灭火器配置验收及检查规范》GB 50444 的要求，组织产品到场后的现场检查、安装设置和竣工验收（灭火器配置标准、设置要求见本书第五章第十节相关内容）。

（一）灭火器及灭火器箱现场检查

灭火器购置进场后，首先对灭火器及其附件、灭火器箱等消防产品进行现场检查，灭火器的配置类型、规格、数量等符合消防设计文件要求；经检查不合格的，不得用于安装设置。

1.灭火器及灭火器箱质量保证文件检查

（1）检查内容：灭火器及其附件、灭火器箱是否符合市场准入规定的证明文件、出厂合格证、使用和维修说明；核查产品与市场准入文件、消防设计文件的一致性。

（2）检查方法：查阅相关资料，与到场的灭火器及其附件、灭火器箱进行一致性核对。

（3）合格判定标准

①各类型、各规格型号的灭火器及其附件、灭火器箱、发光指示标志的质量保证文件符合市场准入规定，具有法定消防产品检测机构型式检验合格的检验报告，校核其质量保证文件复印件，与原件一致无误、无涂改。

②每具灭火器及其挂钩、托架等附件、灭火器箱、发光指示标志均有对应的出厂合格证。

③到场灭火器、灭火器箱的外观、标志、规格型号、结构部件、材料、性能参数、生产厂名及其厂址等与其型式检验报告相一致。

④到场灭火器箱、灭火器及其配件的类型、规格、数量，以及灭火器的灭火级别等与经消防设计审核、备案检查合格的建设工程消防设计文件要求一致。

⑤每具灭火器及其附件均有使用说明书，其内容包括灭火器及其附件安装、操作和维护保养的说明、警告和提示；并有灭火器维修、再充装时阅读生产厂家维修手册的提示。

2.灭火器箱现场质量检查

（1）外观标志检查

①检查内容：灭火器箱标志、铭牌、使用说明标识以及翻盖式灭火器箱开启标识。

②检查方法：目测检查外观标志内容，采用直尺测量文字标识尺寸。

③合格判定标准

A.单体类灭火器箱正面标注有中文"灭火器"和英文"Fire extinguisher"的标识；自救呼吸器组合类灭火器箱正面标注有中文"自救呼吸器"和英文"Respirator for self-rescue"，并在下方标注有中文"灭火器"和英文"Fire extinguisher"的标识；消火栓箱组合类灭火器箱分别在消火栓箱、灭火器箱正面标注有中文"消火栓"和英文"Fire hydrant""灭火器"和英文"Fire extinguisher"的标识；标识字体醒目、均匀、完整。

B.采用直尺测量字体尺寸，不得小于 30mm×60mm（宽 × 高）。

C.灭火器箱正面粘贴发光标识。

D.灭火器箱的正面右下角设置耐久性铭牌，铭牌内容包括产品名称、型号规格、注册商标或者生产厂家名称、生产厂址、生产日期或者产品批号、执行标准等。

E.翻盖式灭火器箱在翻盖上标注有开启方向的标示。

（2）灭火器箱外观质量检查

①检查内容：检查灭火器箱机械加工质量、配件及零部件安装质量及其公差等。

②检查方法：目测检查灭火器箱机械加工质量，采用直尺、游标卡尺等测量零部件装配公差。

③合格判定标准。

A.灭火器箱各表面无凹凸不平，箱体无烧穿、焊瘤、毛刺、铆印，冲压件表面无折皱等明显的机械加工缺陷。

B.灭火器箱箱体无歪斜、翘曲等变形，置地型灭火器箱在水平地面上无倾斜、摇晃等现象。

C.不耐腐蚀金属材料制造的灭火器箱表面防腐涂层光滑平整，色泽均匀，无留痕、龟裂、气泡、划痕、碰伤、剥落和锈迹等缺陷。

D.开门式灭火器箱的箱门关闭到位后，与四周框面平齐，与箱框之间的间隙均匀平直，不影响箱门开启。经游标卡尺实测检查，其箱门平面度公差不大于2mm，灭火器箱正面的零部件凸出箱门外表面高度不大于15mm，其他各面零部件凸出其外表面高度不大于10mm；经塞尺实测检查，门与框最大间隙不超过2.5mm。

E.经游标卡尺实测检查，翻盖式灭火器箱箱盖在正面凸出不超过20mm，在侧面不超过45mm，且均不小于15mm。

（3）箱体结构及箱门（盖）开启性能检查

①检查内容：翻盖式灭火器箱结构、开门式灭火器箱箱门结构及其开启性能。

②检查方法：目测检查翻盖式灭火器箱结构、开门式灭火器箱箱门结构和开启性能，在箱门、箱盖垂直方向采用测力计测量其开启力度，采用量角器测力其开启角度。

③合格判定标准

A.翻盖式灭火器箱正面的上挡板在箱盖打开后能够翻转下落。

B.开门式灭火器箱箱门设有箱门关紧装置，且无锁具。

C.灭火器箱箱门、箱盖开启操作轻便灵活，无卡阻。

D.经测力计实测检查，开启力不大于50N；箱门开启角度不小于165°，箱盖开启角度不小于100°。

3.灭火器及其附件到场质量检查

（1）外观标志检查

①检查内容：灭火器发光标志，铭牌、永久性钢印标识的内容，警示说明等。

②检查方法：在黑暗的环境中目测检查灭火器发光标志，目测检查灭火器铭牌、钢印标识、警示说明等。

③合格判定标准

A.灭火器上的发光标识，无明显缺陷和损伤，能够在黑暗中显示灭火器位置。

B.经检查，灭火器认证标志、铭牌的主要内容齐全，包括灭火器名称、型号和灭火剂种类，灭火级别和灭火种类，使用温度，驱动气体名称和数量（压力），制造企业名称，使用方法，再充装说明和日常维护说明等。贴花端正平服、不脱落，不缺边少字，无明显皱褶、气泡等缺陷。

C.灭火器底圈或者颈圈等不受压位置的水压试验压力和生产日期等永久性钢印标识、钢印打制的生产连续序号等清晰。

D.二氧化碳灭火器在瓶体肩部打制的钢印清晰，排列整齐，呈扇面状排列，钢印标记标注内容齐全。

E.灭火器压力指示器表盘有灭火剂适用标识（如，干粉灭火剂用"F"表示，水基型灭火剂用"S"表示，洁净气体灭火剂用"J"表示等）；指示器红区、黄区范围分别标有"再充装""超充装"的字样。

F.推车式灭火器采用旋转式喷射枪的，其枪体上标注有指示开启方法的永久性标识。

（2）外观质量检查

①检查内容：灭火器及其附件机械加工、外表涂层、贴花等质量。

②检查方法：目测检查灭火器及其附件外表涂层、电镀件表面。

③合格判定标准

A. 灭火器筒体及其挂钩、托架等无明显缺陷和机械损伤。

B. 灭火器及其挂钩、托架等外表涂层色泽均匀，无龟裂、明显流痕、气泡、划痕、碰伤等缺陷；灭火器的电镀件表面无气泡、明显划痕、碰伤等缺陷。

（3）结构检查

①检查内容：灭火器结构以及保险机构、器头（阀门）、压力指示器、喷射软管及喷嘴、推车式灭火器推行机构等装配质量。

②检查方法：目测检查灭火器结构及其附件装配质量，采用钢卷尺、直尺等测量其软管、推行装置等部件。

③合格判定标准：

A. 灭火器开启机构灵活、性能可靠，不得倒置开启和使用；提把和压把无机械损伤，表面不得有毛刺、锐边等影响操作的缺陷；

B. 灭火器器头（阀门）外观完好，无破损，并安装有保险装置，保险装置的铅封（塑料带、线封）完好无损；

C. 除二氧化碳灭火器以外的贮压式灭火器装有压力指示器。经检查，压力指示器的种类与灭火器种类相符，其指针在绿色区域范围内；压力指示器20℃时显示的工作压力值与灭火器标志上标注的20℃的充装压力相同；

D. 二氧化碳灭火器的阀门能够手动开启、自动关闭，其器头设有超压保护装置，保护装置完好有效；

E. 3kg（L）以上充装量的配有喷射软管，经钢卷尺测量，手提式灭火器喷射软管的长度（不包括软管两端的接头）不得小于400mm，推车式灭火器喷射软管的长度（不包括软管两端的接头和喷射枪）不得小于4m；

F. 手提式灭火器装有间歇喷射机构，除二氧化碳灭火器以外的推车式灭火器的喷射软管前端，装有可间歇喷射的喷射枪，设有喷射枪夹持装置，灭火器推行时喷射枪不脱落；

G. 推车式灭火器的行驶机构完好，有足够的通过性能，推行时无卡阻；经直尺实际测量，灭火器整体（轮子除外）最低位置与地面之间的间距不小于100mm。

（二）安装设置

灭火器应稳固安装在便于取用，且不影响人员安全疏散的位置，铭牌朝外，灭火器器头向上，其配置点的环境温度不得超出灭火器使用温度范围。灭火器箱箱体正面或者灭火器设置点附近的墙面上，设有指示灭火器位置的发光标识；有视线障碍的灭火器配置点，在其醒目部位设置指示灭火器位置的发光标识。

1. 手提式灭火器安装设置要求

手提式灭火器设置在灭火器箱内或者挂钩、托架上；环境干燥、洁净的场所可直接将其放置在地面上，其安装设置按照经消防设计审核、备案抽查合格的消防设计文件和安装说明实施。

（1）灭火器箱的安装

①灭火器箱不得被遮挡、上锁或者拴系。

②灭火器箱箱门开启方便灵活，开启后不得阻挡人员安全疏散。开门型灭火器箱的箱门开启角度不得小于165°，翻盖型灭火器箱的翻盖开启角度不得小于100°。

③嵌墙式灭火器箱的安装高度，按照手提式灭火器顶部与地面距离不大于 1.50m，底部与地面距离不小于 0.08m 的要求确定。

（2）灭火器挂钩、托架等附件安装

①挂钩、托架安装后，能够承受 5 倍的手提式灭火器（当 5 倍的手提式灭火器质量小于 45kg 时，按 45kg 计）的静载荷，承载 5min 后，不出现松动、脱落、断裂和明显变形等现象。

②挂钩、托架按照下列要求安装：

A. 保证可用徒手的方式便捷地取用设置在挂钩、托架上的手提式灭火器；

B.2 具及 2 具以上手提式灭火器相邻设置在挂钩、托架上时，可任取其中 1 具。

③设有夹持带的挂钩、托架，夹持带的开启方式可从正面看到。当夹持带打开时，灭火器不得坠落。

④挂钩、托架的安装高度满足手提式灭火器顶部与地面距离不大于 1.50m，底部与地面距离不小于 0.08m 的要求。

2. 推车式灭火器的设置要求

推车式灭火器应设置在平坦的场地上，不得设置在台阶、坡道等地方，其设置按照消防设计文件和安装说明实施。在没有外力作用下，推车式灭火器不得自行滑动，推车式灭火器的设置和防止自行滑动的固定措施等均不得影响其操作使用和正常行驶移动。

二、竣工验收

新建、扩建的建设工程的灭火器安装设置完成后，安装单位应提交建筑灭火器配置工程竣工图、配置定位编码表和灭火器的有关质量证明文件、出厂合格证、使用维护说明书等资料。灭火器配置验收由建设单位组织设计、安装、监理等单位按照消防设计文件和国家标准《建筑灭火器配置验收及检查规范》GB 50444 实施，填写表 8-11-1 所示的建筑灭火器配置验收报告。

（一）消防产品质量保证文件合法性及产品一致性验收

按照本章第一节的相关内容、方法和合格判定标准，对灭火器及其附件、灭火器箱的质量保证文件和产品的一致性进行验收检查。

（二）灭火器配置验收

1. 验收检查的内容

（1）查验灭火器选型及基本配置是否符合规范要求。

（2）查验灭火器配置点设置、灭火器数量及其保护距离是否符合规范要求。

2. 验收检查方法

（1）灭火器基本配置

①对照经消防设计审核、消防设计备案检查合格的消防设计图纸以及《建筑灭火器配置设计规范》，现场核查灭火器配置数量，核对灭火器铭牌，查验灭火器类型、规格、灭火级别等基本配置要求。

②同一个配置单元内配置有不同类型灭火器时，核实其灭火剂的相容性。

（2）灭火器配置点设置及其保护距离

目测检查灭火器配置点的环境条件和灭火器放置方式，采用卷尺实地测量灭火器配置点之间以及与配置场所最不利点的距离。

3. 合格判定标准

（1）灭火器基本配置

符合下列要求的，灭火器基本配置验收判定为合格：

①经对照检查，配置单元内的灭火器类型、规格、灭火级别和配置数量符合消防设计审核、备案检查合格的消防设计文件要求；

②经检查，经备案未确定为检查项目的，其灭火器类型与其场所的火灾种类相匹配；经计算，其配置单元内灭火器铭牌上的规格、灭火级别和配置数量符合国家标准《建筑灭火器配置设计规范》GB 50140 的规定；每个配置单元内灭火器数量不少于 2 具，每个设置点灭火器不多于 5 具；住宅楼每层公共部位建筑面积超过 $100m^2$ 的，配置 1 具 1A 的手提式灭火器；每增加 $100m^2$，增配 1 具 1A 的手提式灭火器；

③经核对，同一配置单元配置的不同类型灭火器，其灭火剂类型不属于不相容的灭火剂。

（2）灭火器配置点及其保护距离

符合下列要求的，灭火器配置点及其间距验收判定为合格：

①经目测检查，灭火器配置点设在明显、便于灭火器取用，且不得影响安全疏散的地点；设置在室外的，设有防湿、防寒、防晒等保护措施，设置在潮湿性、腐蚀性场所的，设有防湿、防腐蚀措施；

②经实际测量，配置单元内灭火器的保护距离不小于本场所相对应的火灾类别、危险等级的场所的灭火器最大保护距离要求。

灭火器配置基本要求、不相容灭火剂举例、不同火灾类型及不同危险性等级场所的灭火器最大保护距离等内容详见本书第五章第十节的相关内容。

（三）灭火器安装设置质量验收

1.验收检查的内容

（1）抽查灭火器及其附件、灭火器箱外观标志和外观质量。

（2）抽查灭火器及其附件、灭火器箱安装质量。

2.验收检查方法

采用目测观察的方法检查灭火器及其附件、灭火器箱的外观标志、外观质量、结构，采用直尺、卷尺、测力计等通用量具测量相关安装尺寸、承重能力等。

3.合格判定标准

（1）灭火器及其附件、灭火器箱外观标志和外观质量

①灭火器箱外观标志和外观质量检查符合要求要求。

②灭火器外观标志和外观质量检查符合要求。

（2）抽查灭火器及其附件、灭火器箱安装质量

灭火器及其附件、灭火器箱安装质量检查符合要求。

表 8-11-1　建筑灭火器安装设置验收报告

工程名称		工程地址	
建设单位		设计单位	
监理单位		施工单位	

序号	验收检查项目及要求	缺陷项级别	检查记录	检查结论
1	灭火器的类型、规格、灭火级别和配置数量符合建筑灭火器配置要求	严重（A）		
2	灭火器的产品质量符合国家有关产品标准的要求	严重（A）		

续表

3	同一灭火器配置单元内的不同类型灭火器，其灭火剂能相容	严重（A）		
4	灭火器的保护距离符合规定，保证配置场所的任一点都在灭火器设置点的保护范围内	严重（A）		
5	灭火器设置点附近无障碍物，取用灭火器方便，且不影响人员安全疏散	重（B）		
6	手提式灭火器设置在灭火器箱内或者挂钩、托架上，以及直接摆放在干燥、洁净的地面上	重（B）		
7	灭火器（箱）不得被遮挡、拴系或者上锁	重（B）		
8	灭火器箱箱门开启方便灵活，开启不阻挡人员安全疏散；开门型灭火器箱箱门开启角度不小于165°，翻盖型灭火器箱的翻盖开启角度应不小于100°（不影响取用和疏散的场合除外）	轻（C）		
9	挂钩、托架安装后能承受一定的静载荷，无松动、脱落、断裂和明显变形。以5倍的手提式灭火器的载荷（不小于45kg）悬挂于挂钩、托架上，作用5min	重（B）		
10	挂钩、托架安装，保证可用徒手方式便捷地取用手提式灭火器。2具及2具以上的手提式灭火器相邻设置在挂钩、托架上时，保证可任意地取用其中1具	重（B）		
11	设有夹持带的挂钩、托架，夹持带的开启方式从正面可以看到。夹持带打开时，手提式灭火器不掉落	轻（C）		
12	嵌墙式灭火器箱及灭火器挂钩、托架安装高度，满足手提式灭火器顶部距离地面不大于1.50m，底部距离地面不小于0.08m的要求，其设置点与设计点的垂直偏差不大于0.01m	轻（C）		
13	推车式灭火器设置在平坦场地，不得设置在台阶上。在没有外力作用下，推车式灭火器不得自行滑动	轻（C）		
14	推车式灭火器的设置和防止自行滑动的固定措施等不得影响其操作使用和正常行驶移动	轻（C）		
15	有视线障碍的灭火器配置点，在其醒目部位设置指示灭火器位置的发光标志	重（B）		
16	在灭火器的箱体正面和灭火器设置点附近的墙面上，应设置指示灭火器位置的标志，这些标志宜选用发光标志	轻（C）		
17	灭火器摆放稳固。灭火器的铭牌朝外，灭火器的器头向上	重（B）		
18	灭火器配置点设置在通风、干燥、洁净的地方，环境温度不得超出灭火器使用温度范围。设置在室外和特殊场所的灭火器采取相应的保护措施	重（B）		
综合结论				
验收单位	施工单位签章： 日期：		监理单位签章： 日期：	
	设计单位签章： 日期：		建设单位签章： 日期：	

（四）建筑灭火器配置验收判定标准

建筑灭火器配置验收按照单栋建筑独立验收，局部验收按照规定要求申报。表8-11-1规定的验收子项，其项目缺陷划分为严重缺陷项（A）、重缺陷项（B）和轻缺陷项（C），灭火器配置验收的合格判定条件为：A=0，且 B ≤ 1，且 B+C ≤ 4；否则，验收评定为不合格。

三、维护管理

（一）灭火器日常管理

建筑灭火器日常检查分为巡查和检查 2 种情形。巡查是在规定周期内对灭火器直观属性的检查，检查是在规定期限内根据消防技术标准对灭火器配置和外观进行的全面检查。

1. 巡查

（1）巡查内容：灭火器配置点状况、灭火器数量、外观、维修标示以及灭火器压力指示器等。

（2）巡查周期：重点单位每天至少巡查 1 次，其他单位每周至少巡查 1 次。

（3）巡查要求：

①灭火器配置点符合安装配置图表要求，配置点及其灭火器箱上有符合规定要求的发光指示标识；

②灭火器数量符合配置安装要求，灭火器压力指示器指向绿区；

③灭火器外观无明显损伤和缺陷，保险装置的铅封（塑料带、线封）完好无损；

④经维修的灭火器，维修标识符合规定。

2. 检查

（1）检查内容：全面检查灭火器配置及外观，其检查内容详见表 8-11-2。

表 8-11-2　建筑灭火器检查内容和要求

	检查（测）内容	检查要求
配置检查	灭火器配置方式及其附件性能	配置方式符合要求。手提式灭火器的挂钩、托架能够承受规定静载荷，无松动、脱落、断裂和明显变形；灭火器箱未上锁，箱内干燥、清洁；推车式灭火器未出现自行滑动
	灭火器基本配置要求	灭火器类型、规格、灭火级别和数量符合配置要求；灭火器放置铭牌朝外，器头向上
	灭火器配置场所	配置场所的使用性质（可燃物种类、物态等）未发生变化；发生变化的，灭火器进行相应调整；特殊场所及室外配置的灭火器，设有防雨、防晒、防潮、防腐蚀等相应防护措施，且完好有效
	灭火器配置点环境状况	配置点周围无障碍物、遮挡物、拴系等影响灭火器使用的状况
	灭火器维修与报废	符合规定维修条件、期限的已送修，维修标志符合规定；符合报废条件、报废期限的，已采用符合规定的灭火器等效替代
外观检查	铭牌标志	灭火器铭牌清晰明了，无残缺；灭火剂、驱动气体的种类、充装压力、总质量、灭火级别、制造厂名和生产日期或维修日期等标志及操作说明齐全、清晰
	保险装置	保险装置的铅封、销闩等完好有效、未遗失
	灭火器筒体外观	无明显的损伤（磕伤、划伤）、缺陷、锈蚀（特别是筒底和焊缝）、泄漏
	喷射软管	完好，无明显龟裂，喷嘴不堵塞
	压力指示装置	灭火器压力指示器与灭火器类型匹配，指针指向绿区范围内；二氧化碳灭火器和储气瓶式灭火器称重符合要求
	其他零部件	其他零部件齐全，无松动、脱落或者损伤
	使用状态	未开启、未喷射使用

检查内容和要求		检查记录	检查结论
配置检查	1.灭火器是否放置在配置图表规定的设置点位置		
	2.灭火器的落地、托架、挂钩等设置方式是否符合配置设计要求。手提式灭火器的挂钩、托架安装后是否能承受一定的静载荷，并不出现松动、脱落、断裂和明显变形		
	3.灭火器的铭牌是否朝外，并且器头宜向上		
	4.灭火器的类型、规格、灭火级别和配置数量是否符合配置设计要求		
	5.灭火器配置场所的使用性质，包括可燃物的种类和物态等，是否发生变化		
	6.灭火器是否达到送修条件和维修期限		
	7.灭火器是否达到报废条件和报废期限		
	8.室外灭火器是否有防雨、防晒等保护措施		
	9.灭火器周围是否存在有障碍物、遮挡、拴系等影响取用的现象		
	10.灭火器箱是否上锁，箱内是否干燥、清洁		
	11.特殊场所中灭火器的保护措施是否完好		
外观检查	12.灭火器的铭牌是否无残缺，并清晰明了		
	13.灭火器铭牌上关于灭火剂、驱动气体的种类、充装压力、总质量、灭火级别、制造厂名和生产日期或维修日期等标志及操作说明是否齐全		
	14.灭火器的铅封、销闩等保险装置是否未损坏或遗失		
	15.灭火器的筒体是否无明显的损伤（磕伤、划伤）、缺陷、锈蚀（特别是筒底和焊缝）、泄漏		
	16.灭火器喷射软管是否完好、无明显龟裂，喷嘴不堵塞		
	17.灭火器的驱动气体压力是否在工作压力范围内（贮压式灭火器查看压力指示器是否指示在绿区范围内，二氧化碳灭火器和储气瓶式灭火器可用称重法检查）		
	18.灭火器的零部件是否齐全，并且无松动、脱落或损伤		
	19.灭火器是否未开启、喷射过		

（2）检查周期：灭火器的配置、外观等全面检查每月进行1次；候车（机、船）室、歌舞娱乐放映游艺等人员密集的公共场所以及堆场、罐区、石油化工装置区、加油站、锅炉房、地下室等场所配置的灭火器每半月检查1次。

（3）检查要求

灭火器的配置、外观等全面检查详见表8-11-2，灭火器检查时进行详细记录，并存档。

检查或者维修后的灭火器按照原配置点位置和配置要求放置。巡检、检查中发现灭火器被挪动、缺少零部件、有明显缺陷或者损伤、灭火器配置场所的使用性质发生变化等情况的，及时按照单位规定程序进行处置；符合维修条件的，及时送修；达到报废条件、年限的，及时报废，不得使用，并采用符合要求的灭火器进行等效更换。

（二）灭火器维修与报废

1.灭火器维修

灭火器维修是指为确保灭火器安全使用和有效灭火而对灭火器进行的检查、再充装和必要的部件更换等工作。灭火器产品出厂时，生产企业附送的灭火器维修手册，用于指导社会单位、维修企业的灭火器报修、维修工作。

（1）维修手册的主要内容：

①必要的说明、警告和提示；

②灭火器维修企业具备的条件和维修设备的要求、说明；

③灭火器维修建议；

④灭火器易损零部件的名称、数量；

⑤关键零部件说明。

对装有压力指示器的灭火器，注明其压力指示器不能作为充装压力时的计量工具；高压气瓶充装作业，必须使用调压阀。

（2）报修条件及维修年限

日常检查中，发现存在机械损伤、明显锈蚀、灭火剂泄露、被开启使用过，达到灭火器维修年限，或者符合其他报修条件的灭火器，建筑使用或管理单位应及时按照规定程序报修。

使用达到下列规定年限的灭火器，应分批次送灭火器维修企业维修：

①手提式、推车式水基型灭火器出厂期满3年，首次维修以后每满1年；

②手提式、推车式干粉灭火器、洁净气体灭火器、二氧化碳灭火器出厂期满5年；首次维修以后每满2年；

送修灭火器时，一次送修数量不得超过计算单元配置灭火器总数量的1/4。超出时，需要选择相同类型、相同操作方法的灭火器替代，且其灭火级别不得小于原配置灭火器的灭火级别。

（3）维修标志和维修记录

经维修合格的灭火器及其贮气瓶上需要粘贴维修标志，并由维修单位进行维修记录。建筑使用管理单位根据维修合格证信息对灭火器进行日常检查、定期送修和报废更换。

①维修标志

每具灭火器维修后，经维修出厂检验合格，维修人员在灭火器筒体上粘贴维修合格证，其内容、格式和尺寸如图8-11-1所示。

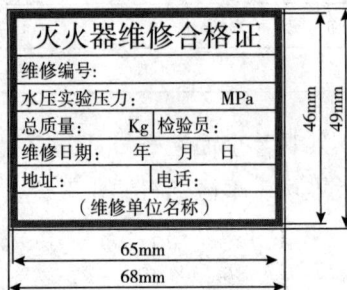

图8-11-1　灭火器维修标志

维修合格证外围边框为红色实线，宽0.6mm，内框线为黑色实线，宽0.2mm；"灭火器维修合格证"、维修单位名称，其字样高为5mm，其余文字字样高为4mm，文字均为黑色黑体字。

维修合格证采用不加热的方法固定在灭火器的筒体上，不得覆盖生产厂铭牌。当将其从灭火器的筒体拆除时，标志能够自行破损。

贮气瓶维修后粘有独立的维修标识，且不得采用钢字打造的永久性标识。其标识标明贮气瓶的总重量和驱动气体充装量，以及维修单位名称、充气时间。

②维修记录

维修单位需要在维修记录中对维修和再充装的灭火器进行逐具编号，按照编号记录维修和再充装信息，确保维修和再充装灭火器的可追溯性。维修记录主要包括使用单位、制造商名称、出厂时间、型号规格、维修编号、检验项目及检验数据、配件更换情况、维修后总质量、钢瓶序列号、维修人员、检验人员等内容。

2. 灭火器报废

（1）列入国家颁布的淘汰目录的灭火器

①酸碱型灭火器。

②化学泡沫型灭火器。

③倒置使用型灭火器。

④氯溴甲烷、四氯化碳灭火器。

⑤1211灭火器、1301灭火器。

⑥国家政策明令淘汰的其他类型灭火器。

⑦不符合消防产品市场准入制度的灭火器，经检查发现予以报废。

（2）灭火器报废年限

手提式、推车式灭火器出厂时间达到或者超过下列规定期限的，均予以报废处理：

①水基型灭火器出厂期满6年；

②干粉灭火器、洁净气体灭火器出厂期满10年；

③二氧化碳灭火器出厂期满12年。

（3）存在严重损伤、缺陷的灭火器

灭火器存在下列情性之一的，予以报废处理：

①筒体严重锈蚀（漆皮大面积脱落，锈蚀面积大于筒体总面积的三分之一，表面产生凹坑者）或者连接部位、筒底严重锈蚀的；

②筒体明显变形，机械损伤严重的；

③器头存在裂纹、无泄压机构等缺陷的；

④筒体存在平底等不合理结构的；

⑤手提式灭火器没有间歇喷射机构的；

⑥没有生产厂名称和出厂年月的（包括铭牌脱落，或者铭牌上的生产厂名称模糊不清，或者出厂年月钢印无法识别的）；

⑦筒体、器头有锡焊、铜焊或者补缀等修补痕迹的；

⑧被火烧过的。

符合报废规定的灭火器，在确认灭火器内部无压力后，对灭火器筒体、贮气瓶进行打孔、压扁、锯切等报废处理，并逐具记录其报废情形。

3. 灭火器维修步骤及技术要求

灭火器维修前，维修人员逐具检查灭火器，确定并记录灭火器的型号规格、生产厂家、出厂日期、基本参数等信息；贮气式灭火器维修前，完全释放驱动气体，经确认后再逐具检查维修。

（1）拆卸

灭火器拆卸过程中，维修人员要严格按照操作规程，采用安全的拆卸方法，采取必要的安全防护措施拆卸灭火器，在确认灭火器内部无压力时，拆卸器头或者阀门。灭火剂分别倒入相应的废品贮罐内另行处理；清理灭火器内残剩灭火剂时，要防止不同灭火剂混杂污染。

（2）水压试验

灭火器维修和再充装前，维修单位必须逐个对灭火器组件（筒体、贮气瓶、器头、推车式灭火器的喷射软管等）进行水压试验。二氧化碳灭火器钢瓶要逐个进行残余变形率测定。

①试验压力：灭火器筒体和驱动气体贮气瓶按照生产企业规定的试验压力进行水压试验。

②试验要求：水压试验时不得有泄漏、破裂以及反映结构强度缺陷的可见性变形；二氧化碳灭火器钢瓶的残余变形率不得大于3%。

（3）筒体清洗和干燥

经水压试验合格的灭火器筒体，首先对其内部清洗干净。清洗时，不得使用有机溶剂洗涤灭火器的零部件。而后，对所有非水基型灭火器筒体进行内部干燥，以确保空灭火器内部洁净干燥。

（4）零部件更换

经对灭火器零部件检查，更换密封件和损坏的零部件，但不得更换灭火器筒体和器头主体。所有需要更换的零部件采用原生产企业提供、推荐的相同型号规格的产品，并按照下列要求更换、修补零部件。

①水压试验合格的筒体，铭牌完整，有局部漆皮脱落的，进行补漆，补漆后确保漆膜光滑、平整、色泽一致，无气泡、流痕、皱纹等缺陷，涂漆不得覆盖铭牌。

②更换变形、变色、老化或者断裂的橡胶、塑料件；更换密封片、密封垫等密封零件，确保符合密封要求。

③更换具有外表面变形、损伤等缺陷、压力值显示不正常、示值误差不符合规定的压力指示器，并确保更换后的压力指示器与原压力指示器的类型、20℃时工作压力、三色区示值范围一致。

④更换具有变形、开裂、损伤等缺陷的喷嘴和喷射软管，并确保防尘盖在灭火剂喷出时能够自行脱落或者击碎。

⑤更换具有严重损伤、变形、锈蚀等影响使用的缺陷的灭火器压把、提把等金属件；更换存在肉眼可见缺陷的贮气瓶式灭火器的顶针。

⑥更换具有弯折、堵塞、损伤和裂纹等缺陷的灭火器虹吸管、贮气瓶式灭火器出气管。

⑦更换水压试验不合格、永久性标识设置不符合规定的贮气瓶，原贮气瓶作报废处理；更换不符合规定要求的二氧化碳灭火器、贮气瓶的超压保护装置。

⑧更换已损坏的水基型、泡沫型灭火器的滤网。

⑨更换已损坏的推车式灭火器的车轮和车架组件的固定单元、喷射软管的固定装置。

⑩更换车用灭火器制造商规定的专用配件。

（5）再充装

根据灭火器产品生产技术标准和铭牌信息，按照生产企业规定的操作要求，实施灭火剂、驱动气体再充装。再充装后，逐具进行气密性试验；灭火器再充装时，不得改变原灭火剂种类和灭火器类型，送修灭火器中剩余的灭火剂不得回收再次使用。灭火器再充装按照下列要求实施：

①再充装所使用的灭火剂采用原生产企业提供、推荐的相同型号规格的灭火剂产品；

②二氧化碳灭火器再充装时，不得采用加热法，也不得以压力水为驱动力将二氧化碳灭火剂从储存气瓶中充装到灭火器内；

③ABC干粉、BC干粉充装设备分别独立设置，充装场地完全分隔开。不同种类干粉不得混合，不得相互污染；

④洁净气体灭火器只能按照铭牌上规定的灭火剂和剂量再充装；

⑤可再充装型贮压式灭火器按照其灭火器铭牌上所规定的充装压力要求进行再充装。充压时，不得用灭火器压力指示器作为计量器具，并根据环境温度变化调整充装压力；

⑥贮压式干粉灭火器和洁净气体灭火器可选用露点低于−55℃的工业用氮气、纯度99.5%以上的二氧化碳、不含水分的压缩空气等作为驱动气体，但要与灭火器铭牌、贮气瓶上标识的种类一致。

第十二节 消防应急照明和疏散指示系统

本节重点介绍消防应急照明与疏散指示系统的安装、调试、检测及维护等相关内容。

一、系统安装与调试

（一）系统安装

1. 一般要求

（1）消防应急灯具与供电线路之间不能使用插头连接。

（2）消防应急灯具安装后对人员正常通行不能产生影响，消防应急标志灯具周围应无遮挡物。

（3）带有疏散方向指示箭头的消防应急标志灯具在安装时应保证箭头指示的疏散方向与疏散方向相同。

（4）指示出口的消防应急标志灯具应固定在坚固的墙上或顶棚下，安装方式可以明装，也可以嵌墙安装。

（5）消防应急灯具在安装时应保证灯具上的各种状态指示灯易于观察，试验按钮（开关）能被人工或遥控操作。

（6）消防应急照明灯具安装时，在正面迎向人员疏散方向，应有防止造成眩光的措施。

（7）消防应急灯具吊装时宜使用金属吊管，吊管上端应固定在建筑物实体或构件上。

（8）作为辅助指示的蓄光型标志只能安装在与标志灯具指示方向相同的路线上，但不能代替标志灯具。

（9）消防应急灯具宜安装在不燃烧墙体和不燃烧装修材料上。

2. 系统主要组件安装

（1）消防应急标志灯具的安装

①在顶部安装时，不宜吸顶安装，灯具上边与顶棚距离宜大于200mm；吊装时，应金属吊杆或吊链，吊杆或吊链上端应固定在建筑结构件上。

②低位安装在疏散走道及其转角处时，应安装在距地面（楼面）1m以下的墙上，标志表面应与墙面平行，凸出墙面的部分不应有尖锐角及伸出的固定件。

③安装在地面上时，灯具的所有金属构件应采用耐腐蚀构件或做防腐处理，电源连接和控制线连接应采用密封胶密封，标志灯具表面应与地面平行，与地面高度差不宜大于3mm，与地面接触边缘不宜大于1mm。

④在人员密集的大型室内公共场所的疏散走道和主要疏散线路上设置的保持视觉连续的消防应急标志灯具在安装时，箭头指示方向或导向光流流动方向应与疏散方向一致。

（2）消防应急照明灯具的安装应符合下列规定：

①应均匀布置，宜安装在棚顶或距楼地面2m以上的侧面墙上；

②在侧面墙上顶部安装时，其底部距地面距离不得低于2m，在距地面1m以下侧面墙上安装时，应采用嵌入式安装，其凸出墙面最大水平距离不应超过20mm，且应保证光线照射在安装灯具的水平线以下；不得安装在地面或1m～2m之间侧面墙上；

③吊装时，应采用金属吊杆或吊链，吊杆或吊链上端应固定在建筑结构件上。

（3）应急照明配电箱和分配电装置的安装

①应急照明配电箱和分配电装置落地安装时宜高出地面50mm以上，屏前和屏后的通道最小宽

度应符合《低压配电设计规范》GB 50054 中的规定。

②应急照明配电箱和分配电装置安装在墙上时，其底边距地面高度宜为 1.3m~1.5m，靠近门轴的侧面距墙不应小于 0.5m，正面操作距离不应小于 1.0m。

（4）应急电源盒与配套的安装

①应急电源盒与灯具间的连接线应采用焊接或压接方式。

②吊装时，应采用金属吊杆或吊链，吊杆或吊链上端应固定在建筑结构件上。

③安装在吊顶内时，手动试验装置应安装在能够操作的位置，吊顶处应能打开，并在吊顶下表面设有明显的标识。

（5）应急照明集中电源的安装

①安装场所应无腐蚀性气体、蒸汽、易燃物及尘土；电池应安装于通风良好的场所，严禁安放在密封环境、有可燃气管道、仓库等场所。

②落地安装时，宜高出地面 150mm 以上，屏前和屏后的通道应能够满足更换电池的需求。

（6）应急照明控制器的安装

①在墙上安装时，应急照明控制器的底边距地（楼）面高度为 1.3m~1.5m，靠近门或侧墙安装时应保证应急照明控制器门的正常开关，正面操作距离不应小于 1.2m；落地安装时，其底边宜高出地坪 0.1m~0.2m；

②应急照明控制器应安装牢固，不得倾斜，安装在轻质墙上时，应采取加固措施。

③应急照明控制器的主电源要有明显标志，并应直接与消防电源连接，严禁使用电源插头。应急照明控制器与其外接备用电源之间应直接连接。接地应牢固，并应有明显标志。

④应急照明控制器的控制线路应单独穿管。引入应急照明控制器的电缆或导线，配线应整齐，避免交叉，并应固定牢靠；电缆芯线和所配导线的端部，均应标明编号，并与图纸一致，字迹应清晰且不易退色；端子板的每个接线端，接线不得超过 2 根；电缆芯和导线，应留有不小于 200mm 的余量；导线应绑扎成束；导线穿管后，应将管口封堵。

（7）疏散指示标志的安装

①安装在疏散走道和主要疏散路线的地面时，其指示的疏散方向应与标志灯具指示方向相同，安装间距不应大于 1.5m；

②固定应牢固，无破损；

③安装在地面上时，只能采用镶嵌式工艺，其安装后应平整、牢固。

（8）电线电缆选择与线路敷设

①应急照明集中电源的输出支路和集中控制型系统的控制线路在竖井内敷设、且与竖井内的燃烧性能为 B$_1$ 级以下电线电缆之间没有防火分隔时，应选择燃烧性能为 A 级的电线电缆；有防火分隔时，可选择燃烧性能为 B$_1$ 级的电线电缆。

②应急照明分配电装置的输出线路和集中控制型系统的控制线路选择燃烧性能为 B$_1$ 级电线电缆时，应穿金属管保护；也可敷设在燃烧性能为同级别的电缆桥架或线槽中；选择燃烧性能为 A 级电线电缆时，可明敷。

③地面安装或潮湿场所安装时，灯具的供电线路和控制线路，均应选择耐腐蚀的橡胶电缆，接线处应有防腐蚀和防潮处理。

④不同电压等级的线缆不应穿入同一根保护管内，当合用同一线槽时，线槽内应有金属隔板分隔。

⑤系统的配电支线应采用铜芯导线，控制线路应采用多股铜芯导线。

（二）系统调试

1. 消防应急标志灯具和消防应急照明灯具的调试

（1）采用目测的方法检查消防应急标志灯具安装位置和标志信息上的箭头指示方向是否与实际疏散方向相符。

（2）在黑暗条件下，使照明灯具转入应急状态，用照度计测量地面的最低水平照度，该照度值应符合设计要求。

（3）操作试验按钮或其他试验装置，消防应急灯具应转入应急工作状态。

（4）断开连续充电 24h 的消防应急灯具电源，使消防应急灯具转入应急工作状态，同时用秒表开始记时；消防应急灯具主电指示灯应处于非点亮状态，应急工作时间应不小于本身标称的应急工作时间。

（5）使顺序闪亮形成导向光流的标志灯具转入应急工作状态，目测其光流导向应与设计的疏散方向相同。

（6）使有语音指示的标志灯具转入应急工作状态，其语音应与设计相符。

（7）逐个切断各区域应急照明配电箱或应急照明集中电源的分配电装置，该配电箱或分配电装置供电的消防应急灯具应在 5s 内转入应急工作状态。

（8）受火灾自动报警系统控制的消防应急照明和疏散指示系统，输入联动控制信号，系统内的消防应急灯具应在 5s 内转入与联动控制信号相对应的工作状态，并应发出联动反馈信号；对于设计有手动控制功能的系统，操作手动控制机构，使系统转入应急工作状态，相应的消防应急灯具应在 5s 内转入应急工作状态。

2. 应急照明集中电源的调试

（1）分别操作集中电源使其处于主电工作和应急工作状态下，观察应急照明集中电源的主电电压、电池电压、输出电压和输出电流，主电显示和充电显示灯状态是否与生产企业的说明书相符。

（2）操作手动应急转换控制机构，观察应急照明集中电源和该电源供电的所有消防应急灯具转入应急工作状态的情况。

（3）断开主电电源，应急照明集中电源和该电源供电的所有消防应急灯具均应转入应急工作状态，应急工作时间应不小于本身标称的应急工作时间。

3. 应急照明控制器的调试

（1）操作控制功能，应急照明控制器应能控制任何消防应急灯具从主电工作状态转入应急工作状态，并应有相应的状态指示和消防应急灯具转入应急状态的时间。

（2）检查应急照明控制器的防止非专业人员操作的功能。

（3）断开任一消防应急灯具与应急照明控制器间连线，应急照明控制器应发出声、光故障信号，并显示故障部位，故障存在期间，操作应急照明控制器，应能控制与此故障无关的消防应急灯具转入应急工作状态。

（4）断开应急照明控制器的主电源，使应急照明控制器由备电工作，应急照明控制器在备电工作时各种控制功能应不受影响，备电工作时间不小于应急照明持续时间的 3 倍，且不小于 2h。

（5）关闭应急照明控制器的主程序，系统内的消防应急灯具应能按设计的联动逻辑转入应急工作状态。

4. 系统功能调试

（1）非集中控制型系统功能调试

①分别操作自带电源型系统的手动转换装置和模拟消防联动自带电源型系统的应急照明配电

箱，系统应转入应急工作状态。

②分别操作集中应急电源的手动转换控制装置和模拟消防联动集中电源型系统的集中应急电源或应急照明分配电装置，系统应转入应急工作状态。

③分别操作应急照明分配电装置的转换开关和模拟消防联动集中电源型系统的应急照明分配电装置，应急照明分配电装置供电的所有消防应急灯具应转入应急工作状态。

（2）集中控制型系统功能调试

①模拟消防联动控制信号，应急照明控制器应控制相关消防应急灯具转入应急工作状态。

②应急照明控制器应能控制并显示系统内所有的消防应急灯具、消防应急电源、应急照明分配电装置及其它附件的工作状态。

③手动控制消防应急照明控制器，使消防应急灯具转入应急工作状态，相关消防应急灯具应转入应急工作状态。

二、系统检测与验收

（一）系统检测

1. 检测内容与方法

（1）应急照明

①查看外观。

②按下列方法切断正常供电电源，用秒表测量应急工作状态的持续时间：

A. 自带电源型和子母电源型切断其主供电电源；

B. 集中电源型切断其控制器主电源；

C. 接在消防配电线路上的应急照明灯具，切断非消防电源。

③使用照度计，测量两个疏散照明灯之间地面中心的照度；达到规定的应急工作状态持续时间时，重复测量上述测点的照度。

④配电室、消防控制室、消防水泵房、防烟排烟机房、消防用电的蓄电池室、自备发电机房、电话总机房以及发生火灾时仍需坚持工作的其他房间，使用照度计测量正常照明时的工作面照度；切断正常照明后，测量应急照明时工作面的最低照度。

⑤系统复位。

（2）疏散指示标志

①查看外观和位置，核对指示方向。

②关闭正常照明，查看发光疏散指示标志的自发光情况，测试亮度。

③切断正常供电电源，在灯光疏散指示标志前通道中心处，用照度计测量地面照度；达到规定的应急工作状态持续时间时，重复测量上述测点的照度。

④系统复位。

2. 技术要求

（1）应急照明

①应牢固、无遮挡，状态指示灯正常。

②建筑内消防应急照明和灯光疏散指示标志的备用电源的连续供电时间应符合规范的要求。

③建筑内疏散照明的地面最低水平照度应符合规范的要求。

④消防控制室、消防水泵房、自备发电机房、配电室、防排烟机房以及发生火灾时仍需正常工作的消防设备房应设置备用照明，其作业面的最低照度不应低于正常照明的照度。

340

（2）疏散指示标志

①应牢固、无遮挡，疏散方向的指示应正确清晰。

②自发光疏散指示标志，当正常光源变暗后，应自发光，其亮度应符合国家相关标准的要求，持续时间不应低于 20min。

③灯光疏散指示标志，状态指示灯应正常。工作状态时，灯前通道地面中心的照度不应低于 1.0lx。切断正常供电电源后，应急工作状态的持续时间应符合现行国家相关标准的要求。

（二）系统验收

1. 消防应急标志灯具验收内容与要求

（1）标志灯具的颜色、标志信息应符国家标准《消防应急照明和疏散指示系统》GB 17945 的要求，指示方向应与设计方向一致。

（2）使用的电池应与国家有关市场准入制度中的有效证明文件相符。

（3）状态指示灯指示应正常。

（4）连续 3 次操作试验机构，观察标志灯具自动应急转换情况。

（5）应急工作时间应不小于其本身标称的应急工作时间。

2. 消防应急照明灯具验收内容与要求

（1）照明灯具的光源及隔热情况应符合要求。

（2）使用的电池应与有效证明文件相符。

（3）状态指示灯应正常。

（4）连续 3 次按试验按钮，标志灯具应能完成自动转换。

（5）应急工作时间应不小于其本身标称的应急工作时间。

（6）安装区域的最低照度值应符合设计要求。

（7）光源与电源分开设置的照明灯具安装时，灯具安装位置应有清晰可见的消防应急灯具标示，电源的试验按钮和状态指示灯应可方便操作和观察。

3. 应急照明集中电源验收内容与要求

（1）检查安装场所应符合要求。

（2）供电应符合设计要求。

（3）应急工作时间应不小于其本身标称的应急工作时间。

（4）输出线路、分配电装置、输出电源负载应与设计相符，且不应连接与应急照明和疏散指示无关的负载或插座。

（5）应急照明集中电源应设主电和应急电源状态指示灯，主电状态用绿色，应急状态用红色。

（6）应急照明集中电源应设模拟主电源供电故障的自复式试验按钮（或开关），不应设影响应急功能的开关。

（7）应急照明集中电源应显示主电电压、电池电压、输出电压和输出电流，并应设主电、充电、故障和应急状态指示灯，主电状态用绿色，故障状态用黄色，充电状态和应急状态用红色。

（8）应急照明集中电源应能以手动、自动两种方式转入应急状态，且应设只有专业人员可操作的强制应急启动按钮。

（9）应急照明集中电源每个输出支路均应单独保护，且任一支路故障不应影响其他支路的正常工作。

4. 应急照明控制器验收内容与要求

（1）应急照明控制器应安装在消防控制室或值班室内。

（2）应急照明控制器应能控制并显示与其相连的所有消防应急灯具的工作状态，并显示应急启动时间。

（3）应急照明控制器应能防止非专业人员操作。

（4）应急照明控制器在与其相连的消防应急灯具之间的连接线开路、短路（短路时消防应急灯具转入应急状态除外）时，应发出声、光故障信号，并指示故障部位。声故障信号应能手动消除，当有新的故障信号时，声故障信号应能再启动。光故障信号在故障排除前应保持。

（5）应急照明控制器应有主、备用电源的工作状态指示，并能实现主、备用电源的自动转换，且备用电源应能保证应急照明控制器正常工作2h。

（6）当应急照明控制器控制应急照明集中电源时，应急照明控制器应能控制并显示应急照明集中电源的工作状态（主电、充电、故障状态，电池电压、输出电压和输出电流），且在与应急照明集中电源之间连接线开路或短路时，发出声、光故障信号。

（7）应急照明控制器应能对本机及面板上的所有指示灯、显示器、音响器件进行功能检查。

（8）应急照明控制器应能以手动、自动两种方式使与其相连的所有消防应急灯具转入应急状态，且应设强制使所有消防应急灯具转入应急状态的按钮。

（9）当某一支路的消防应急灯具与应急照明控制器连接线开路、短路或接地时，不应影响其他支路的消防应急灯具和应急电源的工作。

5. 系统功能验收内容与要求

（1）非集中控制型系统转入应急功能状态的控制应符合规范的要求。

（2）集中控制型系统转入应急功能状态的控制应符合规范的要求。

（3）应急照明控制器应能接收火灾自动报警系统的火灾报警信号或联动控制信号，并控制相应的消防应急灯具转入应急工作状态。

（4）自带电源集中控制型系统，应由应急照明控制器控制系统内的应急照明配电箱和相应的消防应急灯具及其他附件实现工作状态转换。

（3）集中电源集中控制型系统，应由应急照明控制器控制系统内应急照明集中电源、应急照明分配电装置和相应的消防应急灯具及其他附件实现工作状态转换。

（4）当系统需要根据火灾报警信号联动熄灭安全出口指示标志灯具时，应仅在接收到安全出口处设置的感温火灾探测器的火灾报警信号时，系统才能联动熄灭指示该出口和指向该出口的消防应急标志灯具；

（5）应急照明控制器的主电源应由消防电源供电；应急照明控制器的备用电源应至少使控制器在主电源中断后工作3h。

三、系统维护管理

（一）系统日常巡查

1. 巡查内容与要求

（1）应急灯具外观、工作状态。

（2）疏散指示标志外观、工作状态。

（3）集中供电型（集中电源型）应急照明灯具、疏散指示标志外观、工作状况，集中电源工作状态。

（4）字母型应急照明灯具、疏散指示标志外观、工作状态。

2. 巡查方法

同其他消防设施巡查方法。

3. 巡查频次

同其他消防设施巡查频次。

（二）系统周期性维护检查

1. 每月检查项目

每月应检查应急照明集中电源和应急照明控制器的功能，并按规范要求填写相应的记录。

2. 每季度检查项目

（1）检查消防应急灯具、应急照明集中电源和应急照明控制器的指示状态。

（2）检查应急工作时间。

（3）检查转入应急工作状态的控制功能。

（4）按规范要求填写相应的记录。

3. 每年检查项目

（1）应对电池做容量检测试验。

（2）应试验系统应急功能。

（3）试验自动和手动应急功能，进行与火灾自动报警系统的联动试验。

CHAPTER **9**

第九章

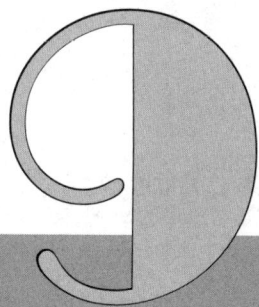

消防安全评估

本章在分析 2015 年、2016 年和 2017 年试卷的基础上，兼顾"够用"底线，简要介绍了注册消防工程师必须了解的火灾科学研究前沿的动态及成果。

第一节　危险源

影响系统安全的因素统称为危险源，分为第一类危险源和第二类危险源。

一、第一类危险源

指产生能量的能量源或拥有能量的载体。它的存在是事故发生的前提。

二、第二类危险源

指导致约束、限制能量屏蔽措施失效或破坏的各种不安全因素。它是第一类危险源导致事故的必要条件。第二类危险源出现的难易决定事故发生可能性的大小。

第二节　火灾模型

描述火灾增长的模型主要有温度描述和热释放速率描述两类。

时间温度曲线主要用于计算构件温度，热释放速率模型主要用于计算烟气温度、构件温度和火灾模拟等。

一、火灾场景

火灾场景是对火灾发展过程的定性描述，该描述确定了反映该次火灾特征并区别于其他火灾的关键事件。火灾场景通常要定义引燃、增长阶段、完全发展阶段、衰退阶段以及影响火灾发展过程的各种系统和环境条件。

二、着火空间达到轰燃的标志

1. 对于面积较小的着火空间，判断达到轰燃时的临界热释放速率可采用公式（9-2-1）计算。

$$Q_{fo} = 7.8A_t + 378A_v h_v^{1/2} \qquad 式（9-2-1）$$

式中：Q_{fo}——轰燃时的热释放速率，kW；

A_t——封闭空间的总表面面积，m^2；

A_v——通风口的面积，m^2；

H_v——通风口的高度，m。

2. 对于面积较大的着火空间，可采用空间内热烟气层的温度达到500℃~600℃或地板接受的热辐射强度达到20kW/m^2作为着火房间达到轰燃的标志。

三、引燃可燃物的最小热辐射强度

受热辐射作用引燃可燃物的最小热辐射强度因可燃物不同而有所差异，如聚氨酯泡沫约为7kW/m^2，木材约为10kW/m^2~13kW/m^2，小汽车约为16kW/m^2。

四、顶棚射流

通常情况下，顶棚射流的厚度为顶棚高度的 5% ~ 12%，而在顶棚射流内最大温度和速度出现在顶棚以下顶棚高度的 1% 处。这对于火灾探测器和喷淋头等的设置有特殊意义。

五、t^2 模型

t^2 模型描述火灾过程中火源热释放速率随时间的变化关系，当不考虑火灾的初期点燃过程时，可用公式 9-2-2 表示：

$$\dot{Q} = \alpha \cdot t^2 \qquad\qquad 式（9-2-2）$$

式中：$\dot{Q}$—火源热释放速率，kW；

　　　α—火灾发展系数（kW/s^2），$\alpha = \dot{Q}_0 / t_0^2$；

　　　t—火灾的发展时间（s）；

　　　t_0—火源热释放速率 $\dot{Q} = 1MW$ 时所需时间（s）。

火灾发展可分为极快、快速、中速和慢速四种类型。

表 9-2-1　火焰水平蔓延速度参数值

可燃材料	火焰蔓延分级	α（kW/s^2）	$\dot{Q} = 1MW$ 时的时间（s）
没有注明	慢速	0.0029	584
无棉制品 聚酯床垫	中速	0.0117	292
塑料泡沫 堆积的木板 装满邮件的邮袋	快速	0.0469	146
甲醇快速燃烧的软垫座椅	极快	0.1876	73

六、区域模型

把所研究的受限空间划分为不同的区域，并假设每个区域内的状态参数是均匀一致的，而质量、能量的交换只发生在区域与区域之间、区域与边界之间以及它们与火源之间，根据质量、能量守恒原理可以推导出一组常微分方程。

如果无需了解各种物理量在空间上的详细分布以及随时间的演化过程，模型中的假设十分趋近于火灾过程的实际情况，可以满足工程需要。但是区域模型忽略了区域内部的运动过程，不能反映湍流等输运过程以及流场参数的变化，只抓住了火灾的宏观特征，因而其近似结果较粗糙。

七、场模型

场是多种状态参数（如速度、温度与组份浓度）的空间分布，场模型通过计算这些状态参数的空间分布随时间的变化，来描述火灾的发展过程。由于引入的简化条件少，因而是目前为止可获取更高精确度的受限空间火灾数学模型，可以详细了解空间中温度场、速度场、组分浓度场等数据分布情况及其随时间变化的详细信息，能精细地体现火灾现象。但实际计算结果的正确与否还取决于适当的输入假设。

场模型的计算量很大，一般只在需要了解某些参数的详细分布时才使用这种模型。

八、场区混合模型

研究着火房间或强流动区域采用场模拟方法、非着火和非强流动区域采用区域模拟方法，可兼顾场模拟和区域模拟的优点，并能更准确地反映火灾过程的特征，这种方法简称为场区模拟方法。

九、安全疏散模型

基于疏散模型对建筑空间的表示方法，可分为离散化模型和连续性模型两类。

（一）离散化模型

把需要进行疏散计算的建筑平面离散为许多相邻的小区域，并把疏散时间离散化以适应空间离散化。离散化模型又可以细分为粗网络模型和精细网格模型。

1. 粗网络模型。每个网络节点表示一个房间或走廊，按其在建筑中的实际情况，用弧线将这些网络节点连接起来。在这类模型中，根据各建筑单元的出口容量和行走速度确定疏散人员从一个房间行走到另一个房间的时间，不能反应人员个体的基本行为和准确位置。

2. 精细网格模型。整个建筑平面通常覆盖大量棋盘状的网格或网点，可以准确地表示封闭空间的几何形状及内部障碍物的位置，并在疏散的任意时刻都能将每个人置于准确的位置。因此，精细网格模型可以在每个网格内记录每个人的移动轨迹，能反映每个人的具体行为反应。精细网格模型计算处理信息量较大。

（二）连续性模型（社会力模型）

基于多粒子自驱动系统框架，运用经典牛顿力学原理模拟步行者恐慌时的拥挤状态，可在一定程度上模拟人员的个体行为特征。

第三节　安全疏散分析

一、判定标准

可用疏散时间（ASET）＞必需疏散时间（RSET）。

二、必需疏散时间

$$REST = T_d + T_w + T_{pre} + T_t \qquad 式（9-3-1）$$

式中：T_d—火灾探测时间；

T_w—报警时间；

T_{pre}—疏散预动作时间；

T_t—疏散行动时间；

三、相关参数

（一）人员密度与行走速度的关系

当人员密度大于 3.8 人 /m² 时，人群基本无法移动。一般认为，在 0.5 人 /m² ~ 3.5 人 /m² 范围内可将人员密度和行走速度的关系描述成直线关系。

在出口、水平通道、楼梯间内人员密度与行走速度的关系，如图 9-3-1 所示。

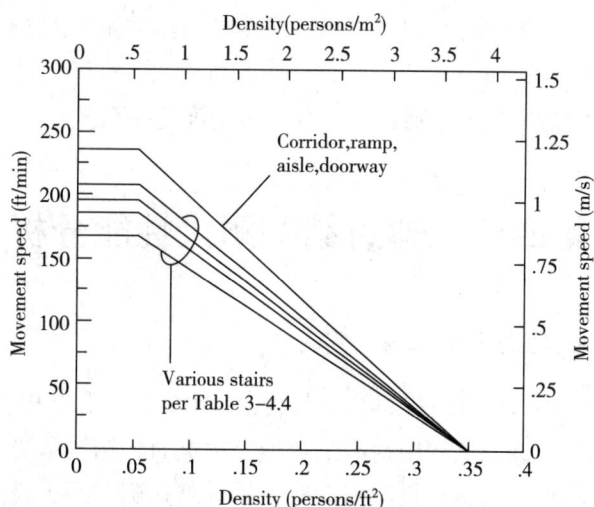

图 9-3-1　各疏散路径行走速度与人员密度的关系（引自美国《SFPE 防火工程手册》）

不同人员密度下，行走速度可根据式（9-3-2）计算：

$$v = k(1 - 0.226D)$$　　　　　　　　式（9-3-2）

式中：v—行走速度（m/s）；

D—人员密度（人/m²）。

k—系数，平地行走取 1.4，楼梯行走 k 值见表 9-3-1。

表 9-3-1　楼梯行走 k 值（引自美国《SFPE 防火工程手册》）

踏步高度/mm	踏步宽度/mm	k
191	254	1.00
178	279	1.08
165	305	1.16
165	330	1.23

（二）通行流速（比流量）

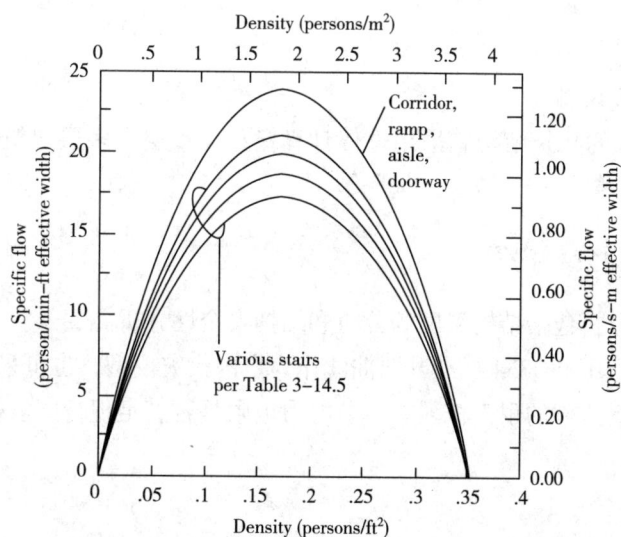

图 9-3-2　不同疏散走道通行流速与人员密度的关系（引自美国《SFPE 防火工程手册》）

通行流速是指建筑出口在单位时间内通过单位宽度的人流数量 [人/（m·s）]，通行流速反映了单位宽度的通行能力。

图 9-3-2 显示了不同的疏散走道上通行流速与人员密度的关系。

第四节　建筑结构耐火性能分析

一、影响结构耐火性能的主要因素

影响结构耐火性能的主要因素有结构类型、荷载比、火灾规模和结构及构件的温度场等。

荷载比为结构所承担的荷载与其极限荷载的比值。火灾时，结构承受的荷载基本不变，而随温度升高，构件的承载能力降低，当达到极限荷载时，构件就达到了耐火极限状态，开始倒塌破坏。荷载比越大，构件的耐火极限越小。

二、结构耐火性能分析方法

1.验算结构和构件的耐火极限是否满足国家标准的要求；

2.在规范规定的耐火极限时的火灾温度场作用下，结构和构件的承载能力是否大于荷载效应组合。

火灾的发生概率很小，因此，火灾下结构的验算标准可放宽，只进行整体结构或构件的承载能力极限状态验算，不需进行正常使用极限状态验算。构件的承载能力极限状态包括：

（1）轴心受力构件截面屈服；

（2）受弯构件产生足够的塑性铰而成为可变结构；

（3）构件整体丧失稳定；

（4）构件变形不适于继续承载。

一般建筑结构可只验算构件的承载能力，对于重要建筑，要进行整体结构承载能力验算。

三、计算分析模型

1.采取整体结构的计算模型。

2.采取子结构的计算模型。

3.采取单一构件计算模型。

建筑高度大于 100m 的建筑结构宜采用整体计算模型，单层和多层建筑结构可只进行构件的抗火验算。

四、结构耐火性能分析内容

建筑结构耐火性能分析包括结构温度场分析和结构安全性分析。

结构温度场分析可采用 ISO834 标准升温曲线作为室内火灾模型，也可采用火灾模拟软件模拟。

结构安全性分析验证构件的耐火极限、承载能力极限是否满足现行国家标准的要求。

第五节　人员密集场所消防安全评估

一、评估工作程序及步骤

人员密集场所消防安全评估工作程序及步骤主要包括前期准备、现场检查、评估判定和报告编制。

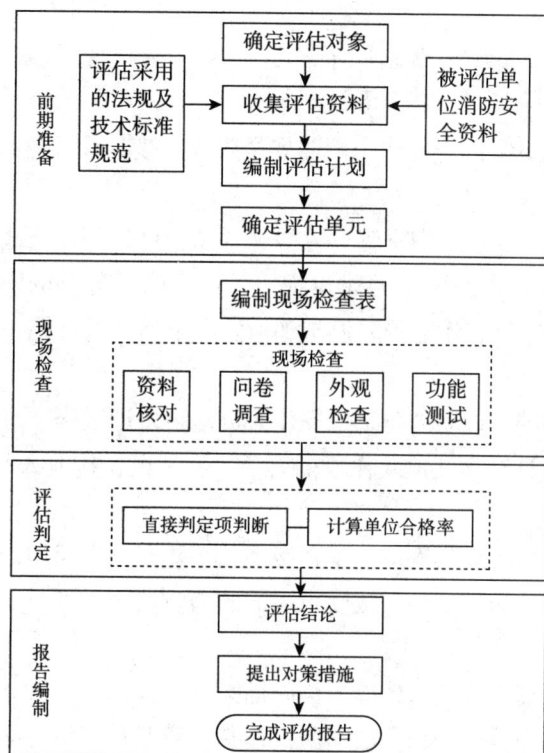

图 9-5-1　消防安全评估工作程序

二、前期准备

前期准备工作包括：明确评估对象和评估范围；组建评估组；收集评估需要的相关资料，确定评估对象适用的消防法律法规、技术标准规范；编制评估计划。

评估计划的内容包括：场所主要火灾风险分析；评估单元确定；评估方法与现场检查方法选择；评估工作计划进度安排；评估人员分工等。

评估单元应根据评估对象的实际情况确定，包括消防安全管理单元、建筑防火单元、安全疏散设施单元、消防设施单元等，以及各评估单元的基本评估内容。

三、现场检查

现场检查以检查表法为基本方法，辅以资料核对、问卷调查、外观检查、功能测试等方法。消防安全管理单元的现场检查应采用资料核对、问卷调查的方式或其组合；建筑防火单元、安全疏散设施单元及消防设施单元的现场检查应采用资料核对、外观检查与功能测试相结合的方式。

（一）消防安全管理单元的现场检查

1. 场所合法性

（1）人员密集场所所在建筑物及相关室内装修工程是否依法通过了建设工程消防设计审核或设计备案、建设工程消防验收或竣工验收消防备案，并取得了相关法律文书或备案凭证。

（2）建筑物或场所的使用情况是否与消防验收或者进行竣工验收消防备案时确定的使用性质相符。改变了经消防部门审核合格或已依法备案的建设工程消防设计的，是否依法重新申请消防设计审核或重新申报消防设计备案。

（3）公众聚集场所是否依法通过了投入使用、营业前的消防安全检查，并获取了相关法律文书。

注：依法无需取得备案凭证或法律文书的情况，不纳入评估内容。

2. 消防安全责任制

（1）是否建立消防管理组织机构，制定消防安全管理制度，建立逐级消防安全责任制，并明确各岗各级职责。

（2）单位消防安全责任人和消防安全管理人的确立和变更是否在当地消防部门备案。

（3）两个以上产权单位和使用单位的建筑物，是否明确了各方的消防安全责任，并确定责任人；对共用疏散通道、安全出口、建筑消防设施和消防车道是否进行统一管理。

3. 人员资质管理

（1）消防控制室值班人员、自动消防系统操作人员是否持证上岗。

（2）进行电焊、气焊等具有火灾危险作业的人员、特种设备作业人员是否取得了国家认可的职业资格证书并持证上岗。

（3）消防安全责任人和消防安全管理人是否接受过消防安全专门培训。

（4）新上岗和进入新岗位的员工是否接受过岗前的消防安全培训。

4. 消防档案

（1）人员密集场所的管理单位是否建立了消防档案。

（2）消防档案是否详实完整，全面反映消防工作基本情况，并附有必要图纸图表。

（3）消防档案是否有专人管理，并按档案管理要求装订、存放。

（4）预案演练是否建立了记录（包括相关的文字、图片、影像）并存档备查。

5. 消防安全培训及宣传教育

（1）是否建立了消防安全培训及宣传教育制度，并按有关规定明确了责任部门、培训方式、频次及考核办法。

（2）场所是否设置了消防安全告知牌、安全疏散指示图、消防设施标识，并定时播放消防安全广播和消防公益广告视频。

（3）消防安全培训及宣传教育是否建立记录并存档备查。

6. 防火检查、防火巡查

（1）是否建立了防火巡查制度和防火检查制度，并明确了责任部门，职责，巡查、检查内容及频次。

（2）防火巡查、防火检查是否建立记录并存档备查。

7. 火灾隐患整改

（1）是否建立了火灾隐患整改制度，并明确了火灾隐患的认定、处理、报告和整改落实、追踪流程。

（2）是否确定了火灾隐患整改责任人，并明确了整改责任。

（3）对消防部门责令整改的火灾隐患，是否在规定期限内完成整改落实和复查程序。

（4）火灾隐患整改是否建立记录并存档备查。

8. 消防控制室管理

（1）消防控制室的设置和功能是否符合规范要求。

（2）是否建立了消防控制室值班制度，并明确了值班人员的职责。

（3）消防控制室内是否保存了建筑竣工后的总平面布置图、建筑消防设施平面图、系统图及安全出口布置图等纸质或电子档案资料。

（4）消防控制室是否实行每日 24h 专人值班制度，每班不应少于 2 人。

（5）值班人员是否熟悉值班制度、消防控制设备操作规程、火灾与故障处置程序、突发事件处置程序等。

（6）值班人员的工作及交接是否建立记录并存档备查。

9. 建筑消防设施、器材维护管理及安全疏散设施管理

（1）是否建立了建筑消防设施管理制度及安全疏散设施管理制度，并明确了责任部门、责任人以及管理的范围和职责。

（2）是否委托有资质的维护保养检测机构对建筑消防设施定期进行维护保养并每年至少进行一次全面检测。

（3）设施、器材的登记、保管、维护保养和检测是否建立了记录并存档备查。

10. 消防安全重点部位管理

（1）是否根据场所实际情况确定消防安全重点部位，并明确具体责任部门和责任人。

（2）是否设立了明显的重点部位标识和防火标识。

（3）是否根据实际需要配置相应的灭火器材、装备和个人防护器材。

（4）是否根据实际情况制定了消防安全重点部位的事故应急处置操作程序和应急预案。

11. 用火、用电、用油、用气安全管理

（1）是否建立了燃气、燃油和电气设备的检查和管理（包括防雷、防静电）制度，并明确了责任部门和责任人。

（2）是否确定了动火作业审批程序，施工人员资质管理、作业环境审查、事故应急处置等相关程序，建立了记录并存档备查。

12. 易燃易爆化学物品管理

（1）是否存在易燃易爆化学物品，是否明确了责任部门、责任人并建立了管理制度。

（2）是否制定了易燃易爆化学物品的事故应急处置程序。

（3）易燃易爆化学物品限量是否符合相关规定要求，存放使用是否建立记录并存档备查。

13. 消防安全工作考评和奖惩

（1）是否建立消防安全工作考评和奖惩制度，并明确了考评目标、频次、内容、奖惩方式等。

（2）考评和奖惩情况是否建立记录并存档备查。

14. 与消防安全有关的操作规程

是否根据场所实际情况及消防设施操作使用要求制定并落实了保障消防安全的操作规程。

15. 专（兼）职消防队伍建设

（1）是否按照相关法规要求建立专职消防队或志愿消防队，并制定管理制度。

（2）志愿消防队的队员数量不应少于本场所从业人员数量的 30%。

16. 微型消防站

（1）属于消防安全重点单位的人员密集场所是否建立人数不少于 6 人的微型消防站，配备必要

的消防装备器材，并明确工作职责。

（2）微型消防站是否制定了岗位培训、日常训练、防火巡查、值守联动、队伍管理、考核评价等管理制度，与消防控制室之间是否建立了联动响应机制。

（3）微型消防站人员是否按照管理制度要求接受扑救初起火灾业务技能、防火巡查基本知识的岗位培训，并进行体能、灭火器材和个人防护器材使用等日常业务训练。

17. 灭火和应急疏散预案

（1）是否根据实际情况制定了灭火和应急疏散预案。

（2）预案是否包括以下内容：组织机构和人员职责；火警处置程序；微型消防站的联动响应；应急疏散的组织程序和措施；扑救初起火灾的程序和措施；通讯联络、安全防护和人员救护的组织与调度程序和保障措施。

（3）预案中是否明确了承担灭火和组织疏散任务的人员。

（4）预案的制修订、持续改进情况是否建立了记录并存挡备查。

18. 灭火和应急疏散预案演练

（1）是否按照规定的程序和频次进行了预案演练。

（2）预案的演练是否进行了总结和评估。

（二）建筑防火单元的现场检查

1. 建筑平面布局

（1）人员密集场所所在建筑的总平面布局、消防车道和救援场地的设置。

（2）是否存在占用、堵塞防火间距、消防车道以及高层建筑消防扑救场地的情况。

（3）防火分区的完整性及功能有效性。

2. 建筑内装修

（1）室内装修材料的燃烧性能。

（2）电气安装与可燃装修材料之间是否有防火隔热措施。

（3）装修平面布置和隔断是否影响消防设施的使用和安全疏散。

3. 建筑外保温系统及外墙装饰

（1）建筑外墙装修装饰材料和建筑外保温系统中保温材料的燃烧性能。

（2）外墙装修装饰和建筑外保温形式是否影响灭火救援、防排烟和安全疏散。

（三）安全疏散设施单元的现场检查

1. 安全出口

（1）安全出口设置的位置、数量、净宽度。

（2）疏散门的设置形式和开启方向。

2. 疏散楼梯

（1）疏散楼梯及前室的设置。

（2）疏散楼梯及前室的畅通性及安全性（如甲乙类管道、烧水间、障碍物等）。

3. 疏散走道及避难走道

（1）疏散走道的宽度、疏散距离、畅通性及与其他部位的分隔等。

（2）避难走道直通地面的出口数量、净宽度、人口处前室以及消防设施。

4. 避难层（间）

（1）避难层（间）设置的位置、形式以及净面积。

（2）避难层（间）的消防设施设置。

（3）避难层（间）的安全疏散设施设置。

5. 消防电梯

（1）消防电梯的设置。

（2）消防电梯控制、通信设施及电梯井底排水设施的设置。

（3）消防电梯轿厢内装修材料的燃烧性能。

6. 应急照明及疏散指示标志

（1）应急照明的设置。

（2）疏散指示标志的设置。

（3）应急照明及疏散指示标志是否被遮挡。

（4）应急照明及疏散指示标志的完好有效情况。

（四）消防设施单元的现场检查

1. 消防水源和供水设施

（1）消防水源及供水设施的选型和设置。

（2）消防水池、消防水箱的设置及储水情况。

（3）水泵接合器的设置及标识。

（4）水泵接合器是否被埋压、圈占、遮挡。

（5）消防水泵、稳压泵等供水设施的系统组件外观。

（6）消防水泵、稳压泵等供水设施的功能及联动控制功能。

2. 消火栓系统

（1）室内外消火栓系统的设置。

（2）室内外消火栓系统的功能组件外观和标识。

（3）室内外消火栓系统的水压和水量情况。

（4）室内外消火栓是否被埋压、圈占、遮挡。

3. 自动灭火系统

（1）自动灭火系统的设置。

（2）系统组件的外观、性能。

（3）系统组件联动控制及信号反馈情况。

4. 火灾自动报警系统

（1）火灾自动报警系统的设置。

（2）系统组件的外观。

（3）系统组件功能、联动控制及信号反馈情况。

5. 防烟排烟系统

（1）防烟排烟系统的设置。

（2）系统组件的外观。

（3）防烟排烟系统功能、联动控制及信号反馈情况。

6. 消防供电

（1）消防供电的负荷等级、供电形式。

（2）消防配电的末端切换装置及配电线路的敷设。

（3）自备发电机的设置。

7. 灭火器

（1）灭火器的设置。

（2）灭火器的外观。

（3）灭火器的功能。

8. 其他消防设施

应包括设施的设置、外观和功能。

（五）难以在现场进行功能测试验证的检查项

建筑防火单元中装修材料、外墙保温材料、防火涂料的防火性能等难以在现场进行功能测试验证的检查项，可核查符合消防技术标准的证明文件、出厂合格证明及见证取样检测报告等证明文件，并在报告中说明。

（六）定量评估方法

如确有需要，可选用烟气模拟分析、安全疏散分析等方法进行定量评估。

（七）资料核对

应逐项检查资料原件，不应有选择地抽查部分项目。

（八）问卷调查对象

不应少于5人，包括但不限于消防安全管理人员、自动消防设施操作人员、志愿消防队员及一般员工。

（九）外观检查及功能测试的抽样位置和抽样数量

应根据不同的检查项内容分别确定，现场检查结果应能说明被抽查检查项的外观情况及功能现状。当现场检查采用抽查形式时，应在报告中说明抽查的对象、具体部位和抽查样本量。

（十）抽查的基本原则

1. 对防火间距、消防车道的设置及疏散楼梯的形式应全数检查。

2. 对防火分区抽样位置应至少包括建筑的首层、顶层、标准层与地下层。

3. 对安全疏散设施及消防设施进行抽查时，各设施、设备的抽样数量不少于2处，当总数不大于2处时，应全数检查。当抽查到的设施设备有不合格检查项时，对该设施设备再抽样检查4处，不足4处时，全数检查。

四、评估判定

检查项分为3类，分别是直接判定项（A项）、关键项（B项）与一般项（C项）。

（一）直接判定项（A项）

消防安全评估中可直接判定评估结论等级为差的检查项为直接判定项（A项），包括以下内容：

1. 建筑物和公众聚集场所未依法办理消防行政许可或备案手续的；

2. 未依法确定消防安全管理人、自动消防系统操作人员的；

3. 疏散通道、安全出口数量不足或者严重堵塞，已不具备安全疏散条件的；

4. 未按规定设置自动消防系统的；

5. 建筑消防设施严重损坏，不再具备防火灭火功能的；

6. 人员密集场所违反消防安全规定，使用、储存易燃易爆危险品的；

7. 公众聚集场所违反消防技术标准，采用易燃、可燃材料装修，可能导致重大人员伤亡的；

8. 经消防部门责令改正后，同一违法行为反复出现的；

9. 未依法建立专（兼）职消防队的；

10. 一年内发生一次较大以上（含）火灾或两次以上（含）一般火灾的。

（二）关键项（B项）及一般项（C项）的判定计算方法

以法律法规、部门规章和消防技术标准的强制性条款为依据的检查项为关键项（B项）。其他检查项为一般项（C项）。

关键项和一般项的检查结果分为合格、部分不合格（B_1或C_1）、完全不合格（B_2或C_2）。按照各评估单元中所有B项和C项的检查结果，计算每个评估单元的单元合格率。计算时，将C项折算至B项，两个C_1项相当于一个B_1项，两个C_2项相当于一个B_2项。检查项的总折算项数N为B项项数与C项项数的一半之和。检查项的单元合格率R按式（9-5-1）计算：

$$R=\left(1-\frac{\frac{1}{2}N_1+N_2}{N}\right)\times100\%　　　　式（9-5-1）$$

式中：R—单元合格率；

　　　　N—检查项的总折算项数；

　　　　N_1—折算后B_1项的项数；

　　　　N_2—折算后B_2项的项数。

（三）评估结论分级标准

根据现场检查及评估判定的情况给出评估结论等级，具体分级标准见表9-5-1。

表9-5-1　评估结论分级标准

等级	分级标准	描述性说明
好	不存在A项，且每个评估单元的单元合格率 R ≥ 85%	火灾隐患较少，发生火灾的可能性较小或火灾事故的危害较小；消防安全管理制度较完善并严格落实；建筑防火符合规范要求，消防设施基本完好有效，安全疏散设施基本能保证火灾时人员疏散要求
一般	不存在A项，且每个评估单元的单元合格率 R ≥ 60%，且至少一个评估单元的单元合格率 60% ≤ R < 85%	存在一般性火灾隐患，有发生火灾的可能性或火灾发生后将造成一定的危害；消防安全管理制度不够完善或落实不完全到位；建筑防火存在部分不符合规范的情况，消防设施和安全疏散设施存在一些问题
差	存在A项，或至少一个评估单元的单元合格率 R < 60%	存在较大火灾隐患，发生火灾的可能性较大或火灾事故后果较严重；消防安全管理制度很不完善或落实不到位；建筑防火存在重大违规或严重不符合规范的情况；消防设施和安全疏散设施无法保证火灾时及时有效控制或人员安全疏散

五、报告内容

（一）消防安全评估项目概况

给出项目评估目的，界定评估对象。

（二）消防安全基本情况

综述评估对象的消防安全情况。

（三）消防安全评估方法及现场检查方法

说明采用的评估方法和现场检查方法。

（四）消防安全评估内容

详细介绍评估单元、评估依据及各评估单元的现场检查情况、检查发现的消防安全问题清单等，并给出各单元的不合格项汇总表。

（五）消防安全评估结论

根据各单元的评估结果填写单元评估结果汇总表，依据公式计算单元合格率R。

（六）消防安全对策、措施及建议

　　根据场所特点、现场检查和定性、定量评估的结果，针对各评估单元存在的问题提出具有合理性、经济性和可操作性的对策、措施及建议，其内容包括但不限于消防管理制度、消防设施设备设置、安全疏散以及隐患整改等方面。

CHAPTER 10

第十章

案例分析

本章在分析 2015 年、2016 年和 2017 年试卷的基础上，编写了 20 个案例。其中，工业建筑 5 个，民用建筑 15 个，主要涉及建筑防火、消防设施配置、消防设施设备检测验收及维护管理、消防设施设备常见故障及排除方法等，案例中的关键知识点是学习的重点内容。

第一节 工业建筑

案例 1

一、场景描述

某生产木质玩具的单层厂房，长和宽均为 126m，建筑高度 6m。厂房为钢筋混凝土结构，钢梁，岩棉夹心金属彩钢板上人屋面，外墙为砖墙。

厂房四周分别与建筑高度为 25m 的二级耐火等级面粉碾磨厂房、建筑高度为 12m 的三级耐火等级酚醛泡沫塑料加工厂房、建筑高度为 20m 的一级耐火等级食用油仓库、建筑高度为 10m 的二级耐火等级电子厂房相邻，其防火间距分别为：13m、12m、11m、11m，并设置宽度不小于 4m 的环形消防车道，消防车道路边距离厂房外墙 3.5m。

厂房四面外墙上分别开设 1 樘宽度不小于 5m 的侧拉门。

在该厂房内东南角设有建筑面积为 500m² 的独立办公、休息区，与其他部位采用耐火极限 2.50h 的防火隔墙、1.00h 的楼板和乙级防火门进行分隔，且设有 1 个独立的安全出口。

在厂房西北角设有一间靠外墙布置、建筑面积为 60m² 的中间仓库，与其它部位采用耐火极限 4.00h 的防火墙和耐火极限 1.50h 的不燃性楼板分隔，储存油漆和稀释剂，其成分中含有甲苯和二甲苯。

在厂房北侧与中间仓库相邻设有一间靠外墙布置、建筑面积为 300m² 的喷漆间，与其它部位采用耐火极限 2.00h 的防火隔墙分隔。

厂房按现行有关国家工程建设消防技术标准配置了消防设施及器材。

二、场景描述中包含或涉及内容

（一）火灾危险性分类

（二）厂房的耐火等级

（三）厂房的层数、面积和平面布置

（四）厂房的防火间距

（五）厂房和仓库的防爆

（六）厂房的安全疏散

（七）消防车道

三、关键知识点

（一）火灾危险性分类

厂房生产的火灾危险性应根据生产中使用或产生的物质性质及其数量等因素划分，可分为甲、乙、丙、丁、戊类。该厂房生产木质玩具，其火灾危险性为丙类。同一座厂房或厂房的任一防火分区内有不同火灾危险性生产时，厂房或防火分区内的生产火灾危险性类别应按火灾危险性较大的部分确定；当生产过程中使用或产生易燃、可燃物的量较少，不足以构成爆炸或火灾危险时，可按实际情况确定。该木质玩具生产厂房内虽然有火灾危险性属于甲类的中间仓库和喷漆车间，但其所占面积与火灾危险性较大的木质玩具生产部分建筑面积的比例小于5%，可按火灾危险性较小的部分确定。

场景描述中的各厂房和仓库的火灾危险性分类见表10-1-1。

表 10-1-1　厂房和仓库的火灾危险性分类

厂房（仓库）名称	层数、建筑高度	火灾危险性特征	火灾危险性类别
木器厂房	1层 6m	生产中使用可燃固体	丙类2项
电子厂房	2层 10m	生产中使用可燃固体	丙类2项
面粉碾磨厂房	6层 25m	生产中产生能与空气形成爆炸性混合物的浮游状态的粉尘	乙类
酚醛泡沫塑料加工厂房	3层 12m	常温下使用和加工难燃烧物质的热压成型生产	丁类
食用油仓库	5层 20m	储存闪点大于60℃的液体	丙类1项

（二）厂房的耐火等级

该丙类厂房的耐火等级，基本符合二级耐火等级要求。二级耐火等级厂房的梁、柱、非承重外墙、防火墙和屋面板等构件的燃烧性能均应为不燃性，其耐火极限分别不应低于1.50h、2.50h、0.25h、3.00h和1.00h。

该厂房钢梁耐火极限0.25h不能满足规范规定的1.50h要求，应采取防火保护措施；

岩棉夹心金属彩钢板的耐火极限如不能满足规范规定的1.00h要求，亦应采取防火保护措施。

（三）厂房的层数、面积和平面布置

1. 二级耐火等级丙类厂房的层数不限，单层厂房每个防火分区的最大允许建筑面积不应大于8000m²。该厂房建筑面积15876m²，至少应划分2个防火分区，或设置自动喷水灭火系统，每个防火分区的最大允许建筑面积可按规定增加1.0倍。

2. 办公室、休息室设置在丙类厂房内时，应采用耐火极限不低于2.50h的防火隔墙和1.00h的楼板与其他部位分隔，并应至少设置1个独立的安全出口；如隔墙上需开设相互连通的门时，应采用乙级防火门。

3. 中间仓库是指为满足生产需要，在厂房内存放一定数量原材料、半成品、辅助材料的仓库。该厂房内设置的中间仓库储存油漆、稀释剂，主要成分为甲苯（闪点4℃、爆炸极限1.1%～7.1%、相对密度3.10）和二甲苯（闪点30℃、爆炸极限1.1%～6.4%、相对密度3.66），其储存物品火灾危险性分类为甲类。

厂房内设置中间仓库时，应符合下列规定：

（1）甲、乙类中间仓库应靠外墙布置，其储量不宜超过1昼夜的需要量；

（2）甲、乙、丙类中间仓库应采用防火墙和耐火极限不低于1.50h的不燃性楼板与其他部位分隔；

（3）丁、戊类中间仓库应采用耐火极限不低于2.00h的防火隔墙和1.00h的楼板与其他部位分隔；

（4）仓库的耐火等级和面积应符合《建筑设计防火规范》GB 50016第3.3.2条和第3.3.3条的规定。

（四）防火间距

该厂房与面粉碾磨厂房、食用油仓库、电子厂房及酚醛泡沫塑料加工厂房之间的防火间距分别不应小于13m、10m、10m及10m。

（五）厂房和仓库的防爆

该厂房内的中间仓库和喷漆车间的防爆应符合以下要求：

1. 有爆炸危险的厂房或厂房内有爆炸危险的部位应设置泄压设施。泄压设施宜采用轻质屋面板、轻质墙体和易于泄压的门、窗等，门、窗上镶嵌的玻璃应采用安全玻璃或在爆炸时不产生尖锐碎片的材料。泄压设施的设置应避开人员密集场所和主要交通道路，并宜靠近有爆炸危险的部位。作为泄压设施的轻质屋面板和墙体的质量不宜大于60kg/m²。屋顶上的泄压设施应采取防冰雪积聚措施。

2. 厂房的泄压面积宜按下式计算，但当厂房的长径比（长径比为建筑平面几何外形尺寸中的最长尺寸与其横截面周长的积和4.0倍的建筑横截面积之比）大于3时，宜将建筑划分为长径比不大于3的多个计算段，各计算段中的公共截面不得作为泄压面积：

$$A = 10CV^{2/3} \qquad\qquad 式（10-1-1）$$

式中：A —泄压面积（m²）；

$\qquad V$ —厂房的容积（m³）；

$\qquad C$ —泄压比，可按《建筑设计防火规范》GB 50016相关规定选取（m²/m³）。

3. 散发较空气轻的可燃气体、可燃蒸气的甲类厂房，宜采用轻质屋面板作为泄压面积。顶棚应尽量平整、无死角，厂房上部空间应通风良好。

4. 散发较空气重的可燃气体、可燃蒸气的甲类厂房和有粉尘、纤维爆炸危险的乙类厂房，应符合下列规定：

（1）应采用不发火花的地面。采用绝缘材料作整体面层时，应采取防静电措施。

（2）散发可燃粉尘、纤维的厂房，其内表面应平整、光滑，并易于清扫。

（3）厂房内不宜设置地沟，必须设置时，其盖板应严密，地沟内应采取防止可燃气体、可燃蒸气和粉尘、纤维积聚的有效措施，且应在与相邻厂房连通处采用防火材料密封。

5. 有爆炸危险的甲、乙类生产部位，宜布置在单层厂房靠外墙的泄压设施或多层厂房顶层靠外墙的泄压设施附近。有爆炸危险的设备宜避开厂房的梁、柱等主要承重构件布置。

6. 有爆炸危险区域内的楼梯间、室外楼梯或与相邻区域连通处，应设置门斗等防护措施。门斗的隔墙应为耐火极限不应低于2.00h的防火隔墙，门应采用甲级防火门并应与楼梯间的门错位设置。

（六）厂房的安全疏散

该厂房内每个防火分区安全出口的数量应经计算确定，且不应少于2个；安全出口应分散布置，相邻2个安全出口最近边缘之间的水平距离不应小于5m。首层外门的总净宽度应按该层的疏散人数计算，且该门的最小净宽度不应小于1.20m。

一、二级耐火等级的丙类厂房，厂房内任一点到最近安全出口的直线距离不应大于80m，该厂房长和宽均为163m，厂房内个别地方如不能满足疏散距离不大于80m的规定时，应予调整。

厂房应采用向疏散方向开启的平开门，不应采用推拉门、卷帘门、吊门、转门和折叠门。

（七）消防车道

该木器厂房的占地面积大于3000m²，应设置环形消防车道；确有困难时，应沿建筑物的两个长边设置消防车道。消防车道的净宽度和净空高度均不应小于 4.00m。消防车道的转弯半径应满足消防车转弯的要求。消防车道与建筑之间不应设置妨碍消防车操作的树木、架空管线等障碍物。消防车道靠建筑外墙一侧的边缘距离不宜小于 5m。消防车道的坡度不宜大于 8%。环形消防车道至少应有两处与其他车道连通。消防车道的路面及其下面的管道和暗沟等应能承受重型消防车的压力。消防车道可利用城乡、厂区道路等，但该道路应满足消防车通行、转弯和停靠的要求。

该厂房消防车道靠建筑外墙一侧的边缘距离为 3.5m，不能满足规范规定的不宜小于 5m 要求。

四、分析题

（一）将场景描述中的木质玩具厂房改为服装加工厂房，其与相邻建筑的防火间距分别应为多少？

（二）该木质玩具厂房的钢梁耐火极限不能满足规范要求，可采取哪些措施提高钢梁的耐火极限？

（三）指出场景描述中不符合《建筑设计防火规范》GB 50016 相关规定的问题。

（四）拟在办公、休息区内增设一个员工倒班宿舍，问是否可行？为什么？

（五）按《建筑设计防火规范》GB 50016 规定，该木质玩具厂房应配置哪些建筑消防设施？

【参考答案】

（一）服装加工厂房火灾危险性分类为丙类，与其相邻建筑的防火间距不变。

（二）提高钢梁耐火极限，一是对钢梁采取防火保护措施，如外包覆不燃材料或喷涂防火涂料；二是设置自动喷水灭火系统进行防护冷却。

（三）1. 钢梁耐火极限不符合规范规定；

2. 消防车道靠建筑外墙一侧的边缘距离建筑外墙不宜小于 5m；

3. 厂房内个别地方不能满足疏散距离不大于 80m 的规定；

4. 厂房疏散外门采用侧拉门不符合防火规范规定，应改为平开门。

（四）不可行，厂房内严禁设置员工宿舍。

（五）该木质玩具厂房应按规定配置下列建筑消防设施：

1. 室外消火栓给水系统；

2. 室内消火栓给水系统；

3. 自动喷水灭火系统；

4. 火灾自动报警系统；

5. 设置防烟和排烟系统；

6. 消防应急照明和疏散指示标志；

7. 灭火器。

案例 2

一、场景描述

某钢筋混凝土框架结构仓库，地上 4 层，地下 1 层，占地面积 9600m²，总建筑面积 39600m²。地下一层储存车用机油（金属桶包装，每桶 4L）、地上一层储存金属零部件、地上 2~3 层储存玻璃制品（可燃包装重量不大于玻璃制品重量的 1/4，可燃包装体积大于玻璃制品体积 1/2）、地上四层储存工作服。

仓库四周分别与二级耐火等级建筑高度为 10m 的环己烷厂房、三级耐火等级建筑高度为 15m 的水泥刨花板仓库、一级耐火等级建筑高度为 25m 的玻璃制品仓库、二级耐火等级建筑高度为 20m 的润滑油仓库相邻，其防火间距分别为：17m、15m、15m、14m，并设置宽度不小于 4m 的环形消防车道，消防车道路边距离厂、库房外墙 5m。

地上建筑每层均划分 4 个防火分区，每个防火分区的建筑面积为 2400m²；地下一层划分 2 个防火分区，每个防火分区建筑面积为 600m²。

首层西北侧设有独立的办公、休息区，建筑面积 300m²，采用耐火极限 2.50h 的防火隔墙、1.00h 的不燃性楼板和乙级防火门与其他部位分隔，并设有 2 个独立的安全出口。该仓库按现行有关国家工程建设消防技术标准配置了室内、外消火栓给水系统、自动喷水灭火系统和建筑灭火器等消防设施及器材。

二、场景描述中包含或涉及内容

（一）火灾危险性分类
（二）库房的耐火等级
（三）库房的层数、面积和平面布置
（四）库房的防火间距
（五）库房的安全疏散

三、关键知识点

（一）火灾危险性分类

仓库储存物品的火灾危险性应根据储存物品的性质和储存物品中的可燃物数量等因素划分，可分为甲、乙、丙、丁、戊类。该仓库各楼层储存物品不同，其火灾危险性也不同，见表 10-1-2。

储存丁、戊类物品仓库，当可燃包装重量大于物品本身重量 1/4 或可燃包装体积大于物品本身体积的 1/2 时，其火灾危险性应按丙类确定。2~3 层储存玻璃制品火灾危险性为戊类，但其可燃包装体积大于物品本身体积 1/2，因此按丙类确定，而不是按戊类确定。

同一座仓库或仓库的任一防火分区内储存不同火灾危险性物品时，其火灾危险性应按火灾危险性最大的物品确定。该仓库地下一层储存机油，其火灾危险性为丙类 1 项，故该仓库的火灾危险性为丙类 1 项。

表 10-1-2　仓库和厂房的火灾危险性分类

仓库（厂房）名称	层数、建筑高度	火灾危险性特征	火灾危险性类别
框架结构仓库	4 层、地下 1 层 22m	地下一层储存机油	丙类 1 项
		一层储存金属零部件	戊类
		二层储存玻璃制品	丙类 2 项
		三层储存玻璃制品	丙类 2 项
		四层储存工作服	丙类 2 项
甲醇合成厂房	1 层 3.90m	产生闪点小于 28℃的液体	甲类

仓库（厂房）名称	层数、建筑高度	火灾危险性特征	火灾危险性类别
玻璃制品仓库	7层 28m	储存不燃物品	戊类
润滑油仓库	5层 20m	储存闪点大于60℃的液体	丙类1项
水泥刨花板仓库	3层 12m	储存难燃物品	丁类

（二）耐火等级

储存可燃液体的多层丙类仓库，其耐火等级不应低于二级；该仓库采用钢筋混凝土框架结构，耐火等级不低于二级。根据《建筑设计防火规范》GB 50016 的规定，丙类仓库内的防火墙耐火极限不应低于4.00h。一、二级耐火等级仓库的上人平屋顶，其屋面板的耐火极限分别不应低于1.50h 和1.00h。一、二级耐火等级仓库的屋面板应采用不燃材料；屋面防水层宜采用不燃、难燃材料，当采用可燃防水材料且铺设在可燃、难燃保温材料上时，防水材料或可燃、难燃保温材料应采用不燃材料作防护层。

（三）库房的层数、面积和平面布置

丙类1项仓库最多允许层数不应超过5层；多层丙类1项仓库每座仓库最大允许占地面积不应大于2800m²。

仓库一层储存戊类物品，其防火分区最大允许建筑面积不应大于2000m²；2~3层储存戊类物品，但因其包装物体积大于自身体积1/2，按丙类2项对待，其防火分区最大允许建筑面积不应大于1200m²；4层储存丙类2项物品，其防火分区最大允许建筑面积不应大于1200m²；当仓库内设置自动灭火系统时，其防火分区面积可增大一倍。地下一层储存丙类1项物品，其防火分区最大允许建筑面积不应大于150m²。场景描述中地下室每个防火分区建筑面积600m²，显然不符合规范规定。

一层西侧的办公室、休息室设置在丙类仓库内时，应采用耐火极限不低于2.50h 的防火隔墙和1.00h 的楼板与其他部位分隔，并设置独立的安全出口。隔墙上需开设相互连通的门时，应采用乙级防火门。

（四）防火间距

该仓库与甲醇合成厂房、玻璃制品仓库、润滑油仓库和水泥刨花板仓库之间的防火间距分别不应小于12m、13m、10m、12m，符合规范规定。

（五）安全疏散

根据《建筑设计防火规范》GB 50016 的规定，仓库的安全出口应分散布置；每个防火分区或一个防火分区的每个楼层，其相邻2个安全出口最近边缘之间的水平距离不应小于5m。每座仓库的安全出口不应少于2个，当一座仓库的占地面积不大于300m² 时，可设置1个安全出口。仓库内每个防火分区通向疏散走道、楼梯或室外的出口不宜少于2个，当防火分区的建筑面积不大于100m² 时，可设置1个出口。通向疏散走道或楼梯的门应为乙级防火门。地下或半地下仓库（包括地下或半地下室）的安全出口不应少于2个；当建筑面积不大于100m² 时，可设置1个安全出口。地下或半地下仓库（包括地下或半地下室），当有多个防火分区相邻布置并采用防火墙分隔时，每个防火分区可利用防火墙上通向相邻防火分区的甲级防火门作为第二安全出口，但每个防火分区至少有1个直通室外的安全出口。仓库的疏散门应采用向疏散方向开启的平开门，但丙、丁、戊类仓库首层靠墙的外侧可采用推拉门或卷帘门。

四、思考题

（一）场景描述中地下一层储存的机油，若更换为柴油（闪点：55℃）是否可行？并说明理由。

（二）在仓库办公、休息区内设置一个员工宿舍是否可行？为什么？

（三）指出场景描述中存在的不符合《建筑设计防火规范》GB 50016 规定的问题。

【参考答案】

（一）不行。地下或半地下仓库（包括地下室或半地下室）内不允许储存甲、乙类物品；

（二）不行。仓库内严禁设置员工宿舍。

（三）答题要点：

1. 该仓库最大允许占地面积超出规范规定；

2. 该仓库地下一层防火分区面积超出规范规定；

3. 应增设火灾自动报警系统。

案例 3

一、场景描述

某汽车加油站，设 30m³ 埋地油罐 5 个，其中柴油罐 2 个、汽油罐 3 个，设置加油机 4 台。加油机或储油罐及通气管管口距其西侧城市主干路 14m，距其北侧高度为 12m 的二级耐火等级幼儿园建筑 35m，距其南侧高度为 50m 的一级耐火等级住宅楼 13.4m，距其东侧高度为 15m 的二级耐火等级的商场 30.2m。在加油站北、南、东三侧设置高度为 2.2m 的不燃实体围墙，西侧开敞供车辆进出。该汽车加油站按现行有关国家工程建设消防技术标准配置了消防设施及器材。

二、场景描述中包含或涉及内容

（一）汽车加油站的等级

（二）汽车加油站选址和防火间距

（三）汽车加油站站内平面布置

（四）消防设施配置

三、关键知识点

（一）汽车加油站等级

汽车加油站的等级划分应符合表 10-1-3 的规定。

表 10-1-3　汽车加油站的等级划分

级别	油罐容积（m³）	
	总容积	单罐容积
一级	150 < V ≤ 210	V ≤ 50
二级	90 < V ≤ 150	V ≤ 50
三级	V ≤ 90	汽油罐 V ≤ 30，柴油罐 V ≤ 50

注：柴油罐容积可折半计入油罐总容积

所以该汽车加油站为二级汽车加油站。

（二）站址选择

一级加油站、一级加气站和一级加油加气合建站、CNG加气母站不宜布置在城市建成区内；在城市中心区，不应建一级加油站、一级加气站和一级加油加气合建站、CNG加气母站。汽车加油站宜靠近城市道路，不宜选在城市干道的交叉路口附近。汽车加油站的汽油设备与站外建（构）筑物的安全间距不应小于《汽车加油加气站设计与施工规范》GB 50156的规定。

（三）站内平面布置

汽车加油站内，平面布置应符合以下要求：

1. 车辆入口和出口应分开设置；

2. 站内单车道宽度不应小于4m，双车道宽度不应小于6m；站内的道路转弯半径应按行驶车型确定，且不宜小于9m；站内的道路坡度不应大于8％，且宜坡向站外；加油作业区内的停车位和道路路面不应采用沥青路面；

3. 站内的爆炸危险区域不应超出站区围墙和可用地界线；

4. 站内加油作业区内，不得有"明火地点"或"散发火花地点"；

5. 汽车加油站的工艺设备与站外建（构）筑物之间，宜设置高度不低于2.2m的不燃烧体实体围墙，面向车辆入口和出口道路的一侧可设非实体围墙或不设围墙；

6. 汽车加油站内设施之间的防火间距，不应小于表10-1-4的规定。

表10-1-4　汽车加油站内设施的防火间距（m）

设施名称	汽油罐	柴油罐	汽油通气管管口	柴油通气管管口	加油机	站房	站区围墙
汽油罐	0.5	0.5	—	—	—	4	3
柴油罐	0.5	0.5	—	—	—	3	2
汽油通气管管口	—	—	—	—	—	4	3
柴油通气管管口	—	—	—	—	—	3.5	2
加油机	—	—	—	—	—	5	—

注：表中"—"表示无防火距离要求。

7. 汽车加油站不应建在地下和半地下室。

四、思考题

在满足防火间距要求的前提下，拟对场景描述中的汽车加油站进行下列改造或扩建，哪个方案可行？可行或不可行均要说明理由。

1. 在加油站内增设一个50m³的汽油储罐；

2. 在加油站内增设一个50m³的柴油储罐；

3. 与CNG加气母站组成加气合建站；

4. 在加油站内增设一个10m³的LPG储罐。

【参考答案】

柴油罐容积可折半计入油罐总容积。方案1，储罐总容积170m³，为一级加油站；方案2，储罐总容积145m³为二级加油站；方案3，与CNG加气母站组成加气合建站，因油罐总容积已达120m³，为一级加气合建站；方案4，LPG储罐总容积与油罐总容积合计130m³，为一级加油加气站。

所以，除了方案 2 可行外，其他方案均不可行。因为增量后加油站规模达到一级加油站或一级加油加气合建站，一级汽车加油站、一级汽车加气站和一级汽车加油加气合建站不应布置在城市建成区内。

案例 4

一、场景描述

某国家级化工园区的乙醇（闪点 13℃，爆炸极限 3.3% ~ 19.0%、相对密度 1.60）精制厂房，采用钢结构，地上一层，建筑高度 18.6m；建筑长边为 80m，短边为 50m，总建筑面积 4000m²。屋顶采用不燃性轻质屋面板，质量不大于 60kg/m²。

厂房四周分别与园区管委会综合办公楼（重要公共建筑）、多层职工宿舍楼、架空电力线（电线杆高 10m）和锅炉房相邻，其间距分别为 48m、30m、15m 和 25m。

厂房四面外墙居中位置设一樘宽度为 5m 的平开疏散门。

厂房内东北角布置一处 400m² 变、配电站；厂房内西北角设置办公室和休息室，与厂房间均以耐火极限不低于 3.00h 的防火墙分隔。

该厂房设置了室内、外消火栓给水系统、按现行有关国家工程建设消防技术标准配置了消防设施及器材。

二、场景描述中包含或涉及内容

（一）火灾危险性类别

（二）厂房的耐火等级

（三）厂房的层数、面积和平面布置

（四）厂房的防爆

（五）厂房的安全疏散

三、关键知识点

（一）火灾危险性分类

乙醇的闪点小于 28℃（或爆炸下限小于 10%），厂房的火灾危险性类别为甲类。

（二）耐火等级

甲类厂房的耐火等级不应低于二级。

该厂房采用无耐火保护措施的钢结构，其耐火极限不能满足 1.50h 的要求，应对钢结构进行耐火保护或设自动喷水系统防护。该厂房的其他建筑构件耐火性能均应符合规范的相关规定。

（三）厂房的层数、面积和平面布置

甲类厂房宜采用单层，不应采用地下或半地下厂房和高层厂房，该厂房的每个防火分区最大允许建筑面积不应大于 4000m²。

办公室、休息室等不应设置在甲、乙类厂房内，确需贴邻本厂房时，其耐火等级不应低于二级，并应采用耐火极限不低于 3.00h 的防爆墙与厂房分隔，且应设置独立的安全出口。场景描述中办公、休息区与厂房之间采用防火墙分隔不符合防火规范规定。

变、配电站不应设置在甲、乙类厂房内或贴邻。供甲、乙类厂房专用的 10kV，变、配电站，当采用无门、窗、洞口的防火墙分隔时，可一面贴邻，并应符合现行国家标准《爆炸危险环境电力装置设计规范》GB 50058 的规定。场景描述中变、配电站与厂房之间采用耐火极限不低于 3.00h 的防火墙分隔，不符合防火规范规定。甲、乙类厂房和甲、乙、丙类仓库内的防火墙，其耐火极限不应低于 4.00h。

防火分区之间应采用防火墙分隔。甲类厂房，当其防火分区的建筑面积大于规范规定时，也不可采用防火卷帘或防火分隔水幕分隔。

（四）防火间距

管委会办公楼属重要公共建筑，其与甲类生产厂房之间的防火间距不应小于 50m；与多层宿舍楼之间的防火间距不应小于 25m；与架空电力线之间的距离不应小于电线杆杆高的 1.5 倍；与锅炉房（明火地点）之间的防火间距不应小于 30m。

厂房与综合办公楼和锅炉房之间的防火间距不足，不符合《建筑设计防火规范》GB 50016 的规定。

（五）安全疏散

厂房的安全出口应分散布置，其相邻 2 个安全出口最近边缘之间的水平距离不应小于 5m。厂房内任一点至最近安全出口的直线距离均不应大于 30m。厂房首层外门的总净宽度应按该层人数不小于 0.60m/ 百人计算，且所有外门的最小净宽度均不应小于 1.20m。场景描述中，厂房内个别部位至最近的安全出口的距离可能大于 30m，应增加相应安全出口。

（六）防爆泄压

该厂房属于有爆炸危险的甲类厂房，防爆应符合以下要求：

1. 该厂房宜独立设置，并宜采用敞开或半敞开式，承重结构宜采用钢筋混凝土或钢框架、排架结构；

2. 该厂房应设置泄压设施。泄压设施宜采用轻质屋面板、轻质墙体和易于泄压的门、窗等，应采用安全玻璃等在爆炸时不产生尖锐碎片的材料；泄压设施的设置应避开人员密集场所和主要交通道路，并宜靠近有爆炸危险的部位；作为泄压设施的轻质屋面板和轻质墙体的质量不宜大于 60kg/m²；屋顶上的泄压设施应采取防冰雪积聚措施；

3. 该厂房的泄压面积宜按下式计算，但当厂房的长径比（长径比为建筑平面几何外形尺寸中的最长尺寸与其横截面周长的积和 4.0 倍的建筑横截面面积之比）大于 3 时，宜将建筑划分为长径比不大于 3 的多个计算段，各计算段中的公共截面不得作为泄压面积：

$$A = 10CV^{2/3} \qquad 式（10-1-2）$$

式中：A—泄压面积（m²）；

V—厂房（仓库）的容积（m³）；

C—泄压比（m²/m³）。

4. 因乙醇（常态下为液体）蒸气相对密度为 1.60，故该厂房应采用不发火花的地面；采用绝缘材料作地面整体面层时，应采取防静电措施；厂房内不宜设置地沟，确需设置时，其盖板应严密，地沟应采取防止可燃蒸气积聚的有效措施，且与相邻厂房连通处应采用防火材料密封。

5. 使用和生产甲、乙、丙类液体的厂房，其管、沟不应和相邻厂房的管、沟相通，下水道应设置隔油设施。

四、思考题

计算该厂房的泄压面积。

【参考答案】

已知：厂房跨度（W）50m，长度（L）80m，高度（H）18.6m。

求：厂房的泄压面积。

解：

（1）查表，C = 0.110；

（2）厂房的长径比 =L×2（W＋H）/4（W×H）

$$=80×2（50＋18.6）/4×50×18.6 = 2.95$$

长径比＜3，不用分段计算。

（3）泄压面积 A = 10CV$^{2/3}$ = 10×0.11×（18.6×4000）$^{2/3}$ = 1945.84m^2

答：该厂房泄压面积不应小于1945.84m^2。

案例 5

一、场景描述

某电厂设置了 IG541 组合分配全淹没气体灭火系统，用于保护 1#、2# 机组集控室、电气设备间、电缆夹层、380V 母线室和 6kV 母线室等关键部位，配置药剂瓶组 42 瓶。该气体灭火系统竣工至今已使用近十年，部分设备（见图 10-1-1、图 10-1-2）已年久失修。电厂拟请专业维修管理单位进行检测、维护管理并重新验收。

二、场景描述包含或涉及内容

（一）气体灭火设施的检测

（二）气体灭火系统的验收

（三）气体灭火系统的维护管理

三、关键知识点

（一）气体灭火设施的检测

1.气体灭火系统检测的一般技术要求：

（1）气体灭火系统的组件和设备应符合设计选型，并应具有出厂产品合格证，消防产品应具有符合法定市场准入规则的证明文件。

（2）气体灭火系统的组件、设备的永久性铭牌和按规定设置的标志，其文字和数据应齐全、符号应清晰、色标应正确。

（3）气体灭火系统组件、设备、管道、线槽、支吊架等应完好无损、无锈蚀，设备、管道应无泄漏现象，导线和电缆的连接、绝缘性能、接地电阻等应符合设计要求。

（4）检测用的仪器、仪表等，应按国家现行有关规定计量检定合格。

2.气体灭火系统组件的检测

（1）瓶组与储罐

组件应固定牢固，手动操作装置的铅封应完好，压力表的显示应正常；应注明灭火剂名称，储瓶应有编号，驱动装置和选择阀应有分区标志牌，选择阀手动启闭应灵活；储瓶的称重装置应正常，并应有原始重量标记；二氧化碳储瓶及储罐，应在灭火剂的损失量达到设定值时发出报警信号；低压二氧化碳储罐的制冷装置应正常运行，控制的温度和压力应符合设定值。

（2）喷嘴

喷口方向应正确，并应无堵塞现象。

（3）气体灭火控制器

火灾报警功能、故障报警功能、自检功能、显示与计时功能等，应符合《火灾报警控制器通用技术条件》GB 4717 的相关要求；主电源断电时应自动转换至备用电源供电，主电源恢复后应自动转换为主电源供电，并应分别显示主、备电源的状态。

火灾显示盘应符合《火灾显示盘通用技术条件》GB 17429 相关要求。

消防联动控制设备应符合《消防联动控制设备通用技术条件》GB 16806 相关要求；消防联动控制设备与输入/输出模块间的连线发生断路、短路时，应能在 100s 内发出与火灾报警信号有明显区别的声、光故障信号；自动、手动转换功能应正常，无论装置处于自动或手动状态，手动操作启动均应有效；装置所处状态应有明显的标志或灯光显示，反馈信号显示应正常。

3. 气体灭火系统功能检测

防护区内和入口处的声光报警装置，入口处的安全标志、紧急启停按钮应正常；火灾报警控制器确认火灾报警后的延时启动时间应符合设定值；其他应符合《气体灭火系统施工及验收规范》GB 50263 相关要求。

（二）气体灭火系统的验收

气体灭火系统的验收包括防护区或保护对象与储存装置间验收、设备和灭火剂输送管道验收及系统功能验收。

1. 防护区或保护对象与储存装置间验收

防护区或保护对象的位置、用途、划分、几何尺寸、开口、通风、环境温度、可燃物的种类、防护区围护结构的耐压、耐火极限及门、窗可自行关闭装置应符合设计要求。

防护区的疏散通道、疏散指示标志和应急照明装置、防护区内和入口处的声光报警装置、气体喷放指示灯、入口处的安全标志、无窗或固定窗扇的地上防护区和地下防护区的排气装置、门窗设有密封条的防护区的泄压装置、门窗设有密封条的防护区的泄压装置等安全设施的设置应符合设计要求。

储存装置间的位置、通道、耐火等级、应急照明装置、火灾报警控制装置和联动设备及地下储存装置间机械排风装置应符合设计要求。

2. 设备和灭火剂输送管道验收

灭火剂储存容器的数量、型号和规格，位置与固定方式，油漆和标志，以及灭火剂储存容器的安装质量应符合设计要求。

储存容器内的灭火剂充装量和储存压力应符合设计要求。称重检查按储存容器全数（不足 5 个的按 5 个计）的 20% 检查。

集流管的材料、规格、连接方式、布置及其泄压装置的泄压方向应符合设计要求和规范的有关规定。

选择阀及信号反馈装置的数量、型号、规格、位置、标志及其安装质量，应符合设计要求和规范的有关规定。

阀驱动装置的数量、型号、规格和标志，安装位置，气动驱动装置中驱动气瓶的介质名称和充装压力，以及气动驱动装置管道的规格、布置和连接方式，应符合设计要求和规范有关规定。

驱动气瓶和选择阀的机械应急手动操作处，均应有标明对应防护区或保护对象名称的永久标志。驱动气瓶的机械应急操作装置均应设安全销并加铅封，现场手动启动按钮应有防护罩。

灭火剂输送管道的布置与连接方式、支架和吊架的位置及间距、穿过建筑构件及其变形缝的处理、各管段和附件的型号规格以及防腐处理和涂刷油漆颜色，应符合设计要求和规范的有关规定。喷嘴的数量、型号、规格、安装位置和方向，应符合设计要求和规范的有关规定。

3. 系统功能验收

系统功能验收时，应进行模拟启动试验，并合格。按防护区或保护对象总数（不足 5 个按 5 个计）的 20% 检查。

系统功能验收时，应进行模拟喷气试验，并合格。

系统功能验收时，应对设有灭火剂备用量的系统进行模拟切换操作试验，并合格。

系统功能验收时，应对主用、备用电源进行切换试验，并合格。

（三）气体灭火系统的维护管理

1. 气体灭火系统应由经过专门培训，并经考试合格的专职人负责定期检查和维护，检查周期和内容见表 10-1-5。

2. 气体灭火系统投入使用时，应具备系统及其主要组件的使用、维护说明书、系统工作流程图和操作规程、系统维护检查记录表、值班员守则和运行日志等文件，并应有电子备份档案，永久储存。

3. 应按检查类别规定对气体灭火系统进行检查，并做好检查记录，检查中发现的问题应及时处理；与气体灭火系统配套的火灾自动报警系统的维护管理应按现行国家标准《火灾自动报警系统施工及验收规范》GB 50116 执行。

4. 低压二氧化碳灭火剂储存容器的维护管理应按《压力容器安全技术监察规程》执行；钢瓶的维护管理应按《气瓶安全监察规程》执行。灭火剂输送管道耐压试验周期应按《压力管道安全管理与监察规定》执行。

表 10-1-5　检查周期和内容

检查周期	检查内容
检查	每日应对低压二氧化碳储存装置的运行情况、储存装置间的设备状态进行检查并记录
月检查	1. 低压二氧化碳灭火系统储存装置的液位计检查，灭火剂损失 10% 时应及时补充。 2. 高压二氧化碳灭火系统、七氟丙烷管网灭火系统及 IG541 灭火系统等系统的检查内容及要求应符合下列规定： （1）灭火剂储存容器及容器阀、单向阀、连接管、集流管、安全泄放装置、选择阀、阀驱动装置、喷嘴、信号反馈装置、检漏装置、减压装置等全部系统组件应无碰撞变形及其他机械性损伤，表面应无锈蚀，保护涂层应完好，铭牌和标志牌应清晰，手动操作装置的防护罩、铅封和安全标志应完整。 （2）灭火剂和驱动气体储存容器内的压力，不得小于设计储存压力的 90%。 3. 预制灭火系统的设备状态和运行状况应正常。
季检查	1. 可燃物的种类、分布情况，防护区的开口情况，应符合设计规定。 2. 储存装置间的设备、灭火剂输送管道和支、吊架的固定，应无松动。 3. 连接管应无变形、裂纹及老化。必要时，送法定质量检验机构进行检测或更换。 4. 各喷嘴孔口应无堵塞。 5. 对高压二氧化碳储存容器逐个进行称重检查，灭火剂净重不得小于设计储存量的 90%。 6. 灭火剂输送管道有损伤与堵塞现象时，应按规范的相关规定进行严密性试验和吹扫。
年检查	每年应按《气体灭火系统施工及验收规范》GB 50263 的相关规定，对每个防护区进行 1 次模拟启动试验，并应按《气体灭火系统施工及验收规范》GB 50263 的相关规定进行 1 次模拟喷气试验。

四、注意事项

（一）气体灭火系统防护区应有保证人员在 30s 内疏散完毕的通道和出口。

（二）防护区的门应向疏散方向开启，并能自行关闭；用于疏散的门必须能从防护区内打开。

（三）灭火后的防护区应通风换气，地下防护区和无窗或设固定窗扇的地上防护区，应设置机械排风装置，排风口宜设在防护区的下部并应直通室外。通信机房、电子计算机房等场所的通风换气次数应不小于每小时 5 次。

（四）经过有爆炸危险场所和变（电）配电场所的系统管网，以及布设在以上场所的金属箱体等，应设防静电接地。

（五）管网灭火系统应设自动控制、手动控制和机械应急操作三种启动方式。预制灭火系统应设自动控制和手动控制两种启动方式。

（六）灭火系统的手动控制与应急操作应有防止误操作的警示显示与措施。

五、思考题

1. 气体灭火系统的功能验收一般包括哪些步骤？

2. 请指出场景描述和图 10-1-1、图 10-1-2 中存在的问题？

图 10-1-1　容器阀　　　　　　　　　　图 10-1-2　压力表

对该电厂的灭火剂输送管道、管道连接件的外观质量进行检查时发现，其镀锌层有脱落、破损等缺陷，需要对气体灭火系统的灭火剂输送管道、管道连接件进行重新换装。同时，该发电厂气动驱动装置的水平管道有部分转弯处没有增设管卡。

对该气体灭火系统进行模拟喷气试验时，应当选择试验防护区的各 1~3 只储存容器，使用氮气介质。

【参考答案】

1. 气体灭火系统的功能验收一般包括：系统模拟启动试验、模拟喷气试验、对设有灭火剂备用量的系统进行模拟切换操作试验、对主备电源进行切换试验。

2. 按照《气瓶安全监察规程》的规定，充装惰性气体的气瓶定期检验期为五年。该电厂机组气体灭火系统充装气体的药剂瓶组使用年限均已近十年，压力普遍不足，无法达到系统设计的要求，需重新充装灭火剂及补压。在充装灭火剂时，需要按照规程对钢瓶进行无损探伤、水压试验和密封试验等。

图 10-1-1 容器阀被腐蚀（钢瓶顶部也有锈蚀），为保证灭火系统的安全运行，应当重新评估运行环境，并采取防护措施。

图 10-1-2 储气瓶的压力指示器显示储气瓶压力明显不足，应当尽快维修，并查明原因。

第二节　民用建筑

案例 6

一、场景描述

某商业中心，二级耐火等级建筑，地上 4 层，每层建筑面积为 10000m²；地下 2 层，每层建筑面积为 15000m²。建筑高度为 24m（室外设计地面至女儿墙高度），局部突出屋顶高度为 3.6m 的冷却塔、水箱间、电梯机房以及楼梯出口小间等辅助用房的建筑面积为 600m²。

该商业中心四周分别与高度为 120m 的一级耐火等级五星级大酒店、高度为 98m 的一级耐火等级高级公寓、10kV 预装式变电站和燃气调压站（中压地上单独建筑）的防火间距为 15m、10m、3m、12m。

该商业中心内设置了电梯和自动扶梯及封闭楼梯间。

该商业中心地下一层除 KTV 歌舞厅外均为商场，地下二层除 9000m² 商场外其余均为汽车库。地下二层至地上四层东侧靠外墙均布置 KTV 歌舞厅，每个厅、室的建筑面积 50m² ~ 300m² 不等，每层建筑面积为 2000m²，并用耐火极限不低于 3h 的防火墙与其他部位分隔。

该商业中心按有关国家工程建设消防技术标准配置了消防设施和器材。

二、场景描述中包含或涉及内容

（一）民用建筑总平面布置

（二）民用建筑防火分区和层数

（三）民用建筑平面布置

（四）民用建筑安全疏散

（五）装饰装修

（六）民用建筑消防设施配置

三、关键知识点

（一）总平面布置

按照建筑高度、层数和使用功能分类，该商业中心为多层公共建筑。在总平面布局中，应合理确定建筑的位置、防火间距、消防车道和消防水源等，不宜将民用建筑布置在甲、乙类厂（库）房，甲、乙、丙类液体储罐，可燃气体储罐和可燃材料堆场的附近。

该商业中心四周与大酒店、高级公寓、10kV 预装式变电站和燃气调压站的防火间距分别不应小于 13m、13m、3m 和 12m。除公寓外，其他防火间距符合规范规定。

（二）层数、建筑高度和防火分区

1. 层数。根据《建筑设计防火规范》GB 50016 的规定，建筑层数应按建筑的自然层数计算；室内顶板面高出室外设计地面的高度不大于 1.5m 的地下或半地下室，设置在建筑底部且室内高度不大于 2.2m 的自行车库、储藏室、敞开空间，建筑屋顶上突出的局部设备用房、出屋面的楼梯间等可不计入建筑层数。所以，该商业中心建筑层数为 4 层。

2. 建筑高度。建筑屋面为平屋面（包括有女儿墙的平屋面）时，建筑高度应为建筑室外设计地面至其屋面面层的高度；同一座建筑有多种形式的屋面时，建筑高度应按上述方法分别计算后，取其中较大值；局部突出屋顶的瞭望塔、冷却塔、水箱间、微波天线间或设施、电梯机房、排风和排烟机房以及楼梯出口小间等辅助用房占屋面面积不大于 1/4 者，可不计入建筑高度；对于住宅建筑，设置在底部且室内高度不大于 2.2m 的自行车库、储藏室、敞开空间，室内外高差或建筑的地下或半地下室的顶板面高出室外设计地面的高度不大于 1.5m 的部分，可不计入建筑高度。所以，该商业中心建筑高度应为室外设计地面至其屋面面层的高度，即建筑高度小于 24m。

3. 防火分区。该商业中心防火分区面积不应大于 2500m²；当设置自动灭火系统和火灾自动报警系统并采用不燃或难燃装修材料时，地下商场部分的防火分区面积不应大于 2000m²；当建筑内设置自动灭火系统时，其防火分区面积可增加 1.0 倍；局部设置时，防火分区的增加面积可按该局部面积的 1.0 倍计算。

该建筑内设置了自动扶梯，其上、下层相连通的开口部位的防火分区建筑面积应按上、下层相连通的建筑面积叠加计算；当叠加计算后的建筑面积大于相关规定时，应划分防火分区。

总建筑面积大于 20000m² 的地下或半地下商店，应采用无门、窗、洞口的防火墙、耐火极限不低于 2.00h 的楼板分隔为多个建筑面积不大于 20000m² 的区域。相邻区域确需局部连通时，应采用下沉式广场等室外开敞空间、防火隔间、避难走道、防烟楼梯间等方式进行连通。该商业中心地下一、二层建筑面积大于 20000m²，应进行分隔。

（三）平面布置

1. 营业厅不应设置在地下三层及以下楼层。地下或半地下营业厅、展览厅不应经营、储存和展示甲、乙类火灾危险性物品。

2. 歌舞厅不应布置在地下二层及以下楼层；宜布置在一、二级耐火等级建筑物内的首层、二层或三层的靠外墙部位；不宜布置在袋形走道的两侧或尽端；确需布置在地下一层时，地下一层的地面与室外出入口地坪的高差不应大于 10m；确需布置在地下或四层及以上楼层时，歌舞厅一个厅、室的建筑面积不应大于 200m²；厅、室之间及与建筑的其他部位之间，应采用耐火极限不低于 2.00h 的防火隔墙和不低于 1.00h 的不燃性楼板分隔，设置在厅、室墙上的门和该场所与建筑内其他部位相通的门均应采用乙级防火门。

（四）安全疏散

1. 公共建筑内每个防火分区或一个防火分区的每个楼层，其安全出口的数量应经计算确定，且不应少于 2 个。安全出口和疏散门应分散布置，且建筑内每个防火分区或一个防火分区的每个楼层以及每个房间相邻两个疏散门最近边缘之间的水平距离不应小于 5m。

2. 设置歌舞娱乐放映游艺场所的多层公共建筑的疏散楼梯，应采用封闭楼梯间。封闭楼梯间不能自然通风或自然通风不能满足要求时，应设置机械加压送风系统或采用防烟楼梯间。建筑的楼梯间宜通至屋面，通向屋面的门或窗应向外开启。自动扶梯和电梯不应计作安全疏散设施。

3. 一、二级耐火等级建筑内疏散门或安全出口不少于 2 个的营业厅，其室内任一点至最近疏散门或安全出口的直线距离不应大于 30m；歌舞娱乐放映游艺场所位于两个安全出口之间的直通疏散走道的房间疏散门至最近安全出口的直线距离不应大于 25m；位于袋形走道两侧或尽端的直通疏散走道的房间疏散门至最近安全出口的直线距离，及房间内任一点至房间直通疏散走道的疏散门的直线距离，均不应大于 9m；建筑内全部设置自动喷水灭火系统时，其安全疏散距离可按上述规定增加 25%。

4. 除规范另有规定外，多层公共建筑内安全出口和疏散门的净宽度不应小于 0.90m，疏散走道和疏散楼梯的净宽度不应小于1.10m。营业厅、舞厅等人员密集的公共场所的疏散门不应设置门槛，其净宽度不应小于1.40m，且紧靠门口内、外各1.40m范围内不应设置踏步。人员密集的公共场所的室外疏散通道的净宽度不应小于3.00m，并应直接通向宽敞地带。

5.除剧场、电影院、礼堂、体育馆外的其他公共建筑，其地上每层的房间疏散门、安全出口、疏散走道和疏散楼梯的各自总净宽度，应根据疏散人数按每100人的最小疏散净宽度不小于表10-2-1的规定计算确定。当每层疏散人数不等时，疏散楼梯的总净宽度可分层计算，地上建筑内下层楼梯的总净宽度应按该层及以上疏散人数最多一层的疏散人数计算。

表10-2-1　一般公共建筑地上每层的房间疏散门、安全出口、疏散走道和疏散楼梯的
每100人最小疏散净宽度（m/百人）

建筑层数		建筑的耐火等级（h）		
		一、二级	三级	四级
地上楼层	1~2层	0.65	0.75	1.00
	3层	0.75	1.00	—
	≥4层	1.00	1.25	—

地下或半地下人员密集的厅、室和地下或半地下歌舞娱乐放映游艺场所，其疏散走道、安全出口、疏散楼梯和房间疏散门的各自总宽度，应根据疏散人数按每100人不小于1.00m计算确定。当每层疏散人数不等时，疏散楼梯的总净宽度可分层计算，地下建筑内上层楼梯的总净宽度应按该层及以下疏散人数最多一层的人数计算。

首层外门的总净宽度应按该建筑疏散人数最多一层的人数计算确定，不供其他楼层人员疏散的外门，可按本层的疏散人数计算确定。

6.歌舞娱乐放映游艺场所中录像厅的疏散人数，应根据厅、室的建筑面积按不小于1.0人/m² 计算；其他歌舞娱乐放映游艺场所的疏散人数，应根据厅、室的建筑面积按不小于0.5人/m² 计算。

（五）室内装修

1.特殊场所

内部装修不应擅自减少、改动、拆除、遮挡消防设施、疏散指示标志、安全出口、疏散出口、疏散走道和防火分区、防烟分区等。

消火栓箱门不应被装饰物遮掩，消火栓箱门四周的装修材料颜色应与消火栓箱门的颜色有明显区别或在消火栓箱门表面设置发光标志。

疏散走道和安全出口的顶棚、墙面不应采用影响人员安全疏散的镜面反光材料。

地上建筑的水平疏散走道和安全出口的门厅，其顶棚应采用A级装修材料，其他部位应采用不低于B₁级的装修材料；

地下民用建筑的疏散走道和安全出口的门厅，其顶棚、墙面和地面均应采用A级装修材料。疏散楼梯间和前室的顶棚、墙面和地面均应采用A级装修材料。

建筑物内设有上下层相连通的中庭、走马廊、开敞楼梯、自动扶梯时，其连通部位的顶棚、墙面应采用A级装修材料，其他部位应采用不低于B₁级的装修材料。无窗房间内部装修材料的燃烧性能等级除A级外，应在上述规定的基础上提高一级。

2.商场装修

该商业中心建筑内部顶棚、墙面、地面、隔断、固定家具、窗帘和其他装饰装修材料的燃烧性

能等级，分别不应低于 A、A、B$_1$、B$_1$、B$_1$、B$_1$、B$_2$ 级。

商业中心内面积小于 100m² 的房间，当采用耐火极限不低于 2.00h 的防火隔墙和甲级防火门、窗与其他部位分隔时，其装修材料的燃烧性能等级可在上述规定的基础上降低一级。

当商业中心设有自动灭火系统时，除顶棚外，其内部装修材料的燃烧性能等级可在上述规定的基础上降低一级；同时设有火灾自动报警装置和自动灭火系统时，顶棚装修材料的燃烧性能等级也可降低一级。

3. 歌舞厅装修

KTV 歌舞厅内部顶棚、墙面、地面、隔断、固定家具、窗帘、帷幕和其他装饰装修材料的燃烧性能等级，分别不应低于 A、B$_1$、B$_1$、B$_1$、B$_1$、B$_1$、B$_1$ 和 B$_1$ 的规定，且不得降低。

四、思考题

（一）如该商业中心一层商场区域建筑面积为 8000m²，计算其安全出口总净宽度。

（二）KTV 歌舞厅内设置自动灭火和火灾自动报警系统，其装饰装修材料可否按规定降低一级？

【参考答案】

（一）根据题意，计算如下：

1. 查表得每百人最小疏散净宽度指标为 1.00m／（百人）；营业厅内人员疏散密度指标为 0.43 人／m²～0.60 人／m²，本商业中心规模较大，宜取下限值 0.43。

2. 疏散人数：8000×0.43 = 3440（人）

3. 计算一层安全出口总净宽度：3440×1.00÷100 = 34.40（m）

答：该商场一层安全出口总净宽度不应小于 34.40m。

（二）不行。

案例 7

一、场景描述

某商业建筑，地上 3 层，地下 1 层，建筑高度 15m。

地下一层为建筑面积 3000m² 的设备、物业管理用房和建筑面积 22000m² 的建材、灯饰销售厅；首层至地上三层为商业营业厅，每层建筑面积均为 20000m²。

该商业建筑四周设置消防车道和消防车扑救作业场地，并分别与高度为 98m 的办公楼、室外停车场、高度为 158m 的住宅楼、高度为 25m 的剧场和 10kV 预装式变电站相邻。

该商业建筑配置了室内、外消火栓给水系统（每个消火栓箱内配备 DN65 消火栓和 25m 消防水带及直流水枪）；自动喷水灭火系统；排烟设施；火灾自动报警系统和建筑灭火器等消防设施及器材。

二、场景描述中包含或涉及内容

（一）民用建筑分类和耐火等级

（二）民用建筑的总平面布局

（三）民用建筑防火分区和层数

（四）民用建筑的平面布置

（五）构造防火

（六）安全疏散

（七）灭火救援设施

三、关键知识点

（一）建筑分类和耐火等级

重要公共建筑是指发生火灾可能造成重大人员伤亡、财产损失和严重社会影响的公共建筑。重要公共建筑一般包括以下单位或场所：

1. 地市级及以上的党政机关办公楼；

2. 设计使用人数或座位数超过1500人（座）的体育馆、会堂、影剧院、娱乐场所、车站、证券交易所等人员密集的公共室内场所；

3. 藏书量超过50万册的图书馆；地市级及以上的文物古迹、博物馆、展览馆、档案馆等建筑物；

4. 省级及以上的银行等金融机构办公楼，省级及以上的广播电视建筑；

5. 使用人数超过500人的中小学校及其他未成年人学校；使用人数超过200人的幼儿园、托儿所、残障人员康复设施；150张床位及以上的养老院、医院的门诊楼和住院楼；

6. 总建筑面积超过20000m²的商店建筑，商业营业场所的建筑面积超过15000m²的综合楼。

公共建筑的耐火等级应根据其建筑高度、使用功能、重要性和火灾扑救难度等确定。场景描述中的商业建筑为多层重要公共建筑，其耐火等级不应低于二级，地下或半地下建筑（室）的耐火等级不应低于一级；相邻的高层办公楼为高层一类公共建筑，其耐火等级不应低于一级；相邻的住宅楼为高层住宅建筑，其耐火等级不应低于一级；相邻的剧场为高层公共建筑，其耐火等级不应低于一级。

（二）总平面布置

在总平面布局中，应合理确定建筑的位置、防火间距、消防车道和消防水源等，不宜将民用建筑布置在甲、乙类厂（库）房，甲、乙、丙类液体储罐，可燃气体储罐和可燃材料堆场的附近。场景描述中商业建筑与相邻的办公楼、室外停车场、住宅楼、剧场和10KV预装式变电站的防火间距分别不应小于9m、9m、9m、3m和6m。

（三）防火分区和层数

1. 该商业建筑地上各层防火分区的最大允许建筑面积均为2500m²，地下一层设备用房区域防火分区的最大允许建筑面积为1000m²，地下一层物业管理用房区域防火分区的最大允许建筑面积为500m²；建筑内设置自动灭火系统时，防火分区的最大允许建筑面积可按上述规定增加1.0倍；局部设置时，增加面积可按该局部面积的1.0倍计算。

2. 一、二级耐火等级建筑内的营业厅当设置自动灭火系统和火灾自动报警系统并采用不燃或难燃装修材料时，每个防火分区的最大允许建筑面积可适当增加，并应符合下列规定：

（1）设置在单层建筑内或仅设置在多层建筑的首层内时，不应大于10000m²。当营业厅、展览厅同时设置在多层民用建筑的首层及其他楼层时，考虑到涉及多个楼层的疏散和火灾蔓延危险，其地上楼层内防火分区的最大允许建筑面积应为2500m²；当建筑内设置自动灭火系统时，其地上楼层内防火分区的最大允许建筑面积应为5000m²；当建筑内局部设置自动灭火系统时，其地上楼层内防火分区的增加面积可按该局部面积的1.0倍计算。

（2）设置在地下或半地下时，不应大于2000m²。

3. 总建筑面积大于20000m²的地下或半地下商店，应采用无门、窗、洞口的防火墙、耐火极限不低于2.00h的楼板分隔为多个建筑面积不大于20000m²的区域。相邻区域确需局部连通时，应采用下沉式广场等室外开敞空间、防火隔间、避难走道、防烟楼梯间等方式进行连通。

（四）平面布置

民用建筑的平面布置应结合建筑的耐火等级、火灾危险性、使用功能和安全疏散等因素合理布置。

除为满足民用建筑使用功能所设置的附属库房外，民用建筑内不应设置生产车间和其他库房。经营、存放和使用甲、乙类火灾危险性物品的商店、作坊和储藏间，严禁附设在民用建筑内。

营业厅不应设置在地下三层及以下楼层。地下或半地下营业厅不应经营、储存和展示甲、乙类火灾危险性物品。

（五）构造防火

1. 建筑外墙上、下层开口之间应设置高度不小于1.2m的实体墙或挑出宽度不小于1.0m、长度不小于开口宽度的防火挑檐；当室内设置自动喷水灭火系统时，上、下层开口之间的实体墙高度不应小于0.8m。当上、下层开口之间设置实体墙确有困难时，可设置防火玻璃墙，多层建筑的防火玻璃墙的耐火完整性不应低于0.50h。外窗的耐火完整性不应低于防火玻璃墙的耐火完整性要求。实体墙和防火挑檐的耐火极限和燃烧性能，均不应低于相应耐火等级建筑外墙的要求。

2. 用于防火分隔的下沉式广场等室外开敞空间，应符合下列规定：

（1）分隔后的不同区域通向下沉式广场等室外开敞空间的开口近边缘之间的水平距离不应小于13m。室外开敞空间除用于人员疏散外不得用于其他商业或可能导致火灾蔓延的用途，其中用于疏散的净面积不应小于169m²。

（2）下沉式广场等室外开敞空间内应设置不少于1部直通地面的疏散楼梯。当连接下沉广场的防火分区需利用下沉广场进行疏散时，疏散楼梯的总净宽度不应小于任一防火分区通向室外开敞空间的设计疏散总净宽度。

（3）确需设置防风雨蓬时，防风雨蓬不应完全封闭，四周开口部位应均匀布置，开口的面积不应小于该空间地面面积的25%，开口高度不应小于1.0m；开口设置百叶时，百叶的有效排烟面积可按百叶通风口面积的60%计算。

3. 防火隔间的设置应符合下列规定：

（1）防火隔间的建筑面积不应小于6.0m²；

（2）防火隔间的门应采用甲级防火门；

（3）不同防火分区通向防火隔间的门不应计入安全出口，门的最小间距不应小于4m；

（4）防火隔间内部装修材料的燃烧性能应为A级；

（5）不应用于除人员通行外的其他用途。

4. 防火分隔部位设置防火卷帘时，应符合下列规定：

（1）除中庭外，当防火分隔部位的宽度不大于30m时，防火卷帘的宽度不应大于10m；当防火分隔部位的宽度大于30m时，防火卷帘的宽度不应大于该部位宽度的1/3，且不应大于20m。

（2）防火卷帘应具有火灾时靠自重自动关闭功能。

（3）除另有规定外，防火卷帘的耐火极限不应低于所设置部位墙体的耐火极限要求。

当防火卷帘的耐火极限符合现行国家标准有关耐火完整性和耐火隔热性的判定条件时，可不设置自动喷水灭火系统保护。

除另有规定外，当防火卷帘的耐火极限仅符合现行国家标准有关耐火完整性的判定条件时，应设置自动喷水灭火系统保护。自动喷水灭火系统的设计应符合现行国家标准的规定，但火灾延续时间不应小于该防火卷帘的耐火极限。

（4）防火卷帘应具有防烟性能，与楼板、梁、墙、柱之间的空隙应采用防火封堵材料封堵。

（5）需在火灾时自动降落的防火卷帘，应具有信号反馈的功能。

（6）其他要求，应符合现行国家标准《防火卷帘》GB 14102 的规定。

（六）安全疏散

该商业建筑应根据建筑高度、规模、使用功能和耐火等级等因素合理设置安全疏散设施，确保安全出口、疏散门的位置、数量和宽度及疏散距离等满足人员安全疏散的要求。其安全疏散应符合下列规定：

1. 该建筑内的安全出口和疏散门应分散布置，且建筑内每个防火分区或一个防火分区的每个楼层相邻两个安全出口以及每个房间相邻两个疏散门最近边缘之间的水平距离不应小于 5m。

2. 每个防火分区或一个防火分区的每个楼层，其安全出口的数量应经计算确定，且不应少于 2 个。

3. 该商业建筑地上 3 层，其房间疏散门、安全出口、疏散走道和疏散楼梯的各自总宽度，应根据疏散人数按每 100 人的最小疏散净宽度 0.75m 计算确定。当每层疏散人数不等时，疏散楼梯的总净宽度可分层计算，地上建筑内下层楼梯的总净宽度应按该层及以上疏散人数最多一层的人数计算；地下建筑内上层楼梯的总净宽度应按该层及以下疏散人数最多一层的人数计算。地下或半地下人员密集的厅、室，其房间疏散门、安全出口、疏散走道和疏散楼梯的各自总净宽度，应根据疏散人数按每 100 人不小于 1.00m 计算确定。首层外门的总净宽度应按该建筑疏散人数最多的一层的人数计算确定，不供其他楼层人员疏散的外门，可按本层疏散人数计算确定。

4. 商店的疏散人数应按每层营业厅的建筑面积乘以表 5 规定的人员密度计算。对于建材商店、家具和灯饰展示建筑，其人员密度可按表 10-2-2 规定值的 30% 确定。

表 10-2-2　商店营业厅内的人员密度（人 /m²）

楼层位置	地下第二层	地下第一层	地上第一、二层	地上第三层	地上第四层及以上各层
人员密度	0.56	0.60	0.43 ~ 0.60	0.39 ~ 0.54	0.30 ~ 0.42

注：据表 10-2-2 确定人员密度值时，应考虑商店的建筑规模，当建筑规模较小（比如营业厅的建筑面积小于 3000m²）时宜取上限值，当建筑规模较大时，可取下限值。当一座商店建筑内设置有多种商业用途时，考虑到不同用途区域可能会随经营状况或经营者的变化而变化，尽管部分区域可能用于家具、建材经销等类似用途，但人员密度仍需要按照该建筑的主要商业用途来确定，不能再按照上述方法折减。

5. 一、二级耐火等级公共建筑内的安全出口全部直通室外确有困难的防火分区，可利用通向相邻防火分区的甲级防火门作为安全出口。

6. 疏散走道在防火分区处应设置常开甲级防火门。

7. 一、二级耐火等级建筑内疏散门或安全出口不少于 2 个的营业厅等，其室内任一点至最近疏散门或安全出口的直线距离不应大于 30m；当疏散门不能直通室外地面或疏散楼梯间时，应采用长度不大于 10m 的疏散走道通至最近的安全出口。当该场所设置自动喷水灭火系统时，室内任一点至最近安全出口的安全疏散距离可分别增加 25%。

8. 除另有规定外，公共建筑内疏散门和安全出口的净宽度不应小于 0.90m，疏散走道和疏散楼梯的净宽度不应小于 1.10m。人员密集的公共场所的疏散门不应设置门槛，其净宽度不应小于 1.40m，且紧靠门口内、外各 1.40m 范围内不应设置踏步。人员密集的公共场所的室外疏散通道的净宽度不应小于 3.00m，并应直接通向宽敞地带。

9. 自动扶梯和电梯不应计作安全疏散设施。

（七）灭火救援设施

1. 消防车道。占地面积大于 3000m² 的商店建筑应设置环形消防车道，确有困难时，可沿建筑的两个长边设置消防车道。消防车道应符合下列要求：

（1）车道的净宽度和净空高度均不应小于 4.0m；

（2）转弯半径应满足消防车转弯的要求；

（3）消防车道与建筑之间不应设置妨碍消防车操作的树木、架空管线等障碍物；

（4）消防车道靠建筑外墙一侧的边缘距离建筑外墙不宜小于 5m；

（5）消防车道的坡度不宜大于 8%。

环形消防车道至少应有两处与其他车道连通。尽头式消防车道应设置回车道或回车场，回车场的面积不应小于 12m×12m；对于高层建筑，不宜小于 15m×15m；供重型消防车使用时，不宜小于 18m×18m。

消防车道的路面、救援操作场地、消防车道和救援操作场地下面的管道和暗沟等，应能承受重型消防车的压力。

消防车道可利用城乡、厂区道路等，但该道路应满足消防车通行、转弯和停靠的要求。

2. 公共建筑的外墙应在每层的适当位置设置可供消防救援人员进入的窗口。供消防救援人员进入的窗口的净高度和净宽度均不应小于 1.0m，下沿距室内地面不宜大于 1.2m，间距不宜大于 20m 且每个防火分区不应少于 2 个，设置位置应与消防车登高操作场地相对应。窗口的玻璃应易于破碎，并应设置可在室外易于识别的明显标志。

四、思考题

（一）指出场景描述中建筑消防设施配置中存在的不符合防火规范的问题。

（二）场景描述中的商业建筑如何设置消防救援窗？

【参考答案】

（一）根据《建筑设计防火规范》GB 50015 规定，人员密集的公共建筑和建筑面积大于 200m² 的商业服务网点内应设置消防软管卷盘或轻便消防水龙，该建筑的商场和 KTV 歌舞厅内应配置消防软管卷盘或轻便消防水龙。

（二）在该商业综合体的外墙上，应在每层的适当位置设置可供消防救援人员进入的窗口。供消防救援人员进入的窗口的净高度和净宽度均不应小于 1.0m，下沿距室内地面不宜大于 1.2m，间距不宜大于 20m 且每个防火分区不应少于 2 个，设置位置应与消防车登高操作场地相对应。窗口的玻璃应易于破碎，并应设置可在室外易于识别的明显标志。

案例 8

一、场景描述

某民用建筑，地上 6 层，地下 3 层，建筑高度 22.5m。该建筑为钢筋混凝土框架结构，每层建筑面积均为 4000m²。地下一层至地上六层设有一个中庭，中庭底部投影面积为 200m²。该建筑采用岩棉作为外墙外保温材料。

该建筑地下 3 层室内地面与室外出入口地坪的高差为 12m。地下 2、3 层每层为汽车库、设备用房和附属库房；地下一层为厨房、包房和两个建筑面积为 900m² 的餐厅。

首层至地上 6 层的主要使用功能为厨房、包房（具有卡拉 OK 功能、均靠外墙布置，并设有可开启外窗）和餐厅。

该建筑在地下一层和地上 3、6 层各布置 1 个厨房，使用天然气炊具，均未设外窗。

建筑内设置一部货梯由地下 3 层通至以上各层；另设置两部客梯（观光电梯）由地下 1 层通至以上各层、设置 2 部消防电梯由首层通至地上每层。

该建筑按现行国家标准配置了火灾自动报警系统；室内、外消火栓给水系统；自动喷水灭火系统和建筑灭火器等消防设施及器材。

二、场景描述包含或涉及内容

（一）建筑分类和耐火等级

（二）防火分区

（三）平面布置

（四）安全疏散

（五）构造防火

（六）灭火救援设施

（七）装饰装修

（八）燃气防火

三、关键知识点

（一）建筑分类和耐火等级

场景描述中的建筑高度不超过 24m，该建筑为多层重要公共建筑。多层重要公共建筑的耐火等级不应低于二级，地下或半地下建筑（室）的耐火等级不应低于一级。

（二）防火分区和层数

1. 该建筑地上各层防火分区的最大允许建筑面积均为 2500m²；地下 2、3 层设备用房区域防火分区最大允许建筑面积为 1000m²；地下 2、3 层附属库房区域及地下一层防火分区最大允许建筑面积为 500m²；建筑内设置自动灭火系统时，防火分区的最大允许建筑面积可按上述规定增加 1.0 倍；局部设置时，增加面积可按该局部面积的 1.0 倍计算。该建筑地下 2、3 层每层汽车库、设备用房和附属库房均应单独划分防火分区。

2. 中庭防火分区的建筑面积应按上、下层相连通的建筑面积叠加计算；当叠加计算后的建筑面积大于一个防火分区的最大允许建筑面积时，应符合下列规定：

（1）中庭与周围连通空间应进行防火分隔。采用防火隔墙时，其耐火极限不应低于 1.00h；采用防火玻璃墙时，其耐火隔热性和耐火完整性不应低于 1.00h；采用耐火完整性不低于 1.00h 的非隔热性防火玻璃墙时，应设置自动喷水灭火系统进行保护；采用防火卷帘时，其耐火极限不应低于 3.00h，并应符合《建筑设计防火规范》GB 50016 第 6.5.3 条的规定；与中庭相连通的门、窗，应采用火灾时能自行关闭的甲级防火门、窗。

（2）中庭应设置排烟设施。

（3）中庭内不应布置可燃物。

（4）中庭区域通过其与周围连通空间的防火分隔，构成一个特殊的防火分隔区域；中庭区域内任一点至最近首层疏散外门或其他层安全出口的直线距离不应大于30m；当相关场所设置自动喷水灭火系统时，中庭内任一点至最近首层疏散外门或其他层安全出口的安全疏散距离可增加25%。

3.地下2、3层汽车库防火分区的最大允许建筑面积为2000m²，汽车库内设有自动灭火系统时，其防火分区的大允许建筑面积可按上述规定增加1.0倍。

（三）平面布置

1.除为满足民用建筑使用功能所设置的附属库房外，民用建筑内不应设置生产车间和其他库房。

2.经营、存放和使用甲、乙类火灾危险性物品的商店、作坊和储藏间，严禁附设在民用建筑内。

3.具有卡拉OK功能的包间（属于歌舞娱乐放映游艺场所）的布置应符合下列规定：

（1）不应布置在地下2层及以下楼层；

（2）宜布置在一、二级耐火等级建筑内的1层、2层或3层的靠外墙部位；

（3）不宜布置在袋形走道的两侧或尽端；

（4）确需布置在地下1层时，地下1层的地面与室外出入口地坪的高差不应大于10m；

（5）确需布置在地下或四层及以上楼层时，一个厅、室的建筑面积不应大于200m²；

（6）厅、室之间及与建筑的其他部位之间，应采用耐火极限不低于2.00h的防火隔墙和不低于1.00h的不燃性楼板分隔，设置在厅、室墙上的门和该场所与建筑内其他部位相通的门均应采用乙级防火门。

（四）安全疏散

1.因具有卡拉OK功能的包间属于歌舞娱乐放映游艺场所，故该建筑地上部分的疏散楼梯应采用封闭楼梯间或室外疏散楼梯，也可采用防烟楼梯间。因室内地面与室外出入口地坪高差大于10m或3层及以上的地下、半地下建筑（室）的疏散楼梯应采用防烟楼梯间，故该建筑地下室的疏散楼梯应采用防烟楼梯间。

2.直通建筑内附设汽车库的电梯，应在汽车库部分设置电梯候梯厅，并应采用耐火极限不低于2.00h的防火隔墙和乙级防火门与汽车库分隔。

3.公共建筑内房间的疏散门数量应经计算确定且不应少于2个，每个房间相邻两个疏散门最近边缘之间的水平距离不应小于5m。该建筑符合下列条件之一的房间可设置1个疏散门：

（1）位于两个安全出口之间或袋形走道两侧且建筑面积不大于120m²的房间；

（2）位于走道尽端的房间，建筑面积小于50m²且疏散门的净宽度不小于0.90m，或由房间内任一点至疏散门的直线距离不大于15m、建筑面积不大于200m²且疏散门的净宽度不小于1.40m；

（3）歌舞娱乐放映游艺场所内建筑面积不大于50m²且经常停留人数不超过15人的厅、室；

（4）建筑面积不大于200m²的地下或半地下设备间、建筑面积不大于50m²且经常停留人数不超过15人的其他地下或半地下房间。

4.疏散距离。位于两个安全出口之间的直通疏散走道的包房疏散门至最近安全出口的直线距离不应大于25m，位于袋形走道两侧或尽端的直通疏散走道的包房疏散门至最近安全出口的直线距离不应大于9m；位于两个安全出口之间的直通疏散走道的餐厅、设备用房和附属库房疏散门至最近安全出口的直线距离不应大于40m，位于袋形走道两侧或尽端的直通疏散走道的餐厅、设备用房和附属库房疏散门至最近安全出口的直线距离不应大于22m；建筑物内全部设置自动喷水灭火系统时，安全疏散距离可按上述规定增加25%。

5.该建筑内疏散门或安全出口不少于2个的餐厅，其室内任一点至最近疏散门或安全出口的直线距离不应大于30m；当疏散门不能直通室外地面或疏散楼梯间时，应采用长度不大于10m的疏散走道通至最近的安全出口。当该场所设置自动喷水灭火系统时，室内任一点至最近安全出口的疏散距离可分别增加 25%。

（五）构造防火

1. 该建筑内的厨房均应采用耐火极限不低于 2.00h 的防火隔墙与其他部位分隔，墙上的门、窗应采用乙级防火门、窗，确有困难时，可采用防火卷帘，但应符合《建筑设计防火规范》GB 50016 第 6.5.3 条的规定。

2. 该建筑内的电梯井等竖井应符合下列规定：

（1）电梯井应独立设置，井内严禁敷设可燃气体和甲、乙、丙类液体管道，不应敷设与电梯无关的电缆、电线等。电梯井的井壁除设置电梯门、安全逃生门和通气孔洞外，不应设置其他开口；

（2）电缆井、管道井、排烟道、排气道、垃圾道等竖向井道，应分别独立设置。井壁的耐火极限不应低于 1.00h，井壁上的检查门应采用丙级防火门；

（3）建筑内的电缆井、管道井应在每层楼板处采用不低于楼板耐火极限的不燃材料或防火封堵材料封堵。建筑内的电缆井、管道井与房间、走道等相连通的孔隙应采用防火封堵材料封堵；

（4）建筑内的垃圾道宜靠外墙设置，垃圾道的排气口应直接开向室外，垃圾斗应采用不燃材料制作，并应能自行关闭；

（5）电梯层门的耐火极限不应低于 1.00h，并应同时符合现行国家标准《电梯层门耐火试验 完整性、隔热性和热通量测定法》GB/T 27903 规定的完整性和隔热性要求。

3. 设置人员密集场所的建筑，其外墙外保温材料的燃烧性能应为 A 级。

4. 建筑外墙的装饰层应采用燃烧性能为 A 级的材料，但建筑高度不大于 50m 时，可采用 B_1 级材料。

5. 户外广告牌的设置不应遮挡建筑的外窗，不应影响外部灭火救援行动。

（六）灭火救援设施

1. 公共建筑的外墙应在每层的适当位置设置可供消防救援人员进入的窗口；窗口的净高度和净宽度均不应小于 1.0m，下沿距室内地面不宜大于 1.2m，间距不宜大于 20m 且每个防火分区不应少于 2 个；窗口的玻璃应易于破碎，并应设置可在室外易于识别的明显标志。

2. 埋深大于 10m 且总建筑面积大于 3000m^2 的地下或半地下建筑（室）应设置消防电梯；消防电梯应分别设置在不同防火分区内，且每个防火分区不应少于 1 台。

（七）室内装修

该建筑的室内装修应符合下列规定：

1. 包房。该建筑内所有包房均具有卡拉 OK 功能，属于歌舞娱乐场所，其室内装修要求：顶棚应采用 A 级装修材料，其他部位应采用不低于 B_1 级的装修材料；地下包房除满足上述要求外，其墙面也应采用 A 级装修材料；经常使用明火器具的包房和地下一层的无窗包房，其内部装修材料的燃烧性能等级，除 A 级外，应在上述规定的基础上提高一级。

2. 餐厅。地下一层餐厅室内顶棚、墙面、地面应采用 A 级装修材料，隔断、固定家具、装饰织物应采用不低于 B_1 级的装修材料，其他装修装饰材料应采用不低于 B_2 级的装修材料；地下一层经常使用明火器具的餐厅或（和）无窗餐厅，其内部装修材料的燃烧性能等级，除 A 级外，应在上述规定的基础上提高一级。

地上各层餐厅室内顶棚应采用不低于 B_1 级的装修材料，墙面、地面、隔断和窗帘应采用不低于 B_2 级的装修材料，固定家具和其他装修装饰材料可采用 B_3 级的装修材料；地上各层经常使用明火器具的餐厅或（和）无窗餐厅，其室内顶棚、墙面、地面、隔断和窗帘应采用 A 级的装修材料，固定家具和其他装修装饰材料应采用不低于 B_1 级的装修材料。

3. 地上各层的疏散走道和安全出口的门厅，其顶棚应采用 A 级装修材料，其他部位应采用不低于 B_1 级的装修材料；地下各层的疏散走道和安全出口的门厅，其顶棚、墙面和地面均应采用 A 级装修材料。疏散走道和安全出口的顶棚、墙面不应采用影响人员安全疏散的镜面反光材料。

4. 疏散楼梯间和前室的顶棚、墙面和地面均应采用 A 级装修材料。

6. 建筑物内上下层相连通的中庭、走马廊、开敞楼梯、自动扶梯（均属于共享空间部位），其连通部位的顶棚、墙面应采用 A 级装修材料，其他部位应采用不低于 B_1 级的装修材料。

7. 消防水泵房、机械加压送风或排烟机房、固定灭火系统钢瓶间、配电室、变压器室、发电机房、储油间、通风和空调机房等，其内部所有装修均应采用 A 级装修材料。

8. 消防控制室等重要房间，其顶棚和墙面应采用 A 级装修材料，地面及其他装修应采用不低于 B_1 级的装修材料。

9. 建筑物内的厨房，其顶棚、墙面、地面均应采用 A 级装修材料。

10. 照明灯具及电气设备、线路的高温部位，当靠近非 A 级装修材料或构件时，应采取隔热、散热等防火保护措施，与窗帘、帷幕、幕布、软包等装修材料的距离不应小于 500mm；灯饰应采用不低于 B_1 级的材料。建筑内部的配电箱、控制面板、接线盒、开关、插座等不应直接安装在低于 B_1 级的装修材料上；用于墙面装修的木质类板材，当内部含有电器、电线等物体时，应采用不低于 B_1 级的材料。当室内顶棚、墙面、地面和隔断装修材料内部安装电加热供暖系统时，室内采用的装修材料和绝热材料的燃烧性能等级应为 A 级。当室内顶棚、墙面、地面和隔断装修材料内部安装水暖（或蒸汽）供暖系统时，其顶棚采用的装修材料和绝热材料的燃烧性能应为 A 级，其他部位的装修材料和绝热材料的燃烧性能不应低于 B_1 级。建筑内部不宜设置采用 B_3 级装饰材料制成的壁挂、布艺等，当需要设置时，不应靠近电气线路、火源或热源，或采取隔离措施。

（八）燃气防火

该建筑的燃气防火应符合下列规定：

1. 可燃气体管道严禁穿过防火墙；

2. 燃气管道（横管）的净高不宜小于 2.2m；

3. 燃气立管宜明设，当设在便于安装和检修的管道竖井内时，应符合下列要求：

（1）燃气立管可与空气、惰性气体、上下水、热力管道等设在一个公用竖井内，但不得与电线、电气设备或氧气管、进风管、回风管、排气管、排烟管、垃圾道等共用一个竖井；

（2）竖井应在每层楼板处采用不低于楼板耐火极限的不燃材料或防火封堵材料封堵，且应采取保证平时竖井内自然通风的措施（如：每个燃气管道竖井每层的上、下两端均设置通风百叶，且通风百叶均与室外直接连通等）；竖井与房间、走道等相连通的孔洞应采用防火封堵材料封堵；

（3）竖井内每层应设置可燃气体报警装置；

（4）竖井的井壁应采用耐火极限不应低于 1.00h 的不燃性墙体，井壁上的检查门应采用丙级防火门。

4. 除设置自然通风的厨房外，设置在地下室、半地下室或地上密闭房间内的厨房采用由燃气管道供气的炊具时，应符合下列要求：

（1）应设置独立的机械通风设施，且其空气不应循环使用。当燃气灶具采用比空气轻的可燃气体时，水平排风管全长应顺气流方向向上坡度敷设。其送、排风系统应采用防爆型的通风设备；当送风机布置在单独分隔的通风机房内且送风干管上设置防止回流设施时，可采用普通型的通风设备。排风系统应设置导除静电的接地装置；排风设备不应布置在地下或半地下建筑（室）内；排风管应采用金属管道，并应直接通向室外安全地点，且不应暗设；正常工作时，换气次数不应小于 6 次 /h；事故通风时，换气次数不应小于 12 次 /h；平时换气次数不应小于 3 次 /h；

（2）应设置固定的防爆照明设备；

（3）用气部位的燃气引入管应设手动快速切断阀和紧急自动切断阀，并应与可燃气体报警装置联锁；停电时，紧急自动切断阀必须处于关闭状态（常开型）；

（4）用气房间应设置可燃气体报警装置（使用天然气的用户应选择甲烷探测器，使用液化石油气的用户应选择丙烷探测器，使用煤制气的用户应选择一氧化碳探测器），并由管理室集中监视和控制。

四、思考题

业主拟在该建筑 4 层装修改造一个 500m² 的多功能厅，在平面布置、安全疏散和内部装修方面应注意哪些消防安全问题？

【参考答案】

1. 该建筑内设置多功能厅等人员密集场所，宜布置在 1 层、2 层或 3 层，确需布置在 4 层时，建筑面积不宜大于 400m²；

2. 多功能厅的疏散门不应少于 2 个；

3. 建筑面积不大于 400m² 的多功能厅装修，其顶棚应采用燃烧性能为 A 级，墙面、地面、隔断、固定家具、窗帘、帷幕为 B₁ 级的装饰装修材料。

案例 9

一、场景描述

某三星级宾馆，地上 13 层，地下 2 层，建筑高度 52m，框架剪力墙结构，每层建筑面积 4000m²，总建筑面积 60000m²，设集中空调系统。

地下二层为消防水泵房、配电室和通风空调机房等设备用房和汽车库，地下一层为汽车库和办公室；

首层为消防控制室、接待大厅、咖啡厅和宴会厅，总容纳人数不超过 280 人；地上 2 层为健身房和餐馆包房，总容纳人数不超过 250 人；地上 3 层为办公室和会议室，总容纳人数不超过 200 人；地上 4 层至 13 层均为客房，各层的容纳人数为 300 人。该宾馆各层均划分两个防火分区，每个防火分区设 2 部防烟楼梯。

该宾馆按现行国家标准配置了火灾自动报警系统；室内、外消火栓给水系统；自动喷水灭火系统和灭火器等消防设施及器材。

二、场景描述中包含或涉及内容

（一）建筑分类和耐火等级

（二）防火分区

（三）安全出口

（四）灭火救援设施

三、关键知识点

（一）建筑分类和耐火等级

该宾馆为建筑高度大于50m的公共建筑。按高度和使用功能分类，应为一类高层公共建筑，其耐火等级不应低于一级。

（二）防火分区

一类高层民用建筑防火分区面积不应大于1500m²，设置自动灭火系统时其防火分区面积可以增加一倍。该建筑每层建筑面积4000m²，在设置自动喷水灭火系统的情况下，应划分为两个建筑面积分别不大于3000m²的防火分区。

（三）安全疏散

该宾馆的安全疏散应符合下列规定：

1. 建筑内的安全出口和疏散门应分散布置，且建筑内每个防火分区或一个防火分区的每个楼层相邻两个安全出口以及每个房间相邻两个疏散门最近边缘之间的水平距离不应小于5m；

2. 建筑的楼梯间宜通至屋面，通向屋面的门或窗应向外开启；

3. 自动扶梯和电梯不应计作安全疏散设施；

4. 直通汽车库的电梯，应在汽车库部分设置电梯候梯厅，并应采用耐火极限不低于2.00h的防火隔墙和乙级防火门与汽车库分隔；

5. 高层民用建筑直通室外的安全出口上方，应设置挑出宽度不小于1.0m的防护挑檐；

6. 公共建筑内每个防火分区或一个防火分区的每个楼层，其安全出口的数量应经计算确定，且不应少于2个；

7. 一、二级耐火等级公共建筑内的安全出口全部直通室外确有困难的防火分区，可利用通向相邻防火分区的甲级防火门作为安全出口，但应符合下列要求：

（1）利用通向相邻防火分区的甲级防火门作为安全出口时，应采用防火墙与相邻防火分区进行分隔；

（2）建筑面积大于1000m²的防火分区，直通室外的安全出口不应少于2个；建筑面积不大于1000m²的防火分区，直通室外的安全出口不应少于1个；

（3）该防火分区通向相邻防火分区的疏散净宽度不应大于所需疏散总宽度的30%；建筑各层直通室外的安全出口总净宽度，不应小于所需疏散总净宽度。

8. 疏散走道在防火分区处应设置常开甲级防火门；

9. 该宾馆为一类高层公共建筑，其疏散楼梯应采用防烟楼梯间；其防烟楼梯间的设置应符合下列规定：

（1）靠外墙设置时，楼梯间、前室外墙上的窗口与两侧门、窗、洞口最近边缘的水平距离不应小于1.0m；

（2）楼梯间、前室内不应设置烧水间、可燃材料储藏室、垃圾道；

（3）楼梯间、前室内不应有影响疏散的凸出物或其他障碍物；

（4）楼梯间、前室不应设置卷帘；

（5）楼梯间、前室内不应设置甲、乙、丙类液体管道；

（6）楼梯间、前室内禁止穿过或设置可燃气体管道；

（7）应设置防烟设施；

（8）前室的使用面积不应小于6.0m²。与消防电梯间前室合用时，合用前室的使用面积不应小于10.0m²；

（9）疏散走道通向前室以及前室通向楼梯间的门应采用乙级防火门；

（10）除住宅建筑的楼梯间前室外，防烟楼梯间和前室内的墙上不应开设除疏散门和送风口外的其他门、窗、洞口；

（11）楼梯间的首层可将走道和门厅等包括在楼梯间前室内，形成扩大的前室，但应采用乙级防火门等与其他走道和房间分隔；

（12）开向疏散楼梯间的门，当其完全开启时，不应减少楼梯平台的有效宽度。

10. 地下或半地下室与地上层不应共用楼梯间，确需共用楼梯间时，应在首层采用耐火极限不低于2.00h的防火隔墙和乙级防火门将地下或半地下部分与地上部分的连通部位完全分隔，并应设置明显的标志。

11. 公共建筑内房间的疏散门数量应经计算确定且不应少于2个。该宾馆符合下列条件之一的房间可设置1个疏散门：

（1）位于两个安全出口之间或袋形走道两侧且建筑面积不大于120m²的房间；

（2）位于走道尽端的房间，建筑面积小于50m²且疏散门的净宽度不小于0.90m，或由房间内任一点至疏散门的直线距离不大于15m、建筑面积不大于200m²且疏散门的净宽度不小于1.40m；

（3）建筑面积不大于200m²的地下或半地下设备间、建筑面积不大于50m²且经常停留人数不超过15人的其他地下或半地下房间。

12. 该宾馆的安全疏散距离应符合下列规定：

直通疏散走道的房间疏散门至最近安全出口的直线距离不应大于表10-2-3的规定。

表10-2-3 直通疏散走道的房间疏散门至最近安全出口的直线距离（m）

名称	位于两个安全出口之间的疏散门	位于袋形走道两侧或尽端的疏散门
	一、二级	一、二级
高层旅馆建筑	30	15

注：1. 建筑物内全部设置自动喷水灭火系统时，其安全疏散距离可按本表的规定增加25%。

2. 楼梯间应在首层直通室外，确有困难时，可在首层采用扩大的防烟楼梯间前室。

3. 房间内任一点至房间直通疏散走道的疏散门的距离，不应大于袋形走道两侧或尽端的疏散门至最近安全出口的距离。

4. 该宾馆内疏散门或安全出口不少于2个的会议室、健身房、咖啡厅和餐馆的宴会厅，其室内任一点至最近疏散门或安全出口的直线距离不应大于30m；当疏散门不能直通室外地面或疏散楼梯间时，应采用长度不大于10m的疏散走道通至最近的安全出口。当该场所设置自动喷水灭火系统时，室内任一点至最近安全出口的安全疏散距离可分别增加25%。

13. 除楼梯间的首层疏散门和首层疏散外门的净宽度不应小于1.20m外，该宾馆内其他安全出口和疏散门的净宽度不应小于0.90m；人员密集的公共场所的疏散门不应设置门槛，其净宽度不应小于1.40m，且紧靠门口内外各1.40m范围内不应设置踏步。

14. 该宾馆内每层的疏散走道、安全出口、疏散楼梯和房间疏散门的各自总净宽度，应根据疏散人数按每100人的最小疏散净宽度不小于1m的规定计算确定。当每层疏散人数不等时，疏散楼梯的总净宽度可分层计算，地上建筑内下层楼梯的总净宽度应按该层及以上疏散人数最多一层的人数计算；地下建筑内上层楼梯的总净宽度应按该层及以下疏散人数最多一层的人数计算。

15. 该宾馆内疏散楼梯和疏散走道的最小净宽度应符合表10-2-4的规定。

表 10-2-4　疏散楼梯和疏散走道的最小净宽度（m）

建筑类别	疏散楼梯	走道	
		单面布房	双面布房
高层宾馆建筑	1.20	1.30	1.40

16. 该宾馆的疏散门，应采用向疏散方向开启的平开门，不应采用推拉门、卷帘门、吊门、转门和折叠门；人数不超过 60 人且每樘门的平均疏散人数不超过 30 人的房间，其疏散门的开启方向不限。

17. 疏散用楼梯和疏散通道上的阶梯不宜采用螺旋楼梯和扇形踏步；确需采用时，踏步上、下两级所形成的平面角度不应大于 10°，且每级离扶手 250mm 处的踏步深度不应小于 220mm。

（四）灭火救援设施

1. 消防车道

高层民用建筑应设置环形消防车道，确有困难时，可沿建筑的两个长边设置消防车道；对于高层住宅建筑和山坡地或河道边临空建造的高层民用建筑，可沿建筑的一个长边设置消防车道，但该长边所在建筑立面应为消防车登高操作面。消防车道应符合下列要求：

（1）车道的净宽度和净空高度均不应小于 4.0m；

（2）转弯半径应满足消防车转弯的要求；

（3）消防车道与建筑之间不应设置妨碍消防车操作的树木、架空管线等障碍物；

（4）消防车道靠建筑外墙一侧的边缘距离建筑外墙不宜小于 5m；

（5）消防车道的坡度不宜大于 8%。

环形消防车道至少应有两处与其他车道连通。尽头式消防车道应设置回车道或回车场，对于高层建筑，回车场的面积不宜小于 15m×15m；供重型消防车使用时，不宜小于 18m×18m。

消防车道的路面、救援操作场地、消防车道和救援操作场地下面的管道和暗沟等，应能承受重型消防车的压力。

消防车道可利用城乡、厂区道路等，但该道路应满足消防车通行、转弯和停靠的要求。

2. 消防救援场地和入口

高层建筑应至少沿一个长边或周边长度的 1/4 且不小于一个长边长度的底边连续布置消防车登高操作场地，该范围内的裙房进深不应大于 4m。

建筑高度不大于 50m 的建筑，连续布置消防车登高操作场地确有困难时，可间隔布置，但间隔距离不宜大于 30m，且消防车登高操作场地的总长度仍应符合上述规定。

消防车登高操作场地应符合下列规定：

（1）场地与厂房、仓库、民用建筑之间不应设置妨碍消防车操作的树木、架空管线等障碍物和车库出入口。

（2）场地的长度和宽度分别不应小于 15m 和 10m。对于建筑高度大于 50m 的建筑，场地的长度和宽度分别不应小于 20m 和 10m。

（3）场地及其下面的建筑结构、管道和暗沟等，应能承受重型消防车的压力。

（4）场地应与消防车道连通，场地靠建筑外墙一侧的边缘距离建筑外墙不宜小于 5m，且不应大于 10m，场地的坡度不宜大于 3%。

（5）建筑物与消防车登高操作场地相对应的范围内，应设置直通室外的楼梯或直通楼梯间的入口。

（6）公共建筑的外墙应在每层的适当位置设置可供消防救援人员进入的窗口。供消防救援人员进入的窗口的净高度和净宽度均不应小于 1.0m，下沿距室内地面不宜大于 1.2m，间距不宜大于 20m 且每个防火分区不应少于 2 个，设置位置应与消防车登高操作场地相对应。窗口的玻璃应易于破碎，并应设置可在室外易于识别的明显标志。

四、思考题

该宾馆的疏散楼梯独立设置确有困难时，是否可设置剪刀楼梯？如可设，应符合哪些规定？

【参考答案】

高层公共建筑的疏散楼梯，当分散设置确有困难且从任一疏散门至最近疏散楼梯间入口的距离不大于 10m 时，可采用剪刀楼梯间，但应符合下列规定：

（1）楼梯间应为防烟楼梯间；

（2）梯段之间应设置耐火极限不低于 1.00h 的防火隔墙；

（3）楼梯间的前室应分别设置；

（4）剪刀楼梯间与消防电梯间前室合用时，合用前室的使用面积不应小于 10.0m^2；

（5）建筑高度大于 50m 的公共建筑，应采用机械加压送风系统防烟，剪刀楼梯的两个楼梯间及前室应分别设置独立的机械加压送风系统，并应满足相关规定。

案例 10

一、场景描述

某高层办公楼，地上 110 层、地下 7 层，建筑高度 455m，总建筑面积 445000m^2。钢结构，耐火等级一级。

地上每层建筑面积 2900m^2 ~ 4500m^2，设置 3 部防烟楼梯，3 部消防电梯和 10 部客梯。由地面至第一个避难层和每两个避难之间均不大于 15 层，屋顶设有直升机停机坪。

该办公楼安全疏散和建筑消防设施配置符合现行国家标准要求。

二、场景描述中包含或涉及内容

（一）建筑高度大于 250m 的建筑应采取更加严格的防火措施

（二）避难层设置

（三）灭火救援设施

（四）建筑消防设施的设置

三、关键知识点

（一）建筑高度大于 250m 的建筑应采取更加严格的防火措施

建筑高度大于 250m 的建筑，除应符合《建筑设计防火规范》GB 50016 的要求外，尚应结合实际情况采取更加严格的防火措施，其防火设计应提交国家消防主管部门组织专题研究、论证。

（二）避难层（间）设置

建筑高度大于 100m 的公共建筑，应设置避难层（间）。建筑高度大于 250m 的民用建筑的避难层（间）应符合下列规定：

1. 第一个避难层（间）的楼地面至灭火救援场地地面的高度不应大于 50m，两个避难层（间）之间的高度不宜大于 50m。

2. 通向避难层（间）的疏散楼梯应在避难层分隔、同层错位或上下层断开。

3. 避难区的净面积应能满足设计避难人数避难的要求，并应按不小于 0.25m²/ 人计算。设计避难人数应按该避难层与上一避难层之间所有楼层的全部使用人数计算。

4. 避难层可兼作设备层。设备管道宜集中布置，其中的易燃、可燃液体或气体管道应集中布置，设备管道区应采用耐火极限不低于 3.00h 的防火隔墙与避难区分隔。管道井和设备间应采用耐火极限不低于 2.00h 的防火隔墙与避难区分隔，管道井和设备间的门不应直接开向避难区；确需直接开向避难区时，与避难区出入口的距离不应小于 5m，且应采用甲级防火门。

5. 避难间内不应设置易燃、可燃液体或气体管道，不应开设除外窗、正压送风口、疏散门之外的其他开口。在避难区对应位置的外墙处不应设置幕墙。

6. 避难层应设置消防电梯出口。

7. 应设置消火栓和消防软管卷盘。

8. 应设置消防专线电话和应急广播。

9. 在避难层（间）进入楼梯间的入口处和疏散楼梯通向避难层（间）的出口处，应设置明显的指示标志。

10. 应设置独立的机械防烟设施。

11. 应设置消防应急疏散照明，其备用电源的连续供电时间不应小于 1.5h，其地面最低水平照度不应低于 3.0lx。

12. 内部所有装修均应采用 A 级装修材料。

13. 应设置自动灭火系统，并宜采用自动喷水灭火系统。

14. 应设置火灾自动报警系统。

（三）灭火救援设施

1. 消防车道

（1）该办公楼应设置环形消防车道，确有困难时，应沿建筑物的两个长边设置消防车道。消防车道的净宽度和净空高度均不应小于 4.5m。

（2）消防车道的转弯半径应满足消防车转弯的要求，普通消防车的转弯半径通常为 9m，登高消防车的转弯半径通常为 12m，特种消防车的转弯半径通常为 16m~20m。

（3）消防车道与建筑之间不应设置妨碍消防车操作的树木、架空管线等障碍物。

（4）消防车道靠建筑外墙一侧的边缘距离建筑外墙不宜小于 5m。

（5）消防车道的坡度不宜大于 8%。

（6）环形消防车道至少应有两处与其他车道连通。尽头式消防车道应设置回车道或回车场，回车场的面积不应小于 15m×15m；供重型消防车使用时，不宜小于 18m×18m。

（7）消防车道的路面、救援操作场地，消防车道和救援操作场地下面的结构、管道和暗沟等，应能承受不小于 70t 的重型消防车驻停和支腿工作时的压力。严寒地区，应在消防车道附近适当位置增设消防水鹤。

2. 消防救援场地和入口

（1）高层建筑应至少沿一个长边或周边长度的 1/4 且不小于一个长边长度的底边连续布置消防车登高操作场地，该范围内的裙房进深不应大于 4m。

建筑高度不大于 50m 的建筑，连续布置消防车登高操作场地确有困难时，可间隔布置，但间隔距离不宜大于 30m，且消防车登高操作场地的总长度仍应符合上述规定。

（2）消防车登高操作场地应符合下列规定：

①场地与民用建筑之间不应设置妨碍消防车操作的树木、架空管线等障碍物和车库出入口；

②场地的长度不应小于建筑周长的 1/3 且不应小于一个长边的长度，并应至少布置在两个方向上，每个方向上均应连续布置；

③在建筑的第一个和第二个避难层的避难区外墙一侧应对应设置消防车登高操作场地；

④消防车登高操作场地的长度和宽度分别不应小于 25m 和 15m；

⑤场地应与消防车道连通，场地靠建筑外墙一侧的边缘距离建筑外墙不宜小于 5m，且不应大于 10m，场地的坡度不宜大于 3%。

（3）建筑物与消防车登高操作场地相对应的范围内，应设置直通室外的楼梯或直通楼梯间的入口。

（4）公共建筑的外墙应在每层的适当位置设置可供消防救援人员进入的窗口；该窗口的净高度和净宽度分别不应小于 1.0m，下沿距室内地面不宜大于 1.2m，间距不宜大于 20m 且每个防火分区不应少于 2 个，设置位置应与消防车登高操作场地相对应；该窗口的玻璃应易于破碎，并应设置可在室外识别的明显标志。

3. 消防电梯

一类高层公共建筑应设置消防电梯。该办公楼内消防电梯的设置应符合下列规定：

（1）消防电梯应分别设置在不同防火分区内，且每个防火分区不应少于 1 台。

（2）符合消防电梯要求的客梯或货梯可兼作消防电梯。

（3）消防电梯应设置前室，并应符合下列规定：

①前室宜靠外墙设置，并应在首层直通室外或经过长度不大于 30m 的通道通向室外；

②前室的使用面积不应小于 6.0m²；与防烟楼梯间合用的前室，不应小于 10.0m²；

③除前室的出入口、前室内设置的正压送风口外，前室内不应开设其他门、窗、洞口；

④前室或合用前室的门应采用乙级防火门，不应设置卷帘；

（4）消防电梯井、机房与相邻电梯井、机房之间应设置耐火极限不低于 2.00h 的防火隔墙，隔墙上的门应采用甲级防火门；

（5）消防电梯的井底应设置排水设施，排水井的容量不应小于 2m3，排水泵的排水量不应小于 10L/s。消防电梯间前室的门口宜设置挡水设施；

（6）消防电梯还应符合下列技术要求：

①应能每层停靠；

②电梯的载重量不应小于 800kg；

③电梯从首层至顶层的运行时间不宜大于 60s；

④电梯的动力与控制电缆、电线、控制面板应采取防水措施；

⑤在首层的消防电梯入口处应设置供消防队员专用的操作按钮；

⑥电梯轿厢的内部装修应采用不燃材料；

⑦电梯轿厢内部应设置专用消防对讲电话。

4. 辅助疏散电梯

建筑高度大于 250m 的建筑，除按规定设置消防电梯外，高层主体的每个防火分区应至少设置一部可用于火灾时人员疏散的辅助疏散电梯，该电梯应符合下列规定：

（1）火灾时，应仅停靠特定楼层和首层；电梯附近应设置明显的标识和操作说明；

（2）载重量不应小于1300kg，速度不应小于5m/s；

（3）轿厢内应设置消防专用电话分机；

（4）电梯的控制与配电设备及其电线电缆应采取防水保护措施。当采用外壳防护时，外壳防护等级不应低于现行国家标准《外壳防护等级（IP代码）》GB 4208关于IPX6MS的要求；

（5）其他要求应符合现行国家标准《建筑设计防火规范》GB 50016有关消防电梯及其设置要求；

（6）符合上述要求的客梯或货梯可兼作辅助疏散电梯。

5. 直升机停机坪

（1）根据《建筑设计防火规范》GB 50016的规定，建筑高度大于100m且标准层建筑面积大于2000m²的公共建筑，宜在屋顶设置直升机停机坪或供直升机救助的设施。

（2）建筑高度大于250m的民用建筑，原则上应在建筑屋顶设置直升机停机坪，确因建筑造型等原因难以设置时，应设置可以确保直升机安全悬停并进行救助的设施。

（3）直升机停机坪应符合下列规定：

①设置在屋顶平台上时，距离设备机房、电梯机房、水箱间、共用天线等突出物不应小于5m；

②建筑通向停机坪的出口不应少于2个，每个出口地宽度不宜小于0.90m；

③四周应设置航空障碍灯，并应设置消防应急备用照明；

④应在停机坪出入口处或非电器设备机房处设置消火栓，且距停机坪机位边缘的距离不应小于5.0m；

⑤其他要求应符合国家现行航空管理有关标准的规定。

四、思考题

指出场景描述中关于避难层设置方面存在的问题。

【参考答案】

第一个避难层（间）的楼地面至灭火救援场地地面的高度不应大于50m，两个避难层（间）之间的高度不宜大于50m。场景描述中，避难层设置是"由地面至第一个避难层和每两个避难之间均不大于15层"。按层数设置不妥，15层的高度有可能大于50m，应按高度设置。

案例 11

一、场景描述

某公共建筑，地上7层，1~2层为商场，3~7层为旅馆，建筑高度24m。该建筑设有室内、外消火栓等各类消防系统及器材。室内消火栓系统（图10-2-1）采用临时高压给水系统，由1条市政管网供水，设有1个消防水池，2台消防水泵、1个消防水箱和2台稳压泵。

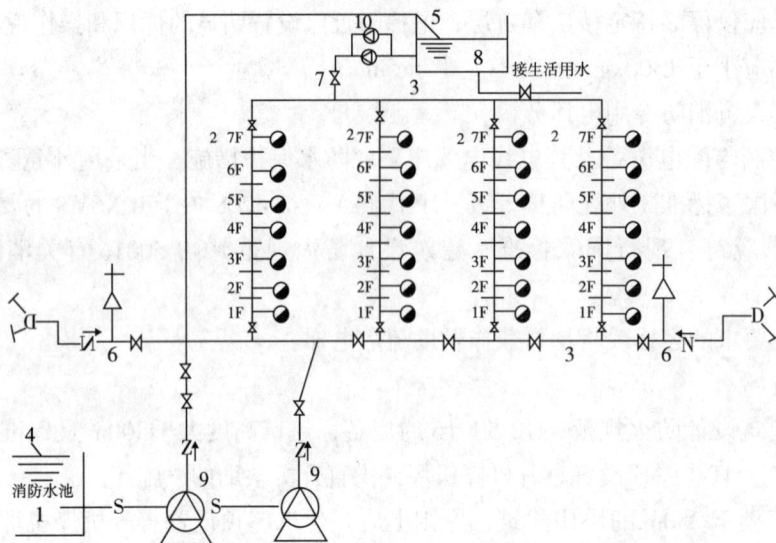

1—消防水池 2—消火栓竖管 3—消火栓干管 4、5—浮球 6—水泵接合器附件
7—闸阀 8—高位水箱 9—消防水泵 10—稳压泵

图 10-2-1　室内消火栓系统图

消火栓系统设有 4 条竖管组成环状网，并设有 2 组消防水泵接合器。室内消火栓安装在营业厅内或走道上，室内消火栓间距不大于 30.0m。室内消火栓给水流量为 15L/s，消火栓竖管直径 DN80，采用 DN65 消火栓。消火栓箱内安装有远距离启动消火栓泵按钮，并向消防控制中心报警。室外消火栓给水由市政环状管网供给，流量为 25L/s。现场检测时拍摄的部分照片如下：

图 10-2-2　室内消火栓箱安装图

图 10-2-3　消火栓泵及其附件安装图

注：图 10-2-2 和图 10-2-3 引自公安部消防局. 消防安全案例分析. 机械工业出版社，2016。

二、场景描述中包含或涉及内容

（一）消防水泵和消防水池的设置
（二）室内消火栓管网设置
（三）室内消火栓的设置
（四）高位消防水箱的设置
（五）消防水泵接合器的设置

三、关键知识点

（一）消防水泵和消防水池的设置

1.消防水池

当采用一路消防供水或只有一条入户引入管，且室外消火栓设计流量大于20L/s时，应设置消防水池。消防水池有效容积的计算应符合下列规定：

（1）当市政给水管网能保证室外消防给水设计流量时，消防水池的有效容积应满足在火灾延续时间内室内消防用水量的要求；

（2）当市政给水管网不能保证室外消防给水设计流量时，消防水池的有效容积应满足火灾延续时间内室内消防用水量和室外消防用水量不足部分之和的要求。

消防水池的给水管应根据其有效容积和补水时间确定，补水时间不宜大于48h，但当消防水池有效总容积大于2000m³时，不应大于96h。消防水池进水管管径应计算确定，且不应小于DN100。当消防水池采用两路消防供水且在火灾情况下连续补水能满足消防要求时，消防水池的有效容积应根据计算确定，但不应小于100m³，当仅设有消火栓系统时不应小于50m³。设计消火栓给水系统。

2.消防水泵

消防水泵的选择和应用应符合下列规定：

（1）消防水泵的性能应满足消防给水系统所需流量和压力的要求；

（2）消防水泵所配驱动器的功率应满足所选水泵流量扬程性能曲线上任何一点运行所需功率的要求；

（3）当采用电动机驱动的消防水泵时，应选择电动机干式安装的消防水泵；

（4）流量扬程性能曲线应为无驼峰、无拐点的光滑曲线，零流量时的压力不应大于设计工作压力的140%，且宜大于设计工作压力的120%；

（5）当出流量为设计流量的150%时，其出口压力不应低于设计工作压力的65%；

（6）泵轴的密封方式和材料应满足消防水泵在低流量时运转的要求；

（7）消防给水同一泵组的消防水泵型号宜一致，且工作泵不宜超过3台；

（8）多台消防水泵并联时，应校核流量叠加对消防水泵出口压力的影响。

消防水泵吸水应符合下列规定：

（1）消防水泵应采取自灌式吸水；

（2）消防水泵从市政管网直接抽水时，应在消防水泵出水管上设置有空气隔断的倒流防止器；

（3）当吸水口处无吸水井时，吸水口处应设置旋流防止器。

离心式消防水泵吸水管、出水管和阀门等，应符合下列规定：

（1）一组消防水泵，吸水管不应少于两条，当其中一条损坏或检修时，其余吸水管应仍能通过全部消防给水设计流量；

（2）消防水泵吸水管布置应避免形成气囊；

（3）一组消防水泵应设不少于两条的输水干管与消防给水环状管网连接，当其中一条输水管检修时，其余输水管应仍能供应全部消防给水设计流量；

（4）消防水泵吸水口的淹没深度应满足消防水泵在最低水位运行安全的要求，吸水管喇叭口在消防水池最低有效水位下的淹没深度应根据吸水管喇叭口的水流速度和水力条件确定，但不应小于600mm，当采用旋流防止器时，淹没深度不应小于200mm；

（5）消防水泵的吸水管上应设置明杆闸阀或带自锁装置的蝶阀，但当设置暗杆阀门时应设有开启刻度和标志；当管径超过 DN300 时，宜设置电动阀门；

（6）消防水泵的出水管上应设止回阀、明杆闸阀；当采用蝶阀时，应带有自锁装置；当管径大于 DN300 时，宜设置电动阀门；

（7）消防水泵吸水管的直径小于 DN250 时，其流速宜为 1.0m/s ~ 1.2m/s；直径大于 DN250 时，宜为 1.2m/s ~ 1.6m/s；

（8）消防水泵出水管的直径小于 DN250 时，其流速宜为 1.5m/s ~ 2.0m/s；直径大于 DN250 时，宜为 2.0m/s ~ 2.5m/s；

（9）吸水井的布置应满足井内水流顺畅、流速均匀、不产生涡漩的要求，并应便于安装施工；

（10）消防水泵的吸水管、出水管道穿越外墙时，应采用防水套管；

（11）消防水泵的吸水管穿越消防水池时，应采用柔性套管；采用刚性防水套管时应在水泵吸水管上设置柔性接头，且管径不应大于 DN150。

（二）室内消火栓管网的设置

1. 该建筑室内消火栓系统管网应布置成环状（当室外消火栓设计流量不大于 20L/s，且室内消火栓不超过 10 个时，可布置成枝状）；

2. 若该建筑室外生产生活消防合用系统直接供水时，合用系统除应满足室外消防给水设计流量以及生产和生活最大小时设计流量的要求外，还应满足室内消防给水系统的设计流量和压力要求；

3. 室内消防管道管径应根据系统设计流量、流速和压力要求经计算确定；室内消火栓竖管管径应根据竖管最低流量经计算确定，但不应小于 DN100。

4. 室内消火栓竖管应保证检修管道时关闭停用的竖管不超过 1 根，当竖管超过 4 根时，可关闭不相邻的 2 根；

5. 每根竖管与供水横干管相接处应设置阀门。

室内消火栓给水管网宜与自动喷水等其他水灭火系统的管网分开设置；当合用消防泵时，供水管路沿水流方向应在报警阀前分开设置；消防给水管道的设计流速不宜大于 2.5m/s，任何消防管道的给水流速不应大于 7m/s。

（三）室内消火栓的设置

1. 该建筑各层均应设置消火栓，室内消火栓的布置应满足同一平面有 2 支消防水枪的 2 股充实水柱同时达到任何部位的要求；

2. 室内消火栓应设置在楼梯间及其休息平台和前室、走道等明显易于取用，以及便于火灾扑救（住宅的室内消火栓宜设置在楼梯间及其休息平台）；

3. 同一楼梯间及其附近不同层设置的消火栓，其平面位置宜相同；

4. 建筑室内消火栓栓口的安装高度应便于消防水龙带的连接和使用，其距地面高度宜为 1.1m；其出水方向应便于消防水带的敷设，并宜与设置消火栓的墙面成 90° 角或向下；

5. 设有室内消火栓的建筑应设置带有压力表的试验消火栓；

6. 室内消火栓布置间距，消火栓按 2 支消防水枪的 2 股充实水柱布置的建筑物，消火栓的布置间距不应大于 30.0m；消火栓按 1 支消防水枪的 1 股充实水柱布置的的建筑物，消火栓的布置间距不应大于 50.0m；

7. 消火栓栓口动压力不应大于 0.50MPa，当大于 0.70MPa 时必须设置减压装置；

8. 室内消火栓的配置应符合下列要求：

（1）应采用 DN65 室内消火栓，并可与消防软管卷盘或轻便水龙设置在同一箱体内；

（2）应配置公称直径 65 有内衬里的消防水带，长度不宜超过 25.0m；消防软管卷盘应配置内径

不小于 φ19 的消防软管，其长度宜为 30.0m；轻便水龙应配置公称直径 25 有内衬里的消防水带，长度宜为 30.0m；

（3）宜配置当量喷嘴直径 16mm 或 19mm 的消防水枪，但当消火栓设计流量为 2.5L/s 时宜配置当量喷嘴直径 11mm 或 13mm 的消防水枪；消防软管卷盘和轻便水龙应配置当量喷嘴直径 6mm 的消防水枪。

（四）消防水箱的设置

临时高压消防给水系统的高位消防水箱的有效容积应满足初期火灾消防用水量的要求。高位消防水箱的设置位置应高于其所服务的水灭火设施，且最低有效水位应满足水灭火设施最不利点处的静水压力。

该建筑为多层公共建筑，其高位消防水箱不应小于 18m³。最不利点处的静水压力不应小于 0.07MPa，并应满足自动喷水灭火系统等自动水灭火系统灭火所需压力，且不应小于 0.10MPa。

（五）消防水泵接合器的设置

超过 5 层的多层民用建筑应设消防水泵接合器，消防水泵接合器的给水流量宜按每个 10L/s~15L/s 计算。每种水灭火系统的消防水泵接合器设置的数量应按系统设计流量经计算确定。临时高压消防给水系统向多栋建筑供水时，消防水泵接合器应在每座建筑附近就近设置。水泵接合器应设在室外便于消防车使用的地点，距室外消火栓或消防水池的距离不宜小于 15m，且不宜大于 40m。消防水泵接合器不应安装在玻璃幕墙下方；水泵接合器处应设置永久性标志铭牌，并应标明供水系统、供水范围和额定压力。

四、思考题

1. 请分析场景描述和图 10-2-1 中的错误。

2. 请分析图 10-2-2、图 10-2-3 中的错误。

3. 根据以上材料，回答下列问题（共 18 分，每题 2 分。每题的备选项中，有 2 个或者 2 个以上符合题意，至少有一个错项。错项，本题不得分；少选，所选的每项得 0.5 分）：

（1）关于该建筑消防水池，下列说法正确的有（　　　）。

A. 不考虑补水时，消防水池的有效容积不应小于 108m³

B. 消防控制室应能显示消防水池正常水位

C. 消防水池玻璃水位计两端的角阀应常开

D. 应设置就地水位显示装置

E. 消防控制室应能显示消防水池高水位、低水位报警信号

（2）关于该建筑高位消防水箱，下列说法正确的有（　　　）。

A. 应采取防冻措施

B. 进水管管径符合规范要求

C. 出水管管径符合规范要求

D. 消防控制室应能显示消防水箱高水位、低水位报警信号

E. 消防控制室应能显示消防水箱正常水位

（3）关于该建筑稳压泵，下列说法正确的有（　　　）。

A. 稳压泵可以不设置备用泵

B. 稳压泵出水管应设消声止回阀和明杆闸阀

C. 稳压泵的设计流量不应小于消防给水系统管网的正常泄漏量

D. 稳压泵进水管应设置明杆闸阀；

E. 稳压泵的设计流量不应大于消防给水系统管网的正常自动启动流量。

（4）一次例行消火栓泵联动启动检查，水泵没有启动，其主要原因有（   ）。

A. 消防水泵控制柜处于手动启泵状态

B. 消防联动控制器处于自动启泵状态

C. 消防联动控制器处于手动启泵状态

D. 消防水泵的控制线路故障

E. 消防水泵的电源处于关闭状态

（5）关于屋顶试验消火栓检测，下列说法正确的有（   ）。

A. 消火栓栓口动压力不应大于 0.50MPa，当大于 0.70MPa 时必须设置减压装置

B. 消防控制室应能显示屋顶试验消火栓的压力

C. 屋顶试验消火栓出水测试时消火栓泵应启动运行

D. 屋顶试验消火栓出水测试时稳压泵应连续运行

E. 消防水枪充实水柱应按 10m 计算

（6）该建筑室内消火栓的设置位置应满足火灾扑救要求，下列做法正确有（   ）。

A. 设置在楼梯间

B. 设置在楼梯间的休息平台

C. 设置在一层消防控制室内

D. 设置在走道

E. 设置在旅馆各楼层服务员休息室内

【参考答案】

1. 场景描述和图 10-2-1 中的错误如下：

（1）一组消火栓泵的供水应设不少于 2 条供水管与消防给水环网连接，当其中 1 条检修时，其余供水管仍应能供应全部消防给水设计流量。

（2）消火栓给水系统应设置备用消火栓泵，消火栓泵的供水只能供向消防系统管网，不应直接供给高位消防水箱。

（3）消火栓泵的进出水管上缺少真空压力表，出水管上缺少 DN65 的试验放水阀，消火栓泵的吸水管上缺少阀门。

（4）消火栓环网上没有足够的阀门保证环网任一段检修时关闭的竖管不超过 1 条。

（5）屋顶上未设置室内消火栓和试验检查消火栓。

（6）消火栓按钮可向消防控制中心报警，但不应直接启动消火栓泵。

2. 图 10-2-2，图 10-2-3 中的错误如下：

（1）图 10-2-2 中消火栓栓口设置在箱门轴侧，箱内为 1 栓 2 带，且未按规定挂置；

（2）图 10-2-3 中立式消防水泵未按标准图固定在合格的基础上，吸入管上采用了同心大小头，而且直接焊在法兰上，吸入管上未安装真空压力表。

3.（1）BDE；（2）ABDE；（3）BCD；（4）ACDE；（5）ACE；（6）ABD。

案例 12

一、场景描述

某旅馆建筑，2017 年 3 月竣工。地下 1 层，地上 6 层，建筑高度 24m。地下室为汽车库和设备用房。

建筑内设有室内消火栓系统和自动喷水灭火系统，两个系统共用消防泵组，并分别设置稳压泵。在地下一层设有消防泵房和供室内消防给水用的 150m³ 消防水池一座。消防泵扬程为 H = 50m，流量 Q = 35L/s，（其中消火栓系统为 15L/s），采用自灌式吸水，两台同规格同型号的消防泵互为备用。

消火栓系统采用环状管网，DN65 室内消火栓配置 25m 消防水带、19mm 水枪；自动喷水灭火系统湿式报警阀设置在消防泵房内。其各层配水管直径为 DN100，水流指示器和信号蝶阀各一个，自动喷水灭火系统各层最不利点喷头处设末端试水装置。屋顶水箱的有效容积 18m³。

消防工程施工单位在室内消火栓和自动喷水灭火系统安装完毕后，对系统进行了强度试验，对管网进行了冲洗，还对消防水池、消防水泵、室内消火栓、报警阀组等消火栓和自动喷水灭火系统的各个组件及系统进行了检查，并组织设计、监理和建设单位对上述系统进行了消防验收。验收人员打开屋顶试验消火栓，在 55s 内稳压泵启动，消防泵未启动。打开地下汽车库末端试水装置后，稳压泵正常启动，且有反馈信号在消防中心显示；湿式报警阀动作后，水力警铃发出正常声响，压力开关动作信号启动消防水泵运转，其反馈信号送达消防中心；消防水泵启动后，联锁稳压泵停止运行。此时，消防水泵出口处压力表指针在零位轻微摆动，末端试水装置处压力表读数持续下降。鉴于此情况，验收人员采用主备泵切换方式，由备用泵再次重复上述试验，试验结果依旧。为了找到消防水泵只转动不出水的原因，验收人员决定用消火栓箱内按钮启泵进行试验，当按下消火栓箱内按钮时，消防水泵启动，但仍然不能有效供水。经重新检查、找出原因并排除相应故障后，验收合格。

2018 年旅馆营业一周年之际，业主委托具有合法资质的维护管理单位对市政给水管网的压力和流量、消防水池和消防水箱的水位、消防水泵手动启动、稳压泵启停泵压力和次数、报警阀组外观和末端试水装置等进行检查和维护保养，并对检查发现的问题及时进行了整改。

二、场景描述中包含或涉及内容

（一）消火栓系统的试压和冲洗

（二）消火栓系统调试和验收

（三）消火栓系统的维护管理

（四）消火栓系统的控制与操作

三、关键知识点

（一）系统的试压和冲洗

消防给水及消火栓系统管网安装完毕后，应对其进行强度试验、冲洗和严密性试验。

1. 强度试验和严密性试验

（1）强度试验和严密性试验宜用水进行（干式消火栓系统应做水压试验和气压试验）；

（2）水压试验和水冲洗宜采用生活用水进行，不应使用海水或含有腐蚀性化学物质的水；

（3）压力管道水压强度试验的试验压力应符合表 10-2-5 的规定。

表 10-2-5　压力管道水压强度试验的试验压力

管材类型	系统工作压力 P（MPa）	试验压力（MPa）
钢管	≤ 1.0	1.5P，且不应小于 1.4
	> 1.0	P+0.4
球墨铸铁管	≤ 0.5	2P
	> 0.5	P+0.5
钢丝网骨架塑料管	P	1.5P，且不应小于 0.8

（4）系统试压过程中，当出现泄漏时，应停止试压，并应放空管网中的试验介质，消除缺陷后，应重新再试；

（5）水压强度试验的测试点应设在系统管网的最低点。对管网注水时，应将管网内的空气排净，并应缓慢升压，达到试验压力后，稳压 30min 后，管网应无泄漏、无变形，且压力降不应大于 0.05MPa；

（6）水压严密性试验应在水压强度试验和管网冲洗合格后进行，试验压力应为系统工作压力，稳压 24h，应无泄漏；

（7）气压严密性试验的介质宜采用空气或氮气，试验压力应为 0.28MPa，且稳压 24h，压力降不应大于 0.01MPa。

该消火栓系统施工完毕后未按规定进行严密性试验。

2. 冲洗

（1）管网冲洗应在试压合格后分段进行。冲洗顺序应先室外，后室内；先地下，后地上；室内部分的冲洗应按供水干管、水平管和立管的顺序进行；

（2）冲洗宜采用生活用水进行，不应使用海水或含有腐蚀性化学物质的水；

（3）管网冲洗的水流流速、流量不应小于系统设计的水流流速、流量；管网冲洗宜分区、分段进行；水平管网冲洗时，其排水管位置应低于冲洗管网；

（4）对不能经受冲洗的设备和冲洗后可能存留脏物、杂物的管段，应进行清理；

（5）冲洗管道直径大于 DN100 时，应对其死角和底部进行振动，但不应损伤管道；

（6）管网冲洗的水流方向应与灭火时管网的水流方向一致；

（7）管网冲洗应连续进行。当出口处水的颜色、透明度与入口处水的颜色、透明度基本一致时，冲洗可结束；

（8）管网冲洗合格后，应按《消防给水及消火栓系统技术规范》GB 50974 表 C.0.3 的要求填写记录。

（二）系统调试与验收

1. 系统调试

（1）系统调试的内容包括：水源调试和测试、消防水泵调试、稳压泵或稳压设施调试、减压阀调试、消火栓调试、自动控制探测器调试、干式消火栓系统的报警阀等快速启闭装置调试，并应包含报警阀的附件电动或磁阀等阀门的调试、排水设施调试、联锁控制试验等。

（2）消防水泵的调试

①自动或手动启动消防水泵时，消防水泵应在55s内投入正常运行，且应无不良噪声和振动；

②以备用电源切换或备用泵切换方式启动消防水泵时，消防水泵应分别在1min或2min内投入正常运行；

③消防水泵安装后应进行现场性能测试，其性能应与生产厂商提供的数据相符，并应满足消防给水设计流量和压力的要求；

④消防水泵零流量时的压力不应超过设计工作压力的140%；当出流量为设计工作流量的150%时，其出口压力不应低于设计工作压力的65%。

（3）稳压泵的调试

①当达到设计启动压力时，稳压泵应立即启动；当达到系统停泵压力时，稳压泵应自动停止运行；稳压泵启停应达到设计压力要求；

②能满足系统自动启动要求，且当消防主泵启动时，稳压泵应停止运行；

③稳压泵在正常工作时每小时的启停次数应符合设计要求，且不应大于15次/h；

④稳压泵启停时系统压力应平稳，且稳压泵不应频繁启停。

（4）消火栓的调试

①试验消火栓动作时，应检测消防水泵是否在规范规定的时间内自动启动；

②试验消火栓动作时，应测试其出流量、压力和充实水柱的长度；并应根据消防水泵的性能曲线核实消防水泵供水能力；

③应检查旋转型消火栓的性能能否满足其性能要求；

④应采用专用检测工具，测试减压稳压型消火栓的阀后动静压是否满足设计要求。

（5）控制柜调试和测试

①应首先空载调试控制柜的控制功能，并应对各个控制程序进行试验验证；

②当空载调试合格后，应加负载调试控制柜的控制功能，并应对各个负载电流的状况进行试验检测和验证；

③应检查显示功能，并应对电压、电流、故障、声光报警等功能进行试验检测和验证；

④应调试自动巡检功能，并应对各泵的巡检动作、时间、周期、频率和转速等进行试验检测和验证；

⑤应试验消防水泵的各种强制启泵功能。

（6）联锁试验

①干式消火栓系统联锁试验，当打开1个消火栓或模拟1个消火栓的排气量排气时，干式报警阀（电动阀/电磁阀）应及时启动，压力开关应发出信号或联锁启动消防防水泵，水力警铃动作应发出机械报警信号；

②消防给水系统的试验管放水时，管网压力应持续降低，消防水泵出水干管上压力开关应能自动启动消防水泵；消防给水系统的试验管放水或高位消防水箱排水管放水时，高位消防水箱出水管上的流量开关应动作，且应能自动启动消防水泵；

③自动启动时间应符合设计要求和《消防给水及消火栓系统技术规范》GB 50974的有关规定。

消防给水和消火栓系统施工完成后，满足规范规定的调试条件后，应对消防水源、消防水泵、稳压泵、减压阀、消火栓、报警阀及其附件电动或磁阀等阀门、排水设施、联锁控制试验等进行调试，使消防给水和消火栓系统的各个组件及其系统符合规范要求。该工程项目消防给水和消火栓系统未经调试就进行验收是错误的。

2. 系统验收

系统竣工后，必须进行工程验收。验收应由建设单位组织质检、设计、施工、监理参加，验收不合格不应投入使用。

（1）水源的检查验收

①应检查室外给水管网的进水管管径及供水能力，并应检查高位消防水箱、高位消防水池和消防水池等的有效容积和水位测量装置等应符合设计要求；

②当采用地表天然水源作为消防水源时，其水位、水量、水质等应符合设计要求；

③应根据有效水文资料检查天然水源枯水期最低水位、常水位和洪水位时确保消防用水应符合设计要求；

④应根据地下水井抽水试验资料确定常水位、最低水位、出水量和水位测量装置等技术参数和装备应符合设计要求。

（2）消防水泵房的验收

①消防水泵房的建筑防火要求应符合设计要求和现行国家标准《建筑设计防火规范》GB 50016的有关规定；

②消防水泵房设置的应急照明、安全出口应符合设计要求；

③消防水泵房的采暖通风、排水和防洪等应符合设计要求；

④消防水泵房的设备进出和维修安装空间应满足设备要求；

⑤消防水泵控制柜的安装位置和防护等级应符合设计要求。

（3）消防水泵验收

①消防水泵运转应平稳，应无不良噪声的振动；

②工作泵、备用泵、吸水管、出水管及出水管上的泄压阀、水锤消除设施、止回阀、信号阀等的规格、型号、数量，应符合设计要求；吸水管、出水管上的控制阀应锁定在常开位置，并应有明显标记；

③消防水泵应采用自灌式引水方式，并应保证全部有效储水被有效利用；

④分别开启系统中的每一个末端试水装置、试水阀和试验消火栓，水流指示器、压力开关、压力开关（管网）、高位消防水箱流量开关等信号的功能，均应符合设计要求；

⑤打开消防水泵出水管上试水阀，当采用主电源启动消防水泵时，消防水泵应启动正常；关掉主电源，主、备电源应能正常切换；备用泵启动和相互切换正常；消防水泵就地和远程启停功能应正常；

⑥消防水泵停泵时，水锤消除设施后的压力不应超过水泵出口设计工作压力的1.4倍；

⑦消防水泵启动控制应置于自动启动挡；

⑧采用固定和移动式流量计和压力表测试消防水泵的性能，水泵性能应满足设计要求。

（4）稳压泵验收

①稳压泵的型号性能等应符合设计要求；

②稳压泵的控制应符合设计要求，并应有防止稳压泵频繁启动的技术措施；

③稳压泵在1h内的启停次数应符合设计要求，并不宜大于15次/h；

④稳压泵供电应正常，自动手动启停应正常；关掉主电源，主、备电源应能正常切换；

⑤气压水罐的有效容积以及调节容积应符合设计要求，并应满足稳压泵的启停要求。

（5）消防水池、高位消防水池和高位消防水箱验收

①设置位置应符合设计要求；

②消防水池、高位消防水池和高位消防水箱的有效容积、水位、报警水位等，应符合设计

要求；

③进出水管、溢流管、排水管等应符合设计要求，且溢流管应采用间接排水；

④管道、阀门和进水浮球阀等应便于检修，人孔和爬梯位置应合理；

⑤消防水池吸水井、吸（出）水管喇叭口等设置位置应符合设计要求。

（6）管网验收应

①管道的材质、管径、接头、连接方式及采取的防腐、防冻措施，应符合设计要求，管道标识应符合设计要求；

②管网排水坡度及辅助排水设施，应符合设计要求；

③系统中的试验消火栓、自动排气阀应符合设计要求；

④管网不同部位安装的报警阀组、闸阀、止回阀、电磁阀、信号阀、水流指示器、减压孔板、节流管、减压阀、柔性接头、排水管、排气阀、泄压阀等，均应符合设计要求；

⑤干式消火栓系统允许的最大充水时间不应大于 5min；

⑥干式消火栓系统报警阀后的管道仅应设置消火栓和有信号显示的阀门；

⑦架空管道的立管、配水支管、配水管、配水干管设置的支架，应符合《消防给水及消火栓系统技术规范》GB 50974 的相关规定；

⑧室外埋地管道应符合《消防给水及消火栓系统技术规范》GB 50974 的相关规定。

检查数量：本条第 7 款抽查 20%，且不应少于 5 处；本条第 1 款 ~ 第 6 款、第 8 款全数抽查。

（7）消火栓验收

①消火栓的设置场所、位置、规格、型号应符合设计要求和规范的有关规定；

②室内消火栓的安装高度应符合设计要求；

③消火栓的设置位置应符合设计要求和规范的有关规定，并应符合消防救援和火灾扑救工艺的要求；

④消火栓的减压装置和活动部件应灵活可靠，工作压力应符合设计要求。

检查数量：抽查消火栓数量 10%，且总数每个供水分区不应少于 10 个，合格率应为 100%。

（8）消防水泵接合器数量及进水管位置应符合设计要求，消防水泵接合器应采用消防车车载消防水泵进行充水试验，且供水最不利点的压力、流量应符合设计要求；当有分区供水时应确定消防车的最大供水高度和接力泵的设置位置的合理性。

（9）消防给水系统流量、压力的验收，应通过系统流量、压力检测装置和末端试水装置进行放水试验，系统流量、压力和消火栓充实水柱等应符合设计要求。

（10）控制柜的验收

①控制柜的规格、型号、数量应符合设计要求；

②控制柜的图纸塑封后应牢固粘贴于柜门内侧；

③控制柜的动作应符合设计要求和《消防给水及消火栓系统技术规范》GB 50974 的有关规定；

④控制柜的质量应符合产品标准和《消防给水及消火栓系统技术规范》GB 50974 的要求。

⑤主、备用电源自动切换装置的设置应符合设计要求。

（11）系统模拟灭火功能试验

①干式消火栓报警阀动作，水力警铃应鸣响压力开关动作；

②流量开关、低压压力开关和报警阀压力开关等动作，应能自动启动消防水泵及与其联锁的相关设备，并应有反馈信号显示；

③消防水泵启动后，应有反馈信号显示；

④干式消火栓系统的干式报警阀的加速排气器动作后，应有反馈信号显示；

⑤其他消防联动控制设备启动后，应有反馈信号显示。

（12）系统工程质量验收判定条件

①系统工程质量缺陷应《消防给水及消火栓系统技术规范》GB 50974 附录 F 要求划分。

②系统验收合格判定应为 A=0，且 B ≤ 2，且 B + C ≤ 6 为合格；

③系统验收当不符合本条第 2 款要求时应为不合格。

根据《消防给水及消火栓系统技术规范》GB 50974 规定，系统竣工后必须进行工程验收，验收应由建设单位组织质检、设计、施工、监理参加，验收不合格不应投入使用。该旅馆建筑验收由施工单位组织不符合规定。

（三）系统的维护管理

消防给水及消火栓系统应有管理、检查检测、维护保养的操作规程，并应保证系统处于准工作状态。维护管理应按《消防给水及消火栓系统技术规范》GB 50974 附录 G 的要求进行。维护管理人员应掌握和熟悉消防给水系统的原理、性能和操作规程。

场景描述中，系统运行一年之际，业主才委托具有合法资质的维护管理单位对系统进行一次检查和维护保养的做法是不符合规范要求的。

1. 水源的维护管理

（1）每季度应监测市政给水管网的压力和供水能力；

（2）每月应对消防水池、高位消防水池、高位消防水箱等消防水源设施的水位等进行一次检测；消防水池（箱）玻璃水位计两端的角阀在不进行水位观察时应关闭；

（3）在冬季每天应对消防储水设施进行室内温度和水温检测，当结冰或室内温度低于5℃时，应采取确保不结冰和室温不低于5℃的措施。

2. 消防水泵和稳压泵等供水设施的维护管理

（1）每月应手动启动消防水泵运转一次，并应检查供电电源的情况；

（2）每周应模拟消防水泵自动控制的条件自动启动消防水泵运转一次，且应自动记录自动巡检情况，每月应检测记录；

（3）每日应对稳压泵的停泵启泵压力和启泵次数等进行检查和记录运行情况；

（4）每日应对柴油机消防水泵的启动电池的电量进行检测，每周应检查储油箱的储油量，每月应手动启动柴油机消防水泵运行一次；

（5）每季度应对消防水泵的出流量和压力进行一次试验；

（6）每月应对气压水罐的压力和有效容积等进行一次检测。

3. 阀门的维护管理

（1）雨林阀的附属电磁阀应每月检查并应作启动试验，动作失常时应及时更换；

（2）每月应对电动阀和电磁阀的供电和启闭性能进行检测；

（3）系统上所有的控制阀门均应采用铅封或锁链固定在开启或规定的状态，每月应对铅封、锁链进行一次检查，当有破坏或损坏时应及时修理更换；

（4）每季度应对室外阀门井中、进水管上的控制阀门进行一次检查，并应核实其处于全开启状态；

（5）每天应对水源控制阀、报警阀组进行外观检查，并应保证系统处于无故障状态；

（6）每季度应对系统所有的末端试水阀和报警阀的放水试验阀进行一次放水试验，并应检查系统启动、报警功能以及出水情况是否正常；

（7）在市政供水阀门处于完全开启状态时，每月应对倒流防止器的压差进行检测，且应符合国家现行标准《减压型倒流防止器》GB/T 25178、《低阻力倒流防止器》JB/T 11151 和《双止回阀倒流防止器》CJ/T 160 等的有关规定。

4.每季度应对消火栓进行一次外观和漏水检查，发现有不正常的消火栓应及时更换。

5.每季度应对消防水泵接合器的接口及附件进行检查一次，并应保证接口完好、无渗漏、闷盖齐全。

6.每年应对系统过滤器进行至少一次排渣，并应检查过滤器是否处于完好状态，当堵塞或损坏时应及时检修。

7.建筑的使用性质功能或障碍物的改变，影响到消防给水及消火栓系统功能而需要进行修改时，应重新进行设计。

8.消火栓、消防水泵接合器、消防水泵房、消防水泵、减压阀、报警阀和阀门等，应有明确的标识。

9.消防给水及消火栓系统应有产权单位负责管理，并应使系统处于随时满足消防的需求和安全状态。

（四）系统的控制与操作

场景描述中，打开屋顶试验消火栓，在55s内稳压泵启动，消防泵未启动；消火栓箱内按钮启动消防水泵等均不符合规范规定。消防给水和消火栓系统的控制与操作应符合下列规定：

1.消防水泵应由消防水泵出水干管上设置的压力开关、高位消防水箱出水管上的流量开关，或报警阀压力开关等开关信号直接自动启动消防水泵，消防水泵房内的压力开关宜引入消防水泵控制柜内。

2.消火栓按钮不宜作为直接启动消防水泵的开关，但可作为发出报警信号的开关或启动干式消火栓系统的快速启闭装置等。

3.消防水泵应确保从接到启泵信号到水泵正常运转的自动启动时间不应大于2min。

4.消防水泵控制柜在平时应使消防水泵处于自动启泵状态。

5.消防水泵应能手动启停和自动启动。

6.稳压泵应由消防给水管网或气压水罐上设置的稳压泵自动启停泵压力开关或压力变送器控制。

7.消防控制室或值班室，应具有下列控制和显示功能：

（1）消防控制柜或控制盘应设置专用线路连接的手动直接启泵按钮；

（2）消防控制柜或控制盘应能显示消防水泵和稳压泵的运行状态；

（3）消防控制柜或控制盘应能显示消防水池、高位消防水箱等水源的高水位、低水位报警信号，以及正常水位。

8.消防水泵、稳压泵应设置就地强制启停泵按钮，并应有保护装置。

9.消防水泵控制柜设置在专用消防水泵控制室时，其防护等级不应低于IP30；与消防水泵设置在同一空间时，其防护等级不应低于IP55。

10.当消防给水分区供水采用转输消防水泵时，转输泵宜在消防水泵启动后再启动；当消防给水分区供水采用串联消防水泵时，上区消防水泵宜在下区消防水泵启动后再启动。

11.消防水泵控制柜应设置机械应急启泵功能，并应保证在控制柜内的控制线路发生故障时由有管理权限的人员在紧急时启动消防水泵。机械应急启动时，应确保消防水泵在报警5.0min内正常工作。

12.消防水泵的双电源切换时间不应大于2s；当一路电源与内燃机动力的切换时间不应大于

15s。

13. 消防水泵控制柜应有显示消防水泵工作状态和故障状态的输出端子及远程控制消防水泵启动的输入端子。控制柜应具有自动巡检可调、显示巡检状态和信号等功能，且对话界面应有汉语语言，图标应便于识别和操作。

14. 消防水泵不应设置自动停泵的控制功能，停泵应由具有管理权限的工作人员根据火灾扑救情况确定。

四、思考题

（一）分析验收测试时消防水泵出水管上压力表读数为零的原因，并提出解决方案。

（二）请指出场景描述中不符合《消防给水及消火栓系统技术规范》GB 50974 规定的问题。

【参考答案】

（一）消防水泵出水管上压力表读数为零的原因及解决方案如下：

1. 原因：水泵电机反转。解决方案：（1）增设电源相序监视和控制装置；（2）短暂启动（点动）水泵，判断水泵转动方向。

2. 原因：压力表前阀门关闭。解决方案：检查水泵至压力表之间的所有阀门是否处于开启状态。

（二）场景描述中不符合《消防给水及消火栓系统技术规范》GB 50974 规定的问题如下：

1. 消火栓按钮不宜作为直接启动消防水泵的开关，但可作为发出报警信号的开关。消防水泵应由消防水泵出水干管上设置的压力开关、高位消防水箱出水管上的流量开关，或报警阀压力开关等开关信号直接自动启动消防水泵。

2. 消防水池的有效容积不能满足室内消火栓系统 2 h 用水量和自动喷水灭火系统 1 h 用水量的要求。

3. 该消火栓系统施工完毕后未按《消防给水及消火栓系统技术规范》GB 50974-2014 第 12.4.1 条的规定，进行严密性试验。整改措施是补充进行严密性试验。

4. 一年对市政给水管网的压力和流量、消防水池和消防水箱的水位、消防水泵手动启动试运行、稳压泵启停泵压力和次数、报警阀阀组外观检查和末端试水装置放水试验等进行一次检查和维护保养是不符合规范规定的。上述设备的检查试验周期分别不能超过一季度、一个月、一个月、一日、一日、一季度。

案例 13

一、场景描述

某会展中心，建筑高度 15m。展厅内设置了消火栓和湿式自动喷水灭火系统等消防设施，400m³ 消防水池及消防水泵房设在地下一层。喷淋泵和消火栓泵均在消防水池的同一高度取水，两台喷淋消防水泵（一用一备）的额定流量为 30L/s，扬程为 45m，两台消火栓泵（一用一备）的额定流量为 40L/s，扬程为 55m，建筑屋顶水箱间内设置有消防水箱及消防稳压装置，高位消防水箱有效容积为 36m³，自动喷水灭火系统稳压泵的额定流量为 1L/s，扬程为 22m，稳压泵启动停止由电接点压力表控制，启泵压力为 0.1MPa，停泵压力为 0.2MPa。

湿式报警阀组位于消防泵房内，环状供水。系统最不利点喷头的工作压力为 0.1MPa，采用 k=80

的标准喷头，喷头间距为 3.4 m × 3.4 m，配水支管及配水管管径均符合规范要求。

2018 年 1 月，维保单位对消防设施进行维护保养。对自动喷水系统的测试方案为：在系统最不利点末端试水装置处以 1.3L/s 的流量放水，分别记录放水时间、水流指示器、湿式报警阀、消防水泵的动作及信号的反馈情况。

维保单位首先校核了消防水池和消防水箱的有效容积，检查末端试水装置及湿式报警阀均正常。末端试水装置压力表显示静压为 0.12MPa，湿式报警阀入口压力表显示静压为 0.3MPa。水泵控制柜均处于自动启动档，测试喷淋泵及稳压泵均工作正常，喷淋泵启动时，部分水流指示器发出动作信号随后恢复正常。

末端试水装置测试时，调整控制阀至放水流量为 1.3L/s 开始计时，第 95s 水流指示器动作并发出报警信号，至 120s 湿式报警阀仍未动作。暂停测试并检查了湿式报警阀组，其所有控制阀均处于开启状态。重新测试，第 85s 时水力警铃及压力开关动作，距水力警铃 5m 处的声强为 69dB，但喷淋泵未启动。现场通知消防控制室将消防联动控制器转到自动状态，水泵正常启动，所有动作信号均反馈至消防控制室。

二、场景描述中包含或涉及内容

（一）自动喷水灭火系统的检查
（二）自动喷水灭火系统的维护管理

三、关键知识点

（一）自动喷水灭火系统的检查

根据《建筑消防设施的维护管理》GB 25201 的规定，从事自动喷水灭火系统等建筑消防设施检查巡查的人员，应通过消防行业特有工种职业技能鉴定，持有初级技能以上等级的职业资格证书。建筑物的产权单位或受其委托管理自动喷水灭火系统等建筑消防设施的单位，应明确建筑消防设施的维护管理归口部门、管理人员及其工作职责，建立建筑消防设施值班、巡查、检测、维修、保养、建档等制度.确保建筑消防设施正常运行。

1. 日常检查

（1）自动喷水灭火系统等建筑消防设施巡查频次：公共娱乐场所营业时，应结合公共娱乐场每 2h 巡查一次的要求，视情况将建筑消防设施的巡查部分或全部纳入其中，但全部建筑消防设施应保证每日至少巡查一次；消防安全重点单位，每日巡查一次；其他单位，每周至少巡查一次。

（2）自动喷水灭火系统的日常检查内容

①喷头外观及距障碍物或保护对象的距离。

②报警阀组外观、试验阀门状况、排水设施状况、压力显示值。

③充气设备及控制装置、排气设备及控制装置、火灾探测传动及现场手动控制装置外观及运行状况。

④楼层或区域末端试验阀门处压力值及现场环境、系统末端试验装置外观及现场环境。

2. 自动喷水灭火系统的维护管理

自动喷水灭火系统等建筑消防设施的维护管理包括值班、巡查、检测、维修、保养、建档等工作。根据《建筑消防设施的维护管理》GB 25201 的规定，从事自动喷水灭火系统等建筑消防设施维护管理的人员，应通过消防行业特有工种职业技能鉴定，持有高级技能以上等级的职业资格证书。建筑物的产权单位或受其委托管理自动喷水灭火系统等建筑消防设施的单位，应明确建筑消防设施的维护管理归口部门、管理人员及其工作职责，建立建筑消防设施值班、巡查、检测、维修、保养、建档等制度.确保建筑消防设施正常运行。

自动喷水灭火系统的维护管理应满足《自动喷水灭火系统施工及验收规范》G50261 的规定。对自动喷水灭火系统的消防设备、管道、阀门应定期清洁、除锈、注润滑剂。

（1）每月应对自动喷水灭火系统的下列内容进行检查和试验，并填写相应记录。

①对消防水池、消防水箱、消防储备水位、保证消防用水不作他用的技术措施、消防气压给水设备及气体压力进行检查，发现故障应及时进行处理。钢板消防水箱和消防气压给水设备的玻璃水位计两端的角阀，在不进行水位观察时应关闭。

②对消防水泵接合器的接口及附件进行检查，并应保证接口完好、无渗漏、闷盖齐全。

③对消防水泵或内燃机驱动的消防水泵进行一次运转情况测试。当消防水泵为自动控制启动时，应模拟自动控制的条件启动运转一次；

④对喷头进行一次外观及备用数量检查，发现有不正常的喷头及时更换；当喷头上有异物时应及时清除。更换或安装喷头均应使用专用扳手。

⑤对系统上所有的控制阀门的铅封、锁链进行检查，控制阀门的铅封或锁链固定在开启或规定的状态，当有破坏或损坏时应及时修理更换。

⑥对电磁阀进行检查并做启动试验，动作失常时应及时更换。

⑦利用末端试水装置进行放水试验，检查水流指示器的动作情况。

（2）每季度应对自动喷水灭火系统的下列功能进行检查和试验，并填写相应记录。

①对系统所有的末端试水阀和报警阀旁的放水试验阀进行一次放水试验，检查系统启动、报警功能以及出水情况是否正常。

②室外阀门井中，进水管上的控制阀门应每个季度检查一次，核实其处于全开启状态。

（3）每年应对自动喷水灭火系统的下列功能进行检查和试验，并填写相应记录。

①对水源的供水能力进行测定。

②对消防储水设备进行检查，修补缺损和重新油漆。

（4）建筑物、构筑物的使用性质或贮存物安放位置、堆存高度的改变，影响到系统功能而需要进行修改时，应重新进行设计。

（二）自动喷水灭火系统的维修

根据《建筑消防设施的维护管理》GB 25201 的规定，从事自动喷水灭火系统等建筑消防设施维修的人员，应当通过消防行业特有工种职业技能鉴定，持有技师以上等级职业资格证书。值班、巡查、检测、灭火演练中发现建筑消防设施存在问题和故障的，相关人员应填写《建筑消防设施故障维修记录表》，并向单位消防安全管理人报告。单位消防安全管理人对建筑消防设施存在的问题和故障，应立即通知维修人员进行维修，维修期间，应采取确保消防安全的有效措施。故障排除后应进行相应功能试验并经单位消防安全管理人检查确认。维修情况应记入《建筑消防设施故障维修记录表》。

四、注意事项

消防水池的储水有效容积必须是在自灌式吸水条件下消防泵能够取用的水体容积。

五、思考题

根据场景描述回答下列问题：

（一）该展览馆自动喷水系统应选何种洒水喷头？

（二）指出下图 10-2-4 中存在的问题。

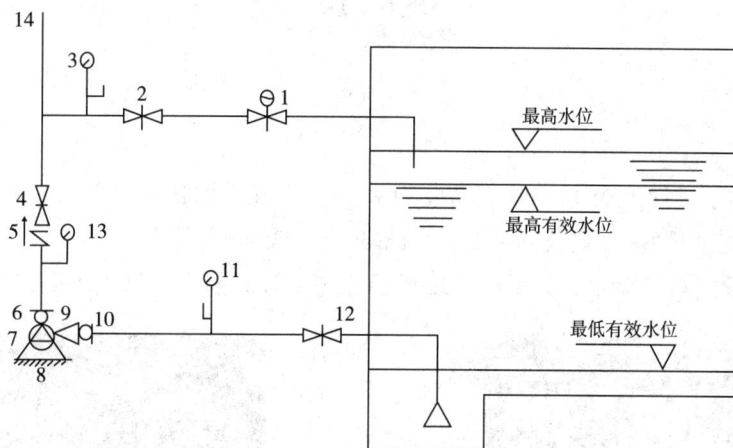

图 10-2-4　消防水泵吸水及水泵进出口附件连接示意图

1—流量计 2、4—明杆闸阀 3、13—压力表 5—止回阀 6、10—可挠曲接头 7—喷淋泵

8—水泵基础 9—同心大小头 11—真空压力表 12—无开启刻度暗杆闸阀 14—接系统管网

（三）系统第一次测试时，水力警铃未动作的原因？

（四）系统测试的结果及其过程中，哪些不符合规范要求？

（五）为增加大型展品展览项目，会展中心拟将中部约 500m² 的一至三层打通作为大空间展览厅，大空间展览厅的自动喷水灭火系统如何改造？

【参考答案】

（一）标准洒水喷头。

（二）1.水泵吸水口处采用同心大小头。

2.水泵吸水管采用不带刻度指示的暗杆闸阀。

3.水泵吸水管的安装高度不能保证消防水泵自灌式吸水的要求。

（三）1.系统侧管网中存在较多空气。

2.系统侧压力高于供水侧压力。

（四）1.95s 时水流指示器动作发出报警信号。

2.报警联动控制器处于手动状态时，消防水泵未启动。

（五）1.需要设计单位对大空间部分的自动喷水灭火系统重新设计；

2.民用建筑中 12m~18m 的大空间，设计喷水强度应不小于 20L/（min．m2），作用面积应不小于 160m2；

3.喷头应选用非仓库型特殊应用喷头，喷头安装间距大于 1.8m，小于 3.0m；

4.该区域设置水流指示器及末端试水装置；

5.大空间区域的最小设计流量为 53L/s，原有喷淋泵不能满足要求，需更换，更换前需重新计算水泵的工作参数；

6.原有 400m³ 消防水池也不能满足室内消防用水量，需增加；

7.如接入原自动喷水灭火系统配水干管，应考虑湿式报警阀所带喷头数不应超过 800 个；

8. 系统安装调试应符合《自动喷水灭火系统施工及验收规范》G50261的相关要求。

案例 14

一、场景描述

某建筑，地下 2 层，地上 25 层，建筑高度为 98 m，总建筑面积 10.5 万 m²。该建筑地下 1 层～地下 3 层为设备用房及地下车库；地上 1～4 层为商场，5～26 层为酒店。

该建筑内设置湿式自动喷水灭火系统，现场检测与验收时的照片见图 10-2-5～图 10-2-10。

图 10-2-5　湿式报警阀组安装

图 10-2-6 喷头安装在格栅吊顶下

图 10-2-7　地下车库预作用系统安装情况

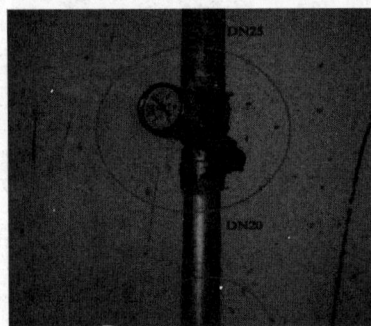

图 10-2-8 系统的末端试水装置

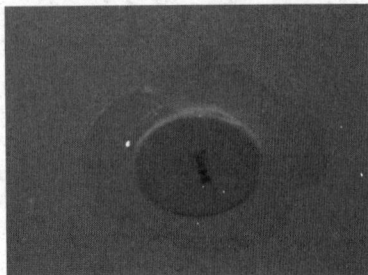

图 10-2-9　商场吊顶下隐蔽型喷头

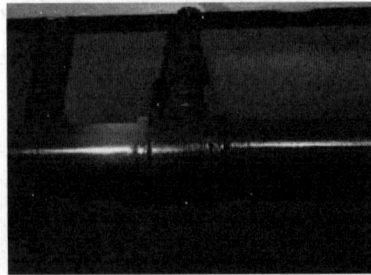

图 10-2-10 某设备用房内安装的喷头

注：图 10-2-5～图 10-2-10 引自公安部消防局.消防安全案例分析.机械工业出版社，2016。

二、场景描述中包含或涉及内容

（一）自动喷水灭火系统检测的一般技术要求

（二）自动喷水灭火系统组件或功能检测的技术要求

（三）自动喷水灭火系统工程验收

（四）自动喷水灭火系统工程质量验收判定条件

三、关键知识点

依据《建筑消防设施检测规程》GA 503、《自动喷水灭火系统施工及验收规范》GB 50261 对自动喷水灭火系统进行检测及验收。

（一）自动喷水灭火系统检测的一般技术要求

1. 自动喷水灭火系统的组件和设备应符合设计选型，并应具有出厂产品合格证，消防产品应具有符合法定市场准入规则的证明文件。

2. 自动喷水灭火系统的组件、设备的永久性铭牌和按规定设置的标志，其文字和数据应齐全、符号应清晰、色标应正确。

3. 自动喷水灭火系统组件、设备、管道、线槽、支吊架等应完好无损、无锈蚀，设备、管道应无泄漏现象，导线和电缆的连接、绝缘性能、接地电阻等应符合设计要求。

4. 检测用的仪器、仪表等，应按国家现行有关规定计量检定合格。

（二）自动喷水灭火系统组件检测的技术要求

1. 湿式报警阀组

（1）查看外观、标志牌、压力表。

（2）查看控制阀，查看锁具或信号阀及其反馈信号。

（3）打开试验阀，查看压力开关、水力警铃动作情况及反馈信号。

（4）恢复报警阀组至正常状态。

2. 预作用报警阀组

（1）查看外观、标志牌、压力表。

（2）查看控制阀，查看锁具或信号阀及其反馈信号。

（3）缓慢开启试验阀小流量排气，空气压缩机启动后关闭试验阀，查看空气压缩机的运行情况、核对启停压力。

（4）关闭报警阀入口控制阀，消防控制设备输出电磁阀控制信号，查看电磁阀动作情况及反馈信号。

（5）恢复正常状态。

3. 水流指示器的检测

（1）查看标志及信号阀。

（2）开启末端试水装置，查看消防控制设备报警信号；关闭末端试水装置，查看复位信号。

4. 湿式系统系统功能检测

（1）开启最不利处末端试水装置，查看压力表显示；查看水流指示器、压力开关和消防水泵的动作情况及反馈信号。

（2）测量自开启末端试水装置至消防水泵投入运行的时间。

（3）用声级计测量水力警铃声强值。

（4）系统恢复正常。

5. 预作用系统系统功能检测

（1）先后触发防护区内两个火灾探测器，查看电磁阀、电动阀、消防水泵和水流指示器、压力开关的动作情况及反馈信号，以及排气阀的排气情况。

（2）报警后 2min 打开末端试水装置，测量出水压力。

（3）用声级计测量水力警铃声强值。

（4）系统恢复正常。

（四）自动喷水灭火系统验收

1. 系统验收时，施工单位应提供的资料

（1）竣工验收申请报告、设计变更通知书、竣工图。

（2）工程质量事故处理报告。

（3）施工现场质量管理检查记录。

（4）自动喷水灭火系统施工过程质量管理检查记录。

（5）自动喷水灭火系统质量控制检查资料。

（6）系统试压、冲洗记录。

（7）系统调试记录。

2. 消防水池及高位消防水箱的验收

（1）高位消防水箱和消防水池容量应符合设计要求，当消防水池采用两路消防供水且在火灾情况下连续补水能满足消防要求时，消防水池的有效容积应根据计算确定，但不应小于 $100m^3$。

（2）消防水池的总蓄水有效容积大于 $500m^3$ 时，宜设两格能独立使用的消防水池；当大于 $1000m^3$ 时，应设置能独立使用的两座消防水池。每格（或座）消防水池应设置独立的出水管，并应设置满足最低有效水位的连通管，且其管径应能满足消防给水设计流量的要求。

①消防水池进水管管径应计算确定，且不应小于 DN100。消防水池应设置溢流水管和排水设施，并应采用间接排水。

②高位消防水箱、消防水池的有效消防容积，应按出水管或吸水管喇叭口（或防止旋流器淹没深度）的最低标高确定。

③消防用水与其他用水共用的水池，应采取确保消防用水量不作他用的技术措施。

④消防水池及高位消防水箱应设置就地水位显示装置，并应在消防控制中心或值班室等地点设置显示消防水池（水箱）水位的装置，同时应有最高和最低报警水位。

3. 消防水泵房的验收

（1）消防泵房的建筑防火要求应符合相应的建筑设计防火规范的规定。

（2）消防泵房设置的应急照明、安全出口应符合设计要求。

（3）备用电源、自动切换装置的设置应符合设计要求。

4. 消防水泵的验收

（1）工作泵、备用泵、吸水管、出水管及出水管上的阀门、仪表的规格、型号、数量，应符合设计要求；吸水管、出水管上的控制阀应锁定在常开位置，并有明显标记。

（2）消防水泵应采用自灌式引水或其他可靠的引水措施。

（3）分别开启系统中的每一个末端试水装置和试水阀，水流指示器、压力开关等信号装置的功能应均符合设计要求。湿式自动喷水灭火系统的最不利点做末端放水试验时，自放水开始至水泵启动时间不应超过 5mim。

（4）打开消防水泵出水管上试水阀，当采用主电源启动消防水泵时，消防水泵应启动正常；关掉主电源，主、备电源应能正常切换。备用电源切换时，消防水泵应在 1min 或 2min 内投入正常运行。自动或手动启动消防泵时应在 55s 内投入正常运行。

（5）消防水泵停泵时，水锤消除设施后的压力不应超过水泵出口额定压力的 1.3 倍～1.5 倍。

（6）对消防气压给水设备，当系统气压下降到设计最低压力时，通过压力变化信号应能启动稳压泵。

（7）消防水泵启动控制应置于自动启动档，消防水泵应互为备用。

5. 报警阀组的验收

（1）报警阀组的各组件应符合产品标准要求。

（2）打开系统流量压力检测装置放水阀，测试的流量、压力应符合设计要求。

（3）水力警铃的设置位置应正确。测试时，水力警铃喷嘴处压力不应小于 0.05MPa，且距水力警铃 3m 远处警铃声声强不应小于 70dB。

（4）控制阀均应锁定在常开位置。

（5）空气压缩机或火灾自动报警系统的联动控制，应符合设计要求。

（6）打开末端试（放）水装置，当流量达到报警阀动作流量时，湿式报警阀和压力开关应及时动作，带延迟器的报警阀应在 90s 内压力开关动作，不带延迟器的报警阀应在 15s 内压力开关动作。

6. 喷头验收

（1）湿式系统的洒水喷头选型应符合下列规定：

①不做吊顶的场所，当配水支管布置在梁下时，应采用直立型洒水喷头；

②吊顶下布置的洒水喷头，应采用下垂型洒水喷头或吊顶型洒水喷头；

③顶板为水平面的轻危险级、中危险级 I 级住宅建筑、宿舍、旅馆建筑客房、医疗建筑病房和办公室，可采用边墙型洒水喷头；

④易受碰撞的部位，应采用带保护罩的洒水喷头或吊顶型洒水喷头；

⑤顶板为水平面，且无梁、通风管道等障碍物影响喷头洒水的场所，可采用扩大覆盖面积洒水喷头；

⑥不宜选用隐蔽式洒水喷头；确需采用时，应仅适用于轻危险级和中危险级 I 级场所。

（2）干式系统、预作用系统应采用直立型洒水喷头或干式下垂型洒水喷头。

（3）装设网格、栅板类通透性吊顶的场所，系统的喷水强度应按《自动喷水灭火系统设计规范》表 5.0.1 规定值的 1.3 倍确定。装设网格、栅板类通透性吊顶的场所喷头的布置，当通透面积占吊顶总面积的比例大于 70% 时，喷头应设置在吊顶上方，并应符合下列规定：

①通透性吊顶开口部位的净宽度不应小于 10mm，且开口部位的厚度不应大于开口的最小宽度；

②喷头间距及溅水盘与吊顶上表面的距离应符合表 10-2-6 的规定。

表 10-2-6　通透性吊顶场所喷头布置要求

火灾危险等级	喷头间距 S（m）	喷头溅水盘与吊顶的最小距离（mm）
轻危险级、中危险级 I 级	S≤3.0	450
	3.0<S≤3.6	600
	S>3.6	900
中危险级 II 级	S≤3.0	600
	S>3.0	900

（4）当梁、通风管道、成排布置的管道、桥架等障碍物的宽度大于 1.2m 时，其下方应增设喷头；采用早期抑制快速响应喷头和特殊应用喷头的场所，当障碍物宽度大于 0.6m 时，其下方应增设喷头。增设的洒水喷头上方有孔洞、缝隙时，可在洒水喷头的上方设置挡水板，挡水板应为正方形或圆形金属板，其平面面积不宜小于 0.12m²，周围弯边的下沿宜与洒水喷头的溅水盘平齐。

（5）喷头设置场所、规格、型号、公称动作温度、响应时间指数（RTI）以及喷头安装间距、喷头与楼板、墙、梁等障碍物的距离等应符合设计要求。

7. 管网及末端试水装置验收

（1）管道、的材质、管径、接头、连接方式、防腐、防冻措施以及管网不同部位安装的报警阀组、闸阀、止回阀、电磁阀、信号阀、水流指示器、减压孔板、节流管、减压阀、柔性接头、排水管、排气阀、泄压阀等应符合规范及设计要求。

（2）配水管道可采用内外壁热镀锌钢管、涂覆钢管、铜管、不锈钢管和氯化聚氯乙烯（PVC-C）管。当报警阀入口前管道采用不防腐的钢管时，应在报警阀前设置过滤器。

（3）配水管两侧每根配水支管控制的标准流量洒水喷头数量，轻危险级、中危险级场所不应超过 8 只，同时在吊顶上下设置喷头的配水支管，上下侧均不应超过 8 只。严重危险级及仓库危险级场所均不应超过 6 只。

（4）每个报警阀组控制的最不利点洒水喷头处应设末端试水装置，其他防火分区、楼层均应设直径为 25mm 的试水阀。

（5）末端试水装置应由试水阀、压力表以及试水接头组成，试水接头出水口的流量系数，应等同于同楼层或防火分区内的最小流量系数洒水喷头。末端试水装置的出水，应采取孔口出流的方式排入排水管道，排水立管宜设伸顶通气管，且管径不应小于 75mm。末端试水装置和试水阀应有标识，距地面的高度宜为 1.5m，并应采取不被他用的措施。

（6）当自动喷水灭火系统中设有 2 个及以上报警阀组时，报警阀组前应设环状供水管道。环状供水管道上设置的控制阀应采用信号阀；当不采用信号阀时，应设锁定阀位的锁具。

（7）干式系统和预作用系统的配水管道应设快速排气阀。有压充气管道的快速排气阀入口前应设电动阀。

（8）干式系统、由火灾自动报警系统和充气管道上设置的压力开关开启预作用装置的预作用系统，其配水管道充水时间不宜大于 1min；雨淋系统和仅由火灾自动报警系统联动开启预作用装置的预作用系统，其配水管道充水时间不宜大于 2min。

8. 系统流量、压力验收及系统模拟灭火功能试验

（1）系统流量、压力的验收，应通过系统流量压力检测装置进行放水试验，系统流量、压力应符合设计要求。

（2）系统模拟灭火功能试验时，水流指示器、报警阀应动作，水力警铃、压力开关等应工作正常，压力开关动作应连锁启动消防水泵及与其联动的相关设备。水流指示器、压力开关、水泵等的动作信号应反馈至消防控制室。

（三）自动喷水灭火系统工程质量验收判定标准

1. 系统工程质量缺陷划分为严重缺陷项（A）、重缺陷项（B）、轻缺陷项（C）。

2. 系统验收合格判定的条件为：A=0，且 B≤2，且 B+C≤6 为合格，否则为不合格。

3. 工程质量缺陷划分按《自动喷水灭火系统施工及验收规范》GB 50261 附录 F 确定。

四、注意事项

1. 消防泵房的设置、建筑室内自动喷水灭火系统的消防水池容积、高位消防水箱容积、喷淋泵的流量及扬程均符合规范要求，室外消防用水由满足要求的市政管网供水。

2. 系统采用分区给水方式并符合规范要求、喷淋系统消防水泵接合器的设置符合规范要求。

3. 本案例对系统设置是否合理不予考虑。

五、思考题

请分析指出本案例图 10-2-5 ~ 10-2-10 中的错误。

【参考答案】

图 10-2-5 湿式报警阀组报警管道控制阀关闭，阀瓣开启时压力开关及水力警铃不能工作；水力警铃安装位置错误，应设在有人值班的地点附近或公共通道的外墙上。

图 10-2-6 装设网格、栅板类通透性吊顶的场所，当通透面积占吊顶总面积的比例大于 70% 时，喷头应设置在吊顶上方、且喷头溅水盘距吊顶上方间距应满足规范要求，当喷头溅水盘距吊顶上方间距不能满足规范要求时，应在格栅吊顶下方增设喷头。

图 10-2-7 当成排布置的风道、管道、桥架等障碍物的宽度大于 1.2m 时，其下方应增设喷头；预作用系统的喷头应采用直立型洒水喷头或干式下垂型洒水喷头；增设的洒水喷头上方有缝隙，可在洒水喷头的上方设置挡水板。

图 10-2-8 末端试水装置未设标识；末端试水装置的排水为暗排方式，没有试水接头和漏斗。末端试水装置的出水，应采取孔口出流的方式排入排水管道，排水立管管径应不小于 DN75；压力表显示压力过低，不满足系统最不利点静水压力要求（应不小于 0.15MPa）。

图 10-2-9 总建筑面积 5000m² 及以上的商场火灾危险等级为中危险 II 级，不应采用隐蔽型洒水喷头，可采用下垂型洒水喷头或齐平型洒水喷头。

图 10-2-10 喷头选型错误，直立安装的喷头不应选择下垂型洒水喷头，应选用直立型洒水喷头。

案例 15

一、场景描述

某商业建筑，地下一层为汽车库、人防、设备用房和商业用房。地下汽车库停车数 480 辆，建筑层高 3.70m，地面至主梁净高 2.30m，主梁高 0.90m，车库防火分区面积均小于 4000m²，利用主梁划分的防烟分区面积不大于 2000m²，采用排风与排烟兼容模式，排风口与排烟口分开设置，每个排烟口设计风速不大于 10m/s。其中一个机械排烟系统，为防烟分区 I（面积 1642m²），防烟分区 II（面积 1872m²）和防烟分区 III（面积 1982m²）服务，其排烟风机的排烟量为 90000m³/ h，系统构成如图 10-2-11 所示。

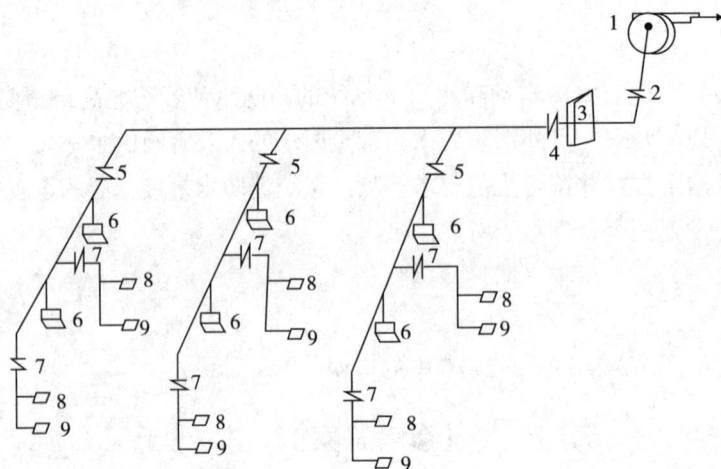

图 10-2-11　排风口与排烟口分开设置的排风与排烟兼容系统

1—排烟风机 2—排烟防火阀（280℃）3—风机房隔墙 4—排烟防火阀 5—排烟防火阀（280℃）

6—排烟口（带阀）7—防火阀（70℃）8—上排风口 9—下排风口

排烟管道上壁贴主梁底敷设。每条支管从主管接出处设排烟防火阀，在支管下壁的适当位置上设有 2 个带排烟阀的百叶排烟口，平时常闭，每个排烟口距防烟分区最远距离不大于 30 m。系统手动装置采用排烟阀手柄启动，系统同时具备火灾报警系统自动启动控制功能。另外在每条支管的适当位置上接出 2 条排风竖管，在接出处设 70℃电动防火阀，平时常开，火灾时进入排风支管的烟气温度达到 70℃自动关闭并联动关闭排烟风机；在排风竖管上还设有上下 2 个常开百叶风口，上部和下部排风口按比例排除汽车尾气。主排烟风管在接入排烟风机前设置 280℃自动关闭的排烟防火阀，该阀动作后能联动排烟风机停运。该系统所服务的区域设有机械补风系统，补风量为排烟量的 50%。

该地下汽车库设有与地上商业共用的防烟楼梯间并设有正压送风系统，采用楼梯间竖向井道加压送风，前室不送风方式，送风口为常开百叶风口，按"每隔二到三层设一个风口的原则"布置在地上一、三、五层，加压送风量和门洞风速满足规范要求。

消防检测时，现场触发同一防烟分区内两只独立的火灾探测器，建筑内所有通风空调系统的电源自动切断，排烟风机转入排烟工况自动启动并联动开启该防烟分区的排烟口，并联动开启系统上的 6 个排烟口，随后检测人员用风速仪检测排烟口风速分别为：7m/s、8m/s、8.5m/s、9m/s、9.5m/s、10m/s，检测防烟系统各送风口风速在 5m/s ~ 7m/s 之间；防烟楼梯间及其前室的余压值分别为 45Pa 和 35Pa。

二、场景描述中包含或涉及内容

（一）防烟和排烟系统消防检测的一般技术要求

（二）防烟和排烟系统组件或功能检测的技术要求

（三）防烟和排烟系统验收的一般规定

（四）防烟和排烟系统工程验收的内容

（五）防排烟系统工程质量验收判定条件

三、关键知识点

（一）防烟和排烟系统消防检测的一般技术要求

1.防烟和排烟系统的组件和设备应符合设计选型，并应具有出厂产品合格证，消防产品应具有符合法定市场准入规则的证明文件。

2.防烟和排烟系统的组件、设备的永久性铭牌和按规定设置的标志，其文字和数据应齐全、符号应清晰、色标应正确。

3.防烟和排烟系统组件、设备、管道、线槽、支吊架等应完好无损、无锈蚀，设备、管道应无泄漏现象，导线和电缆的连接、绝缘性能、接地电阻等应符合设计要求。

4.检测用的仪器、仪表等，应按国家现行有关规定计量检定合格。

（二）防烟和排烟系统组件消防检测的技术要求

1.控制柜

应注明系统名称和编号的标志。

仪表、指示灯显示应正常，开关及控制按钮应灵活可靠。

应有手动、自动切换装置。

2.风机

应注明系统名称和编号的标志。

传动皮带的防护罩、新风入口的防护网应完好。

启动运转平稳，叶轮旋转方向正确，无异常振动与声响。

3.送风阀、排烟阀、排烟防火阀、电动排烟窗

安装牢固。

开启与复位操作应灵活可靠，关闭时应严密，反馈信号应正确。

（三）防烟和排烟系统功能检测的技术要求

1.机械加压送风系统。

应能自动和手动启动相应区域的送风阀、送风机，并向火灾报警控制器反馈信号。

送风口风速不宜大于 7m/s。

防烟楼梯间的余压值应为 40Pa~50Pa，前室、合用前室的余压值应为 25Pa~30Pa。

2.机械排烟系统

应能自动和手动启动相应区域排烟阀、排烟风机，并向火灾报警控制器反馈信号。设有补风的系统，应在启动排烟风机的同时启动送风机。

排烟口的风速不宜大于 10m/s，排烟量应符合设计要求。

当通风与排烟合用风机时，应能自动切换到高速运行状态。

电动排烟窗系统，应具有直接启动或联动控制开启功能。

（四）防烟排烟系统检收的一般规定

防烟排烟系统竣工后，应进行工程验收，验收不合格不得投入使用。工程验收工作应由建设单位负责，并应组织设计、施工、监理等单位共同进行。系统验收时应按《建筑防烟和排烟系统技术规范》GB 51251 的要求填写防烟、排烟系统，及隐蔽工程验收记录表。

工程竣工验收时，施工单位应提供下列资料：

1.竣工验收申请报告；

2.施工图、设计说明书、设计变更通知书和设计审核意见书、竣工图；

3. 工程质量事故处理报告；

4. 防烟、排烟系统施工过程质量检查记录；

5. 防烟、排烟系统工程质量控制资料检查记录。

（五）防烟和排烟系统工程验收的内容

1. 防烟、排烟系统观感质量的综合验收；

2. 防烟、排烟系统设备手动功能的验收；

3. 防排烟系统设备应按设计联动启动，并进行功能验收；

4. 自然通风及自然排烟设施验收；

5. 机械防烟系统的验收；

6. 机械排烟系统的性能验收。

（六）防烟和排烟系统工程质量验收判定条件

1. 系统的设备、部件型号规格与设计不符，无出厂质量合格证明文件及符合消防产品准入制度规定的检验报告，系统验收不符合《建筑防烟和排烟系统技术规范》GB 51251 第 8.2.2 条 ~ 第 8.2.6 条中任一款功能及主要性能参数要求的，定为 A 类不合格；

2. 不符合《建筑防烟和排烟系统技术规范》GB 51251 第 8.1.4 条任一款要求的定为 B 类不合格；

3. 不符合《建筑防烟和排烟系统技术规范》GB 51251 第 8.2.1 条任一款要求的定为 C 类不合格；

4. 系统验收合格判定应为：A=0，且 B ≤ 2，B+C ≤ 6 为合格，否则为不合格。

该案例中个别排烟口风速大于设计值 10%，且不符合《建筑防烟和排烟系统技术规范》GB 51251 第 4.4.12 和 8.2.6 条规定，应定为 A 类不合格，判定系统工程质量不合格。

四、注意事项

1. 测试时，应首先检查系统设置是否符合规范和设计要求，再明确检测方法是否正确，最后根据规范和设计要求核对检测结果。

2. 排烟系统与通风系统宜分开设置。当合用时，应符合排烟系统的要求。当排烟口打开时，每个排烟合用系统的管道上，需联动关闭的通风和空气调节系统的控制阀门不应超过 10 个。

3. 采用机械加压送风的场所不应设置百叶窗，且不宜设置可开启外窗。

4. 当送风系统余压值超过最大允许压力差时应采取泄压措施。最大允许压力差应按规范计算确定。

五、思考题

指出本案例场景描述和图 10-2-11 中的错误？

【参考答案】

1. 排烟口设置在主梁以下，不在防烟分区储烟仓内，不符合相关规定。

2. 地下汽车库的防烟楼梯间应设送风口，因为在楼梯间首层设有隔断设施将地下和地上楼梯隔断

3. 排除汽车尾气的排风口是常开的百叶风口，在火灾确认后，火灾报警系统应在 30s 内联动关闭与排烟无关的排风支管上的防火阀。

4. 排风支管上的防火阀，在感温关闭后不应联动关闭排烟风机。

5. 本案例采用控制信号首先使排烟风机转入排烟工况，然后联动开启系统上所有排烟口的控

制方式是错误的。应该是：火灾确认后，当着火防烟分区的任一排烟口打开时，应联动启动排烟风机，并将所有动作信号反馈消防中心；担负两个及以上防烟分区的排烟系统，应仅打开着火防烟分区的排烟阀或排烟口，其它防烟分区的排烟阀或排烟口应呈关闭状态。

案例16

一、场景描述

某三层商业设施，总建筑面积约 13000m²。疏散走道、疏散楼梯、疏散门、安全出口等设置符合防火规范规定。现拟对消防应急照明和疏散指示系统实施检测验收。

商业设施内设置自带电源非集中控制型应急照明和疏散指示系统，共安装 3W 应急照明灯 18 具，安全出口标志灯 45 具，单向壁挂应急标志灯 48 具，双向地埋应急标志灯 50 具，单向地埋应急标志灯 119 具，楼层标志灯 20 具，应急照明配电箱 4 台。灯具处于正常工作状态时，电源由每层的应急照明配电箱提供，处于应急工作时，电源由灯具自带的蓄电池提供。

购物中心设置了控制中心火灾自动报警系统，发生火警后，控制中心火灾自动报警系统输出联动控制信号，强制点亮所有消防应急灯具。

二、场景描述中包含和涉及内容

（一）文件和资料审查
（二）安装及供电布线检查
（三）系统功能测试
（四）检测验收的判定结论

三、关键知识点

（一）文件和资料审查

1. 检查图纸和设备技术资料等文件是否齐全。

2. 采用比对的方法，检查系统中各类产品的名称、型号、规格、使用的电池是否与市场准入制度要求的有效证明文件一致。

3. 检查施工记录和系统调试记录，保证系统处于正常工作状态。

（二）安装及供电、布线检查

1. 消防应急灯具与供电线路之间不应使用插头连接，安装后不应影响人员通行，灯具周围无遮挡物，吊装时吊管上端应固定牢固。

2. 带有疏散方向指示箭头的消防应急标志灯具在安装时应保证箭头方向与疏散方向相同，指示出口的消防应急标志灯具应固定在坚固的墙上或顶棚下。

3. 作为辅助指示的蓄光型标志牌可安装在与标志灯具指示方向相同的路线上，但不能代替标志灯具。

4. 消防应急照明灯具由进线总配电箱内一路专用回路供电。

5. 分散设置的集中电源的正常供电回路应取自本防火分区的（备用）应急照明配电箱，分配电装置应急回路由应急照明集中电源供电。

（三）功能测试

1. 消防应急标志灯具测试

（1）灯具的状态指示灯指示应正常。

（2）检查灯具的疏散标志指示方向与实际疏散方向要保持一致。

（3）连续3次操作试验按钮，使标志灯具处于应急工作状态，记录应急工作时间，该时间不应小于灯具标称的应急工作时间。

（4）操作试验按钮，启动具有语音功能的安全出口标志灯，语音应满足灯具说明书要求。

2. 消防应急照明灯具测试

（1）观察灯具是否处于正常工作状态且无故障，状态指示灯应正常。

（2）检查光源与电源分开设置的照明灯具，电源的试验按钮和状态指示灯可方便操作和观察。

（3）连续3次按试验按钮，使照明灯具处于应急工作状态，记录应急工作时间，该时间应不小于灯具本身标称的应急工作时间。

（4）测量安装区域的最低照度值要符合设计要求。

（5）照明灯具的光源与隔热情况应符合要求。

3. 应急照明配电箱测试

（1）观察配电箱的工作状态指示灯，确认配电箱处于正常工作状态。

（2）切断配电箱的供电输出，检查所连接的灯具的应急转换情况。

4. 系统功能测试

模拟消防联动控制信号联动应急照明配电箱，实现工作状态的转换，检查应急灯具的应急工作状态。

（四）检测验收结论判定

1. 功能测试抽样比例、数量

本案例中的灯具总数超过了5具，所以功能测试数量按实际安装数量10%的比例抽取，应急照明配电箱全数检查，联动功能试验进行1~2次。

2. 功能测试抽样方法

采用分区、分楼层随机抽样的方法。

3. 评定规则

文件及资料审查应全部满足要求；现场安装及布线、供电检查应符合要求；如有不合格项，允许施工单位现场或限期整改；功能测试项目检验应满足要求，如有不合格项，允许施工单位现场或限期整改，并对不合格项进行复检。

以上全部合格，判定系统合格。

四、注意事项

1. 设置消防安全疏散指示时，应优先采用消防应急标志灯具。

2. 应急转换时间。人员密集场所的应急转换时间不大于1.5s；其它场所的应急转换时间不能大于5s，高危险区域的应急转换时间不能大于0.25s。

3. 建筑内疏散照明的地面最低水平照度应符合下列规定：

①对于疏散走道，不应低于1.0lx；

②对于人员密集场所、避难层（间），不应低于3.0lx；对于病房楼或手术部的避难间，不应低于10.0lx；

③对于楼梯间、前室或合用前室、避难走道，不应低于 5.0lx。

4.线路的敷设应符合以下规定：

①明敷时（包括敷设在吊顶内），应穿金属导管或采用封闭式金属槽盒保护，金属导管或封闭式金属槽盒应采取防火保护措施，当采用阻燃或耐火电缆并敷设在电缆井、沟内时，可不穿金属导管或采用封闭式金属槽盒保护，当采用矿物绝缘类不燃性电缆时，可直接明敷。

②暗敷时，应穿管并应敷设在不燃性结构内且保护层厚度不应小于 30mm；

③消防配电线路宜与其他配电线路分开敷设在不同的电缆井、沟内；确有困难需敷设在同一电缆井、沟内时，应分别布置在电缆井、沟的两侧，且消防配电线路应采用矿物绝缘类不燃性电缆。

五、思考题

某体育场馆，安装自带电源非集中控制型消防应急照明及疏散指示系统，请简述如何对系统功能进行检验和测试。

【参考答案】

1.观察消防应急灯具的工作状态指示灯，所有灯具应该全部处于正常工作状态。

2.检查消防应急标志灯具，疏散标志指示方向与实际疏散方向要保持一致。

3.模拟消防联动控制信号联动应急照明配电箱，测试相关消防应急灯具和应急照明配电箱转入应急工作状态的情况。

4.测试消防应急照明和灯光疏散指示标志的备用电源的连续供电时间要满足要求。

案例 17

一、场景描述

某快捷酒店地上 7 层、地下 1 层，建筑高度 28.9m，每层建筑面积均为 2000m²，总建筑面积 16000m²。地下 1 层设置生活给水泵房、消防水泵房、消防水池、配电室等。首层为大堂、餐饮多功能厅及厨房等，地上 2～7 层为旅馆客房，每层设 3 个 DN65 室内消火栓，消火栓间距小于 25.0m；各层均设有自动喷水灭火系统，并配置了灭火器。

二、场景描述中包含或涉及内容

（一）灭火器配置

（二）灭火器配置验收

（三）灭火器箱的检查与维护管理

三、关键知识点

（一）灭火器的配置

1.该高层旅馆建筑各层均应设置灭火器。

2.建筑首层的多功能厅和厨房及公共活动用房的灭火器配置场所危险等级应为严重危险级，地下一层配电室的灭火器配置场所危险等级应为中危险级，客房及其他设备用房的灭火器配置场所危险等级为轻危险级。

（1）计算计算单元中的最小需配灭火级别：

$$Q = KS / U \qquad\qquad 式（10-2-1）$$

式中：Q—计算单元的最小需配灭火级别（A 或 B）；

S—计算单元的保护面积（m²）；

U—A 类或 B 类火灾场所单位灭火级别最大保护面积（m²/A 或 m²/B）；

K—修正系数。

（2）计算计算单元中每个灭火器设置点的最小需配灭火级别

$$Q_e = Q / N \qquad\qquad 式（10-2-2）$$

式中：Q_e—计算单元每个灭火器设置点的最小需配灭火级别（A 或 B）；

Q—计算单元的最小需配灭火级别（A 或 B）；

N—计算单元中的灭火器设置点数（个）。

（3）灭火器配置中的设置要求

该建筑为中危险级 A 类火灾场所（或还含有 E 类火灾场所），其部分设置要求如下：

1. 每个灭火器配置计算单元内的灭火器设置点最大保护距离为 20m；

2. 配置的每具手提式灭火器的灭火级别要大于等于 2A；

3. 设置点要设置在明显、便于取用、且不得影响安全疏散的地点；

4. 手提式灭火器设置在灭火器箱内，灭火器箱不得上锁；

5. 有视线障碍的灭火器设置点，在醒目部位设置指示灭火器位置的发光标志。

（二）灭火器的配置验收

灭火器安装设置后，必须进行配置验收，验收不合格不得投入使用。灭火器配置验收应由建设单位组织设计、安装、监理等单位按照建筑灭火器配置设计文件进行。配置验收抽查不应少于20%，验收重点：

1. 灭火器的类型、规格、灭火级别和配置数量应符合建筑灭火器配置设计要求；

2. 灭火器的产品质量必须符合国家有关产品标准的要求；

3. 在同一灭火器配置单元内，采用不同类型灭火器时，其灭火剂应能相容；

4. 灭火器的保护距离应符合现行国家标准《建筑灭火器配置设计规范》GB 50140 的有关规定，灭火器的设置应保证配置场所的任一点都在灭火器设置点的保护范围内；

5. 其他关于灭火器设置点、灭火器箱、灭火器托架、挂钩、推车灭火器和灭火器标识及摆放要求，应符合《建筑灭火器配置验收及检查规范》GB 50444 的规定。

（三）灭火器的检查与维护

根据《建筑灭火器配置验收及检查规范》GB 50444 的规定，灭火器的检查与维护应由相关技术人员承担，需维修、报废的灭火器应由灭火器生产企业或专业维修单位进行。单位每次送修的灭火器数量不得超过计算单元配置灭火器总数量的 1/4。超出时，应选择相同类型和操作方法的灭火器替代，替代灭火器的灭火级别不应小于原配置灭火器的灭火级别。检查或维修后的灭火器均应按原设置点位置摆放。

1. 检查

灭火器的配置、外观等应按表 10-2-7 的要求每月进行一次检查；候车（机、船）室、歌舞娱乐放映游艺等人员密集的公共场所、堆场、罐区、石油化工装置区、加油站、锅炉房、地下室等场所每半个月进行一次检查。

表 10-2-7　建筑灭火器检查内容、要求及记录

检查内容和要求	检查记录	检查结论
1. 灭火器是否放置在配置图表规定的设置点位置		
2. 灭火器的落地、托架、挂钩等设置方式是否符合配置设计要求。手提式灭火器的挂钩、托架安装后是否能承受一定的静载荷，并不出现松动、脱落、断裂和明显变形		
3. 灭火器的铭牌是否朝外，并且器头宜向上		
4. 灭火器的类型、规格、灭火级别和配置数量是否符合配置设计要求		
5. 灭火器配置场所的使用性质，包括可燃物的种类和物态等，是否发生变化		
6. 灭火器是否达到送修条件和维修期限		
7. 灭火器是否达到报废条件和报废期限		
8. 室外灭火器是否有防雨、防晒等保护措施		
9. 灭火器周围是否存在有障碍物、遮挡、拴系等影响取用的现象		
10. 灭火器箱是否上锁，箱内是否干燥、清洁		
11. 特殊场所中灭火器的保护措施是否完好		
12. 灭火器的铭牌是否无残缺，并清晰明了		
13. 灭火器铭牌上关于灭火剂、驱动气体的种类、充装压力、总质量、灭火级别、制造厂名和生产日期或维修日期等标志及操作说明是否齐全		
14. 灭火器的铅封、销闩等保险装置是否未损坏或遗失		
15. 灭火器的筒体是否无明显的损伤（磕伤、划伤）、缺陷、锈蚀（特别是筒底和焊缝）、泄漏		
16. 灭火器喷射软管是否完好、无明显龟裂，喷嘴不堵塞		
17. 灭火器的驱动气体压力是否在工作压力范围内（贮压式灭火器查看压力指示器是否指示在绿区范围内，二氧化碳灭火器和储气瓶式灭火器可用称重法检查）		
18. 灭火器的零部件是否齐全，并且无松动、脱落或损伤		
19. 灭火器是否未开启、喷射过		

（左侧纵向标签：配置检查 对应第1~11项；外观检查 对应第12~19项）

2. 送修

存在机械损伤、明显锈蚀、灭火剂泄露、被开启使用过或符合其他维修条件的灭火器应及时进行维修。灭火器的维修期限应符合表 10-2-8 的规定。

表 10-2-8　灭火器的维修期限

灭火器类型		维修期限
水基型灭火器	手提式水基型灭火器	出厂期满 3 年；首次维修以后每满 1 年
	推车式水基型灭火器	
干粉灭火器	手提式（贮压式）干粉灭火器	出厂期满 5 年；首次维修以后每满 2 年
	手提式（储气瓶式）干粉灭火器	
	推车式（贮压式）干粉灭火器	
	推车式（储气瓶式）干粉灭火器	
洁净气体灭火器	手提式洁净气体灭火器	
	推车式洁净气体灭火器	
二氧化碳灭火器	手提式二氧化碳灭火器	
	推车式二氧化碳灭火器	

3. 报废

（1）下列类型的灭火器应报废：

①酸碱型灭火器；

②化学泡沫型灭火器；

③倒置使用型灭火器；

④氯溴甲烷、四氯化碳灭火器；

⑤国家政策明令淘汰的其他类型灭火器。

（2）有下列情况之一的灭火器应报废：

①筒体严重锈蚀，锈蚀面积大于、等于筒体总面积的 1/3，表面有凹坑；

②筒体明显变形，机械损伤严重；

③器头存在裂纹、无泄压机构；

④筒体为平底等结构不合理；

⑤没有间歇喷射机构的手提式；

⑥没有生产厂名称和出厂年月，包括铭牌脱落，或虽有铭牌，但已看不清生产厂名称，或出厂年月钢印无法识别；

⑦筒体有锡焊、铜焊或补缀等修补痕迹；

⑧被火烧过。

（3）灭火器出厂时间达到或超过表 10-2-9 规定的报废期限时应报废。

表 10-2-9 灭火器的报废期限

灭火器类型		报废期限（年）
水基型灭火器	手提式水基型灭火器	6
	推车式水基型灭火器	
干粉灭火器	手提式（贮压式）干粉灭火器	10
	手提式（储气瓶式）干粉灭火器	
	推车式（贮压式）干粉灭火器	
	推车式（储气瓶式）干粉灭火器	
洁净气体灭火器	手提式洁净气体灭火器	
	推车式洁净气体灭火器	
二氧化碳灭火器	手提式二氧化碳灭火器	12
	推车式二氧化碳灭火器	

图 10-2-12 手提式干粉灭火器型号规格

图 10-2-13 灭火器箱

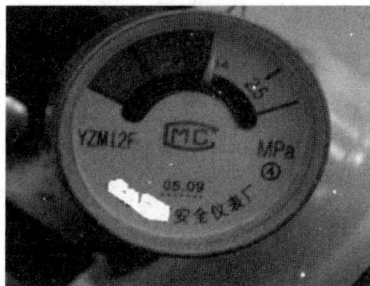

图 10-2-14 灭火器压力指示器详图

四、思考题

（一）指出图 10-2-12～10-2-14 中存在的问题。

（二）2～7 层建筑灭火器如何配置？

【参考答案】

（一）1. 灭火器箱体正面未标注英文"Fire Extinguisher"字样。

2. 灭火器箱的正面右下角未设置任何铭牌。

3. 灭火器颈圈仅有灭火器生产连续序号，水压试验压力和生产日期印制在贴花上，未打制永久性钢印。

4. 灭火器压力指示器指针在黄色区域范围内。

（二）已知：2～7 层客房的灭火器配置场所危险等级为轻危险级，每层建筑面积 2000m^2；该场所设有室内消火栓和自动喷水灭火系统，$K=0.5$；A 类和 E 类火灾场所，应选择磷酸铵盐干粉灭火器。查表，单位灭火器级别最大保护面积 $U=100m^2/A$；拟在每层室内消火栓处设灭火器配置点，每层 3 个室内消火栓，则 $N=3$。

解：1. 计算 2～7 层每层计算单元的最小需配灭火级别

$Q=KS/U=0.5 \times 2000 \div 100 = 10$（A）

2. 计算 2～7 层每层计算单元中每个灭火器设置点的最小需配灭火级别

$Q_e=Q/N=10 \div 3=3.33$（A）

在客房各层每个灭火器设置点配置 4 kg 手提式 ABC 干粉灭火器 2 具，其灭火级别为 2×2A，大于 3.33A。

轻危险级 A 类火灾场所的灭火器最大保护距离不应大于 25m。因为计算时确定在每层室内消火栓处设灭火器配置点，而场景描述中消火栓间距小于 25.0m。因此，在客房层每层可设 3 个灭火器设置点，每个灭火器设置点应配置 MF/ABC4 不少于 2 具，最大保护距离不应大于 25m。

案例 18

一、场景描述

某大型商业综合体，地上 3 层、地下 2 层，建筑高度 24m。地上层设有商场、餐饮、电影院等场所，地下层设置汽车库、设备用房。该综合体按规定设置了各类建筑消防设施和消防控制中心。

火灾探测器采用了点型感烟、点型感温、线型光束感烟火灾探测器。点型感烟火灾探测器主要设在商场、办公室、机房、设备用房等独立房间内和走道；点型感温火灾探测器主要设在汽车库、厨房；线型光束感烟火灾探测器设置在中庭。

二、场景描述中包含和涉及内容

（一）点型感烟火灾探测器功能检测

（二）点型感温火灾探测器功能检测

（三）手动报警按钮功能检测

（四）火灾报警控制器功能检测

（五）消防联动控制器功能检测

（六）火灾自动报警系统功能检测

（七）火灾自动报警系统功能检测

（八）火灾报警控制器功能检测

（九）点型火灾探测器验收

（十）火灾自动报警系统验收判定标准

三、关键知识点

（一）点型感烟探测器检测

采用发烟装置向探测器施放烟气，查看探测器报警确认灯和火灾报警控制器的火警信号显示。探测器应启动报警确认灯，并在手动复位前予以保持，清除探测器内及周围烟雾，报警控制器手动复位，观察探测器报警确认灯在复位前后的变化。

（二）点型感温探测器检测

使用热源加热探测器，查看探测器报警确认灯和火灾报警控制器火警信号显示。探测器应启动报警确认灯，并在手动复位前予以保持，移开热源，报警控制器手动复位，观察探测器报警确认灯状态。

（三）手动火灾报警按钮检测

手动按下按钮，应向报警控制器输出火警信号，同时报警确认灯应点亮，直到启动部件复原，报警按钮方可恢复原状态。

（四）火灾报警控制器检测

触发自检键，对面板上所有的指示灯、显示器和音响器件进行功能自检。切断主电源，查看备用直流电源自动投入和主、备电源的状态显示情况。使控制器任一回路、电源或内部线路处于故障状态，观察控制器声、光报警信号及故障的部位和类型指示情况，故障报警期间，模拟火灾报警，控制器应在 1min 内发出火灾报警信号，再使其他探测器发出火灾报警信号，控制器能再次报警。

（五）消防联动控制器检测

操作自检键，对面板上所有的指示灯、显示器和音响器件进行功能自检。切断主电源，备用电源应自动投入使用，并能正确显示主、备电源的状态。消防联动控制设备与输入/输出模块间的连线发生断路、短路时，应能在 100s 内发出与火灾报警信号有明显区别的声、光故障信号。

（六）火灾自动报警系统验收主要内容

1. 测试火灾探测报警系统功能。

2. 测试消防联动控制系统功能。

（七）火灾自动报警系统验收要求

1. 主、备电转换试验进行 1～3 次。

2. 控制器全部检验。

3. 火灾探测器和手动报警按钮超过 100 只时，抽验比例为 10%～20%；消火栓按钮抽验比例为 5%～10%。

（八）火灾报警控制器验收要求

1. 用尺测量控制器靠近门轴的侧面距墙不应小于 0.5m，正面操作距离不应小于 1.2m；主电源要直接与消防电源连接，严禁使用电源插头。

2. 对火灾报警控制器进行功能检查。包括：检查自检功能和操作级别；测试每个回路的断路和短路，控制器应在 100s 内发出故障信号；在故障状态下，使任一非故障部位的探测器发出火灾报警信号，控制器应在 1min 内发出火灾报警信号；使任一总线回路上不少于 10 只的火灾探测器同时处于火灾报警状态。

（九）点型火灾探测器验收要求

探测器至墙壁、梁边的水平距离不应小于 0.5m；周围水平距离 0.5m 内不应有遮挡物；探测器至空调送风口不应小于 1.5m；点型感温探测器安装间距不应超过 10m；点型感烟探测器的安装间距不应超过 15m。探测器倾斜安装不应大于 45°。采用专用的检测仪器或模拟火灾的方法，检查火灾探测器的报警功能。

（十）火灾自动报警系统验收判定标准

1. 系统内的设备及配件无国家相关证书和检验报告；系统内的任一控制器和火灾探测器无法发出报警信号，无法实现要求的联动功能，定为 A 类不合格。

2. 验收前提供资料不符合要求的定为 B 类不合格。

3. 其余不合格项均为 C 类不合格。

4. 系统验收合格判定应为：A=0、B≤2，且 B＋C≤检查项的 5% 为合格，否则为不合格。

四、注意事项

1. 火灾自动报警系统的主要设备应是通过国家认证（认可）的产品。产品名称、型号、规格应与检验报告一致。

2. 火灾自动报警系统应单独布线，系统内不同电压等级、不同电流类别的线路，不应布在同一管内或线槽的同一槽孔内。

3. 火灾自动报警系统验收过程中，应对照图纸观察检查系统内各设备和组件的规格、型号、容量、数量，应符合设计要求。

4. 抽样时应选择有代表性、作用不同、位置不同的设备。

五、思考题

简述火灾自动报警系统工程质量验收检验项目划分、判定合格标准以及复验要求？

【参考答案】

1. 检验项目划分见表 10-2-10：

表 10-2-10　检验项目表

A类检验项目	B类检验项目	C类检验项目
（1）系统内设备及配件的规格型号与设计不符的 （2）系统内设备及配件无国家相关证书和检验报告的 （3）任一器件或设备无法发出报警信号的 （4）任一器件或设备无法实现联动的	施工单位提供的竣工资料不符合要求的 （共5项内容）	除A类、B类检验项目外的其它检验项目均为C类检验项目

2.合格标准是：A＝0、B≤2，且（B＋C）≤（全部检查项数）×5％。

3.复验规定：当A类、B类、C类检验项目中有任一项不合格时，应修复或更换后提交复验，复验时对有抽验比例要求的，按不合格项加倍抽验。

案例 19

一、场景描述

某大型商场，地上4层，无外窗，设有机械排烟系统，防烟楼梯间设有正压送风系统，防排烟风机均布置在商场屋顶上。

排烟风机按一个防烟分区面积500m²、120m³/（h·m²）确定排烟量。排烟系统为专用系统，排烟口常闭；按防火分区设补风系统，补风量为排烟量的50％，补风机与排烟风机联动。

防烟楼梯间和合用前室均不具自然排烟条件。防烟楼梯间在首层及第四层设常开百叶风口，合用前室每层设常闭多叶送风口，合用前室与楼梯间分别送风，保证加压送风部位的余压值：楼梯间与走道之间为40Pa～50Pa，前室、合用前室与走道之间为25Pa～30Pa。

维保单位按合约为商场进行定期检查，在检查前详细审核了设计图纸，编制了维保方案，经征得业主同意后，在业主配合下实施维保方案：

（一）对本次维保使用的测试仪器仪表进行检查，其精度等级符合要求，计量仪器均在有效使用期内。

（二）检查风机的电源供应符合要求，供电线路保护符合规定，电气控制柜处于正常工作状态，对需要进行转动试验的风机，其电气控制柜应处于手动状态（但需要联动启动的补风机则应处于自动状态），并已向消防中心报告。

（三）逐台检查通风机传动装置及直通大气的进出口，均有安全防护措施。

（四）逐台检查通风机械的启动运转情况。

（五）逐个检查送风口，排烟口完好无损，风口表面平整，各类风阀的使用功能符合要求。

（六）检查挡烟垂壁完整无损，处于工作状态。

（七）检查完成后使系统复位，处于准工作状态。

（八）任选一个防烟分区，以手动和自动方式启动系统，观察各系统的联动情况。

二、场景描述中包含或涉及内容

（一）防烟排烟系统维护管理工作一般规定

（二）防烟排烟系统维护管理内容

（三）防烟排烟系统的维护管理

三、关键知识点

（一）防烟排烟系统维护管理工作一般规定

1.应明确建筑防烟和排烟系统的维护管理归口部门、管理人员及其工作职责，建立健全防烟和排烟系统的值班、巡查、检测、维修、保养、建档等制度，确保防烟和排烟系统正常运行。

2.建筑防烟和排烟系统维护管理单位（部门）应与防烟和排烟系统设备生产厂家、施工安装企业等有维修、保养能力的单位签订消防设施维修、保养合同。维护管理单位自身有维修、保养能力的，应明确维修、保养职能部门和人员。

3.建筑防烟和排烟系统投入使用后，应处于正常工作状态。防烟和排烟系统的电源开关、管道阀门，均应处于正常运行位置，并标示开、关状态；对需要保持常开或常闭状态的阀门，应采取铅封、标识等限位措施；对具有信号反馈功能的阀门，其状态信号应反馈到消防控制室；防烟和排烟系统及其相关设备电气控制柜具有控制方式转换装置的，其所处控制方式宜反馈至消防控制室。

4.值班、巡查、检测时发现故障，应及时组织修复。因故障维修等原因需要暂时停用防烟和排烟系统的，应有确保消防安全的有效措施，并经单位消防安全责任人批准，不应擅自关停防烟和排烟系统。

（二）防烟排烟系统维护管理工作的内容

防烟排烟系统维护管理包括值班、巡查、检测、维修、保养、建档等工作。

1.值班

设有防烟排烟系统的单位应根据消防设施操作使用要求制定操作规程，明确操作人员。

操作人员应通过消防行业特有工种职业技能鉴定，持有初级技能以上等级的职业资格证书，能熟练操作防烟排烟系统等消防设施。消防控制室、具有消防配电功能的配电室，消防水泵房、防排烟机房等重要的消防设施操作控制场所，应根据工作、生产、经营特点建立值班制度，确保火灾情况下有人能按操作规程及时，正确操作建筑消防设施。

单位制定灭火和应急疏散预案以及组织预案演练时，应将建筑防烟排烟系统等消防设施的操作内容纳入其中，对操作过程中发现的问题应及时纠正。

2.巡查

应明确巡查部位、频次和内容。巡查时应填写《建筑消防设施巡查记录表》。巡查时发现故障，应及时处理。巡查频次应满足下列要求：

（1）公共娱乐场所营业时，应结合公共娱乐场每2h巡查一次的要求，视情况将消防设施巡查部分或全部纳入其中，但全部消防设施应保证每日至少巡查一次；

（2）消防安全重点单位，每日巡查一次；

（3）其他单位，每周至少巡查一次。

根据《机关、团体、企业、事业单位消防管理规定》（公安部令第61号）规定，该商场应为消防安全重点单位，巡查频次不应少于每日一次。

防烟和排烟系统的巡查内容：

（1）送风阀外观；

（2）送风机和控制柜外观及工作状态；

（3）挡烟垂壁和控制装置及其工作状况，排烟阀及其控制装置外观；

（4）电动排烟窗和自然排烟窗外观；

（5）排烟机和控制柜外观及其工作状况；

（6）送风、排烟机房环境。

3. 检测

建筑防烟和排烟系统应每年至少检测一次，检测对象包括全部设备、组件等，设有自动消防系统的宾馆、饭店、商场、市场、公共娱乐场所等人员密集场所，易燃易爆单位以及其他一类高层公共建筑等消防安全重点单位，应自系统投入运行后每一年底前，将年度检测记录报当地消防部门备案。在重大节日、重大活动前或者期间，应对包括防烟和排烟系统在内的消防设施进行检测。检测内容见表10-2-11。

表 10-2-11 检测项目和内容表

检测项目		检测内容
机械加压送风系统	送风口	测试手动/自动开启功能
	送风机	测试手动/自动启动、停止功能
	送风量、风速、风压	测试最大负荷状态下，系统送风量、风速、风压
	联动控制功能	通过报警联动，检查防火阀、送风自动开启和启动功能
机械排烟系统	自然排烟系统	测试自然排烟窗的开启面积、开启方式
	排烟阀、电动排烟阀、电动挡烟垂壁、排烟防火阀	测试排烟阀、电动排烟窗手动/自动开启功能，测试挡烟垂壁的释放功能，测试排烟防火阀的动作性能
	排烟风机	测试手动/自动启动、排烟防火阀联动停止功能
	排烟风量、风速	测试最大负荷状态下，系统排烟风量、风速
	联动控制功能	通过报警联动，检查电动挡烟垂壁、电动排烟阀、电动排烟窗的功能，检查排烟风机的性能

4. 维修

值班、巡查、检测、灭火演练中发现防烟排烟系统等消防设施存在问题和故障的，相关人员应填写《建筑消防设施故障维修记录表》，并向单位消防安全管理人报告。

单位消防安全管理人对消防设施存在的问题和故障，应立即通知维修人员维修。维修期间，应采取确保消防安全的有效措施。故障排除后应进行相应功能试验并经单位消防安全管理人检查确认。维修情况应记入《建筑消防设施故障维修记录表》。

5. 保养

防烟排烟系统等消防设施维护保养应制定计划，列明消防设施的名称、维护保养的内容和周期。实施维护保养时应按照产品说明书的要求定期进行维护保养，填写《建筑消防设施维护保养记录表》并进行相应功能试验。对易污染、易腐蚀生锈的消防设备、管道、阀门应定期清洁、除锈、注润滑剂。对于使用周期超过产品说明书标识寿命的易损件、消防设备，以及经检查测试已不能正常使用的产品设备应及时更换。

6. 档案

防烟排烟系统等消防设施档案应包含消防设施基本情况和动态管理情况。基本情况包括建筑消防设施的验收文件和产品、系统使用说明书、系统调试记录、建筑消防设施平面布置图、建筑消防设施系统图等原始技术资料。动态管理情况包括建筑消防设施的值班记录、巡查记录、检测记录、故障维修记录以及维护保养计划表、维护保养记录、自动消防控制室值班人员基本情况档案及培训记录。

（三）防烟和排烟系统的维护管理

1.防烟排烟系统应制定维护保养管理制度及操作规程，并应保证系统处于准工作状态。维护管理记录应按《建筑防烟和排烟系统技术规范》GB 51251 附录 G 填写。

2.维护、管理人员应熟悉防烟、排烟系统的原理、性能和操作维护规程。

3.每季度应对防烟、排烟风机、活动挡烟垂壁、自动排烟窗进行一次功能检测启动试验及供电线路检查，检查方法应符合《建筑防烟和排烟系统技术规范》GB 51251 第 7.2.3 条～第 7.2.5 条的规定。

4.每半年应对全部排烟防火阀、送风阀或送风口、排烟阀或排烟口进行自动和手动启动试验一次，检查方法应符合《建筑防烟和排烟系统技术规范》GB 51251 第 7.2.1 条、第 7.2.2 条的规定。

5.每年应对全部防烟、排烟系统进行一次联动试验和性能检测，其联动功能和性能参数应符合原设计要求，检查方法应符合《建筑防烟和排烟系统技术规范》GB 51251 第 7.3 节、第 8.2.5 条～第 8.2.7 条的规定。

6.排烟窗的温控释放装置、排烟防火阀的易熔片应有 10% 的备用件，且不少于 10 只。

7.当防烟排烟系统采用无机玻璃钢风管时，应每年对该风管质量检查，检查面积应不少于风管面积的 30%；风管表面应光洁、无明显泛霜、结露和分层现象。

四、注意事项

在防烟排烟系统维护管理过程中，如相关国家标准规定不尽一致时，应按要求较高或规定更严的条文执行。

五、思考题

1.维保单位在检测场景描述中的某个防火分区机械排烟系统时，发现排烟量不足，明显达不到设计要求。维保人员对排烟风机、排烟管道和所涉及到的所有应开启或关闭的阀门（包括防火阀）等进行了细致检查，没有发现问题，排烟系统的漏风量在允许范围内。请分析导致排烟量不足的原因？

2.简述编制防排烟设施维修保养方案的主要依据有哪些？

【参考答案】

1.补风系统未启动或补风量不足。

2.（1）《建筑消防设施的维护管理》GB 25201

（2）《建筑防烟和排烟系统技术规范》GB 51251

（3）竣工验收资料及现场检测记录。

案例 20

一、场景描述

某高层一类旅馆建筑，消防控制中心的消防用电设备采用一级负荷供电，火灾自动报警系统用蓄电池作备用电源。火灾自动报警系统接地利用大楼综合接地装置作为接地极，设专用接地干线，引线采用 BV-1x25-FPC40，其接地电阻不大于 1Ω。火灾自动报警系统采用二总线制。消防控制室可显示消防水池、消防水箱水位信息，显示消防水泵、防排烟风机、消防电梯的电源状态及运行状况，并可联动控制所有与消防有关的设备。

二、场景描述中包含或涉及内容

（一）火灾自动报警系统检查

（二）火灾自动报警系统维护保养

三、关键知识点

（一）火灾自动报警系统检查

应根据《火灾自动报警系统施工及验收规范》GB 50166 的规定，对火灾自动报警系统实行日检、季检和年检并填写检查记录。

1. 日检

每日应检查火灾报警控制器的功能，并填写相应记录。

2. 季检

每季度应检查和试验火灾自动报警系统的下列功能，并填写相应记录。

（1）采用专用检测仪器分期分批试验探测器的动作及确认灯显示。

（2）试验火灾警报装置的声光显示。

（3）试验水流指示器、压力开关等报警功能、信号显示。

（4）对主电源和备用电源进行 1~3 次自动切换试验。

（5）用自动或手动检查消防控制设备的控制显示功能：

①室内消火栓、自动喷水、泡沫、气体、干粉等灭火系统的控制设备；

②抽验电动防火门、防火卷帘门，数量不小于总数的 25%；

③选层试验消防应急广播设备，并试验公共广播强制转入火灾应急广播的功能，抽检数量不小于总数的 25%；

④火灾应急照明与疏散指示标志的控制装置；

⑤送风机、排烟机和自动挡烟垂壁的控制设备；

⑥检查消防电梯迫降功能；

⑦应抽取不小于总数 25% 的消防电话和电话插孔在消防控制室进行对讲通话试验。

3. 年检

每年检查和试验火灾自动报警系统下列功能，并填写相应记录。

（1）采用专用检测仪器对所安装的全部火灾探测器和手动报警按钮试验至少 1 次。

（2）自动和手动打开排烟阀，关闭电动防火阀和空调系统。

（3）对全部电动防火门、防火卷帘的试验至少 1 次。

（4）强制切断非消防电源功能试验。

（5）对其他有关的消防控制装置进行功能试验。

（二）火灾自动报警系统维护保养

1. 清洗

点型感烟火灾探测器投入运行 2 年后，应每隔 3 年至少全部清洗一遍；通过采样管采样的吸气式感烟火灾探测器根据使用环境的不同，需要对采样管道进行定期吹洗，最长的时间间隔不应超过 1 年。

2. 维护

根据《建筑消防设施的维护管理》GA 587 的规定，对建筑消防设施存在的问题和故障，当场有条件解决的应立即解决；当场没有条件解决的，应在 24 小时内解决；需要由供应商或者厂家解决，不影响系统正常工作的应在 10 个工作日解决，影响系统正常工作的应在 5 个工作日内解决，恢复系统正常工作状态。故障排除后，应由消防安全管理人签字认可，故障处理记录存档备查。

四、注意事项

1. 探测器的清洗应由有相关资质的机构根据产品生产企业的要求进行。

2. 感烟探测器清洗后应做响应阈值及其它必要的功能试验。合格者方可继续使用。不合格的探测器严禁重新安装使用，并应将该不合格品返回产品生产企业集中处理，严禁将离子感烟火灾探测器随意丢弃。

3. 不同类型的探测器应有 10% 的备品。

五、思考题

简述本案例中每季度应对火灾自动报警系统的哪些功能进行检查和试验？

【参考答案】

1. 采用专用检测仪器分期分批对探测器的动作及确认灯显示进行试验。

2. 对火灾警报装置的声光显示进行试验。

3. 对水流指示器、压力开关等报警功能、信号显示进行试验。

4. 对主电源和备用电源进行 1~3 次自动切换试验。

5. 用自动或手动方式，检查自动喷水灭火系统、消火栓系统、加压风口电动控制装置、风机、防火卷帘等控制设备的控制和显示功能。

6. 检查电梯迫降功能。

7. 在消防控制室进行对讲通话试验。

CHAPTER **11**

第十一章

应试技巧

国家对依法从事消防安全技术工作的专业技术人员，实行准入类职业资格制度，纳入全国专业技术人员职业资格证书制度统一规划。一级注册消防工程师资格实行全国统一大纲、统一命题、统一组织的考试制度。本章在分析 2015 年、2016 年和 2017 年试卷的基础上，根据标准化考试固有特点，总结了注册消防工程师资格考试应试技巧。

第一节　考试规则及试卷内容

一、成绩管理办法

一级注册消防工程师资格考试设《消防安全技术实务》《消防安全技术综合能力》和《消防安全案例分析》3 个科目，考试分 3 个半天进行。《消防安全技术实务》和《消防安全技术综合能力》科目的考试时间均为 150mim，《消防安全案例分析》科目的考试时间为 180min。考试成绩实行 3 年为一个周期的滚动管理办法，在连续 3 个考试年度内参加应试科目考试并合格，方可取得一级注册消防工程师资格证书。

二、题型及赋分比例

（一）题型

试卷采用标准化考试模式，题型分为主观题和客观题两类。其中，主观题要求根据场景材料写出答案，客观题包括单项选择题和多项选择题。

（二）赋分比例

1.《消防安全技术实务》《消防安全技术综合能力》两科全为客观题，其中，单项选择题、多项选择题均为 80 题、20 题，赋分比例分别为 66.7%、33.3%。

2.《消防安全案例分析》共 6 个案例，其中，2 个案例为主观题客观答（多项选择），赋分比例约为 30% 左右；其他 4 个案例为主观题主观答，赋分比例约为 70% 左右。

三、赋分规则

（一）单项选择题

每题 1 分，每题的备选项 4 个，其中只有 1 个最符合题意，即 4 选 1。

（二）多项选择题

每题 2 分，每题的备选项 5 个，有 2 个或 2 个以上符合题意，至少有 1 个错项。错选，本题不得分；少选，所选的每个选项得 0.5 分。

（三）主观题

根据考点权重赋分。

四、试卷内容

纵观 2015 年、2016 年和 2017 年注册消防工程师资格考试试题，其命题内容无疑坚持了以工作实际应用需要的消防工程技术为主，消防基础理论与应用消防工程技术、常用消防法律法规相结合的基本原则，考核其发现问题、分析问题、解决问题的能力。

本指南引用的例题，均由互联网搜集、整理而成。其中部分例题被培训网站宣称为注册消防工程师考试真题，但大多数题源未经整理时均存在明显谬误、错别字甚至语法错误，可能并非真正试题。

（一）基础理论

对 2015 年、2016 年和 2017 年试卷的分析结果表明，基础理论知识所占比例约为 5% 左右。相同的考点以不同的试题为载体，重复出现。例如：燃烧爆炸理论、室内火灾模型、火灾动力学基础理论、火灾科学研究的前沿动态与进展、灭火的基本原理与方法、确定防火间距的原则、确定防火分区的原则、确定建筑构件燃烧性能及耐火极限的原则、基于信息技术的智能消防系统、绿色环保防火材料、防灾减灾技术及相关技术等。

例1.【2015 实务 62】某单位的汽车喷漆车间采用二氧化碳灭火系统保护。下列关于二氧化碳灭火系统灭火机理的说法中，正确的是（　　）。

A. 窒息和隔离　　　　　B. 窒息和吸热冷却　　　C. 窒息和乳化　　　　　D. 窒息和化学抑制

判定：基本常识。

参考答案：B；

考点：二氧化碳、灭火机理。

难易程度：☆

例2.【2016 实务 15】下列灭火器中，灭火剂的灭火机理为化学抑制作用的是（　　）。

A. 泡沫灭火器　　　　　B. 二氧化碳灭火器　　　C. 水基型灭火器　　　　D. 干粉灭火器

判定：基本常识。

参考答案：D；

考点：干粉、灭火机理。

难易程度：☆

例3.【2017 实务 91】七氟丙烷的主要灭火机理有（　　）。

A. 降低燃烧反应速度；　　　B. 降低燃烧区可燃气体浓度　　　　C. 隔绝空气

D. 抑制、阻断链式反应　　　E. 降低燃烧区的温度

判定：基本常识。

参考答案：ABDE；

考点：七氟丙烷、灭火机理。

难易程度：☆

例4.【2015 综合能力 74】火灾从点燃到发展至充分燃烧阶段，其热释放速率大体按照时间的平方关系增长，通常采用"t^2 火"火灾增长模型表征其实际发展情况。按"t^2 火"火灾增长模型，从火灾发生至热释放速率达到 1MW 所需时间为 300s 的火灾是（　　）"t^2 火"。

A. 中速　　　　　　B. 慢速　　　　　　C. 快速　　　　　　D. 超快速

判定：基本常识。

参考答案：A；

考点：火灾模型。

难易程度：☆

例5.【2017 实务 46】采用 t^2 火灾模型描述火灾发展过程时，装满书籍的厚布邮袋火灾是（　　）t^2 火。

A. 超快速　　　　　B. 中速　　　　　　C. 慢速　　　　　　D. 快速

判定：基本常识。

参考答案：D；

考点：火灾模型。

难易程度：☆

例6.【2017 实务 21】将计算空间划分为众多相互关联的体积元，通过求解质量、能量和动量方程，获得空间热参数在设定时间步长内变化情况的预测，以描述火灾发展过程的模型属于（ ）。

A. 场模型   B. 区域模型   C. 不确定模型   D. 经验模型

判定：基本常识。

参考答案：B；

考点：火灾模型。

难易程度：☆

（二）消防工程技术

对 2015 年、2016 年和 2017 年试卷的分析结果表明，以消防工程师实际工作需要的工程技术知识所占比例高达约 68% 左右。相同的考点以现行国家消防技术规范及标准为依据，以不同的试题为载体，重复出现。例如，结合注册消防工程师实际工作需要，考核建筑防火防爆、防烟排烟、安全疏散、消防水源、消火栓系统、自动灭火系统、火灾自动报警系统设计、施工、验收及维护管理方面的基本知识点。涉及消防技术规范及标准约 47 部，其中重要约为 7 部、中等重要约为 14 部。

例7.【2015 综合能力 23】某钢铁生产企业从国外进口了一套水喷雾灭火系统，用于油浸变压器。该系统使用的喷头均为撞击型水雾喷头，其产品说明书上标注了"高速雾化喷头"。下列关于能否使用该喷头的说法中，正确的是（ ）。

A. 可以使用，国外产品质量有保证

B. 可以使用，该喷头系高速雾化喷头

C. 可以使用，进口查验时未发现任何问题

D. 不能使用

判定：基本常识。扑救电气火灾应选用离心雾化型水雾喷头。但此题可能并非真正的试题，因为选项在逻辑设计上欠妥。根据 4 选 1 准则，即便不具任何基本水喷雾灭火常识，显然也会"秒杀"D。

参考答案：D；

考点：扑救电气火灾、水雾喷头选型。

难易程度：☆

例8.【2015 实务 33】水喷雾灭火系统的水雾喷头使水从连续的水流状态分解转变成不连续的细小水雾滴喷射出来，因此它具有较高的电绝缘性能和良好的灭火性能。下列不属于水喷雾灭火机理的是（ ）。

A. 冷却   B. 隔离   C. 窒息   D. 乳化

判定：基本常识。

参考答案：B；

考点：水喷雾灭火机理。

难易程度：☆

例9.【2016 实务 30】下列关于水喷雾灭火系统水雾喷头选型和设置要求的说法中，错误的是（ ）。

A. 扑灭电气火灾应选用离心雾化型水雾喷头

B. 室内散发粉尘的场所设置的水雾喷头配带防尘帽

C. 保护可燃气体储罐时，水雾喷头距离保护储罐外壁不应大于 0.7m

D. 保护油浸式变压器时，水雾喷头之间的水平距离与垂直距离不应大于 1.2m

判定：基本常识。扑救电气火灾应选用离心雾化型水雾喷头；粉尘场所设置的水雾喷头应有防尘罩；当保护对象为可燃气体和甲、乙、丙类液体储罐时，水雾喷头与储罐外壁之间的距离不应大于 0.7m；当保护对象为油浸式电力变压器时，水雾喷头之间的水平距离与垂直距离应满足水雾锥相交的要求。

参考答案：D；

考点：水雾喷头选型和设置要求。

难易程度：☆☆

例 10.【2015 综合能力 36】根据《消防给水及消火栓系统技术规范》（GB 50974-2014）的规定，对消防给水系统供水设施进行维护管理，每（　　）应手动启动消防水泵运转一次，并检查供电电源的情况。

A. 月　　　　　　　　B. 年　　　　　　　　C. 半年　　　　　　　　D. 季度

判定：基本常识。

参考答案：A；

考点：消防水泵、维护管理。

难易程度：☆

例 11.【2016 综合能力 74】某住宅小区采用临时高压消防给水系统，电动消防水泵供水，高位消防水箱稳压，运行维护管理时，根据现行国家消防技术标准，正确的做法是（　　）。

A. 每月手动启动消防泵运行，并检查供电情况

B. 每季度检查供电情况

C. 每年测试泵的流量和压力

D. 每月对稳压泵的停泵启泵压力进行检查和记录

判定：基本常识。

参考答案：A；

考点：消防水泵、维护管理。

难易程度：☆

例 12.【2017 综合能力 24】根据国家标准《消防给水及消火栓系统技术规范》GB 50974，对室内消火栓应（　　）进行一次外观和漏水检查，发现存在问题的消火栓应及时修复或更换。

A. 每季度　　　　　　B. 每月　　　　　　C. 每半年　　　　　　D. 每年

判定：基本常识。

参考答案：A；

考点：室内消火栓、外观和漏水检查。

难易程度：☆

（三）消防法律法规

对 2015 年、2016 年和 2017 年试卷的分析结果表明，常用消防法律法规所占比例约为 7% 左右、安全管理所占比例约为 15% 左右。相同的考点以现行国家消防法律法规为依据，以不同的试题为载体，重复出现。例如：消防工作的方针和原则、单位和重点单位的消防安全责任、公众聚集场所使用及开业前的消防安全检查要求、公共娱乐场所的消防安全管理要求、注册消防工程师的职业道德等，涉及主要消防法律法规 11 部，其中重要、中等重要各为 2 部。消防安全评估所占比例约为 5% 左右。

例13.【2016 综合能力 1】消防设施检测机构在某单位自动喷水灭火系统未安装完毕的情况下出具了合格的《建筑消防设施检测报告》。针对这种行为，根据《中华人民共和国消防法》，应对该消防设施检测机构进行处罚。下列罚款处罚中，正确的是（   ）。

A.五万元以上十万元以下

B.十万元以上二十万元以下

C.五千元以上五万元以下

D.一万元以上五万元以下

判定：出具虚假文件属于可能造成严重后果的违法行为，违法成本相对较高。此类处罚分对单位的处罚和对个人的处罚两类。对单位的处罚，金额不会太小，所以 C、D 两项可以排除。《中华人民共和国消防法》第六十九条规定，消防设施检测等消防技术服务机构出具虚假文件的，责令改正，处五万元以上十万元以下罚款，并对直接负责的主管人员和其他直接责任人员处一万元以上五万元以下罚款。

参考答案：A；

考点：消防违法行为、处罚。

难易程度：☆

例14.【2017 综合能力 2】某消防设施检测机构在某建设工程机械排烟系统未施工完成的情况下出具了检测结果为合格的《建筑消防设施检测报告》。根据《中华人民共和国消防法》，对该消防设施检查机构直接负责的主管人员和其他直接责任人员应予以处罚，下列处罚中，正确的是（   ）。

A.五千元以上一万元以下罚款

B.一万元以上五万元以下罚款

C.五万元以上十万元以下罚款

D.十万元以上二十万元以下罚款

判定：分析同上。对个人的处罚，金额不会太大，所以 C、D 两项可以排除；出具虚假文件属于可能造成严重后果的违法行为，所以应在 A、B 中选择相对较重的处罚。

参考答案：B；

考点：消防违法行为、处罚。

难易程度：☆

例15.【2017 综合能力 1】某歌舞厅的经理擅自将公安机关消防机构查封的娱乐厅拆封后继续营业。当地消防支队接受群众举报后即派员到场核查。确认情况属实，并认定该行为造成的危害后果较轻，根据《中华人民共和国消防法》，下列处罚决定中，正确的是（   ）。

A.对该歌舞厅法定代表人处三日拘留，并处五百元罚款

B.对该歌舞厅经理处三日拘留，并处五百元罚款

C.对该歌舞厅经理处十日拘留，并处三百元罚款

D.对该歌舞厅经理处五百元罚款

判定：限制人身自由属于较重处罚之一。注意到"并认定该行为造成的危害后果较轻"有"拘留"字样的 3 个选项可不假思索就予以淘汰。《中华人民共和国消防法》第六十四条第（六）款规定：擅自拆封或者使用被公安机关消防机构查封的场所、部位，尚不构成犯罪的，处十日以上十五日以下拘留，可以并处五百元以下罚款；情节较轻的，处警告或者五百元以下罚款。

参考答案：D；

考点：消防违法行为、处罚。

难易程度：☆

（四）必须掌握的基本概念和数据

必须掌握的基本概念和数据，尤应以现行国家规范中的强条、即"黑体字"为重中之重，其内

容在试题中占据的比例是显而易见的。在设备用房方面，有锅炉房、变压器室、柴油发电机房、消防控制室的布置基本原则及防火构造；在人员密集场所方面，有会议厅、多功能厅、商场、歌舞娱乐放映游艺场所、电影院、剧场、礼堂布置基本原则及防火构造；在特殊场所方面，有老年人照料设施和儿童活动场所，托儿所、幼儿园的儿童用房，人防工程中的医院病房；其他医院和疗养院的住院部分布置基本原则及防火构造；在建筑方面，有中庭、外墙保温的防火要求等等。在工业建筑附属用房方面，则涉及到员工宿舍、办公室、休息室、配电站、中间储罐及中间仓库的布置基本原则及防火构造，以及甲乙类生产和储存的防火防爆要求。

消防工程师必须了解、熟悉、掌握的基本概念和数据，除利用个人特有的记忆技巧"死记硬背"外，没有捷径可走。

例 16.【2017 实务 97】下列设置在商业综合体建筑地下一层的场所中，疏散门应直通室外或安全出口的有（　　）。

A. 锅炉房　　　　　　B. 柴油发电机房　　　　C. 油浸变压器室　　　　D. 消防水泵房

E. 消防控制室

判定：基本常识。锅炉房、变压器室、消防水泵房、消防控制室的疏散门均应直通室外或安全出口。

参考答案：ACDE；

考点：设备用房、安全疏散。

难易程度：☆

例 17.【2016 综合能力 44】下列关于建筑中疏散门宽度的说法中，错误的是（　　）。

A. 电影院观众厅的疏散门，其净宽度不应小于 1.2m

B. 多层办公建筑内疏散门，其净宽度不应小于 0.9m

C. 地下歌舞娱乐场所疏散门，其总净宽度应根据疏散人数按每 100 人不小于 1.0m 计算

D. 住宅建筑的户门，其净宽度不应小于 0.9m

判定：给出选项中，除 A 以外，其余 3 项都是规范强条，即"黑体字"。

（1）剧场、电影院、礼堂等场所供观众疏散的所有内门、外门、楼梯和走道的各自总净宽度，应根据疏散人数按每 100 人的最小疏散净宽度按规定计算确定；

（2）除规范另有规定外，公共建筑内疏散门和安全出口的净宽度不应小于 0.90m；

（3）地下或半地下人员密集的厅、室和歌舞娱乐放映游艺场所，其房间疏散门、安全出口、疏散走道和疏散楼梯的各自总净宽度，应根据疏散人数按每 100 人不小于 1.00m 计算确定；

（4）住宅建筑的户门和安全出口的净宽度不应小于 0.90m。

参考答案：A；

考点：安全疏散。

难易程度：☆☆

例 18.【2015 综合能力 83】对民用建筑实施防火检查时，检查人员应注意查看特殊功能场所设置在地下或半地下，且不应设置在四层及四层以上的用房有（　　）。

A. 托儿所、幼儿园的儿童用房　　　　　　B. 医院的住院部分

C. 疗养院的住院部分　　　　D. 儿童游乐厅等儿童活动场所　　　　E. 老年人照料设施

判定：（1）医院和疗养院的住院部分不应设置在地下或半地下。人防工程内不应设置哺乳室、托儿所、幼儿园、游乐厅等儿童活动场所和残疾人员活动场所。人防工程中的医院病房不应设置在地下二层及以下层，当设置在地下一层时，室内地面与室外出入口地坪高差不应大于 10m。

（2）托儿所、幼儿园的儿童用房，老年人照料设施和儿童游乐厅等儿童活动场所宜设置在独立的建筑内，且不应设置在地下或半地下；确需设置在一、二级耐火等级的建筑内时，应布置在首层、二层或三层。

（3）老年人照料设施，托儿所、幼儿园的儿童用房和活动场所设置在木结构建筑内时，应布置在首层或二层。

参考答案：ADE；

注：建筑设计防火规范 GB 50016—2014（2018 年版）自 2018 年 10 月 1 日起施行，规定老年人照料设施中的老年人公共活动用房、康复与医疗用房可设置在地下 1 层或地上 4 层及以上，每间用房的建筑面积不应大于 200m² 且使用人数不应大于 30 人。届时参考答案应变更为 AD。

考点：安全疏散。

难易程度：☆

例 19.【2017 实务 72】关于中庭与周围连通空间进行防火分隔的做法，错误的是（　　）。

A. 采用耐火极限为 1.00h 的防火隔墙

B. 采用耐火隔热性和耐火完整性均为 1.00h 的防火玻璃墙

C. 采用乙级防火门、窗，且火灾时能自行关闭

D. 采用耐火完整性为 1.00h 的非隔热性防火玻璃墙，并设置自动喷水灭火系统保护

判定：基本常识。中庭与周围连通空间进行防火分隔：采用防火隔墙时，其耐火极限不应低于 1.00h；采用防火玻璃墙时，其耐火隔热性和耐火完整性不应低于 1.00h，采用耐火完整性不低于 1.00h 的非隔热性防火玻璃墙时，应设置自动喷水灭火系统进行保护；与中庭相连通的门、窗，应采用火灾时能自行关闭的甲级防火门、窗。

事实上，如果不能清晰记忆上述要点，可类比 ABD 三项，立即可见是完全等效的，根据 4 选 1 准则，立即可选 C。

参考答案：C

考点：中庭、防火分隔。

难易程度：☆

例 20.【2016 综合能力 77】在对建筑外保温系统进行防火检查时，发现的下列做法中，符合现行国家消防技术标准要求的是（　　）。

A. 建筑高度 20m 的医院病房楼，基层墙体与装饰层之间有空腔，外墙外保温系统采用燃烧性能为 B₁ 级的保温材料

B. 建筑高度 27m 的住宅楼，基层墙体与装饰层之间无空腔，外墙外保温系统采用燃烧性能为 B₂ 级的保温材料

C. 建筑高度 15m 的员工集体宿舍，基层墙体与装饰层之间无空腔，外墙外保温系统采用燃烧性能为 B₁ 级的保温材料

D. 建筑高度 18m 的员工办公楼，基层墙体与装饰层之间有空腔，外墙外保温系统采用燃烧性能为 B₂ 级的保温材料

判定：此题较为麻烦。如果具备医院的门诊楼、病房楼、集体宿舍属人员密集场所，设置人员密集场所的建筑，其外墙外保温材料的燃烧性能应为 A 级这一基本概念，则可判定 A、C 错误；余下 2 项中，都采用燃烧性能为 B₂ 级的保温材料，住宅楼建筑高度不大于 27m，不属高层建筑，且基层墙体与装饰层之间无空腔；员工办公楼建筑高度虽不超过 24m，但基层墙体与装饰层之间有空腔，其火灾风险显然相对较高。所以，必须在 B、D 两项中判定正误，符合现行国家消防技术标准

要求的肯定是 B。

（1）医院的门诊楼、病房楼、集体宿舍属人员密集场所。设置人员密集场所的建筑，其外墙外保温材料的燃烧性能应为 A 级；

（2）建筑高度不大于 27m 的住宅建筑，采用与基层墙体、装饰层之间无空腔的建筑外墙外保温系统，其保温材料的燃烧性能不应低于 B_2 级；

（3）除住宅和设置人员密集场所的建筑外，其他建筑采用与基层墙体、装饰层之间无空腔的建筑外墙外保温系统，建筑高度不大于 24m 时，保温材料的燃烧性能不应低于 B_2 级。

（4）除设置人员密集场所的建筑外，与基层墙体、装饰层之间有空腔的建筑外墙外保温系统，建筑高度不大于 24m 时，保温材料的燃烧性能不应低于 B_1 级。

参考答案：B；

考点：外墙保温材料的燃烧性能要求。

难易程度：☆☆☆

例 21.【2015 实务 100】某食用油加工厂，拟新建一单层大豆油浸出车间厂房，其耐火等级为一级，车间需设置与生产配套的浸出溶剂中间仓库、分控制室、办公室和专用 10kV 变电所。对该厂房进行总平面布局和平面布置时，正确的措施有（　　）。

A. 车间专用 10kV 变电所贴邻厂房建造，并用无门窗洞口的防火墙与厂房分隔

B. 中间仓库在厂房内靠外墙布置，并用防火墙与其他部位分隔

C. 分控制室贴邻厂房外墙设置，并采用耐火极限为 4.00h 的防火墙与厂房分隔

D. 厂房平面采用矩形布置

E. 办公室设置在厂房内，并与其他区域之间设耐火极限为 2.00h 的隔墙分隔

判定：植物油加工厂的浸出车间生产火灾危险性为甲类，浸出溶剂储存的火灾危险性为甲类。

（1）供甲、乙类厂房专用的 10kV 及以下的变、配电站，当采用无门、窗、洞口的防火墙分隔时，可一面贴邻；

（2）甲、乙类中间仓库应靠外墙布置，甲、乙、丙类中间仓库应采用防火墙和耐火极限不低于 1.50h 的不燃性楼板与其他部位分隔；

（3）有爆炸危险的甲、乙类厂房的分控制室宜独立设置，当贴邻外墙设置时，应采用耐火极限不低于 3.00h 的防火隔墙与其他部位分隔。

（4）办公室、休息室等不应设置在甲、乙类厂房内，确需贴邻本厂房时，其耐火等级不应低于二级，并应采用耐火极限不低于 3.00h 的防爆墙与厂房分隔和设置独立的安全出口。

参考答案：ACD；

考点：工业建筑附属用房。

难易程度：☆☆

（五）理论结合实践

注册消防工程师试题忌凭空杜撰，通常会尽量结合工程设计、施工、验收、维护管理实践以及影响较大且有定论的火灾案例命题。

按照标准化试题命题要求，单选、多选题的题干通常不宜超过 3 行，消防安全技术实务和消防安全技术综合能力两科目受此具体条件制约，理论结合实践题的比例明显偏低。估计今后的命题中，理论结合实践题的数量难有显著增加；但结合火灾案例命题，或会成为以后命题、尤其是案例分析命题的发展方向之一。

例 22.【2015 综合能力 25】南昌、衡阳和哈尔滨市先后发生过 3 起建筑火灾坍塌事故。建筑分

别在火灾发生后 115min、196min、537min 时坍塌。坍塌建筑的底部或底部数层均为钢筋混凝土框架结构，上部均为砖混结构。事实上，下列建筑结构中，耐火性能相对较低的是（　　　）。

A. 砖混结构　　　　　　　　　　　　B. 钢筋混凝土结构

C. 钢结构　　　　　　　　　　　　　D. 钢筋混凝土排架结构

判定：基本常识。

参考答案：C；

考点：建筑结构的耐火性能。

难易程度☆

例 23.【2017 实务 62】采用燃烧性能为 A 级、耐火极限 ≥ 1h 的秸秆纤维板材组装的预制环保型板房，可广泛用于施工工地和灾区过渡安置。在静风状态下，对板房进行实体火灾试验，测得距着火板房外墙各测点的最大热辐射如下表所示，据此可判定，该板房安全经济的防火间距是（　　　）。

A. 1.0　　　　　　　B. 2.0　　　　　　　C. 3.0　　　　　　　D. 4.0

测点编号	距板房前窗距（m）	最大热辐射强度（kW/m²）	达到最大热辐射强度的时间（s）
1	1.0	24.425	222
2	2.0	12.721	213
3	3.0	6.640	213
4	4.0	2.529	214

判定：由表中数据可见，距着火板房外墙 2m 处的热辐射强度热辐射强度为 12.721kW/m²，显然不能判定为安全；而距着火板房外墙 3m、4m 处的热辐射强度 < 10kW/m²，安全"经济"的防火间距当然应选 3m。遗憾的是，许多培训学校挂在网站上的答案都选择了 4m。选择 4m 当然安全，但是就不经济了。

参考答案：C；

考点：聚氨酯泡沫被点燃的临界热辐射强度约为 7kW/m²；纸张、织物约为 10kW/m²；木材约为 10kW/m²～13kW/m²。为安全起见，一般可燃物临界热辐射强度通常取 10kW/m²。

难易程度☆☆

此题以必须了解掌握的建筑防火基本数据，结合救灾实践而成。但题干无疑过长，严格地讲，并不符合标准化试题命题基本准则，或至少是不"标准"的。但看看 2015 年的理论联系实践题，命题者尝试缩短题干的努力十分明显。

例 24.【2015 综合能力 69】汶川地震发生后，灾区需在数天内紧急搭建 300 余万顶帐篷和简易篷布房。相关文献曾给出纸张、织物、木材的最小临界热辐射强度约为 10kW/m²，并规定应急帐篷宿区之间的防火间距不应小于 2m。为安全合理地确定帐篷的防火间距，进行了实体火灾试验。距起火帐篷不同测点处的热辐射强度值见下表。事实上，在确定薄膜类建筑的防火间距时，火灾热辐射强度并不是唯一的控制因素，当地的气象条件、尤其是风的影响成为控制性因素。参照《建筑设计防火规范》GB 50016 相关规定，帐篷防火分区之间的防火间距不宜小于（　　　）m。

防火间距（m）	2	4	6	8	10	12
热辐射强度（kw/m²）	6.378	3.150	2.257	1.411	0.902	0.606

A.12　　　　　　　　B.2　　　　　　　　C.8　　　　　　　　D.10

判定：参照《建筑设计防火规范》GB 50016相关规定，帐篷防火分区之间的防火间距不宜小于四级耐火等级建筑之间的防火间距。但此题的题干太长，明显违背标准化试题命题准则。

参考答案：A；

考点：膜结构建筑防火。

难易程度☆☆

例25.【2015综合能力81】某景区，一字排开建有6栋2层木结构建筑，使用性质为餐饮、商店。每栋之间间距4.0m~8.7m不等，部分山墙开有窗户。其中3栋每层建筑面积为630m²，另3栋每层建筑面积分别为900m²，450m²，500m²，有关部门组织专家论证后，在相邻建筑山墙之间中线处加砌了平行于山墙且高出屋面0.5m、厚370mm的防火墙。后在防火检查中发现，景区位于建筑抗震7度设防区，该防火墙顶部无约束支座，其高度大于最大允许砌筑高度。下列处理措施中，正确的是（　　）。

A.按相关规定封闭相邻山墙的门窗和洞口

B.调整相邻山墙上的门窗和洞口不正对，且开口面积之和不大于山墙面积的10%

C.将相邻山墙改造为厚240mm砖墙且高出屋面0.5m

D.在相邻山墙屋檐外增设水幕

E.增设湿式自动喷水灭火系统

判定：此题的题干明显太长。

（1）木结构建筑中防火墙间每层最大允许建筑面积为900m²，当设置自动喷水灭火系统时，可增加1.0倍；

（2）民用木结构建筑之间的防火间距为10m，两座木结构建筑之间外墙均无任何门、窗、洞口时，防火间距可为4m；外墙上的门、窗、洞口不正对且开口面积之和不大于外墙面积的10%时，防火间距可减少25%。

（3）当相邻建筑外墙有一面为防火墙，或建筑物之间设置防火墙且墙体截断不燃性屋面或高出可燃性屋面不低于0.5m时，防火间距不限。

（4）设置水幕属防火分隔措施之一。

参考答案：ACD；

考点：木结构建筑防火。

难易程度☆☆☆

例26.【2015综合能力66】2015年4月6日，某石油化工企业发生二甲苯爆炸事故，造成6人受伤、直接经济损失9457万元。对二甲苯（P-Xylene）是苯的衍生物，有毒，为无色透明液体，简称PX。二甲苯类物质闪点为30℃左右、爆炸下限为1.0%左右、爆炸性气体混合物按最大试验安全间隙（MESG）或最小点燃电流比（MICR）分级属IIA级，按引燃温度分组属T1组，对二甲苯储存火灾危险性属于（　　）类。

A.乙　　　　　　　　B.丙　　　　　　　　C.甲　　　　　　　　D.丁

判定：基本常识。其闪点＞28℃，但爆炸下限＜10%，显然属甲类。题干偏长。

参考答案：C；

考点：火灾危险性分类。

难易程度☆

例27.图示自动喷水灭火系统湿式报警阀组存在的隐患有（　　）。

A. 水力警铃缺失   B. 其中 3 具湿式报警阀的进水闸阀被关闭

C. 其中 1 具湿式报警阀的进水闸阀被关闭   D. 未考虑集中排放试水阀用水

判定：湿式报警阀采用明杆闸阀，其中 3 具阀杆伸出，闸阀开启。

参考答案：C；

考点：湿式报警阀、明杆闸阀、水力警铃、试水集中排放。

难易程度☆

此题并不难，且属实际工作中必须掌握的湿式报警阀组件维护管理基本常识。但除非命题组织机构同意复制相应图片资料入场，否则无从说起。

例 28. 2018 年 4 月 24 日零时 30 分，某市一 KTV 发生放火案，零时 55 分，明火被扑灭。仅仅 25 分钟时间，共造成 18 人死亡、5 人受伤。据媒体报道，该 KTV 共 3 层，仅有一个进出通道。放火嫌疑人与人发生口角之后，将所骑摩托车堵住 KTV 门口并点燃，引发火灾。

根据场景材料及图片，简要回答下列问题：

1. 该 KTV 的耐火等级应满足哪些规定？

判定：（1）四级耐火等级民用建筑允许层数为 2 层，三级耐火等级民用建筑允许层数为 5 层；歌舞娱乐放映游艺场所不允许在三、四级耐火等级建筑的袋形走道两侧或尽端布置疏散门；

（2）轻型木结构建筑允许层数为 3 层、允许建筑高度为 10m；胶合木结构建筑允许层数为 3 层、允许建筑高度为 15m；木结构组合建筑允许层数为 7 层、允许建筑高度为 24m。

参考答案：该 KTV 耐火等级不应低于三级，但平面布置中如存在袋形走道时，耐火等级则不应低于二级；亦可采用符合相关规定的木结构建筑。

考点：耐火等级、允许层数、袋形走道、木结构建筑

难易程度：☆☆

2. 该 KTV 的安全出口应满足哪些规定？

判定：（1）建筑内的安全出口和疏散门应分散布置，每个防火分区或一个防火分区的每个楼层相邻两个安全出口以及每个房间相邻两个疏散门最近边缘之间的水平距离不应小于 5m。

（2）每个防火分区或一个防火分区的每个楼层，其安全出口的数量应经计算确定，且不应少于2个。仅有建筑面积不大于200m²且人数不超过50人的单层歌舞娱乐放映游艺场所、或设置在多层公共建筑首层的歌舞娱乐放映游艺场所，可设置1个安全出口。而该KTV为3层，所以应设2个安全出口。

参考答案：该KTV的每个防火分区或一个防火分区的每个楼层，其安全出口的数量应经计算确定，且不应少于2个。

考点：安全出口。

难易程度：☆☆

3.该KTV的疏散门应满足哪些规定？

判定：（1）房间的疏散门数量应经计算确定且不应少于2个；

（2）但建筑面积不大于50m²且经常停留人数不超过15人的厅、室可设置1个疏散门。

参考答案：房间的疏散门数量应经计算确定且不应少于2个；但建筑面积不大于50m²且经常停留人数不超过15人的厅、室可设置1个疏散门。

考点：房间疏散门的数量

难易程度：☆

4.该KTV的疏散楼梯应满足哪些规定？

判定：歌舞娱乐放映游艺场所设置在多层建筑内时，除与敞开式外廊直接相连的楼梯间外，应采用封闭楼梯间。

参考答案：该KTV的疏散楼梯应采用封闭楼梯间。

考点：歌舞娱乐放映游艺场所的疏散楼梯。

难易程度：☆

5.如该KTV的耐火等级不低于二级，其直通疏散走道的房间疏散门至最近安全出口的直线距离、房间内任一点至房间直通疏散走道的疏散门的直线距离分别不应大于多少？

判定：直通疏散走道的房间疏散门至最近安全出口的直线距离不应大于下表的规定；但建筑物内全部设置自动喷水灭火系统时，其安全疏散距离可增加25%。房间内任一点至房间直通疏散走道的疏散门的直线距离，不应大于袋形走道两侧或尽端的疏散门至最近安全出口的直线距离。

直通疏散走道的房间疏散门至最近安全出口的直线距离（m）

位于两个安全出口之间的疏散门	位于袋形走道两侧或尽端的疏散门
一、二级	一、二级
25	9

参考答案：分别不应大于25m、9m；但建筑物内全部设置自动喷水灭火系统时，分别不应大于31.25m、11.25m。

考点：歌舞娱乐放映游艺场所、最大允许疏散距离。

难易程度：☆☆

6.该KTV的疏散门、安全出口、疏散走道和疏散楼梯的净宽度分别不应小于多少？

判定：疏散门和安全出口的净宽度不应小于0.90m，疏散走道和疏散楼梯的净宽度不应小于1.10m。

参考答案：该KTV的疏散门和安全出口的净宽度不应小于0.90m，疏散走道和疏散楼梯的净宽度不应小于1.10m。

考点：歌舞娱乐放映游艺场所、疏散门、安全出口、疏散走道、疏散楼梯、净宽度。

难易程度：☆

3. 如该 KTV 的耐火等级不低于二级，计算第三层的房间疏散门、安全出口、疏散走道和疏散楼梯的各自总净宽度时，疏散净宽度百人指标不应小于多少？

判定：每层的房间疏散门、安全出口、疏散走道和疏散楼梯的各自总净宽度，应根据疏散人数按每 100 人的最小疏散净宽度不小于下表的规定计算确定。当每层疏散人数不等时，疏散楼梯的总净宽度可分层计算，下层楼梯的总净宽度应按该层及以上疏散人数最多一层的人数计算；首层外门的总净宽度应按该建筑疏散人数最多一层的人数计算确定，不供其他楼层人员疏散的外门，可按本层的疏散人数计算确定；

每层的房间疏散门、安全出口、疏散走道和疏散楼梯的每 100 人最小疏散净宽度（m/ 百人）

建筑层数		建筑的耐火等级	
		一、二级	三级
地上楼层	1~2 层	0.65	0.75
	3 层	0.75	1.00

参考答案：0.75m/ 百人。

考点：歌舞娱乐放映游艺场所、百人疏散宽度指标。

难易程度：☆

4. 该 KTV 的疏散人数应如何确定？

判定：（1）歌舞娱乐放映游艺场所中录像厅的疏散人数，应根据厅、室的建筑面积按不小于 1.0 人 /m² 计算；（2）其他歌舞娱乐放映游艺场所的疏散人数，应根据厅、室的建筑面积按不小于 0.5 人 /m² 计算；

参考答案：应根据厅、室的建筑面积按不小于 0.5 人 /m² 计算确定。

考点：歌舞娱乐放映游艺场所、人员密度。

难易程度：☆

5. 该 KTV 建筑如采用木结构，安全出口和房间疏散门的设置，应符合哪些规定？允许最大疏散距离应符合哪些规定？百人的最小疏散净宽度指标为多少？

判定：（1）木结构建筑的安全出口和房间疏散门的设置，仍应符合上述相关规定。如该 KTV 的每层建筑面积小于 200m² 且第二层和第三层的人数之和不超过 25 人时，可设置 1 部疏散楼梯；

（2）房间直通疏散走道的疏散门位于两个安全出口之间、位于袋形走道两侧或尽端时，至最近安全出口的直线距离分别不应大于 15m、6m；房间内任一点至该房间直通疏散走道的疏散门的直线距离，不应大于 6m；

（3）疏散走道、安全出口、疏散楼梯和房间疏散门的百人的最小疏散净宽度指标，地上 1~2 层为 0.75m/ 百人；地上 3 层为 1.00m/ 百人。

参考答案：（1）该 KTV 建筑如采用木结构时，安全出口和房间疏散门的设置，仍应符合上述规定。如该 KTV 的每层建筑面积小于 200m² 且第二层和第三层的人数之和不超过 25 人时，可设置 1 部疏散楼梯；

（2）房间直通疏散走道的疏散门位于两个安全出口之间、位于袋形走道两侧或尽端时，至最近安全出口的直线距离分别不应大于 15m、6m；房间内任一点至该房间直通疏散走道的疏散门的直线距离，不应大于 6m；

（3）疏散走道、安全出口、疏散楼梯和房间疏散门的百人的最小疏散净宽度指标，地上1~2层为0.75m/百人；地上3层为1.00m/百人。

考点：木结构建筑、歌舞娱乐放映游艺场所、安全疏散。

难易程度：☆☆

6.该KTV建筑的装修装饰材料的燃烧性能有何要求？

判定：歌舞娱乐放映游艺场所的顶棚装修材料为A级、其他装修装饰材料的燃烧性能不应低于B₁级；且装修装饰材料的燃烧性能不应降低。

参考答案：顶棚装修材料为A级、其他装修装饰材料的燃烧性能不应低于B_1级；且装修装饰材料的燃烧性能不应降低。

考点：歌舞娱乐放映游艺场所、装修装饰材料的燃烧性能。

难易程度：☆

7.该KTV建筑应设置哪些主要消防设施设备？如该KTV建筑面积不小于200m²，应如何配置手提式灭火器？请写出应配置的手提式灭火器代号。

判定：从图片中可以看出，该KTV所在的沿街商业造型一致，应为统一建设工程。整个建筑体积绝对大于5000m³，且属于人员密集场所。

（1）歌舞娱乐放映游艺场所应设置火灾自动报警系统；

（2）歌舞娱乐放映游艺场所设置在多层民用建筑首层、二层和三层且任一层建筑面积大于300m²时，应设置自动灭火系统，并宜采用自动喷水灭火系统；自动喷水灭火系统应设置消防水泵接合器；

（3）民用建筑周围应设置室外消火栓系统。

（4）体积大于5000m³的商店建筑、旅馆建筑等单、多层建筑应设置室内消火栓。

除规范另有规定外，室内无生产、生活给水管道，室外消防用水取自储水池且建筑体积不大于5000m³的建筑可不设置室内消火栓系统。

人员密集的公共建筑、建筑面积大于200m²的商业服务网点内应设置消防软管卷盘或轻便消防水龙。

（5）歌舞娱乐放映游艺场所应配置手提式灭火器。建筑面积不小于200m²时，配置场所的危险等级应为严重危险级，单具灭火器最小配置灭火级别为3A，最大保护距离15m、主要考虑A、E类火灾，应选择磷酸铵盐干粉灭火器，代号为MF/ABC5。

（6）设置在一、二、三层且房间建筑面积大于100m²的歌舞娱乐放映游艺场所，应设置排烟设施。

（7）歌舞娱乐放映游艺场所应在疏散走道和主要疏散路径的地面上增设能保持视觉连续的灯光疏散指示标志或蓄光疏散指示标志。

参考答案：（1）应设置火灾自动报警系统；

（2）应设置自动灭火系统，并宜采用自动喷水灭火系统；自动喷水灭火系统应设置消防水泵接合器；

（3）应设置室内、室外消火栓系统。

（4）应设置消防软管卷盘或轻便消防水龙。

（5）应配置手提式灭火器。配置场所的危险等级应为严重危险级，单具灭火器最小配置灭火级别为3A，最大保护距离15m、主要考虑A、E类火灾，应选择磷酸铵盐干粉灭火器，代号为MF/ABC5。

（6）设置在一、二、三层且房间建筑面积大于100m²的房间，应设置排烟设施。

（7）应在疏散走道和主要疏散路径的地面上增设能保持视觉连续的灯光疏散指示标志或蓄光疏散指示标志。

考点：歌舞娱乐放映游艺场所、主要消防设施设备、灭火器配置。

难易程度：☆☆☆

第二节　实务、综合能力题解析

一、基本准则

1. 单项选择题。每题给出4个备选项，但只有1个"最符合题意"，即4选1，其中有3个是错误的。这是标准化考试中最易作答、最易得分的题型。应试者只要具备必须的基本常识，通过类比法、排除法，较易作答并得分。

2. 多项选择题。每题给出5个备选项，有2个或2个以上符合题意，至少有1个错项，即5选2～4，但游戏规则是：一旦错选1项，本题就不得分。多项选择题的难度略大于单项选择题。应试者只要具备必须的基本常识，通过类比法、排除法，大多较易作答并得分。对没有十足把握的选择，宜采用保守、稳妥的放弃法，确保拿到0.5分、1分或1.5分，避免本题"全军覆没"。

二、应注意的问题

1. 注意"说法"与"做法"的含意

不难发现，标准化试题中，有一定数量的试题，表述格式为"下列关于……的说法中，正确的是（　　）。"或"以下关于……的做法中，正确的是（　　）。"有时也改问"错误的是（　　）"。初看似乎并无差异，仔细掂量，一字之差，其实大不相同：说法是规范规定的标准做法，是铁律，是怎么规定的就怎么说，高于或低于规范标准的说法均不可取；而做法可高于规范标准，偏于安全、偏于保守也是可行的，高于规范标准的做法是必选的。估计在此类试题上失分的考生不在少数，误选、少选或多选后浑然不知，自己还以为自己答对了。

2. 注意区分界限词是否含本数

（1）"大于""小于"均不含本数。例如：建筑高度大于27m的住宅建筑和建筑高度大于24m的非单层厂房、仓库和其他民用建筑是高层建筑，而建筑高度为27m的住宅建筑和建筑高度为24m的非单层厂房、仓库和其他民用建筑就不是高层建筑；

（2）"不少于""不大于""不超过""不小于""不低于""小于等于""大于等于"均含本数。例如：厂房内每个防火分区或一个防火分区内的每个楼层，其安全出口的数量应经计算确定，且不应少于2个；甲类厂房，每层建筑面积不大于100m²，且同一时间的作业人数不超过5人时，可设置1个安全出口；液化石油气储罐组或储罐区的四周应设置高度不小于1.0m的不燃性实体防护墙；高层厂房，甲、乙类厂房的耐火等级不应低于二级。

3. 仔细审题

审题时一定要注意题干中要求选择的是"错误的"选项还是"正确的"选项，避免失误。

4. 案例主观题的序号和位置

案例主观题均在试卷上按序号指定了相应作答位置，考生必须按序号在指定的相应位置写出答案，避免判卷时失去得分。

三、例题解析

例29.【2017 实务 81】下列物品中，储存与生产火灾危险性类别不同的有（　　）。

A. 铝粉　　　　B. 竹藤家具　　　　C. 漆布　　　　D. 桐油织物　　　　E. 谷物面粉

判定：生产和储存物品的火灾危险性既有相同之处，又有所区别。有些生产的原料、成品的火灾危险性较低，但当生产条件发生变化或经化学反应后产生了中间产物，则可能增加火灾危险性。

（1）桐油织物及其制品，如堆放在通风不良地点，受到一定温度作用时，则会缓慢氧化、积热不散而自燃着火，因而在储存时其火灾危险性较大，而在生产过程中则不存在此种情形。

（2）可燃粉尘静止时的火灾危险性相对较小，但在生产过程中，粉尘悬浮在空气中并与空气形成爆炸性混合物，遇火源则可能爆炸着火，火灾危险性属乙类。

（3）谷物及面粉储存时不存在粉尘爆炸危险，可燃固体的火灾危险性属丙类。

多选是 5 选 2~4。所以，此题正确的选项是 CDE。事实上，铝粉生产的火灾危险性属乙类第 6 项，储存的火灾危险性属乙类第 4 项；竹藤家具生产、储存的火灾危险性属丙类。

参考答案：CDE；

考点：生产和储存的火灾危险性分类。

难易程度：☆☆

例30.【2017 实务 96】下列储存物品中，火灾危险性类别属于甲类的有（　　）。

A. 樟脑油　　　　B. 石脑油　　　　C. 汽油　　　　D. 润滑油　　　　E. 煤油

判定：此题涉及 2 个较陌生的物品，看上去似乎比较麻烦。试分析如下：

（1）汽油、煤油、柴油分别是划分甲、乙、丙类液体的参照物。显然，汽油属甲类，煤油、柴油、润滑油不属甲类。至此，余下 2 个选项。

（2）石脑油，是石油产品之一，又叫化工轻油。

（3）樟脑油，由樟科植物本樟的树干、枝叶经水蒸气蒸馏取得，是一种无色或淡黄色至红棕色的油状液体，溶于乙醇和醚，有强烈樟脑气味，挥发性强，具防虫驱蚊、愈合伤口等功能，用途广泛。

（4）由于多选的规则是 5 选 2~4，所以，在石脑油和樟脑油中必须至少再选择 1 项，否则此题不能获满分。石脑油是石油产品，正确的火灾危险性大小排序似乎应为石脑油、樟脑油，故选择石脑油。事实上，石脑油闪点 < −18℃，爆炸极限 1.1% ~5.9%，相对密度 2.5，引燃温度 288℃，引燃温度组别 T3，爆炸性气体混合物级别 ⅡA，属甲类。

（5）如对樟脑油的火灾危险性无十足把握，建议不选，此题至少可稳获 1 分；如选错则输个精光。事实上，《建筑设计防火规范》GB 50016 附录中将樟脑油生产和储存的火灾危险性均划归乙类第 1 项。

参考答案：BC；

考点：火灾危险性类别。

难易程度：☆☆☆

例31.【2017 综合能力 42】在对某化工厂的电解食盐车间进行防火检查时，查阅资料得知，该车间耐火等级为一级。该车间的下列做法中，不符合现行国家消防技术标准的是（　　）。

A. 丙类中间仓库设置在该车间的地上二层

B. 该车间生产线贯通地下一层到地上三层

C. 丙类中间仓库与其他部位的分隔墙为耐火极限 4.00h 的防火墙

D. 丙类中间仓库无独立的安全出口

判定：基本常识。

（1）通电使食盐水中的氯化钠（NaCl）与水（H_2O）发生电离，生成氢气（H_2）与氯气（Cl_2），剩下的氢氧根离子与钠离子结合生成氢氧化钠（NaOH）。甲、乙类生产场所（仓库）不应设置在地下或半地下。此题故意以"丙类中间仓库"大做文章，如不用初中化学知识判断，就算是答对了，至少也得浪费 10s 钟时间。

（2）选项中有3项大谈"丙类中间仓库"，有1项不含"丙类中间仓库"。根据单选4选1准则，秒杀此项。

参考答案：B；

考点：电解食盐车间、火灾危险性分类。

难易程度：☆

例 32.【2017 综合能力 93】某服装加工厂，室内消防采用临时高压消防给水系统联合供水，稳压泵稳压，系统设计流量57L/s，室外供水干管采用DN200球墨铸铁管，埋地敷设，长度为2000m。消防检测机构现场检测结果为：室外管网部分漏水率为 2.40L/（min·km），室内管网部分漏水量为 0.2L/s。该系统管网总泄漏量计算和稳压泵设计流量正确的有（　　）。

A. 管网泄漏量 0.28L/s，稳压泵设计流量 1.0L/s

B. 管网泄漏量 0.20L/s，稳压泵设计流量 0.28L/s

C. 管网泄漏量 0.28L/s，稳压泵设计流量 1.28L/s

D. 管网泄漏量 0.20L/s，稳压泵设计流量 1.0L/s

E. 管网泄漏量 0.28L/s，稳压泵设计流量 0.50L/s

判定：此题看似麻烦，但实际上，只需稍加对比，立即可选出正确答案。

方法 1.（1）稳压泵的设计流量不宜小于 1.0L/s。观察 5 个选项，淘汰 BE；

（2）观察 ACD，管网泄漏量给出 2 个数据 0.20L/s、0.28L/s。这 2 个数据中必有 1 正 1 误。根据 5 选 2 ~ 4 准则，至少应选择 2 项，也就是说管网泄漏量 0.28L/s 是正确的，淘汰 D，AC 正确。

方法 2.（1）注意到室内管网漏水量为 0.2L/s，稳压泵设计流量 0.28L/s 显然不太靠谱，淘汰 B；

（2）管网泄漏量分 0.20L/s、0.28L/s 两组，因为淘汰管网泄漏量为 0.20L/s 的 B，所以淘汰管网泄漏量同样为 0.20L/s 的 D；；

（3）观察 ACE，E 的稳压泵设计流量为 0.50L/s，小于 1.0L/s，淘汰。根据 5 选 2 ~ 4 准则，至少应选 2 个，正确选项为 AC。

如果根本不具稳压泵设计流量不宜小于 1.0L/s 这一概念，那么，是否 ACE 都该选择呢？此时，试比较 ACE 稳压泵设计流量之间的差，分别为 0.28、0.5、0.78，E 与 C 之间的级差最大，达 0.78，显然不合理；所以淘汰 E，选择级差最小的 0.28，AC 正确。

方法 3.计算确定。室外管网泄漏量 = 2.40 × 2 / 60 = 0.08L/s，管网泄漏量 = 0.08L/s + 0.2L/s = 0.28L/s，淘汰 BD，观察 ACE，稳压泵的设计流量不宜小于 1L/s，淘汰 E，AC 正确。

参考答案：AC；

考点：消防给水系统、管网总泄漏量、稳压泵设计流量。

难易程度：☆

例 33.【2017 实务 47】下列易燃固体中，燃点低，易燃烧并能释放出有毒气体的是（　　）。

A. 萘　　　　　　B. 赤磷　　　　　　C. 硫磺　　　　　　D. 镁粉

判定：此题亦比较麻烦。较易确定硫磺、镁粉属乙类，但萘、赤磷大多数人可能并不熟悉。单选是4选1，所以必须在萘、赤磷中排除1个，考虑到磷的化学性质，不妨确定赤磷为选项。事实上，查阅《建筑设计防火规范》GB 50016条文说明中的生产、储存物品火灾危险性分类举例，萘、硫磺、镁粉属乙类；赤磷属甲类。但是，考虑到此题对无化工专业背景的考生，难度较大，建议没有必要去死记硬背，"猜"失1分完全在可接受范围之内。

参考答案：B；

考点：易燃固体、火灾危险性。

难易程度：☆☆☆

例34. 【2017 实务30】避难走道的楼板和隔墙的最低耐火极限分别为（　　）。

A.1.0h、1.0h　　　　B.1.0h、1.5h　　　　C.1.5h、2.0h　　　　D.1.5h、3.0h

判定：此题初看上去，似乎是考死记硬背的题型。试分析如下。

（1）二级耐火等级建筑的楼板耐火极限为1.0h。避难走道的耐火极限要求肯定比其他部位高，所以，淘汰含1.0h的选项。

（2）比较余下的2个选项，楼板耐火极限均为1.5h，达到一级耐火等级建筑的要求；隔墙分别为2.0h、3.0h。注意到防火墙的耐火极限是3.0h，并结合避难走道的使用性质类比，相对合理的选项是3.0h。

事实上，规范规定，避难走道楼板的耐火极限不应低于1.50h，防火隔墙的耐火极限不应低于3.00h。

参考答案：D；

考点：避难走道、耐火极限。

难易程度：☆

例35. 【2017 实务54】根据《汽车库、修车库、停车场设计防火规范》GB 50967，关于室外消火栓用水量的说法，正确的是（　　）。

A.II类汽车库、修车库、停车场室外消火栓用水量不应小于15L/s

B.I类汽车库、修车库、停车场室外消火栓用水量不应小于20L/s

C.III类汽车库、修车库、停车场室外消火栓用水量不应小于10L/s

D.IV类汽车库、修车库、停车场室外消火栓用水量不应小于5L/s

判定：此题基本属于令人生厌的"死记硬背"题。试作如下分析。

（1）用水量以5L/S为基准，递增至20L/s，即水枪由1支递增至4支；

（2）IV类汽车库停车数≤50辆（修车库车位数≤2个、停车场停车数≤100辆），发生火灾时不可能仅有1支水枪出水灭火，至少需要2支水枪出水灭火，消火栓用水量不应小于10L/S。这就直截了当地告诉我们：D是错误的；

（3）如果D是错误的，则C肯定是错误的，因为III类汽车库停车数可达IV类汽车库的3倍，至少，它"占用"了IV类汽车库的设计用水量。

（4）至此，A、B中必然有1个是错误的。20L/s的消火栓用水量能够控制规模较大的火场，且I类、II类汽车库肯定会设置自动灭火系统。所以，确定20L/s为室外消火栓用水量上限较为合理，排除A。

参考答案：B；

考点：汽车库、修车库、停车场、室外消防用水量。

难易程度：☆☆

例 36. 建筑高度不大于 27m 的住宅，外墙外保温系统与基层墙体、装饰层之间无空腔时，下列保温材料中，可采用的有（　　　）。

A. A 级　　　　　　　　B. B$_1$ 级　　　　　　　　C. B$_2$ 级

D. B$_3$ 级　　　　　　　　E. 氧指数 ≥ 26% 的聚氨酯

判定：此题初看，似乎比较麻烦，好像全是考的需要"死记硬背"的规定，而实际上并不然。现在试分析如下。

（1）牢记：5 选 2～4。

（2）A 是不燃材料，当然可以；B$_3$ 是可燃材料，显然不行。剩下 B、C、E 等 3 项。

（3）继续推理，建筑高度 27m 是一个分界线。如果说建筑高度 > 100m 时，保温材料的燃烧性能应为 A 级，那么，27m < 建筑高度 ≤ 100m 时，保温材料的燃烧性能则不应低于 B$_1$ 级；建筑高度 ≤ 27m 的住宅属多层民用建筑，保温材料的燃烧性能不应低于 B$_2$ 级是合理的选择；再加上与基层墙体、装饰层之间有无空腔，是外墙外保温系统防火性能的分界线，题干中明确界定了外墙外保温系统与基层墙体、装饰层之间无空腔，防火性能肯定优于与基层墙体、装饰层之间有空腔外墙外保温系统，所以进一步推断 B$_2$ 级是正确的选择。至此，如果没有十足把握，则放弃 E，选择 ABC，可稳拿 1.5 分。

（3）氧指数 OI 是判定材料燃烧性能的重要参数，氧指数越大，材料的阻燃性能越好。OI ≥ 26%、OI ≥ 30%、OI ≥ 32% 是几个重要的参数，通常情况下，对材料进行这样的描述，意味着阻燃处理，也就是说，氧指数 ≥ 26% 的聚氨酯保温材料是阻燃材料而不是可燃材料 B$_3$ 级，至少应属 B$_2$ 级。事实上，建筑等领域用墙面保温泡沫塑料，氧指数 OI ≥ 26% 属 B$_2$ 级、氧指数 OI ≥ 30% 属 B$_1$ 级。

参考答案：ABCE；考点：外墙外保温系统、材料的燃烧性能、氧指数。

难易程度：☆☆

例 37. 建筑高度不大于 100m 的高层住宅，采用与基层墙体、装饰层之间无空腔的外墙外保温系统时，可采用（　　　）保温材料。

A. A 级　　　　　　　　B. B$_1$ 级　　　　　　　　C. B$_2$ 级

D. B$_3$ 级　　　　　　　　E. 氧指数 ≥ 30% 的聚氨酯

判定：分析同上。

参考答案：ABE；考点：外墙外保温系统、材料的燃烧性能、氧指数。

难易程度：☆☆

例 38.【2017 实务 10】在标准耐火条件试验下对 4 组承重墙试件进行耐火极限测定，试验结果如下表所示，表中数据正确的试验序号是（　　　）。

时间（min）	承载能力	完整性	隔热性
A	211	210	190
B	180	186	160
C	210	230	213
D	216	220	235

判定：基本常识。承载能力时间 > 完整性时间 > 隔热性时间

参考答案：A；

考点：承载能力、完整性、隔热性的相互关系。

难易程度：☆

例 39. 除剧场、电影院、礼堂、体育馆外，其他一、二级耐火等级公共建筑地上第 3 层安全出口、疏散走道和疏散楼梯的各自总净宽度，不应小于（　　　）m/ 百人。

A.0.65　　　　　　　　B.0.75　　　　　　　　C.1.00　　　　　　　　D.1.25

判定：基本数据。人员密集场所、地下及半地下、其他公共建筑的百人疏散指标宜熟记。不过此题难度并不大，因为 1.00m/ 百人是一个十分重要的标志性指标，通常出现在人员密集场所（如剧场、电影院、礼堂等）的楼梯及阶梯部位、与地面出入口地面的高差大于 10m 的地下楼层，其他公共建筑中，耐火等级较低的，使用此指标的楼层相对较低；耐火等级较高的，使用此指标的楼层相对较高。所以，对耐火等级较高的地上第 3 层而言，0.75m/ 百人应是相对合理的选择。

参考答案：B；

考点：安全疏散百人指标。

难易程度：☆☆

例 40. 某二级耐火等级剧场，固定座位 2400 座。如疏散门橙数取规范规定的最小值、且每个疏散门宽度相同，则合理的净宽度不宜小于（　　　）m。

A.1.6　　　　　　　　B.2.0　　　　　　　　C.2.2　　　　　　　　D.2.6

判定：这是《建筑设计防火规范》GB 50016 第 5.5.16 条条文说明中的原文。剧场，2000 人以内每个疏散门的平均允许人数 250 人、超出 2000 人的部分每个疏散门的平均允许人数 400 人；平均疏散能力 40 人 /min（其中，池座平坡地面 43 人 /min、楼座阶梯地面 37 人 /min）；一二级耐火等级对应的充许疏散时间 2min；单股疏散人流宽度 0.55m。

上述数据十分重要，宜熟记。

参考答案：C；

考点：安全疏散。

难易程度：☆☆☆

例 41.【2017 实务 49】按下图计算，200 人按疏散指示有序通过一个净宽度为 2m 且直通室外的疏散出口疏散到室外，其最快疏散时间是（　　　）s。

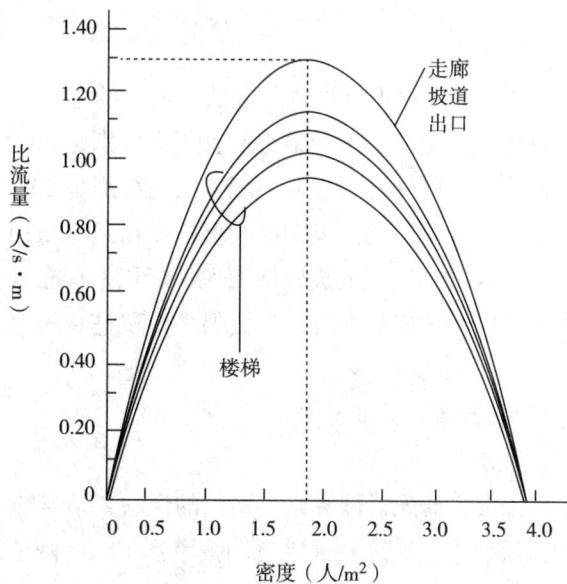

A.40　　　　　　　　B.60　　　　　　　　C.80　　　　　　　　D.100

判定：比流量反应了单位宽度的通行能力。也就是比流量越大疏散时间越短。由图显示，对于出口来讲比流量最大时为 1.3 人 /s·m，净宽 2m 疏散速度为 2.6 人 /s，经计算最短时间为 77s，约为 80s。

参考答案：C；

考点：比流量。

难易程度：☆☆

例 42. 通常情况下，公式建筑中疏散走道和疏散楼梯的最小净宽度应在满足建筑使用功能的同时，满足安全疏散最低要求。下列说法中，正确的是（　　）。

A. 由建筑构件的燃烧性能确定　　　　　　B. 由通过 2 股人流所需宽度确定

C. 由建筑的使用性质确定　　　　　　　　D. 由建筑的耐火等级确定

参考答案：B；

考点：安全疏散、单股疏散人流宽度 0.55m、疏散走道和楼梯的最小净宽度 1.1m。难易程度☆

例 43. 某公共娱乐场所，建筑面积 210m²，拟配置灭火器。下列灭火器中，符合相关规定的是（　　）。

A.MF/ABC5　　　　　　B.MF/ABC4　　　　　　C.MF5　　　　　　D.MT4

判定：灭火器几乎是每个单位的必备灭火器材，所以，必须熟悉灭火器类型规格代码，并掌握常用基本数据。

（1）确定适用灭火剂。此场所应选择磷酸铵盐干粉灭火器。根据灭火器类型代码，淘汰 MF5、MT5，剩下 2 个选项。

（2）确定配置场所危险等级。建筑面积在 200m² 及以上的公共娱乐场所，灭火器配置场所危险等级属严重危险级。

（3）确定单具灭火器最小配置灭火级别及对应的灭火剂充装量。严重危险级场所，单具灭火器最小配置灭火级别 3A，对应的灭火剂充装量为 5kg，淘汰 MF/ABC4。剩下唯一 1 个选项。

参考答案：A；

考点：灭火器、配置场所危险等级、灭火器类型规格代码、适用场所、单具灭火器最小灭火级别。

难易程度：☆☆☆

例 44.【2017 实务 98】关于古建筑灭火器配置的说法，错误的有（　　）。

A. 县级以上的文物保护古建筑，单具灭火器最小配置灭火级别是 3A

B. 县级以下的文物保护古建筑，单具灭火器最小配置灭火级别是 2A

C. 县级以上的文物保护古建筑，单位灭火级别最大保护面积是 60m²/A

D. 县级以下的文物保护古建筑，单位灭火级别最大保护面积是 75m²A

E. 县级以下的文物保护古建筑，单位灭火级别最大保护面积是 90m²A

判定：同上。

参考答案：C；考点：灭火器配置、修正系数。

难易程度：☆☆

例 45.【2017 实务 14】关于灭火器配置计算修正系数的说法，错误的是（　　）。

A. 同时设置室内消火栓系统，灭火系统和火灾自动报警系统时，修正系数为 0.3

B. 仅设室内消火栓系统时，修正系数为 0.9

C. 仅设有灭火系统时，修正系数为 0.7

D.同时设置室内消火栓系统和灭火系统时，修正系数为0.5

判定：基本常识。

参考答案：A;

考点：灭火器配置、修正系数。

难易程度：☆

例46.【2017 综合能力 55】某学校宿舍长度 40m、宽度 13m，建筑层数 6 层，建筑高度 21m，设有室内消火栓系统。宿舍楼每层设置 15 间宿舍，每间宿舍学生人数为 4 人，每层中间沿长度方向设有 2m 宽的走道，该楼每层灭火器布置做法中，符合现行国家标准《建筑灭火器配置设计规范》GB 50140 要求的是（　　　）。

A. 从距走道端部 5m 处开始每隔 10m 布置 1 具 MS/Q6 灭火器

B. 从走道到尽端各 5m 处分别设置 2 具 MF/ABC4 灭火器

C. 从走道到尽端各 5m 处分别设置 2 具 MF/ABC5 灭火器

D. 从距走道端部 5m 处开始每隔 10m 布置一具 MF/ABC5 灭火器

判定：该宿舍楼床位超过 100 张，灭火器配置场所的危险等级属严重危险级，单具灭火器最小配置灭火级别为 3A；适用磷酸铵盐干粉灭火器 MF/ABC5，由于每个配置点不得少于 2 具，所以正确的选项是 C。

参考答案：C;

考点：灭火器配置。

难易程度：☆☆

例47.【2017 综合能力 39】根据现行国家行业标准《灭火器维修》GA 95，下列零部件和灭火剂中，无需在每次维修灭火器时都更换的是（　　　）。

A. 密封垫　　　　　　　　　　　　　B. 二氧化碳灭火器的超压安全膜片

C. 水基型灭火器的滤网　　　　　　　D. 水基型灭火剂

判定：每次维修时，应更换密封片、圈、垫等密封零件；水基型灭火剂；二氧化碳灭火器的超压安全膜片。

参考答案：C;

考点：灭火器维修。

难易程度：☆

例48.【2017 综合能力 95】根据现行国家标准《建筑灭火器配置验收及检查规范》GB 50444，下列灭火器中，应报废的有（　　　）。

A. 筒体表面有凹坑的灭火器

B. 出厂期满 2 年首次维修后，4 年内又维修 2 次的干粉灭火器

C. 出厂满 10 年的二氧化碳灭火器

D. 无间歇喷射机构的手提式灭火器

E. 筒体为平底的灭火器

判定：基本常识。

参考答案：AD;

考点：灭火器、报废。

难易程度：☆

例49.【2017 实务 48】某机组容量为 350MW 的燃煤发电厂的下列灭火系统设置中，不符合规

范要求是（　　　）。

    A. 汽机房电缆夹层采用自动喷水灭火系统　　B. 封闭式运煤栈桥采用自动喷水灭火系统

    C. 电子设备间采用气体灭火系统　　D. 点火油罐区采用低倍数泡沫灭火系统

判定：基本常识。BCD 项显然是正确的，那么，剩下的 A 就是错误的了。事实上，汽机房电缆夹层应采用水喷雾、细水雾或气体灭火系统，这也是凭常识就能判定的。

参考答案：A；

考点：燃煤发电厂、灭火系统、适用范围。

难易程度：☆

例50.【2017 实务 64】关于石油化工企业可燃气体放空管设置的说法，错误的是（　　　）.

A. 连续排放的放空管口，应高出 20m 范围内平台或建筑物顶 3.5m 以上并满足相关规定

B. 间歇排放的防空管口，应高出 10m 范围内平台或建筑物顶 3.5m 以上并满足相关规定

C. 放空管管口不宜朝向临近有人操作的设备

D. 无法排入火炬或装置处理排放系统的可燃气体，可通过放空管直接向大气排放

判定：受工艺条件或介质特性所限，无法排入火炬或装置处理排放系统的可燃气体，可通过排气筒、放空管直接向大气排放，但排气筒、放空管的高度应符合相关规定。去掉选项 D，比较余下的 3 个选项，必然有 2 个正确、1 个错误。而选项 C 直接危及人身安全，显然是错误的。规范规定，安全阀排放管口不得朝向邻近设备或有人通过的地方。

参考答案：C；

考点：石油化工、放空管。

难易程度：☆

例51.【2017 实务 61】某单位拟新建一座石油库，下列该石油库规划布局方案中，不符合消防安全布局原则的是（　　　）。

A. 储罐区处在本单位地势较低处

B. 储罐区泡沫站布置在储罐区防火墙外的非防爆区

C. 铁路装卸区布置在地势高于石油库的边缘地带

D. 行政管理区布置在本单位全年最小频率风向的上风侧

判定：基本常识。

参考答案：D；

考点：总平面布置。

难易程度：☆

例52.【2017 综合能力 72】某城市全年最小频率风向为东北风，该市的一个大型化工企业内设有甲醇储罐区，均为地上固定顶储罐，储罐直径 20m，容量 5000m³，防火堤内不包括储罐占地的净面积为 5000m²，下列防火检查中，不符合现行国家消防技术标准的是（　　　）。

A. 锅炉房位于甲醇储罐区西南侧，两者之间的防火间距为 55m

B. 甲醇储罐之间的防火间距为 12.5m

C. 罐区周围的环形消防车道有 3% 的坡度，且上空有架空管道，距车道净空高度为 5m

D. 甲醇储罐区防火堤高度为 1.1m

判定：防火堤的有效容量不应小于其中最大储罐的容量。防火堤的设计高度应比计算高度高出 0.2m，且应为 1.0m ～ 2.2m。储罐容量 5000m³，防火堤内不包括储罐占地的净面积为 5000m²，所以防火堤的最小高度为 1.2m。

参考答案：D；

考点：防火堤的有效容量、设计高度。

难易程度：☆

例 53. 下列中各项仪器仪表中，可直接自动启动消防水泵的开关信号有（　　）。

A. 消防联动控制器　　　B. 压力开关　　　　　C. 流量开关

D. 电接点压力表　　　　E. 水流指示器

判定：审题时务必小心，一是"开关信号"，二是"直接自动启动"。

（1）压力开关、流量开关信号是"直接自动启动"消防水泵的"开关信号"。

（2）电接点压力表属压力开关之一。

（3）水流指示器易受管网水压波动影响，不得用作启泵信号。

（4）消防联动控制器接收到满足逻辑控制关系的信号后，当然可以启动消防水泵。但必须注意到，题干中已经排除了"开关信号"以外的其他信号，而压力开关、流量开关信号发送信号至消防联动控制器的同时，已经"直接自动启动"消防水泵，所以，消防联动控制器不是选项。

参考答案：BCD；

考点：消防水泵、自动启动、信号采集、控制关系。

难易程度：☆☆

例 54.【2017 综合能力 51】某消防设施检测机构的人员在对一商场的自动喷水灭火系统进行检测时，打开系统末端试水装置，达到规定流量时水流指示器不动作。下列故障原因中可以排除的是（　　）。

A. 桨片被管腔内杂物卡阻　　　　　　　B. 调整螺母与触头未调试到位

C. 报警阀前端的水源控制阀未完全打开　　D. 连接水流指示器的电路线脱落

判定：基本常识。

参考答案：C；考点：水流指示器、工作原理。

难易程度：☆

例 55.【2017 实务 90】关于消防水泵控制的说法，正确的有（　　）。

A. 消防水泵出水干管上设置的压力开关应能控制消防水泵的启动

B. 消防水泵出水干管上设置的压力开关应能控制消防水泵的停止

C. 消防控制室应能控制消防水泵启动

D. 消防水泵控制柜应能控制消防水泵启动、停止

E. 手动火灾报警按钮信号应能直接启动消防水泵

判定：基本常识。

参考答案：ACD；考点：消防水泵、信号采集、控制关系。

难易程度：☆

例 56.【2017 综合能力 61】消防控制室应保存建筑竣工图纸和与消防有关的纸质台账及电子资料。下列资料中，消防控制室可不予保存的是（　　）。

A. 消防设施施工调试记录　　　　　　　B. 消防组织机构图

C. 消防重点部位位置图 D. 消防安全培训记录

判定：基本常识。

参考答案：D；

考点：消防控制室应保存的资料。

难易程度：☆

例57.【2017 综合能力 96】在进行消防安全评估时，关于疏散时间的说法，正确的有（　　　）。

A.疏散开始时间是指从起火到开始的疏散时间

B.疏散行动时间是指从疏散开始至疏散到安全地点的时间

C.与疏散相关的火灾探测时间可以采用喷头动作的时间

D.疏散准备时间与通知人们疏散的方式有较大关系

E.疏散开始时间不包括火灾探测时间

判定：基本常识。

参考答案：ABCD；

考点：消防安全评估、疏散时间。

难易程度：☆

例58.【2017 实务 79】人防工程的采光窗井与相邻一类高层民用建筑主体入口的最小防火间距是（　　　）m。

A.6　　　　　　　　　B.9　　　　　　　　　C.10　　　　　　　　　D.13

判定：审题时，务必注意到题中论及对象是"一类高层民用建筑主体入口"，它暗示此入口不可能设置防火墙、设置不可开启的甲级防火门、或火灾时能自动关闭的甲级防火门。

（1）人防工程的采光窗井与相邻高层民用建筑主体及附属建筑的防火间距，分别不应小于13m、6m，且相邻地面建筑外墙为防火墙时，防火间距不限。

（2）高层民用建筑与其他建筑之间的最小防火间距为9m。

（3）防火墙上不应开设门、窗、洞口，确需开设时，应设置不可开启或火灾时能自动关闭的甲级防火门、窗。

参考答案：D；

考点：一类高层民用建筑、人防工程、防火间距。

难易程度：☆☆☆

例59.【2017 实务 74】净高 6m 以下的室内空间，顶棚射流的厚度通常为室内净高的 5%-12%，其最大温度和速度出现在顶棚以下室内净高的（　　　）处。

A.5%　　　　　　　　　B.1%　　　　　　　　　C.3%-5%　　　　　　　　　D.5%-10%

判定：基本常识。

参考答案：B；

考点：火灾科学、火灾探测器及自动喷水灭火系统喷头的设置。

难易程度☆☆

例60. "燃烧四面体"学说为开发（　　　）等灭火剂提供了理论依据。

A.抗溶性泡沫　　　　B.碳酸氢纳干粉

C.二氧化碳　　　　　D.磷酸铵盐干粉　　　　E.七氟丙烷

判定：基本常识。

参考答案：BDE；

考点：燃烧经典理论、灭火剂的灭火机理。

难易程度：☆

例61. 决定液体能否发生燃烧以及燃烧速率高低的属性有（　　　）。

A.密度　　　　　　　　B.闪点　　　　　　　　C.沸点

D. 蒸发速率　　　　　E. 饱和蒸气压

判定：基本常识。

参考答案：BCDE；

考点：液体、火灾危险性。

难易程度：☆

例62. 下列建筑构件耐火性能计算分析方法中，传统的方法是（　　　）。

A. 网络模型　　　　B. 时间—温度曲线　　　C. 场模型　　　　　D. 区域模型

判定：基本常识。

参考答案：B；

考点：火灾科学、建筑构件耐火性能。

难易程度☆

例63. 火灾探测报警产品的主导发展方向有（　　　）。

A. 智能化程度高　　　B. 灵敏度低　　　　C. 应用范围广、免维护

D. 具自检、交互、联动功能　　　　　E. 误报率低

判定：基本常识。

参考答案：ACDE；

考点：火灾科学研究的前沿动态与进展、智能化火灾探测和预警技术。

难易程度☆

例64. 建筑高度小于100m的高层民用建筑采取相应防火措施后，最小防火间距可为（　　　）m。

A.3　　　　　　B.4　　　　　　C.6　　　　　　D.9

判定：基本常识。

参考答案：B；

考点：建筑防火、最小防火间距。

难易程度：☆

例65. 《文物建筑防火设计导则（试行）》规定，全国重点文物保护单位和省级文物保护单位的消火栓灭火系统，火灾延续时间不应小于3h；《消防给水及消火栓系统技术规范》GB 50974 规定其火灾延续时间不应小于2h。经济合理的设计数据应选择（　　　）h。

A.2.0　　　　　B.2.5　　　　　C.2.8　　　　　D.3.0

判定：基本常识。

参考答案：D；

考点：工程技术标准应用通则。GB 50974 在总则中规定"消防给水及消火栓系统的设计、施工、验收和维护管理，除应符合本规范外，尚应符合国家现行有关标准的规定。"

难易程度☆

例66. 某高海拔地区文物建筑的藏经室拟增设火灾自动报警系统。下列火灾探测器中，不宜选用的是（　　　）。

A. 点型离子感烟火灾探测器　　　　B. 点型感温火灾探测器

C. 点型光电感烟火灾探测器　　　　D. 吸气式感烟火灾探测器

判定：基本常识。

参考答案：C；

考点：火灾自动报警系统、火灾探测器适用范围。

难易程度：☆

例67.将受限空间划分为不同控制体，并假设每个控制体内的状态参数均匀一致，质量和能量交换只发生在控制体之间、控制体与边界之间以及控制体与火源之间，忽略控制体内部的运动过程，推导出的火灾模型是（　　　）。

A.场模型　　　　　　　　　B.混合模型

C.区域模型　　　　　　　　D.经验模型

判定：基本常识。

参考答案：C；

考点：火灾模型。

难易程度：☆

例68.【2017综合能力3】根据《中华人民共和国刑法》的有关规定，下列事故中应按重大责任事故罪予以立案追诉的是（　　　）。

A.违反消防管理法规，经消防监督机构通知采取改正措施而拒绝执行，导致发生死亡2人的火灾事故

B.在生产、作业中违反有关安全管理的规定，导致发生重伤4人的事故

C.强令他人违章作业冒险作业，导致发生直接经济损失60万元的事故

D.安全生产设施不符合国家规定，导致发生轻伤2人的事故

判定：构成重大责任事故罪触犯刑法，后果肯定是严重的。A显然属于4个选项中最严重的违法行为，所以，其他3个选项可不假思索予以排除。事实上，《中华人民共和国刑法》第一百三十九条规定，违反消防管理法规，经消防监督机构通知采取改正措施而拒绝执行，造成严重后果的，对直接责任人员，处三年以下有期徒刑或者拘役；后果特别严重的，处三年以上七年以下有期徒刑。

参考答案：A；

考点：消防违法行为、处罚。

难易程度：☆

例69.【2017综合能力4】老张从部队转业后，准备个人出资创办一家消防安全专业培训机构，面向社会从事消防安全专业培训，他应当经（　　　）或者人力资源和社会保障部门依法批准，并向同级人民政府部门申请民办非企业单位登记。

A.省级教育行政部门　　　　　　　　B.省级公安机关消防机构

C.地市级教育行政部门　　　　　　　D.地市级公安机构消防机构

判定：《社会消防安全教育培训规定》（公安部令第109号）第二十七条规定，国家机构以外的社会组织或者个人利用非国家财政性经费，举办消防安全专业培训机构，面向社会从事消防安全专业培训的，应当经省级教育行政部门或者人力资源和社会保障部门依法批准，并到省级民政部门申请民办非企业单位登记。

参考答案：A；

考点：消防安全培训机构。

难易程度：☆

例70.防烟楼梯间及前室的门，其耐火性能不应低于（　　　）。

A.甲级防火门　　　B.乙级防火门　　　C.丙级防火门　　　D.防火卷帘

判定：基本常识。

参考答案：B；

考点：防烟楼梯间。

难易程度：☆

例 71.【2017 综合能力 89】对某一类高层宾馆进行防火检查，查阅资料得知，该宾馆每层划分为 2 个防火区，符合规范要求。下列检查结果中，不符合现行国家消防技术标准的有（　　）。

A.设有 3 台消防电梯，一个防火分区 2 台，另一个防火分区只有 1 台

B.消防电梯前室的建筑面积为 6.0m²，与防烟楼梯间合用前室的建筑面积为 10m²

C.消防电梯能够停靠每个楼层

D.消防电梯从首层到顶层的运行时间为 59s

E.兼做客梯用的消防电梯，其前室门采用耐火极限满足耐火完整性和耐火隔热性判定条件的防火卷帘

判定：基本常识。注意选项 B 给出的是建筑面积，规范规定为使用面积。

参考答案：BE；

考点：消防电梯。

难易程度：☆

例 72.【2017 实务 9】建筑物的耐火等级由建筑主要构件的（　　）决定。

A.燃烧性能　　　　　B.耐火极限　　　　　C.燃烧性能和耐火极限　　　　D.结构类型

判定：基本常识。

参考答案：C；

考点：耐火等级。

难易程度：☆

例 73.水喷雾灭火系统用于扑救电气火灾时，喷头应选用（　　）。

A.撞击型水雾喷头　　　B.防腐型水雾喷头　　　C.加防尘罩水雾喷头　　D.离心雾化型水雾喷头

判定：基本常识。

参考答案：D；

考点：离心雾化型水雾喷头、电气火灾。

难易程度：☆

例 74.泡沫喷淋系统采用非吸气型喷射装置保护非水溶性液体时，应选用（　　）。

A.氟蛋白泡沫液　　　　　　　　　　B.蛋白泡沫液

C.抗溶性泡沫液　　　　　　　　　　D.水成膜泡沫液或成膜氟蛋白泡沫液

判定：基本常识。保护非水溶性甲、乙、丙类液体的泡沫喷淋系统，当采用非吸气型喷射装置时，应选用水成膜或成膜氟蛋白泡沫液。

参考答案：D；

考点：泡沫喷淋系统、泡沫液。

难易程度：☆

例 75.【2017 实务 24】采用非吸气型喷射装置的泡沫喷淋系统保护水溶性甲、乙、丙类液体时，应选用（　　）。

A.水成膜泡沫液成膜氟蛋白泡沫液　　　　　B.蛋白泡沫液

C.氟蛋白泡沫液　　　　　　　　　　　　　D.抗溶性泡沫液

判定：基本常识。水溶性甲、乙、丙类液体，必须选用抗溶性泡沫液。

参考答案：D；

考点：泡沫喷淋系统、泡沫液。

难易程度：☆

例76. 液下喷射泡沫灭火系统，适用于（　　）。

A.非水溶性液体固定顶储罐　　　　B.外浮顶储罐

C.内浮顶储罐　　　　　　　　　　D.水溶性液体储罐

判定：基本常识。

参考答案：A；

考点：液下喷射泡沫灭火系统、适用范围。

难易程度：☆

例77.【2017 实务 99】某高 15m，直径 15m 的非水溶性丙类液体固定顶储罐，拟采用低倍数泡沫灭火系统保护，可选择的型式有（　　）。

A.液上喷射系统　　B.液下喷射系统　　C.半固定式泡沫系统

D.移动式低倍数泡沫系统　　　　　E.半液下喷射系统

判定：储罐区选择低倍数泡沫灭火系统，非水溶性甲、乙、丙类液体固定顶储罐，应选用液上喷射、液下喷射或半液下喷射系统；高度大于 7m 或直径大于 9m 的固定顶储罐，不得选用泡沫枪作为主要灭火设施。

参考答案：ABE；

考点：低倍数泡沫灭火系统、适用范围。

难易程度：☆

例78.【2017 综合能力 27】某化工企业的立式甲醇储罐采用液上喷射低倍数泡沫灭火系统，某消防设施检测机构对该系统进行检测，下列检测结果中，不符合现行国家消防技术标准要求的是（　　）。

A.泡沫泵启动后 3min 泡沫产生器喷出泡沫　　B.自动喷泡沫试验，喷射泡沫时间为 1min

C.泡沫混合液的发泡倍数为 10 倍　　　　　D.泡沫液选用水成膜泡沫液

判定：基本常识。水溶性甲、乙、丙类液体和其他对普通泡沫有破坏作用的甲、乙、丙类液体，以及用一套系统同时保护水溶性和非水溶性甲、乙、丙类液体的，必须选用抗溶泡沫液。可考虑选用抗溶水成膜泡沫液

参考答案：D；

考点：泡沫灭火系统、水溶性甲类液体。

难易程度：☆

例79.【2017 综合能力 34】某油库采用低倍数泡沫灭火系统。根据现行国家标准《泡沫灭系统及验收规范》GB 50281，下列检查项目中，不属于每月检查一次的项目是（　　）。

A.系统管道清洗　　　　　　　　B.对储罐上的泡沫混合液立管清除锈渣

C.泡沫喷头外观检查　　　　　　D.水源及水位指示装置检查

判定：基本常识。4 选 1，稍加对比，立即可选出正确答案。

参考答案：A；考点：低倍数泡沫灭火系统、月检。

难易程度：☆

例80.【2017 综合能力 45】泡沫灭火系统的组件进入工地后，应对其进行现场检查，下列检查项目中，不属于泡沫产生器现场检查项目的是（　　）。

A.表面保护涂层　　B.机械系损伤　　C.产品性能参数　　D.严密性试验

判定：基本常识。4选1，稍加对比，立即可选出正确答案。

参考答案：D；考点：泡沫产生器、现场检查。

难易程度：☆

例81. 发生火灾时，启动湿式喷水灭火系统中的湿式报警阀的组件是（　　　）。

A.火灾探测器　　　　　B.闭式喷头　　　　　C.压力开关　　　　　D.水流指示器

判定：基本常识。

参考答案：B；

考点：湿式报警阀、控制启动。

难易程度：☆

例82. 湿式喷水灭火系统应由管网、湿式报警阀组、水流指示器、（　　　）和供水设施组成。

A.开式喷头　　　　　　　　　　　　　　B.闭式喷头

C.闭式喷头、火灾自动报警系统　　　　　D.开式喷头、火灾自动报警系统

判定：基本常识。

参考答案：B；

考点：湿式喷水灭火系统、组件。

难易程度：☆

例83.【2017 综合能力 53】某消防工程施工单位对自动喷水灭火系统的喷头进行安装前检查。根据现行国家标准《自动喷水灭火系统施工及验收规范》GB 50261，关于喷头现场检验的说法中，错误的是（　　　）。

A.喷头螺纹密封面应无缺丝，断丝现象

B.喷头商标、型号等标志应齐全

C.每批应抽查3只喷头进行密封性能试验，且试验合格

D.喷头外观应无加工缺陷和机械损伤

判定：闭式喷头应进行密封性能试验，以无渗漏、无损伤为合格。试验数量应从每批中抽查1%，并不得少于5只，试验压力应为3.0MPa，保压时间不得少于3min。当2只及2只以上不合格时，不得使用该批喷头。当仅有1只不合格时，应再抽查2%，并不得少于10只，并重新进行密封性能试验；当仍有不合格时，亦不得使用该批喷头。

参考答案：C；

考点：喷头现场检验、密封性能试验。

难易程度：☆

例84.【2017 综合能力 67】某公共建筑内设置喷头1000只，根据现行国家标准《自动喷水灭火系统施工及验收规范》GB 50261，对喷淋系统进行验收时，应对现场安装的喷头规格、安装间距分别进行抽查，分别抽查的喷头数量应为（　　　）。

A.20个、10个　　　　B.100个、50个　　　　C.25个、10个　　　　D.50个、25个

判定：基本常识。

参考答案：B；

考点：自动喷水灭火系统、施工及验收、喷头规格、安装间距抽查。

难易程度：☆

例85.【2017 综合能力 94】在自动喷水灭火系统设备和组件安装完成后应对系统进行调试，根据现行国家标准《自动喷水灭火系统施工及验收规范》GB 50261，系统调试主控项目应包括的内容

有（   ）。

    A. 水源测试   B. 消防水泵调试   C. 排水设施调试

    D. 电动阀调试   E. 稳压泵调试

    判定：基本常识。

    参考答案：ABCE；

    考点：自动喷水灭火系统、调试主控项目。

    难易程度：☆

例 86.【2017 综合能力 73】某消防工程施工单位对自动喷水灭火系统闭式喷头进行密封性能实验，下列试验压力和保压时间的做法中，正确的是（   ）。

    A. 试验压力 2.0MPa，保压时间 5min   B. 试验压力 3.0MPa，保压时间 1min

    C. 试验压力 3.0MPa，保压时间 3min   D. 试验压力 2.0MPa，保压时间 2min

    判定：基本常识。喷头现场检验试验压力应为 3.0MPa，保压时间不得少于 3min。

    参考答案：C；

    考点：自动喷水灭火系统、闭式喷头现场检验、试验压力、保压时间。

    难易程度：☆

例 87.【2017 综合能力 81】根据国家现行消防技术标准，对投入使用的自动喷水灭火系统需要每月进行检查维护的内容有（   ）。

    A. 对控制阀门的铅封、锁链进行检查   B. 消防水泵启动运转

    C. 对水源控制阀、报警阀组进行外观检查   D. 利用末端试水装置对水流指示器试验

    E. 检查电磁阀并启动试验

    判定：基本常识。

    参考答案：ABDE；

    考点：自动喷水灭火系统、月检维护。

    难易程度：☆

例 88.【2017 综合能力 38】根据现行国家标准《建筑消防设施的维护管理》GB 25201，在建筑消防设施维护管理时，应对自动喷水灭火系统进行巡查并填写《建筑消防设施巡查记录表》，下列内容中，不属于自动喷水灭火系统巡查记录内容的是（   ）。

    A. 报警阀组外观，试验阀门状况，排水设施状况，压力显示值

    B. 水流指示器外观及现场环境

    C. 充气设备、排气设备及控制装置等的外观及运行状况

    D. 系统末端试验装置外观及现场环境

    判定：基本常识。水流指示器多安装在吊顶内，不易查看。

    参考答案：B；

    考点：自动喷水灭火系统、巡查内容。

    难易程度：☆

例 89. 灭火器压力指示器指针在红色区域范围内属（   ）。

    A. 正常   B. 欠压   C. 超压   D. 可间歇喷射

    判定：基本常识。

    参考答案：B；

    考点：灭火器、压力指示器。

难易程度：☆

例90. 液体火灾危险性的类别取决于（　　）。

A.沸点　　　　　　B.自燃点　　　　　　C.闪点　　　　　　D.燃点

判定：基本常识。

参考答案：C;

考点：液体的火灾危险性、分类基准。

难易程度：☆

例91. 可缩小同种可燃气体爆炸极限范围的初始条件是（　　）。

A.充入惰性气体　　　B.增大点火能量　　　C.提高初始压力　　　D.提高初始温度

判定：基本常识。

参考答案：A;

考点：可燃气体、爆炸极限范围。

难易程度：☆

例92. 下列关于粉尘爆炸的说法中，错误的是（　　）。

A.粉尘本身必须可燃

B.粉尘必须具有相当大的比表面积

C.有足够的点火能量

D.粉尘必须悬浮在密闭空间内，与空气混合形成爆炸极限范围内的混合物

判定：基本常识。

参考答案：D;

考点：粉尘爆炸。

难易程度：☆

例93. 下列关于粉尘爆炸特点的说法中，错误的是（　　）。

A.连续爆炸　　　　　　　　　　　B.压力上升较快

C.释放的能量较大　　　　　　　　D.所需的最小点火能量较高

判定：基本常识。

参考答案：B;

考点：粉尘爆炸。

难易程度：☆

例94. 二级耐火等级建筑中，楼板的燃烧性能和耐火极限分别不应低于（　　）。

A.难燃性，1.5h　　　B.难燃性，1.0h　　　C.不燃性，1.0h　　　D.不燃性，1.5h

判定：基本常识。

参考答案：C;

考点：楼板、燃烧性能、耐火极限。

难易程度：☆

例95.【2017综合能力10】 某多层丙类仓库，采用预应力钢筋混凝土楼板，耐火极限0.85h；钢结构屋顶承重构件采用防火涂料保护，耐火极限为0.90h；吊顶采用轻钢龙骨石膏板，耐火极限为0.15h；非承重外墙采用难燃性墙体，耐火极限为0.50h；仓库内设有自动喷水灭火系统，该仓库的下列构件中，不满足二级耐火等级建筑要求的是（　　）。

A.预应力混凝土楼板　　　　　　　　B.钢结构屋顶承重构件

C. 轻钢龙骨石膏板吊顶   D. 难燃性非承重外墙

判定：此题需要死记硬背的内容太多，建议一旦发现屋顶承重构件经不起推敲就立即选定，为这1分不宜花费过多时间和精力。

（1）二级耐火等级单、多层仓库的屋顶承重构件，其耐火极限不应低于1.00h。

（2）二级耐火等级仓库，吊顶采用不燃材料时，其耐火极限不限。

（3）二级耐火等级丙类仓库的非承重外墙，当采用难燃性墙体时，不应低于0.50h。

（4）二级耐火等级多层仓库采用预应力钢筋混凝土楼板，其耐火极限不应低于0.75h。

参考答案：B；

考点：多层丙类仓库、二级耐火等级、构件的燃烧性能和耐火极限。

难易程度：☆☆☆

例96. 确定建筑耐火等级的基准构件是（   ）。

A. 承重墙   B. 梁   C. 楼板   D. 柱

判定：基本常识。

参考答案：C；

考点：建筑耐火等级、基准。

难易程度：☆

例97.【2017实务77】湿式自动喷水灭火系统的喷淋泵，应由（   ）信号直接控制启动。

A. 信号阀   B. 水流指示器   C. 压力开关   D. 消防联动控制器

判定：基本常识。

参考答案：C；

考点：湿式自动喷水灭火系统、喷淋泵启动。

难易程度：☆

例98.【2017实务86】末端试水装置开启后，（   ）等组件和喷淋泵应动作。

A. 水流指示器   B. 水力警铃   C. 闭式喷头

D. 压力开关   E. 湿式报警阀

判定：基本常识。

参考答案：ABDE；

考点：湿式自动喷水灭火系统、工作原理。

难易程度：☆

例99.【2017实务43】下列物质中，火灾分类属于A类火灾的是（   ）。

A. 石蜡   B. 钾   C. 沥青   D. 棉布

判定：基本常识。

参考答案：D；

考点：火灾分类。

难易程度：☆

例100. 开启湿式报警阀组的放水阀时，（   ）不会动作。

A. 喷淋泵   B. 水力警铃   C. 水流指示器   D. 压力开关

判定：基本常识。

参考答案：C；

考点：湿式自动喷水灭火系统、工作原理。

难易程度：☆

例101.室内无传统彩画、壁画、泥塑的文物建筑，如室外消火栓射流不能抵达室内时，宜结合实际情况设置室内消火栓系统或（　　）。

A.加大室外消火栓设计流量及火灾延续时间　　B.配置消防水炮

C.配置移动高压水喷雾灭火设备　　　　　　　D.配置灭火器

判定：基本常识。

参考答案：C；

考点：文物建筑、灭火设施。

难易程度：☆

例102.【2017实务92】室外消火栓射流不能抵达室内且室内无传统彩画、壁画、泥塑的文物建筑，宜考虑设置室内消火栓系统或（　　）。

A.加大室外消火栓设计流量　　　　B.设置消防水炮

C.配置移动高压水喷雾灭火设备　　D.加大火灾持续时间

E.设置预作用自动喷水灭火系统

判定：基本常识。

参考答案：BCE；

考点：文物建筑、灭火设施。

难易程度：☆

例103.【2017综合能力17】干式自动喷水灭火系统和预作用自动喷水灭火系统的配水管道上应设（　　）。

A.压力开关　　　B.报警阀组　　　C.快速排气阀　　　D.过滤器

判定：基本常识。

参考答案：C；

考点：干式自动喷水灭火系统、预作用自动喷水灭火系统、系统组成。

难易程度：☆

例104.【2017实务13】下列建筑或场所中，可不设置室内消火栓的是（　　）。

A.占地面积500m²的丙类仓库　　　　B.粮食仓库

C.高层公共建筑　　　　　　　　　　D.建筑体积5000m³、耐火等级三级的丁类厂房

判定：基本常识。

参考答案：B；

考点：室内消火栓、设置范围。

难易程度：☆

例105.【2017实务69】七氟丙烷气体灭火系统不适用于扑救（　　）。

A.电气火灾　　　　　　　　　　B.固体表面火灾

C.金属氢化物火灾　　　　　　　D.灭火前能切断气源的气体火灾

判定：基本常识。

参考答案：C；

考点：七氟丙烷、适用范围。

难易程度：☆

例106.【2017综合能力16】某七氟丙烷气体灭火系统的灭火剂储存容器，在20℃时容器内压

力为 2.5MPa，50℃时的容器内压力为 4.2MPa。对该防护区灭火剂输送管道采用气压强度试验代替水压强度试验，最小试验压力为（　　　）MPa。

A.3　　　　　　　　B.4.62　　　　　　　　C.4.83　　　　　　　　D.6.3

判定：以气压强度试验压力代替水压强度试验时，七氟丙烷灭火系统最小试验压力取 1.15 倍最大工作压力。

参考答案：C；

考点：七氟丙烷气体灭火系统、灭火剂输送管道、强度试验。

难易程度：☆☆☆

例 107.【2017 实务 38】一个防护区内设置 5 台预制七氟丙烷灭火器装置，启动时其动作响应时差不得不大于（　　　）s。

A.1　　　　　　　　B.3　　　　　　　　C.5　　　　　　　　D.2

判定：基本常识。同一防护区内的预制灭火系统装置多于 1 台时，必须能同时启动，其动作响应时差不得大于 2s。

参考答案：D；

考点：气体灭火系统、启动时差。

难易程度：☆．

例108.下列某书库无管网七氟丙烷灭火装置检测结果中，符合现行国家标准要求的有（　　　）。

A. 系统仅设置自动控制、手动控制两种启动方式

B. 防护区门口未设手动与自动控制的转换装置

C. 防护区内设置 10 台预制灭火装置

D. 气体灭火系统采用自动控制方式

E. 储存容器的充装压力为 4.2Mpa

判定：（1）图书、档案、票据和文物资料库等防护区，七氟丙烷灭火设计浓度通常采用10%；七氟丙烷无毒性反应（NOAEL）、有毒性反应（LOAEL）浓度分别为 9.0%、10.5%；灭火设计浓度或实际使用浓度大于无毒性反应浓度（NOAEL浓度）的防护区，应设手动与自动控制的转换装置。

（2）预制灭火系统的充压压力不应大于 2.5MPa。

参考答案：ACD；

考点：无管网七氟丙烷气体灭火装置。

难易程度：☆☆

例109.【2017 实务 68】需 24h 有人值守的大型通讯机房，不应选用（　　　）。

A. 二氧化碳灭火系统　　B. 七氟丙烷灭火系统　　C.IG541 灭火系统　　　D. 细水雾灭火系统

判定：基本常识。

（1）七氟丙烷无色无味、不导电，密度约为空气的 6 倍，在一定压力下呈液态。该灭火剂为洁净药剂，臭氧耗损潜能值 ODP=0，无毒性反应浓度 NOAEL＝9%，灭火设计基本浓度 C＝8%，释放后不含残渣，不污染环境和精密设备。

（2）IG-541 混合气体灭火剂清洁环保，臭氧耗损潜能值 ODP=0，无毒性反应浓度 NOAEL＝43%，灭火设计浓度一般在 37%～43% 之间。

（3）二氧化碳清洁环保，在常温常压条件下为气相；高压贮存、低于临界温度 31.4℃时气、液两相共存。二氧化碳全淹没灭火系统不得用于经常有人停留的场所。

参考答案：A；

考点：气体灭火系统、适用场所。

难易程度：☆

例110.【2017 综合能力44】某气体灭火系统储瓶间内设有6只150L七氟丙烷灭火剂储存容器，根据现行国家标准《气体灭火系统施工及验收规范》GB 50263，各储存容器的高度差最大不宜超过（　　）mm。

A.10　　　　　　　　B.30　　　　　　　　C.50　　　　　　　　D.20

判定：同一规格的灭火剂储存容器，其高度差不宜超过20 mm。

参考答案：D；

考点：气体灭火系统、灭火剂储存容器。

难易程度：☆

例111.【2017 综合能力7】某消防工程施工单位的人员在细水雾灭火系统调试过程中，对系统的泵组进行调试。根据现行国家标准《细水雾灭火系统技术规范》GB 50898，下列泵组调试结果，不符合要求的是（　　）。

A.以自动方式启动泵组时，泵组立即投入运行

B.以备用电源切换方式切换启动泵组时，泵组10s投入运行

C.采用柴油泵作为备用泵时，柴油泵的启动时间为5s

D.控制柜进行空载和加载控制调试时，控制柜正常动作和显示

判定：A、D选项显然正确。比较B、C选项，B明显有误。事实上，以备用电源切换方式或备用泵切换启动泵组时，泵组应立即投入运行；采用柴油泵作为备用泵时，柴油泵的启动时间不应大于5s。

参考答案：B；

考点：气体灭火系统、适用场所。

难易程度：☆

例112. 排烟防火阀的动作温度为（　　）℃。

A.70　　　　　　　　B.150　　　　　　　　C.200　　　　　　　　D.280

判定：基本常识。

参考答案：D；

考点：排烟防火阀、动作温度。

难易程度：☆

例113.【2017 实务4】下列场所中，不宜选择感烟探测器的是（　　）。

A.汽车库　　　　　　B.计算机房　　　　　　C.发电机房　　　　　　D.电梯机房

判定：基本常识。

参考答案：C；

考点：火灾探测器、选用范围。

难易程度：☆

例114.【2017 实务5】某酒店厨房的火灾探测器异常误报火警，最可能的原因是（　　）。

A.厨房内安装的是感烟火灾探测器　　　　　　B.厨房内的火灾探测器编码地址错误

C.火灾报警控制器供电电压不足　　　　　　　D.厨房内的火灾探测器通信信号总线故障

判定：基本常识。

参考答案：A；

考点：火灾探测器、选用范围。

难易程度：☆

例 115.【2017 综合能力 90】对某公共建筑或者自动报警系统的控制器进行功能检查。下列检查结果中，符合现行国家消防技术标准的有（   ）。

A. 控制器与探测器之间的连线断路，控制器在 80s 时发生故障信号

B. 控制器与探测器之间的连线断路，控制器在 120s 时发生故障信号

C. 在故障状态下，使一非故障部位的探测器发出或者报警信号，控制器在 50s 时发出火灾报警信号

D. 在故障状态下，使一非故障部位的探测器发出或者报警信号，控制器在 70s 时发出火灾报警信号

E. 控制器与备用电源之间的连线断路，控制器在 90s 时发出故障信号

判定：使控制器与探测器之间的连线断路和短路，控制器应在 100s 内发出故障信号（短路时发出火灾报警信号除外）；在故障状态下，使任一非故障部位的探测器发出火灾报警信号，控制器应在 1min 内发出火灾报警信号。使控制器与备用电源之间的连线断路和短路，控制器应在 100s 内发出故障信号。

参考答案：ACE；

考点：火灾报警控制器、功能检查。

难易程度：☆☆

例 116.【2017 实务 1】关于火灾探测器的说法，正确的是（   ）。

A. 点型感温探测器是不可复位探测器

B. 感烟型火灾探测器都是点型火灾探测器

C. 既能探测烟雾又能探测温度的探测器是复合火灾探测器

D. 剩余电流式电气火灾监控探测器不属于火灾探测器

判定：基本常识。

参考答案：C；

考点：火灾探测器。

难易程度：☆

例 117.【2017 实务 36】根据规范要求，剩余电流式电气火灾监控探测器应设置在（   ）。

A. 高压配电系统末端　　　　　　　　　B. 采用 IT、TN 系统的配电线路上

C. 泄露电流大于 500mA 的供电线路上　　D. 低压配电系统首端

判定：基本常识。

参考答案：D；

考点：剩余电流式电气火灾监控探测器的设置。

难易程度：☆

例 118. 楼梯间和安全疏散通道装修材料的燃烧性能应为（   ）级。

A.A　　　　　　　　B.B$_1$　　　　　　　　C.B$_2$　　　　　　　　D.B$_3$

判定：基本常识。

参考答案：A；

考点：疏散通道、装修材料、燃烧性能。

难易程度：☆

例 119.【2017 综合能力 87】某施工单位对学校报告厅进行内部装饰，其中吊顶采用轻钢龙骨纸面石膏板，地面铺设地毯，墙面采用不同装修材料进行分层装修。关于该报告厅内部装饰的说法，正确的有（　　　）。

A.纸面石膏板安装在钢龙骨上时，可做为 A 级材料使用

B.复合型装修材料应交专业检测机构进行整体测试确定燃烧性能等级

C.墙面分层装修材料除表面层的燃烧性能等级应符合规范要求外，其余各层的燃烧性能等级可不限

D.地毯应使用阻燃制品，并应加贴阻燃标识

E.进入施工现场的装修材料应按要求填写进场验收记录

判定：基本常识。

参考答案：ABDE；

考点：装修材料、燃烧性能、进场验收。

难易程度：☆

例 120.除规范另有规定外，通风管道上的防火阀动作温度一般为（　　　）℃。

A.70　　　　　　　　B.25　　　　　　　　C.220　　　　　　　　D.280

判定：基本常识。

参考答案：A；

考点：防火阀、动作温度。

难易程度：☆

例 121.消防联动控制设备处于自动控制操作模式时，（　　　）优先。

A.自动操作　　　　　B."与"逻辑控制　　　C.手动插入操作　　　D.任何操作均不

判定：基本常识。

参考答案：C；

考点：消防联动控制设备。

难易程度：☆

例 122.除规范另有规定外，室外消火栓间距不应大于（　　　）m。

A.60　　　　　　　　B.100　　　　　　　　C.120　　　　　　　　D.150

判定：基本常识。

参考答案：C；

考点：室外消火栓间距。

难易程度：☆

例 123.【2017 实务 8】下列建筑或场所中，可不设置室外消火栓的是（　　　）。

A.用于消防救援和消防车停靠的屋面上

B.高层民用建筑

C.3 层居住区，居住人数 ≤ 500 人

D.耐火等级不低于二级且建筑物体积 ≤ 3000m³ 的戊类厂房

判定：城镇应沿可通行消防车的街道设置市政消火栓系统。民用建筑、厂房、仓库、储罐（区）和堆场周围应设置室外消火栓系统。用于消防救援和消防车停靠的屋面上，应设置室外消火栓系统。耐火等级不低于二级且建筑体积 ≤ 3000m³ 的戊类厂房，居住区人数 ≤ 500 人且建筑层数 ≤ 2 层的居住区，可不设置室外消火栓系统。

参考答案：D；

考点：室外消火栓、设置范围。

难易程度：☆

判定：基本常识。

例124. 净空高度小于12m的中庭可采用自然排烟方式，但可开启天窗或高侧窗的面积不应小于中庭面积的（　　）%。

A.1　　　　　　　B.2　　　　　　　C.5　　　　　　　D.10

判定：基本常识。

参考答案：C；

考点：中庭、自然排烟。

难易程度：☆

例125. 自动喷水灭火系统中，水流指示器的作用是（　　）。

A.发出联动控制信号　　　　　　B.启动喷淋泵

C.开启湿式报警阀　　　　　　　D.发出火警信号并显示起火区域

判定：基本常识。

参考答案：D；

考点：水流指示器。

难易程度：☆

例126. 设有火灾集中报警系统时，自动喷水灭火系统中的末端试水装置开启后，应反馈至消防控制室的信号包括水流指示器、喷淋泵、（　　）等动作信号。

A.最不利点处的喷头工作压力　　　B.水力警铃

C.闭式喷头　　　　　　　　　　　D.压力开关

判定：基本常识。

参考答案：D；

考点：自动喷水灭火系统、工作原理。

难易程度：☆

例127【2017实务100】 基于热辐射影响，在确定建筑防火间距时应考虑的主要因素有（　　）。

A.相邻建筑的生产和使用性质

B.相邻建筑外墙燃烧性能和耐火极限

C.相邻建筑外墙开口大小及相对位置

D.建筑高差小于15m的相邻较低建筑的建筑层高

E.建筑高差大于15m的较高建筑的屋顶天窗开口大小

判定：基本常识。

参考答案：ABC；

考点：防火间距、主要因素。

难易程度：☆

例128. 多层民用建筑毗邻面采取相应防火技术措施后，保证消防车通行的最小防火间距为（　　）m。

A.3.0　　　　　　　B.3.5　　　　　　　C.4.0　　　　　　　D.4.5

判定：基本常识。

参考答案：B；

考点：多层民用建筑、最小防火间距。

难易程度：☆

例 129.【2017 实务 25】在建筑高度为 126.2m 的办公塔楼短边侧拟建一座建筑高度为 23.9m，耐火等级为二级的商业建筑，该商业建筑屋面板耐火极限为 1.00h 且无天窗、毗邻办公楼塔楼外墙为防火墙，其防火间距不应小于（　　　）m。

A.9　　　　　　　　　　B.4　　　　　　　　　　C.6　　　　　　　　　　D.13

判定：基本常识。建筑高度大于 100m 的民用建筑与相邻建筑的防火间距，当符合其他建筑相关允许减小的条件时，仍不应减小。

参考答案：A；

考点：高层民用建筑、最小防火间距。

难易程度：☆

例 130. 对于可燃气体、蒸气或粉尘与空气均匀混合后形成的混合气，可能增大其爆炸风险的初始条件是（　　　）。

A.加入惰性介质　　　　B.增加氧含量　　　　C.降低初始温度　　　　D.减小初始压力

判定：基本常识。

参考答案：B；

考点：可燃混合气、爆炸风险。

难易程度：☆

例 131. 防火阀与排烟防火阀的不同之处是（　　　）。

A.能在一定时间内满足耐火稳定性和耐火完整性要求

B.公称动作温度

C.能起到阻火隔烟的作用

D.组成、形状和工作原理

判定：基本常识。

参考答案：B；

考点：防火阀、排烟防火阀。

难易程度：☆

例 132. 控制中心报警系统的必备组件不包括（　　　）。

A.消防联动控制器　　　B.火灾探测器　　　　C.湿式报警阀组　　　　D.手动火灾报警按钮

判定：基本常识。

参考答案：C；

考点：控制中心报警系统、组件。

难易程度：☆

例 133. 末端试水装置不用于（　　　）。

A.测定最不利点处喷头的工作压力　　　　　　B.直接启动消防水泵

C.测定配水管道是否畅通　　　　　　　　　　D.测定自动喷水灭火系统工况是否正常

判定：基本常识。

参考答案：B；

考点：自动喷水灭火系统、工作原理。

难易程度：☆

例 134. 设有火灾自动报警系统时，消火栓泵不可由（　　　）的动作信号启动。

A. 压力开关　　　　　　B. 消火栓按钮　　　　C. 消防联动控制器　　　D. 流量开关

判定：基本常识。

参考答案：B；

考点：消火栓泵启动、消火栓按钮。

难易程度：☆

例 135. 设有火灾自动报警系统时，消火栓按钮动作信号的主要作用之一是（　　　）。

A. 用作开启正压送风口、启动正压送风机的联动信号

B. 替代手动火灾报警按钮

C. 直接启动消防水泵

D. 报火警

判定：基本常识。

参考答案：D；

考点：消火栓泵启动、消火栓按钮。

难易程度：☆

例 136. 水喷雾灭火系统的雨淋阀组，可由同一报警区域内（　　　）的报警信号，作为联动开启信号。

A. 一只及以上独立的感温火灾探测器

B. 两只及以上独立的火灾探测器

C. 一只感温火灾探测器与一只手动火灾报警按钮

D. 一只感烟火灾探测器与一只手动火灾报警按钮

判定：基本常识。

参考答案：C；

考点：水喷雾灭火系统、联动控制信号。

难易程度：☆☆

例 137. 气体灭火控制器直接连接火灾探测器时，不可用作联动控制信号的是来自于同一防护区域内与首次报警信号相邻的（　　　）报警信号。

A. 手动火灾报警按钮　　B. 火焰探测器　　　　C. 感温火灾探测器　　　D. 感烟火灾探测器

判定：基本常识。

参考答案：D；

考点：气体灭火系统、联动控制信号。

难易程度：☆☆

例 138.【2017 综合能力 18】关于气体灭火系统维护管理周期检查项目的说法，错误的是（　　　）。

A. 每日应检查低压二氧化碳储存装置的运行情况和储存装置间的设备状态

B. 每月应检查预制灭火系统的设备状态和运行情况

C. 每年应对选定的防护区进行 1 次模拟启动试验

D. 每月应检查低压二氧化碳灭火系统储存装置的液位

判定：此题不宜死记硬背。审题时应注意题干中隐含的文字游戏对"选定"的防护区进行模拟

启动试验。规范规定，每年应按规定对"每个"防护区进行1次模拟启动试验，并应按规定进行1次模拟喷气试验。

参考答案：C；

考点：气体灭火系统、维护管理周期。

难易程度：☆

例139. 测定建筑构件的耐火极限时，采用（　　）标准升温曲线。

A.RWS　　　　　　　B.HC　　　　　　　C.ISO834　　　　　　　D.RABT

判定：基本常识。

参考答案：C；

考点：标准升温曲线、建筑构件的耐火极限。

难易程度：☆

例140. 测定一、二类隧道承重结构体的耐火极限时，采用（　　）标准升温曲线。

A.RWS　　　　　　　B.RABT　　　　　　　C.HC　　　　　　　D.ISO834

判定：基本常识。

参考答案：B；

考点：标准升温曲线、隧道承重结构体的耐火极限。

难易程度：☆☆

例141. 将一个受限空间划分为若干控制体，通过计算得到烟气流速、温度与浓度等参数的空间分布随时间变化的火灾发展过程，称为（　　）。

A.混合模型　　　　　B.经验模型　　　　　C.场模型　　　　　D.区域模型

判定：基本常识。

参考答案：C；

考点：烟气流动、火灾模型。

难易程度：☆

例142. 【2017实务85】某平战结合的人防工程，地下3层。下列防火设计中，符合《人民防空工程设计防火规范》GB 50098要求的有（　　）。

A.地下一层靠外墙部位设油浸电力变压器室

B.地下一层设卡拉OK厅，室内地坪与室外出入口地坪高差6m

C.地下三层设沉香专卖店

D.地下一层设员工宿舍

E.地下一层设400 m² 儿童游乐园，游乐场下层设汽车库

判定：基本常识。

参考答案：BD；

考点：一类高层民用建筑、人防工程、平面布置。

难易程度：☆

例143. 【2017综合能力47】在对某高层多功能组合建筑进行防火检查时，查阅资料得知，该建筑耐火等级为一级，十层至顶层为普通办公用房，九层及以下为培训、娱乐、商业等功能，防火分区划分符合规范要求。该建筑的下列做法中，不符合现行国家消防技术标准（　　）。

A.消防水泵房设于地下二层，其室内地面与室外出入口地坪高差为10m

B.主楼六层设有儿童早教培训班，设有独立的安全出口

C. 主楼 5 层的歌舞厅，各厅室的建筑面积均不小于 200m²，与其他区域共用安全出口

D. 常压燃气锅炉房布置在主楼屋面上，使用管道天然气做燃料，距离通向屋面的安全出口 10m

判定：基本常识。儿童活动场所设置在一、二级耐火等级的建筑内时，应布置在首层、二层或三层；设置在高层建筑内时，应设置独立的安全出口和疏散楼梯。不应布置在地下、半地下或四层及以上楼层。

参考答案：B；

考点：儿童活动场所、防火要求。

难易程度：☆☆

例 144.【2017 实务 80】关于汽车库防火设计的做法，不符合规范要求的是（　　）。

A. 社区幼儿园与地下车库之间采用耐火极限不低于 2.00h 的楼板完全分隔，安全出口和疏散楼梯分别独立设置

B. 地下二层设置汽车库、设备用房、存放丙类物品的工具库和自行车库

C. 地下一层汽车库附设一个修理车位，一个喷漆间

D. 地下二层设置谷物运输车、大巴车和垃圾运输车车位

判定：地下、半地下汽车库内不应设置修理车位、喷漆间、充电间、乙炔间和甲、乙类物品库房。

参考答案：C；

考点：汽车库、平面布置。

难易程度：☆

例 145【2017 实务 6】下列设置在公共建筑内的柴油发电机房的设计方案中，错误的是（　　）

A. 采用轻柴油作为柴油发电机燃料

B. 燃料管道在进入建筑物前设置自动和手动切断阀

C. 火灾自动报警系统采用感温探测器

D. 设置湿式自动喷水灭火系统

判定：轻柴油火灾危险性属乙类。

参考答案：A；

考点：柴油发电机房、防火设计。

难易程度：☆

例 146.【2017 综合能力 50】某大型食品冷藏库独立建造一个氨制冷机房，该氨制冷机房应确定为（　　）。

A. 乙类厂房　　　　　　B. 乙类仓库　　　　　　C. 甲类厂房　　　　　　D. 甲类仓库

判定：基本常识。

参考答案：A；

考点：生产和储存的火灾危险性分类。

难易程度：☆

例 147.【2017 实务 7】下列建筑场所中，不应布置在民用建筑地下二层的是（　　）。

A. 礼堂　　　　　　B. 电影院观众厅　　　　　　C. 歌舞厅　　　　　　D. 会议厅

判定：剧场、电影院、礼堂设置在地下或半地下时，宜设置在地下一层，不应设置在地下三层及以下楼层；歌舞娱乐放映游艺场所不应布置在地下二层及以下楼层。

参考答案：C；

考点：人员密集场所、平面布置。

难易程度：☆

例148. 下列场所中，可布置在地下二层的有（　　）。

A. 营业厅、展览厅

B. 剧场、电影院、礼堂

C. 网吧等歌舞娱乐放映游艺场所（不含剧场、电影院）

D. 游艺厅（含电子游艺厅）、桑拿浴室（不包括洗浴部分）

E. 歌舞厅、录像厅、夜总会、卡拉OK厅（含具有卡拉OK功能的餐厅）

判定：剧场、电影院、礼堂、营业厅、展览厅不应设置在地下三层及以下楼层。

参考答案：AB；

考点：人员密集场所、平面布置。

难易程度：☆☆

例149.【2017综合能力82】对某动物饲料加工厂的谷物碾磨车间进行防火检查，查阅资料得知，该车间耐火等级为一级，防火分区划分符合规范要求，该车间的下列做法中，符合现行国家消防技术标准要求的有（　　）。

A. 配电站设于厂房内的一层，采用防火墙和耐火极限1.50h的楼板与其他区域分隔，墙上的门为甲级防火门

B. 位于厂房三层的运行调度监控室采用防火墙和耐火极限1.50h的楼板与其他部分分隔，且设有独立使用的防烟楼梯间

C. 车间办公室贴邻厂房外墙设置，采用耐火极限4.00h的防火墙与厂房分隔，并设有独立的安全出口

D. 设置在一层的产品临时存放仓库单独划分防火分区

E. 位于二层的饲料添加剂仓库（丙类）采用防火墙和耐火极限1.5h的楼板与其他部位分隔，墙上的门为甲级防火门

判定：变、配电站不应设置在甲、乙类厂房内或贴邻；办公室、休息室等不应设置在甲、乙类厂房内，确需贴邻本厂房时，其耐火等级不应低于二级，并应采用耐火极限不低于3.00h的防爆墙与厂房分隔和设置独立的安全出口。

参考答案：BDE；

考点：谷物碾磨车间、防火防爆设计。

难易程度：☆

例150.【2017综合能力88】下列防火分隔措施的检查结果中，不符合现行国家消防技术标准的有（　　）。

A. 铝合金轮毂抛光厂房采用3.00h耐火极限的防火墙划分防火分区

B. 电石仓库采用3.00h耐火极限的防火墙划分防火分区

C. 高层宾馆防火墙两侧的窗采用乙级防火窗，窗洞之间最近边缘的水平距离为1.0m

D. 烟草成品库采用3.00h耐火极限的防火墙划分防火分区

E. 通风机房开向建筑内的门采用甲级防火门，消防控制室开向建筑内的门采用乙级防火门

判定：基本常识。甲、乙类厂房和甲、乙、丙类仓库内的防火墙，其耐火极限不应低于4.00h。

参考答案：ABD；

考点：防火分隔。

难易程度：☆

例 151. 当人防工程地下一层室内地面与室外出入口地坪高差不大于 10m 时，可设置（　　）。

A. 医院病房　　　　　　　　　　B. 残疾人员活动场所

C. 哺乳室、托儿所、幼儿园　　　D. 儿童活动场所

判定：《建筑设计防火规范》GB 50016 规定，托儿所、幼儿园的儿童用房和儿童游乐厅等儿童活动场所，医院和疗养院的住院部分不应设置在地下或半地下。人民防空工程设计防火规范 GB 50098 则规定，人防工程内不应设置哺乳室、托儿所、幼儿园、游乐厅等儿童活动场所和残疾人员活动场所，医院病房不应设置在地下二层及以下层，当设置在地下一层时，室内地面与室外出入口地坪高差不应大于 10m。这是由人防工程的特殊使用属性作出的变通规定，并不意味着 GB 50016 的相关规定过于严苛。

参考答案：A；

考点：老年人、残疾人、儿童活动场所，医院病房，平面布置。

难易程度：☆☆

例 152. 当地下一层地面与室外出入口地坪的高差不大于 10m 时，下列场所可布置在地下一层的是（　　）。

A. 托儿所、幼儿园的儿童用房　　B. 老年人照料设施中的住宿部分

C. 歌舞娱乐放映游艺场所　　　　D. 儿童活动场所

判定：歌舞娱乐放映游艺场所确需布置在地下一层时，地面与室外出入口地坪的高差不应大于 10m。建筑设计防火规范 GB 50016—2014（2018 年版）自 2018 年 10 月 1 日起施行，规定老年人照料设施中的老年人公共活动用房、康复与医疗用房可设置在地下一层。

参考答案：C；

考点：老年人照料设施、儿童活动场所，歌舞娱乐放映游艺场所，平面布置。

难易程度：☆

例 153. 中庭与周围连通空间采用防火玻璃墙进行防火分隔时，其耐火隔热性和耐火完整性不应低于（　　）h。

A.0.5　　　　　　B.1.0　　　　　　C.1.5　　　　　　D.2.0

判定：基本常识。

参考答案：B

考点：中庭、防火玻璃墙、防火分隔。

难易程度：☆

例 154. 多层、高层民用建筑外墙上、下层开口之间设置防火玻璃墙时，其耐火完整性分别不应低于（　　）h，且外窗的耐火完整性不应低于防火玻璃墙的耐火完整性要求。

A.2.00、3.00　　　B.1.00、2.00　　　C.1.00、1.50　　　D.0.50、1.00

判定：基本常识。

参考答案：D；

考点：外墙上、下层开口之间设置防火玻璃墙。

难易程度：☆

例 155.【2017 实务 42】关于建筑防烟分区的说法，正确的是（　　）。

A. 防烟分区面积一定时，挡烟垂壁下降越低越有利于烟气及时排除

B. 建筑设置敞开楼梯时，防烟分区可跨越防火分区

C.防烟分区划分的越小越有利于控制烟气蔓延

D.排烟与补风在同一防烟分区时，高位补风优于低位补风

判定：建筑的防烟分区小于防火分区；不一定是防烟分区越小越有利于烟气排除；排烟量相同时，储烟仓高度越大，越有利于烟气排除；送风口和排烟口位于同一防火分区（且低于排烟口）时，送风量越小，越有利于烟气排除。

参考答案：A；

考点：防烟分区。

难易程度：☆

例 156.下列多层公共建筑中，室内封闭楼梯间应采用乙级防火门的是（　　）。

A.医院病房楼　　　　B.图书馆　　　　C.旅馆　　　　D.公共娱乐场所

判定：基本常识。高层建筑、人员密集的公共建筑、人员密集的多层丙类厂房、甲、乙类厂房，其封闭楼梯间的门应采用乙级防火门，并应向疏散方向开启；其他建筑，可采用双向弹簧门；

参考答案：D；

考点：封闭楼梯间、构造要求、人员密集场所。

难易程度：☆

例 157.【2017 实务 39】下列多层厂房中，设置机械加压送风系统的封闭楼梯间应采用乙级防火门的是（　　）。

A.服装加工厂厂房　　　B.机械修理厂　　　C.汽车厂总装厂房　　　D.金属冶炼厂房

判定：基本常识。甲、乙类厂房，人员密集的多层丙类厂房，其封闭楼梯间的门应采用乙级防火门，并应向疏散方向开启。

参考答案：A；

考点：应采用乙级防火门的封闭楼梯间。

难易程度：☆

例 158.【2017 实务 11】关于疏散楼梯间设置的做法，错误的是（　　）。

A.2 层展览建筑无自然通风条件的封闭楼梯间，在楼梯间直接设置机械加压送风系统

B.与高层办公主体建筑之间设置防火墙的商业裙房，其疏散楼梯间采用封闭楼梯间

C.建筑高度为 33m 的住宅建筑，户外均采用乙级防火门，其疏散楼梯间采用敞开楼梯间

D.建筑高度 32m，标准层建筑面积为 1500 m² 的电信楼，其疏散楼梯间采用封闭楼梯间

判定：基本常识。

（1）建筑高度 24m 以上部分任一楼层建筑面积大于 1000m² 的电信建筑属一类高层公共建筑。

（2）一类高层公共建筑疏散楼梯应采用防烟楼梯间。

参考答案：D；

考点：封闭楼梯间、防烟楼梯间、适用范围。

难易程度：☆

例 159.【2017 综合能力 15】关于高层办公楼疏散楼梯设置的说法中，错误的是（　　）。

A.疏散楼梯间内不得设置烧水间、可燃材料储存室、垃圾道

B.疏散楼梯间内不得设有影响疏散的凸出物或其他障碍物

C.疏散楼梯间必须靠外墙设置并开设外窗

D.公共建筑的疏散楼梯间不得敷设可燃气体管道

判定：基本常识。楼梯间应能天然采光和自然通风，并宜靠外墙设置。

参考答案：C；

考点：疏散楼梯、构造要求。

难易程度：☆

例 160.【2017 综合能力 92】关于疏散楼梯最小净宽度的说法，符合现行国家技术标准的有（　　）。

A. 除规范另有规定外，多层公共建筑疏散楼梯的净宽度不应小于 1.00m

B. 汽车库的疏散楼梯净宽度不应小于 1.10m

C. 高层病房楼的疏散楼梯净宽度不应小于 1.30m

D. 高层办公建筑疏散楼梯的净宽度不应小于 1.40m

E. 人防工程中商场的疏散楼梯净宽度不应小于 1.20m

判定：基本常识。

参考答案：B C；

考点：疏散楼梯、最小净宽度。

难易程度：☆☆

例 161.【2017 综合能力 70】对大型地下商业建筑进行防火检查时，发现下沉式广场防风雨棚的做法中，错误的是（　　）。

A. 防风雨棚四周开口部位均匀设置

B. 防风雨棚开口高度为 0.8m

C. 防风雨棚开口的面积为该空间地面面积的 25%

D. 防风雨棚开口位置设置百叶，为有效排烟面积为开口面积的 60%

判定：防风雨篷开口高度不应小于 1m。

参考答案：B；

考点：下沉式广场、防风雨棚构造。

难易程度：☆

例 162.【2017 实务 78】关于消防车道设置的说法，错误的是（　　）。

A. 超过 3000 个座位的体育馆应设置环形消防车道

B. 消防车道的坡度不宜大于 9%

C. 消防车道边缘距离取水点不宜大于 2m

D. 高层住宅建筑可沿建筑的一个长边设置消防车道

判定：基本常识。

参考答案：B；

考点：消防车道、构造要求。

难易程度：☆☆

例 163. 建筑高度大于 50m 的高层建筑，应至少沿一个长边或周边长度的 1/4 且不小于一个长边长度的底边连续布置登高操作场地，场地的长度和宽度分别不应小于（　　）m。

A.15、10　　　　　B.20、10　　　　　C.10、15　　　　　D.15、15

判定：基本常识。

参考答案：B；

考点：登高操作场地、场地的长度和宽度。

难易程度：☆

例 164. 【2017 实务 60】下列消防救援入口设置的做法中，符合要求的是（　　　）。

A.一类高层办公楼外墙面，连续设置无间隔的广告屏幕

B.救援入口净高和净宽均为 1.0m

C.每个防火分区设置 1 个救援入口

D.多层医院顶层外墙面，连续设置无间隔的广告屏幕

判定：厂房、仓库、公共建筑的外墙应在每层适当位置设置救援入口，净高 × 净宽不应小于 1.0m×1.0 m，下沿距室内地面不宜大于 1.2m，间距不宜大于 20m。设置位置应与消防车登高操作场地相对应，且不应布置广告牌等障碍物。

参考答案：B；

考点：外墙救援入口、构造要求。

难易程度：☆

例 165. 【2017 实务 44】对于 25 层的住宅建筑，消防车登高操作场地的最小长度和宽度是（　　　）。

A.20m，10m　　　　B.15m，10m　　　　C.15m，15m　　　　D.10m，10m

判定：消防车登高操作场地的长度和宽度分别不应小于 15m 和 10m。对于建筑高度大于 50m 的建筑，场地的长度和宽度分别不应小于 20m 和 10m。

参考答案：A；

考点：消防车登高操作场地。

难易程度：☆

例 166. 【2017 综合能力 11】在对某一类高层商业综合体进行检查时，查阅资料得知，该楼地上共 6 层，每层划分为 12 个防火分区，符合规范要求。该综合体外部的下列消防救援设施设置做法中，不符合现行国家消防技术标准要求的是（　　　）。

A.由于该综合体外立面无窗，故在二至六层北侧外墙上每个防火分区分别设置 2 个消防救援窗口

B.仅在该楼的北侧沿长边连续布置宽度 12m 的消防车登高操作场地

C.消防车登高操作场地内侧与该商业综合体外墙之间的最近距离为 9m

D.建筑物与消防车登高操作场地相对应范围内有 6 个直通室内防烟楼梯间的入口

判定：此题的不确定性因素较多，尤其是平面布置不确定。但考虑到高层建筑可沿一个长边连续布置消防车登高操作场地，场地的宽度不应小于 10m；场地靠建筑外墙一侧的边缘距离建筑外墙不宜小于 5m，且不应大于 10m；建筑物与消防车登高操作场地相对应的范围内，应设置直通室外的楼梯或直通楼梯间的入口。所以，唯一剩下的 1 个选项 A 是"最符合题意"的选项。

参考答案：A；

考点：消防救援窗口、消防车登高操作场地。

难易程度：☆

例 167. 【2017 实务 70】下列建筑中，不需要设置消防电梯的是（　　　）。

A.建筑高度 26m 的医院　　　　　　　B.总建筑面积 21000 m² 的高层商场

C.建筑高度 32m 的二类办公室　　　　D.12 层住宅建筑

判定：基本常识。一类高层公共建筑和建筑高度大于 32m 的二类高层公共建筑、建筑高度大于 33m 的住宅建筑应设置消防电梯。

参考答案：C；

考点：消防电梯、设置范围。

难易程度：☆

例168. 气压水罐的调节容积应根据稳压泵启泵次数不大于（ ）次/h计算确定，但有效储水容积不宜小于150L。

A.20　　　　　　　B.15　　　　　　　C.10　　　　　　　D.5

判定：基本常识。

参考答案：B；

考点：气压水罐、调节容积、有效储水容积。

难易程度：☆

例169. 净空高度不大于8m的民用建筑和工业厂房，自动喷水灭火系统的作用面积为160m²时，其可能的喷水强度是（ ）L/min.m²。

A.4　　　　　B.6　　　　　C.8　　　　　D.12　　　　　D.16

判定：基本设计参数。

参考答案：ABC；

考点：自动喷水灭火系统、设计参数。

难易程度：☆

例170. 【2017 实务 2】关于控制报警系统的说法，不符合要求的是（ ）。

A.控制中心报警系统至少包含两个集中报警系统

B.控制中心报警系统具备消防联动控制功能

C.控制中心报警系统至少设置一个消防主控制室

D.控制中心报警系统各分消防控制室之间可以相互传输信息并控制重要设备

判定：主控制室控制重要的消防设备。各分控制室之间可互相传输、显示信息，但不应互相控制。

参考答案：D；

考点：控制中心报警系统、主控制室、分控制室。

难易程度：☆

例171. 【2017 实务 3】关于火灾自动报警系统组件的说法，正确的是（ ）。

A.手动火灾报警按钮是手动产生火灾报警信号的器件，不属于火灾自动报警系统触发

B.火灾自动报警控制器可以接受、显示、和传递火灾报警信号，并能发出控制信号

C.剩余电流式电气火灾监控探测器与电气火灾监控器链接，不属于火灾自动报警系统

D.火灾自动报警系统备用电源采用的蓄电池满足供电时间要求时主电源可不采用消防电源

判定：电气火灾监控系统是火灾自动报警系统的独立子系统。

参考答案：C；

考点：火灾自动报警系统组件。

难易程度：☆

例172. 【2017 综合能力 97】根据现行国家标准《火灾自动报警系统施工及验收规范》GB 50166，下列火灾自动报警系统的功能中，应每季度进行检查和试验的有（ ）。

A.分期分批试验探测器的动作及确认灯显示功能

B.试验火灾警报装置的声光显示功能

C.试验主、备电源自动切换功能

D.试验非消防电源强制切断功能

E.试验相关消防控制设备的控制显示功能

判定：基本常识。

参考答案：ABCE；

考点：火灾自动报警系统的功能、季度检查。

难易程度：☆☆

例173.【2017 综合能力 60】消防设施检测机构对某单位的火灾报警系统进行验收前的检测，根据现行国家标准《火灾自动报警系统施工及验收规范》GB 50166，该单位的下列做法，错误的是（　　）。

A.对消防电梯进行 2 次报警联动控制功能检验

B.对自动喷水系统给水泵在消防控制室内进行 3 次远程启动泵操作试验

C.对防烟排烟风机进行 4 次报警联动启动试验

D.对各类消防用电设备主、备电源的自动转换设置进行 1 次转换试验

判定：注意"做法"与"说法"的区别，"做法"可高于标准要求。

（1）消防电梯应进行 1~2 次手动控制和联动控制功能检验；

（2）在消防控制室内操作启、停喷淋泵 1~3 次；

（3）防烟排烟风机应全部检验，报警联动启动、消防控制室直接启停、现场手动启动联动防烟排烟风机 1~3 次；

（4）各类消防用电设备主、备电源的自动转换装置，应进行 3 次转换试验。

参考答案：D；

考点：火灾报警系统、验收检测。

难易程度：☆☆

例174.【2017 综合能力 69】消防设施检测机构的人员对某建筑内火灾自动报警系统进行检测时，对在宽度小于 3m 的内走道顶棚上安装的点型感烟探测器进行检查。下列检查结果中，符合现行国家消防技术标准要求的是（　　）。

A.探测器的安装间距为 16m　　　　　　B.探测器至端墙的距离为 8m

C.探测器的安装间距为 14m　　　　　　D.探测器至端墙的距离为 10m

判定：基本常识。

参考答案：C；

考点：点型感烟探测器、安装间距、至端墙的距离。

难易程度：☆

例175.火灾自动报警系统的主电源不应（　　）。

A.设置独立配电柜　　　　B.设置过负荷保护装置　　　　C.设置专用供电回路配电

D.按防火分区划分其配电线路和控制回路　　　　E.设置剩余电流动作保护

判定：基本常识。

参考答案：BE；

考点：火灾自动报警系统主电源、供电安全。

难易程度：☆

例176.【2017 实务 41】关于可燃气体探测报警系统设计的说法，符合规范要求的是（　　）。

A.可燃气体探测器可接入可燃气体报警器，也可直接接入火灾报警控制器的探测回路

B.探测天然气的可燃气体探测器应安装在保护空间的下部

C. 液化石油气探测器可采用壁挂及吸顶安装方式

D. 能将报警信号传输至消防控制室时，可燃气体报警控制器可安装在保护区域附近无人值班的场所

判定：基本常识。

参考答案：D；

考点：可燃气体探测报警系统。

难易程度：☆

例177.【2017 综合能力 86】根据现行国家标准《建筑消防设施的维护管理》GB 25201，对火灾自动报警系统报警控制器的检测内容，主要包括（　　）。

A. 联动控制器及控制模块的手动、自动联动控制功能

B. 火灾显示盘和 CRT 显示器的报警、显示功能

C. 火灾报警、故障报警、火灾优先功能

D. 自检、消音、复位功能

E. 打印机打印功能

判定：基本常识。

参考答案：AB；

考点：火灾自动报警控制器、维护管理、检测。

难易程度：☆

例178.【2017 综合能力 59】某消防设施检测机构对建筑内火灾自动报警系统进行检测时，对手动火灾报警按钮进行检查。根据现行国家消防技术标准，关于手动火灾报警按钮安装的说法中，正确的是（　　）。

A. 墙上手动火灾报警按钮的底边距离楼面高度应为 1.5m

B. 手动火灾报警按钮的连接导线的余量不应小于 150mm

C. 墙上手动火灾报警按钮的底边距离楼面高度应为 1.7m

D. 手动火灾报警按钮的连接导线的余量不应大于 100mm

判定：手动火灾报警按钮安装在墙上时，其底边距地（楼）面高度宜为 1.3m～1.5m；手动火灾报警按钮的连接导线应留有不小于 150mm 的余量，且在其端部应有明显标志。

参考答案：B；

考点：手动火灾报警按钮、安装。

难易程度：☆

例179.【2017 综合能力 49】根据现行国家消防技术标准，关于建筑内消防应急照明和疏散指示标志的检查结果中，不符合标准要求的是（　　）。

A. 人员密集场所安全出口标志设置在疏散门的正上方

B. 疏散走道内灯光疏散指示标志的间距为 19.5m

C. 灯光疏散指示标志均设置在疏散走道的顶棚上

D. 袋型疏散走道内灯光疏散指示标志间距为 9m

判定：基本常识。灯光疏散指示标志应设置在安全出口和人员密集的场所的疏散门的正上方；应设置在疏散走道及其转角处距地面高度 1.0m 以下的墙面或地面上。灯光疏散指示标志的间距不应大于 20m；对于袋形走道，不应大于 10m。

参考答案：C.；

考点：疏散指示标志、设置要求。

难易程度：☆

例180.【2017综合能力74】对建筑内的消防应急照明和疏散提示系统应定期进行维护保养，根据现行国家标准《建筑消防设施的维护与管理》GB 25201，下列检测内容中，不属于消防应急照明系统检测内容的是（　　）。

A.切断正常供电，测试电源切换和应急照明电源充电、放电功能

B.通过报警联动，测试非消防用电应急强制切断功能

C.通过报警联通，检查应急照明系统自动转入应急工作状态的控制功能

D.测试应急照明系统应急电源供电时间

判定：基本常识。根据4选1准则，稍加比较立即可选出答案。

参考答案：B；

考点：建筑消防设施的维护与管理、应急照明系统检测内容。

难易程度：☆

例181.下列供电方式中，不属于一级负荷的是（　　）。

A.电源来自2个不同发电厂；

B.电源来自2个区域变电站（电压≥35kV）；

C.电源来自1个区域变电站（电压≥35kV），同时设有自备发电设备；

D.采用两回路供电，且变压器为2台（2台变压器不在同一变电所）。

判定：基本常识。

参考答案：D；

考点：电源、负荷等级。

难易程度：☆

例182.【2017综合能力28】某省政府机关办公大楼建筑高度为31.8m，大楼地下一层设置柴油发电机作为备用电源，市政供电中断时柴油发电机自动启动。根据现行国家标准《建筑设计防火规范》GB 50016，市政供电中断时，自备发电机最迟应在（　　）s内正常供电。

A.30　　　　　　　　B.10　　　　　　　　C.20　　　　　　　　D.60

判定：基本常识。自备发电设备应设置自动和手动启动装置。当采用自动启动方式时，应能保证在30s内供电。

参考答案：A；

考点：自备发电设备、启动时间。

难易程度：☆

例183.某城市三类交通隧道，长度小于1000m。其消火栓用水量不应小于——m³。

A.540　　　　　　　B.360　　　　　　　C.324　　　　　　　D.216

判定：消防用水量应按隧道的火灾延续时间和隧道全线同一时间发生一次火灾计算确定，三类隧道的火灾延续时间不应小于2h，长度小于1000m时，隧道内、外的消火栓用水量可为10L/s、20L/s。

参考答案：D；

考点：城市交通隧道、分类、火灾延续时间、消火栓用水量。

难易程度：☆☆

例184.【2017综合能力80】某消防设施检测机构对一单位设置的局部应用干粉灭火系统进行

检测，关于系统保护对象环境及系统功能检查的下列结果中，不符合现行国家消防技术标准要求的是（　　　）。

A. 喷射的干粉覆盖保护对象垂直投影面积的 120%

B. 可燃液体液面至容器缘口的距离为 155mm

C. 保护对象周围的空气流动速度最大为 3m/s

D. 干粉喷射时间为 60s

判定：基本常识。采用局部应用灭火系统的保护对象，周围的空气流动速度不应大于 2m/s。

参考答案：C；

考点：干粉灭火系统、局部应用。

难易程度：☆☆

例 185. 下列选项中，影响气体爆炸极限的选项包括（　　　）。

A. 引火源　　　　　　B. 惰性介质　　　　　　C. 初始压力

D. 预混燃烧　　　　　E. 初始温度

判定：基本常识。

参考答案：ABCE；

考点：影响气体爆炸极限的因素。

例 186. 下列燃烧方式中，往往造成可燃气体爆炸的是（　　　）。

A. 蒸发燃烧　　　　　B. 预混燃烧　　　　　C. 分解燃烧　　　　　D. 扩散燃烧

判定：基本常识。

参考答案：B；

考点：可燃气体的燃烧方式。

难易程度：☆

例 187. 下列初始条件中，可缩小爆炸极限范围的有（　　　）。

A. 使用小管径容器充装混合物　　　　　　B. 降低初始温度

C. 在混合物中加入惰性介质　　　　　　D. 增加混合物中氧含量 E. 减小初始压力

判定：基本常识。

参考答案：ABCE；

考点：爆炸极限。

难易程度：☆

例 188.【2017 实务 53】下列初始条件中，可使甲烷爆炸极限范围变窄的是（　　　）。

A. 注入氮气　　　　　B. 提高温度　　　　　C. 增大压力　　　　　D. 增大点火能量

判定：基本常识。

参考答案：A；

考点：爆炸极限。

难易程度：☆

例 189. 建筑中庭连通面积叠加超过一个防火分区最大允许建筑面积时，应采取的防火措施有（　　　）。☆

A. 采用非隔热性防火玻璃墙与周围连通空间进行防火分隔时，其耐火完整性不应低于 1h

B. 与中庭相连通的门、窗，应采用火灾时能自行关闭的甲级防火门、窗

C. 高层建筑内的中庭回廊应设自动喷水灭火系统和火灾自动报警系统

D. 中庭内不应布置可燃物

E. 中庭应设排烟设施

判定：基本常识。

参考答案：BCDE；

考点：中庭、防火分区。

难易程度：☆☆

例 190. 下列关于机械排烟系统的排烟管道说法中，符合要求的有（　　　）。

A. 应采用非金属材料制作

B. 应采用不燃材料制作

C. 应在其风机入口处设当烟气温度超过 280℃时能自动关闭的排烟防火阀

D. 吊顶内有可燃物时，排烟管道隔热层应采用难燃材料制作，并应与可燃物保持不小于 150mm 的距离

E. 在排烟支管上应设防火阀

判定：基本常识。

参考答案：BC；

考点：排烟管道。

难易程度：☆☆

例 191. 安装在钢龙骨上燃烧性能达到 B_1 级的（　　　），可作为 A 级装修材料使用。

A. 难燃胶合板　　　　B. 聚氨酯夹芯板　　　　C. 聚苯乙烯夹芯板

D. 矿棉吸声板　　　　E. 纸面石膏板

判定：安装在金属龙骨上燃烧性能达到 B_1 级的纸面石膏板、矿棉吸声板，可作为 A 级装修材料使用。

参考答案：DE；

考点：装修材料、燃烧性能。

难易程度：☆

例 192.【2017 实务 35】下列装修材料中，属于 B_1 级墙面装修材料的是（　　　）。

A. 塑料贴面装饰板　　　　B. 纸质装饰板　　　　C. 无纺贴墙布　　　　D. 纸面石膏板

判定：基本常识。

参考答案：D；

考点：装修材料、燃烧性能。

难易程度：☆

例 193.【2017 实务 34】下列建筑材料及制品中，燃烧性能等级属于 B_2 级的是（　　　）。

A. 水泥板　　　　B. 混凝土板　　　　C. 矿棉板　　　　D. 胶合板

判定：基本常识。

参考答案：D；

考点：装修材料、燃烧性能。

难易程度：☆

例 194.【2017 综合能力 5】对某一类高层宾馆建筑的室内装修工程进行现场检查。下列检查结果中不符合现行国家消防技术标准的是（　　　）。

A. 客房吊顶采用轻钢龙骨石膏板

B.窗帘采用普通布艺材料制作

C.疏散走道两侧的墙面采用大理石

D.防火门的表面贴了彩色难燃人造板，门框和门的规格尺寸未减小

判定：一类高层宾馆应采用燃烧性能为 B_1 级的窗帘，二类高层宾馆可采用燃烧性能为 B_2 级的窗帘。

参考答案：B；

考点：装修材料、燃烧性能。

难易程度：☆

例 195.【2017 综合能力 58】在对某办公楼进行检查时，查阅图纸资料得知，该楼为钢筋混凝土结构，柱、梁、楼板的设计耐火极限分别为 3.00h、2.00h、1.50h，每层划分为 2 个防火分区。下列检查结果中，不符合现行国家消防技术标准的是（　　）。

A.将内走廊上原设计的常闭式甲级防火门改为常开式能自行关闭的甲级防火门

B.将二层原设计的防火墙移至一层餐厅中部的次梁对应位置上，防火分区面积仍然符合规范要求

C.将其中一个防火分区原设计活动式防火窗改为常闭式防火窗

D.排烟防火阀处于开启状态，但能与火灾报警系统联动和现场手动关闭

判定：基本常识。梁的耐火极限仅为 2.00h。

参考答案：B；

考点：防火墙设置要求。

难易程度：☆

例 196.下列建筑防爆设计中，属于预防性防爆措施的有（　　）。

A.采用不发火花的地面　　　　　　　　B.增大主体结构的强度

C.采用绝缘材料作整体面层时应采取防静电措施

D.设置泄压面　　　　　　　　　　　　E.采用敞开或半敞开式厂房

判定：基本常识。

参考答案：AC；

考点：建筑防爆、预防性防爆措施。

难易程度：☆

例 197.【2017 实务 18】下列建筑防爆措施中，不属于预防性措施的是（　　）。

A.生产过程中尽量不用具有爆炸危险的可燃物质

B.设置泄压构件

C.消除静电火花

D.设置可燃气体浓度报警装置

判定：基本常识。

参考答案：B；

考点：建筑防爆、预防性防爆措施。

难易程度：☆

例 198.【2017 综合能力 29】下列甲醇生产车间内电缆、导线的选型及敷设的做法中，不符合现行国家消防技术标准要求的是（　　）。

A.低压电力线路绝缘导线的额定电压等于工作电压

B.在 1 区内的供电线路采用铝芯电缆

C.接线箱内的供配电线路采用无护套的电线

D.电气线路在较高处敷设

判定：基本常识。在1区内应采用铜芯电缆。

参考答案：B；

考点：电气防爆。

难易程度：☆

例199.【2017实务51】某地上4层乙类厂房，其有爆炸危险的生产部位宜设置在第（　　）层靠外墙泄压设施附近。

A.三　　　　　　　　B.四　　　　　　　　C.二　　　　　　　　D.一

判定：基本常识。

参考答案：B；

考点：建筑防爆、防爆措施。

难易程度：☆

例200【2017综合能力64】某金属元件抛光车间的下列做法中，不符合规范要求的是（　　）。

A.采用铜芯绝缘导线做配线　　　　　　B.导线的连接采用压接方式

C.带电部件的接地干线有两处与接地体相连　　D.电气设备按潮湿环境选用

判定：基本常识。电气设备应选择防尘型。如果金属粉尘可燃，需考虑相应粉尘防爆型电气设备。

参考答案：D；

考点：粉尘环境、电气设备选型。

难易程度：☆

例201.【2017综合能力98】某设计院对有爆炸危险的甲类厂房进行设计，下列防爆设计方案中，符合现行国家标准《建筑设计防火规范》GB 50016的有（　　）。

A.厂房承重结构采用钢筋混凝土结构

B.厂房的总控制室独立设置

C.厂房的地面采用不发火花地面

D.厂房的分控制室贴邻厂房外墙设置，并采用耐火极限不低于3.00h的防火隔墙与其他部位分离

E.厂房利用门窗作为泄压设施，窗玻璃采用普通玻璃

判定：基本常识。

参考答案：ABCD；

考点：难易程度：☆

例202.【2017综合能力8】某氯酸钾厂房通风、空调系统的下列做法中，不符合现行国家消防技术标准的是（　　）。

A.通风设施设置导静电的接地装置

B.排风系统采用防爆型通风设备

C.厂房内的空气在循环使用前经过净化处理，并使空气中的含尘浓度低于其爆炸下限的25%

D.厂房内选用不发生火花的除尘器

判定：基本常识。氯酸钾厂房生产火灾危险性属甲类。甲、乙类厂房内的空气不应循环使用。

参考答案：C；

考点：供暖、通风、空调、防爆措施。

难易程度：☆

例 203.排烟防火阀与防火阀相似之处有（　　　）。

A.能在一定时间内满足耐火稳定性和耐火完整性要求

B.能起阻火隔烟作用

C.组成、形状和工作原理

D.安装在相同系统的管道上

E.公称动作温度相同

判定：基本常识。

参考答案：ABC；

考点：防火阀、排烟防火阀。

难易程度：☆☆

例 204.地下商店总建筑面积大于 20000m² 时，应按规定分隔为不大于 20000m² 的区域，相邻区域确需局部连通时，应采取符合相关规定的（　　　）分隔。

A.避难走道　　　　　　B.防烟楼梯间　　　　　　C.下沉式广场等室外开敞空间

D.消防车通道　　　　　E.防火隔间

判定：基本常识。

参考答案：ABCE；

考点：地下商店、局部连通、防火分隔。

难易程度：☆

例 205.组成控制中心报警系统的设备、组件包括（　　　）。

A.手动火灾报警按钮　　B.湿式报警阀组　　　　C.火灾报警控制器

D.火灾探测器　　　　　E.消防联动控制器

判定：基本常识。

参考答案：ACDE；

考点：控制中心报警系统、组成。

难易程度：☆

例 206.【2017 综合能力 22】下列避难走道的防火检查结果中，不符合现行国家消防技术标准的是（　　　）。

A.避难走道采用耐火极限 3.00h 的防火墙和耐火极限 2.50h 的楼板与其他区域进行分隔

B.最远防火分区通向避难走道的门至该避难走道最近直通地面的出口的距离为 39m

C.使用人数最多的防火分区通向与其连接的避难走道的 2 个门净宽度均为 1.6m，避难走道的净宽度为 3.50m

D.防火分区开向避难走道前室的门采用乙级防火门，前室开向避难走道的门采用甲级防火门

判定：基本常识。防火分区开向避难走道前室的门应采用甲级防火门，前室开向避难走道的门应采用乙级防火门或甲级防火门；

参考答案：D；

考点：避难走道、构造要求。

难易程度：☆

例 207.【2017 综合能力 32】对某医院的高层病房楼进行防火检查时，发现下列避难间的做法中，错误的是（　　　）。

A.在二层及以上的病房楼层设置避难间

B.避难间靠近楼梯间设置，采用耐火极限为2.50h的防火隔墙和甲级防火门与其他部位隔开

C.每个避难间为2个护理单元服务

D.每个避难间的建筑面积为25m²

判定：规范规定，高层病房楼应在二层及以上的病房楼层和洁净手术部设置避难间。做法不同于说法，做法应执行规范或高于规范规定，即A没有包括洁净手术部就是错误的。

参考答案：A；

考点：避难间、构造要求。

难易程度：☆

例208.【2017综合能力83】下列安全出口的检查结果中，符合现行国家消防技术标准的有（　　）。

A.防烟楼梯间在首层直接对外的出口门采用向外开启的安全玻璃门

B.服装厂房设置的封闭楼梯间各层均采用常闭式乙级防火门，并向楼梯间开启

C.多层办公室封闭楼梯间的入口门采用常开的乙级防火门，并有自行关闭和信号反馈功能

D.室外地坪标高-0.15m、室内地坪标高-10.00m的地下2层建筑，其疏散楼梯采用封闭楼梯间

E.高层宾馆中连接"—"字形内走廊的2个防烟楼梯间前室的入口中心线之间的距离为60m

判定：（1）E看来似乎有误，实质上是正确的，场景描述中并不涉及袋形走道，其最大疏散距离30m，如考虑自动喷水、不燃装修等有利因素，是符合规范要求的。

（2）B看上去似乎正确，实质上却是错误的：服装厂房设置的封闭楼梯间，在首层应向疏散方向开启。

参考答案：ACDE；

考点：封闭楼梯间、最大安全疏散距离。

难易程度：☆

例209.【2017综合能力48】某消防工程施工单位在消火栓系统安装结束后对系统进行调试，根据现行国家标准《消防给水及消火栓系统技术规范》GB 50974，关于消火栓调试和测试说法中，正确的是（　　）

A.只需测试一层消火栓的出流量、压力

B.应根据试验消火栓的流量，检测减压阀的减压能力

C.应在消防水泵启动后，检测水泵自动停泵的时间

D.应检查旋转型消火栓的性能

判定：基本常识。

参考答案：D；

考点：消火栓调试和测试。

难易程度：☆

例210.【2017综合能力35】某消防工程施工单位对消火栓系统进行施工前的进场检验，根据现行国家标准《消防给水及消火栓系统技术规范》GB 50974，关于消火栓固定接口密封性能现场试验的说法中，正确的是（　　）。

A.试验数量宜从每批中抽查1%，但不应少于3个

B.当仅有1个不合格时，应再抽查2%，但不应少于10个

C. 应缓慢而均匀地升压至 1.6MPa，并应保压 1min

D. 当第 2 次抽查仍有不合格时，应继续进行批量抽查，抽查数量按前次递增

判定：基本常识。

参考答案：B；考点：。

难易程度：☆

例 211.【2017 综合能力 43】根据现行国家标准《消防给水及消火栓系统技术规范》GB 50974，干式消火栓系统允许的最大充水时间是（　　）min。

A.5　　　　　　　　　　B.10　　　　　　　　　　C.2　　　　　　　　　　D.3

判定：基本常识。

参考答案：A；

考点：干式消火栓系统允许的最大充水时间。

难易程度：☆

例 212.【2017 实务 33】下列场所中，不需要设置火灾自动报警系统的是（　　）。

A. 高层建筑首层停车数为 200 辆的汽车库

B. 采用汽车专用升降机做疏散出口的汽车库

C. 停车数为 350 辆的单层汽车库

D. 采用机械设备进行垂直或水平移动停放汽车的敞开汽车库

判定：（1）除敞开式汽车库、屋面停车场外，Ⅰ类汽车库、修车库；Ⅱ类地下、半地下汽车库、修车库；Ⅱ类高层汽车库、修车库；机械式汽车库；采用汽车专用升降机作汽车疏散出口的汽车库应设置火灾自动报警系统。

（2）设在高层建筑内首层的汽车库不属高层汽车库，停车数 200 辆，属Ⅱ类地上汽车库。

参考答案：A；

考点：汽车库、设置火灾自动报警系统。

难易程度：☆

例 213. 湿式喷水灭火系统中压力开关的主要作用有（　　）。

A. 启动喷淋泵　　　　B. 将水流信号反馈至控制中心　　　　C. 启动水力警铃动作

D. 启动水流指示器　　E. 延时

判定：基本常识。

参考答案：AB；

考点：湿式喷水灭火系统、压力开关。

难易程度：☆

例 214. 末端试水装置的作用包括（　　）。

A. 测定自动喷水灭火系统的工况是否正常　　　B. 测定配水管道是否畅通

C. 测定最不利点处喷头的工作压力　　　　　　D. 直接启动消防水泵　　　　E. 清洗管道

判定：基本常识。

参考答案：ABC；

考点：末端试水装置。

难易程度：☆

例 215. 末端试水装置动作后，（　　）应动作。

A. 水流指示器　　　　B. 水力警铃　　　　　C. 压力开关

D.湿式报警阀　　　　E.闭式喷头

判定：基本常识。

参考答案：ABCD；

考点：末端试水装置。

难易程度：☆

例216. 设有火灾自动报警系统时，消火栓泵可由（　　　）启动。

A.消火栓按钮的动作信号　　　　B.流量开关　　　C.压力开关

D.消防联动控制器　　　　E.水流指示器

判定：（1）消防水泵应由压力开关、流量开关信号直接自动启动。

（2）水流指示器易受管网水压波动影响，不得用作启泵信号。

（3）消火栓按钮的动作信号给出使用消火栓的位置。设有火灾自动报警系统时，消火栓按钮不得替代手动火灾报警按钮，其动作信号应作为报警信号及联动启动消火栓泵的逻辑组成信号之一，由消防联动控制器联动控制消火栓泵的启动；无火灾自动报警系统时，消火栓按钮的动作信号用导线直接引到消防泵控制柜（箱），启动消防泵。所以，消火栓按钮的动作信号不是选项。

参考答案：BCD；

考点：消防水泵、启动信号、控制关系。

难易程度：☆☆

例217. 消防水泵的联动控制，可采用（　　　）作为其联动触发信号。

A.两个独立的"与"逻辑组合报警信号　　　　B.流量开关的动作信号

C.压力开关的动作信号　D.水流指示器的动作信号

E.消火栓按钮的动作信号

判定：同上。

参考答案：ABC；

考点：消防水泵、启动信号、控制关系。

难易程度：☆☆

例218. 设有火灾自动报警系统时，消火栓按钮动作信号主要用作（　　　）。

A.替代手动火灾报警按钮　　　　B.直接启动消防水泵　　　C.报火警

D.开启正压送风口、启动正压送风机的联动信号

E.启动消防水泵的联动信号

判定：同上。

参考答案：CE；

考点：消防水泵、启动信号、控制关系。

难易程度：☆☆

例219. 加压送风口和送风机应由送风口所在防火分区内的（　　　）的报警信号，作为触发信号。

A.1只感温火灾探测器

B.1只火灾探测器与一只手动火灾报警按钮

C.1只手动火灾报警按钮

D.2只独立的火灾探测器

E.1只感烟火灾探测器

判定：送风口开启、加压送风机启动应由加压送风口所在防火分区内的 2 只独立的火灾探测器或 1 只火灾探测器与 1 只手动火灾报警按钮的报警信号，组成的"与"逻辑信号联动。

参考答案：BD；

考点：防烟系统、联动控制方式。

难易程度：☆

例 220.【2017 综合能力 20】在防排烟系统中，系统组件在正常工作状态下的启闭状态是不同的，关于防排烟系统组件启闭状态的说法中，正确的是（　　　）。

A.加压送风口既有常开式，也有常闭式

B.排烟防火阀及排烟阀平时均呈开启状态

C.排烟防火阀及排烟阀平时均呈关闭状态

D.自垂百叶式加压送风口平时呈开启状态

判定：基本常识。

参考答案：A；

考点：防排烟系统组件、启闭状态。

难易程度：☆

例 221. 水喷雾的灭火机理包括（　　　）。

A.阻断链式反应　　　B.窒息　　　　　　C.乳化

D.稀释　　　　　　　E.表面冷却

判定：基本常识。

参考答案：BCDE；

考点：水喷雾、灭火机理。

难易程度：☆

例 222.【2017 实务 23】水喷雾的主要灭火机理不包括（　　　）。

A.窒息　　　　　　B.乳化　　　　　　C.稀释　　　　　　D.阻断链式反应

判定：基本常识。

参考答案：D；

考点：水喷雾、灭火机理。

难易程度：☆

例 223. 水喷雾灭火系统的雨淋阀组，应由同一报警区域内（　　　）的报警信号，作为开启的联动信号。

A.1 只及以上独立的感温火灾探测器

B.1 只感烟火灾探测器与 1 只手动火灾报警按钮

C.2 只及以上独立的火灾探测器

D.1 只感温火灾探测器与 1 只手动火灾报警按钮

E.2 只及以上独立的感温火灾探测器

判定：水喷雾灭火系统采用雨淋阀组。雨淋阀组开启的联动触发信号，应由同一报警区域内 2 只及以上独立的感温火灾探测器或 1 只感温火灾探测器与 1 只手动火灾报警按钮的报警信号组成。

参考答案：DE；

考点：水喷雾、雨淋阀组、联动控制方式。

难易程度：☆☆

例224.【2017综合能力9】某消防工程施工单位在调试自动喷水灭火系统时，使用压力表、流量计、秒表、声强计和观察检查的方法对雨淋阀组进行调试，根据现行国家标准《自动喷水灭火系统施工及验收规范》GB 50261，关于雨淋阀调试的说法中，正确的是（　　　　）。

　　A.自动和手动方式启动公称直径为80mm的雨淋阀，应在15s内启动

　　B.公称直径大于200mm的雨淋阀调试时，应在80s内启动

　　C.公称直径大于100mm的雨淋阀调试时，应在30s内启动

　　D.当报警水压为0.15MPa时，雨淋阀的水力警铃应发出报警铃声

　　判定：雨淋阀调试时，自动和手动方式启动的雨淋阀，应在15s之内启动；公称直径大于200mm的雨淋阀调试时，应在60s之内启动。当报警水压为O.05MPa，水力警铃应发出报警铃声。

　　参考答案：A；自动喷水灭火系统、雨淋阀调试。

　　考点：雨淋阀调试。

　　难易程度：☆☆

例225.气体灭火控制器直接连接火灾探测器时，在接收到第二个报警信号后，应发出联动控制信号。第二个报警信号应来自于同一防护区域内与首次报警信号相邻的（　　　　）。

　　A.火灾声光警报　　　　B.手动火灾报警按钮　　C.火焰探测器

　　D.感温火灾探测器　　E.感烟火灾探测器

　　判定：气体灭火控制器直接连接火灾探测器时，在接收到第二个联动触发信号后，应发出联动控制信号，且联动触发信号应为同一防护区域内与首次报警的火灾探测器或手动火灾报警按钮相邻的感温火灾探测器、火焰探测器或手动火灾报警按钮的报警信号。

　　参考答案：BCD；

　　考点：气体灭火系统、联动控制方式。

　　难易程度：☆☆

例226.【2017实务87】关于防烟排烟系统联动控制的做法，符合规范要求的有（　　　　）。

　　A.同一防烟分区内的一只感烟探测器和一只感温探测器报警，联动控制该防烟分区的排烟口开启

　　B.同一防烟分区内的两只感烟探测器报警，联动控制该防烟分区及相邻防烟分区的排烟口开启

　　C.排烟口附近的一只手动报警按钮报警，控制该排烟口开启

　　D.排烟阀开启动作信号联动控制排烟风机启动

　　E.通过消防联动控制器上的手动控制盘直接控制排烟风机启动、停止

　　判定：基本常识。

　　参考答案：ADE；

　　考点：防烟排烟系统、联动控制。

　　难易程度：☆☆

例227.【2017实务19】根据防烟排烟系统的联动控制设计要求，当（　　　　）时，送风口不会动作。

　　A.同一防护区内一只火灾探测器和一只手动报警按钮报警

　　B.联动控制器接收到送风机启动的反馈信号

　　C.同一防护区内两只独立的感烟探测器报警

　　D.在联动控制器上手动控制送风口开启

　　判定：基本常识。

参考答案：B；

考点：防烟排烟系统、联动控制。

难易程度：☆

例 228.【2017 综合能力 33】对某公共建筑防排烟系统设置情况进行检查。下列检查结果中，不符合现行国家消防技术标准要求的是（　　）。

A. 地下一层长度为 20m 的疏散走道未设置排烟设施

B. 地下一层 1 个 50m² 的仓库内未设置排烟设施

C. 四层 1 个 50m² 的会议室内未设置排烟设施

D. 四层 1 个 50m² 的游戏室内未设置排烟设施

判定：基本常识。设置在四层及以上楼层、地下或半地下的歌舞娱乐放映游艺场所应设置排烟设施。

参考答案：D；

考点：防排烟设施。

难易程度：☆

例 229.【2017 综合能力 99】消防设施检测机构对某建筑的机械排烟系统进行检测时，打开排烟阀，消防控制室接到风机启动的反馈信号，现场测量，排烟口入口处排烟风速过低，排烟口风速过低的可能原因有（　　）。

A. 风机反转　　　　　B. 风道阻力过大　　　　C. 风口尺寸偏小

D. 风机位置不当　　　E. 风道漏风量过大

判定：基本常识。

参考答案：BDE；

考点：机械排烟系统。

难易程度：☆

例 230.【2017 实务 93】关于火灾报警和消防应急广播系统联动控制设计的说法，符合规范要求的是（　　）。

A. 火灾确认后应启动建筑内所有火灾声光警报器

B. 消防控制室应能手动控制选择广播分区、启动和停止应急广播系统

C. 消防应急广播启动时应停止相应区域的声光警报器

D. 集中报警系统和控制中心报警系统应设置消防应急广播

E. 当火灾确认后，消防联动控制器应联动启动消防应急广播向火灾发生区域及相邻防火分区广播

判定：基本常识。

参考答案：ABD；

考点：消防应急广播系统、联动控制。

难易程度：☆

例 231.【2017 实务 95】关于甲乙丙类液体，气体储罐区的防火要求，错误的有（　　）。

A. 罐区应布置在城市的边缘或相对独立的安全地带

B. 甲乙丙类液体储罐宜布置在地势相对较低的地带

C. 液化石油气储罐区宜布置在地势平坦等不易积存液化石油气的地带

D. 液化石油气储罐区四周应设置高度不小于 0.8m 的不燃烧性实体防护墙

E. 钢质储罐必须做防雷接地，接地点不应少于 1 处

判定：基本常识。

参考答案：DE；

考点：甲乙丙类液体、甲乙类气体、储罐区、平面布置。

难易程度：☆

例232.【2017 实务 94】关于锅炉房防火防爆设计的做法，正确的有（　　　）。

A.燃气锅炉房选用防爆型事故排风机

B.锅炉房设置在地下一层靠外墙部位，上一层为西餐厅，下一层为汽车库

C.设点型感温火灾探测器

D.总储存量为 $3m^3$ 的储油间与锅炉房之间采用 3.00h 的防火墙和甲级防火门分隔

E.电力线路采用绝缘线明敷

判定：基本常识。

参考答案：AC；

考点：锅炉房、防火防爆设计。

难易程度：☆

例233.【2017 综合能力 36】下列疏散出口的检查结果中，不符合现行国家消防技术标准的是（　　　）。

A.容纳 200 人的观众厅，其 2 个外开疏散门的净宽度均为 1.20m

B.教学楼内位于两个安全出口之间的建筑面积 $55m^2$，使用人数 45 人的教室设有 1 个净宽 1.00m 的外开门

C.单层的棉花储备仓库在外墙上设置净宽 4.00m 的金属卷帘门作为疏散门

D.建筑面积为 $200m^2$ 的房间，其相邻 2 个疏散门洞净宽 1.5m，疏散门中心线之间的距离为 6.5m

判定：基本常识。人员密集的公共场所、观众厅的疏散门净宽度不应小于 1.40m。

参考答案：A；

考点：人员密集场所、疏散门净宽度。

难易程度：☆

例234.【2017 实务 55】.城市消防远程监控系统不包括（　　　）。

A.用户信息传输装置　　B.报警传输网络　　　　C.火警信息终端　　　　D.火灾报警控制器

判定：基本常识。

参考答案：D；

考点：城市消防远程监控系统、系统组成。

难易程度：☆

例235.【2017 综合能力 62】各地在智慧消防建设过程中，积极推广应用城市消防远程监控系统。根据现行国家标准《城市消防远程监控系统技术规范》GB 50440，下列系统和装置中，属于城市消防远程监控系统构成部分的是（　　　）。

A.用户信息传输装置　　B.火灾探测报警系统　　C.火灾警报装置　　　　D.消防联动控制系统

判定：基本常识。

参考答案：A；

考点：城市消防远程监控系统、系统组成。

难易程度：☆

例236.【2017 实务 56】机械加压送风系统启动后，按照余压值从大到小排列，排序正确的是

（　　　）。

A. 走道、前室、防烟楼梯间　　　　　　　B. 前室、防烟楼梯间、走道

C. 防烟楼梯间、前室、走道　　　　　　　D. 防烟楼梯间、走道、前室

判定：基本常识。防烟楼梯间（40Pa～50Pa）＞前室（25Pa～30Pa）＞走道＞房间。封闭避难层（间）25Pa～30Pa。

参考答案：C；

考点：机械加压送风、余压值。

难易程度：☆

例 237.【2017 实务 57】某商业综合体建筑，裙房与高层建筑主体采用防火墙分隔，地上 4 层，地下 2 层，地下二层为汽车库，地下一层为超市及设备用房，地上各层功能包括商业营业厅、餐厅及电影院，下列场所对应的防火分区建筑面积中，错误的是（　　　）。

A. 地下超市，2100m^2　　　　　　　　　B. 商业营业厅，4800m^2

C. 餐厅区域，4200m^2　　　　　　　　　D. 电影院区域，3100m^2

判定：（1）裙房与高层建筑主体之间设置防火墙时，裙房的防火分区可按单、多层建筑的要求确定。

（2）一、二级耐火等级建筑内的商店营业厅、展览厅设置在地下或半地下，当设置自动灭火系统和火灾自动报警系统并采用不燃或难燃装修材料时，其每个防火分区的最大允许建筑面积不应大于 2000m^2。

参考答案：A；

考点：裙房的防火分区。

难易程度：☆

例 238.【2017 综合能力 71】某单层白酒仓库，占地面积 900m^2，库房内未进行防火分隔，未设置自动灭火和火灾自动报警设施，储存陶罐装酒精度为 38° 及以上的白酒。防火检查时提出下列防火分区的措施中，正确的是（　　　）。

A. 将该仓库作为一个防火分区，同时设置自动灭火系统和火灾自动报警系统

B. 将该仓库用耐火极限为 4.00h 的防火墙平均分成 4 个防火分区，并设置火灾自动报警系统

C. 将该仓库用耐火极限为 3.00h 的防火墙平均分成 2 个防火分区，并设置火灾自动灭火系统

D. 将该仓库用耐火极限为 3.00h 且满足耐火完整性和耐火隔热性判定条件的防火卷帘划分 5 个防火分区，最大防火分区面积不超过 200m^2。

判定：基本常识。

参考答案：C；

考点：防火分区、白酒库。

难易程度：☆

例 239.【2017 综合能力 23】某三层内廊式办公楼，建筑高度 12.5m，三级耐火等级，设置自动喷水灭火系统，每层建筑面积均为 1400m^2，有 2 部采用双向弹簧门的封闭式楼梯间。该办公楼每层一个防火分区的允许最大建筑面积为（　　　）m^2。

A.1200　　　　　　　B.2400　　　　　　　C.2800　　　　　　　D.1400

判定：基本常识。

参考答案：B；

考点：防火分区、设置自动灭火系统。

难易程度：☆

例 240.【2017 综合能力 57】某 5 层宾馆，中部有一个贯通各层的中庭，在二至五层的中庭四周采用防火卷帘与其他部位分隔，首层中庭未设置防火分隔措施；其他区域划分若干防火分区，防火分区面积符合规范要求。下列检查结果中，不符合现行国家消防技术标准的是（　　　）。

A. 中庭区域火灾报警信号确认后，中庭四周的防火卷帘直接下降到楼板面

B. 一层 A、B 两个防火分区之间防火分隔部位的长度为 25m，使用防火墙和 10m 宽的防火卷帘作为防火分隔物

C. 各分区之间的防火卷帘在切断电源后能依靠其自重下降，但不能自动上升

D. 二层 C、D 两个防火分区之间防火分隔部位的长度为 40m，使用防火墙和 15m 宽的防火卷帘作为防火分隔物

判定：除中庭外，当防火分隔部位的宽度大于 30m 时，防火卷帘的宽度不应大于该部位宽度的 1/3，且不应大于 20m。此题应清楚表述二层 C、D 两个防火分区之间的防火卷帘与中庭无关。其次，A 项中亦应清楚表述二层及以上中庭四周无回廊，防火卷帘直接下降到楼板面不涉及疏散通道问题，否则，此题无解。

参考答案：D；

考点：中庭、防火卷帘、宽度。

难易程度：☆

例 241.【2017 实务 82】某地下变电站，主变电气容量为 150MV·A，该变电站的下列防火设计方案中，不符合规范要求的有（　　　）。

A. 继电器室设置感温火灾探测器

B. 主控通信室设计火灾自动报警系统及疏散应急照明

C. 变压器设置水喷雾灭火系统

D. 电缆层设置感烟火灾探测器

E. 配电装置室采用火焰探测器

判定：基本常识。

参考答案：AE；

考点：变电站、火灾探测器、灭火设备。

难易程度：☆

例 242.【2017 实务 83】某商业建筑，建筑高度 23.3m，地上标准层每层划分为面积相近的 2 个防火分区，防火分隔部位的宽度为 60m，该商业建筑的下列防火分隔做法中，正确的有（　　　）。

A. 防火墙设置两个不可开启的乙级防火窗

B. 防火墙上设置两樘常闭式乙级防火门

C. 设置总宽度为 18m、耐火极限为 3.00h 的特级防火卷帘

D. 采用耐火极限为 3.00h 的不燃性墙体从楼地面基层隔断至梁或楼板地面基层

E. 通风管道在穿越防火墙处设置一个排烟防火阀

判定：此题较易出错的是对 E 的判断。相关规范仅规定风管穿过防火墙时，穿越处风管上的排烟防火阀两侧各 2.0m 范围内的风管应采取的防火保护措施和耐火极限、应设置排烟防火阀的部位，但并未规定必须在穿越防火墙处两侧各设置 1 个排烟防火阀。

（1）防火墙应从楼地面基层隔断至梁、楼板或屋面板的底面基层。

（2）防火墙上不应开设门、窗、洞口，确需开设时，应设置不可开启或火灾时能自动关闭的甲

级防火门、窗。当防火分隔部位的宽度大于30m时，防火卷帘的宽度不应大于该部位宽度的1/3，且不应大于20m；

（3）除规范另有规定外，防火卷帘的耐火极限不应低于所设置部位墙体的耐火极限要求。

（4）风管穿过防火隔墙、楼板和防火墙时，穿越处风管上的防火阀、排烟防火阀两侧各2.0m范围内的风管应采用耐火风管或风管外壁应采取防火保护措施，且耐火极限不应低于该防火分隔体的耐火极限。

（5）垂直风管与每层水平风管交接处的水平风管上、排烟系统负担多个防烟分区的排烟支管上、排烟风机入口处，均应设置排烟防火阀。

参考答案：CDE；

考点：防火分隔、构造要求。

难易程度：☆☆

例243.【2017 实务 84】下列照明灯具的防火措施中，符合规范要求的有（　　　）。

A.燃气锅炉房内固定安装任意一种防爆类型的照明灯具

B.照明线路接头采用钎焊焊接并用绝缘布包好，配电盘后线路接头数量不限

C.潮湿的厂房内外采用封闭型灯具或有防水型灯座的开启型灯具

D.木质吊顶上安装附带镇流器的荧光灯具

E.舞池脚灯的电源导线采用截面积不小于2.0mm² 阻燃电缆明敷

判定：基本常识。

（1）B选项中提到，"配电盘后线路接头数量不限"，显然是错误的；

（2）C选项并未界定厂房的火灾危险性类别，略嫌不严谨。但不妨勉强视作符合相关规定。

（3）D选项显然是错误的；

（4）E选项中指明是"舞池脚灯的电源导线"，显然是错误的；

（5）试分析A选项如下。

①常见燃气有天燃气、人工煤气和液化石油气。其组分 CH_4、C_3H_8、C_4H_{10}、C_nH_m、H_2、CO_2、O_2、N_2 的体积百分比，随产地、开采和制气工艺而异，相关参数及爆炸性气体混合物的分级分组如下表所示。

物质	分子式	级别	引燃温度组别	引燃温度（℃）	闪点（℃）	爆炸极限（V%）	相对密度
甲烷	CH_4	ⅡA	T1	537	气态	5.0～15.0	0.6
丙烷	C_3H_8	ⅡA	T2	432	气态	2.0～11.1	1.5
丁烷	C_4H_{10}	ⅡA	T2	365	—60	1.9～8.5	2.0
氢	H_2	ⅡC	T1	500	气态	4.0～75.0	0.1
一氧化碳	CO	ⅡA	T1		气态	12.5～74.0	1.00
焦炉煤气		ⅡB	T1	560		4.0～40.0	0.4～0.5
水煤气		ⅡC	T1			1	

②当存在2种以上可燃性物质形成的爆炸性混合物时，应按照混合后的爆炸性混合物的级别和组别选用防爆设备，如无据可查又不可能进行试验时，可按危险程度较高的级别和组别选择防爆电气设备。

③电气设备分为三类，Ⅰ类电气设备用于煤矿瓦斯气体环境，Ⅱ类电气设备用于除煤矿甲烷气

体以外的其他爆炸性气体环境，Ⅲ类电气设备用于除煤矿以外的爆炸性粉尘环境。所以，燃气锅炉房只能选择Ⅱ类电气设备，防爆性能不宜低于ⅡCT2，如按爆炸性气体环境2区考虑，设备保护级别（EPL）可为 G_a、G_b、G_c 任意一级。

综上所述，"燃气锅炉房内固定安装任意一种防爆类型的照明灯具"是错误的。

参考答案：C；

考点：照明灯具、防火要求。

难易程度：☆

例244.【2017 实务 20】关于地铁车站安全出口设置的说法，错误的是（　　　）。

A.每个站厅公共区应设置不少于2个直通地面的安全出口

B.地下换乘车站的换乘通道不应作为安全出口

C.地下车站的设备与管理用房区域安全出口的数量不应小于2个

D.安全出口同方向设置时，两个安全出口通道口部之间净距不应小于5m

判定：基本常识。

参考答案：D；

考点：地铁车站、安全出口。

难易程度：☆

例245.【2017 实务 28】关于地铁防排烟设计的说法，正确的是（　　　）。

A.站台公共区每个防烟分区的建筑面积不宜超过 $2000m^2$

B.地下车站的设备用房和管理用房的防烟分区可以跨越防火分区

C.站厅公共区每个防烟分区的建筑面积不宜超过 $3000m^2$

D.地铁内的设置的挡烟垂壁等设施的下垂高度不应小于450mm

判定：防烟分区不得跨越防火分区。挡烟垂壁等设施的下垂高度不应小于500mm。站厅与站台的公共区每个防烟分区的建筑面积不宜超过 $2000m^2$。

参考答案：A；

考点：地铁、防排烟。

难易程度：☆

例246【2017 综合能力 56】某单层平屋面多功能厅，建筑面积 $600m^2$，屋面板底距室内地面7.0m，结构梁从顶板下突出0.6m，吊顶采用镂空轻钢格栅，吊顶下表面距室内地面5.5m，该多功能厅设有自动喷水灭火系统、火灾自动报警系统和机械排烟系统。下列关于该多功能厅防烟分区划分的说法中，正确的是（　　　）。

A.该多功能厅应采用屋面板底下垂高度不小于0.5m的挡烟垂壁划分为2个防烟分区

B.该多功能厅可不划分防烟分区

C.该多功能厅应利用室内结构梁划分为2个防烟分区

D.该多功能厅应采用自吊顶底下垂高度不小于0.5m的活动挡烟垂壁划分为2个防烟分区

判定：此题没有限定镂空轻钢格栅的开孔状况，略欠严谨，可能并非真正试题。建议选择C为答案。

（1）3.0m<空间净高≤6.0m时，防烟分区最大允许面积为 $1000m^2$、长边最大允许长度为36m；空间净高>6.0m时，防烟分区最大允许面积为 $2000m^2$、长边最大允许长度为60m，具有自然对流条件时，不应大于75m；所以 $600m^2$ 可不划分防烟分区；

（2）但是，设有机械排烟系统的场所，应划分防烟分区；

（3）当镂空轻钢格栅吊顶开孔均匀或开孔率大于25%时，可利用室内结构梁划分防烟分区。

参考答案：C；

考点：防烟分区。

难易程度：☆

例247.【2017 综合能力 12】关于大型商业综合体消防设施施工前需具备的基本条件的说法中，错误的是（　　）。

A.消防工程设计文件经建设单位批准

B.消防设施设备及材料有符合市场准入制度的有效证明及产品出厂合格证书

C.施工现场的水、电能够满足连续施工的要求

D.与消防设施相关的基础、预埋件和预留孔洞等符合设计要求

判定：基本常识。

参考答案：A；

考点：消防设施施工前需具备的基本条件。

难易程度：☆

例248.【2017 综合能力 13】某在建工程，单位体积为 35000m³，设计建筑高度为 23.5m，临时用房建筑面积为 1200m²，设置了临时室内、外消防给水系统。该建设工程施工现场临时消防设施设置的做法中，不符合现行国家消防技术标准要求的是（　　）。

A.临时室外消防给水干管的管径采用 DN100

B.设置了两根室内临时消防竖管

C.每个室内消火栓处只设置接口，未设置消防水带和消防水枪

D.在建工程临时室外消防用水量按火灾延续时间 1.00h 确定

判定：在建工程仅在结构施工完毕的每层楼梯处设置消防水枪、水带及软管，且每个设置点不应少于 2 套。（单体）体积＞30 000m³ 的在建工程，临时室外消防用水量的火灾延续时间为 2.00h。

参考答案：D；

考点：施工现场、临时消防设施。

难易程度：☆☆

例249.【2017 综合能力 25】在建工程施工过程中，施工现场的消防安全负责人应定期组织消防安全管理人员对施工现场的消防安全进行检查。施工现场定期防火检查内容不包括（　　）。

A.防火巡查是否记录　　　　　　　　　B.动火作业的防火措施是否落实

C.临时消防设施是否有效　　　　　　　D.临时消防车道是否畅通

判定：基本常识。

参考答案：A；

考点：施工现场、消防安全检查。

难易程度：☆

例250.【2017 综合能力 75】关于消防安全管理人及其职责的说法，错误的是（　　）。

A.消防安全管理人应是单位中负有一定领导职责和权限的人员

B.消防安全管理人应负责拟定年度消防工作计划，组织制定消防安全制度

C.防安全管理人应每日测试主要消防设施功能并能及时排除故障

D.消防安全管理人应组织实施防火检查和火灾隐患整改工作

判定：基本常识。

参考答案：C；

考点：消防安全管理人的职责。

难易程度：☆

例 251.【2017 综合能力 14】下列设备和设施中，属于临时高压消防给水系统构成必需的设备设施是（　　）。

A. 消防稳压泵　　　　B. 消防水泵　　　　C. 消防水池　　　　D. 市政管网

判定：基本常识。临时高压消防给水系统的定义是"平时不能满足水灭火设施所需的工作压力和流量，火灾时能自动启动消防水泵以满足水灭火设施所需的工作压力和流量的供水系统。"

参考答案：B；

考点：临时高压消防给水系统、组成。

难易程度：☆

例 252.【2017 综合能力 63】下列设施中，不属于消防车取水用的设施是（　　）。

A. 水泵接合器　　　B. 市政消火栓　　　C. 消防水池取水池　　　D. 消防水鹤

判定：基本常识。

参考答案：A；

考点：消防车取水设施。

难易程度：☆

例 253.【2017 综合能力 41】按照施工过程质量控制要求，消防给水系统安装前应对采用的主要设备、系统组件、管材管件及其他设备、材料进行现场检验。根据现行国家标准《消防给水及消防栓系统技术规范》GB 50974，下列说法中，正确的是（　　）。

A. 流量开关应经相应国家产品质量监督检验中心检测合格

B. 消防水箱应经国家消防产品质量监督检验中心检测合格

C. 压力开关应经国家消防产品质量监督检验中心检测合格

D. 安全阀应经国家消防产品质量监督检验中心检测合格

判定：基本常识。4 选 1，稍加对比，立即可选出正确答案。

参考答案：B；

考点：消防给水系统组件、现场检验。

难易程度：☆

例 254【2017 综合能力 91】对某民用建筑设置的消防水泵进行验收检查，根据现行国家标准《消防给水及消防火栓系统技术规范》GB 50974，关于消防水泵验收要求的做法，正确的有（　　）。

A. 消防水泵应采用自灌式引水方式，并应保证全部有效储水被有效利用

B. 消防水泵就地和远程启泵功能正常

C. 打开消防出水管上试水阀，当采用主电源启动消防水泵时，消防水泵应启动正常

D. 消防水泵启动控制应置于自动启动档

E. 消防水泵停泵时，水锤消除设施后的压力不应超过水泵出口设计工作压力 1.6 倍

判定：基本常识。稍加对比，立即可选出正确答案。记不住"消防水泵停泵时，水锤消除设施后的压力不应超过水泵出口设计工作压力的 1.4 倍"亦可正确作答。

参考答案：ABCD；

考点：消防水泵、验收要求。

难易程度：☆

例255.【2017综合能力19】进行区域火灾风险评估时，在明确火灾风险评估目的和内容的基础上，应进行信息采集，重点收集与区域安全相关的信息。下列信息中，不属于区域火灾风险评估时应重点采集的信息是（　　　）。

A.区域内人口概况　　　B.区域的环保概况　　　C.消防安全规章制度　　D.区域内经济状况

判定：基本常识。

参考答案：B；

考点：火灾风险评估、信息采集。

难易程度：☆

例256.【2017综合能力26】对建筑进行火灾风险评估时，应确定评估对象可能面临的火灾风险。关于火灾风险识别的说法中，错误的是（　　　）。

A.查找火灾风险来源的过程称为火灾风险识别

B.火灾风险识别是开展火灾风险评估工作所必需的基础环节

C.消防安全措施有效性分析包括专业队伍扑救能力

D.衡量火灾风险的高低主要考虑起火概率大小

判定：基本常识。

参考答案：D；

考点：火灾风险评估。

难易程度：☆

例257.【2017综合能力52】某大型商场制定了消防应急预案，内容包括初期火灾处置程序和措施。下列处置程序和措施中，错误的是（　　　）。

A.发现火灾时。起火部位现场员工应当于3min内形成灭火第一战斗力量

B.发现起火时。应立即打119电话报警

C.发现起火时。安全出口或通道附近的员工应在第一时间负责引导人员进行疏散

D.发现火灾时，消火栓附近的员工应立即利用消火栓灭火

判定：基本常识。

参考答案：A；

考点：初期火灾处置程序和措施。

难易程度：☆

例258.【2017综合能力46】单位在确定消防重点部位后，应加强对消防重点部位的管理。下列管理措施中，不属于消防重点部位管理措施的是（　　　）。

A.制度管理　　　　　B.隐患管理　　　　　C.立牌管理　　　　　D.教育管理

判定：基本常识。

参考答案：B；

考点：消防重点部位、管理措施。

难易程度：☆

例259.【2017综合能力66】对某大型工厂进行防火检查，发现的下列火灾隐患中可以直接判定为重大火灾隐患的是（　　　）。

A.室外消防给水系统消防泵损坏

B.将氨压缩机房设置在厂房的地下一层

C.在主厂房边的消防车道上堆满了货物

D. 在 2 号车间与 3 号车间之间的防火间距空地搭建了一个临时仓库

判定：基本常识。氨压缩机房生产的火灾危险性属乙类。甲、乙类生产场所（仓库）不应设置在地下或半地下。

参考答案：B；

考点：重大火灾隐患判定。

难易程度：☆

例 260.【2017 综合能力 84】对某城市综合体进行防火检查，发现存在火灾隐患。根据重大火灾隐患综合判定规则，下列火灾隐患中，存在 3 条即可判定为重大火灾隐患的是（　　　）。

A. 自动喷水灭火系统的消防水泵损坏

B. 设在四层的卡拉 OK 厅未按规定设置排烟设施

C. 地下一层超市防火卷帘门不能正常下落

D. 疏散走道的装修材料采用胶合板

E. 消防用电设备末端不能自动切换

判定：基本常识。

参考答案：ABE；

考点：重大火灾隐患综合判定规则。

难易程度：☆

例 261.【2017 综合能力 31】某消防安全培训机构（二级资质）受某单位委托，对该单位的重大火灾隐患整改进行咨询指导，并出具了书面结论报告，根据《社会消防技术服务管理规定》，对该评估机构超越了其资质许可范围从事社会消防技术服务活动，公安机关消防机构可对其处以（　　　）的处罚。

A. 五千元以上一万元以下罚款　　　　　B. 一万元以上二万元以下罚款

C. 二万元以上三万元以下罚款　　　　　D. 三万元以上五万元以下罚款

判定：基本常识。

参考答案：B；考点：消防技术服务机构、超越资质许可范围、处罚。

难易程度：☆

例 262.【2017 综合能力 30】根据《社会消防安全教育培训规定》公安部令 109 号，关于单位消防安全培训的主要内容和形式的说法，错误的是（　　　）。

A. 各单位应对新上岗和进入新岗位的职工进行上岗前消防安全培训

B. 各单位应对在岗的职工每年至少进行一次消防安全培训

C. 各单位至少每年组织一次灭火、应急疏散演练

D. 各单位职工应具备消除火灾隐患的能力、扑救初期火灾的能力，组织人员疏散逃生的能力

判定：基本常识。

参考答案：D；

考点：单位消防安全培训的主要内容和形式。

难易程度：☆

例 263.【2017 综合能力 40】注册消防工程师享有诸多权利，但享有的权利不包括（　　　）。

A. 接受继续教育

B. 在规定范围内从事消防安全技术职业活动

C. 对侵犯本人权利的行为进行申诉

D. 让他人以本人名义执业

判定：基本常识。

参考答案：D；

考点：注册消防工程师享有的权利。

难易程度：☆

例264.【2017 综合能力 76】某消防技术服务机构中甲、乙、丙、丁4人申请参加一级注册消防工程师资格考试。根据各人学历和工作资历，4人中不符合一级消防工程师资格考试报名条件的是（　　）。

A. 甲，取得消防工程相关专业双学士学位，工作满5年，其中从事消防安全技术工作满3年

B. 丁，取得其他专业硕士学位，工作满3年，其中从事消防安全技术工作满2年

C. 乙，取得消防工程专业本科学历，工作满4年，其中从事消防安全技术工作满3年

D. 丙，取得消防工程专业硕士学位，工作满2年，其中从事消防安全技术工作满1年

判定：基本常识。

参考答案：B；

考点：一级消防工程师资格考试、报名条件。

难易程度：☆

例265.【2017 综合能力 65】消防安全重点单位"三项"报告备案制度中，不包括（　　）。

A. 消防安全管理人员报告备案　　　　B. 消防设备维护保养报告备案

C. 消防规章制度报告备案　　　　　　D. 消防安全自我评估报告备案

判定：基本常识。

参考答案：C；

考点：消防安全重点单位、报告备案制度。

难易程度：☆

例266.【2017 综合能力 78】某公司拟在一体育馆举办大型周年庆典活动，根据相关要求成立了活动领导小组，并安排公司的一名副经理担任疏散引导组的组长。根据相关规定，疏散引导组职责中不包括（　　）。

A. 熟悉体育馆所有安全通道、出口的位置

B. 在每个安全出口设置工作人员，确保通道、出口畅通

C. 安排人员在发生火灾时第一时间引导参加活动的人员从最近安全出口疏散

D. 进行灭火和应急疏散预案的演练

判定：基本常识。

参考答案：D；

考点：大型活动、疏散引导。

难易程度：☆

例267.【2017 综合能力 79】关于基层墙体与装饰层之间无空腔的建筑外墙外保温系统的做法中，不符合现行国家消化技术标准的是（　　）。

A. 建筑高度18m的大学教学楼，保温系统采用燃烧性能为B_1级的保温材料

B. 建筑高度54m的底层设置商业服务网点的住宅，保温系统采用燃烧性能为B_1级的保温材料

C. 建筑高度50m的办公楼，保温系统采用燃烧性能为B_1级的保温材料

D. 建筑高度24m的办公楼，保温系统采用燃烧性能为B_2级的保温材料

判定：学校的教学楼属人员密集场所。设置人员密集场所的建筑，其外墙外保温材料的燃烧性能应为 A 级。根据 4 选 1 准则，其余 3 项不用再看。

参考答案：A；

考点：外墙外保温系统、人员密集场所。

难易程度：☆

例 268.【2017 综合能力 6】某多层住宅建筑外墙保温及装饰工程施工现场进行检查，发现该建筑外保温材料按设计采用了燃烧性能为 B$_2$ 级的保温材料。下列外保温系统施工做法中错误的是（　　）。

A. 外保温系统表面防护层使用不燃材料

B. 在外保温系统中每层楼板位置设置不燃材料制作的水平防火隔离带

C. 外保温系统防护层将保温材料完全包覆，防护层厚度为 15mm

D. 外保温系统中设置的水平防火隔离带的高度为 200mm

判定：当建筑的外墙外保温系统采用燃烧性能 B$_2$ 级的保温材料时，应在保温系统中每层设置水平防火隔离带。防火隔离带应采用燃烧性能为 A 级的材料，防火隔离带的高度不应小于 300mm。

参考答案：D；

考点：外墙外保温系统、防火隔离带。

难易程度☆☆

例 269.【2017 综合能力 77】某消防工程施工单位分别以自动、手动方式对采用自动控制方式的水喷雾灭火系统进行联动试验。下列试验次数最少且符合现行国家标准要求的是（　　）。

A. 自动 2 次，手动 2 次　　　　　　　　B. 自动 3 次，手动 2 次

C. 自动 2 次，手动 3 次　　　　　　　　D. 自动 3 次，手动 3 次

判定：注意题中问的是"联动试验"，所以，检测系统压力、流量、备用动力切换等均不在回答范围之内。要求回答的问题是试验次数最少且符合现行国家标准要求，联动试验仅手动和自动 2 种方式，当为手动控制时，以手动方式进行 1～2 次试验；当为自动控制时，以自动和手动方式各进行 1～2 次试验。

（1）使消防联动控制器处于自动工作状态，按设计的联动逻辑关系，使相应的火灾探测器发出火灾报警信号，电磁阀自动开启，压力腔泄压、报警阀开启，压力开关启动消防水泵，相关信号反馈。

（2）使消防联动控制器处于手动工作状态，手动启动电磁阀，压力腔泄压、报警阀开启，压力开关启动消防水泵，相关信号反馈。

（3）在报警阀现场手动打开手动快开阀，压力腔泄压、报警阀开启，压力开关启动消防水泵，相关信号反馈。

参考答案：A；

考点：水喷雾灭火系统、联动试验、自动及手动试验次数。

难易程度：☆☆☆

例 270.【2017 综合能力 85】某五星级酒店拟进行应急预案演练，在应急预案演练保障方面，酒店拟从人员、经费、场地、物质和器材等方面都给与保障。在物质和器材方面，酒店应提供（　　）。

A. 信息材料　　　　　B. 建筑模型

C. 应急抢险物资　　　D. 录音摄像　　　　　E. 通讯器材

判定：目前尚未制订"应提供"的相关规定，建议参照辅导教材作答。

参考答案：CDE；

考点：应急预案演练、物质和器材与保障。

难易程度：☆

判定：基本常识。

例271.【2017 综合能力 37】下列一、二级耐火等级建筑的疏散走道和安全出口的检查结果中，不符合现行国家消防技术标准的是（　　　）。

A. 容纳 4500 人的单层体育馆，其室外疏通通道净宽度为 3.50m

B. 一座 2 层老年人公寓中，位于袋形走道两侧的房间疏散门至最近疏散楼梯间的直线距离为 18m

C. 单元式住宅中公共疏散走道净宽度为 1.05m

D. 采用敞开式外廊的多层办公楼中，从袋形走道净端的疏散门至最近封闭楼梯间的直线距离为 27m

判定：此题表述略欠严谨，可能并非真正试题。考虑计算机判卷，建议选择B，避免失去1分。

（1）托儿所、幼儿园、老年人照料设施，房间直通疏散走道的疏散门位于袋形走道两侧或尽端时，至最近安全出口的直线距离不应大于 10m。

（2）C 选项应限定住宅的建筑高度不大于 18m、且疏散楼梯一边设置栏杆。

参考答案：B；

考点：安全疏散。

难易程度：☆

例272.【2017 综合能力 54】对干粉灭火系统进行维护管理时，下列检查项目中，属于每月检查一次的项目是（　　　）。

A. 驱动气瓶充装量　　　　　　　　B. 启动气体储瓶压力

C. 灭火控制器运行情况　　　　　　D. 管网、支架及喷放组件

判定：目前尚未制订干粉灭火系统维护管理标准，建议根据教材作答。

参考答案：A；

考点：干粉灭火系统、月检。

难易程度：☆

第三节　案例分析题

仔细阅读理解场景材料是正确作答的基础。案例分析题提供的场景材料，信息量较大，其中大多数刻意给出的描述和数据往往隐含陷井。建议先通读一遍，粗略架构出必要场景，然后结合给出的选项或要求回答的问题，再仔细阅读一遍。

（一）答题要点

1. 写出"关键词"

主观题要求根据场景材料，给出答案。因为不能机读，必须人工阅卷，而大多数阅卷者并不完全具备相关专业知识背景，只能根据答案中是否有必须关键词阅判给分，判卷准则是有"关键词"即给分，答错不扣分。所以，答案切忌长篇大论，要结合题意，针对要求回答的问题，写出"关键词"。

2. 本章第二节实务、综合能力题解析中，关于"说法"与"做法"的含意、界限词是否含本数

等内容同样适用于主观题解答。

（二）例题解析

例 273.【2017 年案例分析第一题】某居住小区由 4 座建筑高度为 69.0m 的 23 层单元式住宅楼和 4 座建筑高度为 54.0m 的 18 层单元式住宅楼构成。设备机房设地下一层（标高 −5.0m）。小区南北侧市政道路上各有一条 DN300 的市政给水管。供水压力为 0.25MPa。小区所在地区冰冻线深度为 0.85m。

住宅楼的室外消火栓设计流量为 15L/s，23 层住宅楼和 18 层住宅楼的室内消火栓设计流量分别为 20L/s、10L/s；火灾延续时间为 2h。小区消防给水与生活用水共用，采用两路进水环状管网供水，在管网上设置了室外消火栓。室内采用湿式临时高压消防给水系统，其消防水池、消防水泵房设置在一座住宅楼的地下一层，高位消防水箱设置在其中一座 23 层高的住宅楼屋顶。消防水池两路进水，火灾时考虑补水，每条进水管的补水量为 50m³/h。消防水泵控制柜与消防水泵设置在同一房间。系统管网泄漏量测试结果为 0.75L/s，高位消防水箱出水管上设置流量开关，动作流量设定值为 1.75L/s。

消防水泵性能和控制柜性能合格，室内外消火栓系统验收合格。

竣工验收一年后，对系统进行季度检查时，打开试水阀，高位消防水箱出水管上的流量开关动作，消防水泵无法自动启动；消防控制中心值班人员按下手动专用线路按钮后，消防水泵仍不启动。值班人员到消防水泵房操作机械应急开关后，消防水泵启动。经维修消防控制柜后，恢复正常。

在竣工验收三年后的日常运行中，消防水泵经常发生误动作，勘查原因后发现，高位消防水箱的补水量与竣工验收时相比，增加了 1 倍。

根据以上材料，回答下列问题（共 16 分，每题 2 分。每题的备选项中，有 2 个或者 2 个以上符合题意，至少有一个错项。错选，本题不得分；少选，所选的每项得 0.5 分）：

1. 两路补水时，下列消防水池符合现行国家标准的有（　　　）。

A. 有效容积为 4m³ 的消防水池　　　　B. 有效容积为 24m³ 的消防水池

C. 有效容积为 44m³ 的消防水池　　　　D. 有效容积为 55m³ 的消防水池

E. 有效容积为 60m³ 的消防水池

判定：当消防水池采用两路消防供水且在火灾情况下连续补水能满足消防要求时，消防水池的有效容积应根据计算确定，当仅设有消火栓系统时不应小于 50m³。消防水池的有效容积＝［15＋20−（2×50000/3600）］×2×3600＝52 m³。

参考答案：DE；

考点：消防水池、连续补水、有效容积。

难易程度：☆

2. 下列室外埋地消防给水管道的设计管顶覆土深度中，符合现行国家标准的有（　　　）。

A.0.70m　　　　B.1.00m　　　　C.1.10m　　　　D.1.15m　　　　E.1.25m

判定：管道最小管顶覆土应至少在冰冻线以下 0.30m。设计管顶覆土深度＝0.85＋0.3＝1.15m

参考答案：DE；

考点：管道最小管顶覆土。

难易程度：☆

3. 下列室外消火栓的设置中，符合现行国家标准的有（　　　）。

A. 保护半径 150m　　　B. 间距 120m　　　C. 扑救面一侧不宜少于 2 个

D. 距离路边 0.5m　　　　　E. 距离建筑物外墙 2m

判定：基本常识。

参考答案：ABCD；

考点：最小管顶覆土、冰冻线。

难易程度：☆

4. 根据现行国家标准，室内消火栓系统竣工验收时，应检查的内容有（　　　）。

A. 消火栓设置位置　　　　B. 栓口压力　　　　　C. 消防水带长度

D. 消火栓安装高度　　　　E. 消火栓试验强度

判定：基本常识。

参考答案：ABCD；

考点：室内消火栓系统竣工验收、检查内容。

难易程度：☆

5. 下列消防水泵控制柜的 IP 等级中，符合现行国家标准的有（　　　）。

A.IP25　　　　　　　　B.IP35　　　　　　　　C.IP45　　　　　　　　D IP55

E.IP65

判定：消防水泵控制柜与消防水泵设置在同一空间时，其防护等级不应低于 IP55。

参考答案：DE；

考点：消防水泵控制柜、设置地点、防尘防射水。

难易程度：☆

6. 工程竣工验收时应测试的消防水泵性能有（　　　）。

A. 电机功率全覆盖性能曲线　　　　　　B. 设计流量和扬程

C. 零流量的压力　　　　　　　　　　　D.1.5 倍设计流量的压力

E. 水泵控制功能

判定：打开消防水泵出水管上试水阀，当采用主电源启动消防水泵时，消防水泵应启动正常；关掉主电源，主、备电源应能正常切换；备用泵启动和相互切换正常；消防水泵就地和远程启停功能应正常；消防水泵停泵时，水锤消除设施后的压力不应超过水泵出口设计工作压力的 1.4 倍；消防水泵启动控制应置于自动启动挡；采用固定和移动式流量计和压力表测试消防水泵的性能，水泵性能应满足设计要求。

参考答案：BCDE；

考点：消防水泵验收要求。

难易程度：☆☆

7. 对系统进行季度检查时发现，消防水泵的自动和远程手动启动功能均失效，机械应急启动功能有效，消防水泵控制柜故障的可能原因有（　　　）。

A. 控制回路继电器故障　　　　　　　　B. 控制回路电气线路故障

C. 主电源故障　　　　　　　　　　　　D. 交流接触器电磁系统故障

E. 信号输出模块故障

判定：机械应急启动功能有效，排除主电源故障；消防水泵控制柜信号输出模块故障只能影响水泵启动信号反馈，可排除。

参考答案：ABD；

考点：系统控制原理。

难易程度：☆

8.针对消防水泵经常误动作，下列整改措施中，可行的是（　　）。

A. 检测管道漏水点并补漏　　　　　　B. 更换流量开关

C. 关闭高位消防水箱的出水管　　　　D. 调整流量开关启动流量至 2.5L/s

E. 更换控制柜

判定：在竣工验收三年后的日常运行中，消防水泵经常发生误动作，勘查原因后发现，高位消防水箱的补水量与竣工验收时相比，增加了 1 倍。这表明高位消防水箱出水管之后的管网渗漏严重。而流量开关的动作流量应大于系统管网的泄流量。所以，检测管道漏水点并补漏、更换流量开关或适当增大流量开关的动作流量是合理的选择。

参考答案：ABD；

考点：消防水泵、频繁启动。

难易程度：☆

例 274.【2017 年案例分析第二题】某购物中心地上 6 层，地下 3 层，总建筑面积 126000m³ 建筑高度 35.0m。地上一至五层为商场，六层为餐饮，地下一层为超市、汽车库，地下二层为发电机房、消防水泵房、空调机房、排烟风机房等设备用房和汽车库，地下三层为汽车库。

2017 年 6 月 5 日，当地公安消防机构对购物中心进行消防监督检查，购物中心消防安全管理人首先汇报了自己履职情况，主要有：实施和组织落实（一）拟定年度消防工作计划，组织实施日常消防安全管理工作；（二）组织制订消防安全制度和保障消防安全的操作规程并检查监督其落实；（三）组织实施防火检查工作；（四）组织实施单位消防设施、灭火器材和消防安全标志的维护保养，确保其完好有效；（五）组织管理志愿消防队；（六）在员工中组织开展消防知识、技能的宣传教育和培训，组织灭火和应急疏散预案的实施和演练。

然后，检查组对该购物中心的消防安全管理档案进行了检查，其中包括：消防安全教育、培训，防火检查、巡查，灭火和应急疏预案演练，消防控制室值班，用火用电管理，易燃易爆危险物品和场所防火防爆，志愿消防队的组织管理，燃气和电气设备的检查和管理及消防安全考评和奖惩等消防安全管理制度。检查组还对 2017 年的消防教育培训的计划和内容进行检查，根据资料该单位消防培训的内容由消防法规、消防安全制度和保障消防安全的操作规程；本单位的火灾危险性和防火措施；灭火器材的使用方法；报火警和扑救初起火灾的知识和技能等。

最后，检查组对该购物中心进行了实地检查。在检查中发现个别防火卷帘无法手动起降或防火卷帘下堆放商品；个别消火栓被遮挡；部分疏散指示标志损坏；少数灭火器压力不足；承租方正在对三层部分商场（约 6000m²）进行重新装修并拟改为儿童游乐场所，未向当地公安消防机构申请消防设计审核。

在检查消防控制室时，消防监督员对消防控制室的值班人员现场提问：接到火灾报警后，你如何处置？值班人员回答："接到火灾报警后，通过对讲机通知安全巡视人员携带灭火器到达现场核实火情，确认发生火灾后，立即将火灾报警联动控制开关转换成自动状态，启动消防应急广播，同时拨打保安经理电话，保安经理同意后拨打"119"报警。报警时说明火灾地点、起火部位、着火物品种类和火势大小，留下姓名和联系电话，报警后到路口迎接消防车。"

根据以上材料，回答下列问题（共 20 分，每题 2 分。每题的备选项中，有 2 个或者 2 个以上符合题意，至少有一个错项。错项，本题不得分；少选，所选的每项得 0.5 分）：

1.根据《机关、团体、企业、事业单位消防安全管理规定》（公安部令第 61 号），消防安全管理人还应当实施和组织落实的消防安全管理工作有（　　）。

A. 确定逐级消防安全责任　　　　　　　B. 确保疏散通道和安全出口畅通

C. 拟定消防安全工作的资金投入和组织保障方案

D. 组织实施火灾隐患整改工作　　　　　E. 招聘消防控制室值班人员

判定：基本常识。

参考答案：BCD；

考点：消防安全管理人的职责。

难易程度：☆

2. 根据《机关、团体、企业、事业单位消防安全管理规定》（公安部令第61号），该购物中心还应当制定（　　）。

A. 安保组织制度　　　　　　　　　　　B. 安全疏散设施管理制度

C. 火灾隐患整改制度　　　　　　　　　D. 安全生产例会制度

E. 消防设施、器材维护管理制度

判定：基本常识。

参考答案：BCE；

考点：消防安全重点单位、安全规章制度。

难易程度：☆

3. 根据《机关、团体、企业、事业单位消防安全管理规定》（公安部令第61号），该购物中心应确定为消防安全重点部位的有（　　）。

A. 空调机房　　　　B. 消防控制室　　　　C. 汽车库　　　　D. 发电机房

E. 消防水泵房

判定：基本常识。

参考答案：BCDE；

考点：消防安全重点部位。

难易程度：☆

4. 根据《机关、团体、企业、事业单位消防安全管理规定》（公安部令第61号），该购物中心消防档案中必须存放有（　　）。

A. 灭火和应急疏散预案　　　　　　　　B. 灭火和应急疏散预案的演练记录

C. 消防控制室值班人员的消防控制室操作执业资格证书

D. 消防设施的设计图　　　　　　　　　E. 消防安全培训记录

判定：基本常识。

参考答案：ABDE；

考点：消防档案。

难易程度：☆

5. 下列人员中，可以作为该购物中心志愿消防队成员的有（　　）。

A. 该单位的消防安全负责人　　　　　　B. 该单位的消防安全管理人

C. 该单位的营业员　　　　　　　　　　D. 维保公司维保该单位消防设施的技术人员

E. 该单位的保安员

判定：基本常识。

参考答案：ABCE；

考点：志愿消防队成员。

难易程度：☆

6.根据《机关、团体、企业、事业单位消防安全管理规定》(公安部令第61号)，该购物中心的演练记录除了记明演练时间和参加部门外，还应当记明演练的(　　)。

A.经费　　　　　　　B.地点　　　　　　　C.内容

D.灭火器型号和数量　　　　　　　　　E.参加人员

判定：基本常识。

参考答案：BCDE;

考点：演练记录。

难易程度：☆

7.根据《机关、团体、企业、事业单位消防安全管理规定》(公安部令第61号)，2017年该购物中心的消防宣传教育和培训内容还应该有(　　)。

A.消防控制室值班人员操作职业资格　　　B.有关现行国家消防技术标准

C.该消防设施的性能　　　　　　　　　　D.自救逃生的知识和技能

E.组织、引导在场群众疏散的知识和技能

判定：基本常识。

参考答案：BCDE;

考点：消防宣传教育和培训内容。

难易程度：☆

8.检查中发现的下列火灾隐患，根据根据《机关、团体、企业、事业单位消防安全管理规定》(公安部令第61号)，应当责成当场改正的有(　　)。

A.防火卷帘无法手动起降　　　　　　　　B.防火卷帘下堆放物品

C.消防栓被遮挡　　　　　　　　　　　　D.疏散指示标志损坏

E.灭火器压力不足

判定：基本常识。

参考答案：BCE;

考点：责成当场改正的隐患。

难易程度：☆

9.对承租方将部分商场改为儿童游乐场所的行为，根据《中华人民共和国消防法》，公安机关消防机构应责令停止施工并处罚款，罚款额度符合规定的有(　　)。

A.一万元以上五万元以下　　　　　　　　B.二万元以上十万元以下

C.三万元以上十五万元以下　　　　　　　D.四万元以上二十万元以下

判定：基本常识。此题是多项选择题，但疑似漏掉1个选项，仅给出4个选项，不符合多选准则。但这4个选项中，恰好含1个正确选项，建议作答。

参考答案：C;

考点：违反消防法行为、处罚。

难易程度：☆

10.消防控制室值班人员的回答内容，不符合《消防控制室通用技术要求》GB 255066-2010规定的有(　　)。

A.接到火灾报警后，通过对讲机通知安全巡视人员携带灭火器到达现场进行火情核实

B.确认火灾后，立即将火灾报警联动控制开关转入自动状态，启动消防应急广播

C. 拨打保安经理电话，保安经理同意后拨打"119"报警

D. 报警时说明火灾地点，起火部位，着火物种类和火势大小，留下姓名和联系电话

E. 报警后到路口迎接消防车

判定：基本常识。

参考答案：CE；

考点：消防控制室值班人员接处警程序。

难易程度：☆

例275.【2017年案例分析第三题】某高层建筑，设计建筑高度为68.0m，总建筑面积为91200m²。标准层的建筑面积为2176m²，每层划分为1个防火分区；一至二层为上、下连通的大堂，三层设置会议室和多功能厅。四层以上用于办公；建筑的耐火等级设计为二级，其楼板、梁和柱的耐火极限分别为1.00h、2.00h和3.00h。高层主体建筑附建了3层裙房，并采用防火墙及甲级防火门与高层主体建筑进行分隔；高层主体建筑和裙房的下部设置了3层地下室。

高层主体建筑设置了1部消防电梯，从首层大堂直通至顶层；消防电梯的前室在首层和三层采用防火卷帘和乙级防火门与其他区域分隔，在其他各层均采用乙级防火门和防火隔墙进行分隔。

高层建筑内的办公室均为非开敞办公室，最大一间办公室的建筑面积为98m²，办公室的最多使用人数为10人，人数最多的一层为196人，办公室内的最大疏散距离为23m，直通疏散走道的房间门至最近疏散楼梯间前室入口的最大直线距离为18m，且房间门均向办公室内开启，不影响疏散走道的使用。核心筒内设置了1座防烟剪刀楼梯间用于高层主体建筑的人员疏散，楼梯梯段以及从楼层进入疏散楼梯间前室和楼梯间的门的净宽度均为1.10m，核心筒周围采用环形走道与办公区分隔，走道隔墙的耐火极限为2.00h。高层主体建筑的三层增设了2座直通地面的防烟楼梯间。

裙房的一至二层为商店，三层为展览厅。首层的建筑面积为8100m²，划分为一个防火分区；二、三层的建筑面积均为7640m²，分别划分为2个建筑面积不大于4000m²的防火分区；一至三层设置了一个上、下连通的中庭，除首层采用符合要求的防火卷帘分隔外，二、三层的中庭与周围连通空间的防火分隔为耐火极限1.50h的非隔热性防火玻璃墙。

高层建筑地下一层设置餐饮、超市和设备室；地下二层为人防工程和汽车库、消防水泵房、消防水池、燃油锅炉房、变配电室（干式）等；地下三层为汽车库。地下各层均按标准要求划分了防火分区；其中，人防工程区的建筑面积为3310m²，设置了歌厅、洗浴桑拿房、健身用房及影院，并划分为歌厅、洗浴桑拿与健身、影院三个防火分区，建筑面积分别为820m²、1110m²和1380m²。

该高层建筑的室内消火栓箱内按要求配置了水带、水枪和灭火器。该高层主体建筑及裙房的消防应急照明的备用电源可连续保障供电60min，消防水泵、消防电梯等建筑内的全部消防用电设备的供电均能在这些设备所在防火分区的配电箱处自动切换。

该高层建筑防火设计的其他事项均符合国家标准。

根据以上材料，回答下列问题（共24分）：

1. 指出该高层建筑在结构耐火方面的问题，并给出正确做法。

判定：建筑高度大于50m的公共建筑，属于一类高层建筑，耐火等级（包括地下建筑）不应低于一级；其楼板、梁和柱的耐火极限分别不应低于1.50h、2.00h和3.00h。

参考答案：耐火等级（包括地下建筑）不应低于一级；其楼板的耐火极限不应低于1.50h。

考点：高层民用建筑分类、耐火等级、主要构件的耐火极限。

难易程度：☆

2. 指出该高层建筑在平面布置方面的问题，并给出正确做法。

判定：地下二层的人防工程区设置歌厅、洗浴桑拿房、健身用房。

参考答案：歌厅、桑拿浴室等歌舞娱乐放映游艺场所（不含影院）不应布置在地下二层及以下楼层；宜布置在首层、二层或三层的靠外墙部位；确需布置在地下一层或四层及以上楼层时，其防火要求应满足规范相关规定。

考点：歌舞娱乐放映游艺场所、平面布置。

难易程度：☆

3. 指出该高层建筑在防火分区与防火分隔方面的问题，并给出正确的做法。

判定：在防火分区与防火分隔方面的问题。（1）首层商店，建筑面积为8100m²，划分为一个防火分区；（2）二层商店、三层展览厅，其中庭与周围连通空间的防火分隔为耐火极限1.50h的非隔热性防火玻璃墙；（3）歌厅、洗浴桑拿与健身、影院3个防火分区，建筑面积分别为820m²、1110m²和1380m²。

参考答案：（1）首层的商店营业厅至少应划分为2个防火分区，每个防火分区的最大允许建筑面积不应大于4000m²；

（2）二、三层的中庭与周围连通空间的非隔热性防火玻璃墙，应设置自动喷水灭火系统保护；

（3）歌厅、桑拿浴室等歌舞娱乐放映游艺场所（不含影院）确需布置在地下一层时，地下一层的地面与室外出入口地坪的高差不应大于10m，防火分区面积不应大于1000m²；确需布置在四层及以上楼层时，一个厅、室的建筑面积不应大于200m²，厅、室之间及与建筑的其他部位之间，应采用耐火极限不低于2.00h的防火隔墙和1.00h的不燃性楼板分隔，设置在厅、室墙上的门和该场所与建筑内其他部位相通的门均应采用乙级防火门。

（4）影院防火分区面积不应大于1000m²。

考点：防火分区、防火分隔。

难易程度：☆☆☆

4. 指出该高层建筑在安全疏散方面的问题，并给出正确的做法。

判定：高层公共建筑的疏散楼梯，当分散设置确有困难且从任一疏散门至最近疏散楼梯间入口的距离不大于10m时，可采用剪刀楼梯间。直通疏散走道的房间门至最近疏散楼梯间前室入口的最大直线距离为18m，不应采用剪刀楼梯间。

参考答案：直通疏散走道的房间门至最近疏散楼梯间前室入口的最大直线距离大于10m，不应采用剪刀楼梯间。应改设2座符合疏散要求的防烟楼梯间。

考点：剪刀楼梯间、设置要求。

难易程度：☆

5. 指出该高层建筑在灭火救援设施方面的问题，并给出正确的做法。

判定：地下室应设消防电梯；消防电梯前室的门应采用乙级防火门，不应设置卷帘；人员密集的公共建筑、建筑面积大于200m²的商业服务网点内应设置消防软管卷盘或轻便消防水龙。

参考答案：（1）消防电梯应从地下三层通至顶层，并能每层停靠；

（2）消防电梯的前室在首层和三层不应采用防火卷帘，应采用乙级防火门和耐火极限不低于2.00h的不燃性防火隔墙与其他区域分隔；

（3）人员密集场所均应设置消防软管卷盘或轻便消防水龙。

考点：消防电梯的设置要求、人员密集场所应设置消防软管卷盘或轻便消防水龙。

难易程度：☆

6. 指出该高层建筑在消防设施与消防电源方面的问题，并给出正确的做法。

判定：消防用电设备的供电在这些设备所在防火分区的配电箱处自动切换是错误的。

参考答案：消防用电设备及消防电梯等的供电，应在其配电线路的最末一级配电箱处设置自动切换装置。

考点：消防用电设备及消防电梯等的供电、自动切换。

难易程度：☆

例276.【2017年案例分析第四题】消防技术服务机构对某商业大厦中的湿式自动喷水灭火系统进行验收检测。该大厦地上五层，地下一层，建筑高度22.8m，层高均为4.5m，每层建筑面积均为1080m²。五层经营地方特色风味餐饮，一至四层为服装、百货、手机电脑经营等，地下一层为停车库及设备用房。该大厦顶层的钢屋架采用自动喷水灭火系统保护，其给水管网串联接入大厦湿式自动喷水灭火系统的配水干管。大厦屋顶设置符合国家标准要求的高位消防水箱及稳压泵，消防水池和消防水泵均设置在地下一层。消防水池为两路供水，有效容积为105m³且无消防水泵吸水井。自动喷水灭火系统的供水泵为两台流量为40L/s、扬程为0.85MPa的卧式离心水泵（一用一备）。

检查时发现：钢屋架处的自动喷水管网未设置独立的湿式报警阀，且未安装水流指示器，消防技术服务机构人员认为这种做法是错误的。随后又发现如下情况：消防水泵出水口处的止回阀下游与明杆闸阀之间的管路上安装了压力表，但吸水管路上未安装压力表；湿式报警阀的报警口与延迟器之间的阀门处于关闭状态，业主解释说，此阀一开，报警阀就异常灵敏而频繁动作报警。检测人员对湿式报警阀相关的管路及附件、控制线路、模块、压力开关等进行了全面检查，未发现异常。

消防技术服务机构人员将末端试水装置打开，湿式报警阀、压力开关相继动作，主泵启动，运行5min后，在业主建议下，将其各层喷淋系统给水管网上的试水阀打开，观察给水管网是否通畅。全部试水阀打开10min后，主泵虽仍运行，但出口压力显示为零；切换至备用泵试验，结果同前。经核查，电气设备、主备用水泵均无故障。

根据以上材料，回答以下问题（共20分）：

1. 水泵出水管路处压力表的安装位置是否正确？说明理由。

判定：消防水泵出水口处的压力表应安装在止回阀出口与明杆闸阀之间的管路上。

参考答案：水泵出水管路处压力表的安装位置正确。消防水泵出水口处的压力表应安装在止回阀下游（沿水流方向）与明杆闸阀之间的管路上。

考点：消防水泵出水管压力表设置位置。

难易程度：☆

2. 有人说，水泵吸水管上应安装与出水管相同规格型号的压力表，这种说法是否正确？说明理由。

判定：水泵吸水管上应安装压力表，但规格型号并不同于出水管上的安装的压力表。

参考答案：（1）消防水泵吸水管和出水管上均应设置压力表。

（2）消防水泵吸水管宜设置真空表、压力表或真空压力表，压力表的最大量程应根据工程具体情况确定，但不应低于0.70MPa，真空表的最大量程宜为 -0.10MPa；

（3）压力表的直径不应小于100mm，应采用直径不小于6mm的管道与消防水泵进出口管相接，并应设置关断阀门。

考点：水泵吸水管上应安装压力表、真空表的规格型号。

难易程度：☆

3. 消防技术服务机构人员认为该大厦钢屋架处独立的自动喷水管网上应安装湿式报警阀及水流指示器，这种说法是否正确？简述理由。

判定：保护室内钢屋架等建筑构件的闭式系统，应设独立的报警阀组。串联接入湿式系统配水干管的其他自动喷水灭火系统，应分别设置独立的报警阀组。如单独为保护钢屋架所设，报警阀组动作时可知发生水流流动的具体部位，所以没有必要再设置水流指示器。

参考答案：这种说法不完全正确。

（1）保护室内钢屋架等建筑构件的闭式系统，应设独立的报警阀组。串联接入湿式系统配水干管的其他自动喷水灭火系统，应分别设置独立的报警阀组。

（2）由于该报警阀组是单独为保护单层钢屋架所设，报警阀组动作时可知发生水流流动的具体部位，所以没有必要再设置水流指示器。

难易程度：☆☆

4.分析有可能导致报警阀异常灵敏而频繁启动的原因，并给出解决方法。

判定：湿式报警阀报警，其实质是压力开关、水力警铃报警。湿式报警阀的报警口与延迟器之间的阀门关闭，压力开关、水力警铃不报警；一开此阀，压力开关、水力警铃就异常灵敏频繁动作，在检测湿式报警阀相关的管路及附件、控制线路、模块、压力开关等未发现异常的前提下，表明湿式报警阀的报警口至延迟器一侧渗漏、或延迟器底部的节流孔被异物堵塞，渗漏水经报警通道迅速注满延迟器并由出口溢出，引发压力开关、水力警铃报警。

参考答案：湿式报警阀的报警口与延迟器之间的阀门关闭，压力开关、水力警铃不报警；一开此阀，压力开关、水力警铃就异常灵敏频繁动作，在检测湿式报警阀相关的管路及附件、控制线路、模块、压力开关等未发现异常的前提下，表明湿式报警阀的报警口至延迟器一侧渗漏、或延迟器底部的节流孔被异物堵塞，渗漏水经报警通道迅速注满延迟器并由出口溢出，引发压力开关、水力警铃报警。

湿式报警阀的报警口至延迟器一侧渗漏，其原因可能有：阀瓣组件与阀座之间因变形或污垢、杂物充填出现不密封状态、阀瓣密封垫损坏、未按图纸安装、未按调试要求进行调试等。

延迟器底部的节流孔被异物堵塞，原因是水质过差。

解决方法：（1）清洗延迟器下部孔板，并在相应管路上加装或更换过滤器；

（2）查找渗漏原因，清除阀瓣组件与阀座之间的污垢、杂物；

（3）按照安装图纸核对报警阀组组件安装情况，重新调试报警阀组准工作状态；

（4）如渗漏因阀瓣组件与阀座之间变形所致，更换合格的湿式报警阀。

考点：湿式报警阀、频繁启动、解决方法。

难易程度：☆☆☆

5.分析有可能导致自动喷水灭火系统主、备用水泵出水管压力为零的原因。

判定：自动喷水灭火系统主、备用水泵出水管压力为零，主要原因是将末端试水装置和各层试水阀打开，流量超过设计流量，导致扬程降低、甚至降低至零；另一原因可能是选择了切线泵，流量超过拐点后，扬程立即降低为零。

参考答案：末端试水装置和各层试水阀打开后，流量超过设计流量，导致扬程降低、甚至降低至零；另一原因可能是选择了切线泵，流量超过拐点后，扬程立即降低为零。

考点：离心泵的扬程、流量性能关系。

难易程度：☆☆☆

例277.【2017年案例分析第五题】某商业大厦按规范要求设置了火灾自动报警系统、自动喷水灭火系统以及气体灭火系统等建筑消防设施，消防技术服务机构受业主委托，对相关消防设施进行检查，有关情况如下：

1. 火灾自动报警设施功能性检测

消防技术服务机构人员切断火灾报警控制器主电源，控制器显示主电故障，选择2只感烟探测器加烟测试，控制器正确显示报警信息，5min后，控制器自行关机。恢复控制器主电源供电，控制器重新开机工作正常。现场拆下一只探测器，将探测器底座上的总线信号端子短路，控制器上显示48条探测器故障信息。检测过程中控制器显示屏上显示2只感烟探测器报故障情况，根据业主值班人员介绍，经常有此类故障出现，一般取下后用高压气枪吹扫几次后就可以恢复。检测人员到现场找到故障探测器，取下后用高压气枪吹扫，然后重新安装到原来位置，其中一只探测器恢复正常，另一只探测器故障依然存在；更换新的探测器后，该故障依然存在。

该商业大厦中庭15m高，设置了1台管路吸气式火灾探测器，安装在距地面1.5m高的墙面上，探测器采样管路长90m，垂直管路上每隔4m设置一个采样孔。消防技术服务机构人员随机选择一个采样孔加烟进行报警功能测试，125s后探测器报警；封堵末端采样孔后，120s时探测器报气流故障。

2. 自动喷水灭火系统联动控制功能检测

消防技术服务机构人员开启末端试水装置，湿式报警阀、压力开关随之动作，但喷淋泵一直未启动，再将火灾报警控制器的联动启泵功能设置为自动方式后，喷淋泵自动启动。

3. 气体灭火联动控制功能检测

配电室设置了5套七氟丙烷气体灭火装置，消防技术服务人员加烟触发配电室内一只感烟探测器报警，再加温触发一只感温探测器报警，配电室内声光报警器随之启动，但气体灭火控制器一直没有输出灭火启动及联动控制信号；按下气体灭火控制器上的启动按钮，气体灭火控制器仍然一直没有输出灭火启动及联动控制信号。经检查，确认气体灭火控制连接线路及接线均无问题。

根据以上材料，回答以下问题（共20分）：

1.指出火灾自动报警系统存在的问题，并简要说明原因。

判定：切断火灾报警控制器主电源5min后，控制器自行关机，表明备用电源的容量不符合要未；拆下一只探测器，将探测器底座上的总线信号端子短路，控制器上显示48条探测器故障信息，表明每只总线短路隔离器保护的火灾探测器、手动火灾报警按钮和模块等消防设备的总数超过32点；更换新的感烟探测器后，故障依然存在，表明编码有误或备用感烟探测器质量有问题；管路吸气式火灾探测器垂直管路上每隔4m设置一个采样孔、采样孔加烟测试，125s后探测器报警、封堵末端采样孔后，120s时探测器报气流故障等均不符合规定。

参考答案：火灾自动报警系统主要存在以下问题。

（1）火灾自动报警系统的备用电源容量不符合规范要求。蓄电池组的容量应保证火灾自动报警及联动控制系统在火灾状态同时工作负荷条件下连续工作3h以上；

（2）每只总线短路隔离器保护的火灾探测器、手动火灾报警按钮和模块等消防设备的总数高达48点，按规范规定，不应超过32点；

（3）更换新的感烟探测器后，故障依然存在，表明编码有误或备用感烟探测器质量有问题；

考点：火灾自动报警系统、备用电源的容量、每只总线短路隔离器保护的消防设备总数、地址编码、备用产品质量。

难易程度：☆☆☆

2.指出消防技术服务机构检测人员处理探测器故障的方式是否正确并说明理由。探测器故障的原因可能有哪些？

参考答案：消防技术服务机构属于专业执业机构、检测人员属专业技术人员，处理探测器故障的方式正确（业主值班人员不宜自行检修）。

探测器故障的原因可能有灰尘污染；元件老化；探测器与底座脱落、接触不良；报警总线与底座接触不良；报警总线开路或接地性能不良造成短路；探测器接口板故障；探测器损坏等。应根据具体原因采取相应的清洗、重新拧紧探测器或增大底座与探测器卡簧的接触面积、重新压接总线、维修或更换接口板、更换探测器等方法予以排除。

考点：探测器故障、原因、处理方式。

难易程度：☆☆

3. 指出吸气式探测器设置功能及测试方法有哪些不符合规范之处，并说明理由。

（1）管路吸气式火灾探测器垂直管路上每隔 4m 设置一个采样孔不符合规范要求。当采样管道布置形式为垂直采样时，每 2℃温差间隔或 3m 间隔（取最小者）应设置一个采样孔，且采样孔不应背对气流方向。如改为每隔 3m 设置一个采样孔，但单管上的采样孔数量不宜超过 25 个，本工程采样管路长 90m，需根据现场实际调整并采取合理的方案；

（2）控制装置响应时间不符合规范规定。在采样管最末端（最不利处）采样孔加入试验烟，控制装置应在 120s 内发出火灾报警信号。改变探测器的采样管路气流，使探测器处于故障状态，控制装置应在 100s 内发出故障信号。

考点：管路吸气式火灾探测器、采样孔、控制装置响应时间。

难易程度：☆☆

4. 指出自动喷水灭火系统的喷淋泵启动控制是否符合规范要求，并说明理由。

判定：开启末端试水装置，湿式报警阀、压力开关随之动作，但喷淋泵一直未启动，再将火灾报警控制器的联动启泵功能设置为自动方式后，喷淋泵自动启动，表明喷淋泵启动控制不符合规范要求。

参考答案：湿式系统的联动控制不符合规范要求。应由湿式报警阀压力开关的动作信号作为触发信号，直接控制启动喷淋消防泵，联动控制不应受消防联动控制器处于自动或手动状态影响。

考点：湿式系统喷淋泵的联动控制。

难易程度：☆

5. 指出配电室气体灭火控制功能不符合规范之处，并说明理由。

判定：配电室气体灭火控制功能不符合规范要求。

参考答案：规范规定，气体灭火控制器直接连接火灾探测器时，气体灭火系统应由同一防护区域内两只独立的火灾探测器的报警信号、一只火灾探测器与一只手动火灾报警按钮的报警信号或防护区外的紧急启动信号，作为系统的联动触发信号，探测器的组合宜采用感烟火灾探测器和感温火灾探测器；气体灭火控制器在接收到首个联动触发信号后，应启动设置在该防护区内的火灾声光警报器；在接收到第二个联动触发信号后，应发出联动控制信号，且联动触发信号应为同一防护区域内与首次报警的火灾探测器或手动火灾报警按钮相邻的感温火灾探测器、火焰探测器或手动火灾报警按钮的报警信号。

所以，本气体灭火系统的气体灭火控制器接收到首个感烟探测器报警信号时，应启动设置在配电室内的火灾声光警报器；在接收到第二个联动触发信号即感温火灾探测器的报警信号后，应发出联动控制信号。

考点：气体灭火系统、联动控制。

难易程度：☆

6. 气体灭火控制器没有输出灭火启动及联动控制信号的原因主要有哪些？

判定：（1）气体灭火控制器接收到感温火灾探测器的报警信号后未发出联动控制信号而是启动了设置在配电室内的火灾声光警报器；（2）输入的联动启动逻辑关系正确，且气体灭火控制连接线路及接线均无问题。

参考答案：气体灭火控制连接线路及接线均无问题，输入的联动启动逻辑关系正确，但启动的是火灾声光警报器，表明气体灭火系统设计的联动逻辑关系错误。

考点：气体灭火系统、联动逻辑。

难易程度：☆

例 278.【2017 年案例分析第六题】某框架结构仓库，地上 6 层，地下 1 层，层高 3.8m，占地面积 6000m²，地上每层建筑面积均为 5600m²。仓库各建筑构件均为不燃性构件，其耐火极限见下表。

构件名称	防火墙	承重墙、柱	楼梯间、电梯井的墙	梁	疏散走道两侧的隔墙、楼板、上人屋面板、屋顶承重构件、疏散楼梯	非承重外墙
耐火极限（h）	不燃性 4.00	不燃性 2.50	不燃性 2.00	不燃性 1.50	不燃性 1.00	不燃性 0.25

仓库一层储存桶装润滑油；二层储存水泥刨花板；三至六层储存皮毛制品；地下室储存玻璃制品，每件玻璃制品重 100kg，其木质包装重 20kg。

该仓库地下室建筑面积为 1000m²。一层内靠西侧外墙设置建筑面积为 300m² 的办公室、休息室和员工宿舍，这些房间与库房之间设置一条走道，且直通室外。走道与库房之间采用防火隔墙和楼板分隔，其耐火极限分别为 2.50h 和 1.00h。通向仓库的门采用双向弹簧门。

仓库内的每个防火分区分别设置 2 个安全出口，两个安全出口之间距离 12m。疏散楼梯采用封闭楼梯间，通向疏散走道或楼梯间的门采用能阻挡烟气侵入的双向弹簧门。该建筑的消防设施和其他事项符合国家消防标准要求。

根据以上材料，回答下列问题（共 20 分）：

1. 判断该仓库的耐火等级。

判定：防火墙、楼梯间、电梯井的墙耐火极限可达到一、二级要求；承重墙、柱、梁的耐火极限达到二级要求、非承重外墙的耐火极限仅达四级要求。但综合考虑其构件的燃烧性能，除甲、乙类仓库和高层仓库外，一、二级耐火等级建筑的非承重外墙，当采用不燃性墙体时，其耐火极限不应低于 0.25h。

参考答案：该仓库的耐火等级为二级。

考点：仓库的耐火等级与主要构件的燃烧性能和耐火极限的关系。

难易程度：☆ ☆

2. 确定该仓库及其各层的火灾危险性分类。

判定：仓库一层储存桶装润滑油，可燃液体，属丙类第 1 项；二层储存水泥刨花板，不燃烧物品，属丁类；三至六层储存皮毛制品，可燃固体，属丙类第 2 项；地下室储存玻璃制品，不燃烧物品，且每件玻璃制品的木质包装重量小于物品本身重量的 1/4，所以属戊类。

参考答案：仓库的火灾危险性为丙类。其中，一层属丙类、二层属丁类、三至六层属丙类、地下室属戊类。

考点：储存物品的火灾危险性分类；丁、戊类储存物品仓库；可燃包装重量或可燃包装体积。

难易程度：☆

3.指出该仓库在层数、面积和平面布置中存在的不符合国家标准的问题，并提出解决方法。

判定：疏散楼梯采用封闭楼梯间，通向疏散走道或楼梯间的门采用能阻挡烟气侵入的双向弹簧门符合规范规定，所以可将每层视为一个防火分区。

参考答案：

（1）按照丙类第1项分析，仓库的层数不应超过5层。可考虑不使用第六层或将第一层改作储存火灾危险性为丙类第2项物品及丁、戊类物品（不考虑改作储存甲、乙类物品，否则经济损失太大，无实际意义）。

（2）按照丙类第1项分析，仓库的最大允许占地面积、各层建筑面积均不应大于2800 m²，并应按相应火灾危险性允许的防火分区面积划分防火分区。

（3）如将第一层用作储存火灾危险性为丙类第2项物品及丁、戊类物品，则仓库的最大允许占地面积、各层建筑面积均不应大于4800 m²，并应按相应火灾危险性允许的防火分区面积划分防火分区。

考点：储存物品的火灾危险性及相应的允许层数、防火分区面积。

难易程度：☆

4.该仓库各层至少应划分几个防火分区？

判定：丙类第1项，每座仓库的最大允许占地面积不应大于2800 m²，每个防火分区的建筑面积不应大于700m²。丙类第2项，每座仓库的最大允许占地面积4800 m²，每个防火分区的最大允许建筑面积1200m²；丁类，每座仓库的最大允许占地面积不限，每个防火分区的建筑面积不应大于1500m²；戊类，每座仓库的最大允许占地面积不限，每个防火分区的建筑面积不应大于2000m²。

参考答案：

（1）按照丙类第1项分析，仓库的最大允许占地面积、各层建筑面积均不应大于2800 m²。

①地下室应划分为2个防火分区、或增设相应的自动灭火系统划分为1个防火分区。

②一层防火分区的建筑面积不应大于700m²。应划分为4个防火分区、或增设相应的自动灭火系统划分为2个防火分区；

③二层应划分为2个防火分区、或增设相应的自动灭火系统划分为1个防火分区；

④三至五层应划分为3个防火分区、或增设相应的自动灭火系统划分为2个防火分区。

⑤第六层空置不用。

（2）如将第一层用作储存火灾危险性为丙类第2项物品及丁、戊类物品，则仓库的最大允许占地面积、各层建筑面积均不应大于4800 m²。

①地下室应划分为2个防火分区、或增设相应的自动灭火系统划分为1个防火分区。

②第一层用作储存丙类第2项、丁类物品时，第一层至第六层应划分为4个防火分区、或增设相应的自动灭火系统划分为2个防火分区。

③第一层用作储存戊类物品时，第一层划分为1个防火分区，第二层至第六层应划分为4个防火分区、或增设相应的自动灭火系统划分为2个防火分区。

考点：储存物品的火灾危险性及对应的防火分区面积。

难易程度：☆☆☆

5.指出该建筑在安全疏散方面存在的问题，并提出整改措施。

判定：因为走道与库房之间采用了耐火极限为1.00h的楼板分隔，表明300m²的办公室、休息室、员工宿舍和走道均设置在仓库内，通向仓库的门采用双向弹簧门，都是不符合规范要求的。

参考答案：（1）员工宿舍严禁设置在仓库内。应在符合规范要求的地点另建员工宿舍。

（2）办公室、休息室应设置独立的安全出口。

（3）防火隔墙上需开设连通库房的门时，应采用乙级防火门。

考点：仓库、办公室、休息室、员工宿舍、安全疏散。

难易程度：☆

6. 拟在地下室东侧设置一个 $25m^2$ 的甲醇桶装仓库，甲醇仓库与其他部位之间采用耐火极限不低于 4.00h 的防爆墙分隔，防爆墙上设置防爆门，并设置一部直通室外的疏散楼梯，这种做法是否可行？此时，该地下室的火灾危险性应划分为哪一类？

判定：甲醇储存的火灾危险性属甲类。甲、乙类仓库不应设置在地下或半地下。

参考答案：不可行。甲醇储存的火灾危险性属甲类。甲、乙类仓库不应设置在地下或半地下。在不允许设甲醇桶装仓库、仍储存玻璃制品的前提下，该地下室的火灾危险性应划分为戊类。

考点：甲、乙类仓库不应设置在地下或半地下。

难易程度：☆

附录：相关消防技术规范、标准及法律法规目录

1. 建筑设计防火规范 GB 50016—2014（2018 年版）☆☆☆
2. 消防给水及消火栓系统技术规范 GB 50974—2014 ☆☆☆
3. 自动喷水灭火系统设计规范 GB 50084-2017 ☆☆☆
4. 自动喷水灭火系统施工及验收规范 GB 50261-2017 ☆☆☆
5. 火灾自动报警系统设计规范 GB 50116—2013 ☆☆☆
6. 火灾自动报警系统施工及验收规范 GB 50166-2007 ☆☆☆
7. 建筑防烟排烟系统技术标准 GB 51251-2017 ☆☆☆
8. 消防应急照明和疏散指示系统 GB 17945-2010 ☆☆
9. 建筑灭火器配置设计规范 GB 50140-2005 ☆☆
10. 建筑内部装修设计防火规范 GB 50222-2017 ☆☆
11. 水喷雾灭火系统技术规范 GB 50219-2014 ☆☆
12. 细水雾灭火系统技术规范 GB 50898-2013 ☆☆
13. 气体灭火系统设计规范 GB 50370-2005 ☆☆
14. 气体灭火系统施工及验收规范 GB 50263 ☆☆
15. 二氧化碳灭火系统设计规范 GB 50193-93 ☆☆
16. 泡沫灭火系统设计规范 GB 50151-2010 ☆☆
17. 干粉灭火系统设计规范 GB 50347-2004 ☆☆
18. 人民防空工程设计防火规范 GB 50098-2009 ☆☆
19. 汽车库、修车库、停车场设计防火规范 GB 50067-2014 ☆☆
20. 建筑消防设施的维护管理 GB 25201-2010 ☆☆
21. 建筑消防设施检测技术规程 GA 503-2004 ☆☆
22. 建设工程施工现场消防安全技术规范 GB 50720-2011 ☆
23. 文物建筑防火设计导则（试行）2015 ☆
24. 重大火灾隐患判定方法 GB 35181-2017 ☆
25. 爆炸危险环境电力装置设计规范 GB 50058-2014 ☆
26. 火力发电厂与变电站设计防火规范 GB 50229-2006
27. 水电工程设计防火规范 GB 50872-2014
28. 城市消防远程监控系统技术规范 GB 50440-2007
29. 建筑内部装修防火施工及验收规范 GB 50354 – 2005
30. 飞机库设计防火规范 GB 50284-2008
31. 石油化工企业设计防火规范 GB 50160—2008
32. 灭火器维修 GA 95-2015
33. 建筑灭火器配置验收及检查规范 GB 50444-2008

34. 消防联动控制系统 GB 16806-2006

35. 泡沫灭火系统及验收规范 GB 50281-2006

36. 城镇燃气设计规范 GB 50028-2006

37. 消防词汇 第 1 部分：通用术语 GB/T 5907.1-2014

38. 消防词汇 第 2 部分：火灾预防 GB/T 5907.2-2015

39. 危险货物分类和品名编号》GB 6944-2012

40. 危险货物品名表 GB 12268-2012

41～47. 火灾危险性分级及试验方法 GA/T 536.1～7-2013

48. 机关、团体、企业、事业单位消防安全管理规定（公安部令第 61 号）☆☆☆

49. 中华人民共和国消防法（2008 年修订）☆☆☆

50. 消防监督检查规定（公安部令第 120 号、公安部令第 107 号）☆☆

51. 公共娱乐场所消防安全管理规定（公安部令第 39 号）☆☆

52. 社会消防技术服务管理规定（公安部令第 129 号）☆

53. 社会消防安全教育培训规定（公安部令第 109 号）☆

54. 注册消防工程师管理规定（公安部令第 143 号）☆

55. 中华人民共和国刑法（修订）☆

56. 消防产品监督管理规定（公安部、国家工商行政管理总局、国家质量监督检验检疫总局令第 122 号）

57. 建设工程消防监督管理规定（公安部令第 119 号、公安部令第 106 号）

58. 火灾事故调查规定（公安部令第 121 号、公安部令第 108 号）

图书在版编目（ＣＩＰ）数据

　　注册消防工程师资格考试应试指南 / 清大东方消防

学校学术委员会主编 . -- 北京 : 光明日报出版社，

2018.8

　　ISBN 978-7-5194-4444-0

　　Ⅰ . ①注… Ⅱ . ①清… Ⅲ . ①消防—安全技术—资格

考试—自学参考资料 Ⅳ . ① TU998.1

　　中国版本图书馆 CIP 数据核字（2018）第 169802 号

注册消防工程师资格考试应试指南
ZHUCE XIAOFANG GONGCHENGSHI ZIGE KAOSHI YINGSHI ZHINAN

主　　编：清大东方消防学校学术委员会

责任编辑：周文岚　　　　　　　　　　责任校对：傅泉泽

封面设计：清大东方消防学校　　　　　责任印制：曹净

出版发行：光明日报出版社

地　　址：北京市西城区永安路 106 号，100050

电　　话：010-67078255（咨询），010-63131930（邮购）

传　　真：010-67078227，67078255

网　　址：http://book.gmw.cn

E－mail：zhouwl@gmw.cn

法律顾问：北京德恒律师事务所龚柳方律师

印　　刷：廊坊市海涛印刷有限公司

装　　订：廊坊市海涛印刷有限公司

本书如有破损、缺页、装订错误，请与本社联系调换，电话：010-67019571

开　本：210 mm × 285 mm		印　张：33.5	
字　数：887 千		插　图：25 幅	

版　　次：2018 年 8 月第 1 版

印　　次：2018 年 8 月第 1 次印刷

书　　号：ISBN 978-7-5194-4444-0

定　　价：128.00 元